W0257814

Tragwerke 3

Springer-Verlag Berlin Heidelberg GmbH

W. B. Krätzig, Y. Başar

Tragwerke 3

Theorie und Anwendung der Methode
der Finiten Elemente

Mit 168 Abbildungen

Springer

o. Prof. Dr.-Ing. habil. Dr.-Ing. E.h. Wilfried Krätzig
Prof. Dr.-Ing. habil. Yavuz Başar

Institut für Statik und Dynamik
Ruhr-Universität Bochum
Universitätsstraße 150
D - 44780 Bochum

ISBN 978-3-642-63882-4

Die Deutsche Bibliothek - CIP-Einheitsaufnahme
Tragwerke. - Berlin: Heidelberg; New York: Barcelona: Budapest: Hongkong: London: Mailand:
Paris: Santa Clara: Singapur: Tokio: Springer.
  (Springer-Lehrbuch) Literaturangaben
3. Theorie und Anwendung der Methode der finiten Elemente / W. B. Krätzig: Y. Basar. - 1997
  ISBN 978-3-642-63882-4   ISBN 978-3-642-59174-7 (eBook)
  DOI 10.1007/978-3-642-59174-7
NE: Krätzig. Wolfried B.

Satz: Reproduktionsfertige Vorlagen vom Autor
Einbandgestaltung: Design & Production. Heidelberg
SPIN: 10128101   68/3020 - 5 4 3 2 1 0 - Gedruckt auf säurefreiem Papier

Vorwort

*... und deshalb dahin führe, der
Mechanik mehr Werth und Geltung
in der Technik zu verschaffen, ...*

*Dr.phil. Julius Weisbach, Professor
an der Bergakademie Freiberg,
1847 in der Vorrede zu seiner
Statik der Bauwerke*

Die Methode der Finiten Elemente stellt sich dem Anwender heute als eine universell einsetzbare, vollständig automatisierte Berechnungsmethode für Aufgabenstellungen der Festkörpermechanik dar. In unzähligen Softwaresystemen vermarktet, stellt sie ein aus den Entwurfs- und Konstruktionsbüros der Industrie nicht mehr wegzudenkendes Ingenieurwerkzeug dar. Ihr Kern ist ein anspruchsvolles theoretisches Gebäude strukturmechanischer, mathematischer und informationstechnischer Konzepte, deren Gesamtheit Tragwerksmodellierungen auf dem Niveau höchster Ingenieurkunst zuläßt. Doch komfortable graphische Oberflächen nebst Postprozessoren passen die Finite-Element-Software immer nahtloser ihrem jeweiligen technischen Einsatzgebiet an und verbergen damit dem Anwender weitgehend den eigentlichen Kern der Methode.

Mit der ständig wachsenden Leistungsfähigkeit moderner Computer wird der Anwendungskomfort der Finite-Element-Technologie weiter zunehmen. Gerade die leichte Handhabbarkeit auch umfangreicher Programmsysteme scheint beim Anwender den Eindruck zu verstärken, als könnten Tragwerksanalysen erfolgreich ohne tiefere Kenntnisse der mathematisch-strukturmechanischen Hintergrundtheorien bewältigt werden. Der zunehmend unkritischer werdende Einsatz dieser Methode durch viele Ingenieure bildet heute in allen Industrienationen ein nicht mehr zu übersehendes Sicherheitsrisiko. Da jedoch die Methode der Finiten Elemente ein festkörpermechanisches Näherungsverfahren darstellt, ist ihr erfolgreicher Einsatz in der Tragwerksanalyse selten ohne detaillierte Kenntnisse des gesamten theoretischen Konzepts möglich. Es erscheint kaum vorstellbar, daß Entwurfsingenieure zukünftig den von ihnen mittels Computerberechnungen erzeugten Ergebnissen in Black-Box-Mentalität gegenüberstehen, ohne ausreichendes Basiswissen unfähig zu kritischer Beurteilungsfähigkeit, und dennoch deren Übertragung in die Konstruktionsrealität verantworten sollen.

Diese erkennbare und sich zukünftig wohl vertiefende Lücke versucht das vorliegende Buch zu verkleinern. Aufbauend auf langjährigen Lehrerfahrungen sowie lebenslanger Forschungs- und Konstruktionspraxis der Verfasser führt Tragwerke 3 in Theorie und Anwendung der linearen Methoden der Finiten Elemente ein. Geschrieben wurde das Buch in erster Linie für Benutzer dieser Technologie, welche die Notwendigkeit erkannt haben, in deren grundlegende Konzepte tiefer einzudringen, als es die Eingabebeschreibungen der von ihnen eingesetzten Finite-Element-Programme gestatten, die somit bloßes Wissen in ein Verstehen umwandeln wollen. Dabei wurden aus der fast unübersehbar erscheinenden Wissensmenge gerade diejenigen mathematischen, strukturmechanischen und informationstechnischen Komplexe ausgewählt, die heute das Minimum des notwendigen Grundlagenwissens darstellen.

Nach der Einführung behandelt das Buch im Kapitel 2 in einer einheitlichen Darstellung die klassischen Modelltheorien der Festkörper-Strukturmechanik, die der Stäbe, Scheiben, Platten und dreidimensionalen Kontinua. Im Kapitel 3 folgen die Energie- und Variationsaussagen der Festkörpermechanik als Grundlage ihrer Diskretisierungsverfahren in der Theorie Finiter Elemente. Anschließend hieran werden im Kapitel 4 diskrete Modelle zur Tragwerksanalyse aufgebaut, bevor im 5. Kapitel Konstruktion und Leistung elementarer finiter Weggrößenelemente in vielen Facetten beschrieben werden. Den Abschluß bildet das Kapitel 6 mit der Behandlung der Standard-Analysetechniken, angefangen von der direkten Steifigkeitsmethode über den Aufbau von Programmsystemen bis hin zu Fragen der Lösungsstabilität, zu Bandweiten-Optimierungsstrategien, zu Makroelementen und zur Substrukturtechnik sowie zu Fehlerabschätzungen nebst adaptiven Vernetzungsstrategien.

Die Einzelthemen der sechs Kapitel dieses Buches stehen in einer strengen logischen Ordnung zueinander, welche unser Leser, je nach seiner individuellen Vorbildung oder Zielsetzung, zunächst auch umordnen mag. Auch können natürlich Kapitel übersprungen werden. Wie sollte er daher dieses Buch lesen? Von allen Lesern erwarten wir zunächst solide Grundkenntnisse der Methoden der Stabstatik, wie sie beispielsweise in den beiden ersten Bänden Tragwerke 1 und 2 niedergelegt sind. Ist sodann die Theorie der Scheiben, Platten und dreidimensionalen Kontinua hinreichend bekannt, so kann eine erste Lektüre des Buches durchaus, nach dem einführenden Kapitel 1, in den Abschnitten 3.1 beginnen und nach diesen unmittelbar mit Kapitel 4 fortgesetzt werden. Auch im Kapitel 5 genügen zunächst die Abschnitte 5.1 und 5.2, um das Kapitel 6 als umfassende Verfahrensbeschreibung weitgehend zu verstehen.

Dieser Schnellkurs sollte jedoch im zweiten Anlauf vertieft und intensiviert werden. Hierzu ist als erstes die sorgfältige Erarbeitung der strukturmechanischen Grundlagenkenntnisse des Kapitels 2 erforderlich, welche die Basis für das Verständnis der späteren finiten Lösungsapproximationen bildet. Das Kapitel 3 legt sodann die variationstheoretischen Grundlagen der Methode, vertieft in den Anhängen 3 und 4, ohne welche die oft schwer erklärbaren Konvergenzeigenschaften finiter Elemente nicht verstehbar sind. Kapitel 5 schließlich erschließt dem Leser die sich aus einem einfachen, variationstheoretischen Standardkonzept ergebende Vielfalt bereits an einfachsten Elementmodellierungen. Erst jetzt wird sich bei erneuter Lektüre ein tiefes Verständnis des letzten Kapitels einstellen können, wozu besonders die sorgfältige Bearbeitung der an allen Kapitelenden vorhandenen Aufgaben beiträgt. Hierbei überschlagbare Details sind in den beiden Anhängen 1 und 2 zusammengefaßt.

Auch wenn das vorliegende Buch nur zwei Autoren nennt, so sind natürlich viele weitere Personen an einem solchen Werk beteiligt. Unser Dank gilt als erstem Herrn Privatdozent Dr.-Ing. Wolfhard Zahlten, dem langjährigen Oberingenieur unseres Instituts, für seine konzeptionellen Beiträge und einprägsamen Beispiele.

Unsere Mitarbeiter, die Diplomingenieure Dr.-Ing. Karsten Gruber, Dr.-Ing. Mikhail Itskov, Holger Karutz, Dr.-Ing. Ulrich Montag, Oliver Rosenstein, Klaus Sasse, und viele weitere haben durch die Berechnung von Beispielen wesentlich zur Anschaulichkeit des Buches beigetragen. Herrn Professor Dr.-Ing. Michael Scherer ist der Erstautor in der Unterstützung eines seiner Hobbies durch Auffindung der bibliographischen Daten von André-Louis Cholesky dankbar verbunden. Schließlich danken wir allen Studenten unserer Lehrveranstaltungen zur Finite-Element-Technologie und zu den Grundlagen computergestützter Berechnungsmethoden im regulären Studiengang sowie im Weiterbildenden Studium der Ruhr-Universität für ihre kritische Teilnahme, die zur Fehlerarmut dieses Manuskriptes wesentlich beigetragen hat. Eine besondere Erwähnung gebührt der Deutschen Forschungsgemeinschaft – DFG für die langjährige Finanzierung von Forschungsprojekten dieser innovativen Ingenieurdisziplin, Basis für die Kompetenz unseres Instituts auf dem Gebiet des Buches.

Unseren größten Dank aber teilen sich Herr Werner Drilling für die sorgfältige Erstellung aller Zeichnungen und Tafeln sowie Frau Ulrike Hollstegge, welche das gesamte Manuskript druckfähig erstellte, mit dem Springer-Verlag für seine Lektoratstätigkeit und schließlich für den Druck des Buches.

Bochum, im März 1997   Wilfried B. Krätzig   Yavuz Başar

Inhaltsverzeichnis

Symbolverzeichnis

Kontinua, Festkörpermechanik

p	äußere Kraftgrößen, Lastvariablen
u	äußere Weggrößen, Verschiebungsgrößen
σ	innere Kraftgrößen, Schnittgrößen
ε	innere Kinematen, Verzerrungsgrößen
t	Randkraftgrößen
r	Randweggrößen, Randverschiebungsgrößen
D_e	Gleichgewichts-Differentialoperator
D_k	kinematischer Differentialoperator
E	Elastizitätsmatrix
R_t	Operator der Randkraftgrößen
R_r	Operator der Randweggrößen
E, G	Elastizitätsmodul, Schubmodul
ν	Querdehnungszahl
EA, EJ	Dehnsteifigkeit, Biegesteifigkeit von Stäben
h	Scheiben- und Platten-Wandstärke
D	Scheiben-Dehnsteifigkeit
B	Platten-Biegesteifigkeit
W	Formänderungsarbeit, Wechselwirkungsenergie
$W_{(a)}, W_{(i)}, W_{(r)}$	Formänderungsarbeit der äußeren, inneren und Rand-Variablen
Π	Gesamtpotential
$\hat{\Pi}$	konjugiertes Gesamtpotential
$I_w\,(u, \varepsilon, \sigma)$	Funktional von Hu-Washizu
$I_H\,(\sigma, u)$	Funktional von Hu
$I_R\,(\sigma, u)$	Funktional von Hellinger-Reissner
p_x, p_y, p_z	Stablasten
m_x, m_y, m_z	Lastmomente eines Stabes
u_x, u_y, u_z	Verschiebungskomponenten
$\varphi_x, \varphi_y, \varphi_z$	Verdrehungskomponenten

N	Stabnormalkraft
$Q_y, Q_z = Q$	Stabquerkräfte
M_T	Stabtorsionsmoment
$M_y = M, M_z$	Stabbiegemomente
ε	Achsialdrehung eines Stabes
$\gamma_y, \gamma_z = \gamma$	Querschnitts-Schubverzerruzngen
θ_x	Stabachsen-Verdrillung
$\kappa_y = \kappa, \ \kappa_z$	Stabachsen-Verkrümmung
p_1, p_2	Scheibenlasten
u_1, u_2	Verschiebungen eines Scheibentragwerks
n_{11}, n_{12}, n_{22}	Scheibenschnittgrößen
$\varepsilon_{11}, \varepsilon_{12}, \varepsilon_{22}$	Scheibenverzerrungen
n_τ, n_ν	Randkräfte eines Scheibentragwerks
u_τ, u_ν	Randverschiebungen eines Scheibentragwerks
F, I	AIRYsche Schnittgrößenfunktion, Inkompatibilität
p_α	Lastvektor, $\alpha = 1, 2$
u_α	Verschiebungsvektor
$n_{\alpha\beta}$	Dehnungskrafttensor, $(\alpha, \beta) = 1, 2$
$\varepsilon_{\alpha\beta}$	Verzerrungstensor eines Scheibentragwerks
p	Querbelastung eines Plattentragwerks
w	Durchbiegung der Plattenmittelfläche
m_{11}, m_{12}, m_{22}	Plattenmomente
q_1, q_2	Plattenquerkräfte
$\kappa_{11}, \kappa_{12}, \kappa_{22}$	Plattenverkrümmungen und -verwindungen
γ_1, γ_2	Schubverzerrungen der Plattenmittelfläche
q^*, m_τ, m_ν	Randkraft und Randmomente
$w^*, \Omega_\tau, \Omega_\nu$	Randverschiebung und Randverdrehungen
Θ_1, Θ_2	SCHAEFERsche Schnittgrößenfunktionen
I_1, I_2	Inkompatibilitäten
$m_{\alpha\beta}$	Momententensor eines Plattentragwerks
q_α	Querkraftvektor
$\kappa_{\alpha\beta}$	Verkrümmungstensor der Plattenmittelfläche
γ_α	Vektor der transversalen Schubverzerrungen
p_i	Lastvektor eines 3-dimensionalen Kontinuums
u_i	Verschiebungsvektor, $i = 1, 2, 3$
σ_{ij}	Spannungstensor, $(i, j) = 1, 2, 3$
ε_{ij}	Verzerrungstensor
t_i	Vektor der Randspannungen
u_i^*	Vektor der Randverschiebungen

Diskontinua, Diskretisierungsverfahren, Tragwerksanalysen

u^e	Verschiebungsfeld eines finiten Elementes
Φ^e	Matrix der Ansatzfunktionen
$\hat{u}^e$	Spalte der Freiwerte
v^e	Spalte der Knotenfreiheitsgrade eines finiten Elementes
s^e	Spalte der Knotenkraftgrößen
$\overset{\circ}{s}{}^e$	Spalte der Volleinspannkraftgrößen
k^e	Element-Steifigkeitsmatrix
ε^e	Feld der Element-Verzerrungen
σ^e	Feld der Element-Schnittgrößen
r^e	Feld der Element-Randweggrößen
t^e	Feld der Element-Randkraftgrößen
Ω^e	Matrix der Formfunktionen des Verschiebungsfeldes
H^e	Matrix der Verzerrungs-Formfunktionen
$(E \cdot H^e)$	Matrix der Schnittgrößen-Formfunktionen
v_g^e	globale Element-Knotenfreiheitsgrade eines finiten Elementes
s_g^e	globale Element-Knotenkraftgrößen
$\overset{\circ}{s}{}_g^e$	globale Element-Volleinspannkraftgrößen
k_g^e	globale Element-Steifigkeitsmatrix
c^e	orthogonale Drehmatrix eines finiten Elementes
V	Spalte der Knotenfreiheitsgrade des Diskontinuums
P	Spalte der korrespondierenden Knotenlastgrößen
v	Spalte aller Element-Knotenfreiheitsgrade
s	Spalte aller Element-Knotenkraftgrößen
k	Matrix aller Element-Steifigkeitsmatrizen
$\tilde{K}$	Gesamt-Steifigkeitsmatrix unter Einschluß von Starrkörper-Freiheits-graden (singulär)
K	reduzierte Gesamt-Steifigkeitsmatrix (regulär)
b	Bandbreite von $\tilde{K}$
$K_c,\ K_{cc}$	Steifigkeitsanteile der Auflagerfesselungen
v_k^m	Koppelfreiheitsgrade eines Makroelementes
s_k^m	Koppelkraftgrößen eines Makroelementes
k^m	Steifigkeitsmatrix eines Makroelementes
$V_k^{(j)}$	Koppelfreiheitsgrade der Substruktur j
$P_k^{(j)}$	korrespondierende Koppelkraftgrößen
$K_{kk}^{(j)}$	Steifigkeitsmatrix der Substruktur j, bezogen auf $V_k^{(j)}$ und $P_k^{(j)}$

Namensregister

1 Einführung

Dimidium facti, qui coepit, habet.
Wer nur begann,
hat's schon halb geschafft.

Horaz, 65-8 v. Chr.
in seinen Satiren

Je intensiver die Entwurfstechniken des Ingenieurwesens durch Computer automatisiert werden, desto bedeutsamer werden hinreichend tiefe Kenntnisse der beteiligten Ingenieure über ihr Handeln. Nicht überdimensionierte Computermodellierungen sind das Ziel, sondern zutreffende Prognosemodelle mit kohärenten Analysetechniken. In beide führt das folgende Kapitel ein, soweit Festigkeits- und Steifigkeitssimulationen von Tragstrukturen betroffen sind. Dabei werden die klassischen Kontinua der Festkörpermechanik den modernen diskretisierten Modellen gegenübergestellt, und lineare Analysen von nichtlinearen sowie solchen 2. Ordnung abgegrenzt. Es folgt ein kurzer historischer Abriß der Finite-Element-Methode. Abschließend wird die besondere Vielfalt dieser modernen Methode an theoretischen Konzepten skizziert, die kein Anwender beherrschen kann, aber doch überblicken sollte, um Fehlermöglichkeiten einzugrenzen.

1.1 Strukturmechanische Modellbildungen

1.1.1 Prognosemodelle

Naturwissenschaften dienen der Erkenntnisgewinnung mit dem Ziel einer Erklärung vergangenen und einer Prognose zukünftigen Geschehens. Zur Beschreibung der erfahrenen Realität verwenden sie *Modellvorstellungen*, Abbilder der zu beschreibenden Naturphänomene unter Herausstellung aller als wesentlich erkannten sowie unter Nichtbeachtung der als nebensächlich angesehenen Aspekte.

Als einer der ersten formulierte der Physiker H. HERTZ* die an derartige Modelle zu stellenden Anforderungen. Übersetzt in unsere Sprache forderte er, daß Modelle als menschliche Vorstellungen von der physikalischen Natur hinsichtlich der zu beschreibenden Aspekte *zutreffend* und *kohärent*, d.h. in sich widerspruchsfrei sein müssen, damit alle denkbaren Konsequenzen mit den zu modellierenden Naturphänomenen übereinstimmen. Derartige Modelle sind daher nie in irgendeinem höheren Sinne *wahr*, sie müssen nicht einmal *eindeutig* sein, d.h. verschiedene Abbildungen desselben Phänomens sind durchaus zulässig.

---

*   HEINRICH HERTZ, Physiker in Berlin, Karlsruhe und Bonn, 1857-1894, grundlegende Arbeiten zum Elektromagnetismus und zur Elektrodynamik, wollte eigentlich Bauingenieur werden; die Modellanforderungen leiten seine 1894 erschienenen "Principien der Mechanik" ein.

Im Grunde handelt dies gesamte Buch von derartigen Modellierungen für von Ingenieuren zu prognostizierendes Tragwerksverhalten. Denn Ingenieure entwerfen und realisieren technische Systeme, in welchen physikalische Prozesse planmäßig ablaufen. Beispielweise müssen in Hallen, Brücken, Tunneln, Kraftwerken, Türmen oder Behältern große Kräftesysteme sicher abgetragen werden, ohne Schädigungen durch Spannungsüberschreitungen, Instabilitäten oder unzulässige Deformationen. Woher gewinnen Bauingenieure die Sicherheit, daß ihre geplanten Projekte der späteren Realität standhalten, daß während der beabsichtigten Lebensdauer Standsicherheit und Schadensfreiheit garantierbar sind, daß Errichtung und Betrieb im vorkalkulierten Kostenrahmen bleiben [Duddeck 1983, 1979]?

Allen diesen Zielen dienen *Prognosemodelle*, welche die maßgebenden Aspekte der späteren Realität zutreffend und kohärent abbilden, so daß technisches Funktionieren, Betriebssicherheit und Wirtschaftlichkeit des späteren Produkts zuverlässig prognostiziert werden können. *Technisches Modellieren*, d.h. der Aufbau von prognosefähigen Ingenieurmodellen, bildet einen komplexe Kenntnisse und Erfahrungen voraussetzenden *Abstraktionsprozeß*, weil jede Modellierungsebene die Wirklichkeit im Hinblick auf bestimmte Zielaspekte idealisiert.

Jedes existierende oder geplante Bauwerk enthält einen tragenden Kern, das *Tragwerk*, welches der für die Festigkeit, Steifigkeit und Sicherheit desselben zuständige Ingenieur dimensioniert. Das Tragwerk umfaßt alle Bauwerkskomponenten mit Tragfunktion, es entsteht somit, wenn alle nichttragenden Bauwerksteile – gedanklich oder in der Realität – entfernt werden. Das Tragwerk ist in seiner physischen Körperlichkeit stets einwandfrei identifizierbar, ganz im Gegensatz zu dem vom Ingenieur für seine Prognosezwecke hieraus entwickelten *Ingenieurmodell*. Bei diesem führen unterschiedliche Abstraktions- und Idealisierungsstufen stets zu voneinander abweichenden Modellbildungen.

Wie Bild 1.1 verdeutlicht, muß das Ingenieurmodell eines vorliegenden Tragwerks stets als konsistente Modelleinheit aus *Einwirkungen, Tragstruktur* und *Antwort* widerspruchsfrei aufeinander abgestimmt sein. Bauingenieure beschreiben die Phänomene der Mechanik in der Sprache der Mathematik (Differentialgleichungen, Variationsfunktionale, ...). Das schließlich gewählte *strukturmechanische Modell* ist daher in einem mathematischen Kontext formuliert, dem *mathematisch-numerischen Modell*, welchem wiederum spezifische Lösungsmethoden im *Berechnungsmodell* (Elementmethoden, Ritzsches Verfahren, ...) zugeordnet sind. Der Aufbau technischer Progosemodelle erfordert daher breitgefächerte Kenntnisse, welche dieses Buch im Hinblick auf die *Finite-Element-Modellierung* von zeitinvarianten Festigkeits- und Steifigkeitsproblemen vermittelt.

1.1.2 Die klassischen Tragwerksmodelle der Festkörpermechanik

Die in der Statik der Tragwerke verwendeten *Strukturmodelle* entstammen der klassischen Festkörpermechanik, mit der unsere Leser bestens vertraut sind. Alle Modelle bilden als massegefüllte Volumina *Teilräume* des dreidimensionalen Anschauungsraumes E3, aber nur bei annähernd gleichgroßer Erstreckung in allen drei Koordinatenrichtungen x_i, $i = 1, 2, 3$ werden sie auch als *dreidimensionale Kontinua* beschrieben.

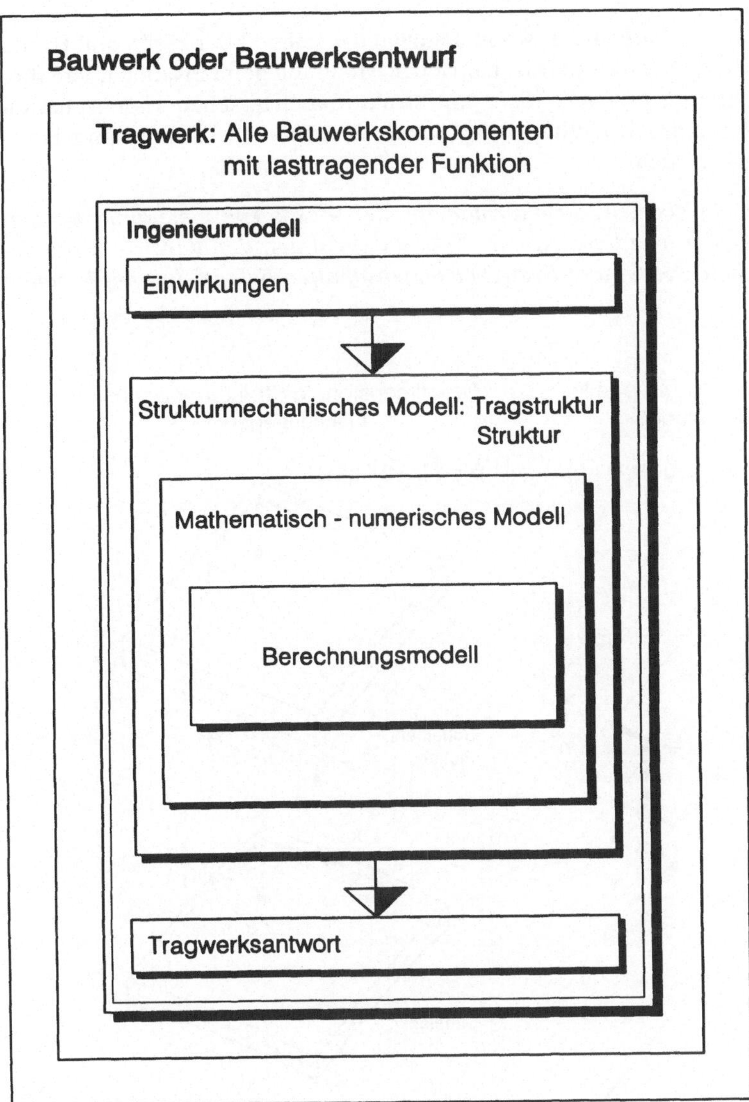

Bild 1.1. Modellbildungsebenen

Wegen des außergewöhnlich hohen Lösungsaufwandes für dreidimensionale Kontinua finden in der Festkörpermechanik überwiegend idealisierte Strukturmodelle mit Modellräumen *niedrigerer* Dimensionszahl n < 3 Anwendung. Diese füllen gerade solche Teilräume des E3 aus, welche näherungsweise *flächenhaft* (zweidimensional: x_α, $\alpha = 1, 2$) oder gar *linienhaft* (eindimensional: x) ausgebildet sind, je nach der Dominanz zweier Abmessungen oder nur einer. Als *Flächentragwerke* bezeichnen wir daher alle Strukturen, deren Dicke h klein ist gegen ihre Länge und Breite;

bei *Linienträgern* oder *Stäben* überwiegt dagegen die Länge l der Höhe und Breite des Querschnitts. Allen festkörpermechanischen Modellen gemeinsam ist, daß ihre Modellräume *kontinuierlich* und *dicht* mit strukturmechanischen Eigenschaften belegt sind, wodurch die Modellräume als *ideale Kontinua* zu Körpern physikalischen Geschehens werden.

Definition: Die klassischen Strukturmodelle der Festkörpermechanik werden durch ein-, zwei- oder dreidimensionale Kontinua gebildet, d.h. durch kontinuierlich mit Masse, Steifigkeits- und Festigkeitseigenschaften belegte Linien, Flächen oder Volumina.

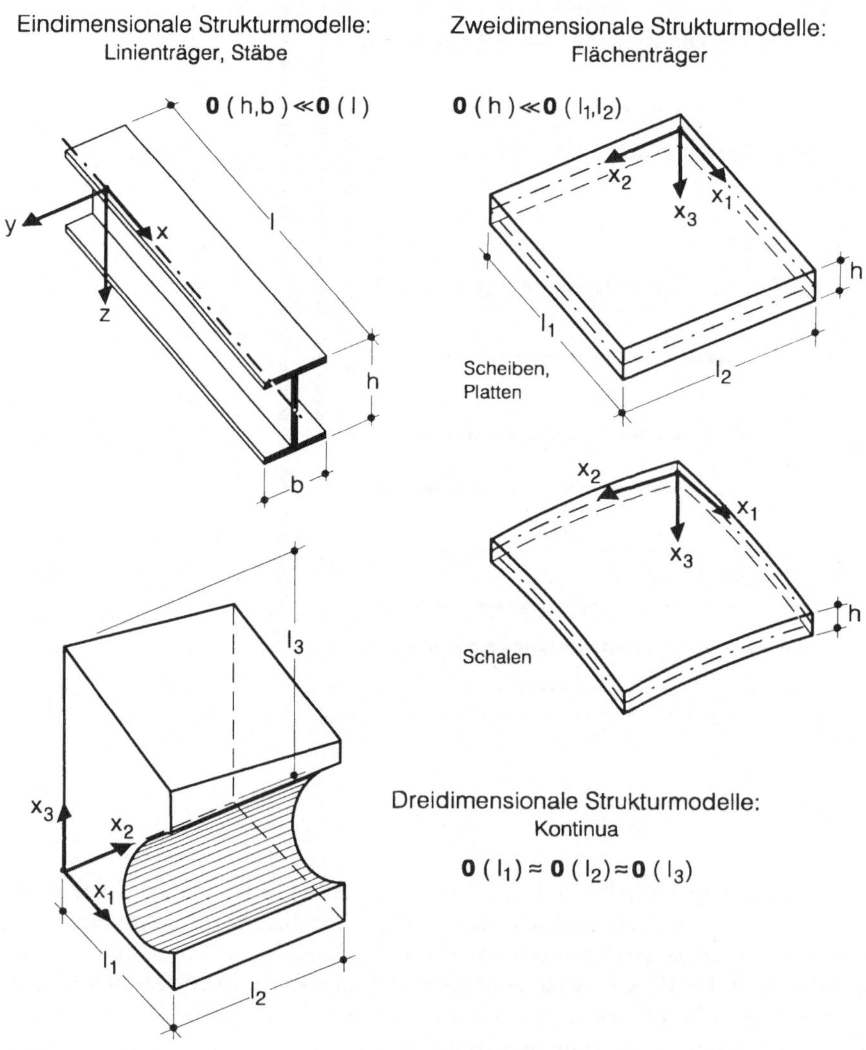

Bild 1.2   Tragwerksmodelle der Strukturmechanik

Bild 1.2 wiederholt noch einmal diese dem Leser wohlbekannte Definition. Offensichtlich beruht die näherungsweise Reduktion der Dimensionszahl des Modellraums vor allem auf Praktikabilitätsgesichtspunkten: Gleichgewichtsbedingungen und kinematische Beziehungen dieser Modelle stellen als Feldgleichungen bekanntlich Differentialbeziehungen dar, und die resultierenden Differentialgleichungen sind für eindimensionale Modellräume eben ungleich einfacher lösbar als für zwei- oder gar dreidimensionale. Die klassischen Beschreibungen festkörpermechanischer Problemstellungen führen überwiegend auf *elliptische Randwertaufgaben*; deren Lösungen, die mechanischen *Zustandsfunktionen*, besitzen im Modellraum *stetig* und *dicht* verteilte Funktionswerte. Die Grundbeziehungen der wichtigsten Strukturmodelle der Statik der Tragwerke werden wir ausführlich im Kapitel 2 behandeln, gefolgt von einem Abriß ihrer Energie- und Variationsprinzipe im Kapitel 3.

1.1.3   Diskretisierte Tragwerksmodelle

Die Lösung von Randwertproblemen der Festkörpermechanik mittels digitaler Rechenautomaten macht wegen deren algebraischer Arbeitstechniken eine *Diskretisierung* erforderlich: Analytische Funktionen werden durch Funktionswerte ersetzt, Differential- durch Differenzenquotienten, Integrale durch Einzelwertsummen. Diese Reduktion eines dicht belegten, *funktionalen* Modellraumes der Dimension n $\leq$ 3 auf Aussagen in einer diskreten Menge endlich vieler Punkte in demselben interpretieren wir zweckmäßigerweise als neues, sogenanntes *diskretisiertes Tragwerksmodell*. Da die Punktmengen im jeweiligen Modellraum verteilt sind, sprechen wir von diskretisierten Kontinua, Flächen- und Linientragwerken. Bild 1.3 zeigt drei solcher auch als *Diskontinua* bezeichneten Modelle, nämlich ein diskretisiertes ebenes Stabwerk und zwei diskretisierte Flächentragwerke mit den *Knotenpunkten* in den Kreuzungen der Parameterlinien. Im Abzweigungsbereich der Rohrschale auf Bild 1.3 wurde die Diskretisierung verdichtet, um engerliegende Zustandsaussagen zu gewinnen.

Definition: Diskretisierte Strukturmodelle werden durch endliche Punktmengen in ein-, zwei- oder dreidimensionalen Modellräumen gebildet. Diskrete Zustandsgrößen existieren nur in deren Einzelpunkten, den sogenannten Knotenpunkten.

Für derartige diskretisierte Strukturmodelle wird im Kapitel 4 eine vollständige Festkörperstatik aufgebaut werden. Deren Gleichgewichtsbedingungen und kinematische Beziehungen bilden nunmehr algebraische Transformationen. Benachbarte Knotenpunkte dieses Modells können durch Linien oder Flächen miteinander verbunden werden, wodurch der jeweilige Modellraum in eine Vielzahl *finiter Elemente* aufgeteilt wird. Letztere dienen einer approximativen Bestimmung der *Flexibilitäts-* oder *Steifigkeitskopplungen* zwischen den inneren diskreten Knoten-Zustandsgrößen, Schwerpunkt des Kapitels 5.

    In der Festkörpermechanik diskretisierter Tragwerksmodelle gehen übrigens die strukturmechanischen Unterschiede zwischen Stab- und Flächentragwerken sowie dreidimensionalen Kontinua zugunsten einer stärker *abstrakten*, aber *ein-*

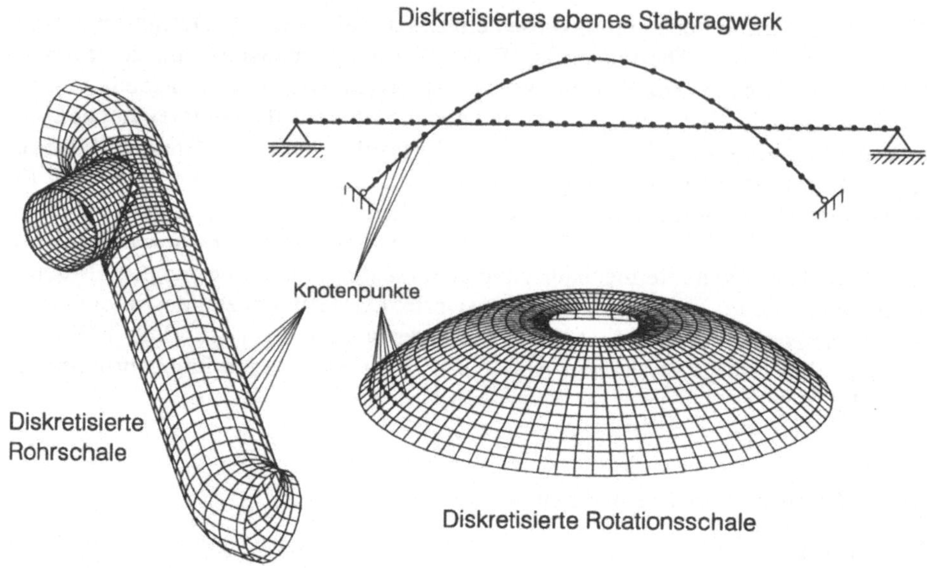

Bild 1.3. Verschiedene diskretisierte Tragwerksmodelle (Diskontinua)

heitlichen Darstellung weitgehend verloren; einer der unübersehbaren Vorteile dieses Modells.

1.2 Konzepte für Festigkeitsanalysen

1.2.1 Überblick

Moderne Modelle der Festkörpermechanik als Teile der physikalischen Realität sind in vielfältiger Weise nichtlinear. Es existiert kaum ein Beanspruchungsprozeß, der – wirklichkeitsnah beschrieben – nicht mannigfaltige *nichtlineare Kopplungen* aufweist. Dagegen erscheint die *lineare* Mechanik mit ihren Proportionalitätsgesetzen als eine ärmliche Approximation der Wirklichkeit, oftmals grundsätzlich unrealistisch. Viele reale Prozesse der Festkörpermechanik verlaufen eben nichtlinear, sind damit wegabhängig, oft instabil, somit im Grunde nicht determiniert. Sie sind daher schwierig prognostizierbar, voller unerwarteter Phänomene, deshalb aufregend und innovativ.

Wie stark sich *lineares* und *nichtlineares* Tragverhalten unterscheiden können, erläutern wir am Beispiel der stählernen Gitterschale auf Bild 1.4, Ergebnissen einer Finite-Element-Analyse. Diese Fachwerkschale mit vorgegebenen Abmessungen werde durch eine konstante Grundrißlast vorgegebener Intensität beansprucht. Für linear-elastisches Werkstoffverhalten zeigt das Tragwerk bei dem dokumentierten Lastniveau $\mathbf{p} = \lambda \overset{\circ}{\mathbf{p}}$, $\lambda = 6.70$ äußerst geringe Verformungen. In einer geometrisch-nichtlinearen Analyse, welche Gleichgewicht an der verformten

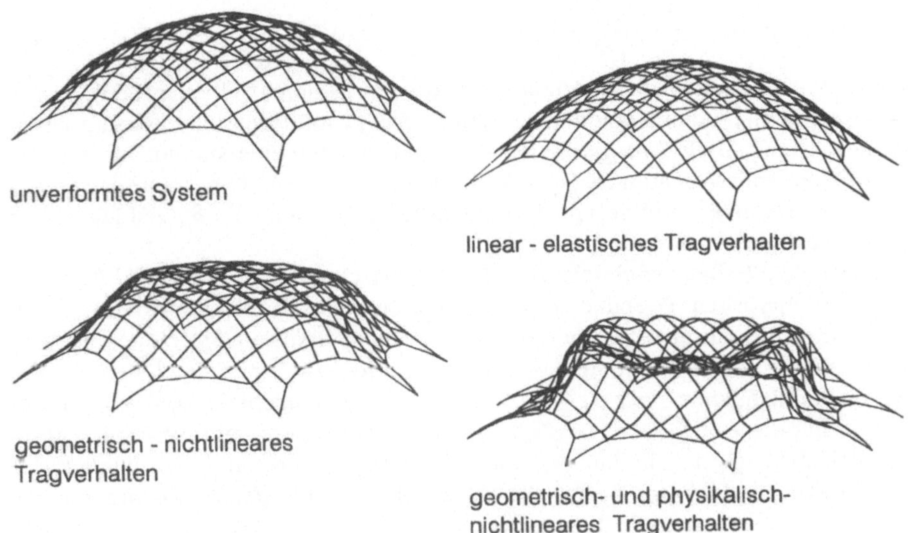

Bild 1.4. Verformungszustände (überhöht dargestellt) für eine räumliche Gitterschale
bei gleichen Lastniveaus

Konfiguration einstellt, immer noch für linear-elastisches Werkstoffverhalten, ist die
Schalenmitte bereits in eine Nachbarkonfiguration ausgewichen. Kombiniert man
geometrisch-nichtlineares Tragverhalten mit elasto-plastisch-verfestigenden
Werkstoffeigenschaften, so treten − wieder beim gleichen Lastniveau $\lambda = 6.70$ −
erhebliche Plastizierungen im Innenbreich sowie in den Zwickeln der Gitterschale
auf.

Dieses Beispiel soll natürlich nicht für Tragwerksanalysen nach komplizierten
nichtlinearen Konzepten werben. Tragwerksanalysen im Konstruktiven Ingenieurbau sollen bekanntlich nie *bestmögliche* Bilder einer festkörpermechanischen
Wirklichkeit sein. Sie sind vielmehr Bestandteile von *Prognosemodellen* für *Sicherheit, Dauerhaftigkeit* und *Wirtschaftlichkeit* zu entwerfender Projekte. Da ihr
Nutzen stets den Aufwand rechtfertigen muß, spielen *lineare Tragwerksanalysen*
im Ingenieurwesen nach wie vor eine Hauptrolle. Sie werden durch nichtlineare
Techniken ergänzt, die nun insgesamt klassifizierend vorgestellt werden sollen.

1.2.2 Lineare Tragwerksanalysen nach Theorie 1. Ordnung

Lineare Tragwerksanalysen sind unseren Lesern aus den beiden Bänden *Tragwerke
1 und 2* wohlbekannt, soweit sie Stabwerke betreffen. Für diese ebenso wie für
beliebige diskretisierte Tragstrukturen beschreibt die Gesamt-Steifigkeitsbeziehung

$$\mathbf{P} = \mathbf{K} \cdot \mathbf{V} \tag{1.1}$$

bzw. deren inverse Relation, die *Gesamt-Nachgiebigkeitsbeziehung*

$$V = F \cdot P = K^{-1} \cdot P \, , \tag{1.2}$$

lineare Abhängigkeiten der Knotendeformationen (Knotenfreiheitsgrade) V von den korrespondierenden Knotenlastgrößen P. Als Proportionalitätsfaktoren vereinigt die *Gesamt-Steifigkeitsmatrix* K sämtliche Knotenwiderstände infolge von Einheits-Knotendeformationen $V_i = 1$, die *Gesamt-Nachgiebigkeitsmatrix* F alle Knotenverformungen infolge von Einheitslasten P_i, welche als δ_{ik}-Zahlen jedem Ingenieur wohlbekannt sind.

Die beiden Grundbeziehungen (1.1, 1.2) beschreiben *lineare Abbildungen* zwischen den Lasten P und den korrespondierenden Knotendeformationen V. Lineare Transformationen bestehen ebenfalls zu den Schnitt- und Verzerrungsgrößen. Aus dieser Linearität folgt das *Superpositionsgesetz*, nach welchem in der linearen Statik *Schnitt- und Verformungsgrößen* für einzelne *Lastfälle* getrennt ermittelt und diese sodann zu *Lastfallkombinationen* superponiert werden dürfen. Viele weitere Analysetechniken der linearen Festkörpermechanik beruhen auf der Superposition von Einzelgrößen, so die Verwendung von *Einflußlinien*, die Berechnung statisch unbestimmter Tragwerke nach dem Kraftgrößenverfahren mittels *Einheitszuständen*, das Verfahren der *Modalzerlegung* in der linearen Dynamik.

Lineare Tragwerksmodelle, auch als solche der *Theorie 1. Ordnung* bezeichnet, setzen *linear-elastisches* Werkstoffverhalten voraus. Durch die Annahme infinitesimal kleiner Verformungen entstehen *lineare* kinematische Beziehungen, und das Gleichgewicht, an der unverformten Tragwerkskonfiguration formuliert, wird ebenfalls eine *lineare* Bedingung zwischen Lasten und Schnittgrößen. Alle drei linearen Transformationen bilden die Voraussetzung für Linearität der Gesamtbeziehungen (1.1, 1.2). In diesem Buch konzentrieren wir uns auf die *lineare* Finite-Element-Methode; deren Analysekonzepte werden insbesondere im Kapitel 6 behandelt.

1.2.3   Geometrisch-nichtlineare Tragwerksanalysen, Theorie 2. Ordnung, Stabilität

Geometrisch- oder kinematisch-nichtlineare Tragwerksanalysen berücksichtigen entstehende Deformationen als *endliche* Größen. Dadurch werden die kinematischen Beziehungen zu *nichtlinearen* Transformationen, und das Gleichgewicht, nunmehr an der *verformten* Konfiguration formuliert, wird *verformungsabhängig*. Auch bei weiterhin linear-elastischem Werkstoffverhalten wird somit das Gesamtproblem nichtlinear. Die Lösung der Steifigkeitsbeziehung erfolgt in einem linearisierten Vorgehen in einzelnen Lastinkrementen.

Ausgehend von einem als bekannt vorausgesetzten *Grundzustand* P, V, der auch der Nullzustand sein kann, wird hierzu ein kleiner Verformungszuwachs $\overset{+}{V}$ auf Grund eines Lastinkrementes $\overset{+}{P}$, ein sogenannter *Nachbarzustand*, aus der *tangentialen Steifigkeitsbeziehung*

$$K_T \cdot \overset{+}{V} = \overset{+}{P} \tag{1.3}$$

ermittelt. Die hierin auftretende *tangentiale Gesamt-Steifigkeitsmatrix*

$$\mathbf{K}_T = \mathbf{K}_e + \mathbf{K}_u + \mathbf{K}_\sigma = \mathbf{K}_e + \mathbf{K}_{uL}(V) + \mathbf{K}_{uN}(V) + \mathbf{K}_{\sigma L}(V) + \mathbf{K}_{\sigma N}(V) \qquad (1.4)$$

enthält die aus (1.1) bekannte elastische Steifigkeitsmtarix $\mathbf{K}_e$, die Anfangsverformungsmatrix $\mathbf{K}_u$ und die Anfangsspannungsmatrix $\mathbf{K}_\sigma$, letztere beide in linearer (L) und nichtlinearer (N) Abhängigkeit von den Verformungen $\mathbf{V}$ des Grundzustandes. In der tangentialen Steifigkeitsbeziehung (1.3)

$$\mathbf{K}_T \cdot \overset{+}{\mathbf{V}} = \overset{+}{\mathbf{P}} = \overset{+}{\mathbf{P}} + \mathbf{P} - \mathbf{F}_i(V) \qquad (1.5)$$

addiert man nun rechts die Belastung $\mathbf{P}$ des Grundzustandes und substrahiert die aus dem erreichten Verformungs-Grundzustand berechneten inneren Knotenkraftgrößen $\mathbf{F}_i(V)$. Nach jedem linearisierten Berechnungsschritt

$$\overset{+}{\mathbf{V}} = \mathbf{K}_T^{-1} \cdot [\overset{+}{\mathbf{P}} + \mathbf{P} - \mathbf{F}_i(V)] \qquad (1.6a)$$

wird dadurch rechts eine Ungleichgewichtskraft $\mathbf{U}$

$$\overset{+}{\mathbf{P}} + \mathbf{P} - \mathbf{F}_i(V + \overset{+}{\mathbf{V}}) = \mathbf{U} \qquad (1.6b)$$

verbleiben, die durch eine *Iteration* über die rechte Seite in n Schritten unter eine vorgegebene Schranke gedrückt werden kann:

$$\overset{+}{\mathbf{P}} + \mathbf{P} - \mathbf{F}_i(V + \sum_n \overset{+}{\mathbf{V}}_{(n)}) = \mathbf{U}_{(n)} \approx \mathbf{0} \; . \qquad (1.7)$$

Ein derartiges Lösungskonzept bezeichnet man als *inkrementell-iterativ*.

Bild 1.5 zeigt als Beispiel für geometrisch-nichtlineares Tragverhalten den derart berechneten, verschlungenen und sich instabil verzweigenden Last-Verformungspfad eines elastischen Bogentragwerks. Wie erkennbar, verliert das Superpositionsgesetz bei derartigen Problemstellungen seine Gültigkeit: Lastfallsuperpositionen, Einflußlinien und viele andere dem Leser vertraute Analysedetails sind bei nichtlinearem Tragverhalten nicht mehr anwendbar. Bild 1.6 ergänzt dieses Antwortverhalten durch Ergebnisse einer dreidimensionalen Modellierung des Anschlaggummis einer LKW-Motoraufhängung, ein *nichtlinear-elastisches* Problem sehr großer Verformungen.

Im Konstruktiven Ingenieurbau sind die auftretenden Deformationen natürlich stets erheblich kleiner als in den beiden Beispielen. Ein dort verbreitetes Näherungskonzept für geometrisch-nichtlineare Analysen bildet die Theorie 2. Ordnung. Hierin wird in der tangentialen Steifigkeitsmatrix (1.4) neben $\mathbf{K}_e$ nur die lineare Anfangsspannungsmatrix $\mathbf{K}_{\sigma L}(V)$ berücksichtigt, die in Abhängigkeit der Schnittgrößen σ umformulierbar ist [Krätzig 1989]

$$\mathbf{K}_T \approx \mathbf{K}_e + \mathbf{K}_{\sigma L}(V) = \mathbf{K}_e + \mathbf{K}_{\sigma L}(\sigma) = \mathbf{K}_e + \mathbf{K}_g(\sigma) \qquad (1.8)$$

und dann als *geometrische Steifigkeitsmatrix* $\mathbf{K}_g(\sigma)$ bezeichnet wird. Approximiert man nun, wegen der Annahme zwar endlicher, aber eben doch kleiner Deformatio-

Baustatische Skizze:

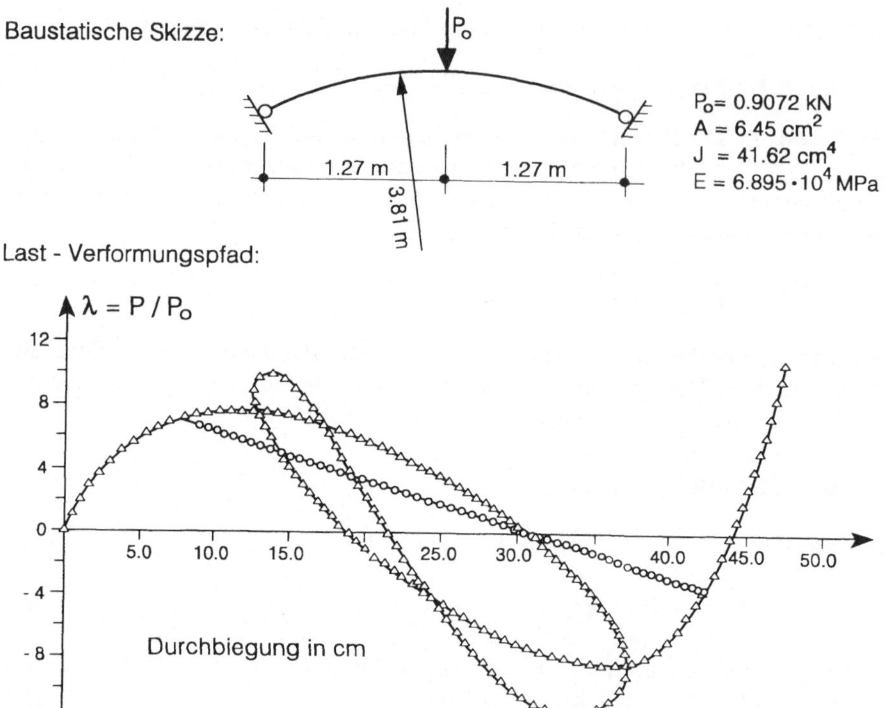

Last - Verformungspfad:

Bild 1.5. Last-Verformungspfad eines flachen Bogentragwerks mit Verzweigung

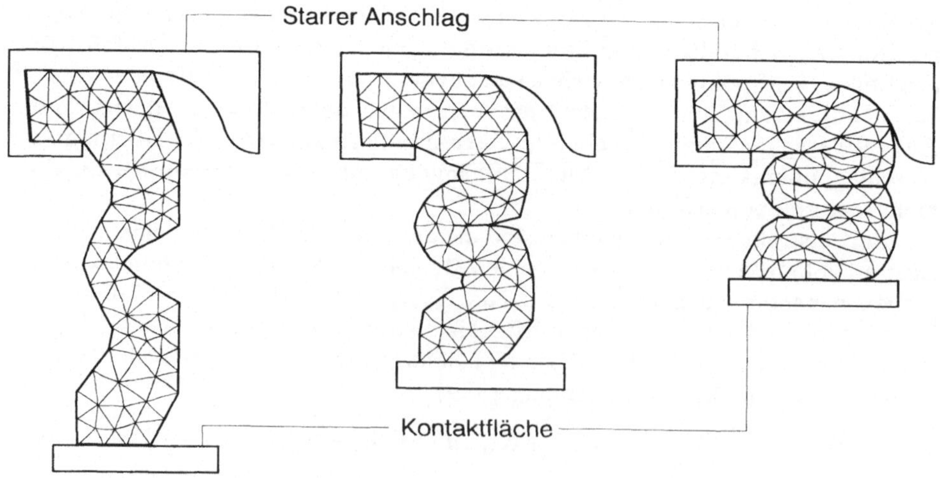

Bild 1.6. Finite-Element-Modellierung des Anschlaggummis einer Motoraufhängung

nen, die Schnittgrößen σ durch diejenigen einer *linearen Analyse* σ_L, beispielsweise aus der mit einer Gesamtsicherheit ν vervielfachten maximalen Lastkombination $\mathbf{P}$, so ist $\mathbf{K}_T$ *näherungsweise* bekannt. Damit kann die Verformung $\mathbf{V}_{(2)}$ nach Theorie 2. Ordnung im Sinne eines Gesamtschrittverfahrens aus (1.3) ermittelt werden:

$$\mathbf{K}_T \cdot \mathbf{V}_{(2)} = [\mathbf{K}_e + \mathbf{K}_g\,(\sigma_L)] \cdot \mathbf{V}_{(2)} = \lambda\,\mathbf{P} \quad \to \quad \mathbf{V}_{(2)},\ \sigma_{(2)}\ . \tag{1.9}$$

Aus den gegenüber einer linearen Analyse vergrößerten Verformungen $\mathbf{V}_{(2)}$ werden sodann Bemessungsschnittgrößen $\sigma_{(2)}$ gewonnen, die natürlich nicht mit σ_L identisch sind. Deren Spannungen sind in den Nachweisformaten der Normen durch die Streckgrenzen oder Druckfestigkeiten der eingesetzten Werkstoffe zu begrenzen.

In enger Verbindung zur Theorie 2. Ordnung stehen *lineare Stabilitätsanalysen*. Hierbei wählt man erneut einen als ungünstig angesehenen Lastzustand $\overset{\circ}{\mathbf{P}}$ und den zugehörigen, aus einer *linearen* Berechnung ermittelten Schnittgrößenzustand $\overset{\circ}{\sigma}_L$. Da die geometrische Steifigkeitsmatrix $\mathbf{K}_g\,(\sigma)$ auch linear von σ abhängt, folgt

$$\mathbf{P} = \lambda\,\overset{\circ}{\mathbf{P}} \quad \to \quad \sigma_L = \lambda\,\overset{\circ}{\sigma}_L : \quad \mathbf{K}_g\,(\sigma_L) = \mathbf{K}_g\,(\lambda\,\overset{\circ}{\sigma}_L) = \lambda\,\mathbf{K}_g\,(\overset{\circ}{\sigma}_L) \tag{1.10a}$$

und weiter aus (1.9)

$$\mathbf{K}_T \cdot \mathbf{V} = [\mathbf{K}_e + \lambda\,\mathbf{K}_g\,(\overset{\circ}{\sigma}_L)] \cdot \mathbf{V} = \lambda\,\overset{\circ}{\mathbf{P}} = \mathbf{P}\ . \tag{1.10b}$$

Für diese linearisierte Beziehung werde die Existenz einer *trivialen* Lösung $\mathbf{P}$, $\mathbf{V}$ vorausgesetzt. Bei Stabilitätsanalysen wird nun untersucht, ob unter *gleichbleibenden* Lasten $\mathbf{P} = \lambda\,\overset{\circ}{\mathbf{P}}$ noch eine zweite, *nichttriviale* Lösung $\tilde{\mathbf{V}}$ existiert, für welche dann laut (1.10*b) das lineare Eigenwertproblem*

$$\mathbf{K}_T \cdot (\mathbf{V} + \tilde{\mathbf{V}}) = \mathbf{P} : \quad \mathbf{K}_T \cdot \tilde{\mathbf{V}} = [\mathbf{K}_e + \lambda\,\mathbf{K}_g\,(\overset{\circ}{\sigma}_L)] \cdot \tilde{\mathbf{V}} = 0 \tag{1.11}$$

eine reelle Lösung besitzen muß. Das kritische Lastniveau λ, bei welchem eine Instabilität als nichttriviale Lösung $\tilde{\mathbf{V}}$ möglich ist, wird als *Beulsicherheit* bezeichnet und aus (1.11) als Eigenwert bestimmt, $\tilde{\mathbf{V}}$ als Vektor der *Beuleigenformen*. Als Beispiel einer derartigen Stabilitätsanalyse zeigt Bild 1.7 links den rotationssymmetrischen Vorbeulzustand einer durch eine konstante Ringlast $\overset{\circ}{\mathbf{P}}$ entlang der inneren Öffnung beanspruchte flache Kugelschale. Bei Erreichen des kritischen

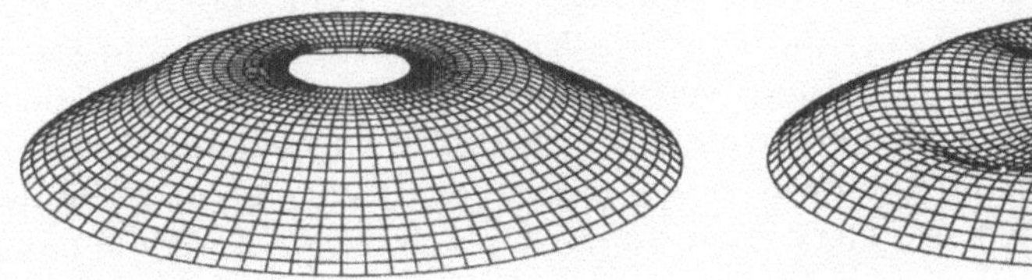

Bild 1.7. Instabilitätsverhalten einer flachen Kugelschale unter konstanter, vertikaler Ringlast

Lastniveaus $\lambda \overset{\circ}{\mathbf{P}}$ wird die rechts dargestellte Beulform zur zweiten Lösungsalternative, wodurch die Schale in einer Instabilität versagen würde.

1.2.4 Physikalisch-nichtlineare Tragwerksanalysen

Physikalisch- oder stofflich-nichtlineare Tragwerksantworten gewinnen ihre Nichtlinearität durch Aufgabe des linear-elastischen Werkstoffverhaltens. Auch in diesem Fall von Nichtlinearität kann, ausgehend von einem als bekannt vorausgesetzten *Grundzustand* $\mathbf{P}$, $\mathbf{V}$, ein *Nachbarzustand* $\mathbf{P} + \overset{+}{\mathbf{P}}$, $\mathbf{V} + \overset{+}{\mathbf{V}}$ durch inkrementell-iterative Lösung der *tangentialen Steifigkeitsbeziehung* (1.3) gewonnen werden. Diese lautet beispielsweise für elasto-plastisches Stoffverhalten

$$\mathbf{K}_T \cdot \overset{+}{\mathbf{V}} = \overset{+}{\mathbf{P}} : \quad (\mathbf{K}_e + \mathbf{K}_{pl}) \cdot \overset{+}{\mathbf{V}} = \mathbf{P} + \overset{+}{\mathbf{P}} - \mathbf{F}_i(\mathbf{V}) , \tag{1.12}$$

worin $\mathbf{K}_{pl}$ die *plastische Steifigkeitsmatrix* bezeichnet.

Auch bei physikalisch-nichtlinearen Tragwerksanalysen verliert das Superpositionsgesetz seine Gültigkeit. Üblicherweise untersucht man die Auswirkungen von Lastprozessen, z.B. der mit einem Laststeigerungsfaktor λ vervielfachten maximalen Lastkombination $\overset{\circ}{\mathbf{P}}$, auf eine Tragstruktur bis zum inelastischen Versagen. Bekannte stofflich-nichtlineare *Näherungskonzepte* dieser allgemeinen Analysetechnik sind die aus den Normen des Konstruktiven Ingenieurbaus bekannten *Fließgelenkverfahren* für Stabwerke. Deren Tragwerksmodelle setzen insgesamt lineare Elastizität voraus, idealisieren jedoch die inelastisch reagierenden Tragwerkselemente als in einzelnen Punkten, den *Fließgelenken*, konzentriert.

Gelegentlich werden auch *geometrisch-* und *physikalisch-nichtlineare* Tragwerksanalysen miteinander kombiniert, was wegen der gleichartigen inkrementell-iterativen Lösungstechniken keine prinzipiellen Schwierigkeiten bereitet. Das Ergebnis einer derartigen, äußerst komplexen Finiten-Element-Berechnung zeigt Bild 1.8. Der dort abgebildete Schalenkühlturm aus Stahlbeton wurde als hochgradig inelastisches Mehrkomponentenkontinuum modelliert. Sein Tragverhalten wurde unter Eigengewicht g, verschiedenen Betriebstemperaturen t und einer λ-fachen, quasi-statischen Windlast w bis zum rechnerischen Kollaps im Computer simuliert [Gruber 1994]. Die Lastverformungspfade zeigen die Abhängigkeit der größten Radialverschiebung der Schalenmittelfläche vom Windlastfaktor λ: der Kollaps erfolgt bei einer Maximalverschiebung von ca. 63 cm.

Aus derartigen Analysen lassen sich Aussagen über *Vorschädigungen* eines Tragwerks in Form bleibender Deformationen gewinnen, beispielsweise infolge von Temperatureinwirkungen. Stofflich-nichtlineare Tragwerksantworten sind wie auch geometrisch-nichtlineare i.a. abhängig von der *Reihenfolge der Lastaufbringung*. Beispielsweise entspricht der Verformungspfad der Lastkombination $g + \lambda \cdot w$ auf Bild 1.8 *nicht* demjenigen von $g + t - t + \lambda \cdot w$, in welchem die Kühlerschale zunächst temperaturbelastet war (g + t) und erst die wieder temperaturfreie Schale (g + t − t) der Windlast unterworfen wurde. Als *Näherungskonzept* kombiniert geometrisch- und physikalisch-nichtlinearer Analyseverfahren werden im Stahlbeton *Fließgelenktheorien 2. Ordnung* eingesetzt.

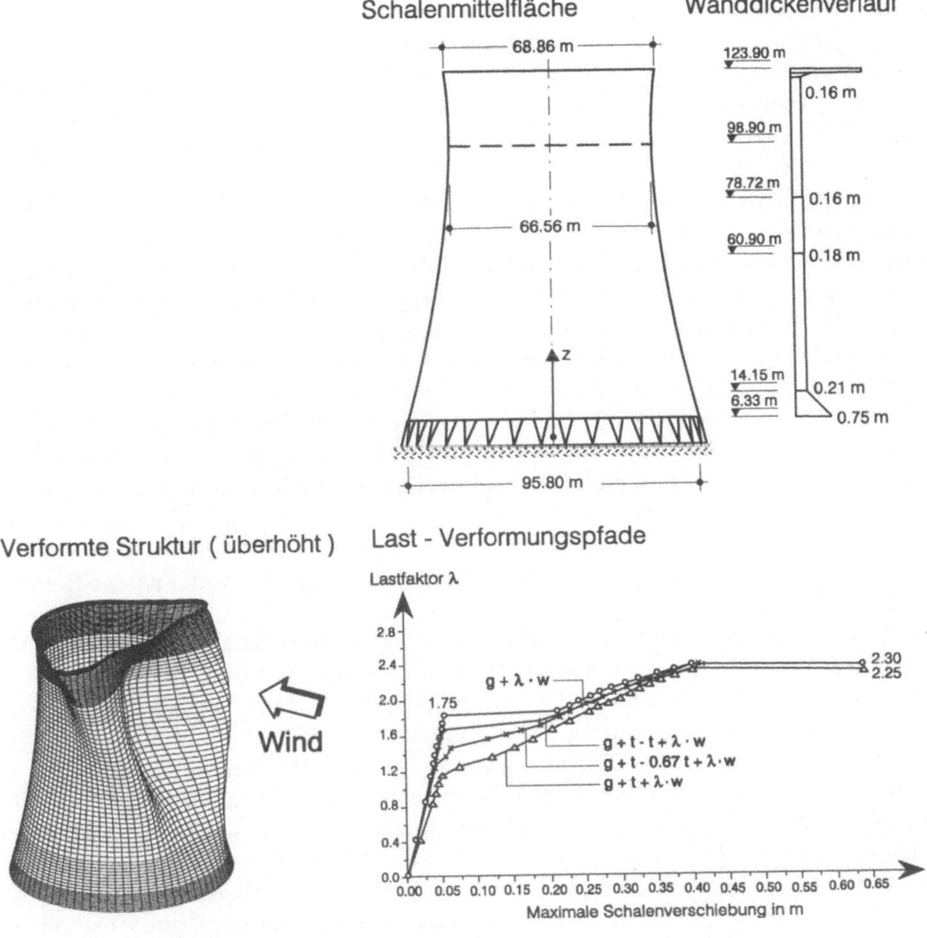

Bild 1.8. Elasto-plastische Rißanalyse eines Kühlturms unter Eigengewicht, Temperatur und Wind

1.3 Die Welt der finiten Elemente

1.3.1 Historische Aspekte

Heute dominiert die *Methode der finite Elemente* weite Bereiche der modernen Technik, insbesondere die innovativen Schlüsseltechnologien. Sie wird in der Fluidmechanik, der Thermodynamik, der Akustik, dem Elektromagnetismus und der Elektrodynamik ebenso eingesetzt wie in der *Festkörpermechanik*, der sie entstammt. Unter dieser Methode verstehen wir heute die gedachte Zerlegung des Modellraums einer fast beliebigen physikalischen Aufgabenstellung in kleine, endlich begrenzte Einheiten, eben *finite Elemente*. Deren approximative Lösung erfolgt durch lokale Ansätze, und der Zusammenbau aller einzelnen Elementlösungen ermöglicht dann eine Näherungslösung des Gesamtproblems. Dabei wird als Konvergenzanforderung angestrebt, daß die Näherungslösung mit kleiner werdenden finiten Elementen die exakte Lösung approximieren solle. Die Methode der finiten Elemente besitzt ihre historischen Wurzeln in der *Mathematik*, der *Baustatik* und der *Festigkeitslehre*.

Ihre fundierteste *mathematische Begründung* erfährt die Finite-Element-Methode in den direkten Verfahren des *Variationskalküls*. Als Startpublikation gilt im allgemeinen die Schöpfung des heutigen RAYLEIGH-RITZ-Verfahrens [Ritz 1908], bei welchem einheitliche Ansatzfunktionen im gesamten Modellraum zur Minimierung eines Variationsfunktionals vorgeschlagen wurden. Zur Beseitigung von Schwierigkeiten bei komplizierteren Berandungen mit stückweise unterschiedlichen Randbedingungen wählte E. TREFFTZ [Trefftz 1926] erstmalig lokal begrenzte Ansätze: Er zerlegte den Modellraum eines Torsionsprofils in rechteckige Scheibenfelder. R. COURANT [Courant 1943] schließlich schlug die Verwendung einer erheblich größeren Anzahl elementweise begrenzter Ansätze für Gleichgewichts- und Schwingungsprobleme vor. Alle diese Arbeiten blieben jedoch, wegen noch fehlender Rechenautomaten, im Ingenieurwesen und in der Mathematik unbeachtet; sie wurden erst Jahrzehnte später als frühe Ursprünge der Methode der finiten Elemente erkannt.

Besonders tiefe Wurzeln besitzt diese Methode in der Baustatik. Aufbauend auf Vorarbeiten von F. ENGESSER und O. MOHR sowie von A. BENDIXSEN [Bendixsen 1914] und W. GEHLER [Gehler 1916] (siehe [Krätzig 1994]) entstand in den 20er Jahren durch A. OSTENFELD und L. MANN [Ostenfeld 1921, 1925; Mann 1926] ein neues Berechnungskonzept für Stabwerke: das *Drehwinkelverfahren*. Mit diesem speziellen *Weggrößenverfahren*, das – damals unerkannt – bereits ein Elementverfahren verkörperte, erwuchs erstmals eine Alternative zum seinerzeit allbeherrschenden *Kraftgrößenverfahren* [Müller-Breslau 1886]. Vor allem aber gewann durch das Drehwinkelverfahren der Gedanke einer *dualen Formulierung* der Berechnungsalgorithmen der Baustatik an Verbreitung, allerdings zunächst ohne erfolgreiche Klärung.

Der entscheidende Durchbruch gelang J.H. ARGYRIS [Argyris 1954] durch konsequente Einführung eines *Elementkonzeptes* und Darstellung der Festkörpermechanik in *Matrizenform*, beides Ergebnis seiner Berufserfahrungen in der britischen Flugzeugindustrie. Vor allem aber stellte er die *mechanische Energie* in das Zentrum seines Konzeptes, wodurch ihm die völlig duale Formulierung von Kraft- und Weggrößenverfahren gelang. Hierauf aufbauend publizierte 1956 ein amerikanisches Autorenteam um M.J. TURNER und R.W. CLOUGH [Turner 1956] von der Firma BOEING die erstmalige Ermittlung der Steifigkeits- und Nachgiebigkeitsmatrizen eines rechteckigen Schubfeldes sowie deren Einbau in ein Stabwerk. In dieser Veröffentlichung schufen sie die beiden Grundbegriffe *finite element* und *direct stiffness method*, die ein Synonym für computerorientierte Berechnungsverfahren wurden. Damit setzte eine Entwicklung ein, welche lawinenartig alle klassischen Berechnungskonzepte der Festkörpermechanik überrollte. Als erstes integrierten E.C. PESTEL und F.E. LECKIE [Pestel 1963] dieses neue Konzept in eine geschlossene matrizielle Darstellung der Elastomechanik. Das erste Lehrbuch zur Methode der finiten Elemente verfaßte O.C. ZIENKIEWICZ im Jahre 1967 [Zienkiewicz 1967] dicht gefolgt von J.S. PRZEMIENIECKI [Przemieniecki 1968]. Bereits sechs Jahre später, 1974, wies eine Bibliographie dieses neuen Gebietes 2.800 Publikationen aus!

Die dritte Wurzel der Methode der finiten Elemente liegt in der *Festigkeitslehre*. Bereits im vergangenen Jahrhundert waren baustatische Verfahren zur Berechnung auch komplizierter Stabwerke, beispielsweise von Fachwerken, handhabbar. Da zur Analyse von Scheiben, Platten oder gar Kontinua dagegen die Lösung von Randwertaufgaben mit partiellen Differentialgleichungen erforderlich ist, liegt der Gedanke nahe, letztere durch Stabwerke zu approximieren. Auf die sehr frühe und völlig in Vergessenheit geratene Modellierung von Kontinua durch Raumfachwerke von G.E. KIRSCH [Kirsch 1868] aus dem Jahre 1868 machen [Knothe 1992] besonders aufmerksam. Aus dem Jahre 1940 stammt die amerikanische Promotion [Hrennikoff 1940], in welcher der Autor A.P. HRENNIKOFF Scheiben und Platten aus rechteckigen oder dreieckigen Stabstrukturen approximiert, sogenannten *Gitterrostmodellen*. Dabei werden Dehn- und Biegesteifigkeiten der Gitterrostmodelle so dimensioniert, daß diese analoge Verformungsfähigkeiten aufweisen wie gleichgroße Elemente des ursprünglichen Flächentragwerks. Diese seinerzeit ebenfalls aus Mangel an automatischer Rechenleistung unbeachtet gebliebene Arbeit wurde in Deutschland durch die Dissertation [Spierig 1963] bekannt und zur Computeranalyse von Tragwerken, u.a. auch von Schalentragwerken, eingesetzt.

Heute besitzen *Gitterrostmodelle* in der Anwendungspraxis des Bauwesens weite Verbreitung, ermöglichen sie doch mittels Stabwerks-Rechenprogrammen eine approximative Analyse auch komplizierter Tragwerke. Dabei werden oftmals die Steifigkeiten nicht einmal gemäß oben skizziertem Vorgehen festgelegt, sondern durch Schätzung.

Während ihrer kurzen Geschichte hat sich die Methode der finiten Elemente zu einer vielseitigen Lösungstechnik für die Rand- und Anfangsrandwertprobleme der gesamten Physik entwickelt. An vielen Universitäten weltweit existieren heute Forschungszentren für numerische Methoden in der Technik, die alle auf dieser Methode basieren, sie weiterentwickeln und ihr neue Anwendungsgebiete erschließen.

1.3.2 Eine Berechnungsmethode revolutioniert die Mechanik und die numerische Mathematik

Blickt man auf die nunmehr 40-jährige Entwicklung der Methode der finiten Elemente zurück, so wird der Einfluß der Rechenautomaten auf die Theorie dieser Methode überdeutlich. Erstmalig im modernen Ingenieurwesen haben Maschinen, ursprünglich als Hilfsmittel gedacht, eine Wissenschaftsdisziplin in maßgebender Weise geprägt. Ein Überblick über die Problemvielfalt dieser Methode wird daher bestenfalls ein Augenblicksbild liefern [Zienkiewicz 1985], denn die Entwicklung digitaler Computer hält ungebrochen an.

Interessanterweise hat die Methode der finiten Elemente zu erheblich sorgfältigeren Formulierungen der Strukturmodelle der Festkörpermechanik Anlaß gegeben. *Kinematische Beziehungen, Gleichgewichtsbedingungen* sowie *Kraft-* und

Weggrößen-Randtransformationen von Stäben, Scheiben, Platten, Schalen und dreidimensionalen Kontinua müssen nämlich *energetisch konsistent* formuliert sein, da bei Elemententwicklungen i.a. nur Teile dieser Bedingungen verwendet und die restlichen sodann über Minimalaussagen von Energiefunktionalen mitbestimmt werden. Im Konzept der finiten Elemente stehen heute *Weggrößenmodelle* weit im Vordergrund, bei welchen die Kinematik durch Ansatzfunktionen approximiert wird. Für sie gibt es eine Vielzahl hervorragender Einführungen [Knothe 1992, Thieme 1996] und mehrere ausgezeichnete Monographien [Argyris 1986, Zienkiewicz 1989, 1991]. Daneben führen *Kraftgrößenmodelle* ein Schattendasein. Bedeutung besitzen *gemischte* und *hybride Elementmodelle*, für welche Kraft- und Weggrößen unabhängig voneinander approximiert werden, die bei letzteren später teilweise wieder herauskondensiert werden.

An neu zu entwickelnde finite Elemente werden heute ganz besondere Ansprüche hinsichtlich Robustheit und Leistungsfähigkeit gestellt. Daher bedarf es zu deren Entwicklung oder Beurteilung detaillierter Kenntnisse der *Energieprinzipe* und der *direkten Variationsmethoden* [Schwarz 1980]. In unserer Stoffpräsentation werden wir uns dabei einführend auf *linear-elastische* Werkstoffmodellierungen beschränken, obwohl seit einem Jahrzehnt Finite-Element-Methoden zunehmend zur wirklichkeitsnahen Simulation *materiell-nichtlinearer* Prozesse der Festkörpermechanik Anwendung finden. Dabei stellen nichtlinear-elastisches, elasto-plastisches und elasto-viskoplastisches Werkstoffverhalten Grundtypen dar. Aus ihnen werden reale *Ein-* und *Mehrkomponentenmaterialien* mit typisch nichtlinearen Antwortphänomenen modelliert, beispielsweise mit Mikrorißbildung, Eigenspannungen oder unter Kriechprozessen.

Damit haben die Analysetechniken die Anwendungsfelder der *linearen Statik* und *Dynamik*, welche die Finite-Element-Methoden in ihren ersten 20 Jahren dominierten, längst hinter sich gelassen. Natürlich bilden die verschiedenen GAUSS-schen *Eliminationstechniken*, angewandt auf die Gesamt-Steifigkeitsbeziehung, deren Varianten nach CHOLESKY und spezielle *Frontlösungsverfahren* weiterhin das Standard-Analysewerkzeug des Entwurfsingenieurs ebenso wie *Substruktur-* oder *Blocklösetechniken* für übergroße Aufgabenstellungen [Bathe 1986, Wunderlich 1995]. Hierin gehört ebenfalls das Spezialgebiet der Lösung großer *Eigenwertprobleme*, welche die Tragwerksdynamik dominieren. Die Lösung von Eigenwertproblemen ist der Inversion quadratischer Matrizen eng verwandt, erfordert jedoch wegen der Orthogonalitätseigenschaften der Eigenvektoren i.a. erhöhte Genauigkeit nebst Rechnerleistung. Als Beispiel für derartige Aufgabenstellungen zeigt Bild 1.9 Diskretisierung und Eigenformen eines großen Spannbeton-Turbinentisches, der auf Federpaketen aufgelagert ist. Die zuverlässige Prognose derartiger Eigenschwingungen ist der Schlüssel für eine lange Lebensdauer des auf dem Tisch aufgelagerten Turbogenerators.

Nichtlineare Fragestellungen treten aber immer stärker in den Vordergrund mit großen Deformationen oder inelastischem Materialverhalten [Oden 1972, Owen 1980]. Mit der Zunahme nichtlinearer Prozesse gerät die Auflösung der tangentialen Gesamt-Steifigkeitsbeziehung, wegen der *inkrementell-iterativen* Vorgehensweise in vielfachen Wiederholungen vorzunehmen, verstärkt ins Blickfeld. Eliminationsverfahren werden daher parallelisiert und durch Verfahrensvarianten er-

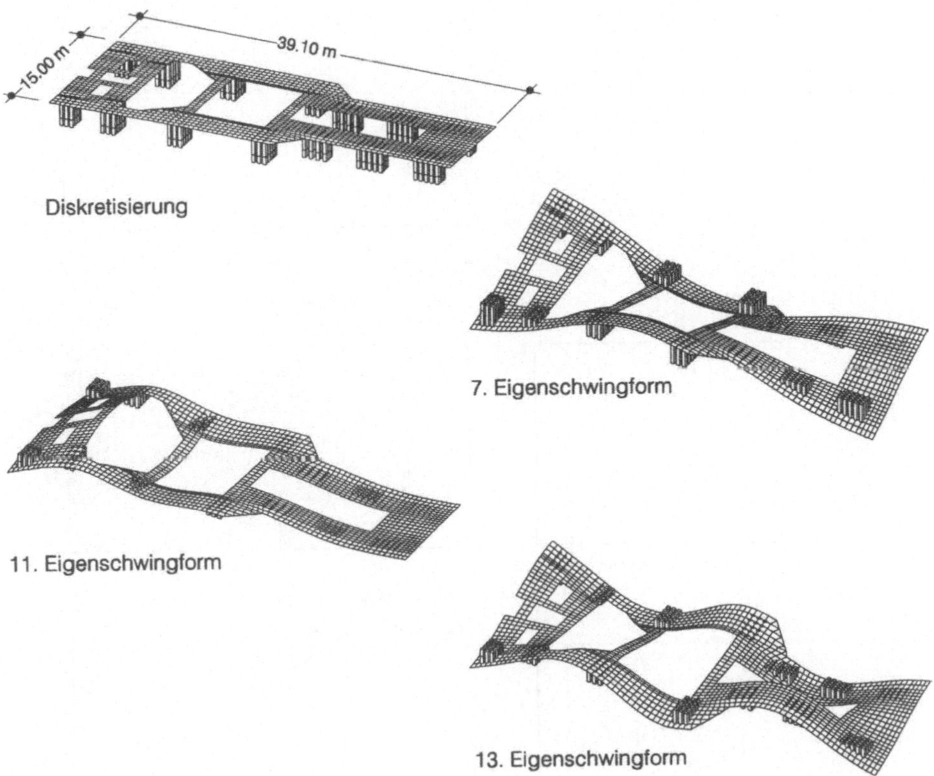

Bild 1.9. Diskretisierung und Auswahl von Eigenschwingformen eines 600 MW-Spannbeton-Turbinentisches

gänzt, die besser auf nichtlineare Prozesse zugeschnitten sind [de Borst 1993]. Da die technischen Aufgaben umfangreicher werden, liegt ein bedeutender Schwerpunkt in der Weiterentwicklung iterativer Lösungstechniken, die als *Mehrgitterverfahren* auf Netzen unterschiedlicher Diskretisierungstiefe bzw. Hierarchie arbeiten [Braess 1992].

Zum Aufspüren von *Tragwerksinstabilitäten*, die vielen nichtlinearen Last-Verformungsprozessen zugeordnet sind, müssen diese Löser durch Algorithmen zur *Eigenwertanalyse* der tangentialen Steifigkeitmatrix ergänzt werden, aus denen sich Instabilitätspunkte und zugehörige *Beulformen* als Eigenwerte und -vektoren ergeben. Stofflich-nichtlineares Materialverhalten, welches durch Anfangswertprobleme in jedem einzelnen Materialpunkt beschrieben wird, erfordert zusätzlich *lokale* Integrationsalgorithmen [Besseling 1994], welche auch in den Tangenteneigenschaften unstetige Materialmodelle, beispielsweise die klassische Elasto-Plastizität, zuverlässig intergrieren können. Für *dynamische Analysen* müssen stabile und konvergente direkte Zeitintegrationsalgorithmen – NEWMARK, HOUBOLT, WILSON – verfügbar sein [Bathe 1986]; auf das Spezialgebiet der Algorithmen für kinetische Instabilitätsphänomene [Krätzig 1996] sei hier nur hingewiesen.

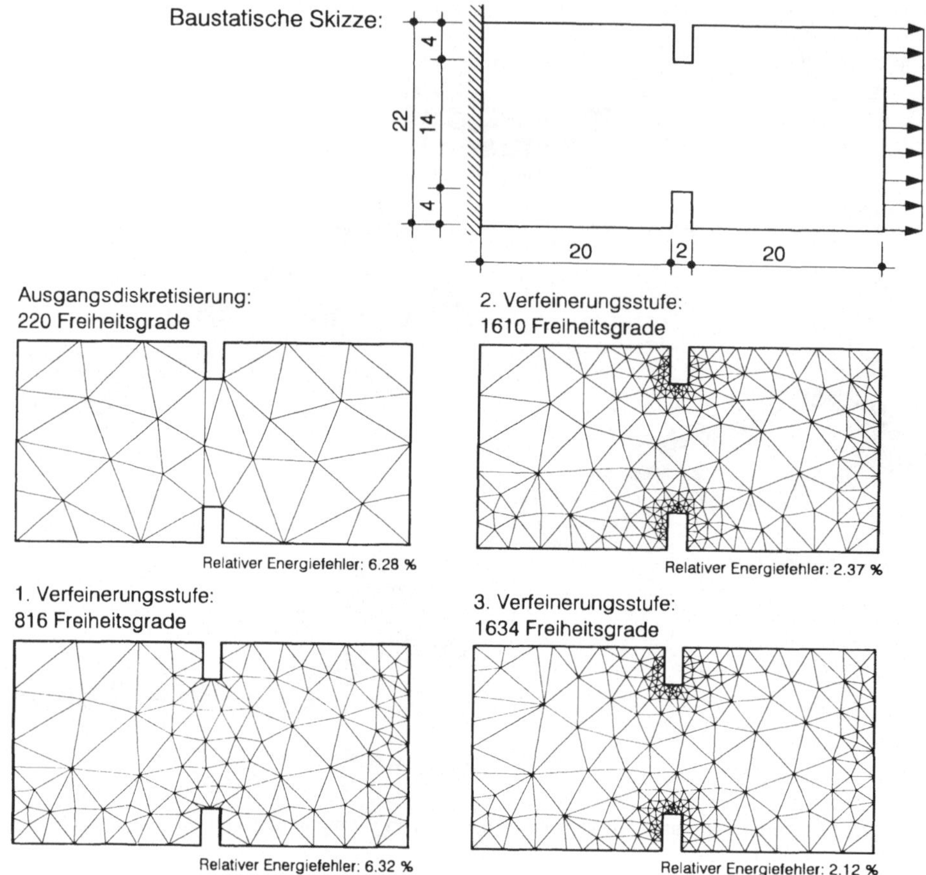

Bild 1.10. Adaptive Vernetzungstechnik an einer computersimulierten Zugprobe
(Abmessungen in mm)

Ein Aspekt von zunehmender Bedeutung bei Finite-Element-Analysen ist die Abschätzung der Genauigkeit der erhaltenen Ergebnisse. Hierzu sind *Fehlerindikatoren* in der Entwicklung, welche Genauigkeitsschranken der approximierten Zustandsgrößen oder der Formänderungsenergie liefern und darauf *Netzadaptionstechniken* begründen. Bild 1.10 zeigt als Beispiel eine derart analysierte, eingekerbte Probe, die links eingespannt ist und rechts durch konstanten Zug p belastet wird. Die Berechnung beginnt mit einer zufallsgenerierten Anfangsdiskretisierung. Durch die vom Algorithmus automatisch vorgenommene immer feiner werdende Vernetzung wird der relative Fehler der Energienorm in der 3. Verfeinerungsstufe auf 2.12 % heruntergedrückt, wobei ein Anstieg der Anzahl der Freiheitsgrade von 220 auf 1634 notwendig wird [Rosenstein 1995].

Schließlich sei noch auf das *Pre-* und *Postprozessing* hingewiesen, das heute zumeist durch autarke, computer-graphische Programmkomponenten ausgeführt wird, welche die Vorlaufphase der Berechnung graphisch unterstützen und die

Ausgaben im Nachlauf ingenieurgerecht aufbereiten und visualisieren. In diesem Buch werden wir den Leser mit vielen der erwähnten Stichworte vertraut machen, sofern diese sich auf Finite-Element-Analysen der linearen Statik beziehen.

Literatur

Argyris, J.H.: Energy Theorems and Structural Analysis. Aircraft Engineering 26 (1954), 347-356, 383-394; 27 (1955), 42-58, 80-94, 125-134, 145-158

Argyris, J.H., Mlejnek, H.-P.: Die Methode der finiten Elemente, Band I. Friedr. Vieweg & Sohn, Braunschweig 1986

Bathe, K.-J.: Finite-Elemente-Methoden. Springer-Verlag, Berlin 1986

Bendixsen, A.: Die Methode der Alpha-Gleichungen zur Berechnung von Rahmenkonstruktionen. Springer-Verlag, Berlin 1914

Besseling, J.F., van der Giessen, E.: Mathematical Modelling of Inelastic Deformation. Chapman & Hall, London 1994

de Borst, R.: Computational Methods in Non-linear Solid Mechanics, TU Delft 1993

Braess, D.: Finite Elemente. Springer-Verlag, Berlin 1992

Courant, R.: Variational methods for the solution of problems of equilibrium and vibrations. Bull. Amer. Math. Society 49 (1943) 1-23

Duddeck, H.: Die Ingenieuraufgabe, die Realität in ein Berechnungsmodell zu übersetzen. Die Baustatik 60 (1983), H. 7, 225-234

Duddeck, H.: Ingenieure sind viel mehr als nur Techniker. Beratende Ingenieure 7 (1979), H. 8, 37-42

Gehler, W.: Rahmenberechnung mittels der Drehwinkel. Beitrag in: Otto Mohr zum achtzigsten Geburtstage. Verlag W. Ernst & Sohn, Berlin 1916

Gruber, K.: Nichtlineare Computersimulationen als Bestandteil eines Entwurfskonzeptes zur Steigerung der Sicherheit und Dauerhaftigkeit von Naturzugkühltürmen. Techn.-wissensch. Mitt. Nr. 94-7 des Instituts f. Konstruktiven Ingenieurbau, Ruhr-Universität, Bochum 1994

Hrennikoff, A.P.: Plane stress and bending of plates by method of articulated framework. Sci. Doct.-Thesis MIT, Boston 1940

Kirsch, G.E.: Die Fundamentalgleichungen der Theorie der Elastizität fester Körper, hergeleitet aus der Betrachtung eines Systems von Punkten, welche durch elastische Streben verbunden sind. VDI-Zeitschrift 12 (1868), 481-487, 553-570, 631-638

Knothe, K., Wessels, H.: Finite Elemente, eine Einführung für Ingenieure, 2. Auflage. Springer-Verlag, Berlin 1992

Krätzig, W.B.: Eine einheitliche statische und dynamische Stabilitätstheorie für Pfadverfolgungsalgorithmen in der numerischen Festkörpermechanik. ZAMM 69 (1989), 203-213

Krätzig, W.B.: Tragwerke 2, 2. Auflage. Springer-Verlag, Berlin 1994

Krätzig, W.B., Nawrotzki, P.: Computational Concepts in Structural Stability. Archives of Comp. Math. in Engg., 3 (1996), 81-119

Mann, L.: Theorie der Rahmentragwerke auf neuer Grundlage. Verlag J. Springer, Berlin 1927

Müller-Breslau, H.: Die neueren Methoden der Festigkeitslehre. Verlag A. Kröner, Leipzig 1886

Oden, J.T.: Finite Elements of Nonlinear Continua. McGraw-Hill Book Comp. Inc., New York 1972

Ostenfeld, A.: Berechnung statisch unbestimmter Systeme mittels der Deformationsmethode. Eisenbau 12 (1921), 275-279

Ostenfeld, A.: Die Deformationsmethode. Verlag J. Springer, Berlin 1926

Pestel, E.C., Leckie, F.E.: Matrix Methods in Elastomechanics. McGraw-Hill Book Comp. Inc., New York 1963

Owen, D.R.J., Hinton, E.: Finite Elements in Plasticity. Pineridge Press, Swansea 1980

Przemieniecki, J.S.: Theory of Matrix Structural Analysis. McGraw-Hill Book Comp. Inc., New York 1968

Ritz, W.: Über eine neue Methode zur Lösung gewisser Variationsprobleme der mathematischen Physik. J. reine angewandte Mathematik 35 (1908), 1-61

Rosenstein, O.A.: Fehlerindikatoren und adaptive Vernetzungsstrategien für physikalisch lineare und nichtlineare Berechnungen der Strukturmechanik nach der Methode der finiten Elemente. Diplomarbeit Institut für Statik und Dynamik, Ruhr-Universität, Bochum 1995

Schwarz, H.R.: Methode der finiten Elemente. B.G. Teubner, Stuttgart 1980

Spierig, S.: Beitrag zur Lösung von Scheiben-, Platten- und Schalenproblemen mit Hilfe von Gitterrostmodellen. Dr.-Ing.-Dissertation, U Hannover 1963

Thieme, D.: Einführung in die Finite-Elemente-Methode für Bauingenieure, 2. Auflage. Verlag für Bauwesen, Berlin 1996

Trefftz, E.: Ein Gegenstück zum Ritzschen Verfahren. Verhandl. d. 2. Int. Kongr. Techn. Mech., 131-137, Zürich 1926

Turner, M.J., Clough, R.W., Martin, H.C., Topp, L.J.: Stiffness and deflection analysis of complex structures. J. Aeron. Sci. 23 (2956), 805-823

Wunderlich, W., Redanz, W.: Die Methode der finiten Elemente. Beitrag in: Mehlhorn, G.: Der Ingenieurbau – Rechnerorientierte Baumechanik, 141-247. Ernst & Sohn, Berlin 1995

Zienkiewicz, O.C.: The Finite Element Method in Structural and Continuum Mechanics. McGraw-Hill Book Comp. Ltd., London 1967

Zienkiewicz, O.C.: The Finite Element Method. Third edition. McGraw-Hill Book Comp. Ltd., London 1985

Zienkiewicz, O.C., Taylor, R.L.: The Finite Element Method. Fourth edition, Vol. 1 and 2. McGraw-Hill Book Comp. Ltd., London 1989, 1991

2 Strukturmodelle der Festkörpermechanik

*Ziel sollte es sein, die
verborgene Harmonie
der Dinge zu enthüllen ...*

*Henri Poincaré, 1854-1912, in:
La Valeur des Sciences*

In diesem Kapitel werden die Grundbeziehungen der klassischen Modelltheorien der Strukturmechanik – Stäbe, Scheiben, Platten und 3-dimensionale Kontinua – kurz hergeleitet und in einer einheitlichen Operatorschreibweise in vektoriellen Variablenräumen dargestellt. Das Kapitel dient einer Einführung sowie der Bereitstellung von Grundlagen für die späteren Finite-Element-Techniken, die auf den hergeleiteten Variablen und Operatoren aufbauen.

2.1 Zur formalen Struktur festkörpermechanischer Modelltheorien

Grundlage aller Tragwerksanalysen bilden die bekannten Strukturmodelle der Festkörpermechanik, mit deren Hilfe tragwerksmechanische Prozesse im Erfahrungsraum beschrieben werden. Diesen setzen wir im folgenden als euklidisch voraus und die in ihm ablaufenden Prozesse der Statik der Tragwerke als zeitinvariant.

Zur Begründung universeller Computermethoden der Tragwerksanalyse ist es vorteilhaft, die vielen Lesern bereits geläufigen Strukturmodelle in einheitlicher Weise darzustellen. Alle festkörpermechanischen Theorien besitzen nämlich eine identische Struktur ihrer *Variablen* und *Operatoren*, die in diesem Abschnitt erläutert werden wird. Hierzu denken wir uns in einem beliebigen Punkt P (x_1, x_2, x_3) eines in den Erfahrungsraum eingebetteten Tragwerks verschiedene *abstrakte Funktionenräume* aufgespannt, welche die erwähnten Variablen aufnehmen. Vereinigen wir zusammengehörige Variablen in Spalten, überführen die Funktionenräume somit in Vektorräume, so sind diese durch gleichartig strukturierte Transformationen verbunden, unabhängig vom jeweiligen Tragwerksmodell.

Bekanntlich verknüpft die Festkörpermechanik Deformationsprozesse, Änderungen der Körpergeometrie, mit Kraftgrößenzuständen. Daher unterscheiden wir als Variablenklassen gemäß Bild 2.1 oben zunächst *Formänderungsgrößen*, für welche sich im Bauwesen der Begriff *Weggrößen* eingebürgert hat, und *Kraftgrößen*. Kraft- und Weggrößen werden zweckmäßig kettenartig in verschiedenen Niveaus angeordnet, die durch Differentiationsstufen voneinander getrennt sind [Tonti 1975]. Variablen gleichen Niveaus werden als zueinander energetisch korrespondierend definiert, d.h. sie leisten miteinander *Formänderungsarbeit*.

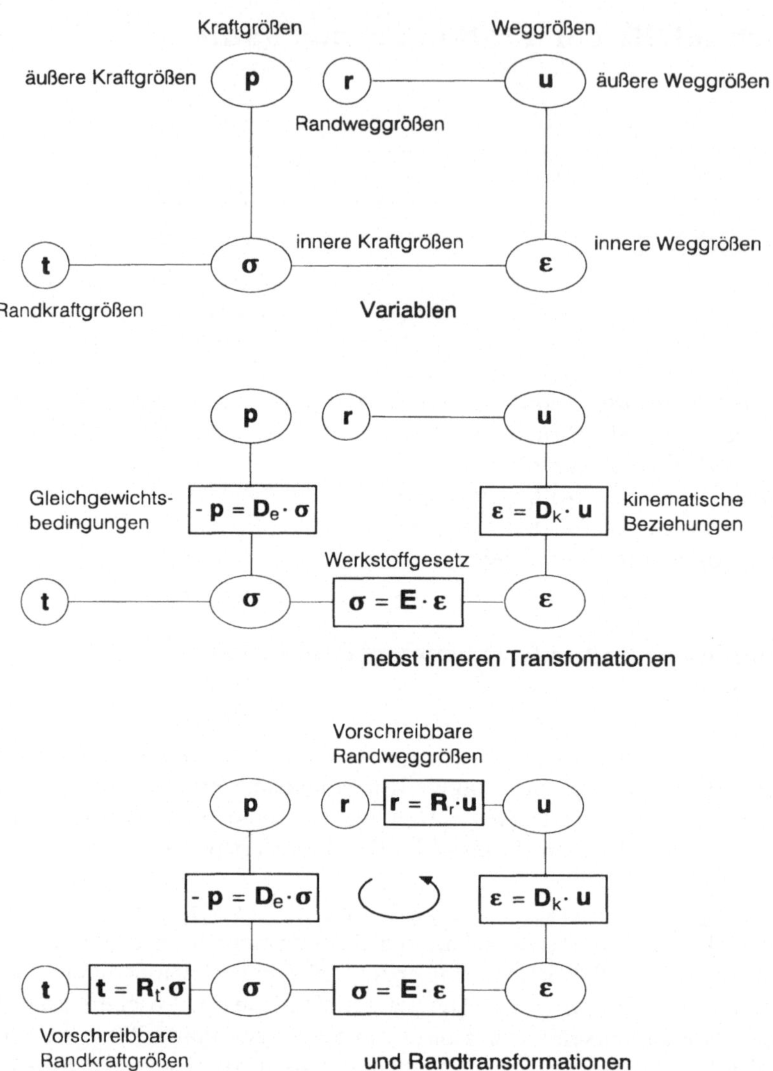

Bild 2.1. Variablen und Transformationen beliebiger festkörpermechanischer Strukturmodelle

Auf dem äußeren, physikalischen Meßtechniken ohne Schwierigkeiten zugänglichen Niveau finden wir als äußere festkörpermechanische Variablen die *Lastgrößen* **p** und die *Verschiebungsgrößen* **u**. Legen wir durch fiktive Schnitte die im Tragwerksinneren wirkenden *Schnittgrößen* **σ** frei und ordnen sie auf dem unteren Niveau der inneren Variablen an, so korrespondieren zu diesen energetisch die *Verzerrungsgrößen* **ε**. Schließlich wirken auf den Oberflächen oder entlang der Ränder eines Tragwerks (vorschreibbare) *Randkraftgrößen* **t**, welche den (vorschreibbaren) *Randverschiebungsgrößen* r energetisch entsprechen. Physikalisch sind alle diese Variablen Tensoren verschiedener Stufen, deren Komponenten wir zwecks einheitlicher Darstellungsweisen in Spaltenform anordnen.

Damit ist über die primalen Variablen der Festkörpermechanik verfügt, auf die wir uns im wesentlichen beschränken werden. Lediglich bei den Scheiben und Platten soll diese Darstellung um eine weitere Variablenebene ergänzt werden [Basar 1985, Tonti 1975]. Äußere und innere Variablen sind gemäß Bild 2.1 durch grundlegende festkörpermechanische Gesetzmäßigkeiten verknüpft, welche sich in einfacher, analoger Weise darstellen lassen:

p und σ durch die *Gleichgewichtsbedingungen*:

$$-p = D_e \cdot \sigma \ , \quad (p, \sigma) \in V \ , \tag{2.1a}$$

u und ε durch die *kinematischen Beziehungen*:

$$\varepsilon = D_k \cdot u \ , \quad (u, \varepsilon) \in V \ . \tag{2.1b}$$

Gleichgewichtsoperator D_e (Index e: equilibrium) und *kinematischer Operator* D_k bilden lineare Differentialoperatoren, deren Adjungiertheit wir im 3. Kapitel nachweisen werden. V bezeichnet den Definitionsbereich, d.h. das Volumen eines 3-dimensionalen Kontinuums, die Mittelfläche eines Flächentragwerks oder die Stabachse eines Linientragwerks. Entsprechend werden wir mit S die Oberfläche, den Tragwerksrand oder die Tragwerksrandpunkte der erwähnten Tragwerksmodelle benennen.

Die beiden inneren Variablen σ und ε sind miteinander durch das *Werkstoffgesetz* verknüpft, im Fall elastischer Materialien durch

$$\sigma = \overset{o}{\sigma} + E \cdot (\varepsilon - \overset{o}{\varepsilon}) \quad \text{oder} \quad \varepsilon = \overset{o}{\varepsilon} + E^{-1} \cdot (\sigma - \overset{o}{\sigma}) \tag{2.2}$$

mit der Elastizitätsmatrix E als algebraischem, symmetrischem Operator, den *Eigenspannungen* $\overset{o}{\sigma}$ und den *Anfangsdehnungen* $\overset{o}{\varepsilon}$ aus Schwinden oder Temperaturwirkungen.

Den unteren Teil von Bild 2.1 ergänzen wir schließlich noch um die vorschreibbaren *Randaussagen*. Randkraftgrößen t sind stets mit den inneren Kraftgrößen verknüpft:

$$\overset{o}{t} = R_t \cdot \sigma \ , \quad t \in S \ , \quad \sigma \in V \ , \tag{2.3a}$$

Randweggrößen r mit den äußeren Weggrößen:

$$\overset{o}{r} = R_r \cdot u \ , \quad r \in S \ , \quad u \in V \ . \tag{2.3b}$$

R_t und R_r sind für Fragestellungen der linearen Statik in ihren maßgebenden Teilen algebraische Operatoren. Wie auch in (2.2) bezeichnet der Kopfindex ^{o} vorgegebene Werte.

Die in Bild 2.1 dargestellte Gruppe von Variablen und Transformationen beschreibt jede festkörpermechanische Theorie elastischer Tragwerksmodelle, wie in den folgenden Abschnitten gezeigt werden wird. Der Pfeil deutet die Eliminationsrichtung der inneren Variablen an, wodurch die LAMÉ-NAVIERschen* Grundgleichungen:

$$-\mathbf{p} = \mathbf{D}_e \cdot \boldsymbol{\sigma}$$
$$\boldsymbol{\sigma} = \mathbf{E} \cdot \boldsymbol{\varepsilon}$$
$$\boldsymbol{\varepsilon} = \mathbf{D}_k \cdot \mathbf{u}$$

$$-\mathbf{p} = \mathbf{D}_e \cdot \mathbf{E} \cdot \mathbf{D}_k \cdot \mathbf{u} = \mathbf{D}^* \cdot \mathbf{u} \tag{2.4a}$$

mit ihren Randbedingungen:

$$\overset{\circ}{\mathbf{t}} = \mathbf{R}_t \cdot \boldsymbol{\sigma}$$
$$\boldsymbol{\sigma} = \mathbf{E} \cdot \boldsymbol{\varepsilon}$$
$$\boldsymbol{\varepsilon} = \mathbf{D}_k \cdot \mathbf{u}$$

$$\overset{\circ}{\mathbf{t}} = \mathbf{R}_t \cdot \mathbf{E} \cdot \mathbf{D}_k \cdot \mathbf{u} \quad \in S_t , \qquad \overset{\circ}{\mathbf{r}} = \mathbf{R}_r \cdot \mathbf{u} \quad \in S_r \tag{2.4b}$$

gewonnen werden können. Infolge der Symmetrie von $\mathbf{E}$ sowie der Adjungiertheit von $\mathbf{D}_e$, $\mathbf{D}_k$ ist der resultierende Differentialoperator $\mathbf{D}^*$ in (2.4a) selbstadjungiert. Diese Fundamentalgleichungen standen im Zentrum der klassischen Lösungsverfahren der Strukturmechanik; hier seien sie der Vollständigkeit halber aufgeführt. Abschließend wenden wir uns noch der *Formänderungsarbeit* zu. Nach den eingangs getroffenen Festlegungen unterscheiden wir die Anteile der

äußeren Variablen: $\quad W_{(a)} = \displaystyle\int_V \mathbf{p}^T \cdot \mathbf{u}\, dV\ ,$

inneren Variablen: $\quad W_{(i)} = -\displaystyle\int_V \boldsymbol{\sigma}^T \cdot \boldsymbol{\varepsilon}\, dV \tag{2.5a}$

und Randvariablen: $\quad W_{(r)} = \displaystyle\int_S \mathbf{t}^T \cdot \mathbf{r}\, dS\ .$

So lautet die gesamte Formänderungsarbeit W als *Wechselwirkungsenergie* zweier Tragwerkszustände $\{\mathbf{p}, \boldsymbol{\sigma}, \mathbf{t}\}$ und $\{\mathbf{u}, \boldsymbol{\varepsilon}, \mathbf{r}\}$:

$$W = \int_V \mathbf{p}^T \cdot \mathbf{u}\, dV + \int_S \mathbf{t}^T \cdot \mathbf{r}\, dS - \int_V \boldsymbol{\sigma}^T \cdot \boldsymbol{\varepsilon}\, dV\ . \tag{2.5b}$$

---

*   GABRIEL LAMÉ, französischer Mathematiker, 1795-1870, Arbeiten zur Festigkeitslehre, Elastizitätstheorie und theoretischen Mechanik.
LOUIS MARIE HENRI NAVIER, französischer Ingenieur und Physiker, 1785-1836, bedeutende Beiträge zur Mechanik der Fluide und festen Körper, verfaßte 1826 das erste Lehrbuch der Statik [Navier 1826].

2.2 Theorie ebener Stabtragwerke

2.2.1 Grundlagen

Die im Bauwesen am häufigsten verwendeten Tragelemente besitzen Stabform: gewalzte und aus Blechen gekantete Stahlträger, stranggepreßte Aluminiumprofile oder Holzbalken. Derartige Stabelemente werden gemäß Bild 2.2 durch eine Stabachse x sowie durch hierzu senkrecht liegende Querschnittsflächen A beschrieben. Im allgemeinen verläuft die Stabachse durch den Schwerpunkt der Querschnittsfläche.

Kennzeichnend für ein Stabelement ist, daß die beiden Hauptabmessungen b, h des Querschnitts stets sehr viel kleiner sein müssen als die Stabachsenlängen l, im allgemeinen die Trägerstützweite:

$$\{ b/l \,, h/l \} \ll 1 \;. \tag{2.6}$$

Nur bei Erfüllung dieser Bedingung können diejenigen vereinfachenden Annahmen getroffen werden, welche die *Modelltheorie der Stabtragwerke* kennzeichnen. Beispielsweise treten in einer solchen Tragkomponente, deren Orientierung stets durch die eingezeichnete lokale Basis erfolgen möge, näherungsweise nur Normalspannungen σ_{xx} und Schubspannungen $\tau_{xz} = \tau_{zx}$ auf, wenn xz die Einwirkungsebene beschreibt. Diese werden zu Schnittgrößen N, Q, M zusammengefaßt: der *Normalkraft*, der *Querkraft* und dem *Biegemoment*:

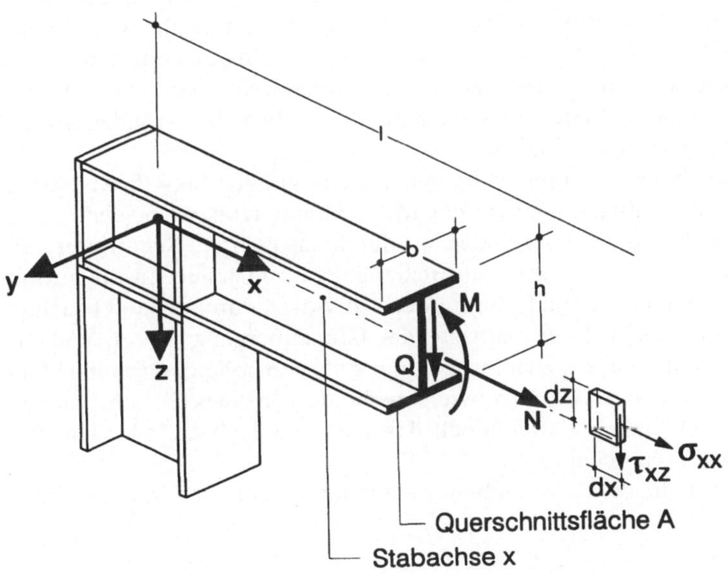

Bild 2.2. Teil zweier ebener Stabelemente mit differentiellen Volumenelementen

$$\begin{bmatrix} N \\ Q \\ M \end{bmatrix} = \int_A \begin{bmatrix} \sigma_{xx} \\ \tau_{xz} \\ \sigma_{xx} \cdot z \end{bmatrix} dA \ . \tag{2.7a}$$

Aus der Balkentheorie ist die reziproke Beziehung bekannt:

$$\sigma_{xx\,max} = \left(\frac{N}{A} \pm \frac{M}{W} \right)_{max} , \quad \tau_{xz\,max} = \frac{Q}{I} \left(\frac{S}{b} \right)_{max} , \tag{2.7b}$$

worin I das auf die Hauptachse bezogene Trägheitsmoment der Querschnittsfläche A bezeichnet, W das Widerstandsmoment und S das statische Moment eines Teilquerschnitts um die Schwerachse $z = 0$.

Stabelemente können gerade, einfach oder doppelt gekrümmt und verwunden sein. Stabtragwerke sind vollständig aus solchen Stabelementen aufgebaut. Liegen alle Stabelemente in der Einwirkungsebene XZ der globalen Basis XYZ, so haben wir ein ebenes Stabtragwerk vor uns. In den folgenden Abschnitten wird die Theorie ebener und gerader Stäbe behandelt werden.

2.2.2 Gleichgewichtsbedingungen

Zum Aufbau der Gleichgewichtsbedingungen betrachten wir im linken Teil von Bild 2.3 ein differentielles Element der Länge dx eines geraden, in der xz-Ebene liegenden und beanspruchten Stabtragwerks. An seinem negativen (linken) Schnittufer mögen die drei Schnittgrößen N, Q, M in positiver Wirkungsrichtung auftreten; am positiven (rechten) Schnittufer wirken die gleichen Schnittgrößen einschließlich ihrer differentiellen Zuwächse dN, dQ, dM. Als Einwirkungen berücksichtigen wir eine achsiale Streckenlast p_x, eine Querlast p_z sowie ein Strecken- moment m_y. Infolge der infinitesimalen Größe des Stabelementes bleibt jede Veränderlichkeit der Lastvariablen längs dx ohne Einfluß.

Formulierung der beiden Kräftegleichgewichtsbedingungen $\Sigma F_x = 0$, $\Sigma F_z = 0$ in den lokalen x- und z-Richtungen sowie der Momentengleichgewichtsbedingung $\Sigma M_y = 0$ um den Durchstoßpunkt der Stabachse durch das positive Schnittufer läßt sodann die auf Bild 2.3 wiedergegebenen Beziehungen entstehen. In ihnen tilgt man die doppelt auftretenden Grundschnittgrößen, dividiert durch dx und beachtet bei dem in der Infinitesimalrechnung auftretenden Grenzübergang $dx \rightarrow 0$, daß das letzte Glied der Momentengleichgewichtsbedingung als von höherer Ordnung klein verschwindet. So erhält man als Gleichgewichtsbedingungen eines ebenen, geraden Stabelementes die den linken Formelblock des Bildes 2.3 abschließenden drei gewöhnlichen Differentialgleichungen.

Definieren wir nun die beiden Variablenspalten der äußeren und inneren Kraftgrößen

$$\mathbf{p} = \begin{bmatrix} p_x \\ p_z \\ m_y \end{bmatrix} , \quad \sigma = \begin{bmatrix} N \\ Q \\ M \end{bmatrix} , \tag{2.8a}$$

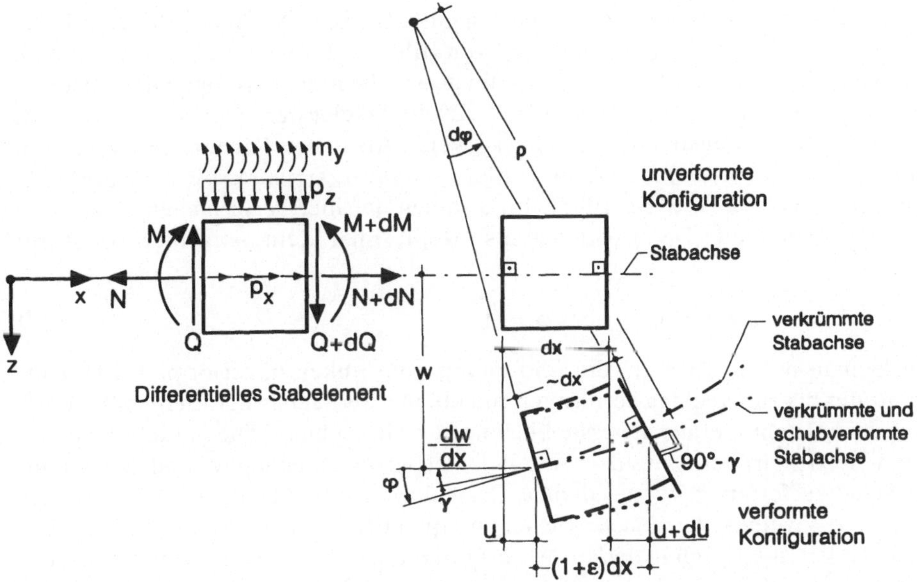

Gleichgewichtsbedingungen

$$\Sigma\, F_x = 0:\ N + dN - N + p_x\, dx = 0: \qquad \frac{dN}{dx} = -p_x$$

$$\Sigma\, F_z = 0:\ Q + dQ - Q + p_z\, dx = 0: \qquad \frac{dQ}{dx} = -p_z$$

$$\Sigma\, M_y = 0:\ M + dM - M - Q\,dx + m_y\, dx + p_z\, \frac{(dx)^2}{2} = 0:$$

$$\frac{dM}{dx} = Q - m_y$$

Kinematische Beziehungen

$$dx + u + du = u + (1 + \varepsilon)\, dx:\quad \varepsilon = \frac{du}{dx}$$

$$-\frac{dw}{dx} - \varphi + \gamma = 0:\qquad \gamma = \frac{dw}{dx} + \varphi$$

$$\rho\, d\varphi = \frac{1}{\kappa}\, d\varphi = dx:\qquad \kappa = \frac{d\varphi}{dx}$$

Bild 2.3 Herleitung der Gleichgewichtsbedingungen (links) und kinematischen Beziehungen (rechts) für ebene Tragwerke

so entstehen hieraus die Gleichgewichtsbedingungen in der Matrixschreibweise (2.1a) mit dem Differentialoperator $\mathbf{D}_e$:

$$-\mathbf{p} = \mathbf{D}_e \cdot \boldsymbol{\sigma} = -\begin{bmatrix} p_x \\ p_z \\ m_y \end{bmatrix} = \begin{bmatrix} d_x & 0 & 0 \\ 0 & d_x & 0 \\ 0 & -1 & d_x \end{bmatrix} \cdot \begin{bmatrix} N \\ Q \\ M \end{bmatrix}, \quad d_x = \frac{d}{dx}\ .$$

$$(2.8b)$$

2.2.3 Kinematische Beziehungen

Die *Schlankheitshypothese* (2.6) reduziert die Kinematik eines Stabtragwerks näherungsweise auf diejenige der Stabachse x, d.h. auf eine Linie mit ursprünglich zu ihr orthogonalen, in sich starren Querschnittsflächen. Als äußere kinematische Variablen werden daher im rechten Teil von Bild 2.3 die achsiale Verschiebung u, positiv in Richtung der Stabachsenkoordinate +x, die hierzu orthogonale Verschiebung w, positiv in Richtung +z, sowie der Drehwinkel φ der Stabachse eingeführt, dessen positiver Drehsinn in Richtung +y weist. Als innere Kinematen verwenden wir die *Elementlängsdehnung* ε, die mittlere *Schubverzerrung* γ sowie die *Stabachsenverkrümmung* κ [Krätzig 1995]. Im Rahmen der hier verwendeten Theorie 1. Ordnung werden alle Deformationen als infinitesimal klein betrachtet, somit gilt insbesondere:

$$\tan \varphi \cong \sin \varphi \cong \varphi , \quad \cos \varphi \cong 1 . \tag{2.9}$$

Drückt man nun in Bild 2.3 die Entfernung vom linken unverformten Elementschnittufer bis zum rechten verformten sowohl in u als auch in der Elementdehnung ε aus, so entsteht hieraus die erste kinematische Beziehung. Die Gesamtverschiebung w setzt sich additiv aus dem Anteil der Biegeverschiebung w_B und dem Anteil der Schubverformung w_S zusammen [Hagedorn 1990, Lehmann 1975, Ziegler 1992]. Die zweite kinematische Beziehung quantifiziert dies mittels der zugehörigen Winkel: der Neigung dw/dx der verkrümmten und schubverformten Stabachse, dem reinen Biegewinkel φ und dem mittleren Schubverzerrungswinkel γ. Der Zusammenhang ist unter Beachtung der eingeführten positiven Wirkungsrichtungen unmittelbar aus Bild 2.3 abzulesen. Die dritte kinematische Beziehung verknüpft die Elementverkrümmung κ unmittelbar mit der Ableitung dφ/dx [Krätzig 1995].

Definieren wir nun die beiden Variablenspalten

$$\mathbf{u} = \begin{bmatrix} u \\ w \\ \varphi \end{bmatrix} , \quad \boldsymbol{\varepsilon} = \begin{bmatrix} \varepsilon \\ \gamma \\ \kappa \end{bmatrix} \tag{2.10a}$$

als äußere und innere Weggrößen, so entstehen aus dem rechten Formelblock des Bildes 2.3 die kinematischen Beziehungen in der Schreibweise (2.1b):

$$\boldsymbol{\varepsilon} = \mathbf{D}_k \cdot \mathbf{u} = \begin{bmatrix} \varepsilon \\ \gamma \\ \kappa \end{bmatrix} = \begin{bmatrix} d_x & 0 & 0 \\ 0 & d_x & 1 \\ 0 & 0 & d_x \end{bmatrix} \cdot \begin{bmatrix} u \\ w \\ \varphi \end{bmatrix} , \quad d_x = \frac{d}{dx} . \tag{2.10b}$$

2.2.4 Das Werkstoffgesetz

Das Werkstoffgesetz eines Stabes aus linear elastischem Material entnehmen wir in seiner matriziellen Form den ausführlichen Herleitungen in [Krätzig 1995]:

$$\boldsymbol{\sigma} = \mathbf{E} \cdot \boldsymbol{\varepsilon} = \begin{bmatrix} N \\ Q \\ M \end{bmatrix} = \begin{bmatrix} EA & 0 & 0 \\ 0 & GA_Q & 0 \\ 0 & 0 & EI \end{bmatrix} \cdot \begin{bmatrix} \varepsilon \\ \gamma \\ \kappa \end{bmatrix} . \tag{2.11a}$$

Hierin finden folgende Werkstoffkennwerte Verwendung:

der *Elastizitätsmodul* E ,

der *Gleitmodul* $G = \dfrac{E}{2\,(1+\nu)}$ mit der *Querdehnzahl* ν . (2.11b)

Erneut bezeichnet A die *Querschnittsfläche*, I das auf die Querschnittshauptachse y bezogene *Trägheitsmoment* und A_Q die effektive *Schubfläche* $A_Q = \alpha_Q$ A mit dem Schubreduktionsfaktor α_Q.

Sollen Kriech- und Schwinddeformationen in der Modellqualität gültiger Normenkonzepte sowie Temperaturänderungen Berücksichtigung finden, so lautet das nunmehr gegenüber (2.11a) invertierte Werkstoffgesetz:

$$\varepsilon = E^{-1}\cdot\sigma + \overset{o}{\varepsilon} =$$

$$\begin{bmatrix} 1+\varphi_t\,/\,EA & 0 & 0 \\ 0 & 1+\varphi_t\,/\,GA_Q & 0 \\ 0 & 0 & 1+\varphi_t\,/\,EI \end{bmatrix} \cdot \begin{bmatrix} N \\ Q \\ M \end{bmatrix} + \begin{bmatrix} \varepsilon_S + \alpha_T\,T \\ 0 \\ \alpha_T\,\Delta T\,/\,h \end{bmatrix}. \qquad (2.11c)$$

Hierin bezeichnen φ_t die *Kriechzahl*, ε_S das *Schwindmaß* und α_T den linearen *Wärmedehnungskoeffizienten* des vorliegenden Materials. T beschreibt die achsiale Temperaturänderung und ΔT die Temperaturdifferenz zwischen den äußeren Querschnittsfasern. ΔT ist positiv, wenn der Temperaturprozeß die Querschnittsseite $+z$ stärker erwärmt als die entgegengesetzte Seite $-z$ [Krätzig 1995].

2.2.5 Theorie schubweicher Stäbe (Timoshenko-Theorie)

Nunmehr stellen wir die für das Strukturschema des Bildes 2.1 erforderlichen Variablen (2.8a) und (2.10a) sowie die sie verknüpfenden Gleichgewichtsbedingungen (2.8b), kinematischen Beziehungen (2.10b) nebst dem linear elastischen Werkstoffgesetz (2.11a) zusammen. Erinnern wir uns ferner daran, daß an jedem Tragwerksrand mit Weggrößenrandbedingungen sämtliche drei äußeren Kinematen $\{u\;w\;\varphi\}$, an einem solchen mit Kraftgrößenrandbedingungen die den drei Schnittgrößen $\{N\;Q\;M\}$ entsprechenden Randkraftgrößen vorgeschrieben werden können, so gewinnen wir die Randtransformationen:

$$r = \begin{bmatrix} u^* \\ w^* \\ \varphi^* \end{bmatrix} - \begin{bmatrix} 1 & 0 & 0 \\ 0 & 1 & 0 \\ 0 & 0 & 1 \end{bmatrix} \cdot \begin{bmatrix} u \\ w \\ \varphi \end{bmatrix} = \mathbf{R}_r \cdot \mathbf{u} , \qquad (2.12a)$$

$$t = \begin{bmatrix} N^* \\ Q^* \\ M^* \end{bmatrix} = \begin{bmatrix} 1 & 0 & 0 \\ 0 & 1 & 0 \\ 0 & 0 & 1 \end{bmatrix} \cdot \begin{bmatrix} N \\ Q \\ M \end{bmatrix} = \mathbf{R}_t \cdot \sigma . \qquad (2.12b)$$

Damit läßt sich das in Bild 2.4 wiedergegebene, vollständige Strukturschema dieser Stabtheorie aufbauen. In Würdigung von Forschungsarbeiten zur Stabstabilität am Beginn des 20. Jahrhunderts trägt dieses Modell gelegentlich den Namen TIMOSHENKO-Theorie*.

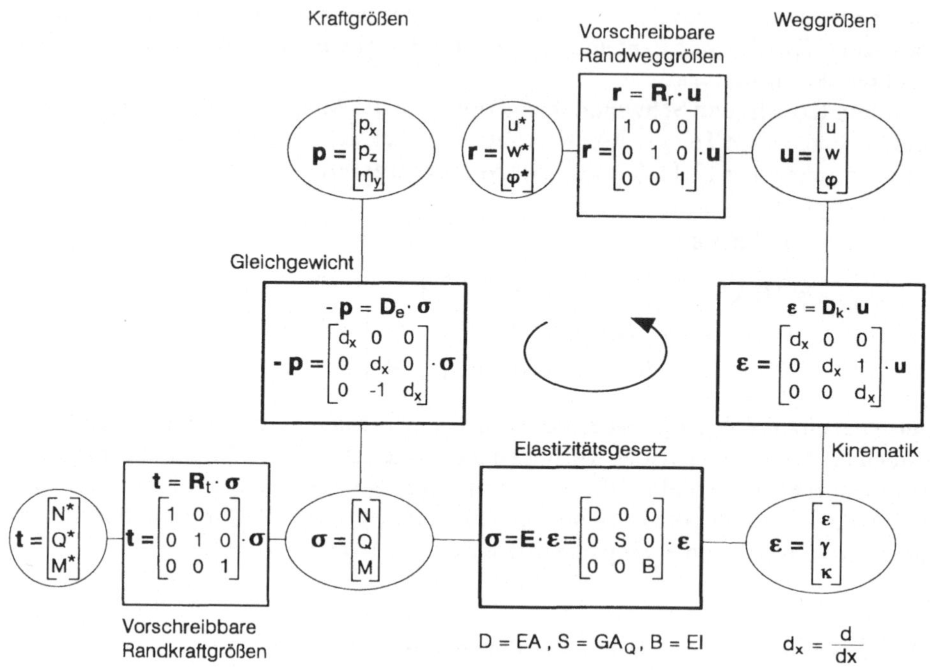

Bild 2.4. Strukturschema der Theorie ebener, gerader und schubweicher Stabtragwerke

2.2.6 Theorie schubsteifer Stäbe (BERNOULLI-NAVIER-Theorie)

Bei hinreichend schlanken Stabkontinua dürfen die Schubverzerrungen γ als vernachlässigbar klein angesehen und somit gestrichen werden. Diese durch Versuche bestätigte Näherungsannahme wird als BERNOULLI-Hypothese** bezeichnet:

$$\gamma \cong 0 \ . \tag{2.13}$$

---

* STEPHEN P. TIMOSHENKO, 1878-1972, Professor für Strukturmechanik an den Universitäten von Kiew, St. Petersburg, Zagreb, von Michigan in Ann Arbor und an der Stanford-University in Palo Alto, bahnbrechende Arbeiten zu Stabilitäts- und Festigkeitsproblemen.

** JACOB BERNOULLI, Mathematiker aus Basel, 1655-1705, postulierte diese Hypothese unmittelbar vor seinem Tod, bedeutende Arbeiten zum Problem der Stabbiegung großer Verformungen.

Unter der BERNOULLI-Hypothese werden daher die beiden im rechten Teil von Bild 2.3 am unverformten Stabelement markierten Normalen während der Verformung ihre Normaleneigenschaft bewahren und die dort erkennbaren Schiefstellungen um den Winkel γ entfallen.

Die Folgen dieser auch als Normalenhypothese bezeichneten Näherung sind außerordentlich weitreichend. Von den ursprünglich drei kinematischen Beziehungen des Bildes 2.3:

$$\varepsilon = \frac{du}{dx} \ , \quad \gamma = 0 \ : \quad \varphi = -\frac{dw}{dx} \ , \quad \kappa = \frac{d\varphi}{dx} = -\frac{d^2w}{dx^2} \qquad (2.14)$$

bleiben nur noch zwei übrig, die erste und die letzte. Da durch (2.13) φ zu einer von w abhängigen Variablen wird, reduziert die BERNOULLI-Hypothese die Weggrößen auf die beiden unabhängigen kinematischen Variablen:

$$\mathbf{u} \ = \ \begin{bmatrix} u \\ w \end{bmatrix} \ , \quad \boldsymbol{\varepsilon} \ = \ \begin{bmatrix} \varepsilon \\ \kappa \end{bmatrix} \ , \qquad (2.15a)$$

was (2.14) in folgende kinematische Beziehung überführt:

$$\boldsymbol{\varepsilon} \ = \ \mathbf{D}_k \cdot \mathbf{u} \ = \ \begin{bmatrix} \varepsilon \\ \kappa \end{bmatrix} \ = \ \begin{bmatrix} d_x & 0 \\ 0 & -d_x^2 \end{bmatrix} \cdot \begin{bmatrix} u \\ w \end{bmatrix} \quad \text{mit } \varphi = -\frac{dw}{dx} \ . \qquad (2.15b)$$

φ bleibt als mögliche Randvorgabe erhalten; daher lauten die Weggrößenrandbedingungen nunmehr:

$$\mathbf{r} \ = \ \mathbf{R}_r \cdot \mathbf{u} \ = \ \begin{bmatrix} u^* \\ w^* \\ \varphi^* \end{bmatrix} \ = \ \begin{bmatrix} 1 & 0 \\ 0 & 1 \\ 0 & -d_x \end{bmatrix} \cdot \begin{bmatrix} u \\ w \end{bmatrix} \ . \qquad (2.15c)$$

Als Folge der Normalenhypothese entfällt bei den Einwirkungen der Kraftgrößenseite das Streckenmoment m_y. Die drei Gleichgewichtsaussagen des Bildes 2.3 reduzieren sich somit analog zu (2.14)

$$-p_x = \frac{dN}{dx} \ , \quad m_y = 0 \ : \quad Q = \frac{dM}{dx} \ , \quad -p_z = \frac{dQ}{dx} = \frac{d^2M}{dx^2} \qquad (2.16)$$

ebenfalls auf zwei Bedingungen für je zwei unabhängige Kraftgrößenvariablen:

$$\mathbf{p} \ = \ \begin{bmatrix} p_x \\ p_z \end{bmatrix} \ , \quad \boldsymbol{\sigma} \ = \ \begin{bmatrix} N \\ M \end{bmatrix} \ , \qquad (2.17a)$$

$$-\mathbf{p} \ = \ \mathbf{D}_k \cdot \boldsymbol{\sigma} \ = \ -\begin{bmatrix} p_x \\ p_z \end{bmatrix} \ = \ \begin{bmatrix} d_x & 0 \\ 0 & d_x^2 \end{bmatrix} \cdot \begin{bmatrix} N \\ M \end{bmatrix} \quad \text{mit } Q = \frac{dM}{dx} \ . \qquad (2.17b)$$

Q bleibt als vorgebbare Randkraftgröße natürlich ebenfalls erhalten, weshalb nunmehr drei Randvorgaben $\{N^* \, Q^* \, M^*\}$ mit zwei inneren Kraftgrößen zu verknüpfen sind [Krätzig 1995]:

$$t = \mathbf{R}_t \cdot \sigma = \begin{bmatrix} N^* \\ Q^* \\ M^* \end{bmatrix} = \begin{bmatrix} 1 & 0 \\ 0 & d_x \\ 0 & 1 \end{bmatrix} \cdot \begin{bmatrix} N \\ M \end{bmatrix} . \tag{2.17b}$$

Als Elastizitätsgesetz werden schließlich die infolge (2.13) in (2.11a) verbleibenden Anteile für N und M übernommen. Mit diesen Grundlagen läßt sich erneut das Strukturdiagramm, nunmehr der Normalentheorie schubstarrer Stabtragwerke zusammenstellen; wiedergegeben ist es auf Bild 2.5. Jede seiner Feldvariablen enthält nur noch 2 Elemente, und die beiden Differentialoperatoren $\mathbf{D}_e$ und $\mathbf{D}_k$ weisen in den Biegetermen die für diese Theorie typischen zweifachen Ableitungen auf.

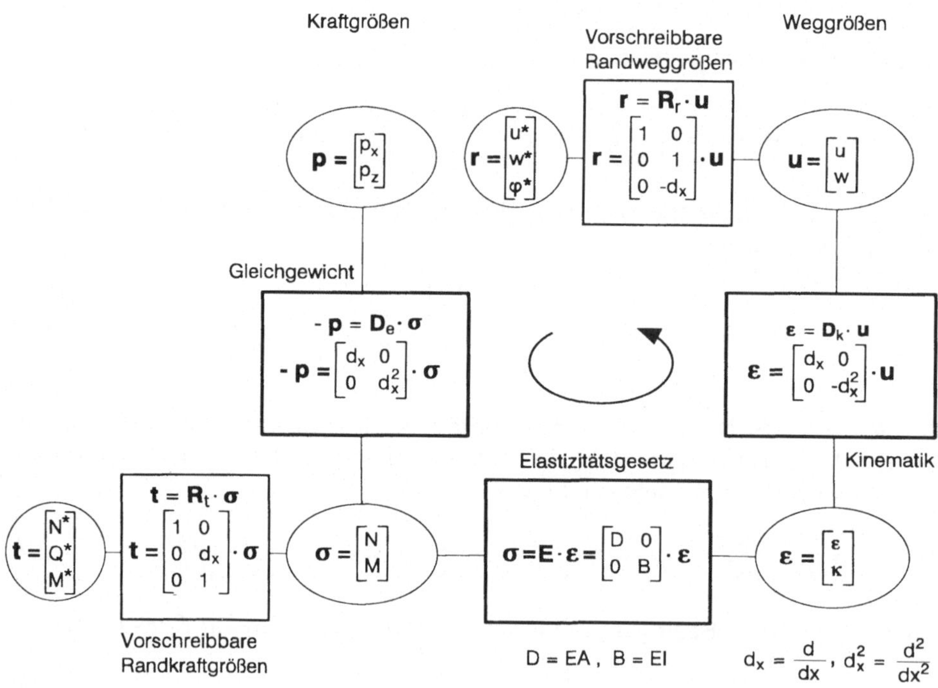

Bild 2.5. Strukturschema der Theorie ebener, gerader und schubsteifer Stabtragwerke

2.2.7 Abschließende Betrachtungen

Die beiden auf Bild 2.4 und 2.5 wiedergegebenen Strukturschemata enthalten eine Vielzahl von aus der klassischen Stabstatik her bekannten Grundinformationen. Zwei von ihnen wollen wir abschließend behandeln.

Beispielsweise gewinnt man aus ihnen die LAMÉ-NAVIERsche Grundgleichung gemäß (2.4a); für die Normalentheorie sind dies die beiden bekannten Differentialgleichungen:

$$EA\,u'' = -q_x\,, \quad EI\,w'''' = q_z \quad \text{mit} \quad (\ldots)' = \frac{d\,\ldots}{dx} \tag{2.18a}$$

unter der Annahme konstanter Dehn- und Biegesteifigkeit. Die Auswertung der zugehörigen Randbedingungen (2.4b) ergibt:

$$\overset{\circ}{t} = \begin{bmatrix} \overset{\circ}{N}{}^* \\ \overset{\circ}{Q}{}^* \\ \overset{\circ}{M}{}^* \end{bmatrix} = \begin{bmatrix} EA\,u' \\ -EI\,w''' \\ -EI\,w'' \end{bmatrix}\,, \quad \overset{\circ}{r} = \begin{bmatrix} \overset{\circ}{u}{}^* \\ \overset{\circ}{w}{}^* \\ \overset{\circ}{\varphi}{}^* \end{bmatrix} = \begin{bmatrix} u \\ w \\ -w' \end{bmatrix}. \tag{2.18b}$$

Ferner kann man durch Umschreiben der beiden Feldgleichungen

$$\mathbf{D}_k \cdot \mathbf{u} - \boldsymbol{\varepsilon} = \left[(d_x\,\mathbf{I} + (\mathbf{D}_k - d_x\,\mathbf{I})\right] \cdot \mathbf{u} - \boldsymbol{\varepsilon} = \mathbf{0}\,,$$

$$\mathbf{D}_e \cdot \boldsymbol{\sigma} = \left[(d_x\,\mathbf{I} + (\mathbf{D}_e - d_x\,\mathbf{I})\right] \cdot \boldsymbol{\sigma} = -\mathbf{p} \tag{2.19a}$$

unter Verwendung der Einheitsmatrix 3. Ordnung $\mathbf{I}$ und nach Einbau des Werkstoffgesetzes für $\boldsymbol{\varepsilon}$ gemäß (2.11c)

$$\boldsymbol{\varepsilon} = \mathbf{E}^{-1} \cdot \boldsymbol{\sigma} + \overset{\circ}{\boldsymbol{\varepsilon}} \tag{2.19b}$$

die bekannte Differentialgleichung 1. Ordnung der Stabbiegung herleiten, welche den Ausgangspunkt für das Verfahren der Übertragungsmatrizen darstellt [Pestel 1963, Waller 1975]. Für die TIMOSHENKO-Theorie unter Berücksichtigung von Temperaturwirkungen liefert so Bild 2.4:

$$\frac{d}{dx}\,\mathbf{z} \quad + \quad \mathbf{A}\cdot\mathbf{z} = \overset{\circ}{\mathbf{z}}:$$

$$\frac{d}{dx} \begin{bmatrix} u \\ w \\ \varphi \\ N \\ Q \\ M \end{bmatrix} + \begin{bmatrix} 0 & 0 & 0 & -(EA)^{-1} & 0 & 0 \\ 0 & 0 & 1 & 0 & -(GA_Q)^{-1} & 0 \\ 0 & 0 & 0 & 0 & 0 & -(EI)^{-1} \\ 0 & 0 & 0 & 0 & 0 & 0 \\ 0 & 0 & 0 & 0 & 0 & 0 \\ 0 & 0 & 0 & 0 & -1 & 0 \end{bmatrix} \cdot \begin{bmatrix} u \\ w \\ \varphi \\ N \\ Q \\ M \end{bmatrix} = \begin{bmatrix} \alpha_T\,T \\ 0 \\ \alpha_T\,\Delta T/h \\ -p_x \\ -p_z \\ -m_y \end{bmatrix}. \tag{2.20}$$

2.3 Theorie räumlicher Stabtragwerke

2.3.1 Grundlagen

Auch Komponenten räumlicher Stabtragwerke gemäß Bild 2.6 unterliegen wieder der *Schlankheitshypothese*

$$\{ \max b_i/l \, , \quad \max h_i/l \} \ll 1 \, , \tag{2.21}$$

welche das Verformungsverhalten erneut näherungsweise auf dasjenige der Stabachse und hierzu orthogonaler Querschnittsflächen A zurückführt. Die Achse x der lokalen Basis sei Bild 2.6 entsprechend wieder im Querschnittsschwerpunkt angeordnet und somit der Stabachse identisch. Die Koordinatenachsen y und z liegen in den Querschnittshauptachsen. Ihre positiven Richtungen werden so vereinbart, daß $\{x, y, z\}$ ein Rechtssystem bildet.

Infolge der Schlankheitshypothese kann der Spannungszustand im Träger wieder ausschließlich durch die Spannungen auf den Querschnittsflächen angenähert werden ($\sigma_{yy} = \sigma_{zz} = \tau_{yz} \cong 0$), d.h. durch Normalspannungen σ_{xx} und Schubspannungen $\tau_{xy} = \tau_{yx}$, $\tau_{xz} = \tau_{zx}$. Durch Bildung der Resultierenden und Momente dieser Spannungen über die Querschnittsfläche A

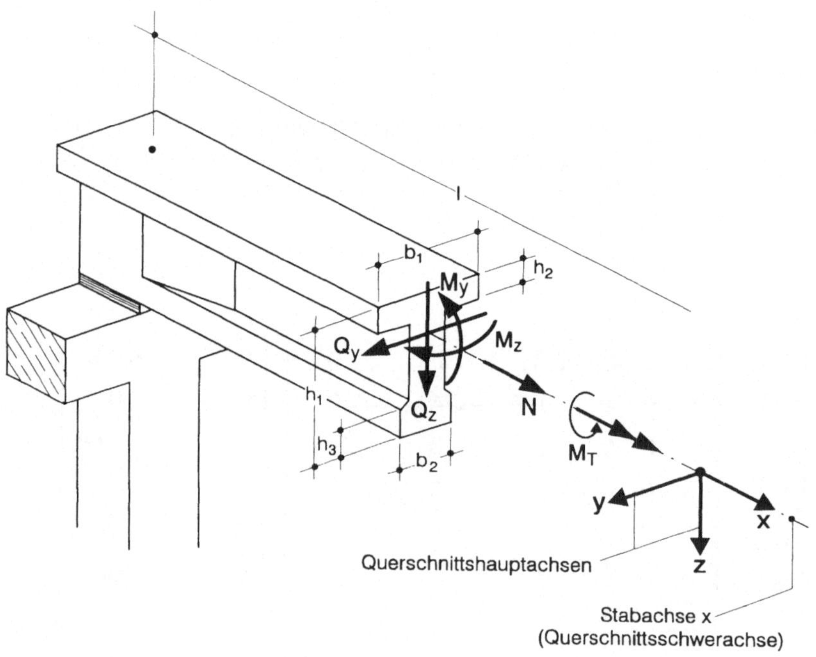

Bild 2.6. Räumlich beanspruchte Stabkomponente

$$\sigma = \begin{bmatrix} N \\ Q_y \\ Q_z \\ M_T \\ M_y \\ M_z \end{bmatrix} = \int_A \begin{bmatrix} \sigma_{xx} \\ \tau_{xy} \\ \tau_{xz} \\ -\tau_{xy}\cdot z + \tau_{xz}\cdot y \\ \sigma_{xx}\cdot z \\ -\sigma_{xx}\cdot y \end{bmatrix} dx \qquad (2.22)$$

entstehen die *Normalkraft* N, die beiden *Querkräfte* Q_y, Q_z, das *Torsionsmonent* M_T sowie die beiden *Biegemomente* M_y, M_z, die sämtlich als positiv eingeführt sind, wenn sie an positiven Stabschnittufern in Richtungen der jeweiligen positiven lokalen Basis wirken. (2.22) verknüpft die positiven Schnittgrößen mit den positiven Spannungskomponenten. Die im folgenden hergeleitete Stabtheorie wird gerade Stabachsen voraussetzen.

2.3.2 Gleichgewichtsbedingungen

Bild 2.7 zeigt ein räumlich beanspruchtes Stabelement der Länge dx als Grundlage der Gleichgewichtsformulierung. Als äußere Kraftgrößen werden die Streckenlasten p_x, p_y und p_z sowie die Streckenlastmomente m_x, m_y und m_z eingeführt, sämtlich in Richtung der (positiven) lokalen Basisachsen (positiv) wirkend. Die eingangs definierten Schnittgrößen σ sind in ihren positiven Wirkungsrichtungen am negativen Schnittufer dargestellt; gemeinsam mit ihren differentiellen Zuwächsen wirken sie am positiven Schnittufer, ebenfalls in ihren positiven Richtungen.

Die 3 Kräfte- und 3 Momentengleichgewichtsbedingungen liefern den unter der Skizze aufgeführten Gleichungssatz, deren Umformung in ein matrizielles Schema die Gleichgewichtsbedingungen in der Form (2.1a) in Bild 2.9 ergibt.

2.3.3 Kinematische Beziehungen

Als äußere Weggrößen **u** werden auf Bild 2.8 die 3 Komponenten u_x, u_y und u_z des *Verschiebungsvektors* sowie die 3 Komponenten φ_x, φ_y und φ_z des *Verdrehungsvektors* eines beliebigen Punktes der Stabachse eingeführt, korrespondierend zu den Lasten **p**. Innere Weggrößen sind die zu den Schnittgrößen σ energetisch korrespondierende *Achsialdehnung* ε, die beiden *Schubverzerrungen* γ_y, γ_z, die *Verdrillung* θ und die beiden *Verkrümmungen* κ_y, κ_z. Im zentralen Teil dieses Bildes sind die kinematischen Beziehungen anschaulich derart hergeleitet, daß dies für den aufmerksamen Leser des Abschnittes 2.2.3 keiner weiteren Erläuterung bedarf. Ihr Einbau in ein Matrixschema führt auf die kinematischen Beziehungen (2.1b) dieser Theorie in Bild 2.9.

Äußere Kraftgrößen: $\mathbf{p} = [\ p_x\ |\ p_y\ |\ p_z\ |\ m_x\ |\ m_y\ |\ m_z\ ]^T$

Achsiallast Querlasten   Streckenmomente

Innere Kraftgrößen: $\boldsymbol{\sigma} = [\ N\ |\ Q_y\ |\ Q_z\ |\ M_T\ |\ M_y\ |\ M_z\ ]^T$

Normalkraft Querkräfte   Torsions- Biegemomente
moment

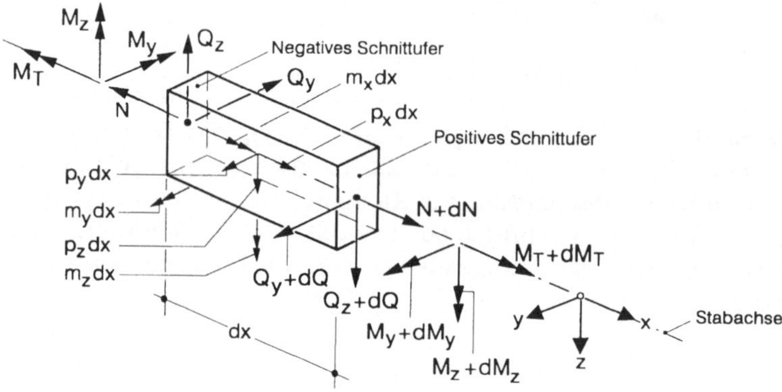

Gleichgewichtsbedingungen

$\Sigma F_x = 0: -N + N + dN + q_x\, dx = 0$ $\qquad dN + q_x\, dx = 0$

$\Sigma F_y = 0: -Q_y + Q_y + dQ_y + q_y\, dx = 0$ $\qquad dQ_y + q_y\, dx = 0$

$\Sigma F_z = 0: -Q_z + Q_z + dQ_z + q_z\, dx = 0$ $\qquad dQ_z + q_z\, dx = 0$

$\Sigma M_x = 0: -M_T + M_T + dM_T + m_x\, dx = 0$ $\qquad dM_T + m_x\, dx = 0$

$\Sigma M_y = 0: -M_y + M_y + dM_y - Q_z\, dx + m_y\, dx = 0$ $\qquad dM_y - Q_z\, dx + m_y\, dx = 0$

$\Sigma M_z = 0: -M_z + M_z + dM_z - Q_y\, dx + m_z\, dx = 0$ $\qquad dM_z - Q_y\, dx + m_z\, dx = 0$

Bild 2.7. Gleichgewicht eines differentiellen, räumlichen und geraden Stabelementes

2.3.4 Das Werkstoffgesetz

Wie bei der ebenen Stabtheorie setzen wir auch hier linear elastisches Werkstoffverhalten voraus, das durch den

Elastizitätsmodul E,

den Gleitmodul $G = \dfrac{E}{2\,(1+\nu)}$ mit der Querdehnungszahl ν $\qquad$ (2.23)

beschrieben wird. Führen wir neben der *Querschnittsfläche* A die beiden auf die Querschnittshauptachsen x,y bezogenen *Trägheitsmomente*

$$I_y = \int_A z^2\, dA\ ,\quad I_z = \int_A y^2\, dA \qquad (2.24a)$$

ein, ferner die beiden *schubreduzierten* Querschnittsflächen [Krätzig 1995, Lehmann 1984a]

Äußere Weggrößen: $\mathbf{u} = [\ u_x\ |\ u_y\ |\ u_z\ |\ \varphi_x\ |\ \varphi_y\ |\ \varphi_z\ ]^T$

$\underbrace{\qquad\qquad}_{\text{Verschiebungen}}\qquad\underbrace{\qquad\qquad}_{\text{Verdrehungen}}$

Innere Weggrößen: $\boldsymbol{\varepsilon} = [\ \varepsilon\ |\ \gamma_y\ |\ \gamma_z\ |\ \vartheta\ |\ \kappa_y\ |\ \kappa_z\ ]^T$

Längs-   Schubver-   Verdrillung
dehnung   zerrungen   Verkrümmungen

Kinematischen Beziehungen:

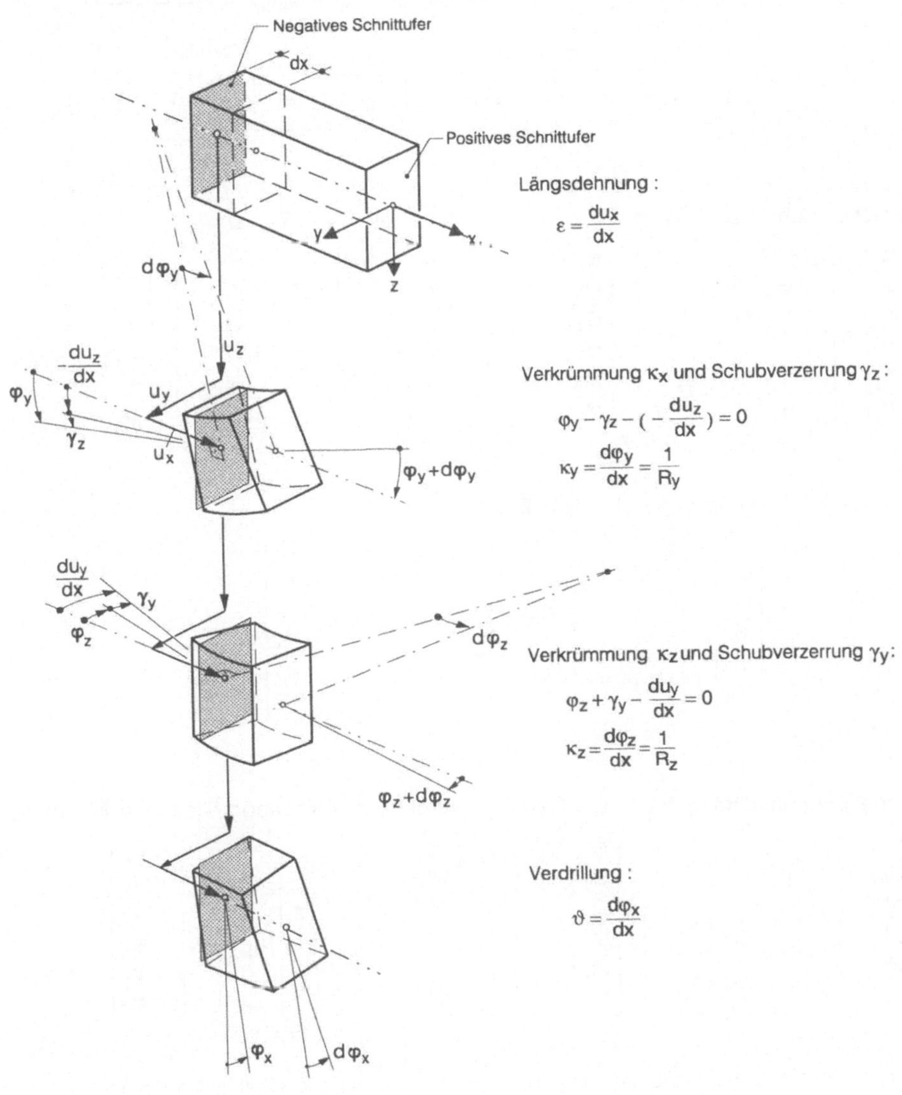

Bild 2.8. Kinematik eines differentiellen, räumlichen und geraden Stabelementes

Strukturdiagramm :

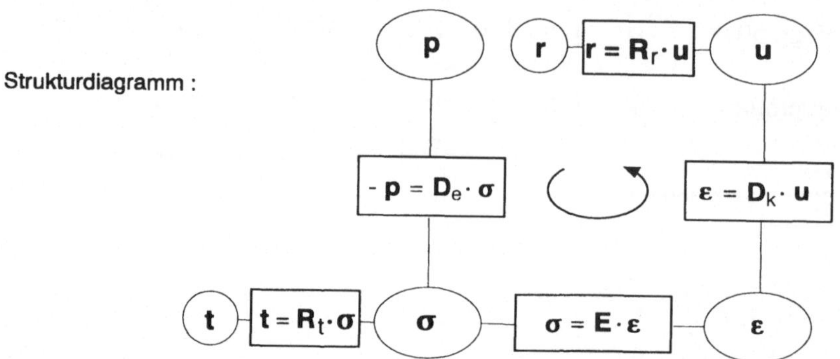

Gleichgewicht : $- \mathbf{p} = \mathbf{D}_e \cdot \boldsymbol{\sigma}$

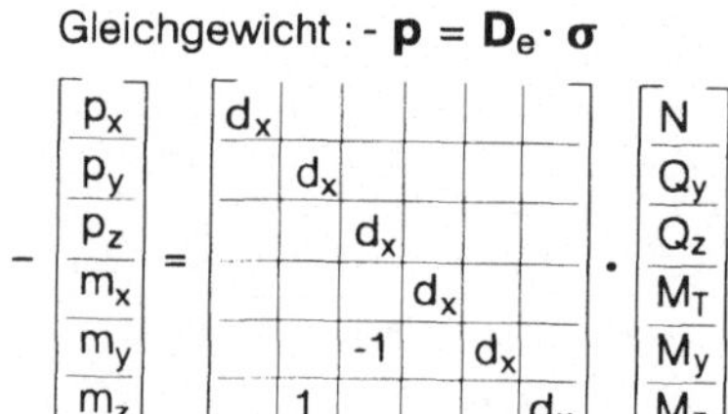

Kinematik : $\boldsymbol{\varepsilon} = \mathbf{D}_k \cdot \mathbf{u}$

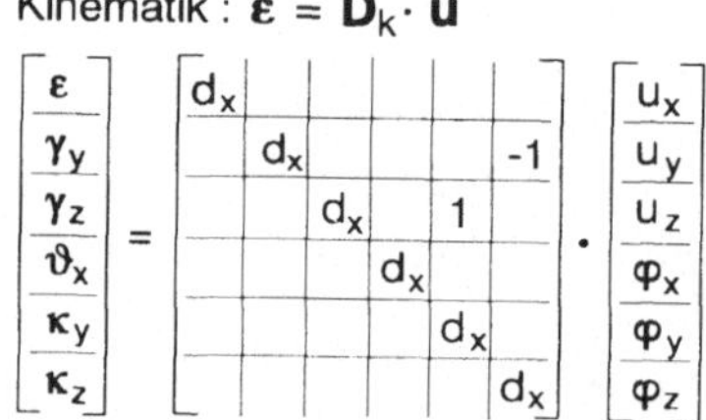

Werkstoffgesetz : $\boldsymbol{\sigma} = \mathbf{E} \cdot \boldsymbol{\varepsilon}$

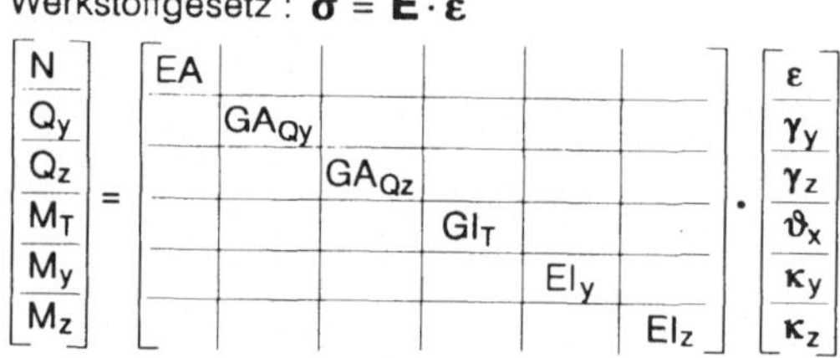

Vorgebbare Randkraftgrößen : $\mathbf{t} = \mathbf{R}_t \cdot \boldsymbol{\sigma}$ Vorgebbare Randweggrößen : $\mathbf{r} = \mathbf{R}_r \cdot \mathbf{u}$

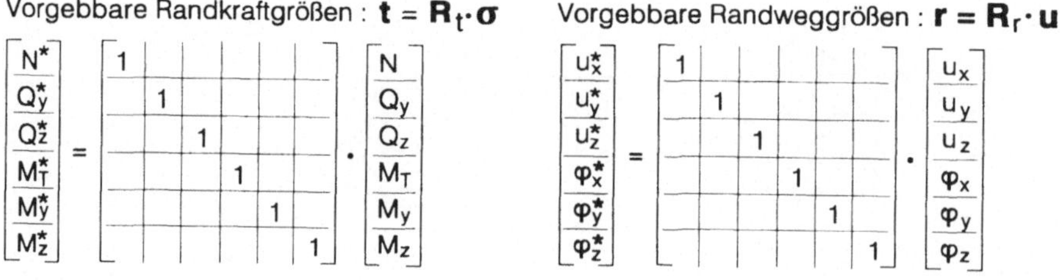

Bild 2.9. Struktur der Theorie räumlich beanspruchter, gerader und schubweicher Stäbe

$$A_{Qy} = A\,\alpha_{Qy} \quad \text{mit} \quad \alpha_{Qy} = \frac{I_z^2}{A \int\limits_A \left(\dfrac{S_z}{h(y)}\right)^2 dA} \quad , \quad S_z = \int\limits_A y\,dA \ ,$$

$$A_{Qz} = A\,\alpha_{Qz} \quad \text{mit} \quad \alpha_{Qz} = \frac{I_y^2}{A \int\limits_A \left(\dfrac{S_y}{b(z)}\right)^2 dA} \quad , \quad S_y = \int\limits_A z\,dA \qquad (2.24b)$$

sowie das *Drillträgheitsmoment* I_T von A [Krätzig 1995], so gewinnt man schließlich das auf Bild 2.9 angegebene Werkstoffgesetz dieser Theorie.

2.3.5 Theorie schubweicher räumlich beanspruchter Stäbe

Nunmehr müssen wir auf Bild 2.9 noch die bisher erhaltenen Feld- und Stoffgleichungen einer schubweichen Theorie gerader, räumlich beanspruchter Stabtragwerke durch zugehörige vorgebbare Randvariablen ergänzen. Formulieren wir als Randweggrößen

$$r = \begin{bmatrix} u_x^* & u_y^* & u_z^* & \varphi_x^* & \varphi_y^* & \varphi_z^* \end{bmatrix}^T \qquad (2.25a)$$

sechs genau den äußeren Weggrößen **u** entsprechende Variablen, als Randkraftgrößen

$$t = \begin{bmatrix} N^* & Q_y^* & Q_z^* & M_T^* & M_y^* & M_z^* \end{bmatrix}^T \qquad (2.25b)$$

sechs genau den Schnittgrößen σ zuzuordnende Randvariablen, so nehmen die beiden Randoperatoren R_r, R_t die bereits aus Bild 2.4 erwartete besonders einfache Form an.

Damit stehen alle Variablen und Operatoren dieser Theorie zur Verfügung, so daß der Leser das zugehörige Strukturschema selbst mittels den Informationen des Bildes 2.9 vervollständigen kann.

2.3.6 Theorie schubsteifer räumlich beanspruchter Stäbe

Um aus den Grundgleichungen der Theorie räumlich beanspruchter, schubweicher Stäbe diejenigen für schubsteife Stäbe herzuleiten, wenden wir erneut die BERNOULLI- oder Normalenhypothese an

$$\gamma_y = \gamma_z \cong 0 \ , \qquad (2.26)$$

nach welcher alle vor einer Verformung orthogonal zur Stabachse ausgerichteten Querschnittsflächen diese Normalenorienrierung auch nach der Verformung noch aufweisen. Damit entfallen die beiden Schubverzerrungen γ_y, γ_z als verformungsbedingte Abweichungen von der Normaleneigenschaft aus der Gruppe der inneren Kinematen. Die zugehörigen kinematischen Beziehungen des Bildes 2.9

$$\gamma_y = 0 = u_y' - \varphi_z : \quad \varphi_z = u_y' \ ,$$
$$\gamma_z = 0 = u_z' + \varphi_y : \quad \varphi_y = -u_z' \ , \tag{2.27a}$$

lassen die beiden Biegewinkel φ_y, φ_z zu abhängigen Variablen werden. Behält man nur die unabhängigen Variablen bei, so gewinnen wir mit

$$\kappa_y = \varphi_y' = -u_z'' \ ,$$
$$\kappa_z = \varphi_z' = u_y'' \tag{2.27b}$$

die für diese Theorie geltenden modizifierten kinematischen Beziehungen auf Bild 2.10.

Analog zum Vorgehen bei ebenen Tragwerken unterdrücken wir in den äußeren Kraftgrößen die beiden Streckenlastmomente m_y, m_z und gewinnen so aus den zugehörigen Gleichgewichtsbedingungen

$$m_y = 0 = -Q_z + M_y' : \quad Q_z = M_y' \ ,$$
$$m_z = 0 = Q_y + M_z' : \quad Q_y = -M_z' \tag{2.28a}$$

nunmehr die beiden Querkräfte als abhängige Variablen, nämlich als Ableitungen der Biegemomente. Baut man diese Beziehungen in die verbleibenden Gleichgewichtsbedingungen ein

$$p_y = Q_y' = -M_z'' \ ,$$
$$p_z = Q_z' = M_y'' \ , \tag{2.28b}$$

so entsteht die Gleichgewichtstransformation dieser Theorie auf Bild 2.10.

Durch die Normalenhypothese (2.26) entfallen natürlich die Stoffgleichungen der Querkräfte. Aus den Randtransformationen des Bildes 2.9 gewinnen wir schließlich noch mit (2.27a, 2.28a) diejenigen der Theorie schubsteifer Stäbe, welche die Zusammenstellung auf Bild 2.10 abschließen.

2.4 Theorie der Scheibentragwerke

2.4.1 Grundlagen

Scheibentragwerke stellen ebene Flächentragwerke dar. Daher lassen sie sich gemäß Bild 2.11 durch eine Ebene A als *Mittelfläche* idealisieren, welche die reale *Tragwerksdicke* h in Richtung der Mittelflächennormalen x_3 an jeder Stelle halbiert. Die beiden die Mittelfläche A aufspannenden Koordinatenachsen x_1, x_2 seien kartesisch, d.h. geradlinig und zueinander orthogonal.

Es gilt die *Dünne-Hypothese*, d.h. die Tragwerksdicke h werde als sehr klein im Vergleich zu den beiden Scheibenabmessungen vorausgesetzt:

$$h/L \ll 1 \ , \quad L = \min(l_1, l_2) \ . \tag{2.29}$$

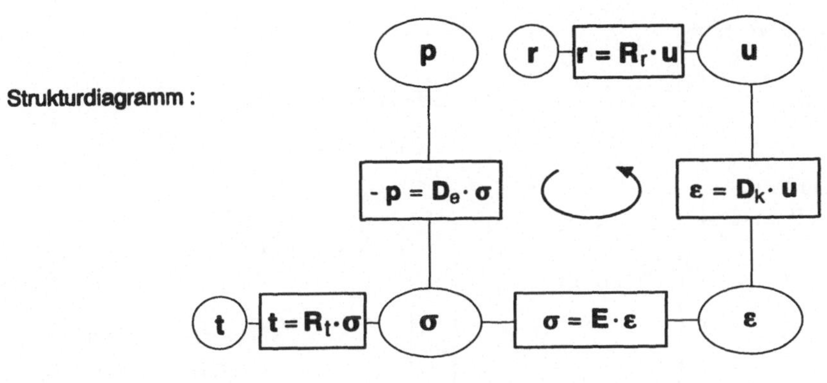

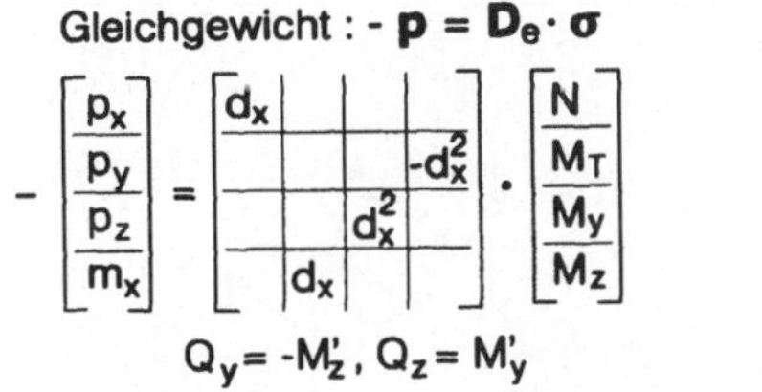

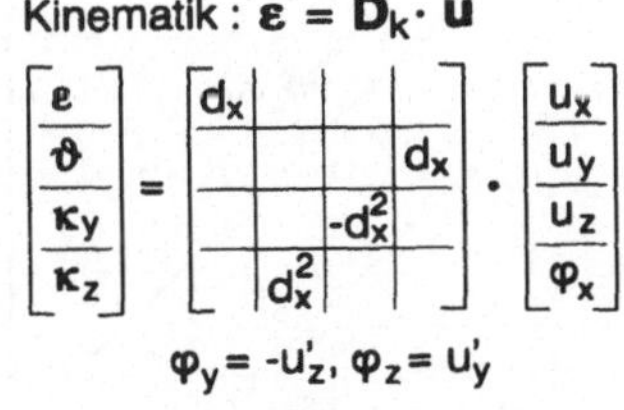

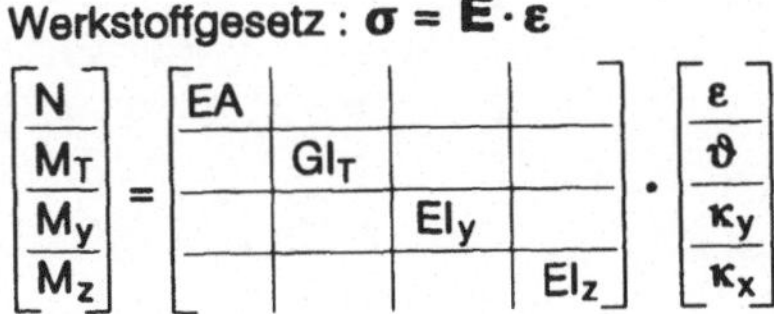

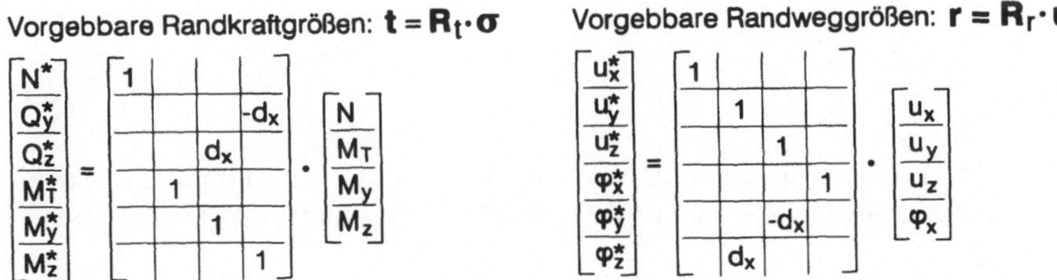

Bild 2.10. Struktur der Theorie räumlich beanspruchter, gerader und schubsteifer Stäbe

Da außerdem die beiden *Scheibenlaibungen* h/2, −h/2 als spannungsfrei angesehen werden, gilt in der Scheibe ein ebener Spannungszustand

$$\sigma_{33} = \sigma_{13} = \sigma_{31} = \sigma_{23} = \sigma_{32} = 0 \ . \tag{2.30a}$$

Die somit dort gemäß Bild 2.11 verbleibenden Spannungen

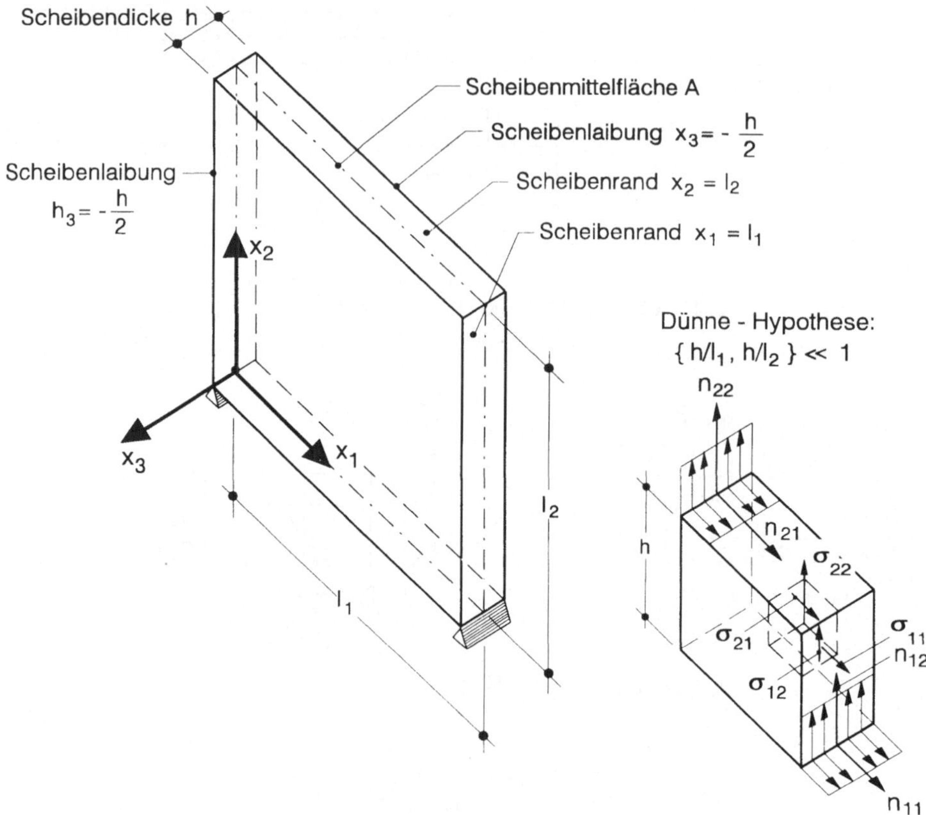

Bild 2.11. Geometrie eines Scheibentragwerks (links),
Spannungen und Schnittgrößen (rechts

$$\sigma_{11}\,,\quad \sigma_{12}=\sigma_{21}\,,\quad \sigma_{22} \qquad\qquad (2.30\text{b})$$

werden in der im folgenden herzuleitenden Scheibentheorie als über die Dicke konstant verlaufend angesehen, so daß sie sich leicht zu Schnittgrößen zusammenfassen lassen:

$$\begin{bmatrix} n_{11} \\ n_{12}=n_{21} \\ n_{22} \end{bmatrix} = \int\limits_{-h/2}^{h/2} \begin{bmatrix} \sigma_{11} \\ \sigma_{12}=\sigma_{21} \\ \sigma_{22} \end{bmatrix} dx_3 = \begin{bmatrix} \sigma_{11} \\ \sigma_{12}=\sigma_{21} \\ \sigma_{22} \end{bmatrix} \cdot h\ . \qquad (2.30\text{c})$$

Scheibenschnittgrößen besitzen als Dickenintegrale von Spannungen somit die Dimension Kraft/Länge und werden als in der Mittelfläche wirkend vorausgesetzt, ebenso wie die übrigen Weggrößen- und Kraftgrößenvariablen. Im Rahmen der Scheibentheorie werden alle Deformationsgrößen − Verschiebungen und Verzerrungen − als *infinitesimal* klein angesehen, so daß die Gleichgewichtsbedingungen im Sinne einer Theorie 1. Ordnung näherungsweise an der unverformten Konfiguration formuliert werden dürfen.

2.4.2 Gleichgewichtsbedingungen und Schnittgrößenfunktion

Zur Herleitung der Gleichgewichtsbedingungen betrachten wir in Bild 2.12 ein infinitesimales Scheibenelement $dx_1\, dx_2$, erneut in seiner materiellen Form. An dessen negativen Schnittufern sind die dort wirkenden, durch das Schnittprinzip befreiten *Schnittkraftresultierenden* (Schnittkraft · Schnittuferlänge)

$$x_1 : n_{11}\, dx_2\,,\ n_{12}\, dx_2\ ;\quad x_2 : n_{22}\, dx_1\,,\ n_{21}\, dx_1 \tag{2.31a}$$

angetragen, an den positiven Schnittufern eben diese Kräfte, um infinitesimale Zuwächse vergrößert, beispielsweise:

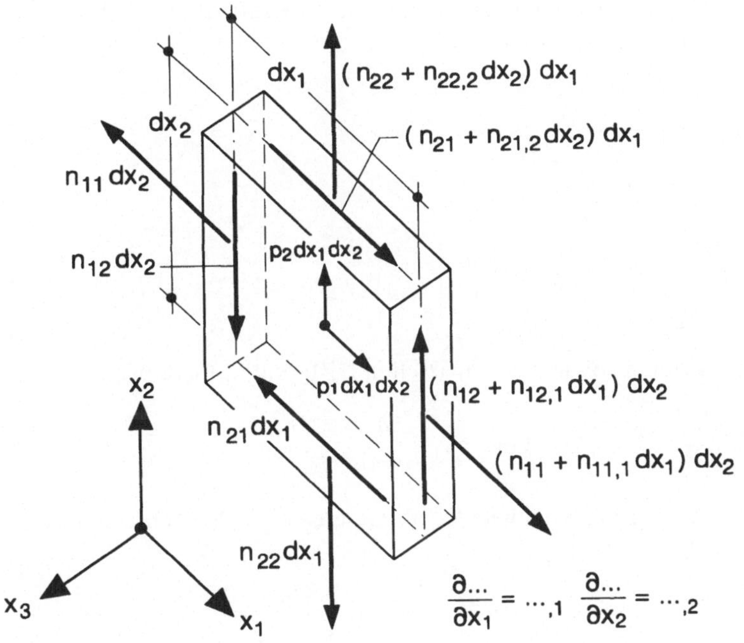

$$\Sigma F_1 = 0 : -n_{11}\, dx_2 + n_{11}\, dx_2 + n_{11,1}\, dx_1\, dx_2$$
$$-n_{21}\, dx_1 + n_{21}\, dx_1 + n_{21,2}\, dx_2\, dx_1 + p_1\, dx_1\, dx_2 = 0$$

$$\Sigma F_2 = 0 : \text{wie vor, jedoch Indizes vertauscht}$$

$$\Sigma M_{3m} = 0 : n_{12}\, dx_2\, dx_1 + n_{12,1}\, dx_1\, dx_2\, \frac{dx_1}{2} - n_{21}\, dx_1\, dx_2 - n_{21,1}\, dx_2\, dx_1\, \frac{dx_2}{2} = 0$$

von 3. Ordnung klein

Bild 2.12. Herleitung der Gleichgewichtsbedingungen für Scheibentragwerke

$$x_1: \quad n_{11}\, dx_2 + \frac{\partial n_{11}}{\partial x_1}\, dx_1\, dx_2 \;=\; (n_{11} + n_{11,1}\, dx_1)\, dx_2\;. \tag{2.31b}$$

Darin bezeichnet das Komma die partielle Ableitung in Richtung der jeweiligen Koordinate. Mit den auf die Einheit der Mittelfläche A bezogenen Massenkräften $\{p_1\ p_2\}$ in den beiden Koordinatenrichtungen gewinnen wir die auf Bild 2.12 angegebenen zwei Kräftegleichgewichtsbedingungen $\Sigma F_1 = 0$, $\Sigma F_2 = 0$ sowie die Momentengleichgewichtsbedingung $\Sigma M_{3m} = 0$ um den Elementmittelpunkt m.

Streichen wir hierzu die sich gegenseitig aufhebenden Grundgrößen 1. differentieller Ordnung sowie die von 3. Ordnung kleinen Terme, kürzen sodann durch die beiden (nicht verschwindenden) Differentiale $dx_1\, dx_2$, so gewinnen wir aus der Momentengleichgewichtsbedingung die bereits aus (2.30b) bekannte Symmetrieaussage:

$$n_{12} \;=\; n_{21}\;. \tag{2.32}$$

Durch deren Substitution in die beiden verbleibenden Kräftegleichgewichtsbedingungen erhalten wir:

$$n_{11,1} + n_{12,2} + p_1 \;=\; 0\;,$$
$$n_{22,2} + n_{12,1} + p_2 \;=\; 0\;. \tag{2.33}$$

Definition der beiden Spalten

$$\boldsymbol{\sigma} \;=\; \begin{bmatrix} n_{11} \\ n_{12} = n_{21} \\ n_{22} \end{bmatrix}, \quad \mathbf{p} \;=\; \begin{bmatrix} p_1 \\ p_2 \end{bmatrix} \tag{2.34a}$$

als Kraftgrößenvariablen sowie des matriziellen Differentialoperators

$$\mathbf{D}_c \;=\; \begin{bmatrix} \partial_1 & \partial_2 & 0 \\ 0 & \partial_1 & \partial_2 \end{bmatrix} \quad \text{mit} \quad \partial_\alpha = \frac{\partial}{\partial x_\alpha} \tag{2.34b}$$

transformiert die obigen Gleichgewichtsbedingungen (2.33) abschließend in folgende matrizielle Form:

$$-\mathbf{p} = \mathbf{D}_c \cdot \boldsymbol{\sigma} = -\begin{bmatrix} p_1 \\ p_2 \end{bmatrix} = \begin{bmatrix} \partial_1 & \partial_2 & 0 \\ 0 & \partial_1 & \partial_2 \end{bmatrix} \cdot \begin{bmatrix} n_{11} \\ n_{12} \\ n_{22} \end{bmatrix} = \begin{bmatrix} n_{11,1} + n_{12,2} \\ n_{22,2} + n_{12,1} \end{bmatrix}\;.$$

$$\tag{2.34c}$$

Im Rahmen der klassischen Lösungsverfahren der Scheibentheorie werden die Schnittgrößen $\boldsymbol{\sigma}$ (2.34a) durch Differentiation aus einer skalaren Schnittgrößenfunktion F gewonnen, der AIRYschen* Schnittgrößenfunktion [Airy 1863]:

---

*   SIR GEORGE BIDELL AIRY, britischer Mathematiker und Astronom in Cambridge sowie Greenwich, 1801-1892, erforschte als erster dynamische Instabilitäten in Regelkreisen.

$$\sigma = \begin{bmatrix} n_{11} \\ n_{12} \\ n_{22} \end{bmatrix} = \begin{bmatrix} F_{,22} \\ -F_{,12} \\ F_{,11} \end{bmatrix} \; . \tag{2.35a}$$

Mit dem matriziellen Differentialoperator

$$C_e = \begin{bmatrix} \partial_{22} \\ -\partial_{12} \\ \partial_{11} \end{bmatrix} \tag{2.35b}$$

sowie mit $\mathbf{F} = F$ lautet diese Beziehung:

$$\sigma = C_e \cdot F \; . \tag{2.35c}$$

Nach Substitution dieser Aussage in die homogenen ($\mathbf{p} \equiv \mathbf{0}$) Gleichgewichtsbedingungen (2.34c) läßt uns die Beachtung des SCHWARZschen* Vertauschungssatzes für zweifache partielle Ableitungen

$$n_{11,1} + n_{12,2} = F_{,221} - F_{,122} = 0 \; ,$$

$$n_{22,2} + n_{12,1} = F_{,112} - F_{,121} = 0 \tag{2.36a}$$

erkennen, daß F die homogenen Gleichgewichtsbedingungen identisch erfüllt. Somit stellt der kombinierte Operator $D_e \cdot C_e$ stets einen Nulloperator dar:

$$D_e \cdot \sigma = D_e \cdot C_e \cdot F \equiv 0 \; . \tag{2.36b}$$

2.4.3 Kinematische Beziehungen und Kompatibilitätsbedingungen

Auf Bild 2.13 findet der Leser ein differentielles Element $dx_1 \, dx_2$ der Scheibenmittelfläche A in seiner unverformten sowie verformten Konfiguration dargestellt. Die Deformation von Punkten $P(x_1, x_2)$ läßt sich durch die Komponenten u_1, u_2 des *Verschiebungsvektors* $\mathbf{u}$ als äußerer kinematischer Variablen festlegen. Demgegenüber erfolgt die Beschreibung der inneren Weggrößenebene der Verzerrungen durch die *Dehnungen* ε_{11}, ε_{22} der beiden Elementkanten sowie durch die *Winkeländerung* $2\,\varepsilon_{12}$ der ursprünglich rechten Elementwinkel.

Durch Vergleich der in Bild 2.13 eingetragenen Längenbeschreibungen vom unverformten Elementanfang $\overset{o}{P}$ bis zu den beiden verformten Element-Hinterkanten, ausgeführt unter sowie links neben der Verformungsdarstellung, lesen wir unschwer die Verknüpfungen der inneren kinematischen Variablen ε_{11}, ε_{22} und $2\varepsilon_{12}$ mit den äußeren Weggrößen u_1, u_2 ab:

---

* HERMANN AMANDUS SCHWARZ, deutscher Mathematiker, 1843-1921, Arbeiten zur Funktionentheorie und Variationsrechnung, wirkte in Zürich, Göttingen und Berlin.

$$\varepsilon_{11} = u_{1,1} \ , \quad \varepsilon_{22} = u_{2,2} \ , \quad 2\,\varepsilon_{12} = u_{1,2} + u_{2,1} \ . \tag{2.37}$$

Definieren wir nun folgende Spalten

$$\mathbf{u} = \begin{bmatrix} u_1 \\ u_2 \end{bmatrix} , \quad \boldsymbol{\varepsilon} = \begin{bmatrix} \varepsilon_{11} \\ 2\,\varepsilon_{12} \\ \varepsilon_{22} \end{bmatrix} \tag{2.38a}$$

sowie den matriziellen Differentialoperator

$$\mathbf{D}_k = \begin{bmatrix} \partial_1 & 0 \\ \partial_2 & \partial_1 \\ 0 & \partial_2 \end{bmatrix} , \tag{2.38b}$$

so gewinnen wir die kinematischen Beziehungen (2.37) in der uns vertrauten Form:

$$\boldsymbol{\varepsilon} = \mathbf{D}_k \cdot \mathbf{u} = \begin{bmatrix} \varepsilon_{11} \\ 2\,\varepsilon_{12} \\ \varepsilon_{22} \end{bmatrix} = \begin{bmatrix} \partial_1 & 0 \\ \partial_2 & \partial_1 \\ 0 & \partial_2 \end{bmatrix} \cdot \begin{bmatrix} u_1 \\ u_2 \end{bmatrix} . \tag{2.38c}$$

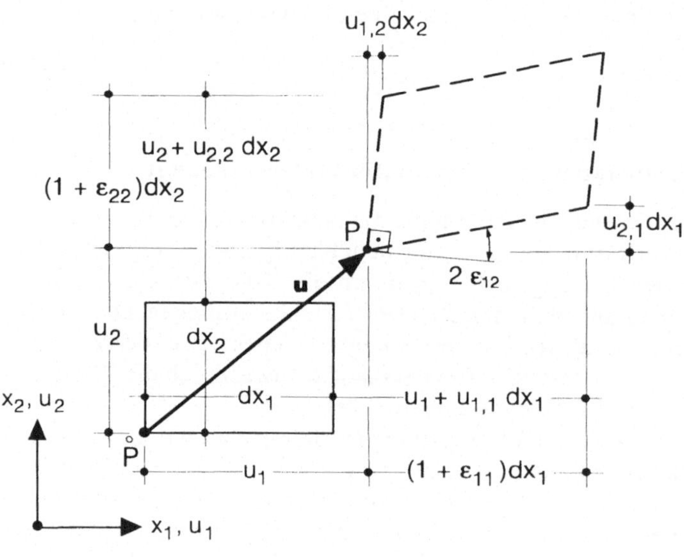

$$u_1 + (1 + \varepsilon_{11})\,dx_1 = dx_1 + u_1 + u_{1,1}\,dx_1$$
$$u_2 + (1 + \varepsilon_{22})\,dx_2 = dx_2 + u_2 + u_{2,2}\,dx_2$$
$$2\varepsilon_{12}\,dx_2 = u_{1,2}\,dx_2/dx_2 + u_{2,1}\,dx_1/dx_1$$

Bild 2.13. Herleitung der kinematischen Beziehungen für Scheibentragwerke

Durch Substitution der kinematischen Beziehungen (2.37) in deren Verträglichkeitsbeziehung:

$$\varepsilon_{11,22} + \varepsilon_{22,11} - 2\,\varepsilon_{12,12} = 0 \tag{2.39a}$$

für die Verzerrungen verifizieren wir deren Gültigkeit:

$$u_{1,122} + u_{2,211} - u_{1,212} - u_{2,112} = 0 \ . \tag{2.39b}$$

Mittels des Differentialoperators

$$\mathbf{C}_k = [\,\partial_{22} \quad -\partial_{12} \quad \partial_{11}\,] \tag{2.40a}$$

gewinnen wir die matrizielle Form der Verträglichkeitsbedingung

$$\mathbf{C}_k \cdot \boldsymbol{\varepsilon} = [\,\partial_{22} \quad -\partial_{12} \quad \partial_{11}\,] \cdot \begin{bmatrix} \varepsilon_{11} \\ 2\,\varepsilon_{12} \\ \varepsilon_{22} \end{bmatrix} = \mathbf{C}_k \cdot \mathbf{D}_k \cdot \mathbf{u} = \mathbf{0} \ , \tag{2.40b}$$

in welcher erneut ein Nulloperator auftaucht: $\mathbf{C}_k \cdot \mathbf{D}_k$. Im Abschnitt 2.4.6 werden wir die rechte Null in dieser Gleichung als eine aus einer einzigen Größe bestehende Zustandsvariable definieren, als skalare Inkompatibilität $\mathbf{I} = \mathrm{I}$.

2.4.4 Werkstoffgesetz

Wie in der Scheibentheorie allgemein üblich setzen wir einen *homogen-isotropen*, *linear elastischen* Werkstoff voraus. Für ein derartiges 3-dimensionales Kontinuum lautet das Werkstoffgesetz unter Ausnutzung der Symmetrie $\sigma_{ij} = \sigma_{ji}$:

$$\begin{bmatrix} \varepsilon_{11} \\ \varepsilon_{22} \\ \varepsilon_{33} \end{bmatrix} = \frac{1}{E} \begin{bmatrix} \sigma_{11} - \nu\,(\sigma_{22} + \sigma_{33}) \\ \sigma_{22} - \nu\,(\sigma_{33} + \sigma_{11}) \\ \sigma_{33} - \nu\,(\sigma_{11} + \sigma_{22}) \end{bmatrix} , \quad \begin{bmatrix} 2\,\varepsilon_{12} \\ 2\,\varepsilon_{23} \\ 2\,\varepsilon_{31} \end{bmatrix} = \frac{1}{G} \begin{bmatrix} \sigma_{12} \\ \sigma_{23} \\ \sigma_{31} \end{bmatrix} , \tag{2.41}$$

wobei folgende Werkstoffkennwerte Verwendung fanden:

der *Elastizitätsmodul* E,

der *Schubmodul* (Gleitmodul) $G = \dfrac{E}{2\,(1+\nu)}$, $\tag{2.42}$

die *Querdehnungszahl* ν.

Durch die getroffene Annahme eines ebenen Spannungszustandes (2.30 a) reduzieren sich die Stoffgleichungen auf:

$$\varepsilon_{11} = \frac{1}{E}\,(\sigma_{11} - \nu\,\sigma_{22}) \ , \quad 2\,\varepsilon_{12} = \frac{1}{G}\,\sigma_{12} \ ,$$

$$\varepsilon_{22} = \frac{1}{E}\,(\sigma_{22} - \nu\,\sigma_{11}) \ , \quad \varepsilon_{33} = -\frac{\nu}{E}\,(\sigma_{11} + \sigma_{22}) \ . \tag{2.43a}$$

Beispielsweise liefert die Integration der ersten dieser Gleichungen über die Scheibendicke h unter Beachtung von (2.30c)

$$\int_{-h/2}^{h/2} \varepsilon_{11}\, dx_3 \;=\; \varepsilon_{11}\, h \;=\; \frac{1}{E}\left(\int_{-h/2}^{h/2} \sigma_{11}\, dx_3 - \nu \int_{-h/2}^{h/2} \sigma_{22}\, dx_3 \right) \;=\; \frac{1}{E}\,(n_{11} - \nu\, n_{22}) \;;$$

(2.43b)

mit den gleichartig behandelten weiteren Beziehungen (2.43a) entsteht somit:

$$\frac{Eh}{(1-\nu^2)} \begin{bmatrix} \varepsilon_{11} \\ 2\,\varepsilon_{12} \\ \varepsilon_{22} \end{bmatrix} = \frac{1}{1-\nu^2} \begin{bmatrix} n_{11} & & -\nu\, n_{22} \\ & 2\,(1+\nu)\, n_{12} & \\ -\nu\, n_{11} & & +n_{22} \end{bmatrix}.$$

(2.43c)

Zusammenfassend ergeben sich die beiden Formen des matriziellen Stoffgesetzes für Scheiben zu

$$D\,\boldsymbol{\varepsilon} = \mathbf{E}^{-1}\cdot\boldsymbol{\sigma}: \quad D \begin{bmatrix} \varepsilon_{11} \\ 2\,\varepsilon_{12} \\ \varepsilon_{22} \end{bmatrix} = \frac{1}{1-\nu^2} \begin{bmatrix} 1 & 0 & -\nu \\ 0 & 2\,(1+\nu) & 0 \\ -\nu & 0 & 1 \end{bmatrix} \cdot \begin{bmatrix} n_{11} \\ n_{12} \\ n_{22} \end{bmatrix},$$

(2.44a)

$$\boldsymbol{\sigma} = D\,\mathbf{E}\cdot\boldsymbol{\varepsilon}: \quad \begin{bmatrix} n_{11} \\ n_{12} \\ n_{22} \end{bmatrix} = D \begin{bmatrix} 1 & 0 & \nu \\ 0 & (1-\nu)/2 & 0 \\ \nu & 0 & 1 \end{bmatrix} \cdot \begin{bmatrix} \varepsilon_{11} \\ 2\,\varepsilon_{12} \\ \varepsilon_{22} \end{bmatrix}$$

(2.44b)

mit der *Scheibensteifigkeit* (Dehnsteifigkeit):

$$D = \frac{Eh}{1-\nu^2}\,.$$

(2.44c)

Die letzte aus (2.43a) verbleibende Aussage beschreibt das Querdehnungsverhalten eines Scheibentragwerks und darf somit für Tragwerksberechnungen außer Betracht bleiben.

2.4.5 Randvorgaben

Zur Formulierung von Scheibenrandbedingungen lassen wir gemäß Bild 2.14 nur Ränder entlang von Koordinatenlinien zu, welche durch das eingezeichnete, rechtshändige Einheitsvektoren–Dreibein $\{\mathbf{v}, \boldsymbol{\tau}, \mathbf{i}_3\}$ orientiert sind. Daher nehmen die Komponenten $v_1, v_2\,(\tau_1, \tau_2)$ des jeweiligen Randnormalenvektors $\mathbf{v}$ (Randtangentenvektors $\boldsymbol{\tau}$) in Richtung der Einheitsvektorenbasis $\mathbf{i}_1, \mathbf{i}_2$ nur Werte $-1, 0, +1$ an.

Reine Weggrößen-Randbedingungen lassen sich nun durch

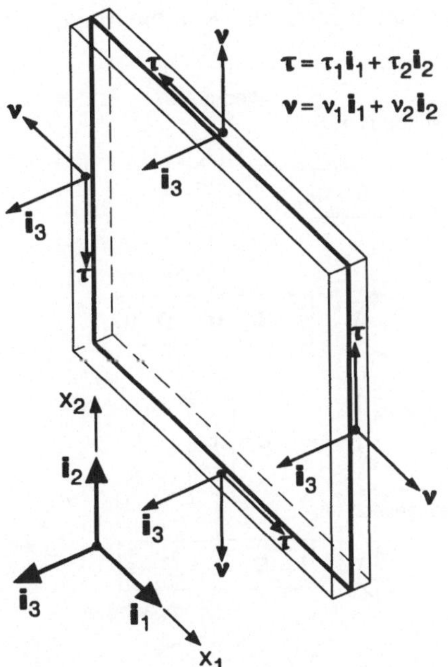

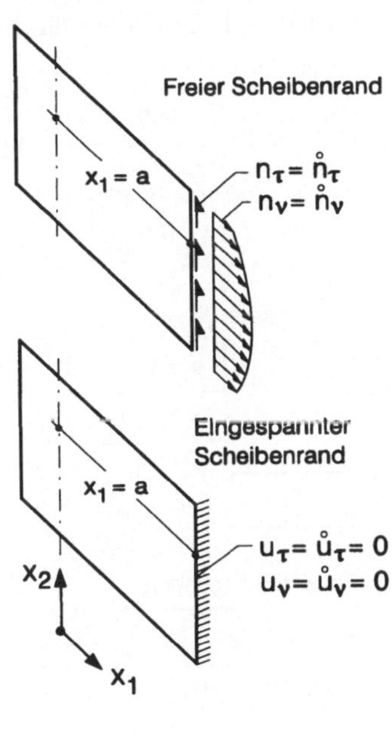

Bild 2.14. Scheibenrandbedingungen

$$r = \begin{bmatrix} u_\tau \\ u_v \end{bmatrix} = \begin{bmatrix} \tau_1 & \tau_2 \\ v_1 & v_2 \end{bmatrix} \begin{bmatrix} u_1 \\ u_2 \end{bmatrix} = \mathbf{R}_r \cdot \mathbf{u} \tag{2.45a}$$

darstellen, reine Kraftgrößen-Randbedingungen durch

$$t = \begin{bmatrix} n_\tau \\ n_v \end{bmatrix} = \begin{bmatrix} 0 & v_1\tau_2 + v_2\tau_1 & 0 \\ v_1 v_1 & 0 & v_2 v_2 \end{bmatrix} \cdot \begin{bmatrix} n_{11} \\ n_{12} \\ n_{22} \end{bmatrix} = \mathbf{R}_t \cdot \boldsymbol{\sigma} \tag{2.45b}$$

beschreiben, wie der Leser verifizieren möge. Beispielsweise gilt für den positiven x_1-Rand:

$$\{\tau_1 \ \tau_2\} = \{0 \ 1\}, \quad \{v_1 \ v_2\} = \{1 \ 0\}, \tag{2.46a}$$

womit dort folgende Randtransformationen erhalten werden:

$$\mathbf{R}_r = \begin{bmatrix} 0 & 1 \\ 1 & 0 \end{bmatrix}, \quad \mathbf{R}_t = \begin{bmatrix} 0 & 1 & 0 \\ 1 & 0 & 0 \end{bmatrix}. \tag{2.46b}$$

Der rechte Teil von Bild 2.14 enthält Randbedingungsbeispiele zweier Scheibenränder $x_1 = a$: eines freien Randes, längs welchem Randkräfte $\{n_\tau \; n_v\}$ vorgebbar sind, und eines eingspannten Randes mit verschwindenden Randverschiebungen $\{u_\tau \; u_v\}$. Selbstverständlich können auch gemischte Randbedingungen auftreten.

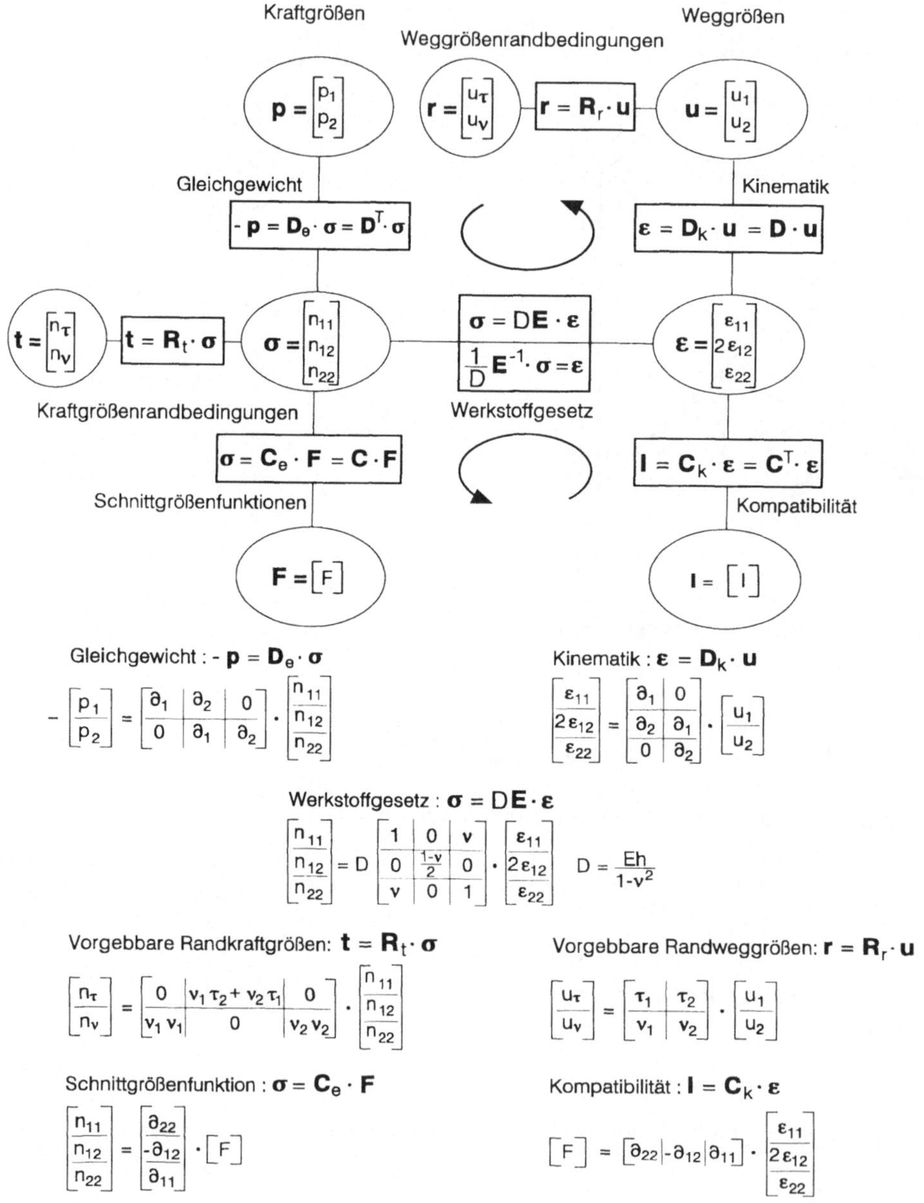

Bild 2.15. Vollständiges Strukturschema der Scheibentheorie

2.4.6 Strukturschema der Scheibentheorie

Die bisherigen Herleitungen zusammenfassend tragen wir nun die matriziellen Transformationen (2.34c), (2.38c) und (2.44) gemeinsam mit den sie verbindenden Variablen in Anlehnung an Bild 2.1 in das Strukturschema des Bildes 2.15 ein. Die Randtransformationen übernehmen wir aus (2.45a,b); außerdem ergänzen wir das Schema noch durch die Definition der Schnittgrößenfunktion $\mathbf{F}$ (2.35) und die Verträglichkeitsbedingung (2.40) um den dualen Bereich, wobei I eine skalare Inkompabilitätsfunktion beschreibt. Bei dieser Zusammenstellung erkennen wir, daß sich die 4 differentiellen Feldoperatoren auf 2 reduzieren, nämlich:

$$\mathbf{D}_k = \mathbf{D}_e^T = \mathbf{D} \ , \quad \mathbf{C}_e = \mathbf{C}_k^T = \mathbf{C} \ . \tag{2.47}$$

Für den Standardfall verzerrungsverträglicher Scheibentragwerke $\mathbf{I} = 0$ gewinnt man die bekannte Scheibengleichung durch Elimination von ε, σ aus dem unteren, dem dualen Bereich dieses Strukturschemas:

$$
\begin{aligned}
\mathbf{0} &= \mathbf{C}^T \cdot \varepsilon & &\text{Verträglichkeit} \\
\varepsilon &= \frac{1}{D} \mathbf{E}^{-1} \cdot \sigma & &\text{Werkstoffgesetz} \\
\sigma &= \mathbf{C} \cdot \mathbf{F} & &\text{Schnittgrößenfunktion}
\end{aligned}
$$

$$\mathbf{0} = \mathbf{C}^T \cdot \frac{1}{D} \mathbf{E}^{-1} \cdot \mathbf{C} \cdot \mathbf{F} = \mathbf{D}^* \cdot \mathbf{F} \ . \tag{2.48a}$$

Im Fall homogener Scheiben $D = $ konst kann die Dehnsteifigkeit D aus dem Fundamentaloperator herausgezogen werden und man erhält:

$$\mathbf{D}^{**} = \mathbf{C}^T \cdot \mathbf{E}^{-1} \cdot \mathbf{C} \ . \tag{2.48b}$$

Explizites Ausschreiben von $\mathbf{D}^{**}$ mittels der Operatoren $\mathbf{C}$ und $\mathbf{E}$ aus Bild 2.15:

$$
\begin{array}{cc}
\mathbf{E}^{-1} & \mathbf{C} \longrightarrow \begin{bmatrix} \partial_{22} \\ -\partial_{12} \\ \partial_{11} \end{bmatrix}
\end{array}
$$

$$
\begin{bmatrix} 1 & 0 & -\nu \\ 0 & 2(1+\nu) & 0 \\ -\nu & 0 & 1 \end{bmatrix}
\begin{bmatrix} \partial_{22} - \nu\,\partial_{11} \\ -2(1+\nu)\,\partial_{12} \\ \partial_{11} - \nu\,\partial_{22} \end{bmatrix} \tag{2.49a}
$$

$$
[\ \partial_{22} \quad -\partial_{12} \quad \partial_{11}\ ]\,[\ \partial_{1111} + \partial_{2222} + 2\,\partial_{1122} - \nu\,\partial_{1122} - \nu\,\partial_{1122} + 2\nu\,\partial_{1122}\ ]
$$

$$
\underbrace{\phantom{[\ \partial_{22} \quad -\partial_{12} \quad \partial_{11}\ ]}}_{\mathbf{C}^T} \qquad \underbrace{\phantom{[\ \partial_{1111} + \partial_{2222} + 2\,\partial_{1122} - \nu\,\partial_{1122} - \nu\,\partial_{1122} + 2\nu\,\partial_{1122}\ ]}}_{\mathbf{D}^{**}}
$$

sowie dessen nachfolgende Anwendung auf F läßt die bekannte Scheibengleichung entstehen, eine homogene, lineare partielle Differentialgleichung 4. Ordnung in F:

$$F_{,1111} + 2\,F_{,1122} + F_{,2222} = \nabla^2 \nabla^2 F = \nabla^4 F = 0 \ . \tag{2.49b}$$

2.4.7 Das klassische Lösungskonzept

Das klassische Lösungsverfahren der Scheibentheorie auf der Basis biharmonischer Funktionen F als Lösungen von (2.49b) soll nun in einem Einführungsbeispiel behandelt werden, vor allem, um dem Leser Vor- und Nachteile dieser Vorgehensweise deutlich zu machen. Berechnet werden soll der Kragträger des Bildes 2.16 unter einer Einzellast P, für den die Schnittgrößenfunktion vorgegeben sei. Durch Anwendung der Transformation (2.35a) erhalten wir die wiedergegebenen Schnittkräfte, für welche sodann die Randbedingungen kontrolliert werden sollen.

An den Rändern $x_2 = \pm\, b/\,2$ sind nur Randkräfte $n_\nu = n_{22}$ und $n_\tau = -n_{12}$ vorgebbar, die sich aufgabengerecht zu Null ergeben. Am Rand $x_1 = a$ stellt sich die Normalkraft $n_\nu = n_{11}$ zu Null ein und die Schubkraft $n_\tau = n_{12}$ in Form einer quadratischen Parabel mit dem Maximalwert $n_{12max} = -3\,P/2b$ in der Kragarmachse. Die Randkraft P muß dort somit über parabelverteilte Randschubkräfte eingeleitet werden. Da n_{12} keine Abhängigkeit von x_1 aufweist, läuft diese Verteilung unverändert bis zum Rand $x_1 = 0$ durch. Die dortige Normalkraft $n_\nu = n_{11}$ ist linear über den Scheibenquerschnitt verteilt und besitzt Randbetragswerte von $6\,Pa/b^2$ in Übereinstimmung mit den Randspannungen der Balkenbiegelehre (Biegemoment $M = -Pa$, Widerstandsmoment $W = h\,b^2/6$). Längs x_1 verläuft n_{11} linear.

Was ist an diesem Beispiel verallgemeinerbar, bei welchem die Lösungsfunktion F nicht konstruiert, sondern als bekannt vorausgesetzt wurde? Bei vorgegebenem F lassen sich die Schnittkräfte schnell und in übersichtlicher Weise durch einfache Differentiationen gewinnen. Allerdings beweisen die durchgeführten Kontrollen der Randkraftgrößen n_ν und n_τ nur einen (kinematisch kompatiblen) Scheibengleichgewichtszustand. Völlig unbeachtet blieben bisher nämlich die erwähnten Verschiebungsrandbedingungen einer Volleinspannung entlang $x_1 = 0$, deren korrekte Erfüllung [Girkmann 1976] der Lösung auf Bild 2.16 noch eine Randstörung überlagern würde (Wölbspannungen).

Tatsächlich sind Lösungen der Scheibengleichung (2.49b) für vorgegebene Gebiete und Randvorgaben nur mit hohem mathematischen Aufwand zu konstruieren. Daher besitzt das hier skizzierte klassische Vorgehen [Andermann 1968, Girkmann 1976, Rabich 1964] zwar für ein Studium von Prototypproblemen der Scheibentheorie den Vorteil großer Einfachheit, sofern Lösungen bereitstehen. Für Entwurfsanalysen von Scheibentragwerken wird es dagegen überhaupt nicht mehr angewandt. Bei derartigen Problemklassen erweist sich die Methode der finiten Elemente durch ihre unbegrenzte Flexibilität hinsichtlich Mittelflächengeometrien, Lasten und Randbedingungen jeder anderen Lösungsstrategie als überlegen.

2.5 Theorie der Plattentragwerke

2.5.1 Grundlagen

Plattentragwerke stellen genau wie Scheiben ebene Flächentragwerke dar, allerdings sind sie auf Biegung beansprucht. Wieder lassen sie sich gemäß Bild 2.17 durch eine Ebene A als Mittelfläche idealisieren, welche die reale Tragwerksdicke

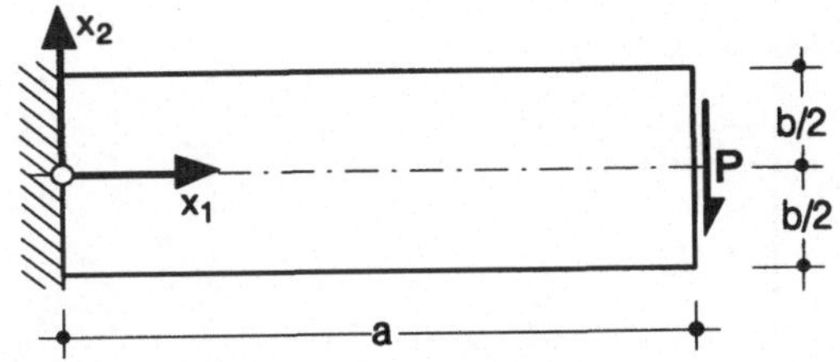

Schnittgrößenfunktion : $\nabla^2 \nabla^2 F = 0$: $F = \dfrac{2P}{b^3}\,(a - x_1)\,(x_2^3 - \dfrac{3}{4}\,b^2\,x_2)$

Schnittgrößen :
$$n_{11} = F_{,22} = \frac{12P}{b^3}\,(a - x_1)\,x_2$$
$$n_{22} = F_{,11} = 0$$
$$n_{12} = -F_{,12} = \frac{6P}{b^3}\left(x_2^2 - \frac{b^2}{4}\right)$$

Kontrolle der Randbedingungen :

$x_2 = \pm\dfrac{b}{2}$:
$$n_\nu = n_{22}\left(x_1, x_2 = \pm\frac{b}{2}\right) = 0$$
$$-n_\tau = n_{12}\left(x_1, x_2 = \pm\frac{b}{2}\right) = \frac{6P}{b^3}\left(\frac{b^2}{4} - \frac{b^2}{4}\right) = 0$$

$x_1 = a$:
$$n_\nu = n_{11}\,(x_1 = a, x_2) = \frac{12P}{b^3}\,(a - a)\,x_2 = 0$$
$$n_\tau = n_{12}\,(x_1 = a, x_2) = \frac{6P}{b^3}\left(x_2^2 - \frac{b^2}{4}\right)$$

$x_1 = 0$:
$$n_\nu = n_{11}\,(x_1 = 0, x_2) = \frac{12P}{b^3}\,a\,x_2$$
$$n_\tau = n_{12}\,(x_1 = 0, x_2) = \frac{6P}{b^3}\left(x_2^2 - \frac{b^2}{4}\right)$$

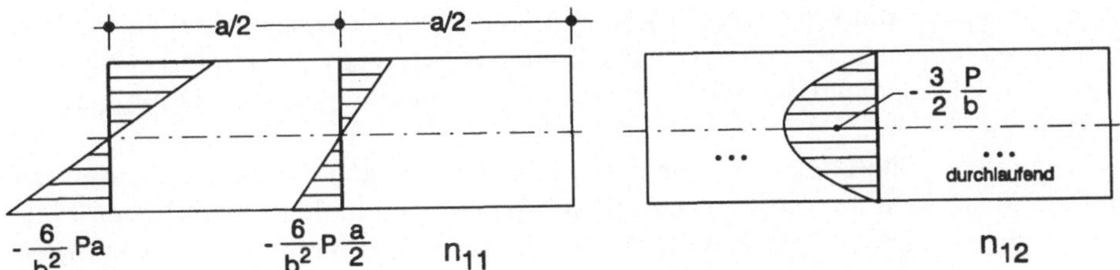

Bild 2.16. Lösung der Scheibengleichung für einen Kragarm mit Einzellast

h in Richtung der Mittelflächennormalen x_3 an jeder Stelle halbiert. Die beiden die Mittelfläche aufspannenden Koordinaten x_1, x_2 seien erneut kartesisch, d.h. geradlinig und zueinander orthogonal.

Als typisches Flächentragwerk gilt auch für Platten die *Dünne-Hypothese*, nach welcher die Tragwerksdicke h als klein im Vergleich zu den beiden Plattenabmessungen l_1, l_2 vorausgesetzt werde:

$$h / L \ll 1 \ , \quad L = \min\,(l_1, l_2) \ . \tag{2.50}$$

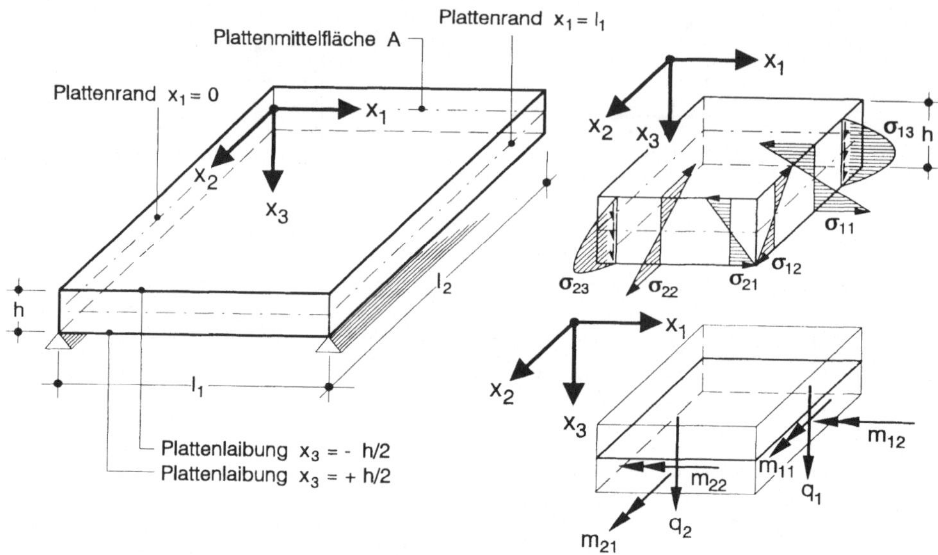

Bild 2.17. Geometrie eines Plattentragwerks (links) mit Spannungen und positiven Platten-schnittgrößen (rechts)

Plattentragwerke werden durch Kräfte *orthogonal* zur Mittelfläche oder durch *Biege-* und *Torsionsangriffe* längs des Randes belastet, was zu biegungsartigen Beanspruchungen führt. In den Materialpunkten einer Platte wird gemäß Bild 2.17 (rechts) infolge ihrer geringen Dicke näherungsweise ein ebener Spannungszustand σ_{11}, $\sigma_{12} = \sigma_{21}$, σ_{22} mit einer über h linearen Verteilung hervorgerufen. Zusätzlich erfordert das Gleichgewicht transversale Schubspannungen $\sigma_{13} = \sigma_{31}$, $\sigma_{23} = \sigma_{32}$, die wegen der Scherspannungsfreiheit der beiden Plattenlaibungen dort auf Null absinken müssen.

Wegen des näherungsweise angestrebten ebenen Spannungszustandes müssen die Gesamtarbeiten der transversalen Schubspannungen in den wesentlichen Plattenbereichen erheblich kleiner sein als die der restlichen Spannungen, was durch das Verhältnis der (konjugierten) Energienormen

$$\iint_{Ah} \sigma_{\alpha 3}\, \sigma_{\alpha 3}\, dx_3\, dA \ll \iint_{Ah} \sigma_{\alpha\beta}\, \sigma_{\alpha\beta}\, dx_3\, dA \tag{2.51}$$

ausdrückbar ist. Hierin nehmen die Indizes α,β wahlweise die Werte 1 und 2 an; wiederholte Indizes bezeichnen eine Summation.

Alle Spannungen werden wieder zu Schnittgrößen zusammengefaßt:

$$\begin{bmatrix} q_1 \\ q_2 \end{bmatrix} = \int_{-h/2}^{h/2} \begin{bmatrix} \sigma_{13} \\ \sigma_{23} \end{bmatrix} dx_3 \;, \quad \begin{bmatrix} m_{11} \\ m_{12} = m_{21} \\ m_{22} \end{bmatrix} = \int_{-h/2}^{h/2} \begin{bmatrix} \sigma_{11} \\ \sigma_{12} = \sigma_{21} \\ \sigma_{22} \end{bmatrix} x_3\, dx_3 \;, \tag{2.52}$$

nämlich zu den beiden *Querkräften* q_1, q_2 der Dimension Kraft/Länge, den beiden *Biegemomenten* m_{11}, m_{22} und den beiden *Torsionsmomenten* $m_{12} = m_{21}$, letztere alle von der Dimension Kraft·Länge/Länge = Kraft. Da unser Ziel erneut eine Plattentheorie 1. Ordnung darstellt, werden sämtliche auftretenden Deformationen als infinitesimal klein vorausgesetzt, weshalb das Plattengleichgewicht näherungsweise wieder an unverformten Tragwerkselementen formuliert werden darf.

2.5.2 Gleichgewichtsbedingungen

Die in materiellen Plattenpunkten wirkenden Spannungen definieren wir wie üblich als positiv, wenn sie an positiven Schnittufern in Richtung positiver Koordinaten x_1, x_2, x_3 weisen. Für die linear über die Dicke h verlaufenden Spannungen σ_{12}, $\sigma_{12} = \sigma_{21}$, σ_{22} wird jedoch zur Erzielung von Eindeutigkeit der Zusatz erforderlich: In den *positiven Querschnittshälften* $+x_3$ der positiven Schnittufer! Derartige Spannungsbilder zeigt Bild 2.17 (rechts), in welchen grundsätzlich in den positiven Querschnittshälften der positiven Schnittufer Spannungen in Richtung positiver Basisrichtungen wirken. Damit wird erneut Zug einheitlich als positive Normalspannung definiert.

Die durch (2.52) als positiv eingeführten Momente erhalten dann allerdings modifizierte positive Wirkungsrichtungen, wie dies Bild 2.17 (rechts unten) verdeutlicht. Als allgemeine Vorzeichenregel für die Schnittgrößen (2.52) können wir daher festhalten, daß positive Querkräfte an positiven Schnittufern in positive Basisrichtungen zeigen; Momente sind dagegen dann positiv, wenn die durch sie hervorgerufenen Spannungen in den positiven Hälften der positiven Schnittufer positiv sind, d.h. in positive Basisrichtungen weisen.

Die Herleitung der Gleichgewichtsbedingungen soll nun am Element $dx_1\, dx_2$ der Plattenmittelfläche unter Querbelastung $p\, dx_1\, dx_2$ des Bildes 2.18 erfolgen. An dessen Schnittufern sind die dort wirkenden, durch das Schnittprinzip freigelegten Schnittgrößen-Resultierenden (Schnittgröße·Schnittuferlänge) in jeweils positiver Wirkunsgrichtung angetragen. Beispielsweise findet man am negativen x_1-Schnittufer das Biegemoment

$$m_{11}\, dx_2 \, , \tag{2.53a}$$

am positiven x_1-Schnittufer jedoch dasselbe Biegemoment, vergrößert um einen infinitesimalen Zuwachs:

$$(m_{11} + m_{11,1}\, dx_1)\, dx_2 = m_{11}\, dx_2 + m_{11,1}\, dx_1\, dx_2 \, . \tag{2.53b}$$

Hierin bezeichnet das Komma wieder die partielle Ableitung in Richtung der Koordinate des folgenden Index. Analog zu (2.53a,b) enthält Bild 2.18 sämtliche entlang den Schnittufern wirkende Schnittgrößen.

Als Gleichgewichtsbedingungen verwenden wir nun das Kräftegleichgewicht $\Sigma F_3 = 0$ in der Basisrichtung x_3, ferner die beiden Gleichgewichtsbedingungen $\Sigma M_1 = 0$, $\Sigma M_2 = 0$ um zwei koordinatenparallele Achsen durch den Elementmittelpunkt m. Streichen wir in dem unseren Lesern zur unabhängigen Formulierung empfohlenen Gleichungssatz auf Bild 2.18 die sich gegenseitig aufhebenden Grundgrößen

1. Ordnung, ferner die von 3. Ordnung kleinen Terme, kürzen sodann durch die beiden (nichtverschwindenden) Differentiale $dx_1\ dx_2$, so gewinnen wir die drei dort wiedergegebenen Gleichgewichtsbedingungen.

Definition der beiden Spalten

$$\mathbf{p} = \begin{bmatrix} p \\ 0 \\ 0 \end{bmatrix}, \quad \boldsymbol{\sigma} = \begin{bmatrix} m_{11} \\ m_{12} \\ m_{21} \\ m_{22} \\ q_1 \\ q_2 \end{bmatrix} \tag{2.54a}$$

von Kraftvariablen liefert

$$-\mathbf{p} = \mathbf{D}_e \cdot \boldsymbol{\sigma} = -\begin{bmatrix} p \\ 0 \\ 0 \end{bmatrix} = \left[\begin{array}{cccc|cc} 0 & 0 & 0 & 0 & \partial_1 & \partial_2 \\ \partial_1 & \tfrac{1}{2}\partial_2 & \tfrac{1}{2}\partial_2 & 0 & -1 & 0 \\ 0 & \tfrac{1}{2}\partial_1 & \tfrac{1}{2}\partial_1 & \partial_2 & 0 & -1 \end{array}\right] \cdot \left[\begin{array}{c} m_{11} \\ m_{12} \\ m_{21} \\ m_{22} \\ \hline q_1 \\ q_2 \end{array}\right]$$

$$\tag{2.54b}$$

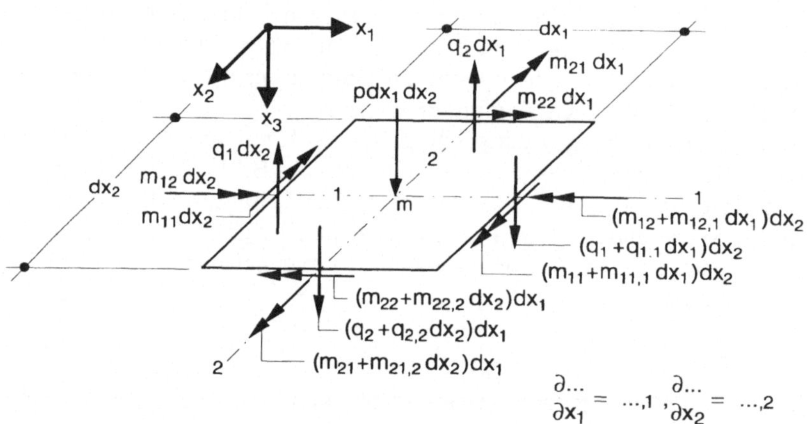

$$\frac{\partial \ldots}{\partial x_1} = \ldots,1 \ , \ \frac{\partial \ldots}{\partial x_2} = \ldots,2$$

$\Sigma F_3 = 0:\quad -q_1\,dx_2 + q_1\,dx_2 + q_{1,1}\,dx_2$
$\qquad\qquad\quad -q_2\,dx_1 + q_2\,dx_1 + q_{2,2}\,dx_2\,dx_1 + pdx_1\,dx_2 = 0$
$\qquad\qquad\quad q_{1,1} + q_{2,2} + p = 0$

$\Sigma M_1 = 0:\quad m_{12}\,dx_2 - m_{12}\,dx_2 - m_{12,1}\,dx_1\,dx_2$
$\qquad\qquad\quad + m_{22}\,dx_1 - m_{22}\,dx_1 - m_{22,2}\,dx_2\,dx_1 + q_2\,dx_1\,dx_2 + \underbrace{q_{2,2}\,dx_1\,\dfrac{d^2 x_2}{2}}_{\text{von 3. Ordnung klein}} = 0$
$\qquad\qquad\quad q_2 - m_{12,1} - m_{22,2} = 0$

$\Sigma M_2 = 0:\quad$ wie vor , jedoch Indizes vertauscht :
$\qquad\qquad\quad q_1 - m_{11,1} - m_{21,2} = 0$

Bild 2.18. Herleitung der Gleichgewichtsbedingungen für Plattenelemente

als zugehörige matrizielle Gleichgewichtsbedingung, aus welcher der Gleichgewichtsoperator $\mathbf{D}_e$ ablesbar ist.

Andererseits können wir aber auch durch Differentiation der beiden Momentengleichgewichtsbedingungen des Bildes 2.18 sowie unter Beachtung von $m_{12} = m_{21}$ gemäß (2.52) zunächst die Querkräfte in der Kräftegleichgewichtsbedingung eliminieren:

$$-p = m_{11,11} + 2\,m_{12,12} + m_{22,22}\;. \tag{2.55a}$$

Definieren wir nunmehr

$$\mathbf{p} = [\,p\,]\;, \quad \sigma = \begin{bmatrix} m_{11} \\ m_{12} = m_{21} \\ m_{22} \end{bmatrix} \tag{2.55b}$$

als Kraftvariablen, so findet die reduzierte Gleichgewichtsbedingung (2.55a) jetzt die matrizielle Form:

$$-\mathbf{p} = \mathbf{D}_e \cdot \sigma = [\,\partial_{11} \quad 2\,\partial_{12} \quad \partial_{22}\,] \cdot \begin{bmatrix} m_{11} \\ m_{12} \\ m_{22} \end{bmatrix} \tag{2.55c}$$

mit:

$$q_1 = m_{11,1} + m_{12,2}\;, \quad q_2 = m_{12,1} + m_{22,2}\;. \tag{2.55d}$$

2.5.3 Kinematische Beziehungen

Zur Herleitung der kinematischen Beziehungen findet des Leser auf Bild 2.19 den Schnitt $x_2 = $ konst durch einen Punkt $\overset{\circ}{P}$ der unverformten Plattenmittelfläche. Punkte der Plattenmittelfläche sollen sich nur in Richtung der Koordinate x_3 verschieben; daher treffen wir auf die verformte Position $\overset{\circ}{P}{}^*$ von $\overset{\circ}{P}$ in einer Entfernung w der *Durchbiegung* in Normalenrichtung x_3.

Zur vollständigen Beschreibung des Verformungsverhaltens der Platte wird sodann in $\overset{\circ}{P}$ in Richtung der unverformten, positiven Normalen ein Einheitsvektor e als körperfester Zeiger fixiert und auf ihm in der Entfernung x_3^* von der Mittelfläche ein weiterer Punkt P markiert. Dessen verformte Position P^* verbleibt auf dem verformten Zeiger e^* in der Entfernung x_3^*, da die Platte während der Verformung ihre Dicke h nicht ändern soll. Der ursprüngliche Zeiger möge sich zunächst um den kleinen Winkel $w_{,1}$ in die verformte Normalenrichtung drehen, aus dieser dann weiter um den durch die Querkraft q_1 hervorgerufenen *Schubverzerrungswinkel* γ_1 in die dargestellte Endposition. Bezeichnet man den Zeigerdrehwinkel aus der unverformten Position in die verformte Endlage mit ω_1, so gewinnt man unter Beachtung von Bild 2.19:

$$\gamma_1 = w_{,1} + \omega_1\;, \quad \gamma_2 = w_{,2} + \omega_2\;. \tag{2.56}$$

Dabei entstand die Beziehung des Schnittes $x_1 = $ konst durch Auswechseln der Indizes.

Weiterhin erkennen wir aus Bild 2.19, daß die Deformation $P \to P^*$ außer zu der bereits erwähnten Durchbiegung w noch zu tangentialen Verschiebungen

$$u_1(x_3^*) = -x_3^* \cdot \omega_1 \, , \quad u_2(x_3^*) = -x_3^* \cdot \omega_2 \tag{2.57a}$$

außerhalb der Mittelflächenebene x_1, x_2 führt. Die Verzerrungen eines beliebigen Punktes P, P* berechnen wir mittels (2.37, 2.57a), indem wir die Platte als ein Sandwich vieler dünner Scheiben auffassen:

$$\begin{bmatrix} \varepsilon_{11} \\ \varepsilon_{12} \\ \varepsilon_{21} \\ \varepsilon_{22} \end{bmatrix} = \begin{bmatrix} u_{1,1} \\ (u_{1,2}+u_{2,1}):2 \\ (u_{2,1}+u_{1,2}):2 \\ u_{2,2} \end{bmatrix} = -x_3^* \begin{bmatrix} \omega_{1,1} \\ (\omega_{1,2}+\omega_{2,1}):2 \\ (\omega_{2,1}+\omega_{1,2}):2 \\ \omega_{2,2} \end{bmatrix} = -x_3^* \begin{bmatrix} \kappa_{11} \\ \kappa_{12} \\ \kappa_{21} \\ \kappa_{22} \end{bmatrix} . \tag{2.57b}$$

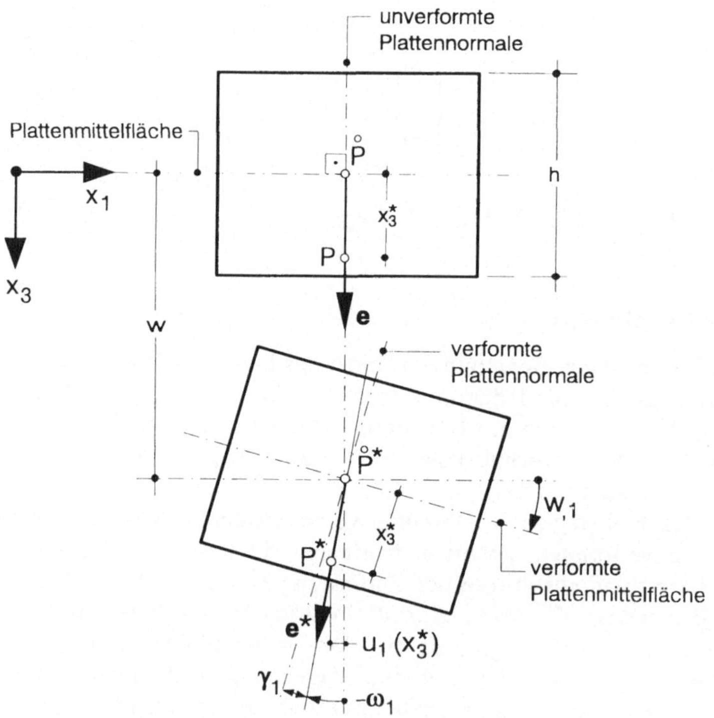

Bild 2.19. Herleitung der kinematischen Beziehungen für Plattentragwerke

Offensichtlich verlaufen die Plattenverzerrungen beliebiger Punkte P proportional zum Mittelflächenabstand x_3 und hängen von den Ableitungen $\omega_{\alpha,\beta}$ ($\alpha,\beta = 1,2$) der Drehwinkel ω_α ab, die als $\{\kappa_{11}, \kappa_{12} = \kappa_{21}, \kappa_{22}\}$ Funktionen der Plattenmittelfläche bilden. Diese wählen wir gemeinsam mit den Querschubdeformationen (2.56) als *innere Kinematen* der Plattentheorie. Verwenden wir darüber hinaus die *Durchbiegung* w und die beiden *Drehwinkel* ω_1, ω_2 als *äußere Weggrößen*:

$$
\mathbf{u} = \begin{bmatrix} w \\ \omega_1 \\ \omega_2 \end{bmatrix}, \quad
\boldsymbol{\varepsilon} = \begin{bmatrix} \kappa_{11} \\ \kappa_{12} \\ \kappa_{21} \\ \kappa_{22} \\ \gamma_1 \\ \gamma_2 \end{bmatrix},
\tag{2.58a}
$$

so finden wir aus (2.57b) und (2.56) die folgenden kinematischen Beziehungen:

$$
\boldsymbol{\varepsilon} = \mathbf{D}_k \cdot \mathbf{u} =
\begin{bmatrix} \kappa_{11} \\ \kappa_{12} \\ \kappa_{21} \\ \kappa_{22} \\ \hline \gamma_1 \\ \gamma_2 \end{bmatrix} =
\left[\begin{array}{c|cc}
0 & \partial_1 & 0 \\
0 & \tfrac{1}{2}\partial_2 & \tfrac{1}{2}\partial_1 \\
0 & \tfrac{1}{2}\partial_2 & \tfrac{1}{2}\partial_1 \\
0 & 0 & \partial_2 \\
\hline
\partial_1 & 1 & 0 \\
\partial_2 & 0 & 1
\end{array}\right]
\cdot
\begin{bmatrix} w \\ \omega_1 \\ \omega_2 \end{bmatrix}.
\tag{2.58b}
$$

Im Abschnitt 2.5.6 werden wir die Schubverzerrungen γ_α ($\alpha = 1,2$) als vernachlässigbar klein unterdrücken. In diesem Fall geraten die Zeigerdrehwinkel ω_α als Drehungen der Mittelflächennormalen zu abhängigen Variablen gemäß (2.56)

$$
\gamma_1 = w_{,1} + \omega_1 = 0 \;\rightarrow\; \omega_1 = -w_{,1}\,,
$$

$$
\gamma_2 = w_{,2} + \omega_2 = 0 \;\rightarrow\; \omega_2 = -w_{,2}
\tag{2.59}
$$

und w verbleibt als einzige unabhängige äußere Weggröße. Verwenden wir ferner die aus (2.58b) verbleibenden Verzerrungen $\kappa_{\alpha\beta}$ unter Beachtung der Symmetrie $\kappa_{12} = \kappa_{21}$ als innere Weggrößen:

$$
\mathbf{u} - [\,w\,]\,, \quad
\boldsymbol{\varepsilon} = \begin{bmatrix} \kappa_{11} \\ 2\,\kappa_{12} = 2\,\kappa_{21} \\ \kappa_{22} \end{bmatrix},
\tag{2.60a}
$$

so entstehen nun unter Berücksichtigung des Schwarzschen Vertauschungssatzes aus (2.58b) die folgenden verkürzten kinematischen Beziehungen:

$$
\boldsymbol{\varepsilon} = \mathbf{D}_k \cdot \mathbf{u} = \begin{bmatrix} \kappa_{11} \\ 2\,\kappa_{12} \\ \kappa_{22} \end{bmatrix} = -\begin{bmatrix} \partial_{11} \\ 2\,\partial_{12} \\ \partial_{22} \end{bmatrix} \cdot [\,w\,]\,.
\tag{2.60b}
$$

2.5.4 Werkstoffgesetz

Die Herleitung des Stoffgesetzes der Plattentheorie beginnen wir mit der Inversion der Elastizitätsgleichungen (2.43a) des ebenen Spannungszustandes in die Form:

$$
\begin{bmatrix} \sigma_{11} \\ \sigma_{12} = \sigma_{21} \\ \sigma_{22} \end{bmatrix} = \frac{E}{1-\nu^2} \begin{bmatrix} 1 & 0 & \nu \\ 0 & \dfrac{1-\nu}{2} & 0 \\ \nu & 0 & 1 \end{bmatrix} \cdot \begin{bmatrix} \varepsilon_{11} \\ 2\,\varepsilon_{12} = 2\,\varepsilon_{21} \\ \varepsilon_{22} \end{bmatrix} ,
\tag{2.61a}
$$

unter Verwendung des Schubmoduls G gemäß (2.42). Substituieren wir das Ergebnis in die Definitionsgleichungen (2.52) der Plattenmomente $m_{\alpha\beta}$ ($\alpha,\beta = 1,2$) und beachten (2.57b), z.B.

$$
m_{11} = \int_{-h/2}^{h/2} \sigma_{11}\, x_3\, dx_3 = \frac{E}{1-\nu^2} \int_{-h/2}^{h/2} (x_3)^2\, dx_3\, (\kappa_{11} + \nu\,\kappa_{22}) ,
\tag{2.61b}
$$

lösen ferner das hierin auftretende Integral über die Plattendicke

$$
\int_{-h/2}^{h/2} (x_3)^2\, dx_3 = \left. \frac{(x_3)^3}{3} \right|_{-h/2}^{h/2} = \frac{h_3}{12} ,
\tag{2.61c}
$$

so gewinnen wir das *Werkstoffgesetz der Plattenmomente* zu:

$$
\sigma = B\,E\cdot\varepsilon = \begin{bmatrix} m_{11} \\ m_{12} \\ m_{22} \end{bmatrix} = B \begin{bmatrix} 1 & 0 & \nu \\ 0 & \dfrac{1-\nu}{2} & 0 \\ \nu & 0 & 1 \end{bmatrix} \cdot \begin{bmatrix} \kappa_{11} \\ 2\,\kappa_{12} \\ \kappa_{22} \end{bmatrix} .
\tag{2.62a}
$$

Hierin tritt die uns bereits aus (2.44) bekannte Elastizitätsmatrix **E** erneut auf, so daß (2.62a) problemlos invertierbar ist:

$$
B\,\varepsilon = E^{-1}\cdot\sigma = B \begin{bmatrix} \kappa_{11} \\ 2\,\kappa_{12} \\ \kappa_{22} \end{bmatrix} = \frac{1}{1-\nu^2} \begin{bmatrix} 1 & 0 & -\nu \\ 0 & 2\,(1+\nu) & 0 \\ -\nu & 0 & 1 \end{bmatrix} \cdot \begin{bmatrix} m_{11} \\ m_{12} \\ m_{22} \end{bmatrix} .
$$

$$
\tag{2.62b}
$$

In beiden Formen kürzt der Skalar B die *Plattenbiegesteifigkeit* ab:

$$
B = \frac{Eh^3}{12\,(1-\nu^2)} .
\tag{2.62c}
$$

Die noch fehlenden *Werkstoffgesetze* für die beiden *Querkräfte* q_α ($\alpha = 1,2$) können wir aus dem Elastizitätsgesetz (2.41) eines dreidimensionalen Körpers herleiten; wir erhalten zunächst:

$$\sigma_{13} = G \cdot 2\,\varepsilon_{13} = G\,\gamma_1 \ , \quad \sigma_{23} = G \cdot 2\,\varepsilon_{23} = G\,\gamma_2 \ . \tag{2.63a}$$

Durch Substitution dieser Beziehungen in (2.52) und nachfolgende Integration

$$q_1 = \int_{-h/2}^{h/2} \sigma_{13}\,dx_3 = G\,\gamma_1 \int_{-h/2}^{h/2} dx_3 = Gh\,\gamma_1 = \frac{Eh}{2\,(1+v)}\,\gamma_1 \ ,$$

$$q_2 = \int_{-h/2}^{h/2} \sigma_{23}\,dx_3 = G\,\gamma_2 \int_{-h/2}^{h/2} dx_3 = Gh\,\gamma_2 = \frac{Eh}{2\,(1+v)}\,\gamma_2 \tag{2.63b}$$

entstehen die beiden gesuchten Werkstoffgesetze der Plattenquerkräfte, in den letzten Termen mittels (2.42) auf den Elastizitätsmodul umgeschrieben.

2.5.5 Theorie schubweicher Platten (REISSNER-MINDLIN-Theorie)

Nach diesen Vorarbeiten können wir die bisher entwickelten Feld- und Stoffgleichungen zu den Grundbeziehungen einer Theorie schubweicher Platten auf Bild 2.20 zusammenstellen. Wir beginnen mit den Kraftvariablen (2.54a), denen die Gleichgewichtstransformation (2.54b) zugeordnet ist. Dual hierzu gehören die Kinematen (2.58a) und die sie verknüpfenden kinematischen Beziehungen (2.58b). Da in den inneren Kraftgrößen σ Momente $m_{\alpha\beta}$ und Querkräfte q_α vereinigt sind, werden die beiden getrennten Werkstoffgesetze (2.62a) und (2.63b) ebenfalls zu einer Aussage zusammengefaßt, wozu die Plattensteifigkeit B (2.62c) den Querkräften vorangestellt wird:

$$q_1 = Gh\,\gamma_1 = \frac{Eh}{2\,(1+v)}\,\gamma_1 = \frac{Eh^3}{12\,(1-v^2)} \cdot \frac{6\,(1-v)}{h^2}\,\gamma_1 \ ,$$

$$q_2 = Gh\,\gamma_2 = \frac{Eh}{2\,(1+v)}\,\gamma_2 = \frac{Eh^3}{12\,(1-v^2)} \cdot \frac{6\,(1-v)}{h^2}\,\gamma_2 \ . \tag{2.64}$$

Zur Formulierung der dieser Theorie zugeordneten Randvorgaben lassen wir gemäß Bild 2.21 – wie bei den Scheiben – ebenfalls nur Ränder entlang von Koordinatenlinien zu, welche durch die eingezeichneten, rechtshändigen Einheitsvektoren-Dreibeine $\{v, \tau, i_3\}$ orientiert sind. Deshalb können die Komponenten v_1, v_2 (τ_1, τ_2) des jeweiligen Randnormalenvektors v (Randtangentenvektors τ) in Richtung der Einheitsvektoren i_1, i_2 entlang der Koordinatenachsen x_1, x_2 erneut nur Werte -1, 0, $+1$ annehmen.

Bezeichnen wir durch w* eine Randverschiebung in Richtung i_3 und durch Ω_v, Ω_τ die Komponenten einer Randverdrehung, positiv in Richtung der jeweiligen Einheitsvektoren v, τ, so lassen sich die vorschreibbaren Randweggrößen **r** mit den äußeren Weggrößen **u** durch

Strukturdiagramm :

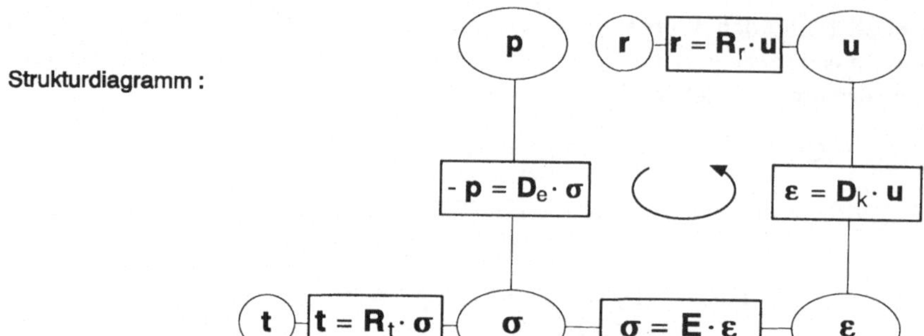

Gleichgewicht : $-\,\mathbf{p} = \mathbf{D}_e \cdot \boldsymbol{\sigma}$

$$
-\begin{bmatrix} p \\ 0 \\ 0 \end{bmatrix}
=
\begin{bmatrix}
0 & 0 & 0 & 0 & \partial_1 & \partial_2 \\
\partial_1 & \tfrac{1}{2}\partial_2 & \tfrac{1}{2}\partial_2 & 0 & -1 & 0 \\
0 & \tfrac{1}{2}\partial_1 & \tfrac{1}{2}\partial_1 & \partial_2 & 0 & -1
\end{bmatrix}
\cdot
\begin{bmatrix} m_{11} \\ m_{12} \\ m_{21} \\ m_{22} \\ q_1 \\ q_2 \end{bmatrix}
$$

Kinematik : $\boldsymbol{\varepsilon} = \mathbf{D}_k \cdot \mathbf{u}$

$$
\begin{bmatrix} \kappa_{11} \\ \kappa_{12} \\ \kappa_{21} \\ \kappa_{22} \\ \gamma_1 \\ \gamma_2 \end{bmatrix}
=
\begin{bmatrix}
0 & \partial_1 & 0 \\
0 & \tfrac{1}{2}\partial_2 & \tfrac{1}{2}\partial_1 \\
0 & \tfrac{1}{2}\partial_2 & \tfrac{1}{2}\partial_1 \\
0 & 0 & \partial_2 \\
\partial_1 & 1 & 0 \\
\partial_2 & 0 & 1
\end{bmatrix}
\cdot
\begin{bmatrix} w \\ \omega_1 \\ \omega_2 \end{bmatrix}
$$

$$\partial_1 = \frac{\partial}{\partial x_1},\quad \partial_2 = \frac{\partial}{\partial x_2}$$

Werkstoffgesetz : $\boldsymbol{\sigma} = \mathbf{E} \cdot \boldsymbol{\varepsilon}$

$$
\begin{bmatrix} m_{11} \\ m_{12} \\ m_{21} \\ m_{22} \\ q_1 \\ q_2 \end{bmatrix}
= B
\begin{bmatrix}
1 & 0 & 0 & \nu & 0 & 0 \\
0 & \tfrac{1-\nu}{2} & \tfrac{1-\nu}{2} & 0 & 0 & 0 \\
0 & \tfrac{1-\nu}{2} & \tfrac{1-\nu}{2} & 0 & 0 & 0 \\
\nu & 0 & 0 & 1 & 0 & 0 \\
0 & 0 & 0 & 0 & \tfrac{6(1-\nu)}{h^2} & 0 \\
0 & 0 & 0 & 0 & 0 & \tfrac{6(1-\nu)}{h^2}
\end{bmatrix}
\cdot
\begin{bmatrix} \kappa_{11} \\ \kappa_{12} \\ \kappa_{21} \\ \kappa_{22} \\ \gamma_1 \\ \gamma_2 \end{bmatrix}
$$

$$B = \frac{Eh^3}{12(1-\nu^2)}$$

Vorgebbare Randkraftgrößen: $\mathbf{t} = \mathbf{R}_t \cdot \boldsymbol{\sigma}$

$$
\begin{bmatrix} q^* \\ m_\tau \\ m_\nu \end{bmatrix}
=
\begin{bmatrix}
0 & 0 & 0 & 0 & \nu_1 & \nu_2 \\
\nu_1\nu_1 & \nu_1\nu_2 & \nu_2\nu_1 & \nu_2\nu_2 & 0 & 0 \\
-\nu_1\tau_1 & -\nu_1\tau_2 & -\nu_2\tau_1 & -\nu_2\tau_2 & 0 & 0
\end{bmatrix}
\cdot
\begin{bmatrix} m_{11} \\ m_{12} \\ m_{21} \\ m_{22} \\ q_1 \\ q_2 \end{bmatrix}
$$

Vorgebbare Randweggrößen: $\mathbf{r} = \mathbf{R}_r \cdot \mathbf{u}$

$$
\begin{bmatrix} w^* \\ \Omega_\tau \\ \Omega_\nu \end{bmatrix}
=
\begin{bmatrix}
1 & 0 & 0 \\
0 & \nu_1 & \nu_2 \\
0 & -\tau_1 & -\tau_2
\end{bmatrix}
\cdot
\begin{bmatrix} w \\ \omega_1 \\ \omega_2 \end{bmatrix}
$$

Bild 2.20.   Struktur der Theorie schubweicher Platten

$$
\mathbf{r} =
\begin{bmatrix} w^* \\ \Omega_\tau \\ \Omega_\nu \end{bmatrix}
=
\begin{bmatrix}
1 & 0 & 0 \\
0 & \nu_1 & \nu_2 \\
0 & -\tau_1 & -\tau_2
\end{bmatrix}
\cdot
\begin{bmatrix} w \\ \omega_1 \\ \omega_2 \end{bmatrix}
= \mathbf{R}_t \cdot \mathbf{u}
\qquad (2.65a)
$$

verknüpfen. Benennen wir weiter vorgebbare Komponenten von Randmomenten mit m_ν und m_τ sowie eine vorgebbare Randkraft mit q^*, alle positiv in Richtung der jeweiligen Einheitsvektoren $\{v, \tau$ und i_3, so lautet die Transformation der vorgebbaren Randkraftgrößen t [Basar 1985]:

$$
t = \begin{bmatrix} q^* \\ m_\tau \\ m_\nu \end{bmatrix} = \left[\begin{array}{cccc|cc} 0 & 0 & 0 & 0 & v_1 & v_2 \\ v_1 v_1 & v_1 v_2 & v_2 v_1 & v_2 v_2 & 0 & 0 \\ -v_1 \tau_1 & -v_1 \tau_2 & -v_2 \tau_1 & -v_2 \tau_2 & 0 & 0 \end{array} \right] \cdot \begin{bmatrix} m_{11} \\ m_{12} \\ m_{21} \\ m_{22} \\ \hline q_1 \\ q_2 \end{bmatrix} = \mathbf{R}_t \cdot \sigma \; .
$$

$$(2.65b)$$

Auf Bild 2.21 rechts findet der Leser ebenfalls zwei Beispiele möglicher Randbedingungen.

Die Grundzüge der vorliegenden Theorie schubweicher Platten wurden 1945 von E. Reissner* veröffentlicht, 1951 hiervon unabhängig von R.D. Mindlin [Reissner 1945, Mindlin 1951]. Reissners Werkstoffgesetz der Querkräfte weist gegenüber (2.63b) die Form

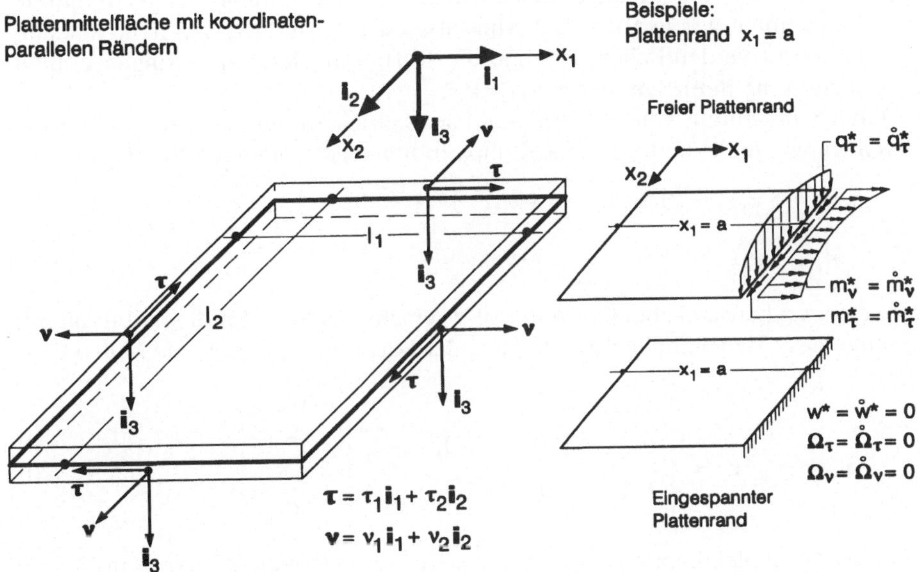

Bild 2.21. Plattenrandbedingungen

---

*   Eric Reissner, 1913-1996, Ingenieurwissenschaftler aus Berlin, Professor für Mechanik am Massachusetts Institute of Technology und an der University of California in San Diego, bedeutende Beiträge zur Festkörper- und Strukturmechanik.

$$q_1 = \frac{5}{6} Gh\,\gamma_1 \ , \qquad q_2 = \frac{5}{6} Gh\,\gamma_2 \tag{2.66}$$

auf, um dem parabelförmigen Spannungsverlauf besser zu entsprechen: eine kontinuumsmechanisch im Unschärfebereich dieser Theorie liegende Modifikation [Basar 1985, Krätzig 1974].

2.5.6 Theorie schubsteifer Platten (KIRCHHOFF-LOVE-Theorie)

In Übertragung der in der Stabtheorie bewährten Hypothese vernachlässigbarer Schubverzerrungen γ von BERNOULLI-NAVIER für hinreichend dünne Komponenten können wir auch bei dünnen Platten die beiden Schubverzerrungen γ_α unterdrücken. Da in diesem Fall der in Bild 2.19 eingeführte Zeiger in Richtung der unverformten Plattennormalen seine Normaleneigenschaft während der Verformung beibehält, sprechen wir von einer Normalentheorie für Platten, auch als KIRCHHOFF*-LOVE**-Theorie bezeichnet. Wie bereits in (2.59) nachgewiesen, werden durch $\gamma_\alpha = 0$

$$\gamma_1 = 0 \ : \ \omega_1 = -w_{,1} \ , \qquad \gamma_2 = 0 \ : \ \omega_2 = -w_{,2} \tag{2.67}$$

die beiden Drehwinkel ω_α zu von w abhängigen Variablen. Als Weggrößen dieser Theorie verbleiben (2.60a), die zu den kinematischen Beziehungen (2.60 b) führen; beide übernehmen wir in Bild 2.22. Um unseren Lesern auch mögliche Darstellungsvielfalt zu verdeutlichen, erfolgte die Definition der Verzerrungen ε unter Berücksichtigung ihrer Symmetrie $\kappa_{12} = \kappa_{21}$.

Durch Substitution von (2.60b) kann man sich davon überzeugen, daß für die inneren Kinematen ε die folgenden Kompatibilitätsbedingungen existieren:

$$-\kappa_{22,1} + \kappa_{12,2} = 0 = \ w_{,221} - w_{,122} \ ,$$

$$\kappa_{11,2} - \kappa_{12,1} = 0 = -w_{,112} + w_{,121} \ . \tag{2.68a}$$

Definieren wir hierin die beiden Nullen als (verschwindende) Inkompatibilitäten **I**, so nimmt diese Verträglichkeitsbedingung der Plattentheorie folgende Matrixform an:

$$\mathbf{I} \ = \ \mathbf{C}_k \cdot \boldsymbol{\varepsilon} \ = \ \begin{bmatrix} 0 \\ 0 \end{bmatrix} \ = \ \begin{bmatrix} 0 & \tfrac{1}{2}\partial_2 & -\partial_1 \\ \partial_2 & -\tfrac{1}{2}\partial_1 & 0 \end{bmatrix} \cdot \begin{bmatrix} \kappa_{11} \\ 2\,\kappa_{12} \\ \kappa_{22} \end{bmatrix} \ . \tag{2.68b}$$

Die dieser Normalentheorie zuzuordnenden Kraftgrößen wurden bereits in (2.55b) formuliert, erneut in der die Symmetrie der Torsionsmomente ausnutzenden Kurz-

---

*   GUSTAVE ROBERT KIRCHHOFF, Physiker in Heidelberg und Berlin, 1824-1887, bedeutende Beiträge zur Mechanik, Optik und Elektrodynamik, Mitentdecker der Spektralanalyse.

**   AUGUSTUS EDWARD HOUGH LOVE, Mathematiker an den Universitäten Cambridge und Oxford, 1863-1940, Arbeiten zur Elastizitätstheorie, führte 1888 die Normalenhypothese in die Schalentheorie ein [Love 1880].

form. Ebenso wie die zugehörige matrizielle Gleichgewichtsbedingung (2.55c) werden sie in Bild 2.22 übernommen. Zum Gleichgewicht gehören auch die beiden Definitionsgleichungen (2.55d) der Querkräfte.

Führen wir die beiden SCHAEFERschen* Spannungsfunktionen Φ_α ein [Schaefer 1957], aus welchen sich die Plattenmomente $m_{\alpha\beta}$ wie folgt herleiten lassen:

$$m_{11} = \Phi_{2,2} \ , \quad m_{12} = \frac{1}{2}\left(\Phi_{1,2} - \Phi_{2,1}\right) \ , \quad m_{22} = -\Phi_{1,1} \ , \qquad (2.69a)$$

so wird durch diese Transformation die homogene Gleichgewichtsbedingung (2.55c) identisch erfüllt:

$$m_{11,11} + 2\,m_{12,12} + m_{22,22} = \Phi_{2,211} + \Phi_{1,212} - \Phi_{2,112} - \Phi_{1,122} = 0 \ . \qquad (2.69b)$$

Die Matrixform der obigen Beziehungen lautet

$$\sigma = \mathbf{C}_e \cdot \Phi = \begin{bmatrix} m_{11} \\ m_{12} \\ m_{22} \end{bmatrix} = \begin{bmatrix} 0 & \partial_2 \\ \frac{1}{2}\partial_2 & -\frac{1}{2}\partial_1 \\ -\partial_1 & 0 \end{bmatrix} \cdot \begin{bmatrix} \Phi_1 \\ \Phi_2 \end{bmatrix} , \qquad (2.69c)$$

welche die Kompatibilitätsbedingung in Bild 2.22 dual ergänzt und durch (2.69b)

$$0 = \mathbf{D}_e \cdot \sigma = \mathbf{D}_e \cdot \mathbf{C}_e \cdot \Phi \qquad (2.69d)$$

den kombinierten Operator $\mathbf{D}_e \cdot \mathbf{C}_e$ als *Nulloperator* entlarvt.

In einer Normalentheorie entfällt natürlich das Stoffgesetz (2.63b) für die Querkräfte. Ergänzen wir daher Bild 2.22 noch um das Werkstoffgesetz (2.62a) der Momente, so liegen hiermit sämtliche Feld- und Stoffgleichungen einer Theorie schubsteifer Platten vor. Elimination der inneren Variablen aus dem oberen (primalen) Bereich des Strukturdiagramms unter der Annahme *konstanter* Plattenbiegesteifigkeit B

$$\begin{aligned} -\mathbf{p} &= \mathbf{D}_e \cdot \sigma & &\text{Gleichgewicht} \\ \sigma &= \mathbf{B}\,\mathbf{E} \cdot \varepsilon & &\text{Werkstoffgesetz} \\ \varepsilon &= \mathbf{D}_k \cdot \mathbf{u} & &\text{Kinematik} \end{aligned}$$

$$\overline{\rule{0pt}{1.2em}}$$

$$-\mathbf{p} = \mathbf{D}_e \cdot \mathbf{B}\,\mathbf{E} \cdot \mathbf{D}_k \cdot \mathbf{u} = \mathbf{B}\,\mathbf{D}_e \cdot \mathbf{E} \cdot \mathbf{D}_k \cdot \mathbf{u} = \mathbf{B}\,\mathbf{D}^{**} \cdot \mathbf{u} \qquad (2.70a)$$

liefert nach Ausschreiben des Operators $\mathbf{D}^{**}$ und Anwendung auf w die bekannte lineare partielle Differentialgleichung 4. Ordnung der klassischen Plattentheorie:

$$w_{,1111} + 2\,w_{,1122} + w_{,2222} = \nabla^2 \nabla^2 w = \nabla^4 w = \frac{p}{B} \ . \qquad (2.70b)$$

---

*   HERMANN SCHAEFER, Ordinarius für Technische Mechanik an der TU Braunschweig, 1907-1969, Forschungen zur Festkörpermechanik und zu dort verwendeten numerischen Lösungstechniken.

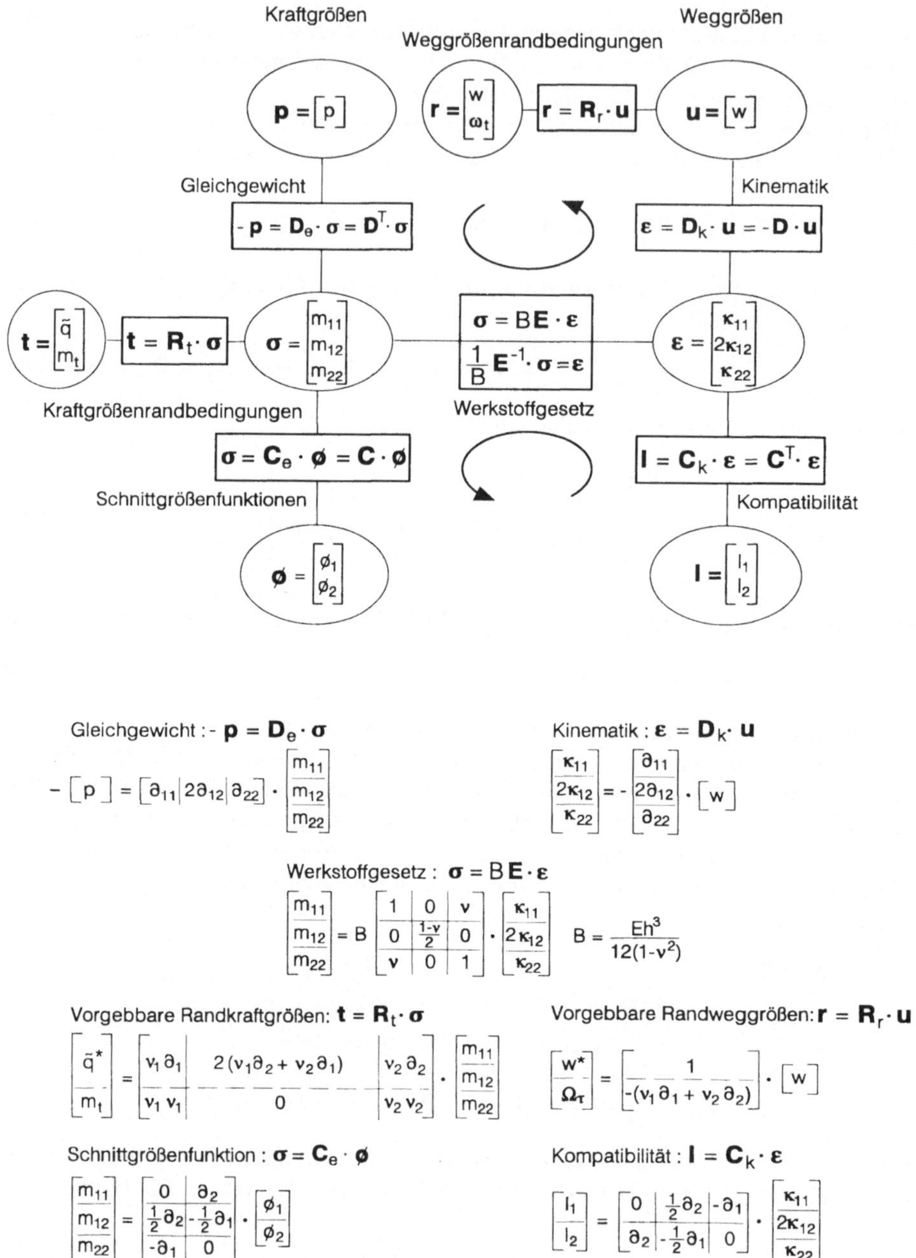

$$\text{Gleichgewicht} : - \; p = D_e \cdot \sigma$$

$$- [p] = [\partial_{11} \mid 2\partial_{12} \mid \partial_{22}] \cdot \begin{bmatrix} m_{11} \\ m_{12} \\ m_{22} \end{bmatrix}$$

$$\text{Kinematik} : \varepsilon = D_k \cdot u$$

$$\begin{bmatrix} \kappa_{11} \\ 2\kappa_{12} \\ \kappa_{22} \end{bmatrix} = - \begin{bmatrix} \partial_{11} \\ 2\partial_{12} \\ \partial_{22} \end{bmatrix} \cdot [w]$$

$$\text{Werkstoffgesetz} : \; \sigma = B E \cdot \varepsilon$$

$$\begin{bmatrix} m_{11} \\ m_{12} \\ m_{22} \end{bmatrix} = B \begin{bmatrix} 1 & 0 & v \\ 0 & \frac{1-v}{2} & 0 \\ v & 0 & 1 \end{bmatrix} \cdot \begin{bmatrix} \kappa_{11} \\ 2\kappa_{12} \\ \kappa_{22} \end{bmatrix} \qquad B = \frac{Eh^3}{12(1-v^2)}$$

$$\text{Vorgebbare Randkraftgrößen:} \; t = R_t \cdot \sigma$$

$$\begin{bmatrix} \bar{q}^* \\ m_t \end{bmatrix} = \begin{bmatrix} v_1 \partial_1 & 2(v_1 \partial_2 + v_2 \partial_1) & v_2 \partial_2 \\ v_1 v_1 & 0 & v_2 v_2 \end{bmatrix} \cdot \begin{bmatrix} m_{11} \\ m_{12} \\ m_{22} \end{bmatrix}$$

$$\text{Vorgebbare Randweggrößen:} \; r = R_r \cdot u$$

$$\begin{bmatrix} w^* \\ \Omega_\tau \end{bmatrix} = \begin{bmatrix} 1 \\ -(v_1 \partial_1 + v_2 \partial_2) \end{bmatrix} \cdot [w]$$

$$\text{Schnittgrößenfunktion} : \sigma = C_e \cdot \phi$$

$$\begin{bmatrix} m_{11} \\ m_{12} \\ m_{22} \end{bmatrix} = \begin{bmatrix} 0 & \partial_2 \\ \frac{1}{2}\partial_2 & -\frac{1}{2}\partial_1 \\ -\partial_1 & 0 \end{bmatrix} \cdot \begin{bmatrix} \phi_1 \\ \phi_2 \end{bmatrix}$$

$$\text{Kompatibilität} : l = C_k \cdot \varepsilon$$

$$\begin{bmatrix} l_1 \\ l_2 \end{bmatrix} = \begin{bmatrix} 0 & \frac{1}{2}\partial_2 & -\partial_1 \\ \partial_2 & -\frac{1}{2}\partial_1 & 0 \end{bmatrix} \cdot \begin{bmatrix} \kappa_{11} \\ 2\kappa_{12} \\ \kappa_{22} \end{bmatrix}$$

Bild 2.22. Vollständiges Strukturschema der Theorie schubsteifer Platten (Normalentheorie)

Eine problemgerechte Formulierung von Platten-Randwertaufgaben dieser inhomogenen Bipotentialgleichung erfordert somit 4 Vorgaben je Randpaar, d.h. 2 Randvorgaben je Rand. Dies bereitet bei reinen Weggrößenvorgaben keine Schwierigkeiten, da z.B. an einem x_1-Rand w^* und $\partial w/\partial x_1 = w_{,1} = -\Omega_\tau$ vorgebbar sind. Verallgemeinernd können wir daher die Randtransformation der Weggrößen folgendermaßen angeben [Basar 1985]:

$$\mathbf{r} = \begin{bmatrix} w^* \\ \Omega_\tau \end{bmatrix} = \begin{bmatrix} 1 \\ -\partial_\nu \end{bmatrix} \cdot [\,w\,] = \mathbf{R}_t \cdot \mathbf{u} \ . \tag{2.71a}$$

Kraftgrößenränder dagegen scheinen sich der Formulierung problemgerechter Randvorgaben zu verschließen, da hier aus Gleichgewichtsgründen stets 3 Randvorgaben, d.h. eine mehr als mathematisch zulässig, erforderlich sind: Die *Randquerkraft* q^*, das *Randbiegemoment* m_τ und das *Randtorsionsmoment* m_ν. Einem Vorschlag von Kelvin* und Tait** [Kelvin 1883] folgend, der auf Bild 2.23 im Einzelnen erläutert ist, wird das Randtorsionsmoment m_ν mit der Randquerkraft q^* zur Randscherkraft $\tilde{q}^*$ vereinigt. Damit verbleiben auch bei Kraftgrößenrändern nur 2 Randvorgaben: eine problemgerechte Formulierung. Verallgemeinert lautet die Randtransformation der Kraftgrößen [Basar 1985]:

$$\mathbf{t} = \begin{bmatrix} \tilde{q}^* \\ m_\tau \end{bmatrix} \begin{bmatrix} \nu_1\,\partial_1 & 2\,(\nu_1\,\partial_2 + \nu_2\,\partial_1) & \nu_2\,\partial_1 \\ \nu_1\,\nu_1 & 0 & \nu_2\,\nu_2 \end{bmatrix} \cdot \begin{bmatrix} m_{11} \\ m_{12} \\ m_{22} \end{bmatrix} = \mathbf{R}_t \cdot \boldsymbol{\sigma}\ . \tag{2.72b}$$

Die Anfänge der Theorie schubsteifer Platten reichen bis in das 18. Jahrhundert zurück. Angeregt durch die "Klangfiguren"-Experimente von E. Chladni*** , durch Pulver oder feinen Sand sichtbar gemachte Knotenlinien schwingender Glas- oder Metallplatten, stiftete Napoleon Bonaparte im Jahre 1808 ein Preisgeld von 3.000 Goldfranc zur Herleitung der Theorie von Plattenschwingungen. Nach der 3. Ausschreibung durch das Institute Francaise gewann 1815 schließlich S. Germain**** den Preis für die Formulierung der Plattendifferentialgleichung (2.70b) aus einem Variationsprinzip, allerdings ohne Quantifizierung von B. Die erste korrekte theoretische Herleitung unter Einführung der Normalenhypothese geht auf G. Kirchhoff [Kirchhoff 1850] zurück. Kelvin und Tait [Kelvin 1883] vervollstän-

---

* William Thomson, Lord Kelvin, britischer Mathematiker, Physiker und Ingenieur, 1824-1907, Forschungen zur Mechanik, Thermo- und Elektrodynamik, wurde 1866 für seine Mitarbeit an der ersten transatlantischen Telegraphenverbindung geadelt.

** Peter Guthrie Tait, britischer Mathematiker und Physiker, 1831-1901.

*** Ernst Florens Friedrich Chladni, aus Wittenberg gebürtiger Jurist und Naturwissenschaftler, 1756-1827, als Physiker genialer Experimentator auf dem Gebiet der Akustik.

****Sophie Germain, französische Mathematikerin, 1776-1831, studierte 1795 – für Frauen unerlaubt – unter dem Pseudonym Le Blanc an der Ecole Polytechnique, unter diesem Namen Korrespondenz mit europäischen Wissenschaftlern, z.B. mit C.F. Gauss.

Platte mit Rändern $x_1 =$ konst , $x_2 =$ konst

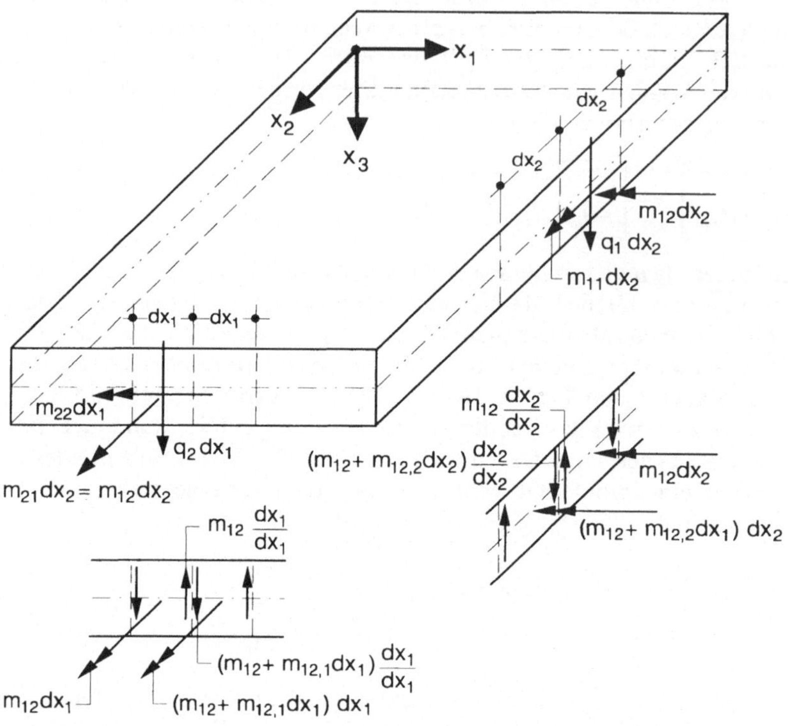

Die Torsionsmomente zweier benachbarter, differentieller Randelemente der Längen dx_1 bzw. dx_2 werden in Kräftepaare der Hebelarme dx_1 bzw. dx_2 zerlegt. Die an den Elementgrenzen übrigbleibenden Kräftezuwächse

$$m_{12,1} \, dx_1 \frac{dx_1}{dx_1} = m_{12,1} \, dx_1 \qquad m_{12,2} \, dx_2 \frac{dx_2}{dx_2} = m_{12,2} \, dx_2$$

werden längs ihrer Hebelarme dx_1 bzw. dx_2 "verschmiert" den jeweiligenQuerkräften superponiert:

$$\tilde{q}_2^* = q_2^* + m_{12,1} \frac{dx_1}{dx_1} \qquad\qquad \tilde{q}_1^* = q_1^* + m_{12,2} \frac{dx_2}{dx_2}$$

$$= q_2^* + m_{12,1} \qquad\qquad\qquad = q_1^* + m_{12,2}$$

Bild 2.23. Herleitung der Randscherkräfte $\tilde{q}_1^*$ bzw. $\tilde{q}_2^*$ nach KELVIN und TAIT

digten durch implizite Berücksichtigung der Randtorsionsmomente gemäß Bild 2.23 diese Theorie durch problemgerechte Kraftgrößen-Randvorgaben, ein Vorschlag, welcher i.a. das wirkliche Tragverhalten nur in schmalen Randbereichen verfälscht.

Darstellungen der Theorie schubsteifer Platten einschließlich ihrer klassischen Lösungskomzepte gehören zur Standardliteratur der Strukturmechanik [Girkmann 1976, Rabich 1964, Timoshenko 1959]. Bild 2.22 enthält das vollständige Strukturschema dieser Theorie, obwohl nur der obere (primale) Bereich für moderne Lösungsverfahren von Bedeutung ist. Wie in der Scheibentheorie auf Bild 2.15 wird auch hier die gesamte Theorie durch nur 2 Differentialoperatoren beherrscht, nämlich durch:

$$\mathbf{D} = \mathbf{D}_e^T = -\mathbf{D}_k \quad \text{und} \quad \mathbf{C} = \mathbf{C}_e = \mathbf{C}_k^T \; . \tag{2.73}$$

2.6 Theorie dreidimensionaler Kontinua

2.6.1 Grundlagen

In unserer dreidimensionalen Erfahrungswelt bilden dreidimensionale Kontinua die allgemeinste Klasse von Tragelementen. Eine Tragstruktur muß immer dann als dreidimensionales Kontinuum modelliert werden, wenn – wie bei dem im linken Teil des auf Bild 2.24 skizzierten Staumauerteils – ihre drei charakteristischen Abmessungen l_i, i = 1, 2, 3, von gleicher Größenordnung sind:

$$\mathbf{0}\,(l_1) = \mathbf{0}\,(l_2) = \mathbf{0}\,(l_3) \; . \tag{2.74}$$

Hierin bezeichnet **0** die *Größenordnung* des in Klammern folgenden Argumentes.

Denkt man sich aus einem solchen Kontinuum gemäß Bild 2.24 rechts ein kleines koordinatenparalleles Element herausgeschnitten, so müssen auf seinen Schnittufern aus Gleichgewichtsgründen Spannungen der Dimension Kraft/Fläche wirksam werden. Zerlegt man diese in Komponenten in Richtung der Basisvektoren

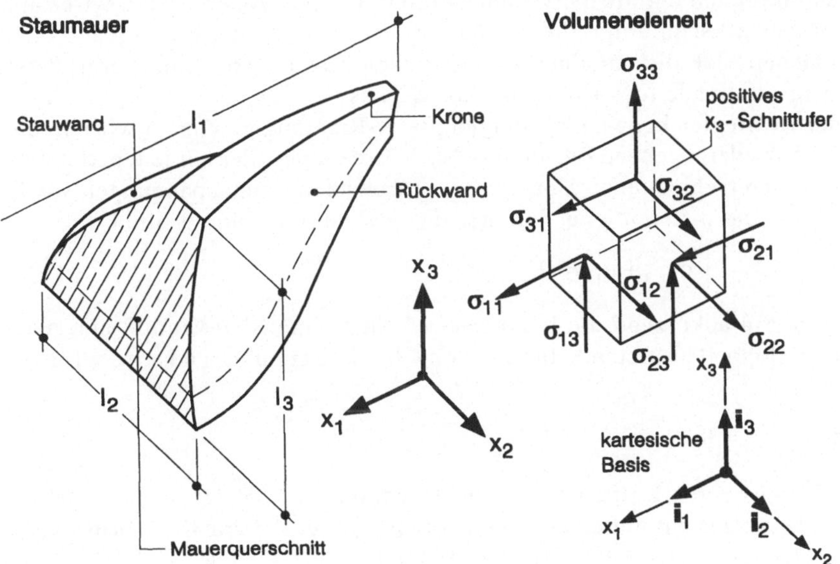

Bild 2.24. Teil einer Staumauer als dreidimensionales Kontinuum und Volumenelement mit Spannungen

$\mathbf{i}_i$, so entstehen

> die *Normalspannungen* σ_{11}, σ_{22}, σ_{33}
>
> und die *Schubspannungen* σ_{12}, σ_{13}, σ_{21}, σ_{23}, σ_{31}, σ_{32} .

Sämtliche Spannungen sollen dann als positiv bezeichnet werden, wenn ihre Wirkungsrichtungen an positiven Schnittufern in Richtung positiver Basisvektoren $\mathbf{i}_i$ weisen.

Im folgenden sollen die Grundbeziehungen dreidimensionaler, durch eine kartesische Basis $\{\mathbf{i}_i, x_i: i = 1, 2,3\}$ beschriebener Kontinua soweit hergeleitet werden, wie diese für zukünftige einheitliche Diskretisierungsprozesse erforderlich sind. Dabei beschränken wir uns erneut auf eine Theorie kleiner Verschiebungen und Verzerrungen, d.h. auf eine Theorie 1. Ordnung, im Rahmen welcher die Gleichgewichtsbedingungen an der unverformten Konfiguration formuliert werden dürfen. Detaillierte Herleitungen dieser Theorie finden sich in verschiedenen Lehrbüchern der Technischen Mechanik [Bruhns 1994, Gould 1983, Lehmann 1984a, Pestel 1992, Ziegler 1992]; die umfangreiche weiterführende Literatur zur Kontinuumsmechanik [Becker 1975, Eschenauer 1993, Green 1968] sei hier nur angedeutet.

2.6.2 Gleichgewichts- und Kräfterandbedingungen

Auf Bild 2.25 findet man das differentielle Volumenelement $dV = dx_1\, dx_2\, dx_3$ eines dreidimensionalen Kontinuums mit sämtlichen in x_1-Richtung wirkenden Kräften. Im Elementmittelpunkt greife die Volumenkraft $p_1\, dx_1\, dx_2\, dx_3$ an; weiter wirke auf dem negativen x_1-Schnittufer die Spannungsresultierende $\sigma_{11} dx_2\, dx_3$, auf dem positiven Gegenstück die um einen differentiellen Zuwachs $\sigma_{11,1}\, dx_1$ vergrößerte Spannungsresultierende $(\sigma_{11} + \sigma_{11,1}\, dx_1)\, dx_2\, dx_3$, usw.

Aus der Kräftegleichgewichtsbedingung in x_1-Richtung gewinnen wir nun die auf Bild 2.25 wiedergegebene Beziehung. Nach Streichung aller auf jedem Schnittuferpaar mit unterschiedlichen Vorzeichen auftretenden Grundspannungen sowie Kürzung durch das differentielle Volumen dV gewinnt man hieraus die Form:

$$\sigma_{11,1} + \sigma_{21,2} + \sigma_{31,3} + p_1 = 0 \ . \tag{2.75a}$$

Führt man hierin abkürzend die EINSTEINsche* Summationskonvention ein, nach welcher über doppelt auftretende Indizes von 1 bis 3 zu summieren ist, so wird aus (2.75a)

$$\sigma_{i1,i} + p_1 = 0 \ , \quad i = 1, 2, 3 \ . \tag{2.75b}$$

Für die beiden weiteren Kräftegleichgewichtsbedingungen entstehen zwei analoge Aussagen, die insgesamt mit einem zweiten Index $j = 1, 2, 3$ zur Kurzform

---

*   ALBERT EINSTEIN, führender Repräsentant der Physik und der naturwissenschaftlichen Erkenntnistheorie des 20. Jahrhunderts, 1879-1955, Professor in Zürich, Prag, Berlin und Princeton, Formulierung der Relativitätstheorie.

$$\sigma_{ij,i} + p_j = 0 \ , \quad j = 1, 2, 3 \tag{2.75c}$$

vereinigt werden. Die 2-fach indizierte Größe σ_{ij}, welche sämtliche Spannungskomponenten verkörpert, heißt *Spannungstensor*.

Im nächsten Schritt bilden wir auf Bild 2.25 das Momentengleichgewicht um die durch das Volumenzentrum führende x_2-Achse. Offenbar besitzen hinsichtlich dieser Drehachse von den eingezeichneten Spannungen einzig die Komponenten σ_{31} Hebelarme, außerdem die hier nicht dargestellten, jedoch gemäß Bild 2.24 vorhandenen Komponenten σ_{13}, nämlich $dx_3/2$ und $dx_1/2$. Kürzt man aus der entstehenden Momentengleichgewichtsaussage wieder das Volumen $dx_1\,dx_2\,dx_3$ heraus, unterdrückt ferner die beiden von höherer Ordnung kleinen Gleichgewichtsbeiträge, so entsteht eine Symmetriebedingung für die beiden Schubspannungen: $\sigma_{13} = \sigma_{31}$. Analoge Aussagen liefern die beiden übrigen Momentengleichgewichtsbedin-

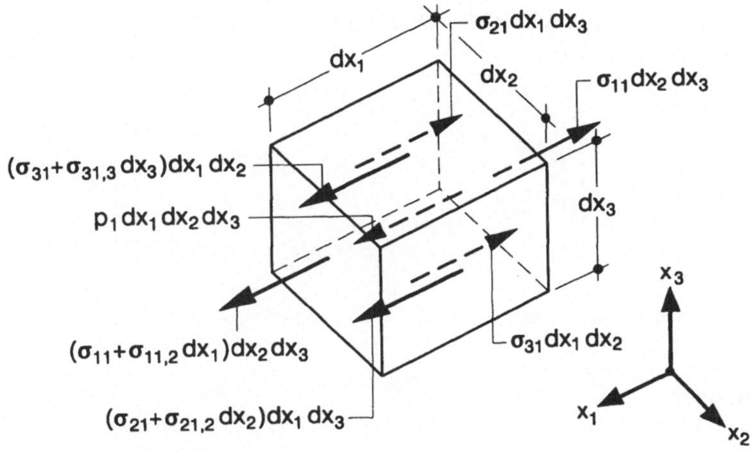

Kräftegleichgewicht :

$$\Sigma F_1 = 0: \quad (\sigma_{11} + \sigma_{11,1}\, dx_1)\, dx_2\, dx_3 - \sigma_{11}\, dx_2\, dx_3$$
$$+ (\sigma_{21} + \sigma_{21,2}\, dx_2)\, dx_1\, dx_3 - \sigma_{21}\, dx_1\, dx_3$$
$$+ (\sigma_{31} + \sigma_{31,3}\, dx_3)\, dx_1\, dx_2 - \sigma_{31}\, dx_1\, dx_2 + p_1\, dx_1\, dx_2\, dx_3 = 0$$

$$\sigma_{11,1} + \sigma_{21,2} + \sigma_{31,3} + p_1 = 0: \qquad \sigma_{i1,i} + p_1 = 0$$
$$\Sigma F_2 = 0: \quad \sigma_{12,1} + \sigma_{22,2} + \sigma_{32,3} + p_2 = 0: \qquad \sigma_{i2,i} + p_2 = 0$$
$$\Sigma F_3 = 0: \quad \sigma_{13,1} + \sigma_{23,2} + \sigma_{33,3} + p_3 = 0: \qquad \sigma_{i3,i} + p_3 = 0$$

$$\boxed{\sigma_{ij,i} + p_j = 0}$$

Momentengleichgewicht :

$$\Sigma M_2 = 0: \quad \sigma_{31}\, dx_1\, dx_2\, dx_3 - \sigma_{13}\, dx_2\, dx_3\, dx_1$$
$$+ \sigma_{31,3}\, dx_3\, dx_1\, dx_2\, \frac{dx_3}{2} - \sigma_{13,1}\, dx_1\, dx_2\, dx_3\, \frac{dx_1}{2} = 0$$

$$\sigma_{13} = \sigma_{31}$$
$$\boxed{\sigma_{ij} = \sigma_{ji}}$$

Bild 2.25. Herleitung der Gleichgewichtsbedingungen für dreidimensionale Kontinua

gungen; alle drei werden zum BOLTZMANN-Axiom* von der *Symmetrie des Spannungstensors* vereinigt:

$$\sigma_{ij} = \sigma_{ji} , \quad (i, j) = 1, 2, 3 . \tag{2.76}$$

Definieren wir nun die beiden Kraftgrößenspalten

$$\mathbf{p} = \begin{bmatrix} p_1 \\ p_2 \\ p_3 \end{bmatrix} , \quad \boldsymbol{\sigma} = \begin{bmatrix} \sigma_{11} \\ \sigma_{22} \\ \sigma_{33} \\ \sigma_{12} \\ \sigma_{23} \\ \sigma_{31} \end{bmatrix} , \tag{2.77a}$$

wobei in $\boldsymbol{\sigma}$ die Symmetrie (2.76) des Spannunstensors σ_{ij} zur Abkürzung verwendet wurde, so liefern die in Indexschreibweise formulierten Gleichgewichtsbedingungen (2.75c) folgende Matrixform:

$$-\mathbf{p} = \mathbf{D}_c \cdot \boldsymbol{\sigma} = -\begin{bmatrix} p_1 \\ p_2 \\ p_3 \end{bmatrix} = \begin{bmatrix} \partial_1 & 0 & 0 & \partial_2 & 0 & \partial_3 \\ 0 & \partial_2 & 0 & \partial_1 & \partial_3 & 0 \\ 0 & 0 & \partial_3 & 0 & \partial_2 & \partial_1 \end{bmatrix} \cdot \begin{bmatrix} \sigma_{11} \\ \sigma_{22} \\ \sigma_{33} \\ \sigma_{12} \\ \sigma_{23} \\ \sigma_{31} \end{bmatrix}$$

$$\tag{2.77b}$$

mit den Abkürzungen

$$\partial_i \ldots = \frac{\partial \ldots}{\partial x_i} = \ldots_{,i} . \tag{2.77c}$$

Abschließend betrachten wir erneut das Volumenelement des Bildes 2.24, von welchem ein Flächenelement nun Teil der Tragwerksoberfläche sei. Für dieses verknüpft

$$t_j = \sigma_{ij} e_i \tag{2.78a}$$

den auf diesem Flächenelement vorgebbaren, aus den Komponenten t_j bestehenden *Spannungsvektor* $\mathbf{t}$ mit dem Spannungstensor σ_{ij}. e_i bezeichnet hierin die Komponenten des Einheitsnormalenvektors $\mathbf{e}$ auf dem Oberflächenelement hinsichtlich der Basis $\mathbf{i}_j$. Die Matrixform von (2.78a) lautet:

---

* LUDWIG BOLTZMANN, Physiker in Graz, Wien, München und Leipzig, 1844-1906, Arbeiten zur Wärmelehre und Gastheorie unter Einbezug wahrscheinlichkeitstheoretischer Konzepte.

$$\mathbf{t} = \mathbf{R}_t \cdot \boldsymbol{\sigma} = \begin{bmatrix} t_1 \\ t_2 \\ t_3 \end{bmatrix} = \begin{bmatrix} e_1 & 0 & 0 & e_2 & 0 & e_3 \\ 0 & e_2 & 0 & e_1 & e_3 & 0 \\ 0 & 0 & e_3 & 0 & e_2 & e_1 \end{bmatrix} \cdot \begin{bmatrix} \sigma_{11} \\ \sigma_{22} \\ \sigma_{33} \\ \sigma_{12} \\ \sigma_{23} \\ \sigma_{31} \end{bmatrix} . \qquad (2.78b)$$

2.6.3 Kinematische Beziehungen und Weggrößenrandbedingungen

Verschiebungen eines Punktes des dreidimensionalen Kontinuums messen wir im Sinne einer LAGRANGEschen* Beschreibung durch den *Verschiebungsvektor* $\mathbf{u} = \{u_1 \; u_2 \; u_3\}$ von der unverformten zur verformten Position $\overset{\circ}{P} \to P$. Zur Herleitung der zugehörigen kinematischen Beziehungen wird auf Bild 2.26 ein x_1-Schnitt durch das Volumenelement dV dargestellt. Das unverformte, dort als Rechteck erscheinende Element möge einer allgemeinen Deformation unterworfen sein, d.h. einer (kleinen) Translation und Rotation sowie (infinitesimalen) Kantendrehungen nebst Winkelgleitungen. Aus dem ursprünglichen Quader wird so ein schiefwinkliger Hexaeder.

Durch Vergleich der Strecken von $\overset{\circ}{P}$ bis zur verformten Hinterkante gewinnt man kinematische Aussagen über die *Kantendehnungen*, z.B.:

$$u_2 + (1 + \varepsilon_{22})\, dx_2 = dx_2 + (u_2 + u_{2,2}\, dx_2): \; \varepsilon_{22} = u_{2,2} \; . \qquad (2.79a)$$

Aus den Änderungen der orthogonal zu den Kanten gemessenen Verschiebungen ergeben sich die *Gleitungen* der ursprünglich rechten Winkel zu:

$$2\,\varepsilon_{23} = u_{2,3}\, dx_3/dx_3 + u_{3,2}\, dx_2/dx_2 = u_{2,3} + u_{3,2} \; . \qquad (2.79b)$$

Da längs der sich ausbildenden Winkelgleitung sowohl σ_{23} als auch σ_{32} mechanische Arbeit leisten, in (2.77a) jedoch nur eine der beiden Spannungen vertreten ist, erfolgt die Benennung $2\,\varepsilon_{23}$. Sämtliche in analoger Weise ermittelten *Kantendehnungen* und *Winkelgleitungen* aus Bild 2.26 lassen sich nun durch die kinematische Beziehung

$$\varepsilon_{ij} = \frac{1}{2}\,(u_{i,j} + u_{j,i}) \; , \quad (i, j) = 1, 2, 3 \qquad (2.80a)$$

vereinigen, welche den offensichtlich *symmetrischen*

$$\varepsilon_{ij} = \varepsilon_{ji} \qquad (2.80b)$$

Verzerrungstensor mit den äußeren Kinematen verbindet.

Sodann definieren wir die beiden Weggrößenvariablen

---

* JOSEPH LOUIS COMTE DE LAGRANGE, französischer Mathematiker, 1736-1813; Vollender der Variationsrechnung mit bedeutenden Beiträgen zu den Energieprinzipen, Begründer des Prinzips der virtuellen Arbeiten (1788).

$$\mathbf{u} = \begin{bmatrix} u_1 \\ u_2 \\ u_3 \end{bmatrix}, \quad \boldsymbol{\varepsilon} = \begin{bmatrix} \varepsilon_{11} \\ \varepsilon_{22} \\ \varepsilon_{33} \\ 2\,\varepsilon_{12} \\ 2\,\varepsilon_{23} \\ 2\,\varepsilon_{31} \end{bmatrix} \tag{2.81a}$$

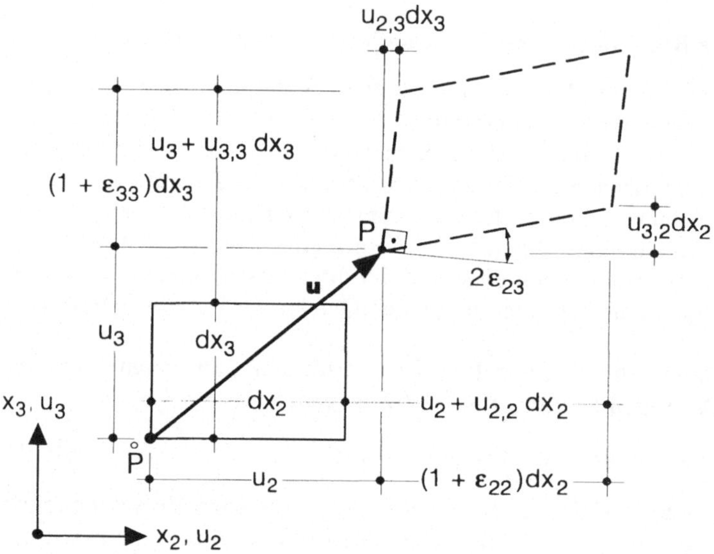

Verschiebungsvektor $\overset{\circ}{P} \to P$:

$$\mathbf{u} = \{ u_1 \quad u_2 \quad u_3 \}$$

Verzerrungstensor (Kinematik) :

Elementdehnungen

$$u_2 + (1 + \varepsilon_{22})\, dx_2 = dx_2 + (u_2 + u_{2,2}\, dx_2): \quad \varepsilon_{22} = u_{2,2}$$
$$u_3 + (1 + \varepsilon_{33})\, dx_3 = dx_3 + (u_3 + u_{3,3}\, dx_3): \quad \varepsilon_{33} = u_{3,1}$$
$$u_1 + (1 + \varepsilon_{11})\, dx_1 = dx_1 + (u_1 + u_{1,1}\, dx_1): \quad \varepsilon_{11} = u_{1,1}$$

Elementgleitungen

$$2\varepsilon_{23} = u_{2,3}\, dx_3/dx_3 + u_{3,2}\, dx_2/dx_2: \quad 2\varepsilon_{23} = u_{2,3} + u_{3,2}$$
$$2\varepsilon_{31} = u_{3,1}\, dx_1/dx_1 + u_{1,3}\, dx_3/dx_3: \quad 2\varepsilon_{31} = u_{3,1} + u_{1,3}$$
$$2\varepsilon_{12} = u_{1,2}\, dx_2/dx_2 + u_{2,1}\, dx_1/dx_1: \quad 2\varepsilon_{12} = u_{1,2} + u_{2,1}$$

$$\boxed{\begin{aligned} \varepsilon_{ij} &= \tfrac{1}{2}\,(u_{i,j} + u_{j,i}) \\ \varepsilon_{ij} &= \varepsilon_{ji} \end{aligned}}$$

Bild 2.26. Herleitung der kinematischen Beziehungen für dreidimensionale Kontinua

und transformieren hiermit die in Indexschreibweise angegebenen kinematischen Beziehungen (2.80a) in folgende Matrixform:

$$\boldsymbol{\varepsilon} = \mathbf{D}_k \cdot \mathbf{u} = \begin{bmatrix} \varepsilon_{11} \\ \varepsilon_{22} \\ \varepsilon_{33} \\ 2\,\varepsilon_{12} \\ 2\,\varepsilon_{23} \\ 2\,\varepsilon_{31} \end{bmatrix} = \begin{bmatrix} \partial_1 & 0 & 0 \\ 0 & \partial_2 & 0 \\ 0 & 0 & \partial_3 \\ \partial_2 & \partial_1 & 0 \\ 0 & \partial_3 & \partial_2 \\ \partial_3 & 0 & \partial_1 \end{bmatrix} \cdot \begin{bmatrix} u_1 \\ u_2 \\ u_3 \end{bmatrix} . \tag{2.81b}$$

Schließlich setzen wir noch den Punkt P des in Bild 2.26 dargestellten Volumenelementes als einen Punkt der Tragwerksoberfläche voraus. *Randverschiebungen* können dort offenbar wie folgt vorgegeben werden: In Indexschreibweise durch

$$u_i^* = u_i = \delta_{ik}\,u_k \tag{2.82a}$$

bzw. in Matrixform als

$$\mathbf{r} = \mathbf{R}_r \cdot \mathbf{u} = \begin{bmatrix} u_1^* \\ u_2^* \\ u_3^* \end{bmatrix} = \begin{bmatrix} 1 & 0 & 0 \\ 0 & 1 & 0 \\ 0 & 0 & 1 \end{bmatrix} \cdot \begin{bmatrix} u_1 \\ u_2 \\ u_3 \end{bmatrix} \tag{2.82b}$$

2.6.4 Werkstoffgesetz

Unser betrachtetes Kontinuum möge aus einem *isotropen, linear elastischen Material* bestehen, für welches wir das Werkstoffgesetz in Indexschreibweise der Literatur [Gould 1983, Green 1968] entnehmen:

$$\sigma_{ij} = 2\,\mu\,\varepsilon_{ij} + \lambda\,\delta_{ij}\,\varepsilon_{kk} \ , \quad (i, j, k) = 1, 2, 3 \tag{2.83a}$$

Hierin stellen μ und λ die LAMÉschen Werkstoffkonstanten dar, die mit den im Ingenieurwesen gebräuchlichen Stoffmoduln E bzw. G und ν durch

$$\mu = \frac{E}{2\,(1+\nu)} = G \ , \quad \lambda = \frac{\nu\,E}{(1+\nu)\,(1-2\,\nu)} \tag{2.83b}$$

verbunden sind. Die zu (2.83a) inverse Form lautet:

$$\varepsilon_{ij} = \frac{1}{2}\left[\,(1+\nu)\,\sigma_{ij} - \nu\,\delta_{ij}\,\sigma_{kk}\,\right] \ . \tag{2.83c}$$

Schreiben wir beide Werkstoffgesetze im Hinblick auf die inneren Variablen $\boldsymbol{\sigma}$ (2.77a) und $\boldsymbol{\varepsilon}$ (2.81a) aus, so lauten die zugeordneten matriziellen Formulierungen:

$$\boldsymbol{\sigma} = \mathbf{E} \cdot \boldsymbol{\varepsilon} \;=\; \begin{bmatrix} \sigma_{11} \\ \sigma_{22} \\ \sigma_{33} \\ \sigma_{12} \\ \sigma_{23} \\ \sigma_{31} \end{bmatrix} = \begin{bmatrix} 2\mu+\lambda & \lambda & \lambda & 0 & 0 & 0 \\ & 2\mu+\lambda & \lambda & 0 & 0 & 0 \\ & & 2\mu+\lambda & 0 & 0 & 0 \\ & & & \mu & 0 & 0 \\ & \text{symm.} & & & \mu & 0 \\ & & & & & \mu \end{bmatrix} \cdot \begin{bmatrix} \varepsilon_{11} \\ \varepsilon_{22} \\ \varepsilon_{33} \\ 2\,\varepsilon_{12} \\ 2\,\varepsilon_{23} \\ 2\,\varepsilon_{31} \end{bmatrix},$$

$$(2.84\,\text{a})$$

$$\boldsymbol{\varepsilon} = \mathbf{E}^{-1} \cdot \boldsymbol{\sigma} = \begin{bmatrix} \varepsilon_{11} \\ \varepsilon_{22} \\ \varepsilon_{33} \\ 2\,\varepsilon_{12} \\ 2\,\varepsilon_{23} \\ 2\,\varepsilon_{31} \end{bmatrix} = \begin{bmatrix} 1 & -\nu & -\nu & 0 & 0 & 0 \\ & 1 & -\nu & 0 & 0 & 0 \\ & & 1 & 0 & 0 & 0 \\ & & & 2\,(1+\nu) & 0 & 0 \\ & \text{symm.} & & & 2\,(1+\nu) & 0 \\ & & & & & 2\,(1+\nu) \end{bmatrix} \cdot \begin{bmatrix} \sigma_{11} \\ \sigma_{22} \\ \sigma_{33} \\ \sigma_{12} \\ \sigma_{23} \\ \sigma_{31} \end{bmatrix}.$$

$$(2.84\text{b})$$

2.6.5 Strukturschema der Theorie dreidimensionaler Kontinua

Damit liegen erneut alle für eine vollständige Formulierung von Randwertaufgaben (des primalen Bereichs) dreidimensionaler Kontinua benötigten strukturmechanischen Grundaussagen vor. Zu ihrer Zusammenstellung übernehmen wir in Bild 2.27 zunächst die eingeführten Kraft- und Weggrößenvariablen (2.77a), (2.81a), mit welchen die Gleichgewichtstransformation (2.77b) und die kinematische Transformation (2.81b) in der angegebenen Form entstand. Aus beiden lesen wir die Transponiertheit der zueinander adjungierten Feldoperatoren ab:

$$\mathbf{D}_k = \mathbf{D}_e^{\mathsf{T}} = \mathbf{D} \;. \tag{2.85}$$

Ferner verwenden wir das Werkstoffgesetz in seiner Steifigkeitsformulierung (2.84a) sowie die Transformationen zu den vorgebbaren Randvariablen gemäß (2.78b) und (2.82b).

Aufgaben

1. Ermitteln Sie die LAMÉ-NAVIERschen Grundgleichungen (2.4a) für die TIMOSHENKO-Theorie schubweicher Stäbe unter Annahme konstanter Dehn-, Schub- und Biegesteifigkeit. Welcher Ordnung ist die entstehende Differentialgleichung für die Stabbiegung? Stimmt diese Ordnung mit der problemgerechten Anzahl vorgebbarer Randbedingungen überein?

2. Ermitteln Sie die Differentialgleichung (2.4a) der REISSNER-MINDLINschen Theorie schubweicher Platten und beantworten Sie die gleichen Fragen wie in Aufgabe 1.

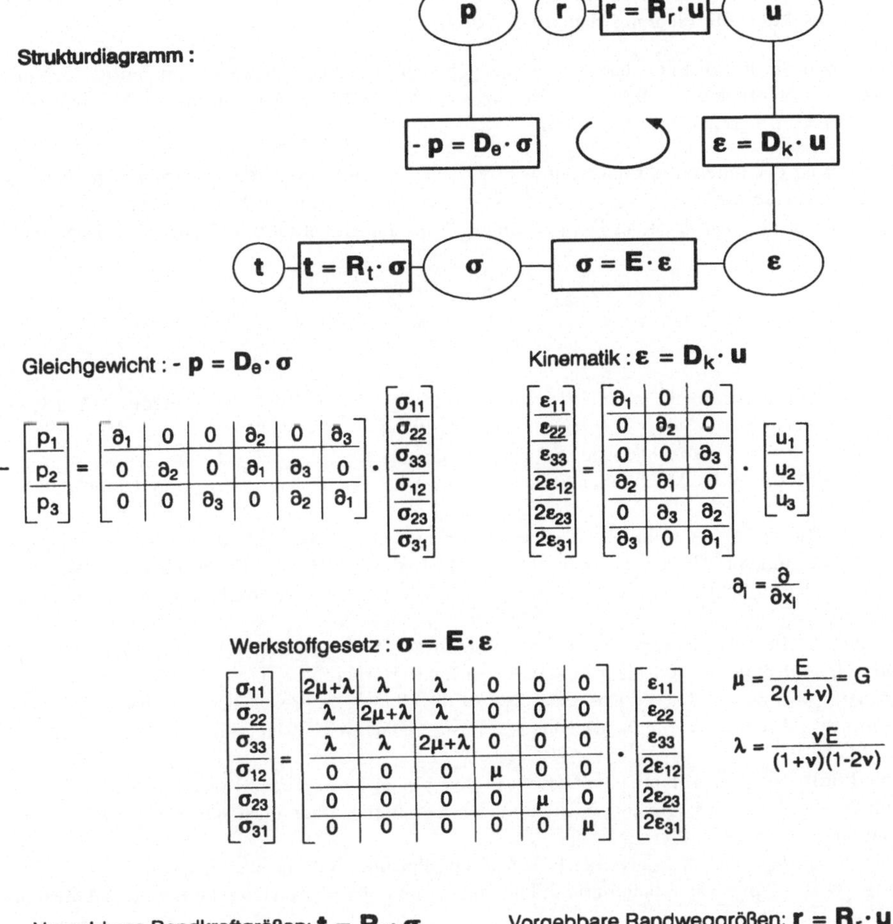

Bild 2.27. Struktur der Theorie dreidimensionaler Kontinua

3. Im Abschnitt 2.4.4 wird das Werkstoffgesetz (2.44) eines ebenen Schnittgrößenzustandes durch die Streichung (2.30a) hergeleitet; seine Konsequenz ist die Vernachlässigung aller Änderungen der Scheibendicke in (2.43a). Leiten Sie das Werkstoffgesetz eines ebenen Verzerrungszustandes her, zweckmäßige Ausgangsgleichung ist (2.84a). Welche Konsequenzen ergeben sich hier für die Dickenrichtung x_3? Nennen Sie „Scheibenprobleme", für welche dies eine bessere Näherung wäre.

4. Vergleichen Sie die Wechselwirkungsenergien $W_{(r)}$ gemäß (2.5a) der Randvariablen für schubweiche und schubsteife Platten. Erläutern Sie die Unterschiede.

5. Schreiben Sie die in Indexdarstellung angegebenen Gleichgewichtsbedingungen (2.75c) und Spannungsrandvorgaben (2.78a) durch Einsetzen der Indizes nebst Ausführung der Summationen in die Matrixformen (2.77b), (2.78b) um.

6. Der Betrag der inneren Formänderungsarbeit eines dreidimensionalen Volumenelementes dV lautet in Indexschreibweise: $w_{(i)} = \sigma_{ij}\,\varepsilon_{ij}$. Überzeugen Sie sich durch Ausschreiben dieses Ausdrucks, d.h. durch Ausführen der Doppelsumme, von seiner Identität mit (2.5a) $w_{(i)} = \sigma^T \cdot \varepsilon$ gemäß (2.77a), (2.81a).

Literatur

Airy, G.B.: On the strains in the interior of beams. Philos. Trans. Roy. Soc. London, 153 (1863), 49-64

Andermann, F.: Statik der rechteckigen Scheiben. Werner-Verlag, Düsseldorf 1968

Basar, Y., Krätzig, W.B.: Mechanik der Flächentragwerke. Friedr. Vieweg & Sohn, Braunschweig 1985

Becker, F., Bürger, W.: Kontinuumsmechanik. Verlag B.G. Teubner, Stuttgart 1975

Bruhns, O., Lehmann, Th.: Elemente der Mechanik II. Vieweg-Verlag, Braunschweig 1994

Eschenauer, H., Schnell, W.: Elastizitätstheorie, 3. Auflage. BI Wissenschaftsverlag, Mannheim 1993

Girkmann, K.: Flächentragwerke. 6. Auflage (1. Auflage 1946), Springer-Verlag, Wien 1976

Gould, P.L.: Introduction to Linear Elasticity. Springer-Verlag, New York 1983

Green, A.E., Zerna, W.: Theoretical Elasticity. At the Clarendon Press, Oxford 1968

Hagedorn, P.: Technische Mechanik, Band 2: Festigkeitslehre. Verlag Harri Deutsch, Frankfurt am Main 1990

Kelvin, Lord, Tait, P.G.: Treatise on Natural Philosophy, Vol. 1, Part 2, 188-203, London 1883

Kirchhoff, G.: Über das Gleichgewicht und die Bewegung einer elastischen Scheibe. Crelles Journal 40 (1850), 51-88

Krätzig, W.B., Wittek, U.: Tragwerke 1. 3. Auflage, Springer-Verlag, Berlin 1995

Krätzig, W.B.: Optimale Schalengrundgleichungen und deren Leistungsfähigkeit. ZAMM 54 (1974), 265-276

Lehmann, Th.: Elemente der Mechanik I: Einführung. 2. Auflage, Friedr. Vieweg & Sohn, Braunschweig 1984

Lehmann, Th.: Elemente der Mechanik II. Elastostatik. 2. Auflage, Friedr. Vieweg & Sohn, Braunschweig 1984

Love, A.E.H.: On the small vibrations and deformations of thin elastic shells. Phil. Trans. Roy. Soc. London, Ser. A, 179 (1888), 491-546

Mindlin, R.D.: Influence of rotary inertia and shear on flexural vibrations of isotropic, elastic plates. J. Appl. Mech. 18 (1951), 31-38

Navier, L.M.H.: Résumé des Leçons données à l'Ecole des Ponts et des Chaussées sur l'Application de la Mechanique a l'Etablissement de Constructions et des Maschines, Paris 1826

Pestel, E.C., Wittenburg, J.: Technische Mechanik, Band 2: Festigkeitslehre. BI Wissenschaftsverlag, Mannheim 1992

Pestel, E.C., Leckie, F.A.: Matrix Methods in Elastomechanics. McGraw-Hill Book Company Inc., New York 1963

Rabich, R.: Statik der Platten, Scheiben, Schalen. Beitrag im: Ingenieur-Taschenbuch Bauwesen, Band I. Grundlagen des Bauingenieurwesen, 861-1120. Edition Leipzig 1964

Reissner, E.: The effect of transverse shear deformation on the bending of elastic plates. J. Appl. Mech. 12 (1945), 69-77

Schaefer, H.: Die vollständige Analogie Scheibe–Platte. Abh. d. Braunschw. Wissensch. Gesellsch. 8 (1957), 142-155

Timoshenko, S., Woinowsky-Krieger, S.: Theory of Plates and Shells, 2nd Ed.. McGraw-Hill Book Company, New York 1959

Tonti, E.: On the formal structure of physical theories. Instituto di Matematica del Polytecnico di Milano, Milano 1975

Waller, H., Krings, W.: Matrizenmethoden in der Maschinen- und Bauwerksdynamik. BI Wissenschaftsverlag, Mannheim 1975

Ziegler, F.: Technische Mechanik der festen und flüssigen Körper. 2. Auflage, Springer-Verlag, Wien 1992

3 Energieaussagen der Festkörpermechanik

> *Res severa est verum gaudium.*
> *Eine schwierige Sache ist*
> *eine wahre Freude.*
>
> *Seneca, 4 v. Chr. - 56 n. Chr.*
> *im 23. Brief an Lucilius*

Alle Randwertprobleme der Strukturmechanik sind in Funktionsräumen beschrieben, eingebettet in den uns umgebenden dreidimensionalen Erfahrungsraum. Ihre Lösung mittels moderner Computerverfahren erfolgt dagegen in abstrakten Vektorräumen. Bei den Transformationen zwischen beiden Raumtypen spielt die Formänderungsenergie eine zentrale Rolle, weshalb Energieaussagen in der modernen Strukturmechanik im Vordergrund stehen. Deshalb werden in diesem Kapitel alle erforderlichen Energie- und Variationsaussagen, die klassischen und speziellen Energieprinzipe sowie die erweiterten Variationsfunktionale, in der im Kapitel 2 eingeführten einheitlichen Operatordarstellung behandelt. Um dem mit Energieaussagen unerfahrenen Leser den Zugang zu dieser abstrakten Materie zu erleichtern, werden alle Energieprinzipe zusätzlich langschriftlich für die Beispiele eines Fachwerkstabes und eines Scheibentragwerks hergeleitet.

3.1 Grundlagen

3.1.1 Struktur der Funktionsräume festkörpermechanischer Modelle

In Kapitel 2 wurde an Hand der jedem Ingenieur bekannten Modelltheorien bautechnisch wichtiger Tragelemente nachgewiesen, daß die in der Tragwerksanalyse verwendeten festkörpermechanischen Modellkonzepte einer einheitlichen Struktur ihrer funktionalen Variablen und Operatoren unterliegen. Festkörpermechanische Modelle sind stets in unseren dreidimensionalen, EUKLIDischen* Erfahrungsraum E3: x_i, i = 1,2,3 derart eingebettet, daß jedem Modellpunkt x_i^* charakteristische Funktionsräume der Komponenten von **p**, **u**, σ, ε, **t** und **r** angeheftet werden. Diese sind – unabhängig vom spezifischen Modelltyp – durch gleichartig strukturierte Operationen ineinander transformierbar. Die Erläuterungen dieser durch die Physik vorgegebenen Darstellung aus Kapitel 2 finden hier ihre Weiterverwendung.

---

* EUKLID VON ALEXANDRIA, bedeutender griechischer Mathematiker und Geometer, schrieb um 325 v. Chr. die 13-bändigen Stoicheia (Elemente), für 2000 Jahre das Standardwerk der Geometrie.

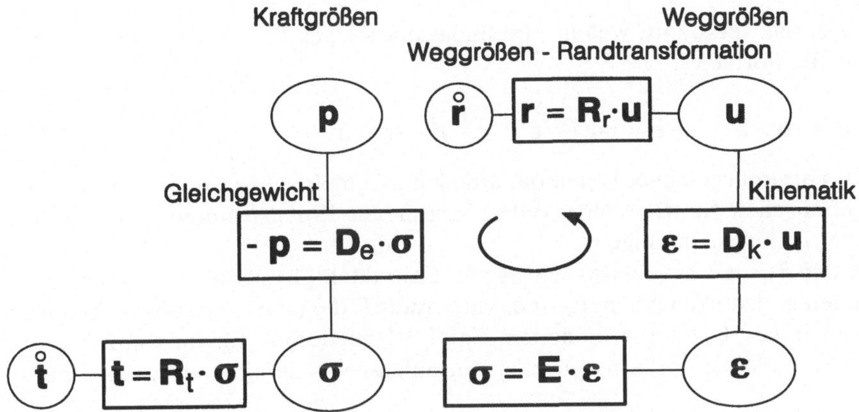

Bild 3.1. Einheitliche Struktur festkörpermechanischer Modelltheorien

Bild 3.1 faßt noch einmal alle im Kapitel 2 gewonnenen Erkenntnisse zusammen. In der linken Spalte erkennt der Leser die *Kraftvariablen*, (äußere) Lasten **p** und (innere) Schnittgrößen σ, rechts dagegen die *Weggrößen*, bestehend aus (äußeren) Verschiebungen **u** und (inneren) Verzerrungsvariablen ε. Äußere und innere Variablen sind durch grundlegende mechanische Gesetzmäßigkeiten miteinander verknüpft,

p und σ durch die *Gleichgewichtsbedingungen*:

$$-\mathbf{p} = \mathbf{D}_e \cdot \sigma \;, \quad (\mathbf{p}, \sigma) \in V \;, \tag{3.1a}$$

u und ε durch die *kinematischen Beziehungen*:

$$\varepsilon = \mathbf{D}_k \cdot \mathbf{u} \;, \quad (\mathbf{u}, \varepsilon) \in V \;. \tag{3.1b}$$

Hierdurch werden der Gleichgewichtsoperator $\mathbf{D}_e$ und der kinematische Operator $\mathbf{D}_k$ definiert, zwei in der Tragwerkstheorie 1. Ordnung lineare Differentialoperatoren. *Randtransformationen* verbinden die

vorgebbaren Randkraftgrößen **t** mit σ:

$$\overset{\circ}{\mathbf{t}} = \mathbf{R}_t \cdot \sigma \;, \quad \mathbf{t} \in S \;, \quad \sigma \in V \tag{3.2a}$$

und die vorgebbaren Randverschiebungsgrößen **r** mit **u**:

$$\overset{\circ}{\mathbf{r}} = \mathbf{R}_r \cdot \mathbf{u} \;, \quad \mathbf{r} \in S \;, \quad \mathbf{u} \in V \;, \tag{3.2b}$$

wodurch die beiden Randoperatoren $\mathbf{R}_t$, $\mathbf{R}_r$ eingeführt werden. Hierin kürzt V den jeweiligen *Modellraum* der Dimension $k \leq 3$ ab und S dessen *Begrenzung* zur Umgebung mit der Dimension $k-1$.

Schließlich sind die beiden inneren Variablen σ und ε miteinander durch das

Werkstoffgesetz verknüpft, welches im linear-elastischen Fall HOOKEschen* Materials stets die Formen

$$\sigma = \overset{o}{\sigma} + \mathbf{E} \cdot (\varepsilon - \overset{o}{\varepsilon}) \quad \text{oder} \quad \varepsilon = \overset{o}{\varepsilon} + \mathbf{E}^{-1} (\sigma - \overset{o}{\sigma}) \tag{3.3}$$

aufweist. Hierin bezeichnet $\mathbf{E}$ den quadratisch-symmetrischen und positiv-definiten, algebraischen Stoffoperator, $\overset{o}{\sigma}$ den Vektor der Eigenspannungen und $\overset{o}{\varepsilon}$ den Vektor der Anfangsdehnungen.

Während $\mathbf{D}_e$ und $\mathbf{D}_k$ ebenso wie $\mathbf{R}_t$, $\mathbf{R}_r$ abstrakten physikalischen Konzepten entstammen und stoffunabhängig sind, verkörpert $\mathbf{E}$ die (stark vereinfachte) materielle Welt in den Festkörpermodellen. Tafel 3.1 wiederholt für im Kapitel 2 behandelte Modelle die dort eingeführten Variablen nebst deren wichtigsten Operatoren.

3.1.2 Der Energiesatz der Mechanik

Als die wichtigste Voraussetzung für die Gültigkeit des Strukturschemas auf Bild 3.1 gilt die Forderung nach *energetischer Konsistenz* der drei Variablenpaare $\{\mathbf{p}, \mathbf{u}\}$, $\{\sigma, \varepsilon\}$ und $\{\mathbf{t}, \mathbf{r}\}$, welche somit jeweils äußere, innere und randbedingte Wechselwirkungsenergien leisten (2.5a). Die gesamte in einem Modellraum V mit der Begrenzung S während eines Deformationsprozesses geleistete *Wechselwirkungsenergie* lautet daher (2.5b):

$$W = \int\limits_V \mathbf{p}^T \cdot \mathbf{u} \, dV + \int\limits_S \mathbf{t}^T \cdot \mathbf{r} \, dS - \int\limits_V \sigma^T \cdot \varepsilon \, dV \ , \tag{3.4}$$

wenn der Energieanteil positiver innerer Variablen $\{\sigma, \varepsilon\}$ wie üblich als negativ eingeführt wird.

Nun bilden wir die Wechselwirkungsenergie eines Gleichgewichtszustandes 1 längs eines kinematisch kompatibel verformten Weggrößenzustandes 2, d.h.

$\{\mathbf{p}_1, \mathbf{t}_1, \sigma_1\}$ sei im Gleichgewicht:

$$-\mathbf{p}_1 = \mathbf{D}_e \cdot \sigma_1 \ , \quad \mathbf{t}_1 = \mathbf{R}_t \cdot \sigma_1 \ , \tag{3.5a}$$

$\{\mathbf{u}_2, \mathbf{r}_2, \varepsilon_2\}$ sei kompatibel deformiert:

$$\varepsilon_2 = \mathbf{D}_k \cdot \mathbf{u}_2 \ , \quad \mathbf{r}_2 = \mathbf{R}_r \cdot \mathbf{u} \ . \tag{3.5b}$$

In diesem Sonderfall verschwindet bekanntlich die gesamte Formänderungsenergie

$$W_{1,2} = \int\limits_V \mathbf{p}_1^T \cdot \mathbf{u}_2 \, dV + \int\limits_S \mathbf{t}_1^T \cdot \mathbf{r}_2 \, dS - \int\limits_V \sigma_1^T \cdot \varepsilon_2 \, dV = 0 \ , \tag{3.5c}$$

eine Aussage, die als *Energiesatz der Mechanik* bezeichnet wird.

---

* ROBERT HOOKE, britischer Physiker, Zeitgenosse von NEWTON und HUYGENS, 1635-1703, Forschungen auf den Gebieten der Optik, Wärme- und Schwingungslehre mit Experimenten zur Ausdehnung von Stahlfedern, erster Curator der Royal Society in London.

Tafel 3.1 Variablen und Operatoren der Strukturmodelle aus Kapitel 2

| Variablen | | | | | | Operatoren | | |
p	u	σ	ε	t	r	$\mathbf{D}_k$	$\mathbf{D}_e$	$\mathbf{E}$
Fachwerkstab								
$[p_x]$	$[u]$	$[N]$	$[\varepsilon]$	$[N^*]$	$[u^*]$	$[d_x]$	$[d_x]$	$[EA]$
Theorie der Stabbiegung (Bernoulli - Navier)								
$[p_z]$	$[w]$	$[M]$	$[\kappa]$	$\begin{bmatrix}Q^*\\M^*\end{bmatrix}$	$\begin{bmatrix}w^*\\\varphi^*\end{bmatrix}$	$[-d_x^2]$	$[d_x^2]$	$[EI]$
Theorie der Stabbiegung (Timoshenko)								
$\begin{bmatrix}p_z\\m_y\end{bmatrix}$	$\begin{bmatrix}w\\\varphi\end{bmatrix}$	$\begin{bmatrix}Q\\M\end{bmatrix}$	$\begin{bmatrix}\gamma\\\kappa\end{bmatrix}$	$\begin{bmatrix}Q^*\\M^*\end{bmatrix}$	$\begin{bmatrix}w^*\\\varphi^*\end{bmatrix}$	$\begin{bmatrix}d_x & 1\\0 & d_x\end{bmatrix}$	$\begin{bmatrix}d_x & 0\\-1 & d_x\end{bmatrix}$	$\begin{bmatrix}GA_Q & 0\\0 & EI\end{bmatrix}$
Scheibentheorie								
$\begin{bmatrix}p_1\\p_2\end{bmatrix}$	$\begin{bmatrix}u_1\\u_2\end{bmatrix}$	$\begin{bmatrix}n_{11}\\n_{12}\\n_{22}\end{bmatrix}$	$\begin{bmatrix}\varepsilon_{11}\\2\varepsilon_{12}\\\varepsilon_{22}\end{bmatrix}$	$\begin{bmatrix}n_\tau\\n_\nu\end{bmatrix}$	$\begin{bmatrix}u_\tau\\u_\nu\end{bmatrix}$	$\begin{bmatrix}\partial_1 & 0\\\partial_2 & \partial_1\\0 & \partial_2\end{bmatrix}$	$\mathbf{D}_k^\mathsf{T}$	$D\begin{bmatrix}1 & 0 & \nu\\0 & \frac{1-\nu}{2} & 0\\\nu & 0 & 1\end{bmatrix}$
Plattentheorie (Kirchhoff - Love)								
$[p]$	$[w]$	$\begin{bmatrix}m_{11}\\m_{12}\\m_{22}\end{bmatrix}$	$\begin{bmatrix}\kappa_{11}\\2\kappa_{12}\\\kappa_{22}\end{bmatrix}$	$\begin{bmatrix}q^*\\m_\tau\end{bmatrix}$	$\begin{bmatrix}w^*\\\Omega_\tau\end{bmatrix}$	$-\begin{bmatrix}\partial_{11}\\2\partial_{12}\\\partial_{22}\end{bmatrix}$	$[\partial_{11}\ \ 2\partial_{12}\ \ \partial_{22}]$	$B\begin{bmatrix}1 & 0 & \nu\\0 & \frac{1-\nu}{2} & 0\\\nu & 0 & 1\end{bmatrix}$
Plattentheorie (Reissner - Mindlin)								
$\begin{bmatrix}p\\0\\0\end{bmatrix}$	$\begin{bmatrix}w\\\omega_1\\\omega_2\end{bmatrix}$	$\begin{bmatrix}m_{11}\\m_{12}\\m_{21}\\m_{22}\\\hline q_1\\q_2\end{bmatrix}$	$\begin{bmatrix}\kappa_{11}\\\kappa_{12}\\\kappa_{21}\\\kappa_{22}\\\hline\gamma_1\\\gamma_2\end{bmatrix}$	$\begin{bmatrix}q^*\\m_\tau\\m_\nu\end{bmatrix}$	$\begin{bmatrix}w^*\\\Omega_\tau\\\Omega_\nu\end{bmatrix}$	$\begin{bmatrix}0 & \partial_1 & \partial_2\\0 & \frac{1}{2}\partial_2 & \frac{1}{2}\partial_1\\0 & \frac{1}{2}\partial_2 & \frac{1}{2}\partial_1\\0 & 0 & \partial_2\\\hline\partial_1 & 1 & 0\\\partial_2 & 0 & 1\end{bmatrix}$	$\begin{bmatrix}0 & 0 & 0 & 0 & \partial_1 & \partial_2\\\partial_1 & \frac{1}{2}\partial_2 & \frac{1}{2}\partial_2 & 0 & -1 & 0\\0 & \frac{1}{2}\partial_1 & \frac{1}{2}\partial_1 & \partial_2 & 0 & -1\end{bmatrix}$	$B\begin{bmatrix}1 & 0 & 0 & \nu & 0 & 0\\0 & 1-\nu & 1-\nu & 0 & 0 & 0\\0 & 1-\nu & 1-\nu & 0 & 0 & 0\\\nu & 0 & 0 & 1 & 0 & 0\\\hline 0 & 0 & 0 & 0 & \frac{6(1-\nu)}{h^2} & 0\\0 & 0 & 0 & 0 & 0 & \frac{6(1-\nu)}{h^2}\end{bmatrix}$
Theorie dreidimensionaler Kontinua								
$\begin{bmatrix}p_1\\p_2\\p_3\end{bmatrix}$	$\begin{bmatrix}u_1\\u_2\\u_3\end{bmatrix}$	$\begin{bmatrix}\sigma_{11}\\\sigma_{22}\\\sigma_{33}\\\sigma_{12}\\\sigma_{23}\\\sigma_{31}\end{bmatrix}$	$\begin{bmatrix}\varepsilon_{11}\\\varepsilon_{22}\\\varepsilon_{33}\\\varepsilon_{12}\\\varepsilon_{23}\\\varepsilon_{31}\end{bmatrix}$	$\begin{bmatrix}t_1\\t_2\\t_3\end{bmatrix}$	$\begin{bmatrix}u_1^*\\u_2^*\\u_3^*\end{bmatrix}$	$\begin{bmatrix}\partial_1 & 0 & 0\\0 & \partial_2 & 0\\0 & 0 & \partial_3\\\partial_2 & \partial_1 & 0\\0 & \partial_3 & \partial_2\\\partial_3 & 0 & \partial_1\end{bmatrix}$	$\mathbf{D}_k^\mathsf{T}$	$\begin{bmatrix}2\mu+\lambda & \lambda & \lambda & 0 & 0 & 0\\\lambda & 2\mu+\lambda & \lambda & 0 & 0 & 0\\\lambda & \lambda & 2\mu+\lambda & 0 & 0 & 0\\0 & 0 & 0 & \mu & 0 & 0\\0 & 0 & 0 & 0 & \mu & 0\\0 & 0 & 0 & 0 & 0 & \mu\end{bmatrix}$

$$D = \frac{Eh}{1-\nu^2} \qquad B = \frac{Eh^3}{12(1-\nu^2)} \qquad \mu = \frac{E}{2(1+\nu)} = G \qquad \lambda = \frac{\nu E}{(1+\nu)(1-2\nu)}$$

Satz: Die Wechselwirkungsenergie eines Kraftgrößen-Gleichgewichtszustandes 1 verschwindet längs der Deformationen eines kompatiblen Weggrößenzustandes 2.

Beispiel: Zur Erläuterung des Energiesatzes wurde im oberen Teil von Bild 3.2 aus einem schubweichen, ebenen Stabtragwerk der endliche Tragwerksabschnitt x_b-x_a herausgetrennt. Das Stabelement ist durch die angegebenen Streckenlasten $\{q_x,\ q_z,\ m_z\}$ beansprucht, weist die Kraftgruppen

$$\{N_a^*\ Q_a^*\ M_a^*\}$$

am Rand x_a sowie

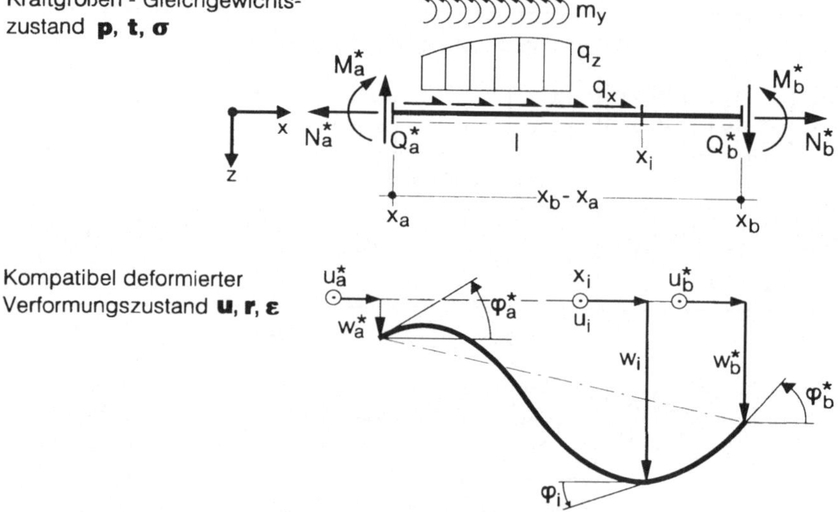

Formänderungsarbeit der äußeren Variablen:

$$W^{(a)} = \int_{x_a}^{x_b} \mathbf{p}^T \cdot \mathbf{u}\, dx = \int_{x_a}^{x_b} \begin{bmatrix} p_x & p_z & p_y \end{bmatrix} \begin{bmatrix} u \\ w \\ \varphi \end{bmatrix} dx = \int_{x_a}^{x_b} (\, p_x u + p_z w + m_y \varphi\,)\, dx$$

Formänderungsarbeit der Randvariablen:

$$W^{(r)} = \left. \mathbf{t}^T \cdot \mathbf{r}\, \right|_{x_a}^{x_b} = \begin{bmatrix} N_b^* & Q_b^* & M_b^* \end{bmatrix} \begin{bmatrix} u_b^* \\ w_b^* \\ \varphi_b^* \end{bmatrix} = N_b^* u_b^* + Q_b^* w_b^* + M_b^* \varphi_b^*$$

$$- \begin{bmatrix} N_a^* & Q_a^* & M_a^* \end{bmatrix} \begin{bmatrix} u_a^* \\ w_a^* \\ \varphi_a^* \end{bmatrix} \quad - (N_a^* u_a^* + Q_a^* w_a^* + M_a^* \varphi_a^*)$$

Formänderungsarbeit der inneren Variablen:

$$W^{(l)} = \int_{x_a}^{x_b} \mathbf{\sigma}^T \cdot \mathbf{\varepsilon}\, dx = -\int_{x_b}^{x_b} \begin{bmatrix} N & Q & M \end{bmatrix} \begin{bmatrix} \varepsilon \\ \gamma \\ \kappa \end{bmatrix} dx = -\int_{x_a}^{x_b} (N\varepsilon + Q\gamma + M\kappa)\, dx$$

Bild 3.2. Berechnung der Wechselwirkungsenergie eines schubweichen Stabelementes x_b-x_a

$$\{N_b^* \; Q_b^* \; M_b^*\}$$

am Rand x_b auf und enthält den Schnittgrößenzustand $\{N \; Q \; M\}$. Darunter findet sich ein kompatibel deformierter Verzerrungszustand desselben Elementes, der im willkürlichen Tragwerkspunkt x_i die Verschiebungsgrößen $\{u_i \; w_i \; \varphi_i\}$ sowie zugehörige Verzerrungen $\{\varepsilon \; \gamma \; \kappa\}$ und Randverformungen

$$\{u_a^* \; w_a^* \; \varphi_a^*\}, \; \{u_b^* \; w_b^* \; \varphi_b^*\}$$

aufweist. Alle Variablen sind in ihren positiven Wirkungsrichtungen dargestellt.

Im unteren Teil von Bild 3.2 findet der Leser selbsterklärend die ausgewerteten drei Arbeitsanteile (3.5c). Bei einem Stabelement degeneriert der Randbereich zum Anfangs- und Endpunkt. Da die positiven Wirkungsrichtungen der Randvariablen im Elementanfang x_a unterschiedlich definiert sind, wird der dort geleistete Arbeitsanteil negativ.

3.1.3 Adjungiertheit der Feldoperatoren

In das erste Integral des Energiesatzes (3.5c) substituieren wir nunmehr die Gleichgewichtsbedingungen (3.1a)

$$-\mathbf{p} = \mathbf{D}_e \cdot \boldsymbol{\sigma}: \quad \int_V \mathbf{p}^T \cdot \mathbf{u} \, dV = \int_V \mathbf{u}^T \cdot \mathbf{p} \, dV = -\int_V \mathbf{u}^T \cdot \mathbf{D}_e \cdot \boldsymbol{\sigma} \, dV \tag{3.6a}$$

und in dessen drittes Integral die kinematischen Beziehungen (3.1b)

$$\boldsymbol{\varepsilon} = \mathbf{D}_k \cdot \mathbf{u}: \quad -\int_V \boldsymbol{\sigma}^T \cdot \boldsymbol{\varepsilon} \, dV = -\int_V \boldsymbol{\sigma}^T \cdot \mathbf{D}_k \cdot \mathbf{u} \, dV \; . \tag{3.6b}$$

Fassen wir hiernach den Energiesatz wieder zusammen

$$W = -\int_V (\mathbf{u}^T \cdot \mathbf{D}_e \cdot \boldsymbol{\sigma} + \boldsymbol{\sigma}^T \cdot \mathbf{D}_k \cdot \mathbf{u}) \, dV + \int_S \mathbf{t}^T \cdot \mathbf{r} \, dS = 0 \; , \tag{3.6c}$$

so gewinnen wir die 2. GREENsche* Aussage [Courant 1968] von der Adjungiertheit der beiden Differentialoperatoren $\mathbf{D}_e$ und $\mathbf{D}_k$. Gemäß (3.6c) stellt nämlich

$$\mathbf{u}^T \cdot \mathbf{D}_e \cdot \boldsymbol{\sigma} + \boldsymbol{\sigma}^T \cdot \mathbf{D}_k \cdot \mathbf{u} \tag{3.6d}$$

gerade einen Divergenzausdruck dar, dessen Volumenintegral über einen Modellraum V gemäß dem GAUSSschen** Satz [Bronstein 1987, Courant 1968] in ein Oberflächenintegral über die Modellraumbegrenzung S transformierbar ist, welches somit eine um eins reduzierte Dimensionszahl aufweist.

---

*   GEORGE GREEN, britischer Physiker und Mathematiker, 1793-1841, Forschungen zur mathematischen Theorie der Elektrostatik und des Magnetismus, in welchen er den Begriff des Potentials einführte.

**   CARL FRIEDRICH GAUSS, 1777-1855, bedeutendster Mathematiker aller Zeiten, wirkte in Braunschweig und Göttingen, grundlegende Untersuchungen zu vielen Teilgebieten der Mathematik, aber auch der Astronomie und der theoretischen Physik.

Ermittlung des Integranten $\mathbf{u}^T \cdot \mathbf{D}_e \cdot \boldsymbol{\sigma} + \boldsymbol{\sigma}^T \cdot \mathbf{D}_k \cdot \mathbf{u}$:

$$
\mathbf{u}^T \cdot \mathbf{D}_e \cdot \boldsymbol{\sigma} : \quad
\begin{bmatrix} N \\ \hline Q \\ \hline M \end{bmatrix}
\qquad\qquad\qquad
\boldsymbol{\sigma}^T \cdot \mathbf{D}_k \cdot \mathbf{u} : \quad
\begin{bmatrix} u \\ \hline w \\ \hline \varphi \end{bmatrix}
$$

$$
\begin{bmatrix} d_x & 0 & 0 \\ 0 & d_x & 0 \\ 0 & -1 & d_x \end{bmatrix}
\begin{bmatrix} N' \\ Q' \\ -Q+M' \end{bmatrix}
\qquad\qquad
\begin{bmatrix} d_x & 0 & 0 \\ 0 & d_x & 1 \\ 0 & 0 & d_x \end{bmatrix}
\begin{bmatrix} u' \\ w'+\varphi \\ \varphi' \end{bmatrix}
$$

$$
\begin{bmatrix} u & w & \varphi \end{bmatrix}
\begin{bmatrix} uN'+wQ'-Q\varphi+\varphi M' \end{bmatrix}
\qquad\qquad
\begin{bmatrix} N & Q & M \end{bmatrix}
\begin{bmatrix} Nu'+Qw'+Q\varphi+M\varphi' \end{bmatrix}
$$

Nachweis der Adjungiertheit:

$$
\int_{x_a}^{x_e} (\mathbf{u}^T \cdot \mathbf{D}_e \cdot \boldsymbol{\sigma} + \boldsymbol{\sigma}^T \cdot \mathbf{D}_k \cdot \mathbf{u})\, dx = \int_{x_a}^{x_e} (N'u+Nu'+Q'w+Qw'-\cancel{Q\varphi}+\cancel{Q\varphi}+M'\varphi+M\varphi')\, dx
$$

Mittels der Formel der partiellen Integration

$$
\int u'\, v\, dx + \int u\, v'\, dx = \int (uv)'\, dx = uv \qquad \text{wird hieraus:}
$$

$$
= \begin{bmatrix} N & Q & M \end{bmatrix}
\begin{bmatrix} u \\ w \\ \varphi \end{bmatrix}
\Bigg|_{x_a}^{x_e} = \mathbf{t}^T \cdot \mathbf{r}\, \Big|_{x_a}^{x_e}
$$

Bild 3.3. Nachweis der Adjungiertheit der Feldoperatoren
für die Theorie ebener schubweicher Stäbe

Aus der *Adjungiertheit* der beiden *Feldoperatoren* folgen, wie wir noch erkennen werden, viele grundsätzliche Eigenschaften festkörpermechanischer Randwertprobleme, beispielsweise die Selbstadjungiertheit von $\mathbf{D}^*$ (2.4a); die vertraute Form der Aussage entsteht aus (3.6c):

$$
\int_V (\mathbf{u}^T \cdot \mathbf{D}_e \cdot \boldsymbol{\sigma} + \boldsymbol{\sigma}^T \cdot \mathbf{D}_k \cdot \mathbf{u})\, dV = \int_S \mathbf{t}^T \cdot \mathbf{r}\, dS \ . \tag{3.7}
$$

Satz: $\mathbf{D}_e$ *und* $\mathbf{D}_k$ *sind zueinander adjungierte Differentialoperatoren. Der linke Integrand ist ein Divergenzausdruck, dessen Modellraumintegral in ein solches der Modellraumberandung transformierbar ist.*

Beispiel: Es sei der Nachweis zu führen, daß die beiden Feldoperatoren der Theorie ebener schubweicher Stabtragwerke zueinander adjungierte Differentialoperatoren sind. Hierzu werden im oberen Teil von Bild 3.3 zunächst die beiden Skalare

$$
\mathbf{u}^T \cdot \mathbf{D}_e \cdot \boldsymbol{\sigma} \quad \text{und} \quad \boldsymbol{\sigma}^T \cdot \mathbf{D}_k \cdot \mathbf{u}
$$

ausmultipliziert, welche sodann zum linken (eindimensionalen) Integral (3.7) über die Stablänge $x_e\text{-}x_a$ zusammengefaßt werden. Durch Anwendung der bekannten Formel der partiellen Integration transformiert sich dieses Integral sodann auf die Randvariablen seiner Anfangs- und Endpunkte, zu welchen das rechte Integral im Fall der Stabtragwerke degeneriert. Damit ist der Nachweis der Adjungiertheit erbracht.

3.2 Nähere Erläuterungen und Grundbegriffe

3.2.1 Variablen und Operatoren

Um der Darstellung der Energie- und Variationsprinzipe für den unerfahrenen Leser ihren abstrakten Charakter zu nehmen, sollen diese nicht allein in der kompakten Operatorschreibweise gemäß (3.4) hergeleitet werden, sondern beispielhaft stets auch für Stab- und Flächentragwerke. Als Stabwerk wählen wir das Beispiel eines Stabes, der nur auf Normalkraft beansprucht ist. Dieser wird im folgenden als *Normalkraft-Stab* bezeichnet. Die Herleitung wird dabei unter Verwendung der in Kapitel 2 eingeführten Operatorschreibweise erfolgen, welche eine leichte und systematische Übertragung der erzielten Ergebnisse auf beliebig beanspruchte Stabtragwerke gestattet.

Auch für zweidimensionale Strukturen, die Scheiben- und Plattentragwerke, wird die Herleitung einheitlich durchgeführt. Als repräsentativ für diese Tragwerksklasse wird ein Scheibentragwerk gewählt. Dabei wird die Herleitung zunächst unter Verwendung der in Anhang 3 dargelegten Indexschreibweise erfolgen, um anschließend die gewonnenen Ergebnisse mit dem Ziel einer Verallgemeinerung auf die Operatorschreibweise umzusetzen. Die zu verwendende Indexschreibweise erfordert eine leichte Modifikation der in Abschnitt 2.4 dargestellten Grundlagen der Scheibentragwerke, die im folgenden vorgenommen wird.

Immer wieder werden wir jedoch zu Formulierungen in dem generalisierten Modellraum V, S zurückkehren, den wir in den ersten Abschnitten dieses Kapitels stellvertretend für beliebige Strukturmodelle verwendet haben.

Normalkraft-Stab. Bild 3.4 veranschaulicht ein Stabtragwerk, das durch tangentiale Linienlasten p_x und am frei verformbaren Stabende B durch eine singuläre Krafteinwirkung $\overset{\circ}{N}$ auf Normalkraft beansprucht ist. Die Einspannstelle A sei einer vorgegebenen Verschiebung $\overset{\circ}{u}$ in Richtung der x-Achse ausgesetzt.

Bekanntlich bestehen die äußeren Variablen dieser Struktur aus der Last p_x sowie der hierzu korrespondierenden Verschiebung u, mit denen folgende Spaltenvektoren definiert werden:

$$\textit{Last:} \qquad \mathbf{p} = [p_x] \; , \qquad\qquad \textit{Verschiebung:} \;\; \mathbf{u} = [u] \; . \qquad (3.8a)$$

Dementsprechend werden die inneren Variablen, die Normalkraft N sowie die hierzu korrespondierende Dehnung ε, durch je einen Spaltenvektor repräsentiert:

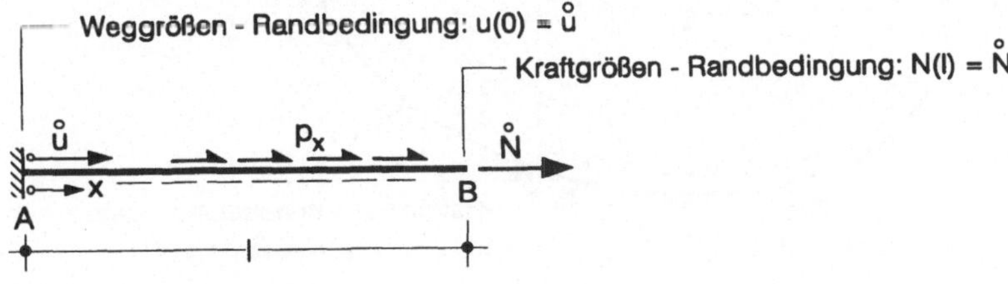

Bild 3.4. Normalkraft-Stab

$$\textit{Schnittgröße:} \quad \sigma = [N] \ , \qquad\qquad \textit{Verzerrung:} \quad \varepsilon = [\varepsilon] \ . \qquad (3.8b)$$

An den Randstellen sind die Variablen N^* und u^* vorschreibbar. Da diese für Stabtragwerke mit den zugehörigen Feldvariablen N bzw. u identisch sind, übernehmen wir hierfür diese Bezeichnungen:

$$\textit{Randkraftgröße:} \quad \sigma = [N] \ , \qquad\qquad \textit{Randweggröße:} \ \mathbf{u} = [u] \ . \qquad (3.8c)$$

Zur Bestimmung der unbekannten Variablen u, N und ε stehen, wie Bild 3.4 zu entnehmen ist, folgende Beziehungen zur Verfügung:

$$\textit{Gleichgewicht:} \quad -p_x = N' \qquad\quad \rightarrow \quad -\mathbf{p} = \mathbf{D}_e\,\sigma \ , \qquad\qquad (3.9a)$$

$$\textit{Kinematik:} \qquad \varepsilon = u' \qquad\quad \rightarrow \quad \varepsilon = \mathbf{D}_k\,\mathbf{u} \ , \qquad\qquad (3.9b)$$

$$\textit{Werkstoffgesetz:} \quad N = D\varepsilon = EA\varepsilon \ \rightarrow \quad \sigma = \mathbf{E}\,\varepsilon \ , \qquad\qquad (3.9c)$$

worin $(\quad)' = \frac{d}{dx}$ Ableitungen nach x abkürzt. Die Beziehungen (3.9a) bis (3.9c) bilden ein vollständiges *Differentialgleichungssystem zweiter Ordnung*, das daher die Erfüllung einer einzigen Bedingung an je einem Randpunkt gestattet. Für das betrachtete Tragwerk (Bild 3.4) lauten die Randbedingungen:

$$\textit{Weggrößen-Randbedingung (kinematische):} \ u(0) = \overset{o}{u} \ \rightarrow \ \mathbf{u}(0) = \overset{o}{\mathbf{u}} \ , \ (3.10a)$$

$$\textit{Kraftgrößen-Randbedingung (dynamische):} \ N(l) = \overset{o}{N} \ \rightarrow \ \sigma(l) = \overset{o}{\sigma} . \ (3.10b)$$

Scheibentragwerk. Als nächstes betrachten wir ein Scheibentragwerk, das durch beliebig verteilte Flächenlasten p_α in seiner Mittelfläche beansprucht ist (Bild 3.5). Die Lastkomponenten p_α sowie die hierzu dualen Verschiebungen u_α ($\alpha = 1, 2$)

$$\mathbf{p} = \begin{bmatrix} p_1 \\ p_2 \end{bmatrix} , \qquad\qquad \mathbf{u} = \begin{bmatrix} u_1 \\ u_2 \end{bmatrix} \qquad\qquad (3.11a)$$

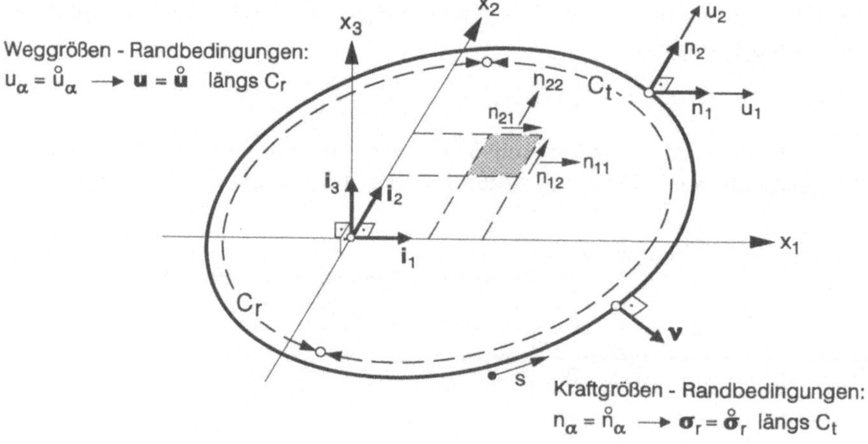

Bild 3.5. Scheibentragwerk

definieren für dieses Tragwerk die Spaltenvektoren der äußeren Variablen $\mathbf{p}$ und $\mathbf{u}$. Der innere Kräftezustand wird durch die Dehnkräfte $n_{\alpha\beta}$ beschrieben, denen die Mittelflächenverzerrungen $\varepsilon_{\alpha\beta}$ als korrespondierende Variablen zugeordnet sind. Durch die Variablen $n_{\alpha\beta}$ und $\varepsilon_{\alpha\beta}$ werden die folgenden vierzeiligen Spaltenvektoren definiert:

$$\sigma = \begin{bmatrix} n_{11} \\ n_{12} \\ n_{21} \\ n_{22} \end{bmatrix}, \qquad \varepsilon = \begin{bmatrix} \varepsilon_{11} \\ \varepsilon_{12} \\ \varepsilon_{21} \\ \varepsilon_{22} \end{bmatrix}. \tag{3.11b}$$

Dabei sei auf die bekannten Symmetrieeigenschaften

$$n_{12} = n_{21} \qquad\qquad \varepsilon_{12} = \varepsilon_{21}$$

hingewiesen, wodurch beide Spaltenvektoren σ und ε – in Übereinstimmung mit Bild 2.15 – je drei *unabhängige* Komponenten besitzen. Die vorschreibbaren Randvariablen dieses Tragwerks bestehen aus den Randkräften n_α sowie den Verschiebungen u_α

$$\sigma_r = \begin{bmatrix} n_1 \\ n_2 \end{bmatrix} \qquad\qquad \mathbf{u} = \begin{bmatrix} u_1 \\ u_2 \end{bmatrix} \tag{3.11c}$$

welche – im Gegensatz zu den im Bild 2.15 verwendeten Randvariablen n_τ, n_ν und u_τ, u_ν – in Richtung der kartesischen Koordinatenachsen x_α zeigen. Die Verwendung der Randvariablen σ_r und $\mathbf{u}$ anstelle $\mathbf{t}$ und $\mathbf{r}$ erweist sich für eine systematische Herleitung als zweckmäßiger. Dabei sei betont, daß sich σ_r und $\mathbf{u}$ unschwer in die Variable $\mathbf{t}$ bzw. $\mathbf{r}$ transformieren lassen (siehe hierzu (A3.53), (A3.54)).

Zur Bestimmung der unbekannten Variablen u_α, $n_{\alpha\beta}$ und $\varepsilon_{\alpha\beta}$ dienen die folgenden Beziehungen, die unter Verwendung der Vereinbarungen des Abschnittes A3.1 in Indexschreibweise dargestellt sind:

$$\textit{Gleichgewicht:} \qquad -p_\beta = n_{\alpha\beta,\alpha} \qquad\qquad \rightarrow \quad -\mathbf{p} = \mathbf{D}_e\,\sigma\ , \tag{3.12a}$$

$$\textit{Kinematik:} \qquad \varepsilon_{\alpha\beta} = \frac{1}{2}\left(u_{\alpha,\beta} + u_{\beta,\alpha}\right) \quad \rightarrow \quad \varepsilon = \mathbf{D}_k\,\mathbf{u}\ , \tag{3.12b}$$

$$\textit{Werkstoffgesetz:} \qquad n_{\alpha\beta} = D\,H_{\alpha\beta\rho\lambda}\,\varepsilon_{\rho\lambda} \quad \rightarrow \quad \sigma = D\,\mathbf{E}\,\varepsilon\ , \tag{3.12c}$$

$$\varepsilon_{\alpha\beta} = \frac{1}{D}\,G_{\alpha\beta\rho\lambda}\,n_{\rho\lambda} \quad \rightarrow \quad \varepsilon = \frac{1}{D}\,\mathbf{E}^{-1}\,\sigma\ . \tag{3.12d}$$

Darin kürzt

$$D = \frac{Eh}{1-\nu^2} \tag{3.13}$$

die Dehnsteifigkeit und $H_{\alpha\beta\rho\lambda}$ die Elastizitätskoeffizienten mit folgenden Symmetrieeigenschaften ab:

$$H_{\alpha\beta\rho\lambda} = H_{\beta\alpha\rho\lambda} = H_{\alpha\beta\lambda\rho} = H_{\rho\lambda\alpha\beta}\ . \tag{3.14}$$

Für isotropes Werkstoffverhalten besitzt $H_{\alpha\beta\rho\lambda}$ nur die folgenden nicht verschwindenden Komponenten:

$$H_{1111} = H_{2222} = 1 \ , \quad H_{1122} = H_{2211} = \nu \ ,$$

$$H_{1212} = H_{2112} = H_{1221} = H_{2121} = \frac{1-\nu}{2} \ , \tag{3.15}$$

worin ν die Querkontraktionszahl bezeichnet. Ähnliche Eigenschaften weisen auch die inversen Elastizitätskoeffizienten $G_{\alpha\beta\rho\lambda}$ auf. Die hierfür gültigen Beziehungen finden sich in Abschnitt A3.3.3 und werden deshalb nicht wiederholt. Zur Abrundung werden noch *die vorschreibbaren Randkraftvariablen:*

$$n_\beta = n_{\alpha\beta} \, v_\alpha \ \rightarrow \ \sigma_r = \mathbf{D}_r \, \sigma \tag{3.16}$$

eingeführt, welche von der Normalen $\mathbf{v} = v_\alpha \mathbf{i}_\alpha$ der Randkurve C abhängen. Die Randverschiebungen $\mathbf{u}$ bedürfen dabei nicht einer ähnlichen Transformation, da sie mit den zugehörigen Feldvariablen übereinstimmen.

Die Theorie der Scheibe läßt als ein *Randwertproblem vierter Ordnung* die Formulierung von zwei Bedingungen längs der Berandung C der Mittelfläche F zu. Gemäß Bild 3.5 setzen wir voraus, daß die Randkurve C aus zwei Bereichen C_r und C_t mit den folgenden Randbedingungen bestehe:

$$\textit{Weggrößen-Randbedingungen:} \quad u_\alpha = \overset{o}{u}_\alpha \ \rightarrow \ \mathbf{u} = \overset{o}{\mathbf{u}} \quad \text{längs } C_r \ , \tag{3.17a}$$

$$\textit{Kraftgrößen-Randbedingungen:} \quad n_\alpha = \overset{o}{n}_\alpha \ \rightarrow \ \sigma_r = \overset{o}{\sigma}_r \quad \text{längs } C_t \ . \tag{3.17b}$$

Hierin bezeichnet der Index (^{o}) wie üblich vorgegebene Randwerte.

Die eingeführten Operatoren $\mathbf{D}_e$, $\mathbf{D}_k$, $\mathbf{D}_r$ und $\mathbf{E}$ lassen sich durch Ausschreiben der jeweils auf der linken Seite angegebenen Indexgleichungen herleiten. Unter Berücksichtigung von (3.15) resultieren hieraus die folgenden Beziehungen:

Gleichgewicht: $-\mathbf{p} = \mathbf{D}_e \cdot \sigma$

$$-\begin{bmatrix} p_1 \\ p_2 \end{bmatrix} = \begin{bmatrix} \partial_1 & \frac{1}{2}\partial_2 & \frac{1}{2}\partial_2 & 0 \\ 0 & \frac{1}{2}\partial_1 & \frac{1}{2}\partial_1 & \partial_2 \end{bmatrix} \cdot \begin{bmatrix} n_{11} \\ n_{12} \\ n_{21} \\ n_{22} \end{bmatrix} \tag{3.18}$$

Kinematik: $\varepsilon = \mathbf{D}_k \cdot \mathbf{u}$

$$\begin{bmatrix} \varepsilon_{11} \\ \varepsilon_{12} \\ \varepsilon_{21} \\ \varepsilon_{22} \end{bmatrix} = \begin{bmatrix} \partial_1 & 0 \\ \frac{1}{2}\partial_2 & \frac{1}{2}\partial_1 \\ \frac{1}{2}\partial_2 & \frac{1}{2}\partial_1 \\ 0 & \partial_2 \end{bmatrix} \cdot \begin{bmatrix} u_1 \\ u_2 \end{bmatrix} \tag{3.19}$$

Werkstoffgesetz: $\sigma = D\,E\cdot\varepsilon$

$$
\begin{bmatrix} n_{11} \\ n_{12} \\ n_{21} \\ n_{22} \end{bmatrix}
= D
\begin{bmatrix}
1 & 0 & 0 & v \\
0 & \frac{1-v}{2} & \frac{1-v}{2} & 0 \\
0 & \frac{1-v}{2} & \frac{1-v}{2} & 0 \\
v & 0 & 0 & 1
\end{bmatrix}
\cdot
\begin{bmatrix} \varepsilon_{11} \\ \varepsilon_{12} \\ \varepsilon_{21} \\ \varepsilon_{22} \end{bmatrix}
\tag{3.20}
$$

Vorschreibbare Randkraftgrößen: $\sigma_r = D_r\cdot\sigma$

$$
\begin{bmatrix} n_1 \\ n_2 \end{bmatrix}
=
\begin{bmatrix}
v_1 & \frac{1}{2}v_2 & \frac{1}{2}v_2 & 0 \\
0 & \frac{1}{2}v_1 & \frac{1}{2}v_1 & v_2
\end{bmatrix}
\cdot
\begin{bmatrix} n_{11} \\ n_{12} \\ n_{21} \\ n_{22} \end{bmatrix}
\tag{3.21}
$$

Alle nachfolgenden Herleitungen werden sich an den obigen zwei Beispielen orientieren, stellvertretend für Stab- bzw. Flächentragwerke.

3.2.2 Virtuelle Verformungen und virtuelle Kräfte

Virtuelle Verformungen sowie ebensolche Kraftgrößenvariablen spielen bei den Herleitungen dieses Kapitels eine zentrale Rolle. Diese werden im folgenden in Anlehnung an den Anhang 4 definiert, um die dort hergeleiteten Regeln für eine systematische Darstellung einsetzen zu können.

Wir knüpfen an das Beispiel des Normalkraft-Stabes aus Bild 3.4 an. Variablen dieses Tragwerks, welche den *wirklichen* Kräfte- und Verformungszustand beschreiben, werden weiterhin ohne besondere Markierung dargestellt, beispielsweise durch $\sigma, \varepsilon, \ldots$. *Wirkliche Variablenfelder* werden bekanntlich dadurch charakterisiert, daß sie alle Feldgleichungen sowie die vorgegebenen Randbedingungen erfüllen. Im vorliegenden Fall sind dies die Beziehungen (3.9) bis (3.10).

Als erstes seien virtuelle Verformungen eingeführt:

Definition: Variationen δu *und* $\delta\varepsilon$ *der Variablen* u *und* ε, *welche*

$$\text{die kinematische Beziehung:} \qquad \delta\varepsilon = \delta u' \;\rightarrow\; \delta\varepsilon = D_k\delta u \tag{3.22a}$$

$$\text{sowie die Weggrößen-Randbedingung:} \quad \delta u(0) = 0 \;\rightarrow\; \delta u(0) = 0 \tag{3.22b}$$

erfüllen, werden virtuelle Verformungen (Verrückungen) genannt.

Dabei sei daran erinnert, daß ein Argument eines Funktionals an denjenigen Randstellen nicht variiert werden darf, an denen es vorgeschrieben ist. So wurde für δu im Hinblick auf die Forderung (3.10a) die Randbedingung (3.22b) eingeführt.

Definition: Bildet man mit den wirklichen Verformungsvariablen u, ε *die variierten Funktionenscharen*

$$\bar{u} = u + \delta u \;, \quad \bar{\varepsilon} = \varepsilon + \delta\varepsilon \;,$$

so erfüllen diese infolge der an die Variationen δu, $\delta\varepsilon$ gestellten Forderungen (3.22a), (3.22b)

die kinematische Beziehung: $\qquad \bar{\varepsilon} = \bar{u}' \quad \rightarrow \quad \bar{\varepsilon} = \mathbf{D}_k \bar{u}$ (3.23a)

sowie die Weggrößen-Randbedingung: $\bar{u}(0) = 0 \quad \rightarrow \quad \bar{u}(0) = \overset{o}{u}$; (3.23b)

sie werden deshalb als kinematisch zulässige Verformungen bezeichnet.

Dabei sei ausdrücklich erwähnt, daß die Wahl der kinematisch zulässigen Verformungen $\bar{u}$, $\bar{\varepsilon}$ von den jeweiligen Lasten $\mathbf{p}$ sowie den Kraftgrößen-Randbedingungen nicht abhängt. So brauchen die mit ihnen ermittelbaren Kraftvariablen und die vorgegebenen Lasten die Gleichgewichtsbedingungen nicht zu erfüllen.

Dual hierzu lassen sich statisch (dynamisch) zulässige Kraftvariablen einführen. Dabei ist zu beachten, daß die Lasten $\mathbf{p}$ als vorgegebene Funktionen nicht variiert werden dürfen.

Definition: *Variationen $\delta\mathbf{p} = \mathbf{0}$, $\delta\sigma$ der Kraftvariablen $\mathbf{p}$, σ, welche*

die homogene Gleichgewichtsbedingung: $\delta N' = 0 \quad \rightarrow \quad \mathbf{D}_e \delta\sigma = \mathbf{0}$ (3.24a)

sowie die Kraftgrößen-Randbedingung: $\delta N(l) = 0 \quad \rightarrow \quad \delta\sigma(l) = \mathbf{0}$ (3.24b)

erfüllen, werden als virtuelle Kraftvariablen bezeichnet.

Definition: *Bildet man mit den Variationen $\delta\sigma$ die Funktionenschar*

$$\overset{*}{\sigma} = \sigma + \delta\sigma \;,$$

so werden dadurch Kraftgrößenzustände definiert, welche mit den vorhandenen Lasten $\mathbf{p}$

die Gleichgewichtsbedingung: $\qquad \overset{*}{N}{}' = -p_x \quad \rightarrow \quad \mathbf{D}_e \overset{*}{\sigma} = -\mathbf{p}$ (3.25a)

sowie die Kraftgrößen-Randbedingung: $\overset{*}{N}(l) = \overset{o}{N} \quad \rightarrow \quad \overset{*}{\sigma}(l) = \overset{o}{\sigma}$ (3.25b)

erfüllen und aus diesem Grund als dynamisch zulässig bezeichnet werden.

Es sei erwähnt, daß die aus den dynamisch zulässigen Variablen $\overset{*}{N}$ ermittelbaren Verformungszustände nicht kinematisch zulässig zu sein brauchen. Insbesondere braucht die Wahl der Funktionenschar $\overset{*}{N}$ die vorhandenen Weggrößen-Randbedingungen nicht zu berücksichtigen.

Beispiel: Für das in Bild 3.6 dargestellte Tragwerk definiert der Ansatz

$$\bar{w}(x) = A\, x^2 \left(1 - \frac{x}{l}\right)$$

mit einem beliebigen Koeffizienten A im Rahmen der Normalentheorie kinematisch zulässige Durchbiegungen $\bar{w}$, da er alle vorhandenen Weggrößen-Randbedingungen

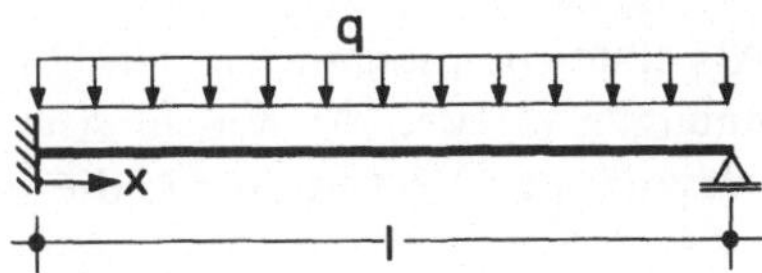

Kinematisch zulässige Durchbiegung:

$$\overline{w}\,(x) = A\,x^2\left(1 - \frac{x}{l}\right)$$

Dynamisch zulässiges Biegemoment:

$$\overset{*}{M}(x) = A\,(l - x) - q\,\frac{(l-x)^2}{2}$$

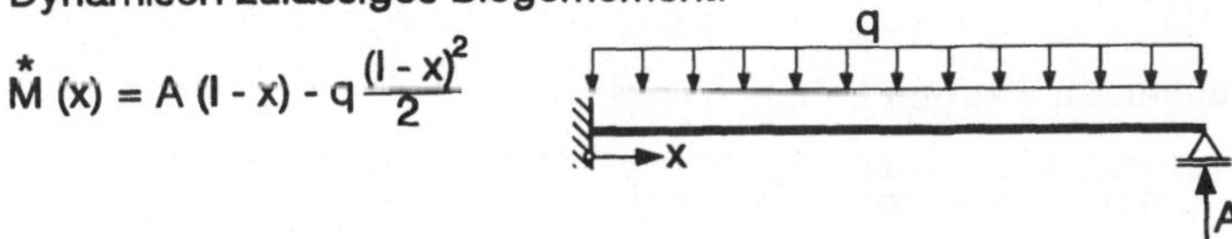

Bild 3.6. Beispiel zur Definition kinematisch bzw. dynamisch zulässiger Variablen

$$\overline{w}(0) = 0 \ , \quad \overline{w}(l) = 0 \ , \quad \overline{\varphi}(0) = -\overline{w}'(0) = 0$$

erfüllt. Die letzte Bedingung wird z.B. durch den Ansatz

$$\overline{w} = a_k \sin\frac{k\pi x}{l} \ , \quad k = 1, 3, 5, \ldots$$

mit den Freiwerten a_k nicht erfüllt, der somit für das vorliegende Beispiel nicht kinematisch zulässig ist. Es sei betont, daß sich die Wahl kinematisch zulässiger Ansätze an der vorhandenen Belastung q nicht orientiert.

Dynamisch zulässige Biegemomente $\overset{*}{M}$ werden durch den Ansatz

$$\overset{*}{M}(x) = A\,(l-x) - q\,\frac{(l-x)^2}{2}$$

mit einer willkürlichen Auflagerkraft A beschrieben. Hierdurch werden nämlich die Gleichgewichtsbedingung $\overset{*}{M}'' = -q$ sowie die Kraftgrößen-Randbedingung $\overset{*}{M}(l) = 0$ automatisch erfüllt.

3.2.3 Der Energiesatz als Wechselwirkungsfunktional

Der Energiesatz der Mechanik koppelt bekanntlich kinematisch und dynamisch zulässige Variablenfelder in Form einer Energieaussage, er gilt unabhängig vom Werkstoffverhalten. Seine Herleitung wird im folgenden am Beispiel des Normalkraft-Stabes (Bild 3.4) sowie des Scheibentragwerks (Bild 3.5) erfolgen. Die gewonnenen Ergebnisse werden jedoch unter Verwendung der Operatorschreibweise auf beliebige ein- bzw. zweidimensionale Tragwerke verallgemeinert. Bereits an dieser Stelle sei darauf hingewiesen, daß der Energiesatz die Basis der im nächsten Abschnitt dargestellten klassischen Variationsprinzipe bildet.

Normalkraft-Stab. Als erstes betrachten wir den Normalkraft-Stab mit den vorgegebenen Randbedingungen (3.10a, b). Wie in Abschnitt 3.2.2 erörtert wurde, unterliegen kinematisch zulässige Verformungen dieses Tragwerks:

$$\bar{\mathbf{u}}, \bar{\boldsymbol{\varepsilon}} : \qquad \bar{u}, \bar{\varepsilon}$$

den Forderungen

$$\bar{\boldsymbol{\varepsilon}} = \mathbf{D}_k \, \bar{\mathbf{u}} : \qquad \bar{\varepsilon} = \bar{u}' \qquad \text{und} \qquad \bar{\mathbf{u}}(0) = \overset{\circ}{\mathbf{u}} : \; u(0) = \overset{\circ}{u} \; , \qquad (3.26a)$$

während seine dynamisch zulässigen Kraftvariablen

$$\mathbf{p}, \overset{*}{\boldsymbol{\sigma}} : \qquad p_x, \overset{*}{N}$$

die folgenden Bedingungen zu erfüllen haben:

$$-\mathbf{p} = \mathbf{D}_e \, \overset{*}{\boldsymbol{\sigma}} : \quad -p_x = \overset{*}{N}{}' \quad \text{und} \quad \overset{*}{\boldsymbol{\sigma}}(l) = \overset{\circ}{\boldsymbol{\sigma}} : \; \overset{*}{N}(l) = \overset{\circ}{N} \; . \qquad (3.26b)$$

Laut Definition existieren die beiden Variablenfelder $(\bar{\mathbf{u}}, \bar{\boldsymbol{\varepsilon}})$ und $(\mathbf{p}, \overset{*}{\boldsymbol{\sigma}})$ unabhängig voneinander. Unser Ziel ist nun deren Verknüpfung in Form einer Energieaussage. Hierzu erweitern wir die Gleichgewichtsbedingung (3.26b) durch die zu p_x duale Verschiebung $\bar{u}$ und integrieren sodann das Ergebnis über die Stablänge l. Dies ergibt

$$\int_0^l p_x \, \bar{u} \, dx \; = \; -\int_0^l \overset{*}{N}{}' \, \bar{u} \, dx \; . \qquad (3.27)$$

Formt man weiterhin die rechte Seite mittels partieller Integration (A3.28) um:

$$\int_0^l \overset{*}{N}{}' \, \bar{u} \, dx \; = \; \int_0^l (\overset{*}{N} \, \bar{u})' \, dx - \int_0^l \overset{*}{N} \, \bar{u}' \, dx \; = \; (\overset{*}{N} \, \bar{u})_{x=l} - (\overset{*}{N} \, \bar{u})_{x=0} - \int_0^l \overset{*}{N} \, \bar{u}' \, dx \qquad (3.28)$$

so entsteht

$$\int_0^l p_x \, \bar{u} \, dx \; = \; \int_0^l \overset{*}{N} \, \bar{u}' \, dx + \overset{*}{N}(0) \, \overset{\circ}{u} - \overset{\circ}{N} \, \bar{u}(l) \; , \qquad (3.29)$$

gemäß (3.10a, b) mit den Randbedingungen $\bar{u}(0) = \overset{\circ}{u}$ und $\overset{*}{N}(l) = \overset{\circ}{N}$.

Unter Verwendung der Kopplung $\bar{\varepsilon} = \bar{u}'$ folgt schließlich aus (3.29) der *Energiesatz der Mechanik*

$$W = W_a + W_i = 0 = \int_0^l p_x \, \bar{u} \, dx - \overset{*}{N}(0) \, \overset{\circ}{u} + \overset{\circ}{N} \, \bar{u} \, (l) - \int_0^l \overset{*}{N} \, \bar{\varepsilon} \, dx$$

$$= \int_0^l \mathbf{p}^T \, \bar{\mathbf{u}} \, dx - \overset{*}{\boldsymbol{\sigma}}{}^T(0) \, \overset{\circ}{\mathbf{u}} + \overset{\circ}{\boldsymbol{\sigma}}{}^T \, \bar{\mathbf{u}}(l) - \int_0^l \overset{*}{\boldsymbol{\sigma}}{}^T \, \bar{\boldsymbol{\varepsilon}} \, dx \; , \qquad (3.30)$$

worin die angegebene Operatorbeziehung auf beliebige Stabwerke mit entsprechenden Randbedingungen anwendbar ist. Die Beziehung (3.30) gilt selbstverständlich auch, wenn man hierin die Variablen durch diejenigen wirklicher Kräfte- und Verformungszustände $\sigma, \varepsilon, \ldots$ ersetzt, und drückt die bereits aus Abschnitt 3.1.2 bekannte Aussage aus:

Satz: *Die Summe der äußeren* (W_a) *und inneren Arbeiten* (W_i), *welche dynamisch zulässige Kraftgrößensysteme längs kinematisch zulässiger Verformungen leisten, verschwindet.*

Transformiert man (3.28) unter Berücksichtigung von (3.26a, b) in eine Operatordarstellung, so entsteht die Kopplung

$$\int_0^l \overset{*}{\sigma}{}^T \, D_k \, \bar{u} \, dx \; = \; -\int_0^l \bar{u}^T \, D_e \, \overset{*}{\sigma} \, dx + (\overset{*}{\sigma}{}^T \, \bar{u})_{x=l} - (\overset{*}{\sigma}{}^T \, \bar{u})_{x=0} \; , \qquad (3.31)$$

welche den kinematischen Operator D_k und den Gleichgewichtsoperator D_e als formal *adjungierte* Operatoren charakterisiert. Die obige Herleitung verdeutlicht, daß diese Eigenschaft lediglich auf der Umformung (3.28) mittels partieller Integration basiert: sie drückt demnach eine rein mathematische Forderung aus.

Beispiel: Zu ermitteln ist die Durchbiegung w des in Bild 3.7 dargestellten Biegestabes an der Stelle x_i. Zur Lösung bezeichnen wir die wirklichen Verformungen (u, ε) des Tragwerkes infolge vorgegebener Lasten q(x) durch den Index k und drücken zugleich die Verzerrungen ε_k unter Verwendung von (3.9c) durch die Schnittkräfte σ_k aus. Da jeder wirkliche Verformungszustand kinematisch zulässig ist, kann man im Energiesatz (3.30) setzen:

$$\bar{\varepsilon} = \varepsilon_k = E^{-1} \sigma_k \; .$$

Ferner führen wir einen dynamisch zulässigen Kräftezustand ein, der durch eine Einheitslast "1" an der Stelle x_i hervorgerufen wird. Die zugehörigen Variablen seien durch den Index i bezeichnet:

$$\overset{*}{\sigma} = \sigma_i \; , \quad p = 0 \; .$$

Berücksichtigt man, daß im vorliegenden Fall die äußere Arbeit W_a nur durch die Einzellast "1" längs der Durchbiegung $w(x_i) = \delta_{ik}$ geleistet wird, so entsteht aus (3.30) der Satz der Verschiebungsarbeiten

$$1 \cdot w(x_i) = \delta_{ik} = \int_0^l \sigma_i^T \, E^{-1} \sigma_k \, dx = \int_0^l \left(\frac{Q_i Q_k}{GA_Q} + \frac{M_i M_k}{EI} \right) dx \; ,$$

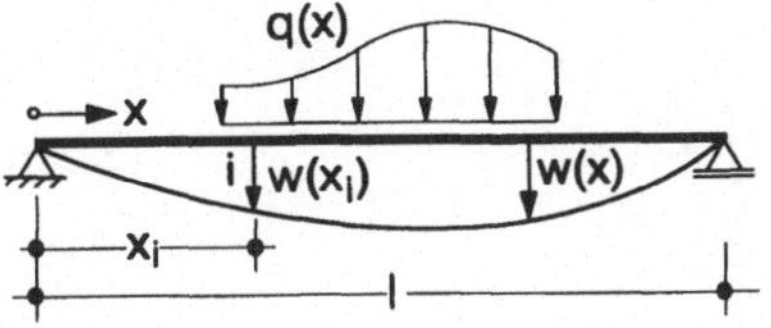

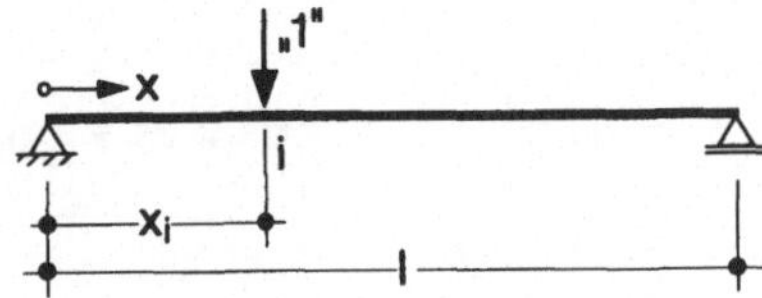

Bild 3.7. Zur Herleitung des Satzes der Verschiebungsarbeiten

der in der Strukturmechanik zur Berechnung von Einzelverformungen beliebiger Stabtragwerke verwendet wird [Krätzig 1995].

Scheibentragwerk. Die Herleitung des Energiesatzes kann für dieses Tragelement in ähnlicher Weise wie bei dem eben behandelten Beispiel erfolgen. Der wesentliche Unterschied besteht darin, daß für die Umformungen statt partieller Integration (3.28) der GAUSSsche Integralsatz (A3.36) herangezogen wird.

Wir spezialisieren die Gleichgewichtsbedingungen (3.12a) für dynamisch zulässige Kraftgrößenvariablen und bilden unter Verwendung kinematisch zulässiger Verschiebungen $\bar{u}_\beta$ das Flächenintegral

$$\iint_F p_\beta \, \bar{u}_\beta \, dF = -\iint_F \overset{*}{n}_{\alpha\beta,\alpha} \, \bar{u}_\beta \, dF \ . \tag{3.32}$$

Hierin kann die rechte Seite durch den GAUSSschen Integralsatz (A3.36) umgeformt werden. Berücksichtigt man dabei die Symmetrie $\overset{*}{n}_{\alpha\beta} = \overset{*}{n}_{\beta\alpha}$, so lautet das Ergebnis:

$$\iint_F \overset{*}{n}_{\alpha\beta,\alpha} \, \bar{u}_\beta \, dF = \iint_F (\overset{*}{n}_{\alpha\beta} \, \bar{u}_\beta)_{,\alpha} \, dF - \iint_F \overset{*}{n}_{\alpha\beta} \, \bar{u}_{\beta,\alpha} \, dF$$

$$= \oint_C \overset{*}{n}_{\alpha\beta} \, \nu_\alpha \, \bar{u}_\beta \, ds - \iint_F \overset{*}{n}_{\alpha\beta} \, \frac{1}{2} \, (\bar{u}_{\alpha,\beta} + \bar{u}_{\beta,\alpha}) \, dF \ , \tag{3.33}$$

worin $\overset{*}{n}_\beta = \overset{*}{n}_{\alpha\beta} \, \nu_\alpha$ die vorschreibbaren Kraftvariablen und $\mathbf{v} = \nu_\alpha \, \mathbf{i}_\alpha$ die Normale der Randkurve C abkürzen. Setzt man dieses Ergebnis unter Berücksichtigung der Randvorgaben (3.17a, b) in (3.32) ein

$$\iint_F p_\beta \, \bar{u}_\beta \, dF = \iint_F \overset{*}{n}_{\alpha\beta} \, \frac{1}{2} \, (\bar{u}_{\alpha,\beta} + \bar{u}_{\beta,\alpha}) \, dF - \int_{C_r} \overset{*}{n}_\beta \, \overset{o}{u}_\beta \, ds - \int_{C_t} \overset{o}{n}_\beta \, \bar{u}_\beta \, ds \ , \tag{3.34}$$

beachtet dabei noch die kinematischen Kopplungen

$$\bar{\varepsilon}_{\alpha\beta} = \frac{1}{2} \, (\bar{u}_{\alpha,\beta} + \bar{u}_{\beta,\alpha}) \ , \tag{3.35}$$

so entsteht der Energiesatz der Mechanik in folgender Form:

$$W = W_a + W_i = 0$$

$$= \iint_F p_\beta \, \bar{u}_\beta \, dF + \int_{C_r} \overset{*}{n}_\beta \, \overset{o}{u}_\beta \, ds + \int_{C_t} \overset{o}{n}_\beta \, \bar{u}_\beta \, ds - \iint_F \overset{*}{n}_{\alpha\beta} \, \bar{\varepsilon}_{\alpha\beta} \, dF$$

$$= \iint_F \mathbf{p}^T \, \bar{\mathbf{u}} \, dF + \int_{C_r} \overset{*}{\boldsymbol{\sigma}}_r^T \, \overset{o}{\mathbf{u}} \, ds + \int_{C_t} \overset{o}{\boldsymbol{\sigma}}_r^T \, \bar{\mathbf{u}} \, ds - \iint_F \overset{*}{\boldsymbol{\sigma}}^T \, \bar{\boldsymbol{\varepsilon}} \, dF \ . \tag{3.36}$$

Hierin gilt die unter Verwendung von (3.12a, b) und (3.17a, b) erfolgte Operatordarstellung für beliebige Flächentragwerke.

Aus (3.33) entsteht ferner die Kopplung

$$\iint\limits_{F} \overset{*}{\boldsymbol{\sigma}}^{T} \mathbf{D}_k \, \bar{\mathbf{u}} \, dF = -\iint\limits_{F} \bar{\mathbf{u}}^{T} \mathbf{D}_e \, \overset{*}{\boldsymbol{\sigma}} \, dF + \oint\limits_{C} \bar{\mathbf{u}}^{T} \mathbf{D}_r \, \overset{*}{\boldsymbol{\sigma}} \, ds \; , \tag{3.37a}$$

welche sich mit den vorliegenden Randbedingungen (3.17a, b) als

$$\iint\limits_{F} \overset{*}{\boldsymbol{\sigma}}^{T} \mathbf{D}_k \, \bar{\mathbf{u}} \, dF = -\iint\limits_{F} \bar{\mathbf{u}}^{T} \mathbf{D}_e \, \overset{*}{\boldsymbol{\sigma}} \, dF + \int\limits_{C_r} \overset{o}{\mathbf{u}}^{T} \overset{*}{\boldsymbol{\sigma}}_r \, ds + \int\limits_{C_t} \bar{\mathbf{u}}^{T} \overset{o}{\boldsymbol{\sigma}}_r \, ds \tag{3.37b}$$

darstellt. Die Beziehungen (3.37a, b) spezialisieren die allgemeine Adjungiertheitsaussage (3.7) auf Flächentragwerke, wodurch $\mathbf{D}_e$ und $\mathbf{D}_k$ hier zu *adjungierten
Operatoren* als Konsequenz des GAUSSschen Integralsatzes werden. Für dreidimensionale Kontinua gelten natürlich die Originalformen (3.5c) und (3.7) von *Energiesatz* und *Adjungiertheitsaussage*, worin noch die Detaillierungen gemäß (3.26a, b)
und (3.17a, b) vorzunehmen wären.

3.3 Die klassischen Variationsprinzipe

Die *klassischen* Variationsprinzipe umfassen das *Prinzip der virtuellen Verformungen* sowie das *Prinzip der virtuellen Kräfte*, welche in der Literatur auch als
Prinzipe der virtuellen Arbeiten bzw. der *virtuellen konjugierten Arbeiten* bekannt
sind. In dem erstgenannten Prinzip werden wirkliche Kraftgrößenvariablen $(\mathbf{p}, \boldsymbol{\sigma})$
mit virtuellen Verformungen $(\delta\mathbf{u}, \delta\boldsymbol{\varepsilon})$ verknüpft, während das zweite wirkliche
Verformungen $(\mathbf{u}, \boldsymbol{\varepsilon})$ mit virtuellen Kraftvariablen $(\delta\mathbf{p} = \mathbf{0}, \delta\boldsymbol{\sigma})$ koppelt. Beide
Prinzipe basieren auf dem Energiesatz der Mechanik und lassen sich hieraus unter
Verwendung der Definition *kinematisch* bzw. *dynamisch zulässiger* Variablenfelder herleiten. Demnach gelten die klassischen Variationsprinzipe für beliebige
Werkstoffmodelle. Es sei betont, daß das Prinzip der virtuellen Verformungen in
der Methode der finiten Elemente eine besonders wichtige Rolle spielt: Es bildet
die Basis zur Gewinnung sogenannter finiter Weggrößenmodelle.

Die Herleitung der klassischen Prinzipe wird erneut an den bisher verwendeten
Beispielen, dem Normalkraft-Stab (Bild 3.4) sowie dem Scheibentragwerk (Bild
3.5) unter Verwendung der Operatorschreibweise erfolgen.

3.3.1 Das Prinzip der virtuellen Verformungen

Normalkraft-Stab. Für die Herleitung ersetzen wir in (3.30) die dynamisch zulässigen Kraftvariablen $\overset{*}{\boldsymbol{\sigma}}$ durch die wirklichen Größen

$$\overset{*}{\boldsymbol{\sigma}} = \boldsymbol{\sigma}$$

während wir die kinematisch zulässigen Verformungen gemäß

$$\bar{\mathbf{u}} = \mathbf{u} + \delta\mathbf{u} \ , \quad \bar{\boldsymbol{\varepsilon}} = \boldsymbol{\varepsilon} + \delta\boldsymbol{\varepsilon}$$

durch die virtuellen Verformungen $\delta\mathbf{u}$, $\delta\boldsymbol{\varepsilon}$ ausdrücken. Beachten wir dabei, daß eine analoge Beziehung auch für die wirklichen Kraft- und Verformungsvariablen σ, ε, … gilt, so entsteht als Ergebnis das Prinzip der virtuellen Verformungen[+]

$$\delta^* W = \delta^* W_a + \delta^* W_i = 0$$

$$= \int_0^1 \mathbf{p}^T \, \delta\mathbf{u} \, dx + \overset{o}{\boldsymbol{\sigma}}{}^T \, \delta\mathbf{u}(l) - \int_0^1 \boldsymbol{\sigma}^T \, \delta\boldsymbol{\varepsilon} \, dx$$

$$= \int_0^1 p_x \, \delta u \, dx + \overset{o}{N} \, \delta u(l) \ - \int_0^1 N \, \delta\varepsilon \, dx \ , \tag{3.38a}$$

gültig unter den Nebenbedingungen

$$\delta\boldsymbol{\varepsilon} = \mathbf{D}_k \, \delta\mathbf{u} \quad \text{und} \quad \delta\mathbf{u}(0) = \mathbf{0} \ . \tag{3.38b}$$

Diese Beziehung besagt:

Satz: Für den wirklichen Gleichgewichtszustand verschwindet bei jeder kinematisch verträglichen Variation der Verformungsvariablen die Summe der virtuellen Arbeiten der inneren und äußeren Kraftgrößen.

Zur Herleitung der äquivalenten Bedingungen von (3.38a) substituieren wir $\delta\boldsymbol{\varepsilon}$ durch die kinematische Beziehung (3.38b). Unter Berücksichtigung der analog zu (3.31) herleitbaren Verknüpfung

$$\int_0^1 \boldsymbol{\sigma}^T \mathbf{D}_k \, \delta\mathbf{u} \, dx = -\int_0^1 \delta\mathbf{u}^T \mathbf{D}_e \, \boldsymbol{\sigma} \, dx + (\boldsymbol{\sigma}^T \, \delta\mathbf{u})_{x=l}$$

$$\int_0^1 N \, \delta u' \, dx = -\int_0^1 N' \, \delta u \, dx + (N \, \delta u)_{x=l} \ , \tag{3.39}$$

worin erneut die Randbedingung (3.38b) berücksichtigt wurde, erhält man:

$$\delta^* W = \int_0^1 \delta\mathbf{u}^T \, [\mathbf{D}_e \, \boldsymbol{\sigma} + \mathbf{p}] \, dx + [\overset{o}{\boldsymbol{\sigma}}{}^T - \boldsymbol{\sigma}^T(l)] \, \delta\mathbf{u}(l) \ . \tag{3.40}$$

Nach dem Fundamentallemma der Variationsrechnung wird diese Gleichung nur dann identisch erfüllt, wenn die Klammerausdrücke verschwinden. Somit erweist sich dieses Prinzip als eine *globale* (*schwache*) Formulierung der Gleichgewichtsbedingungen $\mathbf{D}_e \, \boldsymbol{\sigma} = -\mathbf{p}$ sowie der Kraftgrößen-Randbedingungen $\sigma(l) = \overset{o}{\sigma}$.

[+]   Die Bezeichnung δ^* verdeutlicht, daß es sich nicht um eine vollständige Variation handelt.

Scheibentragwerk. Ganz analog kann aus dem Energiesatz (3.36) das Prinzip der virtuellen Verformungen für das Scheibentragwerk (Bild 3.5) gewonnen werden. Für die in (3.17a, b) postulierten Randbedingungen lautet das Ergebnis:

$$\delta^* W = \delta^* W_a + \delta^* W_i = 0$$

$$= \iint_F \mathbf{p}^T \, \delta\mathbf{u} \, dF + \int_{C_t} \overset{\circ}{\sigma}_r \, \delta\mathbf{u} \, ds \; - \iint_F \sigma^T \, \delta\varepsilon \, dF$$

$$= \iint_F p_\alpha \, \delta u_\alpha \, dF + \int_{C_t} \overset{\circ}{n}_\alpha \, \delta u_\alpha \, ds - \iint_F n_{\alpha\beta} \, \delta\varepsilon_{\alpha\beta} \, dF \; , \tag{3.41a}$$

gültig unter den Nebenbedingungen:

$$\delta\varepsilon = \mathbf{D}_k \, \delta\mathbf{u} \quad \text{und} \quad \delta\mathbf{u} = 0 \quad \text{längs } C_r \; . \tag{3.41b}$$

Zur Herleitung der äquivalenten Bedingungen dieses Variationsprinzips wird der GAUSSsche Integralsatz (3.37b) herangezogen, der unter Beachtung der Randbedingungen (3.41b) wie folgt für den vorliegenden Fall darstellbar ist:

$$\iint_F \sigma^T \mathbf{D}_k \, \delta\mathbf{u} \, dF = -\iint_F \delta\mathbf{u}^T \mathbf{D}_e \, \sigma \, dF + \int_{C_t} \sigma_r^T \, \delta\mathbf{u} \, ds \; . \tag{3.42}$$

Die Berücksichtigung dieses Ergebnisses gemeinsam mit den kinematischen Kopplungen (3.41b) transformiert nun (3.41a) in die Form

$$\delta^* W = \iint_F \delta\mathbf{u}^T \left[\mathbf{D}_e \, \sigma + \mathbf{p}\right] dF + \int_{C_t} \delta\mathbf{u}^T \left[\overset{\circ}{\sigma}_r - \sigma_r\right] ds = 0 \; , \tag{3.43}$$

worin analog zu (3.40) die Gleichgewichtsbedingungen (3.12a) als EULERsche Gleichungen und die dynamischen Randbedingungen (3.17b) als natürliche Randbedingungen enthalten sind.

In dem generalisierten Modellraum V, S der Abschnitte 3.1 schließlich lautet das Prinzip der virtuellen Verformungen

$$\delta^* W = \int_V \mathbf{p}^T \, \delta\mathbf{u} \, dV + \int_{S_t} \mathbf{t}^T \, \delta\mathbf{r} \, dS - \int_V \sigma^T \, \delta\varepsilon \, dV = 0 \; , \tag{3.44a}$$

welches mittels der Adjungiertheitsaussage (3.7) in die zu (3.43) äquivalente Form transformiert wird:

$$\delta^* W = \int_V \delta\mathbf{u}^T \left[\mathbf{D}_e \, \sigma + \mathbf{p}\right] dV + \int_{S_t} \delta\mathbf{r}^T \left[\overset{\circ}{\mathbf{t}} - \mathbf{t}\right] dS = 0 \; . \tag{3.44b}$$

3.3.2 Das Prinzip der virtuellen Kräfte

Normalkraft-Stab. Wir kehren erneut zum Energiesatz (3.30) zurück, um diesmal die kinematisch zulässigen Verformungen $\bar{\mathbf{u}}, \bar{\boldsymbol{\varepsilon}}$ mit denjenigen des wirklichen Verformungszustandes zu identifizieren:

$$\bar{\mathbf{u}} = \mathbf{u} \; , \quad \bar{\boldsymbol{\varepsilon}} = \boldsymbol{\varepsilon} \; ,$$

während wir die dynamisch zulässigen Kraftvariablen $\overset{*}{\boldsymbol{\sigma}}$ gemäß

$$\overset{*}{\boldsymbol{\sigma}} = \boldsymbol{\sigma} + \delta\boldsymbol{\sigma}$$

ausdrücken. Da (3.30) auch für die Variablen des wirklichen Verformungszustandes gilt, läßt dieses Vorgehen das *Prinzip der virtuellen Kräfte* oder der *virtuellen konjugierten Arbeiten* entstehen:

$$\delta^* \hat{W} = \delta^* \hat{W}_a + \delta^* \hat{W}_i = 0$$

$$= -\overset{\scriptscriptstyle 0}{\mathbf{u}}{}^T \delta\boldsymbol{\sigma}(0) - \int_0^l \delta\boldsymbol{\sigma}^T \boldsymbol{\varepsilon}\, dx$$

$$= -\overset{\scriptscriptstyle 0}{\mathbf{u}}\, \delta N(0) - \int_0^l \delta N\, \varepsilon\, dx \; , \tag{3.45a}$$

gültig unter den Nebenbedingungen:

$$\mathbf{D}_e\, \delta\boldsymbol{\sigma} = \mathbf{0} \quad \text{und} \quad \delta\boldsymbol{\sigma}(l) = \mathbf{0} \; . \tag{3.45b}$$

Hieraus folgern wir:

Satz: Für die wirklichen Deformationen verschwindet bei jeder dynamisch zulässigen Variation des Kräftezustandes ($\delta\mathbf{p} = 0$) die Summe der virtuellen konjugierten Arbeiten der inneren und äußeren Variablen.

Satz: Das Prinzip der virtuellen Kräfte stellt eine globale (schwache) Formulierung der kinematischen Beziehungen $\boldsymbol{\varepsilon} = \mathbf{D}_k\, \mathbf{u}$ sowie der Weggrößen-Randbedingungen $\mathbf{u}(0) = \overset{\scriptscriptstyle 0}{\mathbf{u}}$ dar, welche ihm als äquivalente Bedingungen zugeordnet sind.

Die letzte Aussage läßt sich leicht bestätigen, indem man (3.45a) nach der LAGRANGE-Multiplikatorenmethode um die Gleichgewichtsbedingungen (3.45b) erweitert:

$$\delta^* \hat{W}_E = -\overset{\scriptscriptstyle 0}{\mathbf{u}}{}^T \delta\boldsymbol{\sigma}(0) - \int_0^l \delta\boldsymbol{\sigma}^T \boldsymbol{\varepsilon}\, dx - \int_0^l \mathbf{u}^T \mathbf{D}_e\, \delta\boldsymbol{\sigma}\, dx = 0 \tag{3.46}$$

und das so entstehende erweiterte Variationsprinzip unter Berücksichtigung der analog zu (3.31) herleitbaren Kopplung

$$\int_0^1 \mathbf{u}^T \mathbf{D}_e \, \delta\boldsymbol{\sigma} \, dx \; = \; -\int_0^1 \delta\boldsymbol{\sigma}^T \mathbf{D}_k \, \mathbf{u} \, dx - (\mathbf{u}^T \, \delta\boldsymbol{\sigma})_{x=0} \tag{3.47}$$

in seine äquivalenten Bedingungen transformiert:

$$\delta^* \hat{\mathbf{W}}_E \; = \; \int_0^1 \delta\boldsymbol{\sigma}^T \, [\mathbf{D}_k \, \mathbf{u} - \boldsymbol{\varepsilon}] \, dx + [\mathbf{u}^T(0) - \overset{\circ}{\mathbf{u}}{}^T] \, \delta\boldsymbol{\sigma}(0) \; . \tag{3.48}$$

Dieses Ergebnis bestätigt die obige Aussage.

Scheibentragwerk. Das Variationsprinzip (3.45a) hat für das Scheibentragwerk (Bild 3.5) die Form

$$\delta^* \hat{\mathbf{W}} \; = \; \delta^* \hat{\mathbf{W}}_a + \delta^* \hat{\mathbf{W}}_i \; = \; 0$$

$$= \; \int_{C_r} \delta\boldsymbol{\sigma}_r^T \, \overset{\circ}{\mathbf{u}} \, ds - \iint_F \delta\boldsymbol{\sigma}^T \, \boldsymbol{\varepsilon} \, dF$$

$$= \; \int_{C_r} \delta n_\alpha \, \overset{\circ}{u}_\alpha \, ds - \iint_F \delta n_{\alpha\beta} \, \varepsilon_{\alpha\beta} \, dF \; , \tag{3.49a}$$

wobei die Beziehungen

$$\mathbf{D}_e \, \delta\boldsymbol{\sigma} \; = \; 0 \quad \text{und} \quad \delta\boldsymbol{\sigma}_r \; = \; 0 \;\; \text{längs } C_t \tag{3.49b}$$

als Nebenbedingungen zu erfüllen sind. Dem Variationsprinzip (3.49a) sind als EULERsche Gleichungen* die kinematischen Beziehungen $\boldsymbol{\varepsilon} = \mathbf{D}_k \, \mathbf{u}$ und als natürliche Randbedingungen die Weggrößen-Randbedingungen $\mathbf{u} = \overset{\circ}{\mathbf{u}}$ längs C_r zugeordnet. Dies kann in ähnlicher Weise wie bei dem vorhergehenden Variationsprinzip (3.45a) bewiesen werden.

3.4 Die speziellen Prinzipe für elastisches Materialverhalten

Die hergeleiteten klassischen Variationsprinzipe (3.38) und (3.45) gelten, wie bereits erwähnt, für beliebiges Werkstoffverhalten. Sie bilden jedoch im Sinne der Variationsrechnung keine vollständigen Extremalbedingungen von Funktionalen. Dies wurde bereits in den betreffenden Formulierungen durch das mit Stern dargestellte Variationssysmbol δ^* verdeutlicht, das im Gegensatz zu dem üblichen Symbol δ keine vollständige Variation bezeichnet. Postuliert man jedoch *elasti-*

---

*   LEONHARD EULER, Mathematiker aus Basel, 1707-1783, grundlegende Arbeiten zu Minimalprinzipien, zur Variationsrechnung, zur Theorie starrer sowie elastischer Kontinua und zur Hydromechanik, veröffentlichte 1757 die nach ihm benannte Knickformel.

sches Werkstoffverhalten, so lassen sich die Aussagen $\delta^* W = 0$ und $\delta^* \hat{W} = 0$ in vollständige Extremalbedingungen, d.h. Variationsprobleme der Form $\Pi = \Pi\,(\mathbf{u}, \boldsymbol{\varepsilon}) = \min$ bzw. $\hat{\Pi} = \hat{\Pi}\,(\boldsymbol{\sigma}) = \min$ umwandeln, in welchen die Verformungen $\mathbf{u}, \boldsymbol{\varepsilon}$ bzw. die Schnittgrößenvariablen $\boldsymbol{\sigma}$ zu variierende Argumentfunktionen darstellen. Die Funktionale Π und $\hat{\Pi}$ werden als *elastisches* bzw. *konjugiertes elastisches Gesamtpotential* bezeichnet.

Das Ziel dieses Abschnittes ist die Bereitstellung der Funktionale Π und $\hat{\Pi}$ unter Voraussetzung linear elastischen Materialverhaltens, wofür die Werkstoffgleichungen im Fall der Stabwerke die Form

$$\boldsymbol{\sigma} = \mathbf{E}\,\boldsymbol{\varepsilon} \quad \text{bzw.} \quad \boldsymbol{\varepsilon} = \mathbf{E}^{-1}\,\boldsymbol{\sigma} \tag{3.50}$$

mit der in Bild 2.4 und 2.5 dargestellten Elastizitätsmatrix $\mathbf{E}$ aufweisen. Eingangs sei erwähnt, daß Variationsprobleme der Form $\Pi = \min$ und $\hat{\Pi} = \min$ für beliebige elastische Werkstoffe herleitbar sind. Für die folgende Darstellung werden wir uns weiterhin des Normalkraft-Stabes (Bild 3.4) als Beispiel bedienen, die erzielten Ergebnisse jedoch ohne ausführliche Herleitung auf das Scheibentragwerk (Bild 3.5) verallgemeinern.

3.4.1 Das Prinzip vom Minimum des Gesamtpotentials

Normalkraft-Stab. Die Basis der Herleitung bildet in diesem Fall das Prinzip der virtuellen Verformungen (3.38a). Drückt man hierin die innere virtuelle Arbeit $\delta^* W_i$ mittels (3.50) mit Hilfe der Verzerrungen $\boldsymbol{\varepsilon}$ aus, so läßt sich das Variationssymbol vor das Integralzeichen ziehen:

$$\delta^* W_i = -\int_0^l \boldsymbol{\sigma}^{\mathrm{T}}\,\delta\boldsymbol{\varepsilon}\,\mathrm{d}x = -\int_0^l \boldsymbol{\varepsilon}^{\mathrm{T}}\,\mathbf{E}\,\delta\boldsymbol{\varepsilon}\,\mathrm{d}x = -\delta\left(\frac{1}{2}\int_0^l \boldsymbol{\varepsilon}^{\mathrm{T}}\,\mathbf{E}\,\boldsymbol{\varepsilon}\,\mathrm{d}x\right) = -\delta\Pi_i\;. \tag{3.51a}$$

Damit entsteht aus der inneren virtuellen Arbeit $\delta^* W_i$ eine vollständige Variation $\delta^* W_i = -\delta\Pi_i$; die neu eingeführte Variable

$$\Pi_i = \frac{1}{2}\int_0^l \boldsymbol{\varepsilon}^{\mathrm{T}}\,\mathbf{E}\,\boldsymbol{\varepsilon}\,\mathrm{d}x \tag{3.51b}$$

heißt *inneres elastisches Potential*. Bei linearen Problemstellungen sind die äußeren Einwirkungen $\mathbf{p}$ und $\overset{\circ}{\boldsymbol{\sigma}}$ stets verformungsunabhängig. Demnach kann in (3.38a) auch die äußere virtuelle Arbeit $\delta^* W_a$ durch eine vollständige Variation

$$\delta^* W_a = \delta\left(\int_0^l \mathbf{p}^{\mathrm{T}}\,\mathbf{u}\,\mathrm{d}x + \overset{\circ}{\boldsymbol{\sigma}}{}^{\mathrm{T}}\,\mathbf{u}(l)\right) = -\delta\,\Pi_a \tag{3.52a}$$

ersetzt werden. Hierin kennzeichnet

$$\Pi_a = -\int_0^l \mathbf{p}^T \mathbf{u} \, dx - \overset{\circ}{\boldsymbol{\sigma}}{}^T \mathbf{u}(l) \tag{3.52b}$$

das *äußere Potential.*

Die obigen Umformungen (3.51a) und (3.52a) lassen nun aus (3.38a) die Extremalbedingung

$$\delta^* W = 0 \quad \rightarrow \quad \delta\Pi = \delta\Pi_i + \delta\Pi_a = 0 \tag{3.53}$$

entstehen. Ihr ist als Variationsproblem

$$\Pi = \Pi(\mathbf{u}, \boldsymbol{\varepsilon}) = \Pi_i + \Pi_a = \min$$

$$= \frac{1}{2}\int_0^l \boldsymbol{\varepsilon}^T \mathbf{E} \, \boldsymbol{\varepsilon} \, dx - \int_0^l \mathbf{p}^T \mathbf{u} \, dx - \overset{\circ}{\boldsymbol{\sigma}}{}^T \mathbf{u}(l)$$

$$= \frac{1}{2}\int_0^l EA \, \varepsilon^2 \, dx - \int_0^l p_x \, u \, dx - \overset{\circ}{N} u(l) \; , \tag{3.54a}$$

das *Prinzip vom Minimum des Gesamtpotentials* zugeordnet, gültig unter den Nebenbedingungen

$$\boldsymbol{\varepsilon} = \mathbf{D}_k \mathbf{u} \quad \text{und} \quad u(0) = \overset{\circ}{u} \; . \tag{3.54b}$$

Das in (3.54a) definierte Funktional Π mit den unter Beachtung von (3.54b) zu variierenden Argumentfunktionen $\mathbf{u}$ und $\boldsymbol{\varepsilon}$ heißt das *elastische Gesamtpotential.* Bei der Anwendung des Variationsproblems ist zu beachten, daß Auflagerkräfte als nicht vorgeschriebene Kraftvariablen keinen Beitrag zum äußeren Potential Π_a liefern.

Aus der obigen Herleitung wird deutlich, daß die Extremalbedingung $\delta\Pi = 0$ des Variationsproblems (3.54a) – bis auf das Vorzeichen – mit dem Prinzip der virtuellen Verformungen $\delta^* W = 0$ übereinstimmt. Im Hinblick auf (3.40) läßt sich daher die folgende Schlußfolgerung ziehen:

Satz: Die EULER*schen Gleichungen des Prinzips vom Minimum des Gesamtpotentials $\Pi = \min$ sind die Gleichgewichtsbedingungen* $\mathbf{D}_e \, \boldsymbol{\sigma} = -\mathbf{p}$ *und seine natürlichen Randbedingungen die dynamischen Randbedingungen* $\sigma(l) = \overset{\circ}{\sigma}$ *.*

Damit läßt sich das Variationsprinzip (3.54) wie folgt interpretieren:

Satz: Unter allen kinematisch zulässigen Verformungen stellt sich das Gleichgewicht für diejenigen Verformungen ein, welche das elastische Gesamtpotential $\Pi = \Pi(\mathbf{u}, \boldsymbol{\varepsilon})$ *minimieren.*

Scheibentragwerk. Das Variationsprinzip (3.54a) läßt sich für das Scheibentragwerk (Bild 3.5) wie folgt formulieren:

$$\Pi = \Pi\,(\mathbf{u}, \boldsymbol{\varepsilon}) = \Pi_i + \Pi_a = \min$$

$$= \frac{1}{2} \iint\limits_{F} \boldsymbol{\varepsilon}^T \, \mathbf{D} \, \mathbf{E} \, \boldsymbol{\varepsilon} \, dF - \iint\limits_{F} \mathbf{p}^T \, \mathbf{u} \, dF - \int\limits_{C_t} \overset{o}{\boldsymbol{\sigma}}{}^T \, \mathbf{u} \, ds$$

$$= \frac{1}{2} \iint\limits_{F} DH_{\alpha\beta\rho\lambda} \, \varepsilon_{\alpha\beta} \, \varepsilon_{\rho\lambda} \, dF - \iint\limits_{F} p_\alpha \, u_\alpha \, dF - \int\limits_{C_t} \overset{o}{n}_\alpha \, u_\alpha \, ds \quad , \tag{3.55a}$$

gültig unter den Nebenbedingungen

$$\boldsymbol{\varepsilon} = \mathbf{D}_k \, \mathbf{u} \quad \text{und} \quad \mathbf{u} = \overset{o}{\mathbf{u}} \quad \text{längs Cr} \ . \tag{3.55b}$$

Der Leser sei daran erinnert, daß die in (3.55a) auftretenden Variablen in den Abschnitten 2.4 und 3.2 ausführlich erläutert sind. Ferner sei auf die Gültigkeit der Summationsvorschrift hingewiesen, wonach über doppelt auftretende Indizes zu summieren ist.

Auf der Grundlage von (3.55a) können wir problemlos das Prinzip vom Minimum des elastischen Gesamtpotentials für den verallgemeinerten Modellraum V, S der Abschnitte 3.1 zu

$$\Pi = \Pi\,(\mathbf{u}, \boldsymbol{\varepsilon}) = \frac{1}{2} \int\limits_{V} \boldsymbol{\varepsilon}^T \, \mathbf{E} \, \boldsymbol{\varepsilon} \, dV - \int\limits_{V} \mathbf{p}^T \, \mathbf{u} \, dV - \int\limits_{S_t} \overset{o}{\mathbf{t}}{}^T \, \mathbf{r} \, dS = \min \tag{3.56a}$$

angeben, welches gemäß (3.1b, 3.2b) unter den folgenden Nebenbedingungen gilt:

$$\boldsymbol{\varepsilon} = \mathbf{D}_k \, \mathbf{u} \ \text{in V} \quad \text{und} \quad \mathbf{r} = \overset{o}{\mathbf{r}} \ \text{auf S.} \tag{3.56b}$$

Beispiel: Wir formulieren für das in Bild 3.8 dargestellte Tragwerk mit den äußeren Einwirkungen p, P und $\overset{o}{\varphi}_A$ das Variationsprinzip $\Pi = \min$.

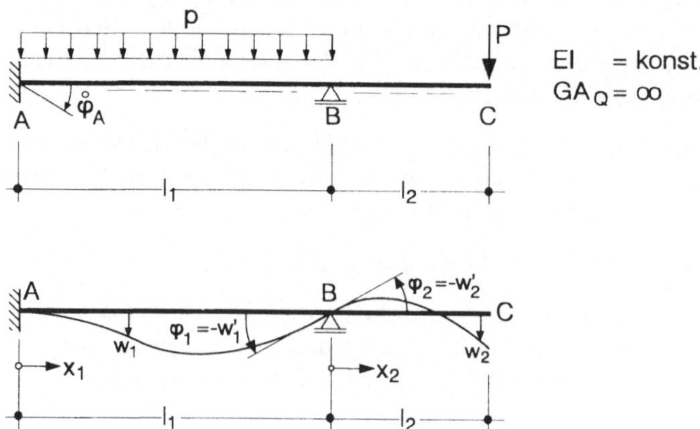

Bild 3.8. Beispiel zur Formulierung des Variationsprinzipes $\Pi = \min$

Zustandsgrößen der Elemente AB und BC werden durch den Index 1 bzw. 2 gekennzeichnet. Unter Verwendung der in Bild 3.8 angegebenen Koordinaten x_1 und x_2 lautet das Variationsprinzip:

$$\Pi = \Pi_i + \Pi_a = \min \ ,$$

$$\text{mit}\ \ \Pi_i = \frac{1}{2}\int\limits_0^{l_1} EI\,\kappa_1^{\,2}\,dx_1 + \frac{1}{2}\int\limits_0^{l} EI\,\kappa_2^{\,2}\,dx_2$$

$$= \frac{EI}{2}\left(\int\limits_0^{l_1}\kappa_1^{\,2}\,dx_1 + \int\limits_0^{l_2}\kappa_2^{\,2}\,dx_2\right)$$

$$\text{und}\ \ \Pi_a = -\int\limits_0^{l_1} p\,w_1\,dx_1 - P\,w_2|_{x_2 = l_2} = -p\int\limits_0^{l_1} w_1\,dx_1 - P\,w_2|_{x_2 = l_2}$$

Die Nebenbedingungen umfassen

die kinematischen Beziehungen: $\quad \kappa_1 = -w_1'' \ , \qquad \kappa_2 = -w_2'' \ ,$

die Randbedingungen: $\qquad w_1\,(x_1 = 0) = 0 \ , \quad w_1'\,(x_1 = 0) = \overset{\circ}{\varphi}_A \ ,$

die Übergangsbedingungen: $\qquad w_1\,(x_1 = l_1) = w_2\,(x_2 = 0) = 0 \ ,$

$$w_1'\,(x_1 = l_1) = w_2'\,(x_2 = 0) = 0 \ .$$

Es sei daran erinnert, daß im Rahmen der Normalentheorie die Kopplung $\varphi = -w'$ besteht und die Drehung φ positiv ist, wenn diese gegen den Uhrzeigersinn erfolgt.

Beispiel: Die auf Bild 3.9 dargestellte Scheibe sei durch ihr Eigengewicht g, die dreiecksförmige Randlast mit der maximalen Intensität q sowie die Einzellast P beansprucht. Zu formulieren sind die Randbedingungen längs der vier Ränder sowie das Variationsprinzip $\Pi = \min$ mit seinen Nebenbedingungen. Die Ergebnisse sollen in Abhängigkeit der Verschiebungen u_i ausgeschrieben werden.

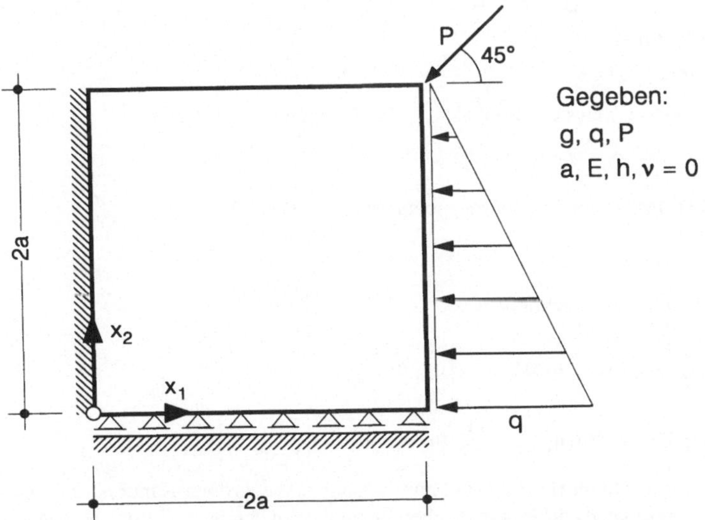

Bild 3.9. Beispiel zur Formulierung des Variationsprinzips $\Pi = \min$

Unter Berücksichtigung der Kopplungen (3.15) für $H_{\alpha\beta\rho\lambda}$ sowie der kinematischen Beziehungen $\varepsilon_{\rho\lambda} = \frac{1}{2}(u_{\rho,\lambda} + u_{\lambda,\rho})$ lassen sich die konstitutiven Beziehungen

$$n_{\alpha\beta} = D\,H_{\alpha\beta\rho\lambda}\,\varepsilon_{\rho\lambda} = D\,H_{\alpha\beta\rho\lambda}\,\frac{1}{2}(u_{\rho,\lambda} + u_{\lambda,\rho})$$

für $\nu = 0$ wie folgt ausschreiben:

$$n_{11} = D\,H_{11\rho\lambda}\,\varepsilon_{\rho\lambda} = D\,(H_{1111}\,\varepsilon_{11} + H_{1112}\,\varepsilon_{12} + H_{1121}\,\varepsilon_{21} + H_{1122}\,\varepsilon_{22})$$

$$= D\,\varepsilon_{11} \qquad = \frac{D}{2}(u_{1,1} + u_{1,1}) = D\,u_{1,1}\;,$$

$$n_{12} = n_{21} = \frac{1-\nu}{2}\,D\,(\varepsilon_{12} + \varepsilon_{21}) = D\,\varepsilon_{12} = \frac{D}{2}(u_{1,2} + u_{2,1})\;,$$

$$n_{22} = D\,\varepsilon_{22} \qquad = \frac{D}{2}(u_{2,2} + u_{2,2}) = D\,u_{2,2}\;.$$

Hiermit ergeben sich die Randbedingungen zu:

$$u_1 = 0\;, \qquad\qquad u_2 = 0 \qquad\qquad \text{längs } x_1 = 0\;,$$

$$n_{11} = D\,u_{1,1} = -\frac{q}{2a}(2a - x_2)\;, \qquad n_{12} = \frac{D}{2}(u_{1,2} + u_{2,1}) = 0 \text{ längs } x_1 = 2a\;,$$

$$u_2 = 0\;, \qquad\qquad n_{21} = \frac{D}{2}(u_{1,2} + u_{2,1}) = 0 \text{ längs } x_2 = 0\;,$$

$$n_{22} = D\,u_{2,2} = 0\;, \qquad\qquad n_{21} = \frac{D}{2}(u_{1,2} + u_{2,1}) = 0 \text{ längs } x_2 = 2a\;.$$

Das elastische Gesamtpotential Π besitzt für ein beliebiges Scheibentragwerk die Form:

$$\Pi = \Pi_i + \Pi_a = \frac{1}{2}\iint_F D\,H_{\alpha\beta\rho\lambda}\,\varepsilon_{\alpha\beta}\,\varepsilon_{\rho\lambda}\,dF - \iint_F p_\alpha\,u_\alpha\,dF - \int_{C_t} \mathring{n}_\alpha\,u_\alpha\,ds\;.$$

Hierin gilt unter Berücksichtigung der obigen Zwischenergebnisse:

$$D\,H_{\alpha\beta\rho\lambda}\,\varepsilon_{\alpha\beta}\,\varepsilon_{\rho\lambda} = n_{\alpha\beta}\,\varepsilon_{\rho\lambda} = n_{11}\,\varepsilon_{11} + 2n_{12}\,\varepsilon_{12} + n_{22}\,\varepsilon_{22}$$

$$= D\,(\varepsilon_{11}\,\varepsilon_{11} + 2\varepsilon_{12}\,\varepsilon_{12} + \varepsilon_{22}\,\varepsilon_{22})$$

$$= D\left[u_{1,1}^2 + \frac{1}{2}(u_{1,2} + u_{2,1})^2 + u_{2,2}^2\right]\;.$$

Mit $p_1 = 0$ und $p_2 = -g$ erhält man weiterhin

$$p_\alpha\,u_\alpha = p_1 u_1 + p_2 u_2 = -g\,u_2\;.$$

Vorgegebene Randkräfte wirken längs des Randes $x_1 = 2a$ entgegen u_1 gerichtet, damit gilt

$$\mathring{n}_\alpha\,u_\alpha = \mathring{n}_1\,u_1 = -\frac{q}{2a}(2a - x_2)\,(u_1)\big|_{x_1 = 2a}\;.$$

Für das äußere Potential Π_a liefert noch die vorgegebene Eckkraft P den Beitrag:

$$\frac{P}{\sqrt{2}}(u_1 + u_2)\big|_{x_1 = 2a,\, x_2 = 2a}\;.$$

Mit diesen Ergebnissen erhält man abschließend:

$$\Pi = \frac{1}{2}\int_0^{2a}\int_0^{2a} D\left[u_{1,1}^2 + \frac{1}{2}(u_{1,2} + u_{2,1})^2 + u_{2,2}^2\right]dx_1\,dx_2$$

$$+ g\,u_2 + \frac{q}{2a}(2a - x_2)\,(u_1)\big|_{x_1 = 2a} + \frac{P}{\sqrt{2}}(u_1 + u_2)\big|_{x_1 = 2a,\, x_2 = 2a}\;.$$

Dem vorliegenden Variationsproblem $\Pi = \min$ sind nur die obigen Weggrößen-Randbedingungen als Nebenbedingungen zugeordnet, da die kinematischen Beziehungen bereits in Π_i zur Elimination der Verzerrungen $\varepsilon_{\alpha\beta}$ verwendet wurden.

Beispiel: Ein starrer Balken ist gemäß Bild 3.10 am linken Ende gelenkig gelagert und mit drei Seilen abgespannt. Gesucht sind der Winkel φ, um den sich der Balken dreht, und die Seilkräfte auf der Grundlage des Variationsproblems $\Pi = \min$.

Wir betrachten das Seil i (i = 1, 2, 3), das mit dem Balken den Winkel φ_i einschließt. Unter der Voraussetzung, daß der Drehwinkel φ infinitesimal klein ist (tan $\varphi \approx$ sin $\varphi \approx \varphi$), lassen sich gemäß Bild 3.10 folgende Größen errechnen:

$$\text{die Vertikalverschiebung des Knotens i:} \quad a_i \, \varphi = \frac{h}{\tan \alpha_i} \, \varphi \ ,$$

$$\text{die Verlängerung des Seiles i:} \quad \Delta l_i = a_i \, \varphi \sin \alpha_i = h \, \varphi \cos \alpha_i \ ,$$

$$\text{die Dehnung des Seiles i:} \quad \varepsilon_i = \frac{\Delta l_i}{l_i} = \varphi \cos \alpha_i \sin \alpha_i \ ,$$

$$\text{das innere Potential des Seiles i:} \quad \Pi_i = \frac{1}{2} \int_0^{l_i} EA \, \varepsilon_i^2 \, dx = \frac{1}{2} EA \, \varepsilon_i^2 \, l_i$$

$$= \frac{1}{2} EAh \, \varphi^2 \cos^2 \alpha_i \sin \alpha_i \ .$$

Hiermit kann man das Potential Π des Gesamttragwerks wie folgt formulieren:

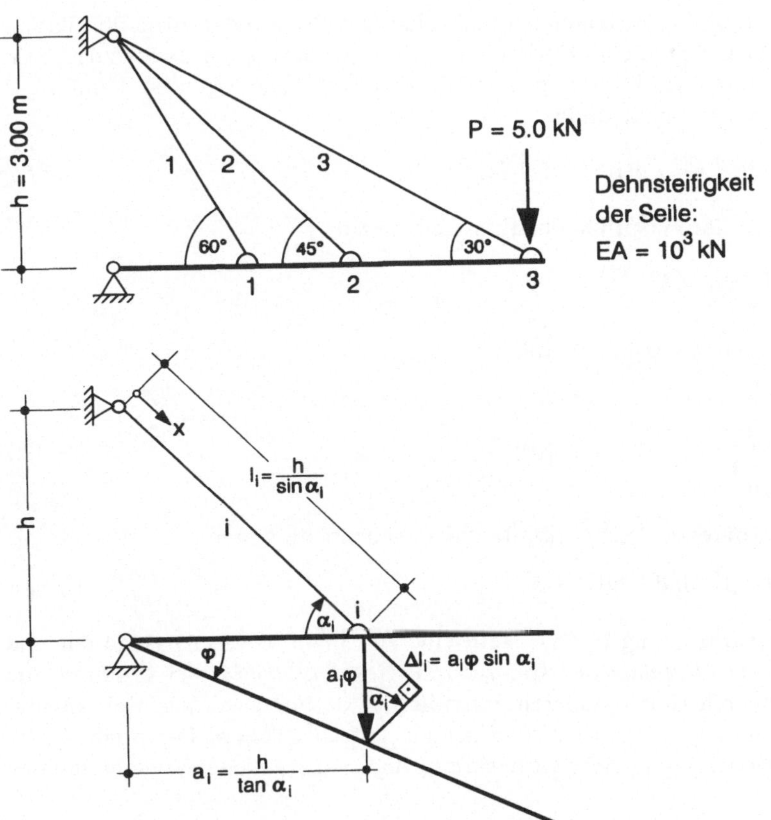

Bild 3.10. Beispiel zur Anwendung des Variationsprinzipes $\Pi = \min$

$$\Pi = \Pi(\varphi) = \Pi_i + \Pi_a$$

$$= \frac{EAh\,\varphi^2}{2} \sum_{i=1}^{3} \cos^2 \alpha_i \sin \alpha_i - \frac{Ph}{\tan 30°}\,\varphi \ .$$

Bildet man hieraus durch Variation nach φ die Extremalbedingung

$$\delta\Pi = \left(EAh\,\varphi \sum_{i=1}^{3} \cos^2 \alpha_i \sin \alpha_i - \frac{Ph}{\tan 30°} \right) \delta\varphi = 0 \ ,$$

so folgt mit den Zahlenwerten aus Bild 3.10:

$$\varphi = \frac{P}{EA \tan 30° \displaystyle\sum_{i=1} \cos^2 \alpha_i \sin \alpha_i} = 0{,}0091637 \ .$$

Hiermit findet man für die einzelnen Seilkräfte N_i ($i = 1, 2, 3$) folgende Ergebnisse:

$$N_i = EA\,\varepsilon_i = EA\,\varphi \cos \alpha_i \sin \alpha_i \ \rightarrow \ N_1 = 3{,}968 \text{ kN}, N_2 = 4{,}582 \text{ kN}, N_3 = 3{,}968 \text{ kN} \ .$$

3.4.2 Das Prinzip vom Minimum des konjugierten Gesamtpotentials

Normalkraft-Stab. Im vorliegenden Fall bildet das Prinzip der virtuellen Kräfte (3.45a) den Ausgangspunkt der Herleitung. Durch Umformungen analog zu (3.51a, 3.52a), wobei erneut das Materialgesetz (3.50) zu berücksichtigen ist, kann diese Beziehung in die Extremalbedingung

$$\delta^* \hat{W} = 0 \ \rightarrow \ \delta\hat{\Pi} = \delta\hat{\Pi}_i + \delta\hat{\Pi}_a = 0 \tag{3.57}$$

überführt werden. Ihr entspricht das Extremalprinzip

$$\hat{\Pi} = \hat{\Pi}(\sigma) = \hat{\Pi}_i + \hat{\Pi}_a = \min$$

$$= \frac{1}{2} \int_0^l \sigma^T \mathbf{E}^{-1} \sigma\,dx + \overset{o}{\mathbf{u}}{}^T \sigma(0)$$

$$= \frac{1}{2} \int_0^l \frac{N^2}{EA}\,dx \quad + \overset{o}{u} N(0) \ , \tag{3.58a}$$

worin die zu variierenden Schnittkräfte σ den Nebenbedingungen

$$\mathbf{D}_c\,\sigma = -\mathbf{p} \quad \text{und} \quad \sigma(l) = \overset{o}{\sigma} \tag{3.58b}$$

unterliegen. Die Beziehung (3.58a) stellt eine zu (3.54a) duale Aussage dar und heißt *Prinzip vom Minimum des konjugierten Gesamtpotentials* $\hat{\Pi}$, wodurch die konjugierten inneren $\hat{\Pi}_i$ und äußeren Potentiale $\hat{\Pi}_a$ definiert werden. Bei Anwendung des Variationsprinzipes ist zu beachten, daß das äußere Potential Π_a der negativen Arbeit der passiven Reaktionskräfte längs vorgegebener Verschiebungen entspricht.

Da die Bedingungen $\delta\hat{\Pi} = 0$ und $\delta^* \hat{W} = 0$ bis auf das Vorzeichen identisch sind, gilt im Hinblick auf (3.48) die folgende Aussage:

Satz: Die EULERschen *Gleichungen des Variationsproblems* $\hat{\Pi} = \min$ *sind die kinematischen Beziehungen* $\boldsymbol{\varepsilon} = \mathbf{D}_k \, \mathbf{u}$, *und seine natürlichen Randbedingungen bilden die kinematischen Randbedingungen* $\mathbf{u}(0) = \overset{\circ}{\mathbf{u}}$.

Dies zeigt:

Satz: Unter allen dynamisch zulässigen Kraftvariablen stellt sich der wirkliche Verformungszustand für diejenigen Kraftvariablen ein, welche das konjugierte Gesamtpotential $\hat{\Pi} = \hat{\Pi}(\boldsymbol{\sigma})$ *minimieren.*

Beachtet man die in (3.54a) bzw. (3.58a) gegebenen Definitionen für Π_i bzw. $\hat{\Pi}_i$, so folgt im Hinblick auf (3.50) die Gleichheit:

$$\Pi_i = \frac{1}{2}\int_0^1 \boldsymbol{\varepsilon}^T \mathbf{E}\,\boldsymbol{\varepsilon}\,dx = \hat{\Pi}_i = \frac{1}{2}\int_0^1 \boldsymbol{\sigma}^T \mathbf{E}^{-1}\boldsymbol{\sigma}\,dx = \frac{1}{2}\int_0^1 \boldsymbol{\varepsilon}^T \boldsymbol{\sigma}\,dx$$

$$= \frac{1}{2}\int_0^1 \boldsymbol{\sigma}^T \boldsymbol{\varepsilon}\,dx \;, \qquad (3.59)$$

wonach gilt:

Satz: Für linear elastisches Material $\boldsymbol{\sigma} = \mathbf{E}\,\boldsymbol{\varepsilon}$ *ist der Unterschied zwischen* Π_i *(*$\mathbf{u}$, $\boldsymbol{\varepsilon}$*) und* $\hat{\Pi}_i$ *(*$\boldsymbol{\sigma}$*) nur formal. Die unterschiedlichen Bezeichnungen* Π_i *und* $\hat{\Pi}_i$ *verdeutlichen in diesem Fall allein die Variablen, welche in den betreffenden Variationsproblemen die zu variierenden Argumente darstellen.*

Scheibentragwerk. Das (3.58a) entsprechende Variationsproblem lautet für das Scheibentragwerk (Bild 3.5):

$$\hat{\Pi} = \hat{\Pi}(\boldsymbol{\sigma}) = \hat{\Pi}_i + \hat{\Pi}_a = \min$$

$$= \frac{1}{2}\iint_F \boldsymbol{\sigma}^T \frac{1}{D}\mathbf{E}^{-1}\boldsymbol{\sigma}\,dF \; - \int_{C_r}\boldsymbol{\sigma}_r^T \overset{\circ}{\mathbf{u}}\,ds$$

$$= \frac{1}{2}\iint_F \frac{G_{\alpha\beta\rho\lambda}}{D}\,n_{\alpha\beta}\,n_{\rho\lambda}\,dF - \int_{C_r} n_\alpha \overset{\circ}{u}_\alpha\,ds \;. \qquad (3.60a)$$

Seine Nebenbedingungen umfassen:

$$\mathbf{D}_e\,\boldsymbol{\sigma} = -\mathbf{p} \quad \text{und} \quad \boldsymbol{\sigma}_r = \overset{\circ}{\boldsymbol{\sigma}}_r \quad \text{längs } C_t \;. \qquad (3.60b)$$

Die Defintion der hierin auftretenden Elastizitätskoeffizienten $G_{\alpha\beta\rho\lambda}$ findet sich im Anhang 3 unter (A3.49).

Für den verallgemeinerten Modellraum V, S der Abschnitte 3.1 lautet das Minimalprinzip des konjugierten Gesamtpotentials:

$$\hat{\Pi} = \hat{\Pi}(\boldsymbol{\sigma}) = \frac{1}{2}\int_V \boldsymbol{\sigma}^T \mathbf{E}^{-1}\boldsymbol{\sigma}\,dV - \int_{S_r} \mathbf{t}^T \overset{\circ}{\mathbf{r}}\,dS = \min \;. \quad (3.61a)$$

Es gilt unter den Nebenbedingungen:

$$\mathbf{D}_e\,\sigma = -\mathbf{p} \ \text{in} \ V \quad \text{und} \quad \mathbf{r} = \overset{\circ}{\mathbf{r}} \ \text{auf} \ S \ . \qquad (3.61b)$$

Beispiel: Für das in Bild 3.11 dargestellte Stabwerk mit den äußeren Einwirkungen p_1, p_2, P_B, M_C, Δ_A und φ_D ist das Variationsprinzip $\hat{\Pi} = \text{min}$ unter Verwendung der Schubverzerrungstheorie zu formulieren.

Die Schnittgrößen der Tragwerksteile AB, BC und CD werden durch die Indizes 1, 2 und 3 bezeichnet. Die zu verwendenden Koordinaten sind in Bild 3.11 definiert. Ferner sei daran erinnert, daß die zu den vorgegebenen Verformungen Δ_A und φ_D korrespondierenden Kraftvariablen N_1 (x_1 = 0) bzw. M_3 ($x_3 = l_3$) Beiträge für das äußere Potential Π_a liefern. Damit lautet das gesuchte Variationsprinzip:

$$\hat{\Pi} = \hat{\Pi}_i + \hat{\Pi}_a = \text{min} \ ,$$

$$\text{mit} \quad \hat{\Pi}_i = \frac{1}{2}\int\limits_0^{l_1} \frac{N_1^2}{D}\,dx_1 + \frac{1}{2}\int\limits_0^{l_2} \left(\frac{M_2^2}{B} + \frac{Q_2^2}{S}\right)dx_2 + \frac{1}{2}\int\limits_0^{l_3}\left(\frac{M_3^2}{B} + \frac{Q_3^2}{S}\right)dx_3 \ ,$$

$$\text{und} \quad \hat{\Pi}_a = \Delta_A \cdot N_1|_{x_1=0} + \varphi_D \cdot M_3|_{x_3=l_3} \ .$$

Die Nebenbedingungen bestehen aus den Gleichgewichtsbedingungen:

$$N_1' = -p_1 \ ,$$
$$Q_2' = -p_2 \ , \quad M_2' = Q_2 \ ,$$
$$Q_3' = 0 \quad , \quad M_3' = Q_3 \ ,$$

den dynamischen Übergangsbedingungen am Knotenpunkt B:

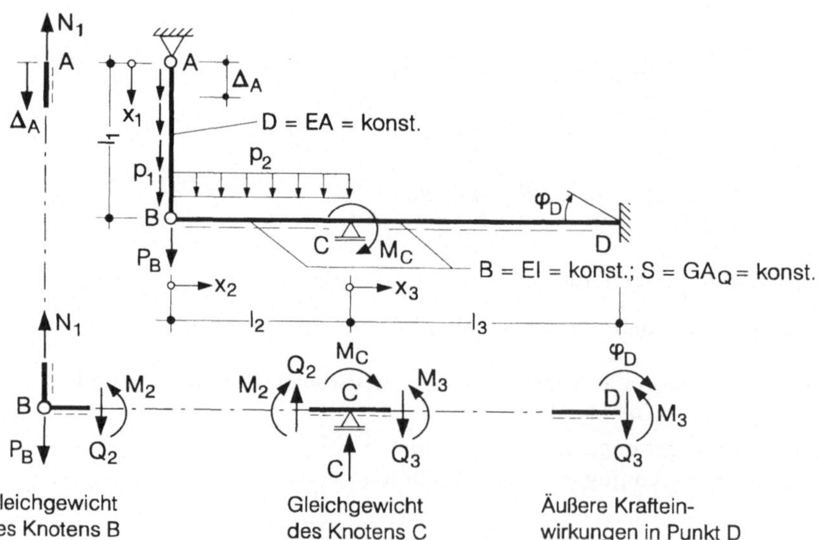

Bild 3.11. Beispiel zur Formulierung des Variationsprinzipes $\hat{\Pi} = \text{min}$

$$N_1\,(x_1 = l_1) - Q_2\,(x_2 = 0) - P_B = 0\ ,$$

$$M_2\,(x_2 = 0) = 0$$

und am Knotenpunkt C:

$$M_2\,(x_2 = l_2) - M_3\,(x_3 = 0) + M_C = 0\ ,$$

$$Q_2\,(x_2 = l_2) - Q_3\,(x_3 = 0) + C = 0\ .$$

Beispiel: Für das in Bild 3.12 dargestellte Tragwerk, das der konstanten Last q sowie der Auflagerverschiebung $\overset{\circ}{w}_A$ unterworfen ist, seien die Schnittkräfte auf der Basis des Variationsprinzipes $\hat\Pi = \min$ unter Voraussetzung der Normalentheorie zu ermitteln.

Infolge der vorgegebenen Auflagerverschiebung $\overset{\circ}{w}_A$ liefert die zugehörige Auflagerkraft einen Beitrag zum äußeren konjugierten Potential $\hat\Pi_a$. Damit lautet das konjugierte Gesamtpotential:

$$\hat\Pi = \hat\Pi_i + \hat\Pi_a = \frac{1}{2}\int_0^l \frac{M^2}{EI} + A\,\overset{\circ}{w}_A\ .$$

Das Tragwerk ist einfach statisch unbestimmt. Mit der Auflagerkraft A als statisch überzähliger Kraftgröße erfüllt das Biegemoment

$$M(x) = Ax - q\,\frac{x^2}{2}$$

für beliebige Werte A die Gleichgewichtsbedingung $M'' = -q$ und beschreibt somit kinematisch zulässige Kraftgrößenzustände. Im vorliegenden Fall liegen keine dynamischen Randbedingungen vor. Setzt man den obigen Ansatz für M (x) in $\hat\Pi$ ein

$$\hat\Pi = \frac{1}{2EI}\int_0^l \left(A\,x - \frac{1}{2}\,q\,x^2\right)^2 dx + A\,\overset{\circ}{w}_A\ ,$$

und bildet anschließend die Extremalbedingung durch Variation nach der Kraftgröße A:

$$\delta\hat\Pi = \left(\frac{1}{EI}\int_0^l \left(A\,x - \frac{1}{2}\,q\,x^2\right) x\,dx + \overset{\circ}{w}_A\right)\delta A\ ,$$

$$= \left[\frac{1}{EI}\left(\frac{A\,l^3}{3} - \frac{q\,l^4}{8}\right) + \overset{\circ}{w}_A\right]\delta A\ ,$$

so entsteht wegen Willkür der Variationen δA die wirkliche Auflagerkraft A zu

$$A = \frac{3}{8}\,ql - \frac{3EI}{l^3}\,\overset{\circ}{w}_A\ .$$

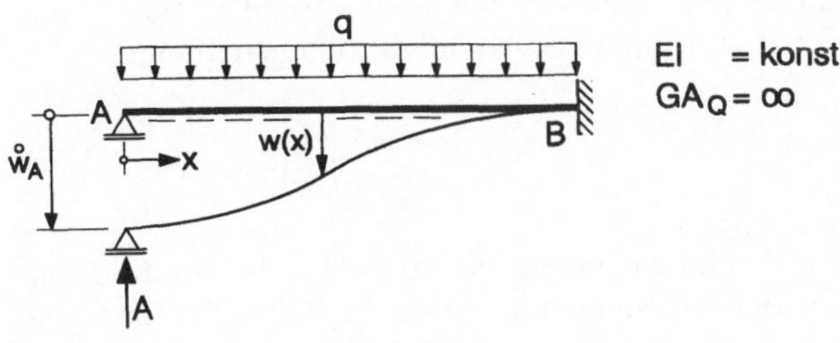

Bild 3.12. Beispiel zur Formulierung des Variationsprinzipes $\hat\Pi = \min$

Die zugehörigen Schnittkräfte lauten:

$$Q(x) = \frac{3}{8}\,ql - \frac{3EI}{l^3}\,\overset{\circ}{w}_A - qx\ ,$$

$$M(x) = \left(\frac{3}{8}\,ql - \frac{3EI}{l^3}\,\overset{\circ}{w}_A\right)x - q\,\frac{x^2}{2}\ .$$

3.5 Die Sätze von CASTIGLIANO und BETTI

Die Sätze von CASTIGLIANO stellen eine Modifikation der zuletzt behandelten Variationsprinzipe $\Pi = \Pi\,(\boldsymbol{\varepsilon},\,\mathbf{u}) = \min$ und $\hat{\Pi} = \hat{\Pi}\,(\boldsymbol{\sigma}) = \min$ für Tragwerke dar, welche durch singuläre Verschiebungen bzw. Kräfte vorgegebener Richtungen beansprucht sind. Der erste Satz von CASTIGLIANO spielt bei der Methode der finiten Elemente eine wichtige Rolle. Er ordnet bei Weggrößenmodellen den Knotenfreiheitsgraden ihre korrespondierenden Kraftvariablen zu. Mit dem zweiten Satz von CASTIGLIANO können Einzelverformungen beliebiger Stabtragwerke ermittelt werden.

Die Sätze von CASTIGLIANO gelten wie die zu ihrer Herleitung zu verwendenden Variationsprinzipe $\Pi = \min$ bzw. $\hat{\Pi} = \min$ für elastische Werkstoffe. Ihre Herleitung wird im folgenden für den verallgemeinerten Modellraum V, S der Abschnitte 3.1 erläutert. Unter Verwendung geeigneter Ausdrücke für Π_i bzw. $\hat{\Pi}_i$ können die erzielten Ergebnisse auf beliebige Strukturen übertragen werden.

Eine wichtige Aussage für elastische Strukturen bildet schließlich der Satz von BETTI, den wir ebenfalls behandeln werden.

3.5.1 Der erste Satz von CASTIGLIANO

Für dessen Herleitung knüpfen wir an das Prinzip vom Minimum des Gesamtpotentials (3.54a) an:

$$\Pi = \Pi_i + \Pi_a = \min\ . \tag{3.62a}$$

Gemäß Bild 3.13 setzen wir ein beliebiges Tragwerk voraus, das an n Einzelpunkten willkürlichen Verschiebungen u_j vorgegebener Richtungen ausgesetzt sei. Durch F_j seien die zu u_j korrespondierenden unbekannten Kraftvariablen bezeichnet. Damit lautet das äußere Potential Π_a für die vorliegende Problemstellung:

$$\Pi_a = -\sum_{j=1}^{n} F_j\,u_j\ . \tag{3.62b}$$

Führt man dies in (3.62a) ein und setzt das innere Potential $\Pi_i = \Pi_i\,(u_1,\,u_2,\,...,\,u_n)$ als Funktion der frei wählbaren Verschiebungen u_j voraus, so liefert die Extremalbedingung $\delta\Pi = 0$:

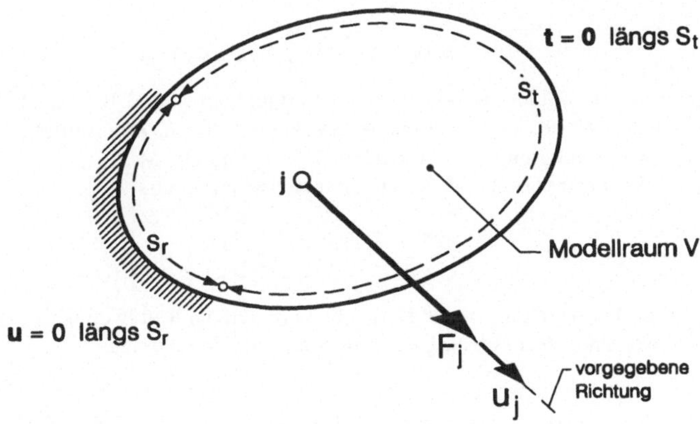

Bild 3.13. Zur Herleitung des ersten Satzes von CASTIGLIANO

$$\delta\Pi = \sum_{j=1}^{n} \left(\frac{\partial \Pi_i}{\partial u_j} - F_j \right) \delta u_j = 0 \; . \tag{3.63a}$$

Hieraus folgt wegen der Willkür der Variationen δu_j

$$F_j = \frac{\partial \Pi_i \, (u_1, u_2, \ldots, u_n)}{\partial u_j} \quad \text{für } j = 1, 2, \ldots, n \tag{3.63b}$$

der erste Satz von CASTIGLIANO mit folgender Aussage:

Satz: Ist ein Tragwerk n singulären Verschiebungen u_j (j = 1, 2, ..., n) ausgesetzt, so liefert die partielle Ableitung des inneren Potentials Π_i nach u_j die zu u_j korrespondierende Kraftvariable F_j. Bei der Anwendung dieses Satzes ist das innere Potential $\Pi_i = \Pi_i \, (u_1, u_2, \ldots, u_n)$ als Funktion der Verschiebungen u_j zu formulieren.

Beispiel: Für die Verformungen $w(x)$ und $\varphi(x)$ des in Bild 3.14 dargestellten Biegestabelements wurden im Rahmen der Schubverzerrungstheorie die folgenden Ansätze gewählt

$$w(x) = \frac{w_A}{2}\left(1 - \frac{x}{a}\right) + \frac{w_B}{2}\left(1 + \frac{x}{a}\right) = \frac{1}{2}\left(w_B + w_A\right) + \frac{x}{2a}\left(w_B - w_A\right),$$

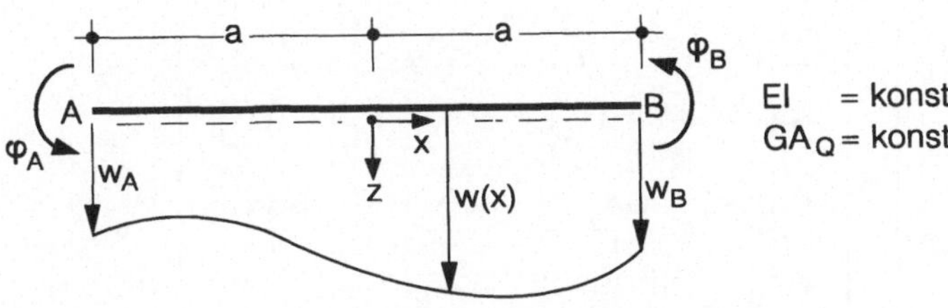

Bild 3.14. Beispiel zum ersten Satz von CASTIGLIANO

$$\varphi(x) = \frac{\varphi_A}{2}\left(1 - \frac{x}{a}\right) + \frac{\varphi_B}{2}\left(1 + \frac{x}{a}\right) = \frac{1}{2}\left(\varphi_B + \varphi_A\right) + \frac{x}{2a}\left(\varphi_B - \varphi_A\right) ,$$

worin w_A und w_B die Werte der Durchbiegung $w(x)$ an den Endpunkten A und B bezeichnen, während φ_A und φ_B entsprechende Werte des Drehwinkels $\varphi(x)$ kennzeichnen. Zu ermitteln sind die zu w_A, φ_A sowie w_B, φ_B korrespondierenden Kraftgrößen Q_A, M_A und Q_B, M_B.

Im Rahmen der Schubverzerrungstheorie lautet das innere elastische Potential

$$\Pi_i = \frac{1}{2}\int\limits_{-a}^{a} (EI\,\kappa^2 + GA_Q\,\gamma^2)\,dx .$$

Der erste Satz von CASTIGLIANO (3.63b) erfordert, daß Π_i in Abhängigkeit der Randweggrößen w_A, w_B, φ_A und φ_B ausgedrückt wird. Unter Verwendung der kinematischen Beziehungen

$$\gamma = \varphi + w' , \quad \kappa = \varphi'$$

sowie der Voraussetzung konstanter Steifigkeiten EI, GA_Q erhält man:

$$\Pi_i = \frac{EI}{2}\int\limits_{-a}^{a} \varphi'^2\,dx + \frac{GA_Q}{2}\int\limits_{-a}^{a} (\varphi + w')^2\,dx .$$

Mit den Ableitungen

$$\varphi' = \frac{1}{2a}(\varphi_B - \varphi_A) , \quad w' = \frac{1}{2a}(w_B - w_A)$$

entsprechend obigen Ansätzen ergibt sich weiterhin

$$\Pi_i = \frac{EI}{2}\int\limits_{-a}^{a}\left[\frac{1}{4a^2}(\varphi_B - \varphi_A)^2\right]dx$$

$$+ \frac{GA_Q}{2}\int\limits_{-a}^{a}\left[\frac{1}{2}(\varphi_B + \varphi_A) + \frac{x}{2a}(\varphi_B - \varphi_A) + \frac{1}{2a}(w_B - w_A)\right]^2 dx$$

$$= \frac{EI}{2}\left[\frac{1}{2a}(\varphi_A^2 - 2\varphi_A\varphi_B + \varphi_B^2)\right] + \frac{GA_Q}{2}\left[\frac{2a}{3}(\varphi_A^2 + \varphi_A\varphi_B + \varphi_B^2)\right.$$

$$\left. + \frac{1}{2a}(w_A^2 - 2w_A w_B + w_B^2) + (-\varphi_A w_A + \varphi_A w_B - \varphi_B w_A + \varphi_B w_B)\right] .$$

Die gesuchten Kraftgrößen Q_A und M_A folgen nun aus den partiellen Ableitungen des inneren Potentials Π_i nach w_A bzw. φ_A zu

$$\frac{\partial\Pi_i}{\partial w_A} = Q_A = \frac{GA_Q}{2a}\left[w_A - w_B - a(\varphi_A + \varphi_B)\right] ,$$

$$\frac{\partial\Pi_i}{\partial\varphi_A} = M_A = \frac{EI}{2a}(\varphi_A - \varphi_B) + \frac{GA_Q}{6}\left[3(w_B - w_A) + 2a(2\varphi_A + \varphi_B)\right] .$$

Analog können auch die zu w_B und φ_B korrespondierenden Kraftgrößen Q_B und M_B ermittelt werden. Mit den zugehörigen Ergebnissen läßt sich die Elementsteifigkeitsbeziehung des betrachteten Biegestabelementes wie folgt darstellen $(l = 2a)$:

$$\mathbf{s}^e = \mathbf{k}^e \cdot \mathbf{v}^e : \quad
\begin{bmatrix} Q_A \\ M_A \\ Q_B \\ M_B \end{bmatrix}
=
\begin{bmatrix}
\dfrac{GA_Q}{l} & \dfrac{-GA_Q}{2} & \dfrac{-GA_Q}{l} & \dfrac{-GA_Q}{2} \\[2ex]
\dfrac{-GA_Q}{2} & \dfrac{EI}{l}+\dfrac{GA_Q l}{3} & \dfrac{GA_Q}{2} & \dfrac{-EI}{l}+\dfrac{GA_Q l}{6} \\[2ex]
\dfrac{-GA_Q}{l} & \dfrac{GA_Q}{2} & \dfrac{GA_Q}{l} & \dfrac{GA_Q}{2} \\[2ex]
\dfrac{-GA_Q}{2} & \dfrac{-EI}{l}+\dfrac{GA_Q l}{6} & \dfrac{GA_Q}{2} & \dfrac{EI}{l}+\dfrac{GA_Q l}{3}
\end{bmatrix}
\cdot
\begin{bmatrix} w_A \\ \varphi_a \\ w_B \\ \varphi_B \end{bmatrix} .$$

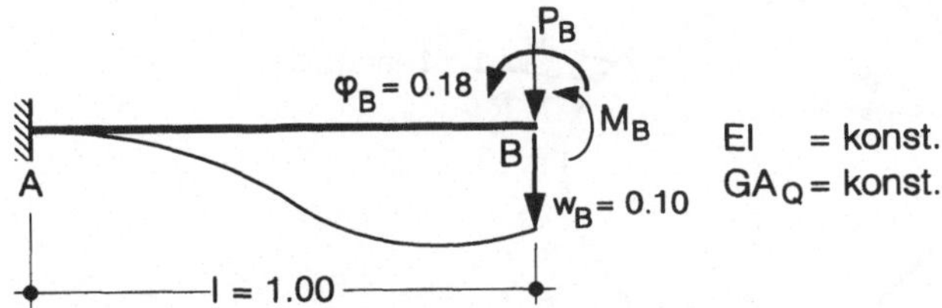

Bild 3.15. Kragträger mit vorgegebenen Endverformungen

Unter Verwendung dieses Ergebnisses sollen nun für den in Bild 3.15 dargestellten Kragarm diejenigen Randkraftgrößen P_B und M_B berechnet werden, welche im Punkt B die Verformungen $w_b = 0,10$ und $\varphi_B = 0,18$ hervorrufen.

Mit $w_A = \varphi_A = 0$ folgt die gesuchte Lösung zu:

$$
\begin{bmatrix} P_B \\ M_B \end{bmatrix} =
\begin{bmatrix} \dfrac{GA_Q}{l} & \dfrac{GA_Q}{2} \\[2ex] \dfrac{GA_Q}{2} & \dfrac{EI}{l} + \dfrac{GA_Q l}{3} \end{bmatrix}
\cdot
\begin{bmatrix} 0,10 \\ 0,18 \end{bmatrix} =
\begin{bmatrix} 0,19\,GA_Q \\[2ex] 0,11\,GA_Q + 0,18\,EI \end{bmatrix} .
$$

Für den Grenzübergang $GA_Q \to \infty$ sollte das obige Ergebnis in dasjenige der Normalentheorie übergehen. In Wirklichkeit streben jedoch sowohl P_B als auch M_B für $GA_Q \to \infty$ gegen Unendlich. Die Ergebnisse lassen sich auch durch Verwendung einer größeren Anzahl von Elementen nicht verbessern. Dieser Defekt geht auf die Verwendung der Schubverzerrungstheorie zurück und ist in der Finite-Element-Literatur als shear-locking bekannt.

3.5.2 Der zweite Satz von CASTIGLIANO

In diesem Fall dient das Prinzip vom Minimum des konjugierten Gesamtpotentials (3.58a)

$$
\hat{\Pi} = \hat{\Pi}_i + \hat{\Pi}_a = \min \tag{3.64a}
$$

als Basis der Herleitung. Zur Umformung von (3.64a) setzen wir gemäß Bild 3.16 wieder ein beliebiges Tragwerk voraus, das nebst den bisher berücksichtigten Lastgrößen $\mathbf{p}$ und $\mathbf{t}$ noch durch n Einzelkräfte F_j (j = 1, 2, ..., n) mit willkürlich wählbarem Betrag beansprucht wird. Somit lautet das äußere Potential $\hat{\Pi}_a$:

$$
\hat{\Pi}_a = -\sum_{j=1}^{n} F_j\, u_j \; . \tag{3.64b}
$$

Setzt man dies in (3.64a) ein und postuliert dabei, daß das innere Potential $\hat{\Pi}_i$ eine Funktion von F_j (j = 1, 2, ..., n) darstellt, so ergibt die Extremalbedingung $\delta\hat{\Pi} = 0$:

$$
\delta\hat{\Pi} = \sum_{j=1}^{n} \left(\frac{\partial \hat{\Pi}_i}{\partial F_j} - u_j \right) \delta F_j = 0 \; , \tag{3.65a}
$$

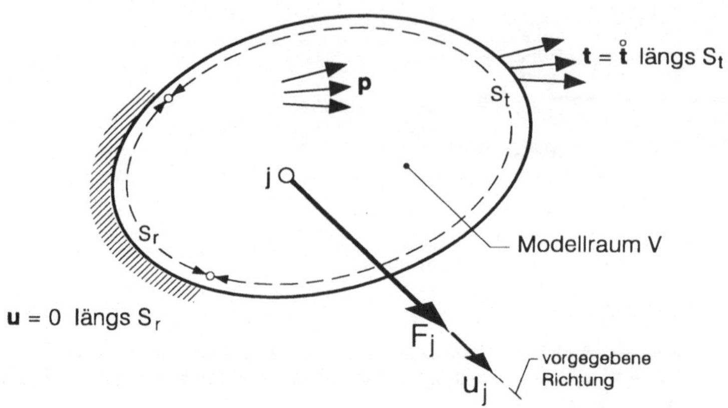

Bild 3.16. Zur Herleitung des zweiten Satzes von Castigliano

Hieraus entsteht wegen der Willkür der Variationen δF_j

$$u_j = \frac{\partial \hat{\Pi}_i\,(F_1, F_2, ..., F_n)}{\partial F_j} \quad \text{für} \quad j = 1, 2, ..., n \tag{3.65b}$$

der zweite Satz von Castigliano:

Satz: Wird ein Tragwerk durch n singuläre Krafteinwirkungen F_j (j = 1, 2, ..., n) beansprucht, so erhält man die zu jeder Einzelwirkung F_j korrespondierende Weggröße u_j durch partielle Ableitung des konjugierten inneren Potentials $\hat{\Pi}_i$ nach der betreffenden Kraftgröße F_j. Bei Anwendung dieses Satzes ist das innere Potential $\hat{\Pi} = \hat{\Pi}\,(F_1, F_2, ..., F_n)$ als Funktion der Kraftgrößen F_j zu formulieren.

Beispiel: Für den in Bild 3.17 dargestellten Kragträger sind mit dem zweiten Satz von Castigliano die Durchbiegung w_B sowie die Verdrehung φ_B des freien Trägerendes mittels der Normalentheorie zu berechnen.

Unter Vernachlässigung des Querkraftanteils lautet das innere konjugierte elastische Potential

$$\hat{\Pi}_i = \frac{1}{2\,EI} \int_0^l M^2\,dx \quad \text{mit} \quad EI = \text{konst.}$$

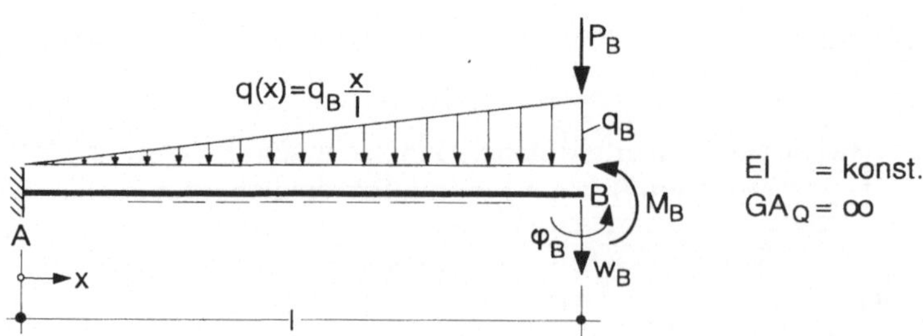

Bild 3.17. Zur Anwendung des zweiten Satzes von Castigliano

Zur Anwendung des zweiten Satzes von CASTIGLIANO (3.65b) muß $\hat{\Pi}_i$ in Abhängigkeit der äußeren Krafteinwirkungen P_B und M_B ausgedrückt werden, deren korrespondierende Verformungen zu ermitteln sind.

Das Biegemoment des Kragträgers lautet

infolge M_B:
$$M = M_B \ ,$$

infolge P_B:
$$M = P_B \, (x - l) \ ,$$

infolge $q(x)$:
$$M = \frac{q_B}{6\,l} \, (-x^3 + 3\,l^2\,x - 2\,l^3) \ ,$$

und somit infolge aller Lasten:
$$M = M_B + P_B \, (x - l) + \frac{q_B}{6\,l} \, (-x^3 + 3\,l^2\,x - 2\,l^3) \ .$$

Hiermit ergibt sich $\hat{\Pi}_i$ zu:

$$\hat{\Pi}_i = \frac{1}{2EI} \int\limits_0^l \left[M_B + P_B \, (x - l) + \frac{q_B}{6\,l} \, (-x^3 + 3\,l^2\,x - 2\,l^3) \right]^2 dx$$

$$= \frac{1}{2EI} \int\limits_0^l \left[M_B^2 + P_B^2 \, (x - l)^2 + \frac{q_B^2}{36\,l^2} \, (-x^3 + 3\,l^2\,x - 2\,l^3)^2 + 2\,M_B\,P_B\,(x - l) \right.$$

$$\left. + 2\,M_B \frac{q_B}{6\,l} \, (-x^3 + 3\,l^2\,x - 2\,l^3) + 2\,P_B \, (x - l) \frac{q_B}{6\,l} \, (-x^3 + 3\,l^2\,x - 2\,l^3) \right] dx$$

$$= \frac{1}{2EI} \left[M_B^2 \, l + \frac{P_B^2 \, l^3}{3} - M_B\,P_B\,l^2 - M_B\,q_B\frac{l^3}{4} + P_B\,q_B\frac{11\,l^4}{60} \right]$$

$$+ \frac{1}{2EI} \int\limits_0^l \frac{q_B^2}{36\,l^2} \, (-x^3 + 3\,l^2\,x - 2\,l^3)^2 \, dx \ .$$

Das oben nicht ausgewertete Integral, welches P_B und M_B nicht enthält, liefert keinen Beitrag zu den partiellen Ableitungen von $\hat{\Pi}_i$ nach P_B bzw. M_B. Somit ergeben sich die gesuchten Randverformungen w_B und φ_B zu:

$$\frac{\partial \hat{\Pi}_i}{\partial P_B} = w_B = \frac{1}{EI} \left[\frac{1}{3} P_B \, l^3 - \frac{1}{2} M_B \, l^2 + \frac{11}{120} q_B \, l^4 \right]$$

$$\frac{\partial \hat{\Pi}_i}{\partial M_B} = \varphi_B = \frac{1}{EI} \left[M_B \, l - \frac{1}{2} P_B \, l^2 - \frac{1}{8} q_B \, l^3 \right] \ .$$

3.5.3 Der Satz von BETTI

Wir kehren noch einmal zum Energiesatz (3.5c) zurück, formuliert im allgemeinen Modellraum V, S. Da im folgenden elastisches Materialverhalten vorausgesetzt werde, substituieren wir in der inneren Formänderungsenergie die dortigen Schnittgrößen σ durch das Elastizitätsgesetz (3.50). Nun bilden wir zunächst die *Wechselwirkungsenergie* eines Kraftgrößensystems 1 längs eines Weggrößensystems 2:

$$\text{Systeme:} \quad \left\{ \mathbf{p}_1 , \mathbf{t}_1 , \sigma_1 = \mathbf{E}\,\varepsilon_1 \right\} , \quad \left\{ \mathbf{u}_2 , \mathbf{r}_2 , \varepsilon_2 \right\}$$

$$W_{1,2} = \int\limits_V \mathbf{p}_1^T \, \mathbf{u}_2 \, dV + \int\limits_S \mathbf{t}_1^T \, \mathbf{r}_2 \, dS - \int\limits_V \varepsilon_1^T \, \mathbf{E}\,\varepsilon_2 \, dV = 0 \ , \tag{3.66a}$$

sodann diejenige des Kraftgrößensystems 2 längs des Weggrößensystems 1:

$$\text{Systeme:} \quad \{ \mathbf{u}_1 , \mathbf{r}_1 , \boldsymbol{\varepsilon}_1 \} , \qquad\qquad \{ \mathbf{p}_2 , \mathbf{t}_2 , \boldsymbol{\sigma}_2 = \mathbf{E}\, \boldsymbol{\varepsilon}_2 \}$$

$$W_{1,2} = \int\limits_V \mathbf{p}_2^T\, \mathbf{u}_1\, dV + \int\limits_S \mathbf{t}_2^T\, \mathbf{r}_1\, dS - \int\limits_V \boldsymbol{\varepsilon}_2^T\, \mathbf{E}\, \boldsymbol{\varepsilon}_1\, dV = 0 \; . \tag{3.66b}$$

Beide Kraft- und Weggrößensysteme seien im Gleichgewicht sowie kinematisch kompatibel deformiert, weshalb die Wechselwirkungsenergien verschwinden, sonst jedoch völlig beliebig. Da die Elementmatrix $\mathbf{E}$, wie im Kapitel 2 vielfach vermerkt, stets *quadratisch, symmetrisch* ($\mathbf{E} = \mathbf{E}^T$) und *positiv definit* ($\boldsymbol{\varepsilon}^T\, \mathbf{E}\, \boldsymbol{\varepsilon} > 0$) ist, sind die beiden Skalare der inneren Wechselwirkungsenergie in (3.66a, b) identisch:

$$W_{i\,1,2} = \int\limits_V \boldsymbol{\varepsilon}_1^T \cdot \mathbf{E} \cdot \boldsymbol{\varepsilon}_2\, dV = \int\limits_V \boldsymbol{\varepsilon}_2^T \cdot \mathbf{E} \cdot \boldsymbol{\varepsilon}_1\, dV = W_{i\,2,1} \; . \tag{3.67}$$

Hieraus folgt erneut im Hinblick auf (3.66a, b) der Satz von BETTI:

Satz: Die äußere Wechselwirkungsenergie eines Kraftgrößensystems auf den Deformationen eines zweiten entspricht derjenigen der Kraftgrößen des zweiten auf den Deformationen des ersten:

$$W_{a\,1,2} = \int\limits_V \mathbf{p}_1^T\, \mathbf{u}_2\, dV + \int\limits_S \mathbf{t}_1^T\, \mathbf{r}_2\, dS = \int\limits_V \mathbf{p}_2^T\, \mathbf{u}_1\, dV + \int\limits_S \mathbf{t}_2^T\, \mathbf{r}_1\, dS = W_{a\,2,1} \; . \tag{3.68}$$

Dieser Satz von BETTI sowie seine Spezialisierung durch MAXWELL (siehe [Krätzig 1995]) stellt eine außerordentlich weitreichende Symmetrieaussage für elastische Strukturen dar. In den beiden Büchern Tragwerke 1 und 2 wurden viele Anwendungen auf Stabwerke behandelt, so daß wir uns hier weitere Beispiele ersparen können.

Schreiben wir abschließend den Satz von BETTI (3.68) folgendermaßen um:

$$-\int\limits_V (\mathbf{u}_1^T\, \mathbf{p}_2 - \mathbf{u}_2^T\, \mathbf{p}_1)\, dV = \int\limits_S (\mathbf{r}_1^T\, \mathbf{t}_2 - \mathbf{r}_2^T\, \mathbf{t}_1)\, dS \tag{3.69a}$$

und substituieren hierin für die beiden Lastspalten des linken Integrals

$$-\mathbf{p}_1 = \mathbf{D}_e\, \mathbf{E}\, \mathbf{D}_k \cdot \mathbf{u}_1 \; , \quad -\mathbf{p}_2 = \mathbf{D}_e\, \mathbf{E}\, \mathbf{D}_k \cdot \mathbf{u}_2 \tag{3.69b}$$

die LAMÉ-NAVIERschen Fundamentalgleichungen (2.4a), so gewinnt man mit

$$\int\limits_V (\mathbf{u}_1^T \cdot \mathbf{D}_e\, \mathbf{E}\, \mathbf{D}_k \cdot \mathbf{u}_2 - \mathbf{u}_2^T \cdot \mathbf{D}_e\, \mathbf{E}\, \mathbf{D}_k \cdot \mathbf{u}_1)\, dV = \int\limits_S (\mathbf{r}_1^T\, \mathbf{t}_2 - \mathbf{r}_2^T\, \mathbf{t}_1)\, dS \tag{3.69c}$$

eine Adjungiertheitsaussage (3.7) für den jeweils gleichen Operator $\mathbf{D}_e\, \mathbf{E}\, \mathbf{D}_k$: Man sagt, dieser LAMÉ-NAVIERsche Fundamentaloperator sei *selbstadjungiert*, woraus wichtige festkörpermechanische Eigenschaften folgen, wie Symmetrie und positive Definitheit seiner diskreten Transformationen, die Ortho-Normiertheit seiner Eigenvektoren und vieles mehr.

3.6 Die erweiterten Variationsprinzipe

Die Variationsprinzipe $\Pi = \Pi\,(\mathbf{u},\,\boldsymbol{\varepsilon}) = \min$ (3.54a, b) und $\hat{\Pi} = \hat{\Pi}\,(\boldsymbol{\sigma}) = \min$ (3.58a, b) unterliegen den dort angegebenen Nebenbedingungen. Bei dem letzteren Variationsprinzip bestehen diese aus den Gleichgewichtsbedingungen $\mathbf{D}_e\,\boldsymbol{\sigma} = -\mathbf{p}$ sowie den Kraftgrößen-Randbedingungen $\boldsymbol{\sigma}\,(l) = \overset{\circ}{\boldsymbol{\sigma}}$. Die Erfüllung der Gleichgewichtsbedingungen verursacht bei der Interpolation der Kraftvariablen erhebliche Schwierigkeiten, wodurch die Anwendung dieses Variationsprinzipes für Finite-Element-Anwendungen stark eingeschränkt wird. Im Gegensatz hierzu gestatten die kinematischen Beziehungen $\boldsymbol{\varepsilon} = \mathbf{D}_k\,\mathbf{u}$ eine leichte Elimination der Verzerrungen $\boldsymbol{\varepsilon}$ aus dem Variationsprinzip $\Pi = \min$, weshalb das Funktional Π in Wirklichkeit nur die Verschiebungen $\mathbf{u}$ als zu variierende Argumentfunktionen enthält. Diese unterliegen lediglich den Weggrößen-Randbedingungen $\mathbf{u}\,(0) = \overset{\circ}{\mathbf{u}}$, die man auf Ebene der finiten Elemente leicht berücksichtigen kann. Dies erklärt die verbreitete Verwendung dieses Variationsprinzips zur Entwicklung sogenannter Weggrößenmodelle, dem Thema des Kapitels 5.

Unter Verwendung der LAGRANGE-*Multiplikatorenmethode* können die oben erwähnten Variationsprinzipe von ihren Nebenbedingungen befreit werden. Die hieraus resultierenden Variationsprinzipe werden in der Literatur als *erweiterte* oder *gemischte Variationsprinzipe* bezeichnet. Die LAGRANGE-Multiplikatorenmethode besteht darin, die jeweiligen Nebenbedingungen – nach Erweiterung mit geeigneten LAGRANGE-Multiplikatoren – in die ursprünglichen Funktionale einzuführen. Die Multiplikatoren sind ihrerseits derart zu wählen, daß deren Produkt mit den zu beseitigenden Nebenbedingungen Arbeitsausdrücke im Sinne konjugierter Variablen definiert.

Im folgenden werden die HU-WASHIZU sowie HELLINGER-REISSNER Funktionale vorgestellt, deren Herleitung durch Erweiterung des Funktionals $\Pi = \Pi\,(\boldsymbol{\varepsilon},\,\mathbf{u})$ bzw. $\hat{\Pi} = \hat{\Pi}\,(\boldsymbol{\sigma})$ erfolgt. Bei der Finite-Element Umsetzung von Schubverzerrungstheorien kommt den beiden erweiterten Funktionalen große Bedeutung zu. Sie dienen zur Beseitigung der durch die transversalen Schubverzerrungen verursachten numerischen Schwierigkeiten, welche bei reinen Weggrößenmodellen auf der Basis des Variationsprinzipes $\Pi = \min$ entstehen.

Die folgenden Herleitungen werden wieder am Beispiel des Normalkraft-Stabes (Bild 3.4) vorgenommen und auf das Scheibentragwerk (Bild 3.5) sowie den allgemeinen Modellraum V, S übertragen.

3.6.1 Erweiterte Funktionale auf der Basis $\Pi\,(\mathbf{u},\,\boldsymbol{\varepsilon})$

Den Ausgangspunkt der Herleitung bildet das Prinzip vom Minimum des Gesamtpotentials (3.54a)

$$\Pi = \Pi\,(\mathbf{u},\,\boldsymbol{\varepsilon}) = \min$$

$$= \frac{1}{2}\int_0^l \boldsymbol{\varepsilon}^T\,\mathbf{E}\,\boldsymbol{\varepsilon}\,dx - \int_0^l \mathbf{p}^T\,\mathbf{u}\,dx - \overset{\circ}{\boldsymbol{\sigma}}^T\,\mathbf{u}(l)\;, \tag{3.70a}$$

worin die zu variierenden Argumente $\mathbf{u}$ und $\boldsymbol{\varepsilon}$

$$\textit{den kinematischen Beziehungen:} \qquad \boldsymbol{\varepsilon} = \mathbf{D}_k\,\mathbf{u} \qquad\qquad (3.70\text{b})$$

$$\textit{sowie den Weggrößen-Randbedingungen:} \quad \mathbf{u}(0) = \overset{\circ}{\mathbf{u}} \qquad\qquad (3.70\text{c})$$

unterliegen. Unter Verwendung der Lagrange-Multiplikatorenmethode mit den Schnittgrößen $\boldsymbol{\sigma}$ als Faktoren kann dieses Variationsproblem von den beiden Nebenbedingungen (3.70b, c) befreit werden. Es entsteht das *Variationsprinzip von* Hu-Washizu

$$I_W = I_W\,(\mathbf{u}, \boldsymbol{\varepsilon}, \boldsymbol{\sigma}) = \text{stat}$$

$$= \frac{1}{2}\int_0^l \boldsymbol{\varepsilon}^T\,\mathbf{E}\,\boldsymbol{\varepsilon}\,dx \;-\int_0^l \mathbf{p}^T\,\mathbf{u}\,dx - \overset{\circ}{\boldsymbol{\sigma}}{}^T\,\mathbf{u}(l)$$

$$-\int_0^l \boldsymbol{\sigma}^T\,(\boldsymbol{\varepsilon} - \mathbf{D}_k\,\mathbf{u})\,dx + \boldsymbol{\sigma}^T(0)\,(\mathbf{u}(0) - \overset{\circ}{\mathbf{u}})$$

$$= \frac{1}{2}\int_0^l EA\,\varepsilon^2\,dx - \int_0^l p_x\,u\,dx - \overset{\circ}{N}\,u(l)$$

$$-\int_0^l N\,(\varepsilon - u')\,dx + N\,[u(0) - \overset{\circ}{u}]\;, \qquad\qquad (3.71)$$

in welchem die ursprünglichen Variablen $\mathbf{u}, \boldsymbol{\varepsilon}$ sowie die als Lagrange-Parameter gewählten Schnittkräfte $\boldsymbol{\sigma}$ unabhängig voneinander variiert werden dürfen. Bildet man durch Variation aller Argumente $\mathbf{u}, \boldsymbol{\varepsilon}$ und $\boldsymbol{\sigma}$ dessen Extremalbedingung

$$\delta I_W = \int_0^l \boldsymbol{\varepsilon}^T\,\mathbf{E}\,\delta\boldsymbol{\varepsilon}\,dx - \int_0^l \delta\mathbf{u}^T\,\mathbf{p}\,dx - \int_0^l \delta\boldsymbol{\sigma}^T\,(\boldsymbol{\varepsilon} - \mathbf{D}_k\,\mathbf{u})\,dx - \int_0^l \boldsymbol{\sigma}^T\,(\delta\boldsymbol{\varepsilon} - \mathbf{D}_k\,\delta\mathbf{u})\,dx$$

$$- \delta\mathbf{u}^T(l)\,\overset{\circ}{\boldsymbol{\sigma}} + \delta\boldsymbol{\sigma}^T(0)\,(\mathbf{u}(0) - \overset{\circ}{\mathbf{u}}) + \boldsymbol{\sigma}^T(0)\,\delta\mathbf{u}(0)\;, \qquad (3.72\text{a})$$

berücksichtigt dabei die Kopplung

$$\int_0^l \boldsymbol{\sigma}^T\,\mathbf{D}_k\,\delta\mathbf{u}\,dx = -\int_0^l \delta\mathbf{u}^T\,\mathbf{D}_e\,\boldsymbol{\sigma}\,dx + \boldsymbol{\sigma}^T(l)\,\delta\mathbf{u}(l) - \boldsymbol{\sigma}^T(0)\,\delta\mathbf{u}(0) \qquad (3.72\text{b})$$

entsprechend (3.31), so erhält man:

$$\delta I_W = -\int_0^l \left[\delta\mathbf{u}^T\,(\mathbf{D}_e\,\boldsymbol{\sigma} + \mathbf{p}) + \delta\boldsymbol{\sigma}^T(\boldsymbol{\varepsilon} - \mathbf{D}_k\,\mathbf{u}) + \delta\boldsymbol{\varepsilon}^T\,(\boldsymbol{\sigma} - \mathbf{E}\,\boldsymbol{\varepsilon}) \right] dx$$

$$+ \delta\mathbf{u}^T(l)\,(\boldsymbol{\sigma}^T(l) - \overset{\circ}{\boldsymbol{\sigma}}) + \delta\boldsymbol{\sigma}^T(0)\,(\mathbf{u}(0) - \overset{\circ}{\mathbf{u}})\;. \qquad (3.73)$$

Hieraus geht hervor:

Satz: *Die* EULER*schen Gleichungen des* HU-WASHIZU *Variationsprinzips sind die Gleichgewichtsbedingungen (3.9a), die kinematischen Beziehungen (3.9b) sowie die Werkstoffgleichungen (3.9c); seine natürlichen Randbedingungen umfassen die Kraft- und Weggrößenrandbedingungen (3.10a, b).*

Beispiel: Wir betrachten den Kragträger auf Bild 3.18 unter einer Linienlast $p_z(x)$ sowie den Endeinwirkungen $\overset{\circ}{Q}$ und $\overset{\circ}{M}$. Die Einspannstelle sei den vorgegebenen Verformungen $\overset{\circ}{w}$ und $\overset{\circ}{\varphi}$ ausgesetzt. Unter Verwendung der Variablen aus Bild 2.4 – gültig für die Schubverzerrungstheorie – lautet für dieses Tragwerk das HU-WASHIZU Prinzip:

$$I_W = I_W (w, \varphi, \gamma, \kappa, M, Q) = \text{stat}$$

$$= \frac{1}{2} \int_0^l (EI \kappa^2 + GA_Q \gamma^2) \, dx - \int_0^l p_z \, w \, dx - \overset{\circ}{Q} \, w(l) - \overset{\circ}{M} \, \varphi(l)$$

$$- \int_0^l [M (\kappa - \varphi') + Q (\gamma - \varphi - w')] \, dx + M(0) (\varphi(o) - \overset{\circ}{\varphi}) + Q(0) (w(0) - \overset{\circ}{w}) \ .$$

Die obige Beispielformulierung entstand aus dem Variationsprinzip $\Pi = \min$ durch die Beseitigung aller Nebenbedingungen (3.70b, c) nach der LAGRANGE-Multiplikatorenmethode. Selbstverständlich kann ein Funktional auch nur teilweise von seinen Nebenbedingungen befreit werden. Wird beispielsweise das Funktional $\Pi (\mathbf{u}, \boldsymbol{\varepsilon})$ lediglich von den für die Schubverzerrungen γ gültigen kinematischen Kopplungen $\gamma = \varphi + w'$ befreit, so entsteht das folgende erweiterte Prinzip:

$$I_W^* = I_W^* (w, \varphi, \gamma, Q) = \text{stat}$$

$$= \frac{1}{2} \int_0^l (EI \varphi'^2 + GA_Q \gamma^2) \, dx - \int_0^l p_z \, w \, dx - \overset{\circ}{Q} \, w(l) - \overset{\circ}{M} \, \varphi(l)$$

$$- \int_0^l Q (\gamma - \varphi - w') \, dx \ , \tag{3.74a}$$

in welchem nur die Schubverzerrungsanteile entsprechend dem HU-WASHIZU Funktional (3.71) berücksichtigt sind. Die Weggrößen-Randbedingungen $\mathbf{u}(0) = \overset{\circ}{\mathbf{u}}$, die

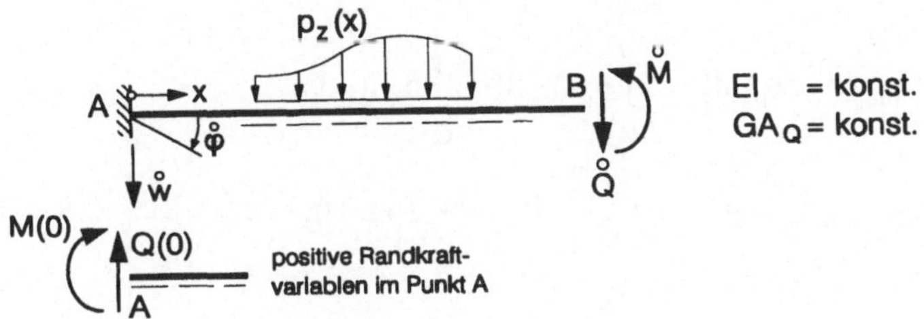

Bild 3.18. Beispiel zur Formulierung der erweiterten Funktionale I_W und I_R

dem neuen Funktional I_W^* als Nebenbedingungen zugeordnet sind, können bei den Finite-Element-Anwendungen leicht erfüllt werden und wurden demnach in der Erweiterung (3.74a) nicht berücksichtigt. Ferner kann es manchmal gelingen, die Argumente des Funktionals I_W^* derart zu interpolieren, daß das letzte Integral in (3.74a) verschwindet. Hierdurch vereinfacht sich (3.74a) zu:

$$I_W^{**} = I_W^{**} (w, \varphi, \gamma) = \text{stat}$$

$$= \frac{1}{2} \int_0^1 (EI\, \varphi'^2 + GA_Q\, \gamma^2)\, dx - \int_0^1 p_z\, w\, dx - \overset{o}{Q}\, w(l) - \overset{o}{M}\, \varphi(l) \ . \tag{3.74b}$$

Dieses neue Funktional mit den Nebenbedingungen $\mathbf{u}(0) = \overset{o}{\mathbf{u}}$ bildet die variations-theoretische Grundlage zur Herleitung von *assumed-strain*-Elementen, verbreitet in der numerischen Umsetzung von Schubverzerrungstheorien.

Beim Einschluß transversaler Schubverzerrungen γ führen die reinen Weggrö-ßenmodelle auf der Basis des Funktionals $\Pi = \Pi\,(\mathbf{u}, \boldsymbol{\varepsilon})$ zu den als *shear locking* bekannten numerischen Schwierigkeiten, insbesondere beim Übergang zu dünnen Strukturen entstehen unbrauchbare Ergebnisse. Assumed strain Modelle bilden eine effektive Maßnahme zur Beseitigung dieses unerwünschten Phänomens [Dvorkin 1984, Stander 1989, Basar 1993]. Das Funktional (3.74b) läßt neben den Weggrößen w, φ die Interpolation der Schubverzerrungen γ zu. Die variationstheo-retische Voraussetzung für dessen Anwendung [Simo 1986] ist allerdings das Verschwinden des letzten Integrals in (3.74a):

$$\int_0^1 Q\,(\gamma - \varphi - w')\, dx \ . \tag{3.74c}$$

Betrachtet man abschließend das Scheibentragwerk aus Bild 3.5, so lautet das Hu-Washizu Variationsprinzip wie folgt:

$$I_W = I_W\,(\mathbf{u}, \boldsymbol{\varepsilon}, \boldsymbol{\sigma}) = \text{stat}$$

$$= \frac{1}{2} \iint_F \boldsymbol{\varepsilon}^T\, \mathbf{D}\, \mathbf{E}\, \boldsymbol{\varepsilon}\, dF - \iint_F \mathbf{u}^T\, \mathbf{p}\, dF - \int_{C_t} \mathbf{u}^T\, \overset{o}{\boldsymbol{\sigma}}_r\, ds$$

$$- \iint_F \boldsymbol{\sigma}^T\, [\boldsymbol{\varepsilon} - \mathbf{D}_k\, \mathbf{u}]\, dF - \int_{C_r} \boldsymbol{\sigma}_r^T\, [\mathbf{u} - \overset{o}{\mathbf{u}}]\, ds$$

$$= \frac{1}{2} \iint_F D\, H_{\alpha\beta\rho\lambda}\, \varepsilon_{\alpha\beta}\, \varepsilon_{\rho\lambda}\, dF - \iint_F p_\alpha\, u_\alpha\, dF - \int_{C_t} \overset{o}{n}_\alpha\, u_\alpha\, ds$$

$$- \iint_F n_{\alpha\beta} \left[\varepsilon_{\alpha\beta} - \frac{1}{2}\,(u_{\alpha,\beta} + u_{\beta,\alpha}) \right] dF - \int_{C_r} n_\alpha\, [u_\alpha - \overset{o}{u}_\alpha]\, ds \ . \tag{3.75a}$$

Bei der Anwendung dieses Variationsprinzips sind die Randkräfte n_α entsprechend $n_\alpha = n_{\beta\alpha}\, \nu_\beta$ durch die Dehnkräfte $n_{\alpha\beta}$ auszudrücken, bei Gültigkeit der Summationsvorschrift über doppelt auftretende Indizes. Die in (3.75a) angegebene Operatorformulierung kann unter Verwendung der in Bild 3.1 zusammengefaßten Bezeichnungen erneut auf den allgemeinen Modellraum V, S der Abschnitte 3.1 übertragen werden. Mit

$$I_W = I_W (\mathbf{u}, \boldsymbol{\varepsilon}, \boldsymbol{\sigma}) = \text{stat}$$

$$= \frac{1}{2} \int\limits_V \boldsymbol{\varepsilon}^T \mathbf{E} \, \boldsymbol{\varepsilon} \, dF - \int\limits_V \mathbf{u}^T \mathbf{p} \, dV - \int\limits_{S_t} \mathbf{r}^T \overset{\circ}{\mathbf{t}} \, dS$$

$$- \int\limits_V \boldsymbol{\sigma}^T [\boldsymbol{\varepsilon} - \mathbf{D}_k \, \mathbf{u}] \, dV - \int\limits_{S_r} \mathbf{t}^T [\mathbf{r} - \overset{\circ}{\mathbf{r}}] \, dS \qquad (3.75b)$$

erhält man eine zu (3.75a) fast identische Form, die nunmehr auf alle weiteren Strukturmodelle anwendbar ist.

Beispiel: Die äquivalenten Bedingungen des Variationsprinzips (3.74a) unter den Weggrößen-Randbedingungen $w(0) = \overset{\circ}{w}$ und $\varphi(0) = \overset{\circ}{\varphi}$ sollen hergeleitet werden.

Mit dem Biegemoment $M = EI \cdot \varphi'$ als Abkürzung lautet die Extremalbedingung:

$$\delta I_W^* = \int\limits_0^l M \, \delta\varphi' \, dx - \int\limits_0^l p_z \, \delta w \, dx + \int\limits_0^l (GA_Q \, \gamma - Q) \, \delta\gamma \, dx$$

$$- \int\limits_0^l \delta Q \, (\gamma - \varphi - w') \, dx + \int\limits_0^l Q \, \delta\varphi \, dx + \int\limits_0^l Q \, \delta w' \, dx - \overset{\circ}{Q} \, \delta w(l) - \overset{\circ}{M} \, \delta\varphi(l) = 0 \, .$$

Es gilt:

$$\int\limits_0^l Q \, \delta w' \, dx = Q(l) \, \delta w(l) - \int\limits_0^l Q' \, \delta w \, dx \, ,$$

$$\int\limits_0^l M \, \delta\varphi' \, dx = M(l) \, \delta\varphi(l) - \int\limits_0^l M' \, \delta\varphi \, dx \, ,$$

worin $\delta w(0) = \delta\varphi(0) = 0$ – infolge der vorgegebenen Randbedingungen in $x = 0$ – berücksichtigt wurden. Damit folgt:

$$\delta I_W^* = - \int\limits_0^l \Big[(M' - Q) \, \delta\varphi + (p_z + Q') \, \delta w \Big] dx - \int\limits_0^l [\gamma - \varphi - w'] \, \delta Q \, dx$$

$$+ \int\limits_0^l [GA_Q \, \gamma - Q] \, \delta\gamma \, dx + \delta\varphi(l) \, [M(l) - \overset{\circ}{M}] + \delta w(l) \, [Q(l) - \overset{\circ}{Q}] = 0 \, ,$$

woraus die gesuchten äquivalenten Bedingungen zu entnehmen sind.

3.6.2 Erweiterte Funktionale auf der Basis $\hat{\Pi} \, (\sigma)$

Analog zu der im vorigen Abschnitt erläuterten Vorgehensweise kann auch das Prinzip vom Minimum des konjugierten Gesamtpotentials (3.58a)

$$\hat{\Pi} = \hat{\Pi}(\sigma) = \min$$

$$= \frac{1}{2}\int_0^1 \sigma^T E^{-1}\, \sigma\, dx + \overset{o}{u}^T \sigma(0)$$

$$= \frac{1}{2}\int_0^1 \frac{N^2}{EA}\, dx \qquad + \overset{o}{u}\, N(0) \tag{3.76a}$$

von seinen beiden Nebenbedingungen,

$$\textit{den Gleichgewichtsbedingungen:} \qquad \mathbf{D}_e\, \sigma = -\mathbf{p} \tag{3.76b}$$

$$\textit{sowie den Kräfte-Randbedingungen:} \quad \sigma(1) = \overset{o}{\sigma}\ , \tag{3.76c}$$

befreit werden. Das hieraus resultierende nebenbedingungsfreie Variationsprinzip

$$I_H = I(\sigma, \mathbf{u}) = \text{stat}$$

$$= \frac{1}{2}\int_0^1 \sigma^T E^{-1}\, \sigma\, dx + \overset{o}{u}^T \sigma(0) + \int_0^1 \mathbf{u}^T (\mathbf{D}_e\, \sigma + \mathbf{p})\, dx - \mathbf{u}^T(1)\, (\sigma(1) - \overset{o}{\sigma})$$

$$= \frac{1}{2}\int_0^1 \frac{N^2}{EA}\, dx \qquad + \overset{o}{u}\, N(0) \ + \int_0^1 u\, (N' + p_x)\, dx \qquad - u(1)\, (N(1) - \overset{o}{N}) \tag{3.77}$$

– gelegentlich mit dem Namen Hu [Hu 1955] verknüpft – gestattet die unabhängige Variation der Schnittkräfte σ sowie der Verschiebungen $\mathbf{u}$.

Eine zu (3.77) äquivalente Variationsformulierung mit größerer praktischer Bedeutung stellt das HELLINGER-REISSNER-Prinzip [Hellinger 1914, Reissner 1950] dar, worin die gleichen Variablen σ und $\mathbf{u}$ wie in dem Funktional I_H als unabhängige Argumente auftreten. Das HELLINGER-REISSNER Funktional läßt sich aus (3.77) gewinnen, indem man das von $\mathbf{D}_e\, \sigma$ abhängige Integral unter Verwendung der zu (3.72b) analogen Verknüpfung

$$\int_0^1 \mathbf{u}^T \mathbf{D}_e\, \sigma\, dx = -\int_0^1 \sigma^T \mathbf{D}_k \mathbf{u}\, dx + \sigma^T(1)\, \mathbf{u}(1) - \sigma^T(0)\, \mathbf{u}(0) \tag{3.78}$$

umformt. Dies führt auf

$$I_R = I_R(\sigma, \mathbf{u}) = \text{stat}$$

$$= \frac{1}{2}\int_0^1 \sigma^T E^{-1}\, \sigma\, dx - \int_0^1 \sigma^T \mathbf{D}_k\, \mathbf{u}\, dx + \int_0^1 \mathbf{p}^T \mathbf{u}\, dx + \overset{o}{\sigma}^T \mathbf{u}(1) - \sigma^T(0)\, [\mathbf{u}(0) - \overset{o}{\mathbf{u}}]$$

$$= \frac{1}{2}\int_0^1 \frac{N^2}{EA}\, dx - \int_0^1 N\, u'\, dx + \int_0^1 p_x\, u\, dx + \overset{o}{N}\, u(1) - N(0)\, [u(0) - \overset{o}{u}]\ . \tag{3.79}$$

Überführt man (3.77) und (3.79) nach bekanntem Vorgehen in ihre äquivalenten Bedingungen, so läßt sich folgendes feststellen:

Satz: Hu-*Prinzip (3.77) und* Hellinger-Reissner-*Prinzip (3.79) mit den unabhängigen Argumenten* $\boldsymbol{\sigma}$ *und* $\mathbf{u}$ *stellen die automatische Erfüllung*

$$\text{der zusammengesetzten Werkstoffgleichungen:} \quad \mathbf{E}^{-1}\,\boldsymbol{\sigma} = \boldsymbol{\varepsilon} = \mathbf{D}_k\,\mathbf{u}, \quad (3.80a)$$

$$\text{der Gleichgewichtsbedingungen:} \quad \mathbf{D}_e\,\boldsymbol{\sigma} = -\mathbf{p} \quad (3.80b)$$

sowie aller vorgegebenen Randbedingungen $\mathbf{u}(0) = \overset{\circ}{\mathbf{u}}$ *und* $\boldsymbol{\sigma}(l) = \overset{\circ}{\boldsymbol{\sigma}}$ *sicher.*

Als Anwendungsbeispiel knüpfen wir noch kurz an den Kragträger aus Bild 3.18 mit den vorgegebenen Endeinwirkungen $\mathbf{u}(0) = \overset{\circ}{\mathbf{u}}$ und $\boldsymbol{\sigma}(l) = \overset{\circ}{\boldsymbol{\sigma}}$ an. Im Rahmen der Schubverzerrungstheorie lautet hierfür das Hellinger-Reissner Prinzip:

$$I_R = I_R\,(Q, M, w, \varphi) = \text{stat}$$

$$= \frac{1}{2}\int_0^l \left(\frac{M^2}{EI} + \frac{Q^2}{GA_Q}\right)dx - \int_0^l [M\,\varphi' + Q\,(\varphi + w')]\,dx$$

$$+ \int_0^l p_z\,w\,dx + \overset{\circ}{M}\,\varphi(l) + \overset{\circ}{Q}\,w(l) - M(0)\,[\varphi(0) - \overset{\circ}{\varphi}] - Q(0)\,[w(0) - \overset{\circ}{w}]\ ,$$

$$(3.81a)$$

worin die Schnittgrößen Q, M und die Weggrößen w, φ unabhängig voneinander variierbar sind. Unter Berücksichtigung der kinematischen Kopplung $\gamma = \varphi + w'$ läßt sich das Prinzip (3.81a) in die Form

$$I_R^* = I_R^*\,(Q, M, w, \varphi, \gamma) = \text{stat}$$

$$= \frac{1}{2}\int_0^l \left(\frac{M^2}{EI} + \frac{Q^2}{GA_Q}\right)dx - \int_0^l (M\,\varphi' + Q\,\gamma)\,dx + \int_0^l p_z\,w\,dx$$

$$+ \int_0^l Q\,[\gamma - (\varphi + w')]\,dx + \overset{\circ}{M}\,\varphi(l) + \overset{\circ}{Q}\,w(l)$$

$$- M(0)\,[\varphi(0) - \overset{\circ}{\varphi}] - Q(0)\,[w(0) - \overset{\circ}{w}] \quad (3.81b)$$

überführen, welche neben den ursprünglichen Variablen auch die Schubdeformation γ als unabhängiges Argument enthält. Bei den Finite-Element-Anwendungen können die Weggrößen-Randbedingungen leicht erfüllt werden und so in (3.81b) die letzten beiden Terme unterdrückt werden. Gelingt es weiter, das Integral

$$\int_0^l Q\,[\gamma - (\varphi + w')]\,dx \quad (3.81c)$$

durch geeignete Interpolation der betreffenden Variablen zu entfernen, so verbleibt aus (3.81b):

$$I_R^{**} = I_R^{**}(Q, M, w, \varphi, \gamma) = \text{stat}$$

$$= \frac{1}{2}\int_0^l \left(\frac{M^2}{EI} + \frac{Q^2}{GA_Q}\right) dx - \int_0^l (M\,\varphi' + Q\,\gamma)\, dx + \int_0^l p_z\, w\, dx$$

$$+ \overset{o}{M}\,\varphi(l) + \overset{o}{Q}\,w(l)\ . \tag{3.81d}$$

Unter Verwendung des Variationsprinzips (3.81d) lassen sich gemischte finite Elemente herleiten, in welchen die Schubverzerrungen γ nach dem assumed-strain-Konzept interpoliert werden. Derartige Modelle mit besserer Leistungsfähigkeit als die reinen gemischten Modelle auf der Grundlage des ursprünglichen Variationsprinzips (3.81a) wurden in jüngerer Zeit für Schalentragwerke entwickelt [Menzel 1996].

Abschließend soll das HELLINGER-REISSNER Variationsprinzip (3.79) auf zweidimensionale Strukturen verallgemeinert werden. Für das Scheibentragwerk des Bildes 3.5 gewinnt man unter Verwendung der Spaltenvektoren (3.11a) bis (3.11c) in der Indexschreibweise:

$$I_R = I_R(\boldsymbol{\sigma}, \mathbf{u}) = \text{stat}$$

$$= \frac{1}{2}\iint_F \boldsymbol{\sigma}^T \frac{1}{D}\, \mathbf{E}^{-1}\, \boldsymbol{\sigma}\, dF - \iint_F \boldsymbol{\sigma}^T \mathbf{D}_k\, \mathbf{u}\, dF + \iint_F \mathbf{p}^T \mathbf{u}\, dF$$

$$+ \int_{C_t} \overset{o}{\boldsymbol{\sigma}}_r^T\, \mathbf{u}\, ds + \int_{C_r} \boldsymbol{\sigma}_r^T\, (\mathbf{u} - \overset{o}{\mathbf{u}})\, ds$$

$$= \frac{1}{2}\iint_F \frac{G_{\alpha\beta\rho\lambda}}{D}\, n_{\alpha\beta}\, n_{\rho\lambda}\, dF - \iint_F n_{\alpha\beta}\, \frac{1}{2}(u_{\alpha,\beta} + u_{\beta,\alpha})\, dF + \iint_F p_\alpha\, u_\alpha\, dF$$

$$+ \int_{C_t} \overset{o}{n}_\alpha\, u_\alpha\, ds + \int_{C_r} n_\alpha\, (u_\alpha - \overset{o}{u}_\alpha)\, ds\ . \tag{3.82a}$$

Die hierin auftretenden Elastizitätskoeffizienten $G_{\alpha\beta\rho\lambda}$ sind in (A3.49) definiert. Es sei bemerkt, daß die Randkräfte n_α den Transformationen $n_\alpha = n_{\beta\alpha}\, v_\beta$ unterliegen, worin $\mathbf{v} = v_\beta\, \mathbf{i}_\beta$ die Normale der Randkurve C darstellt. Die Übertragung des HELLINGER-REISSNER-Prinzips in den verallgemeinerten Modellraum V, S liefert mit den Bezeichnungen des Bildes 3.1:

$$I_R = I_R(\boldsymbol{\sigma}, \mathbf{u}) = \text{stat}$$

$$= \frac{1}{2}\int_V \boldsymbol{\sigma}^T \mathbf{E}^{-1}\, \boldsymbol{\sigma}\, dV - \int_V \boldsymbol{\sigma}^T \mathbf{D}_k\, \mathbf{u}\, dV + \int_V \mathbf{p}^T \mathbf{u}\, dV$$

$$+ \int_{S_i} \overset{o}{\mathbf{t}}^T\, \mathbf{r}\, dS + \int_{S_i} \mathbf{t}^T (\mathbf{r} - \overset{o}{\mathbf{r}})\, dS\ . \tag{3.82b}$$

Hieran anknüpfend betrachten wir nun ein schubweiches Plattentragwerk mit (3.17a, b) entsprechenden Randbedingungen, für welches das HELLINGER-REISSNER-Prinzip unter Verwendung der Variablen aus Bild 2.20 sowie der Indexschreibweise lautet:

$$I_R = I_R (m_{\alpha\beta}, q_\alpha, w, \omega_\alpha) = \text{stat}$$

$$= \frac{1}{2} \iint_F \left(\frac{G_{\alpha\beta\rho\lambda}}{B} m_{\alpha\beta} m_{\rho\lambda} + \frac{\delta_{\alpha\lambda}}{Gh} q_\alpha q_\lambda \right) dF$$

$$- \iint_F \left[m_{\alpha\beta} \frac{1}{2} (\omega_{\alpha,\beta} + \omega_{\beta,\alpha}) + q_\alpha (\omega_\alpha + w_{,\alpha}) \right] dF$$

$$+ \iint_F p \, w \, dF + \int_{C_t} (\mathring{q} \, w^* + \mathring{m}_\tau \, \Omega_\tau + \mathring{m}_\nu \, \Omega_\nu) \, ds$$

$$+ \int_{C_r} \left[(q^* (w^* - \mathring{w}) + m_\tau (\Omega_\tau - \mathring{\Omega}_\tau) + m_\nu (\Omega_\nu - \mathring{\Omega}_\nu) \right] ds \tag{3.83}$$

Hierin bezeichnet $\delta_{\alpha\lambda}$ das in (A3.11) definierte KRONECKER-Symbol* und

$$Gh = \frac{Eh}{2 (1 + \nu)}$$

die Schubsteifigkeit der Platte. Ferner unterliegen die in den Linienintegralen auftretenden Randvariablen m_τ, m_ν, ... den Kopplungen (2.65b), mit denen man sie in die jeweiligen Feldvariablen transformieren kann.

Eine (3.81d) entsprechende Modifikation des Funktionals I_R kann auch für schubweiche Platten nützlich sein. Unter Berücksichtigung der kinematischen Kopplungen $\gamma_\alpha = w_{,\alpha} + \omega_\alpha$ für die Schubverzerrungen γ_α erhält man aus (3.83)

$$I_R^{**} = I_R^{**} (m_{\alpha\beta}, q_\alpha, w, \omega_\alpha, \gamma_\alpha) = \text{stat}$$

$$= \frac{1}{2} \iint_F \left(\frac{G_{\alpha\beta\rho\lambda}}{B} m_{\alpha\beta} m_{\rho\lambda} + \frac{\delta_{\alpha\lambda}}{Gh} q_\alpha q_\lambda \right) dF$$

$$- \iint_F \left[m_{\alpha\beta} \frac{1}{2} (\omega_{\alpha,\beta} + \omega_{\beta,\alpha}) + q_\alpha \gamma_\alpha \right] dF + \iint_F p \, w \, dF$$

$$+ \int_{C_t} (\mathring{q} \, w^* + \mathring{m}_\tau \, \Omega_\tau + \mathring{m}_\nu \, \Omega_\nu) \, ds \, , \tag{3.84a}$$

worin nun die γ_α als unabhängige Argumente auftreten. Das Funktional I_R^{**} unterliegt wie seine für Biegestäbe gültige Form (3.81d) den Weggrößen-Randbedin-

---

* LEOPOLD KRONECKER, Mathematiker aus Liegnitz (Schlesien), 1823-1891, wirkte in Berlin, Forschungen zur Algebra und Arithmetik.

gungen. Variationstheoretisch ist seine Anwendung gestattet, wenn analog zu dem bereits behandelten Biegestab das Flächenintegral

$$\iint\limits_{F} q_{\alpha} \left[\gamma_{\alpha} - (\omega_{\alpha} + w_{,\alpha}) \right] dF \tag{3.84b}$$

durch die gewählten Interpolationen zum Verschwinden gebracht werden kann, was Einschränkungen bei der Approximation der Schubverzerrungen γ_{α} erfordert.

3.7 Zusammenfassender Überblick

In diesem Kapitel wurden eine Reihe von Variationsprinzipe hergeleitet, denen bei der Anwendung der direkten Methoden der Variationsrechnung auf finite Elemente eine zentrale Bedeutung zukommt. Den Ausgangspunkt der Herleitungen bildete die Definition der kinematisch zulässigen Deformationen $(\bar{\varepsilon}, \bar{u})$ und der dynamisch zulässigen Kräftezustände $(p, \overset{*}{\sigma})$. Diese unabhängig voneinander existierenden Zustände wurden mittels der partiellen Integration (Stabwerke) oder des Gaussschen Integralsatzes (Flächentragwerke) energetisch miteinander verknüpft: Es entstand der Energiesatz der Mechanik, gültig für beliebige Werkstoffe. Die erwähnten Verknüpfungen führten zugleich auf die formale Adjungiertheit des kinematischen Operators D_k und des Gleichgewichtsoperators D_e, welche jede konsistent formulierte Strukturtheorie kennzeichnet (3.7). Die Identifikation der kinematisch bzw. dynamisch zulässigen Variablen mit den jeweiligen wirklichen Variablenfeldern überführte den Energiesatz in die klassischen Variationsprinzipe: das Prinzip der virtuellen Verschiebungen $(\delta^* W = 0)$ und das Prinzip der virtuellen Kräfte $(\delta^* \hat{W} = 0)$, welche – wie der Energiesatz – für beliebige Materialien gelten.

Im nächsten Herleitungsschritt wurde linear elastisches Materialverhalten postuliert. Damit transformierten sich die klassischen Variationsprinzipe in vollständige Extremalbedingungen $\delta \Pi = 0$ und $\delta^* \hat{\Pi} = 0$, deren zugehörige Funktionale $\Pi = \Pi(u, \varepsilon)$ und $\hat{\Pi} = \hat{\Pi}(\sigma)$ als elastisches bzw. konjugiert-elastisches Gesamtpotential bezeichnet werden. Derartige Funktionale sind grundsätzlich für beliebige elastische Materialien herleitbar, dies erfolgte in der vorliegenden Darstellung jedoch nur am Beispiel des Hookeschen Werkstoffgesetzes.

Der beschriebene Herleitungsgang ist in Bild 3.19 am Beispiel des allgemeinen Modellraumes V, S veranschaulicht. Die linke Seite des Bildes enthält Variationsformulierungen $\delta^* W = 0$ und $\Pi = \min$, deren Herleitung sich an der Definition der kinematisch zulässigen Verformungszustände orientiert. Demgegenüber erkennt man auf der rechten Seite diejenigen Prinzipe $\delta^* \hat{W} = 0$ und $\hat{\Pi} = \min$, welche mit der Definition dynamisch zulässiger Kräftezustände verknüpft sind. Als übergeordnete Formulierung steht in der Mitte der Energiesatz der Mechanik.

Bild 3.20 veranschaulicht die Herleitung der erweiterten Funktionale. Dem Funktional $\Pi = \Pi(u, \varepsilon)$ haften als Nebenbedingungen die kinematischen Beziehungen $\varepsilon = D_k u$ sowie die Weggrößen-Randbedingungen $u = \overset{o}{u}$ längs der Berandung S_r an. Die Befreiung von diesen Restriktionen unter Verwendung der Lagrange-Multiplikatorenmethode transformiert $\Pi(u, \varepsilon)$ in das Funktional $I_W - I_W(u, \varepsilon, \sigma)$

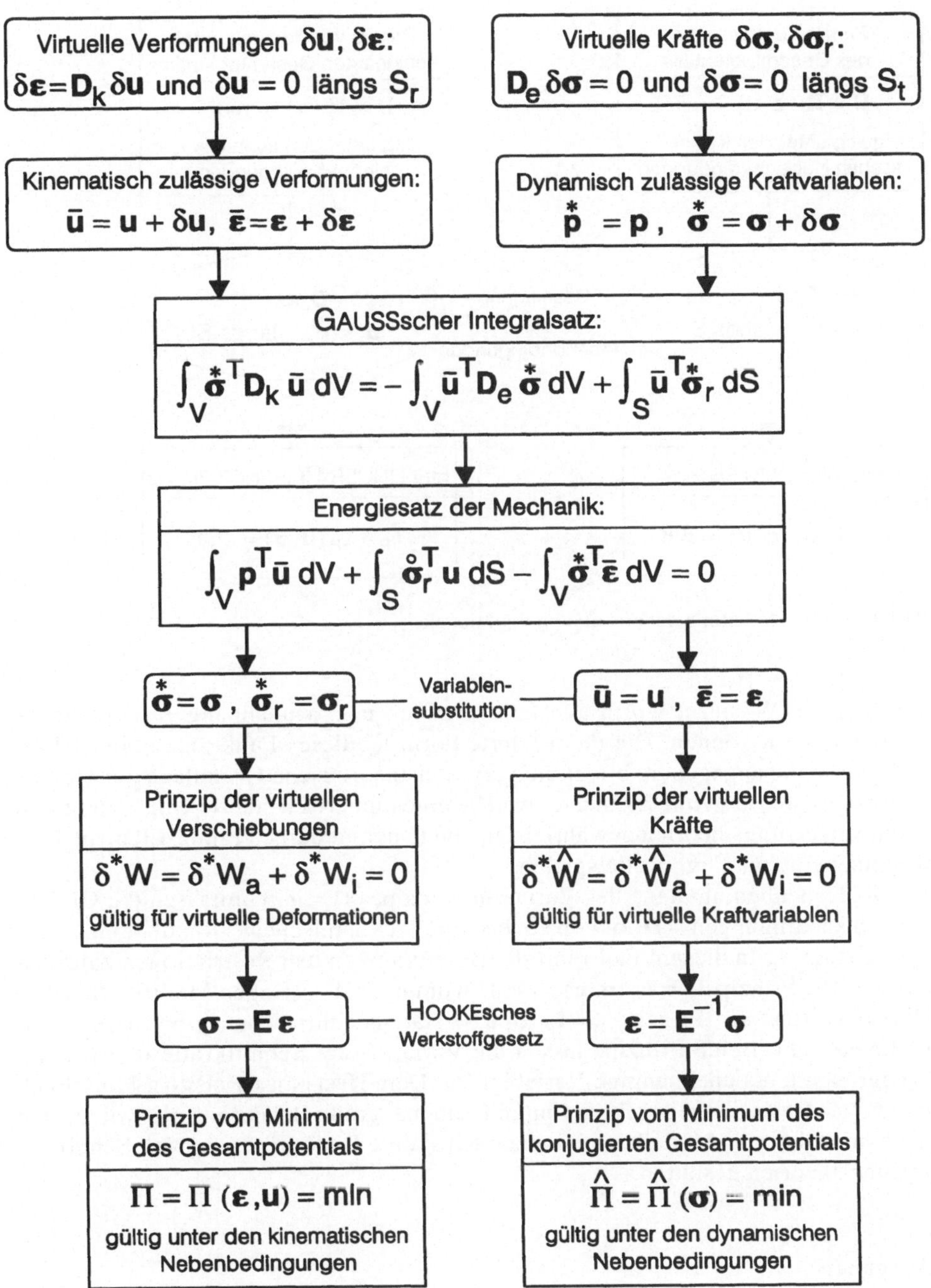

Bild 3.19. Zur Herleitung der Variationsprinzipe mit Nebenbedingungen

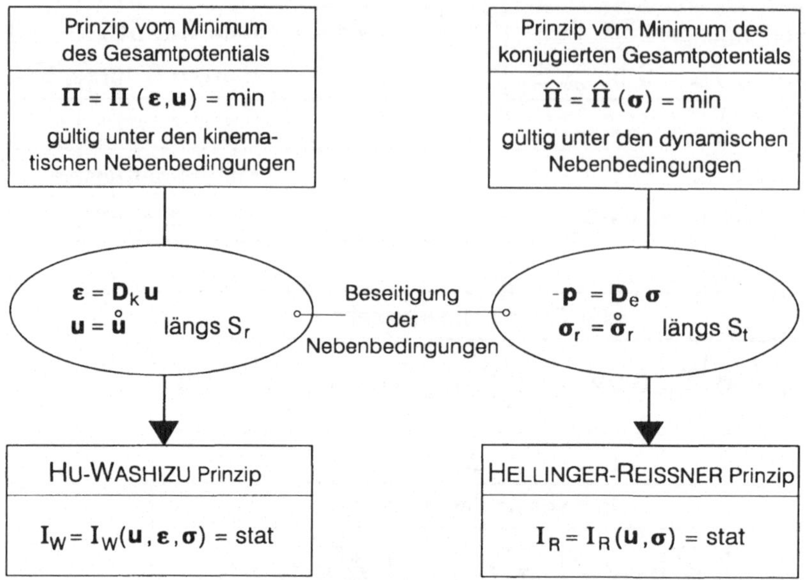

$$\Pi = \Pi\,(\boldsymbol{\varepsilon},\mathbf{u}) = \min$$

$$\hat{\Pi} = \hat{\Pi}\,(\boldsymbol{\sigma}) = \min$$

$$\boldsymbol{\varepsilon} = \mathbf{D}_k\,\mathbf{u}$$
$$\mathbf{u} = \overset{\circ}{\mathbf{u}}$$

$$-\mathbf{p} = \mathbf{D}_e\,\boldsymbol{\sigma}$$
$$\boldsymbol{\sigma}_r = \overset{\circ}{\boldsymbol{\sigma}}_r$$

$$I_W = I_W(\mathbf{u},\boldsymbol{\varepsilon},\boldsymbol{\sigma}) = \text{stat}$$

$$I_R = I_R(\mathbf{u},\boldsymbol{\sigma}) = \text{stat}$$

Bild 3.20. Zur Herleitung der erweiterten Funktionale

vom Typ Hu-Washizu, worin alle Feldvariablen $\mathbf{u}, \boldsymbol{\varepsilon}, \boldsymbol{\sigma}$ unabhängig voneinander variiert werden können. Die modifizierte Form I_W^{**} dieses Funktionals, in (3.74b) für Biegestäbe angegeben, bildet die variationstheoretische Grundlage zur Herleitung der *assumed-strain*-Elemente, welche eine numerisch stabile Umsetzung von Schubverzerrungstheorien gewährleisten und in der modernen Finite-Element-Entwicklung eine wichtige Rolle spielen.

Die Nebenbedingungen des Variationsprinzipes $\hat{\Pi} = \min$ umfassen die Gleichgewichtsbedingungen $\mathbf{D}_e\,\boldsymbol{\sigma} = -\mathbf{p}$ sowie die dynamischen Randbedingungen $\boldsymbol{\sigma}_r = \overset{\circ}{\boldsymbol{\sigma}}_r$ längs S_t. In diesem Fall führt die Befreiung von den Restriktionen zunächst auf das Hu-Prinzip $I_H = I_H\,(\boldsymbol{\sigma}, \mathbf{u}) = \text{stat}$, woraus nach geringer Modifikation das Hellinger-Reissner-Prinzip $I_R = I_R\,(\boldsymbol{\sigma}, \mathbf{u}) = \text{stat}$ als äquivalente Formulierungsvariante entsteht. Beide Prinzipe lassen die Variation der Schnittkräfte $\boldsymbol{\sigma}$ sowie der Weggrößen $\mathbf{u}$ als unabhängige Variablen zu. Dem Hellinger-Reissner Funktional kommt als Basis der gemischten finiten Elemente große Bedeutung zu, welche wie die assumed-strain-Modelle eine numerisch stabile Diskretisierung von Schubverzerrungstheorien gestatten.

Aufgaben

1. Weisen Sie die Adjungiertheit der beiden Feldoperatoren $\mathbf{D}_e$ und $\mathbf{D}_k$ für die Bernoulli-Naviersche Theorie der ebenen Stabbiegung nach.

2. Führen Sie diesen gleichen Nachweis für die Theorie räumlich beanspruchter, schubweicher Stabtragwerke.

3. Formulieren Sie für das Tragwerk in Bild 3.21 mit den äußeren Einwirkungen p, P und φ_A^o die Variationsprinzipe Π = min und $\hat{\Pi}$ = min mit den jeweiligen Nebenbedingungen unter Verwendung der Normalentheorie.

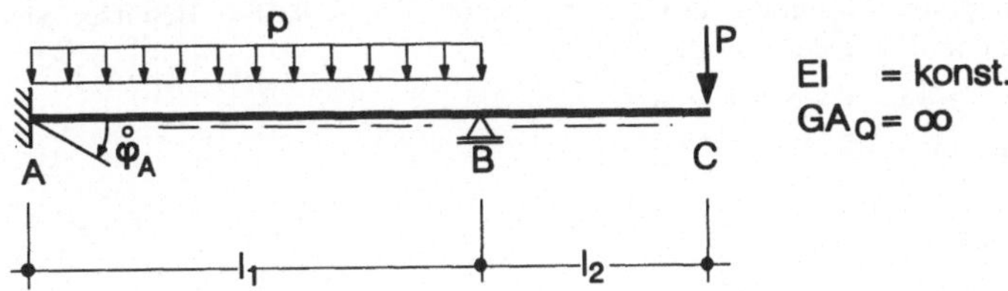

Bild 3.21. Tragwerk zur Aufgabe 3

4. Formulieren Sie für das in Bild 3.22 dargestellte Tragwerk mit den äußeren Einwirkungen

$$p_1 , p_2 , P_B , M_C , \Delta_A \text{ und } \varphi_D$$

das Prinzip vom Minimum des Gesamtpotentials mit seinen Nebenbedingungen unter Verwendung der Normalen- und Schubverzerrungstheorie.

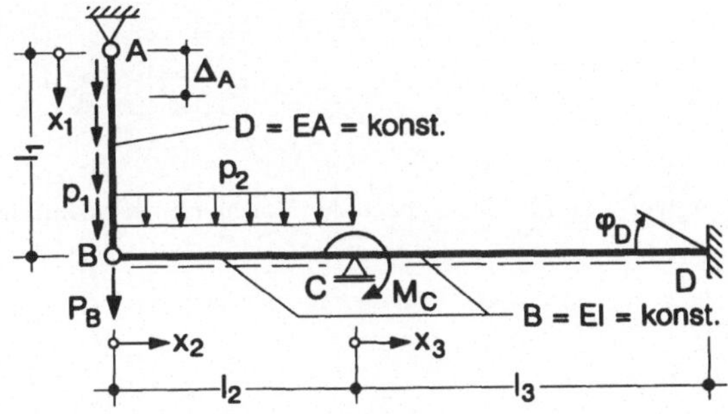

Bild 3.22. Tragwerk zur Aufgabe 4

5. Berechnen Sie die Stabkräfte des auf Bild 3.23 dargestellten Fachwerks unter Verwendung geeigneter Verschiebungsfreiheitsgrade auf der Basis des Variationsprinzipes Π = min. (Beachten Sie die Symmetrieeigenschaften!)

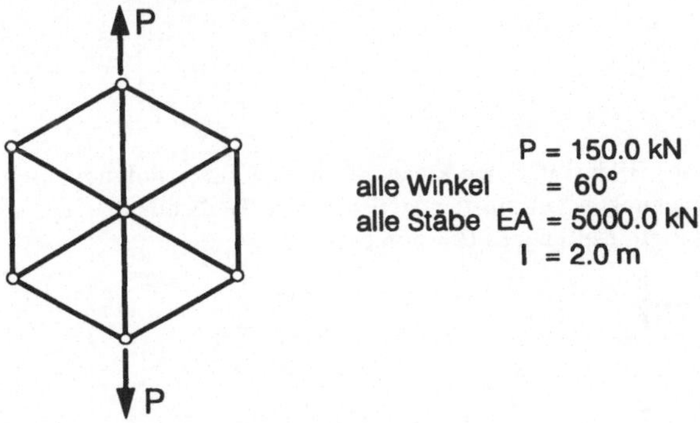

Bild 3.23. Tragwerk zur Aufgabe 5

6. Eine starre Rechteckplatte gemäß Bild 3.24 ist an vier unterschiedlich langen Seilen gerade waagerecht aufgehängt. Die Platte wiegt 20 kN und ist zusätzlich durch eine Einzellast von 10 kN belastet, die auf der Diagonalen in einem Abstand von 1,25 m vom Plattenmittelpunkt angreift. Ermitteln Sie mit dem Prinzip vom Minimum des Gesamtpotentials die Seilkräfte. Benutzen Sie dazu für die Verschiebungen der Platte den Ansatz

$$w\,(x_1, x_2) = a + b\,x_1 + c\,x_2$$

mit den Freiwerten a, b und c.

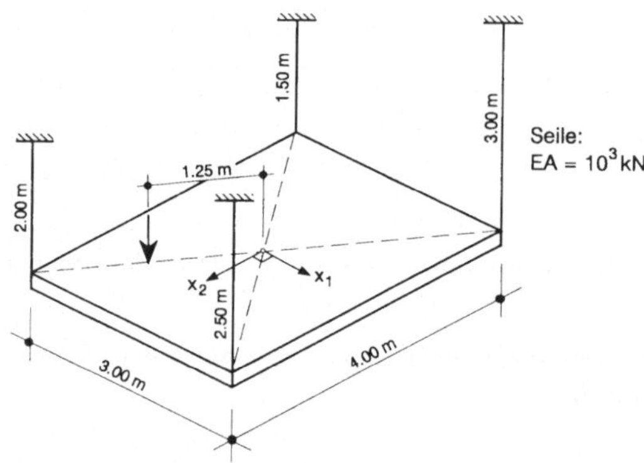

Bild 3.24. Tragwerk zur Aufgabe 6

7. Berechnen Sie die Schnittkräfte des Tragwerks von Bild 3.25 nach der Normalentheorie auf der Basis des Variationsprinzipes $\hat{\Pi}$ = min.

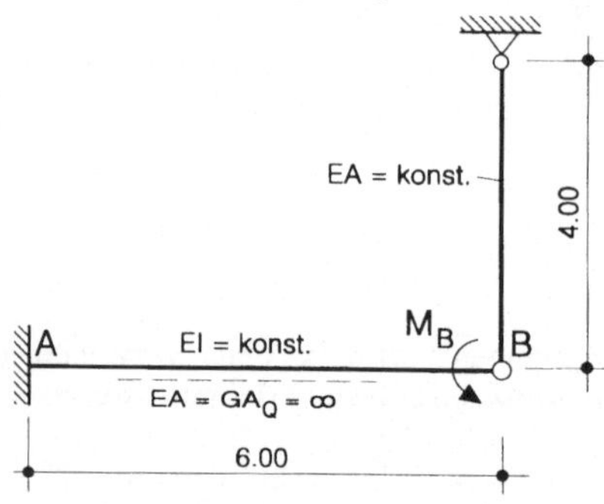

Bild 3.25. Tragwerk zur Aufgabe 7

8. Geben Sie für den Einfeldträger des Bildes 3.26 den kinematisch zulässigen Polynomansatz niedrigster Ordnung für die Durchbiegung w (x) an, der sich für eine Berechnung nach der Normalentheorie auf der Basis des Variationsprinzipes Π = min eignet.

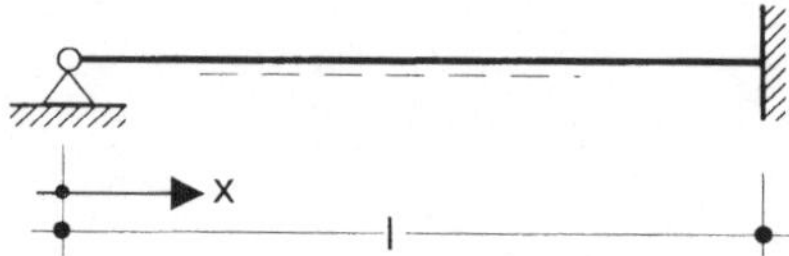

Bild 3.26. Tragwerk zur Aufgabe 8

9. Ein ebenes Flächentragwerk gemäß Bild 3.27 mit eingespannten Rändern AB und AD ist den Lasten $q = q\,(x_1, x_2)$, P = konst und längs der Berandung AD einer vorgegebenen Verschiebung $\Delta = \Delta\,(x_2)$ in x_3-Richtung ausgesetzt. Geben Sie für dieses Tragwerk die Funktionale vom Typ HU-WASHIZU und HELLINGER-REISSNER sowie die zugehörigen äquivalenten Bedingungen an.

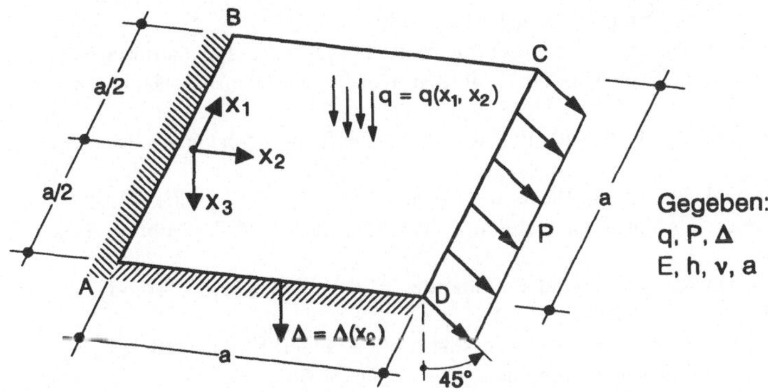

Bild 3.27. Tragwerk zur Aufgabe 9

Literatur

Argyris, J.H., Kelsey, J.: Energy Theorems and Structural Analysis. Butterworths, London 1971

Basar, Y., Krätzig, W.B.: Mechanik der Flächentragwerke. Friedr. Vieweg & Sohn, Braunschweig 1985

Basar, Y., Montag, U., Ding, Y.: On an Isoparametric Finite-Element for Composite Laminates with Finite-Rotations. Computational Mechanics 12 (1993), 329-348

Basar, Y., Ding, Y.: Interlaminar Stress Analysis of Composites: Layer-wise Shell Finite Elements Including Transverse Strains. Composites Engineering 5 (1995), 485-499

Basar, Y., Ding, Y., Schultz, R.: Refined Shear-Deformation Models for Composite Laminates with Finite Rotations. Int. J. Solids Structures 30 (1993), 2611-2638

Bronstein, I.N., Semendjajew, K.A.: Taschenbuch der Mathematik, 23. Auflage. Gemeinschaftsausgabe Verlag Nauka, Moskau, und B.G. Teubner, Leipzig 1987

Bufler, H.: On the Work Theorems for Finite and Incremental Elastic Deformations with Discontinous Fields: A Unified Treatment of Different Versions. Comp. Meths. Appl. Mech. and Eng. 36 (1983), 95-124

Bufler, H.: Variationsgleichungen und Finite Elemente. Verlag der bayerischen Akademie der Wissenschaften, München 1975, Sonderdruck aus den Sitzungsberichten 1975, 155-187

Bufler, H.: Energiemethoden. Vorlesungsskript Institut für Mechanik. Universität Stuttgart, 1990

Courant, R., Hilbert, D.: Methoden der Mathematischen Physik I (3. Auflage) und II (2. Auflage). Springer-Verlag, Berlin 1968

Dvorkin, E.N., Bathe, K.J.: A Continuum Mechanics Based Four-Node Shell Element for General Nonlinear Analysis. Engng. Comput. 1 (1984), 77-88

Hellinger, E.: Die allgemeinen Ansätze der Mechanik der Kontinua. Beitrag in: Klein, F., Müller, C. (Herausgeber): Encyclopädie d. Mathem. Wissenschaften, Bd. IV-4, Mechanik, 601-694. Verlag Teubner, Leipzig 1914

Hu, H.-C.: On Some Variational Principles in the Theory of Elasticity and Plasticity. Scientia Sinica 4 (1955), 33-54

Huang, H.C., Hinton, E.: A new nine node degenerated shell element with enhanced membrane and shear interpolation. Int. J. Numer. Meths. Eng. 22 (1986), 73-92

Jang, J., Pinsky, P.M.: An Assumed Covariant Strain Based 9-Node Shell Element. Int. J. Numer. Meths. Eng. 24 (1987), 2389-2411

Krätzig, W.B., Wittek, U.: Tragwerke 1, 3. Auflage. Springer-Verlag, Berlin 1995

Langhaar, H.L.: Energy Methods in Applied Mechanics. J. Wiley & Sons, New York 1962

Mason, J.: Variational, Incremental and Energy Methods in Solid Mechanics and Shell Theory. Elsevier Scientific Publishing Company, Amsterdam 1980

Menzel, W.: Gemischt-hybride Elementformulierungen für komplexe Schalenstrukturen unter endlichen Rotationen. Techn.-Wiss. Mitt. Nr. 96-4, Inst. Konstr. Ingenieurbau, Ruhr-Universität, Bochum 1996

Oden, J.T., Reddy, J.N.: Variational Methods in Theoretical Mechanics. Springer Verlag, Berlin 1976

Reissner, E.: On a Variational Theorem in Elasticity. Journ. Math. Phys. 29 (1950), 90-95

Velte, W.: Direkte Methoden der Variationsrechnung. LAMM Band 26, B.G. Teubner, Stuttgart 1976

Simo, J.C., Hughes, T.J.: On the Variational Foundation of Assumed Strain Methods. ASME Journal of Applied Mechanics 53 (1986), 51-54

Stander, N., Matzenmitter, A., Ramm, E.: An Assessment of Assumed Strain Methods in Finite Rotation Shell Analysis Engineering Computations 6 (1989), 57-66

Washizu, K.: Variational Methods in Elasticity and Plasticity. 2nd., Pergamon Press, Oxford 1975

Wempner, G.A.: Mechanics of Solids. McGraw-Hill, New York 1973

Ziegler, F.: Technische Mechanik der festen und flüssigen Körper. 2. Auflage. Springer Verlag, Wien 1992

4 Diskrete Modelle zur Tragwerksanalyse

> *Unsere Theorien sind von uns gemachte Netze, mit denen wir die Wirklichkeit einzufangen versuchen.*
>
> *Karl Raimund Popper, 1902-1994, in: Ausgangspunkte*

Moderne Tragwerksanalysen werden überwiegend mittels diskreter Strukturmodelle ausgeführt, die in diesem Kapitel aufgebaut werden. Nach ihrer Definition erfolgt die Einführung der Zustandsvariablen sowie der Aufbau aller mechanischen Transformationen des Gleichgewichts, der Kinematik und des Werkstoffverhaltens. Die Erörterung wichtiger Energieaussagen für diskrete Strukturmodelle leitet sodann zu den grundlegenden Verfahren der Tragwerksanalyse über, deren Begründung dieses Kapitel abschließt.

4.1 Grundlagen der Modellierung

4.1.1 Tragwerksdefinition

Digitale Computer sind algebraische Maschinen. Die bisherigen kontinuierlichen Tragwerksmodelle der Strukturmechanik, deren Zustandsvariablen p, u, σ, ε, t, r i.a. stetige Funktionen des Modellraums darstellen, führen auf Methoden der mathematischen Analysis und sind somit für einen Computereinsatz denkbar ungeeignet. Ungleich vorteilhafter erscheinen dagegen *diskrete Tragwerksmodelle*, auch Diskontinua genannt, deren Zustandsvariablen nur in diskreten Tragwerkspunkten definiert sind, den Knotenpunkten. Folgerichtig werden die mechanischen Grundbeziehungen durch algebraische Verknüpfungen formuliert, weshalb die Tragwerksanalyse auf die Lösung algebraischer Gleichungssysteme führt.

Wie aus Bild 4.1 ersichtlich, überziehen wir das zu analysierende Tragwerk mit einem solchen Netz von Knotenpunkten, daß dieses vollständig in eine endliche Anzahl finiter Tragwerkselemente e ($e = 1,2, \dots p$) aufteilbar ist. Eine im Einbettungsraum E3 aufgespannte globale kartesische Basis $\{X_k, e_k; k = 1,2,3\}$ dient zur Festlegung der Knotenpunktskoordinaten, d.h. der wesentlichen Tragwerksgeometrien, und zur Beschreibung des äußeren mechanischen Geschehens.

4.1.2 Äußere Zustandsvariablen

Äußere mechanische Zustandsvariablen sind ausschließlich in den Knotenpunkten des diskreten Tragwerksmodells wie folgt definiert.

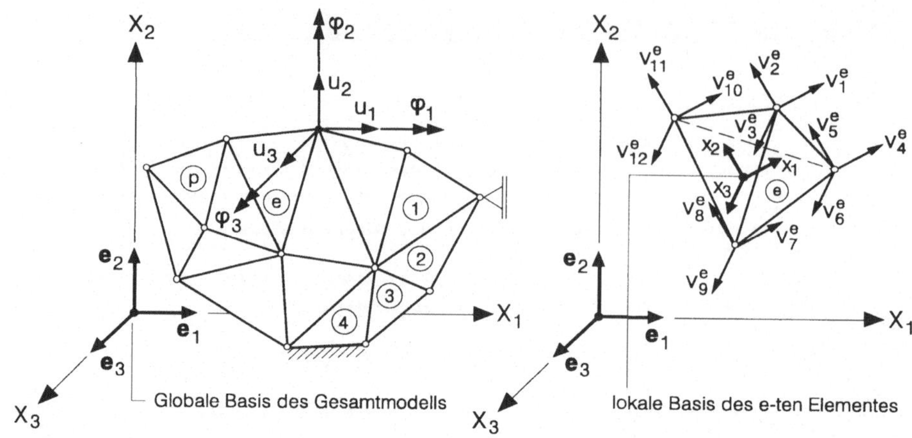

Bild 4.1. Diskretes Tragwerksmodell (links) mit Knotenfreiheitsgraden und Einzelelement
(rechts)

Definitionen: Als äußere Weggrößen V_i $(1 \leq i \leq m)$ *des diskreten Tragwerksmodells dienen sämtliche wesentlichen kinematischen Knotenfreiheitsgrade, i.a. in Richtung der globalen Basis. Ihre positiven Wirkungsrichtungen weisen in Richtung der positiven globalen Basisachsen.*

Äußere Kraftgrößen P_i $(1 \leq i \leq m)$ *des diskreten Tragwerksmodells sind die den* V_i *energetisch zugeordneten – korrespondierenden – Knotenlasten, positiv in Richtung positiver* V_i.

Was bedeutet dies? Zunächst erkennen wir, daß ein diskretes Tragwerksmodell im Gegensatz zu einem Kontinuum nicht zwischen Tragwerksinnerem und Tragwerksrandbereich unterscheidet, da Knotenpunkte in beiden Teilbereichen liegen. Demgemäß können in den V_i sowohl sämtliche möglichen Knotenfreiheitsgrade des Diskontinuums als auch nur deren aktive Freiheitsgrade erfaßt sein, die durch Auflagerbedingungen unterdrückten passiven Freiheitsgrade somit entfallen. Enthalten die V_i auch auflagergefesselte Nullfreiheitsgrade, so bilden die korrespondierenden P_i Auflagerreaktionen.

In jedem freien Knotenpunkt eines 3-dimensionalen diskreten Tragwerksmodells wirken somit (Bild 4.1) 3 Verschiebungen u_1, u_2, u_3 und 3 Verdrehungen φ_1, φ_2, φ_3 als äußere Weggrößen sowie 3 Einzelkräfte F_1, F_2, F_3 und 3 Einzelmomente M_1, M_2, M_3 als äußere Kraftgrößen. Bei einem ebenen Stabwerk enthalten die Knotenweggrößen jeweils u, w, φ, die Knotenkraftgrößen die beiden zu u, w korrespondierenden Einzelkräfte und ein Knotenmoment. Für ebene Fachwerke reduzieren sich die äußeren Knotenzustandsgrößen auf 2 Verschiebungen als wesentliche Freiheitsgrade und 2 korrespondierende Einzelkräfte.

Alle äußeren Kraft- und Weggrößen P_i, V_i eines diskreten Tragwerksmodells werden stets in beliebiger Reihenfolge, jedoch korrespondierend gleichlautend durchnumeriert und je in einer Spaltenmatrix **P** und **V** abgelegt:

$$
\mathbf{P} = \begin{bmatrix} P_1 \\ P_2 \\ \cdot \\ P_i \\ \cdot \\ P_m \end{bmatrix} = \{P_1 \; P_2 \; \dots \; P_i \; P_m\} \; , \quad \mathbf{V} = \begin{bmatrix} V_1 \\ V_2 \\ \cdot \\ V_i \\ \cdot \\ V_m \end{bmatrix} = \{V_1 \; V_2 \; \dots \; V_i \; V_m\}
$$

$$(4.1a)$$

Diese Spaltendarstellung ermöglicht eine einfache Ermittlung der *Wechselwirkungsenergie* beider Variablenfelder $\mathbf{P}$, $\mathbf{V}$ des diskreten Tragwerksmodells als Matrizenprodukt:

$$
W^{(a)} = \mathbf{P}^T \cdot \mathbf{V} = \mathbf{V}^T \cdot \mathbf{P} = P_1 V_1 + P_2 V_2 + \dots P_i V_i + \dots P_m V_m \; . \qquad (4.1.b)
$$

4.1.3 Innere Zustandsvariablen

Im rechten Teil von Bild 4.1 trennen wir nun durch fiktive Schnitte das e-te Element aus dem Gesamttragwerk heraus. Bekanntlich legen wir so die längs der Schnittufer wirkenden *inneren Zustandsvariablen* frei. Da äußere Zustandsgrößen nur in den Knotenpunkten definiert sind, können innere Zustandsgrößen ebenfalls nur in diesen wirken, denn zwischen äußeren und inneren Variablen müssen Gleichgewicht und kinematische Verträglichkeit erfüllt sein.

In weitgehender Analogie zu den bisherigen Anwendungen dieses Schnittprinzips definieren wir die inneren Zustandsvariablen des e-ten Einzelelementes wie folgt.

Definitionen: *Als innere Weggrößen v_i^e ($1 \le i \le k$) des e-ten Elementes dienen modellgerechte, elementbezogene Knotenfreiheitsgrade in Richtung der lokalen (Element-) Basis. Innere Kraftgrößen s_i^e ($1 \le i \le k$) des e-ten Elementes sind die den v_i^e energetisch zugeordneten – korrespondierenden –, elementbezogenen Knotenkraftgrößen, positiv in Richtung positiver Elementkinematen.*

Der aufmerksame Betrachter des Bildes 4.1 mag bereits entdeckt haben, daß der rechte Bildteil dieser Definition aus Gründen der Darstellungsübersicht nicht vollständig entspricht. Wenn als äußere Weggrößen Verschiebungen und Verdrehungen in den Tragwerksknoten wirksam sind, treten gleichartige Kinematen in aller Regel auch als Elementvariablen auf. Der Betonung dieses Aspektes gilt der Begriff *modellgerecht* in obiger erster Definition.

Innere Kraftgrößen s_i^e und innere Weggrößen v_i^e werden zunächst elementweise beliebig, jedoch korrespondierend gleichlautend durchnumeriert und je in einer Spalte zusammengefaßt:

$$\mathbf{s}^e = \begin{bmatrix} s_1 \\ s_2 \\ \cdot \\ s_i \\ \cdot \\ s_k \end{bmatrix}^e = \{s_1 \; s_2 \; \ldots \; s_i \; s_k\}^e \; , \qquad \mathbf{v}^e = \begin{bmatrix} v_1 \\ v_2 \\ \cdot \\ v_i \\ \cdot \\ v_k \end{bmatrix}^e = \{v_1 \; v_2 \; \ldots \; v_i \; v_k\}^e \; .$$

$$(4.2a)$$

Die *innere Wechselwirkungsenergie* der beiden Variablenfelder $\mathbf{s}^e$, $\mathbf{v}^e$ des e-ten Elementes lautet damit:

$$-w^{(i)e} = \mathbf{s}^{eT} \cdot \mathbf{v}^e = \mathbf{v}^{eT} \cdot \mathbf{s}^e = s_1 v_1 + s_2 v_2 + \ldots s_i v_i + \ldots s_k v_k \; . \qquad (4.2b)$$

Da sich das diskrete Tragwerksmodell aus sämtlichen p Einzelelementen aufbaut, werden schließlich alle inneren Zustandsvariablen $\mathbf{s}^e$, $\mathbf{v}^e$ (e = a, b ... p) wie folgt zu den beiden Spalten $\mathbf{s}$, $\mathbf{v}$ vereinigt:

$$\mathbf{s} = \begin{bmatrix} \mathbf{s}^a \\ \mathbf{s}^b \\ \cdot \\ \mathbf{s}^e \\ \cdot \\ \mathbf{s}^p \end{bmatrix} = \begin{bmatrix} s_1 \\ s_2 \\ s_3 \\ s_4 \\ s_5 \\ \cdot \\ s_l \end{bmatrix} \qquad \qquad \mathbf{v} = \begin{bmatrix} \mathbf{v}^a \\ \mathbf{v}^b \\ \cdot \\ \mathbf{v}^e \\ \cdot \\ \mathbf{v}^p \end{bmatrix} = \begin{bmatrix} v_1 \\ v_2 \\ v_3 \\ v_4 \\ v_5 \\ \cdot \\ v_l \end{bmatrix}$$

$$= \{ s_1 \; s_2 \; s_3 \; s_4 \; s_5 \; \ldots \; s_l \} \; , \qquad = \{ v_1 \; v_2 \; v_3 \; v_4 \; v_5 \; \ldots \; v_l \} \; . \qquad (4.3a)$$

Die innere Wechselwirkungsenergie des Gesamttragwerks läßt sich damit wie folgt angeben:

$$-W^{(i)} = \mathbf{s}^T \cdot \mathbf{v} = \mathbf{v}^T \cdot \mathbf{s} = s_1 v_1 + s_2 v_2 + s_3 v_3 + s_4 v_4 + s_5 v_5 + \ldots s_l v_l \; .$$

$$(4.3b)$$

4.1.4 Beispiel: Diskretes Fachwerkmodell

Die bisherigen Definitionen und Festlegungen sollen nun am Beispiel des Fachwerkträgers auf Bild 4.2 veranschaulicht werden, bestehend aus 6 Knoten und 9 Stäben. Da bei einem idealen Fachwerk alle Knotenpunktsdrehungen unwesentliche Freiheitsgrade darstellen, treten nur Knotenverschiebungen und hierzu korrespondierende Knotenkräfte als äußere Zustandsvariablen auf. Die Darstellung auf Bild 4.2 mit den durchnumerierten Pfeilen dient somit zur Erläuterung beider Gruppen von äußeren Zustandsgrößen.

Gemäß (4.1a) wurden zunächst sämtliche äußeren Zustandsvariablen in den Spalten $\tilde{\mathbf{P}}$, $\tilde{\mathbf{V}}$ angeordnet. In diesem durch Tilden herausgehobenen Fall aller akti-

Diskretes Fachwerkmodell:

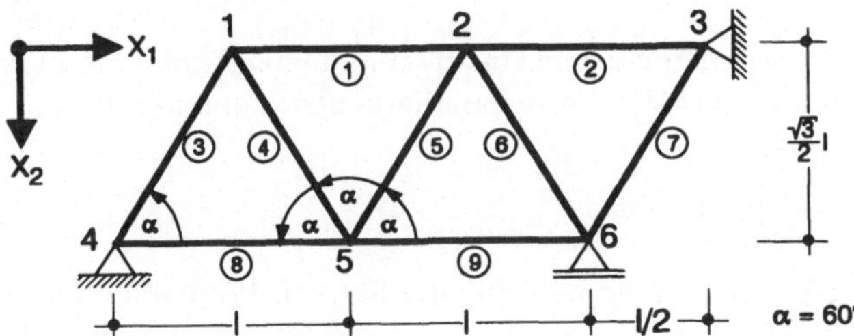

Äußere Zustandsvariablen:

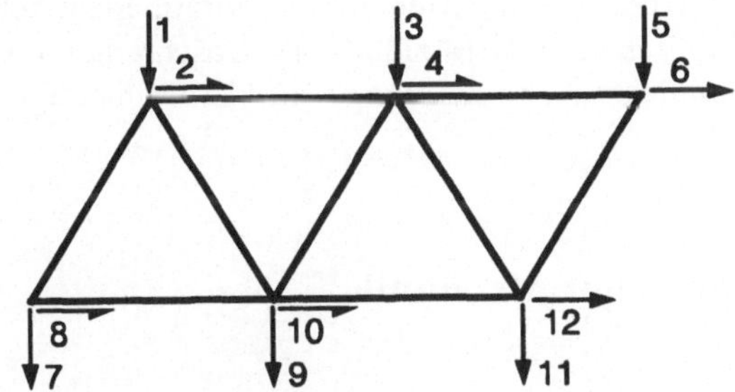

Aktive und passive Freiheitsgrade nebst korrespondierenden Kraftgrößen:

$$\tilde{V} = [V_1 \ V_2 \ V_3 \ V_4 \ V_5 \ V_6 \ V_7 \ V_8 \ V_9 \ V_{10} \ V_{11} \ V_{12}]^T$$

$$\tilde{P} = [P_1 \ P_2 \ P_3 \ P_4 \ P_5 \ P_6 \ P_7 \ P_8 \ P_9 \ P_{10} \ P_{11} \ P_{12}]^T$$

Ausschließlich aktive Freiheitsgrade nebst korrespondierenden Kraftgrößen:

$$V = [V_1 \ V_2 \ V_3 \ V_4 \ V_9 \ V_{10} \ V_{12}]^T$$

$$P = [P_1 \ P_2 \ P_3 \ P_4 \ P_9 \ P_{10} \ P_{12}]^T$$

Innere Zustandsvariablen:

$$v_1^e = u_l^e \qquad x \qquad v_2^e = u_r^e$$
$$s_1^e = N_l^e \quad (e) \qquad s_2^e = N_r^e$$

$$v = \left[u_l^1 \ u_r^1 \ u_l^2 \ u_r^2 \ u_l^3 \ u_r^3 \ u_l^4 \ u_r^4 \ u_l^5 \ u_r^5 \ u_l^6 \ u_r^6 \ u_l^7 \ u_r^7 \ u_l^8 \ u_r^8 \ u_l^9 \ u_r^9 \right]^T$$

$$s = \left[N_l^1 \ N_r^1 \ N_l^2 \ N_r^2 \ N_l^3 \ N_r^3 \ N_l^4 \ N_r^4 \ N_l^5 \ N_r^5 \ N_l^6 \ N_r^6 \ N_l^7 \ N_r^7 \ N_l^8 \ N_r^8 \ N_l^9 \ N_r^9 \right]^T$$

Bild 4.2. Äußere und innere Zustandsvariablen eines diskreten Fachwerkmodells

ven und passiven Freiheitsgrade nebst korrespondierender Knotenkräfte müssen die
Auflagerfesselungen im Berechnungsverlauf noch durch Nullsetzen der betroffe-
nen Freiheitsgrade

$$V_5 = V_6 = V_7 = V_8 = V_{11} = 0 \tag{4.4a}$$

fixiert werden, um mindestens kinematische Unverschieblichkeit des Tragwerks zu erreichen. Damit werden die zu (4.4a) korrespondierenden Knotenkräfte zu Auflagerreaktionen:

$$C = \{ P_5 \ P_6 \ P_7 \ P_8 \ P_{11} \} \ . \tag{4.4b}$$

Die zweite Alternative auf Bild 4.2 enthält nur die aktiven Freiheitsgrade nebst korrespondierenden Knotenkräften. Diese Modellierung ist natürlich von Rechnungsbeginn an gleichgewichtsfähig.

Die Spalten **v**, **s** auf Bild 4.2 enthalten sodann die vollständigen Stabendvariablen der 9 Fachwerkstäbe in der vereinbarten Orientierung, identisch mit der Vorzeichenkonvention II der Stabstatik [Krätzig 1994]. Abschließend weisen wir darauf hin, daß der Elementindex zur Vermeidung von Verwechslungen stets als Kopfindex geführt wird.

4.2 Die Transformationen der Mechanik

4.2.1 Gleichgewicht

Wir wenden uns nun als erster mechanischen Transformation den *Gleichgewichtsbedingungen* zu, die äußere und innere Kraftgrößen auf der Ebene des Gesamttragwerks verknüpfen. Gleichgewicht setzt Gleichgewichtsfähigkeit des Tragwerks voraus. Dieses muß daher mindestens starrkörper-bewegungsfrei gelagert sein, möglichst sollte es jedoch bereits alle späteren Auflagerfesselungen aufweisen. Die Spalte **P** enthält somit nur die zu den aktiven Freiheitsgraden korrespondierenden Knotenlastgrößen.

Zur Beschreibung des Tragwerksgleichgewichts führen wir nun die folgende Gleichgewichtstransformation ein:

$$\mathbf{s} = \mathbf{b} \cdot \mathbf{P} : \quad \begin{bmatrix} s_1 \\ s_2 \\ s_3 \\ s_4 \\ \cdot \\ s_l \end{bmatrix} = \begin{bmatrix} b_{11} & b_{12} & \ldots & b_{1m} \\ b_{21} & b_{22} & \ldots & b_{2m} \\ b_{31} & b_{32} & \ldots & b_{3m} \\ b_{41} & b_{42} & \ldots & b_{4m} \\ \cdot & \cdot & \cdot & \cdot \\ b_{l1} & b_{l2} & \ldots & b_{lm} \end{bmatrix} \cdot \begin{bmatrix} P_1 \\ P_2 \\ \cdot \\ P_m \end{bmatrix} , \tag{4.5a}$$

aus welcher wir folgende Erkenntnisse gewinnen.

Sätze: Die dynamische (Gleichgewichts-) Transformationsmatrix **b** *existiert nur für gleichgewichtsfähige Systeme, für welche* **P** *die den aktiven Freiheitsgraden zugeordneten Knotenlasten zusammenfaßt.*

Die j-te Spalte $\mathbf{b}_j$ *von* **b** *enthält sämtliche Element-Knotenkraftgrößen* s_i, $1 \leq i \leq l$ *infolge der globalen Einheitslast* $P_j = 1$ *des ansonsten lastfreien Tragwerks* $P_1 = P_2 = \ldots P_m = 0$.

Offensichtlich ist die Gleichgewichtsmatrix **b** ein hervorragender Ergebnisspeicher, der sämtliche Element-Knotenkraftgrößen s_i in Abhängigkeit aller Lastmöglichkeiten $P_j = 1$, $1 \le j \le m$ des Tragwerks enthält. Nachteilig ist, daß (4.5a) keine Handlungsanweisung zum Aufbau von **b** bietet. Eine solche können wir nur aus Gleichgewichtsbedingungen gewinnen, wozu wir von der zu (4.5a) inversen Transformation ausgehen:

$$
\mathbf{P} = \mathbf{g} \cdot \mathbf{s} : \quad
\begin{bmatrix} P_1 \\ P_2 \\ \cdot \\ P_m \end{bmatrix}
=
\begin{bmatrix}
g_{11} & g_{12} & g_{13} & g_{14} & \cdots & g_{1l} \\
g_{21} & g_{22} & g_{23} & g_{24} & \cdots & g_{2l} \\
\cdot & \cdot & \cdot & \cdot & \cdot & \cdot \\
g_{m1} & g_{m2} & g_{m3} & g_{m4} & \cdots & g_{ml}
\end{bmatrix}
\cdot
\begin{bmatrix} s_1 \\ s_2 \\ s_3 \\ s_4 \\ \cdot \\ s_l \end{bmatrix}
. \quad (4.5b)
$$

Zur Bestimmung der Matrix **g** der Gleichgewichtsbedingungen müssen alle Knotenpunkte durch fiktive Schnitte aus dem Tragwerk herausgelöst werden. Da dieses dann vollständig in Knotenpunkte und finite Elemente zerfallen würde, wären somit zweifache Gleichgewichtsformulierungen für alle Knotenpunkte und für alle Elemente erforderlich. Um dennoch allein mit den Knotengleichgewichtsbedingungen auszukommen, formuliert man diese für solche Gleichgewichtsgruppen der Element-Kraftgrößen, durch welche automatisch das Element-Gleichgewicht erfüllt wird: die unabhängigen Element-Kraftgrößen.

Satz: Als unabhängige Element-Kraftgrößen bezeichnet man diejenige Untermenge der vollständigen Knotenkraftgrößen eines Elementes, in welcher lineare Abhängigkeiten infolge Element-Gleichgewichtsbedingungen eliminiert worden sind. Die verbleibende Restmenge sind die abhängigen Element-Kraftgrößen.

Auf Bild 4.3 ist der Zusammenhang zwischen vollständigen, unabhängigen und abhängigen Element-Kraftgrößen für ein ebenes Stabelement wiederholt [Krätzig 1994]. Die Herleitung ist derjenigen für ein dreieckiges Scheibenelement gegenübergestellt; sie gilt in analoger Weise für beliebige Elemente.

Nach diesen Vorbemerkungen kann die Matrix **g** in (4.5b) zeilenweise durch Anschreiben aller Knotengleichgewichtsbedingungen in Richtung der jeweiligen P_i aufgebaut werden, wobei **s** nur die unabhängigen Stabendkraftgrößen enthält. Direkte Überführung von **g** in **b** durch Inversion von (4.5b) ist allerdings nur für den Sonderfall statisch bestimmter, kinematisch starrer Strukturen möglich, in welchem **g** quadratisch ($l = m$) und regulär (det $\mathbf{g} \ne 0$) ist. Im statisch unbestimmten Fall besitzt **g** ein Zeilendefizit von der Größe des Grades n der statischen Unbestimmtheit und die Lösung erfolgt über das Kraftgrößenverfahren [Krätzig 1994].

Beispiel: Für das Fachwerk des Bildes 4.2 soll nun im Bild 4.4 die Gleichgewichtstransformation (4.5b) aufgestellt werden. Entsprechend den obigen Ausführungen enthält **P** nur die den aktiven Freiheitsgraden zugeordneten Knotenlasten und **s** die unabhängigen Stabendkraftgrößen, d.h. je Stab i die Stabkraft $N^i = N_r^i$. Durch fiktive Rundschnitte um die Knoten 1 und 2 werden die ersten 4 Gleichgewichtsbedingungen auf Bild 4.4 ermittelt und in die matrizielle Transformation $\mathbf{P} = \mathbf{g} \cdot \mathbf{s}$ eingebaut. Die Aufstellung der restlichen Gleichgewichtsbedingungen überlassen wir dem

Wir betrachten das folgende **Stabelement**   **Scheibenelement**

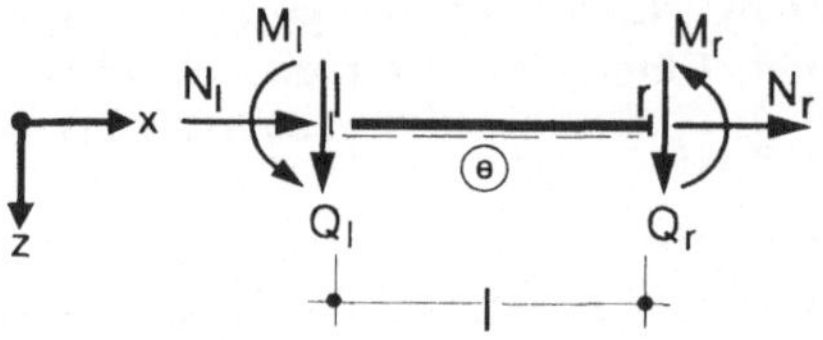

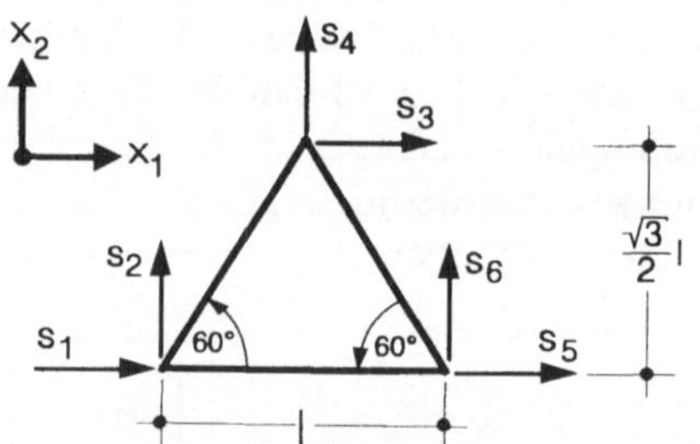

mit der dargestellten Gruppe der **vollständigen** Element-Knotenkraftgrößen und wählen für diese die folgende Gruppe der (linear) **unabhängigen,** d. h. unabhängig vorgebbaren Element-Knotenkraftgrößen:

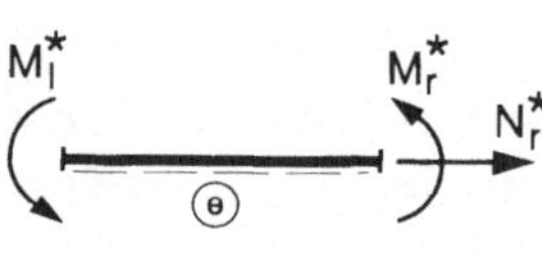

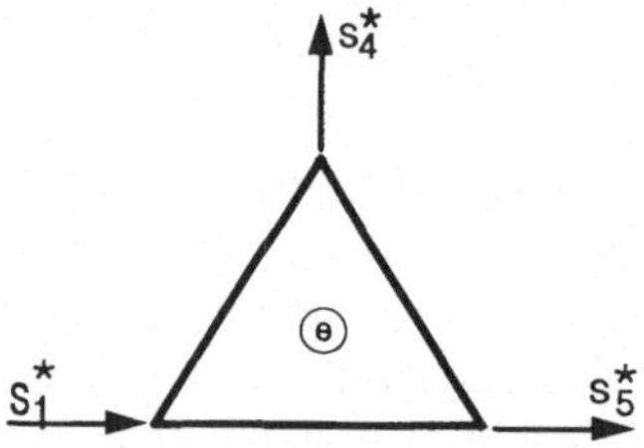

Aus den 3 Gleichgewichtsbedingungen der Ebene, hier in Matrixform geschrieben

$$\begin{bmatrix} 1 & 0 & 0 & 1 & 0 & 0 \\ 0 & 1/l & 1/l & 0 & 1 & 0 \\ 0 & -1/l & -1/l & 0 & 0 & 1 \end{bmatrix} \cdot \begin{bmatrix} N_r^* \\ M_l^* \\ M_r^* \\ N_l \\ Q_l \\ Q_r \end{bmatrix} = \begin{bmatrix} 0 \\ 0 \\ 0 \end{bmatrix}$$

$$\begin{bmatrix} 1 & 0 & 1 & 0 & 1 & 0 \\ 0 & 1 & 0 & 1 & 0 & 1 \\ \sqrt{3} & 0 & \sqrt{3} & -1 & 0 & 1 \end{bmatrix} \cdot \begin{bmatrix} s_1^* \\ s_4^* \\ s_5^* \\ s_2 \\ s_3 \\ s_6 \end{bmatrix} = \begin{bmatrix} 0 \\ 0 \\ 0 \end{bmatrix}$$

lassen sich die **abhängigen** Element-Knotenkraftgrößen wie folgt durch die **unabhängigen** ausdrücken:

$$N_l = -N_r^*$$
$$Q_l = -\frac{M_l^* + M_r^*}{l}$$
$$Q_r = \frac{M_l^* + M_r^*}{l}$$

$$s_2 = \frac{\sqrt{3}}{2} s_1^* - s_4^* + \frac{\sqrt{3}}{2} s_5^*$$
$$s_3 = -s_1^* - s_5^*$$
$$s_6 = -\frac{\sqrt{3}}{2} s_1^* - s_4^* - \frac{\sqrt{3}}{2} s_5^*$$

damit lautet die Transformation der **vollständigen** Element-Knotenkraftgrößen aus den **unabhängigen**:

$$\begin{bmatrix} N_l \\ Q_l \\ M_l \\ N_r \\ Q_r \\ M_r \end{bmatrix} = \begin{bmatrix} -1 & 0 & 0 \\ 0 & -1/l & -1/l \\ 0 & 1 & 0 \\ 1 & 0 & 0 \\ 0 & 1/l & 1/l \\ 0 & 0 & 1 \end{bmatrix} \cdot \begin{bmatrix} N_r^* \\ M_l^* \\ M_r^* \end{bmatrix}$$

$$\begin{bmatrix} s_1 \\ s_2 \\ s_3 \\ s_4 \\ s_5 \\ s_6 \end{bmatrix} = \begin{bmatrix} 1 & 0 & 0 \\ \sqrt{3}/2 & -1 & \sqrt{3}/2 \\ -1 & 0 & -1 \\ 0 & 1 & 0 \\ 0 & 0 & 1 \\ -\sqrt{3}/2 & -1 & -\sqrt{3}/2 \end{bmatrix} \cdot \begin{bmatrix} s_1^* \\ s_4^* \\ s_5^* \end{bmatrix}$$

Bild 4.3. Vollständige, unabhängige und abhängige Element-Knotenkraftgrößen für ein ebenes Stabelement und für ein Scheibenelement

Fachwerk mit den aktiven Freiheitsgraden zugeordneten Knotenlasten:

Gleichgewichtsbedingungen der Knoten 1 und 2:

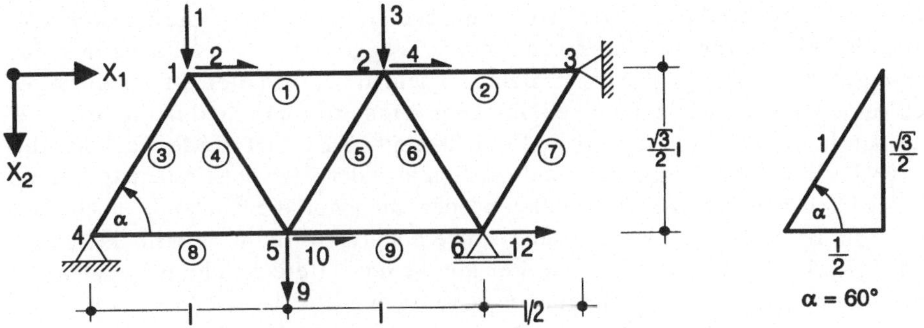

$$\Sigma F_1 = 0: \quad P_1 + N^3 \frac{\sqrt{3}}{2} + N^4 \frac{\sqrt{3}}{2} = 0$$

$$\Sigma F_2 = 0: \quad P_2 + N^1 - N^3 \frac{1}{2} + N^4 \frac{1}{2} = 0$$

$$\Sigma F_1 = 0: \quad P_3 + N^5 \frac{\sqrt{3}}{2} + N^6 \frac{\sqrt{3}}{2} = 0$$

$$\Sigma F_2 = 0: \quad P_4 - N^1 + N^2 - N^5 \frac{1}{2} + N^6 \frac{1}{2} = 0$$

Matrizielle Knotengleichgewichtsbedingungen: **P = g · s**

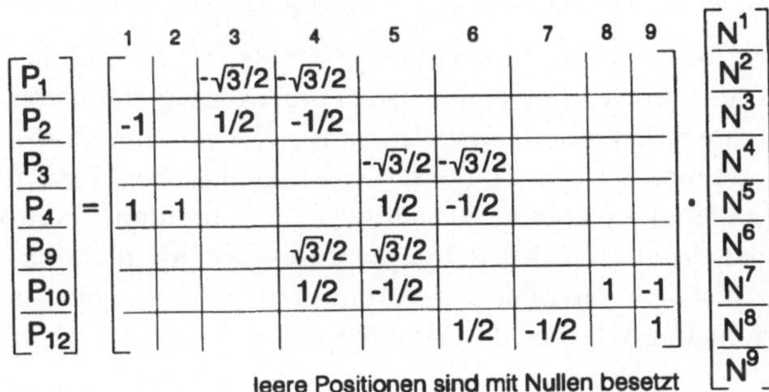

leere Positionen sind mit Nullen besetzt

Bild 4.4. Aufstellung der Knotengleichgewichtsbedingungen für das Fachwerk des Bildes 4.2

Leser. Man erkennt auf Bild 4.4 das 2-fache Zeilendefizit der Matrix **g** gegenüber der quadratischen Form, eine Folge der statischen Unbestimmtheit n = 2 des Fachwerks.

4.2.2 Kinematische Verträglichkeit

Die zum Gleichgewicht konjugierte mechanische Transformation, die *kinematische Verträglichkeit*, verknüpft äußere und innere Weggrößen auf der Ebene des Gesamttragwerks. Im Gegensatz zur Gleichgewichtstransformation ist für diese jedoch keine Gleichgewichtsfähigkeit des Tragwerks erforderlich, d.h. die Spalte $\mathbf{V}$ kann sämtliche aktiven und passiven Freiheitsgrade V_i, $1 \leq i \leq m$ oder auch nur die aktiven Freiheitsgrade enthalten, und die Spalte $\mathbf{v}$ der Element-Freiheitsgrade v_i, $1 \leq i \leq l$ kann sowohl alle vollständigen oder auch nur die abhängigen Größen aufweisen. Im ersten Fall werden sämtliche Knotenverformungsmöglichkeiten eines Tragwerksmodells erfaßt, im zweiten nur die unter Berücksichtigung der wirklichen kinematischen Randbedingungen zulässigen.

Zur Beschreibung der kinematischen Verträglichkeit führen wir die folgende kinematische Transformation ein:

$$
\mathbf{v} = \mathbf{a} \cdot \mathbf{V} : \quad
\begin{bmatrix} v_1 \\ v_2 \\ v_3 \\ v_4 \\ \cdot \\ v_l \end{bmatrix}
=
\begin{bmatrix}
a_{11} & a_{12} & \cdots & a_{1m} \\
a_{21} & a_{22} & \cdots & a_{2m} \\
a_{31} & a_{32} & \cdots & a_{3m} \\
a_{41} & a_{42} & \cdots & a_{4m} \\
\cdot & \cdot & \cdot & \cdot \\
a_{l1} & a_{l2} & \cdots & a_{lm}
\end{bmatrix}
\cdot
\begin{bmatrix} V_1 \\ V_2 \\ \cdot \\ V_m \end{bmatrix} ,
\tag{4.6}
$$

aus welcher folgende Erkenntnisse gezogen werden.

Sätze: Die kinematische Verträglichkeitsmatrix $\mathbf{a}$ *existiert sowohl für gleichgewichtsfähige Systeme als auch für solche, in denen* $\mathbf{V}$ *alle aktiven und passiven Freiheitsgrade enthält. Die j-te Spalte* $\mathbf{a}_j$ *von* $\mathbf{a}$ *enthält sämtliche Element-Knotenfreiheitsgrade* v_i *infolge des Einheitsverformungszustandes* $V_j = 1$ *des ansonsten knotendeformationsfreien Tragwerks* $V_1 = V_2 = \ldots V_m = 0$.

Offenbar liefert uns (4.6) im Gegensatz zur Gleichgewichtstransformation (4.5a) eine hervorragende Handlungsanweisung zum Aufbau von $\mathbf{a}$. Ausgehend vom knotendeformationsfreien Tragwerksmodell, dem *kinematisch bestimmten Hauptsystem* $V_i \equiv 0$, $1 \leq i \leq m$, gewinnen wir die Spalte $\mathbf{a}_j$ der kinematischen Transformationsmatrix $\mathbf{a}$ durch Einprägen der Knotendeformation $V_j = 1$ und Identifikation der einzelnen Element-Freiheitsgrade v_i nebst deren positionsgerechtem Einbau. Wir halten fest, daß statische Bestimmtheit oder Unbestimmtheit des Tragwerksmodells als typische Gleichgewichtsbegriffe bei der kinematischen Verträglichkeit ohne Bedeutung sind.

Beispiel: Für das Fachwerk des Bildes 4.2 soll nun im Bild 4.5 die kinematische Transformation (4.6) aufgestellt werden und zwar für ein Modell mit sämtlichen aktiven und passiven Knotenfreiheitsgraden V_i sowie den vollständigen Element-Freiheitsgraden v_i. Laut Bild 4.2 sind dieses die beiden in Stabrichtung gemessenen Achsialverschiebungen u_l, u_r, zu deren eindeutiger Festlegung stabweise die positiven Koordinatenachsen x als jeweilige Pfeile dienen.

Wir beginnen auf Bild 4.5 mit dem kinematisch bestimmten Hauptsystem $V_i \equiv 0$, bei welchem alle Knotendeformationen blockiert sind. An diesem erzwingen wir nun durch $V_1 = 1$ den Knoten 1 in die Position 1* und können aus dem sich einstellenden Einheitsverformungszustand unmittelbar die Stabendverschiebungen ablesen sowie diese positionsgerecht in $\mathbf{a}_1$ einfügen. Bei diesem

Fachwerk mit aktiven und passiven Knoten-Freiheitsgraden:

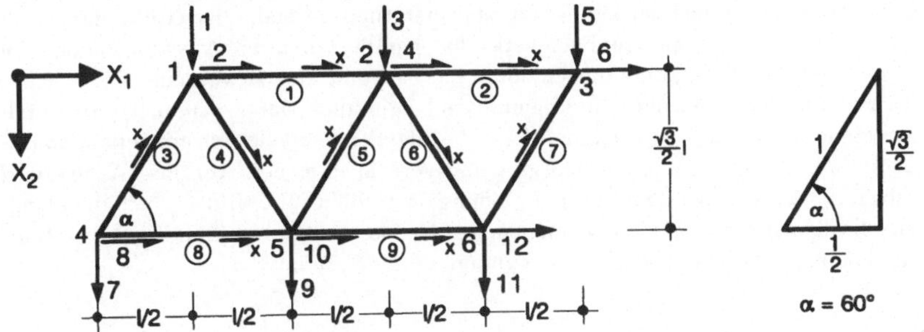

Einheitsverformungszustände $V_i = 1$:

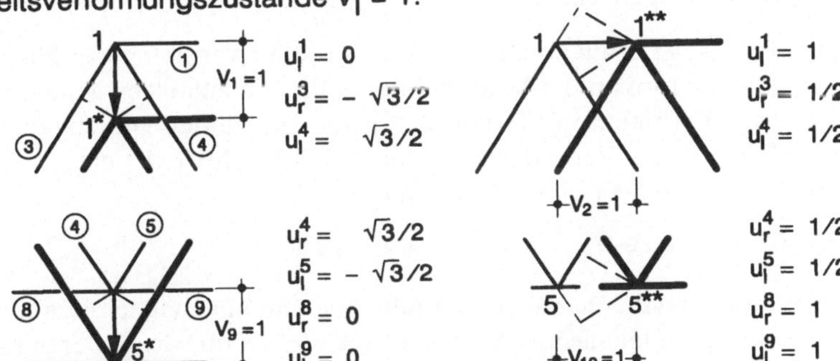

Matrizielle kinematische Verträglichkeitsbedingung: $\mathbf{v} = \mathbf{a} \cdot \mathbf{V}$

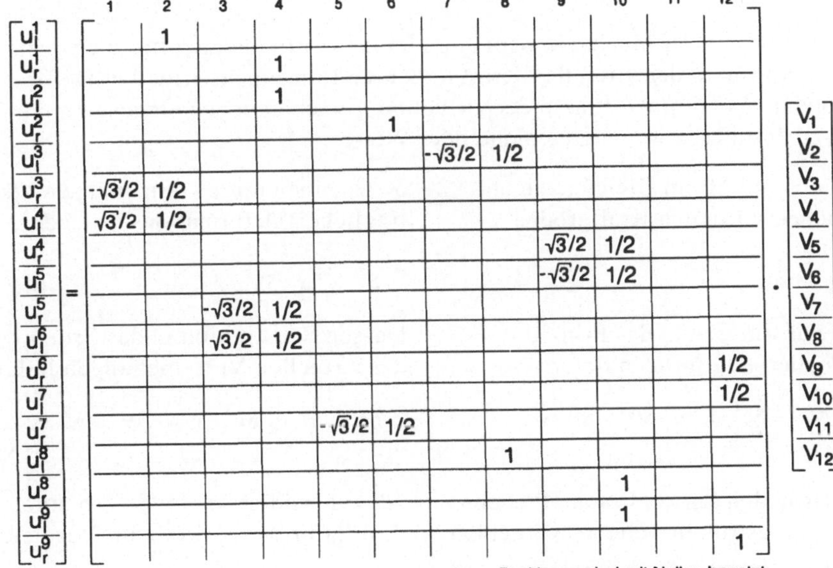

leere Positionen sind mit Nullen besetzt

Bild 4.5. Aufstellung der kinematischen Verträglichkeitstransformation für das Fachwerk des Bildes 4.2

Vorgang sei der Leser daran erinnert, daß im Rahmen einer Tragwerkstheorie 1. Ordnung die auftretenden Deformationen infinitesimal klein sind, aber natürlich in endlicher Größe dargestellt werden. Daher liegen die deformierten Fachwerkstäbe parallel zu ihren Ausgangslagen, und kreisbogenförmige Deformationsspuren dürfen durch die Tangente ersetzt werden.

Als zweites erzwingen wir, wieder zum kinematisch bestimmten Hauptsystem $V_i \equiv 0$ zurückgekehrt, die Knotendeformation $V_2 = 1$, Knoten $1 \to 1^{**}$, identifizieren die sich einstellenden Element-Weggrößen und fügen ihre Werte erneut positionsgerecht in $\mathbf{a}_2$ ein. Auf diese Weise wird jeder Knoten abgearbeitet, was wir dem Leser zur Übung empfehlen. Wie Bild 4.5 belegt, entsteht so die kinematische Transformation $\mathbf{v} = \mathbf{a} \cdot \mathbf{V}$ unabhängig von den wirklichen kinematischen Randbedingungen und dem Grad der statischen Unbestimmtheit des Systems.

4.2.3 Kontragredienzeigenschaften

Die vier Spalten $\mathbf{P}, \mathbf{V}, \mathbf{s}, \mathbf{v}$ der äußeren und inneren Zustandsvariablen werden durch die Gleichgewichtstransformation (4.5a) und durch die kinematische Transformation (4.6) verknüpft. Vermuten wir ferner, daß auch eine zu den Gleichgewichtsbedingungen (4.5b) analoge Weggrößentransformation $\mathbf{V} = \mathbf{h} \cdot \mathbf{v}$ existiere, so lauten alle möglichen Verknüpfungen dieser Variablen:

$$\mathbf{s} = \mathbf{b} \cdot \mathbf{P}, \quad \mathbf{P} = \mathbf{g} \cdot \mathbf{s}, \quad \mathbf{v} = \mathbf{a} \cdot \mathbf{V}, \quad \mathbf{V} = \mathbf{h} \cdot \mathbf{v} . \tag{4.7a}$$

Weiterhin gilt für alle im Gleichgewicht befindlichen und kinematisch kompatibel deformierten Strukturen, Ziel unserer Analysen, daß die Summe der äußeren (4.1b) und inneren (4.3b) Wechselwirkungsenergien verschwindet:

$$W^{(a)} + W^{(i)} = \mathbf{P}^T \cdot \mathbf{V} - \mathbf{s}^T \cdot \mathbf{v} = \mathbf{V}^T \cdot \mathbf{P} - \mathbf{v}^T \cdot \mathbf{s} = 0 . \tag{4.7b}$$

Dieser Energiesatz der Mechanik wird nun für einen virtuellen Kraftgrößenzustand $\{\delta\mathbf{P}, \delta\mathbf{s}\}$ als Prinzip der virtuellen Kraftgrößen und für einen virtuellen Deformationszustand $\{\delta\mathbf{V}, \delta\mathbf{v}\}$ als Prinzip der virtuellen Verschiebungen eingesetzt.

Hierzu definieren wir in gleichlautender Weise:

$\delta\mathbf{s}$ als einen mit $\delta\mathbf{P}$ im Gleichgewicht befindlichen virtuellen Kraftgrößenzustand:	$\delta\mathbf{v}$ als einen mit $\delta\mathbf{V}$ kinematisch verträglichen Deformationszustand:

$$\delta\mathbf{s} = \mathbf{b} \cdot \delta\mathbf{P} . \qquad\qquad\qquad \delta\mathbf{v} = \mathbf{a} \cdot \delta\mathbf{V} . \tag{4.8a}$$

Dessen Substitution in das Prinzip der virtuellen Kraftgrößen liefert:	Dessen Substitution in das Prinzip der virtuellen Verschiebungen liefert:

$$\delta\mathbf{P}^T \cdot \mathbf{V} = \delta\mathbf{s}^T \cdot \mathbf{v} = \delta\mathbf{P}^T \cdot \mathbf{b}^T \cdot \mathbf{v} . \qquad\qquad \delta\mathbf{V}^T \cdot \mathbf{P} = \delta\mathbf{v}^T \cdot \mathbf{s} = \delta\mathbf{V}^T \cdot \mathbf{a}^T \cdot \mathbf{s} .$$
$$\tag{4.8b}$$

Da die virtuellen Knotenlasten $\delta\mathbf{P}$ ebenso wie die virtuellen Knotendeformationen $\delta\mathbf{V}$ einer Tragstruktur beliebig vorgebbar sind, folgt hieraus jeweils im Vergleich zu (4.7a):

$$\mathbf{V} = \mathbf{b}^T \cdot \mathbf{v} , \quad \text{d.h.} \quad \mathbf{h} = \mathbf{b}^T , \qquad\qquad \mathbf{P} = \mathbf{a}^T \cdot \mathbf{s} , \quad \text{d.h.} \quad \mathbf{g} = \mathbf{a}^T , \tag{4.8c}$$

was wir insgesamt wie folgt zusammenfassen:

Satz: *Die beiden Kraftgrößenfelder* $\{P, s\}$ *eines diskretisierten Tragwerksmodells sind im Gleichgewicht und die beiden Weggrößenfelder* $\{V, v\}$ *in einem kinematisch kompatiblen Deformationszustand, falls die folgenden kontragredienten Transformationen existieren:*

$$s = b \cdot P \quad \text{und} \quad V = b^T \cdot v \quad \text{oder} \quad v = a \cdot V \quad \text{und} \quad P = a^T \cdot s \ . \qquad (4.9)$$

Diese Kontragredienzeigenschaften (4.9) folgen offensichtlich aus dem Energiesatz der Mechanik (4.7b), durch dessen Gültigkeit die beteiligten Vektorräume der Kraftvariablen $\{P, s\}$ und der Deformationsvariablen $\{V, v\}$ analoge Transformationsstrukturen gewinnen. Für den Ingenieur beschreiben sie Erstaunliches: Wurde doch auf Bild 4.5 nicht nur mittels rein kinematischer Konzepte die kinematische Transformationsmatrix a aufgebaut, sondern gleichzeitig auch die Matrix der Knotengleichgewichtsbedingungen: $g = a^T$! Ebenso existiert die umgekehrte Alternative, aus Gleichgewichtsbetrachtungen die Matrix b und damit die Kinematikverknüpfung $V = b^T \cdot v$ zu ermitteln [Krätzig 1994]. Diese fundamentalen Kontragredienzen wurden erstmals 1954 von J.H. ARGYRIS* in der hier verwendeten Matrixschreibweise beschrieben [Argyris 1954, 1957], wodurch er wesentliche strukturmechanische Grundlagen aus dem damaligen "Dunkel algebraischen Barocks" befreite [Pestel 1963].

4.2.4 Werkstoffgesetz

Wir kehren zunächst zur Betrachtung eines einzigen finiten Elementes e mit seinen dynamischen und kinematischen Knotenvariablen $\{s^e, v^e\}$ zurück. Die zwischen beiden Variablenräumen existierenden Verknüpfungen können als Nachgiebigkeits- oder als Steifigkeitsbeziehung formuliert werden. Wir beginnen mit der Behandlung von *Element-Nachgiebigkeiten.*

Die für linear elastischen Werkstoff bestehende Element-Nachgiebigkeitsbeziehung führen wir wie folgt ein:

$$v^e = f^e \cdot s^e + \overset{o}{v}{}^e : \quad \begin{bmatrix} v_1 \\ v_2 \\ \cdot \\ v_i \\ \cdot \\ v_k \end{bmatrix}^e = \begin{bmatrix} f_{11} & f_{12} & \cdots & f_{1j} & \cdots & f_{1k} \\ f_{21} & f_{22} & \cdots & f_{2j} & \cdots & f_{2k} \\ \cdot & \cdot & \cdot & \cdot & \cdot & \cdot \\ f_{i1} & f_{i2} & \cdots & f_{ij} & \cdots & f_{ik} \\ \cdot & \cdot & \cdot & \cdot & \cdot & \cdot \\ f_{k1} & f_{k2} & \cdots & f_{kj} & \cdots & f_{kk} \end{bmatrix}^e \begin{bmatrix} s_1 \\ s_2 \\ \cdot \\ s_j \\ \cdot \\ s_k \end{bmatrix}^e + \begin{bmatrix} \overset{o}{v}_1 \\ \overset{o}{v}_2 \\ \cdot \\ \overset{o}{v}_i \\ \cdot \\ \overset{o}{v}_k \end{bmatrix}^e . \qquad (4.10)$$

---

*　JOHN H. ARGYRIS, geb. 1916 in Griechenland, Ingenieur und Wissenschaftler der Luft- und Raumfahrt, Professor am Imperial College in London und an der Universität Stuttgart, wegweisende Forschungen auf vielen Gebieten der Computational Mechanics.

Hierin bezeichnet $\mathbf{f}^e$ die Element-Nachgiebigkeitsmatrix und $\overset{o}{\mathbf{v}}{}^e$ den Vektor der Knotendeformationen aus Belastungen im Element selbst, aus Temperatureinwirkungen u.a. [Krätzig 1994]. Da man Knotenverformungen v_i^e nur berechnen kann, wenn sich das Element im Gleichgewicht befindet, können die s_i^e, v_i^e, $1 \le i \le k$ in (4.10) ausschließlich aus unabhängigen Knotenkraftvariablen bzw. den hierzu korrespondierenden Knotenweggrößen bestehen. Aus (4.10) können noch weitere grundlegende Eigenschaften von Element-Nachgiebigkeiten hergeleitet werden.

Sätze: Element-Nachgiebigkeitsbeziehungen können nur für unabhängige innere Variablen angegeben werden.

Die Spalte $\mathbf{f}_j^e$ der Element-Nachgiebigkeitsmatrix $\mathbf{f}^e$ enthält die Elementdeformationen v_i^e infolge der Einheitsknotenkraftgröße $s_j^e = 1$.

Element-Nachgiebigkeitsmatrizen $\mathbf{f}^e$ sind quadratisch wegen gleicher Variablenanzahl in $\mathbf{s}^e$ und $\mathbf{v}^e$, symmetrisch $\mathbf{f}^e = \mathbf{f}^{eT}$ wegen Gültigkeit des Satzes von BETTI-MAXWELL*, *regulär* det $\mathbf{f}^e \ne 0$ *infolge Elimination linearer Abhängigkeiten aus der Gruppe $\mathbf{s}^e$ sowie positiv definit $\mathbf{s}^{eT} \cdot \mathbf{f}^e \cdot \mathbf{s}^e > 0$ wegen gleichlautender vom Element geleisteter Wechselwirkungsenergie (4.2b):*

$$-\mathbf{w}^{(i)e} = \mathbf{s}^{eT} \cdot \mathbf{v}^e = \mathbf{s}^{eT} \cdot \mathbf{f}^e \cdot \mathbf{s}^e \quad \text{mit} \quad \mathbf{v}^e = \mathbf{f}^e \cdot \mathbf{s}^e \; . \tag{4.11}$$

Beispiel: Als Beispiel einer dem Leser bereits vertrauten Element-Nachgiebigkeitsbeziehung haben wir auf Bild 4.6 diejenige eines geraden, räumlich beanspruchten Stabelementes ausgewählt [Krätzig 1994]. Man erkennt die voraussetzungsgemäß unabhängigen Stabendkraftvariablen $\{N_r\ M_{Tr}\ M_{yl}\ M_{yr}\ M_{zl}\ M_{zr}\}$ und die korrespondierenden Knotenweggrößen: die Stablängung u_Δ, die Tordierung φ_Δ, die linken und rechten Stabendtangentenwinkel der vertikalen Biegedeformation τ_{yl}, τ_{yr} sowie diejenigen der Querbiegung τ_{zl}, τ_{zr}. Wir erinnern den Leser an die für Nachgiebigkeiten übliche Vorzeichenkonvention I aller unabhängigen Stabendvariablen in Bild 4.6, die derjenigen für Schnittgrößen nebst deren korrespondierenden Kinematen entspricht.

Zusätzlich zu (4.10) führen wir nun die zwischen den inneren Knotenvariablen ebenfalls angebbare *Element-Steifigkeitsbeziehung* ein, wieder für linear elastisches Werkstoffverhalten:

$$\mathbf{s}^e = \mathbf{k}^e \cdot \mathbf{v}^e + \overset{o}{\mathbf{s}}{}^e : \quad
\begin{bmatrix} s_1 \\ s_2 \\ \cdot \\ s_i \\ \cdot \\ s_k \end{bmatrix}^e
=
\begin{bmatrix}
k_{11} & k_{12} & \dots & k_{1j} & \dots & k_{1k} \\
k_{21} & k_{22} & \dots & k_{2j} & \dots & k_{2k} \\
\cdot & \cdot & \cdot & \cdot & \cdot & \cdot \\
k_{i1} & k_{i2} & \dots & k_{ij} & \dots & k_{ik} \\
\cdot & \cdot & \cdot & \cdot & \cdot & \cdot \\
k_{k1} & k_{k2} & \dots & k_{kj} & \dots & k_{kk}
\end{bmatrix}^e
\begin{bmatrix} v_1 \\ v_2 \\ \cdot \\ v_j \\ \cdot \\ v_k \end{bmatrix}^e
+
\begin{bmatrix} \overset{o}{s}_1 \\ \overset{o}{s}_2 \\ \cdot \\ \overset{o}{s}_i \\ \cdot \\ \overset{o}{s}_k \end{bmatrix}^e \; . \tag{4.12}$$

---

*   ENRICO BETTI, italienischer Bauingenieur, 1823-1892, formulierte die Symmetrie der Wechselwirkungsenergien in seiner 1872 erschienenen Arbeit: Teoria della Elasticità.

JAMES CLERK MAXWELL, bedeutendster theoretischer Physiker des 19. Jahrhunderts, 1831-1879, Professor in London und Cambridge, Arbeiten zur kinetischen Gastheorie und zum Elektromagnetismus, entdeckte 1864 die Reziprozität elastischer Verschiebungen.

Elementdarstellung:

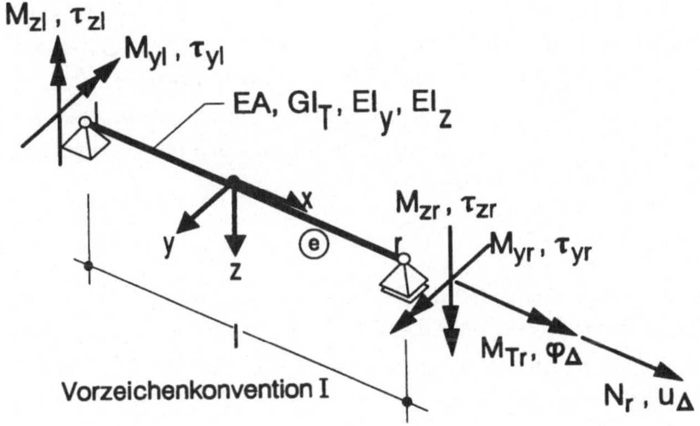

Element-Nachgiebigkeitsbeziehung: $\quad I_y = \int_A z^2 dA, \quad I_z = \int_A y^2 dA$

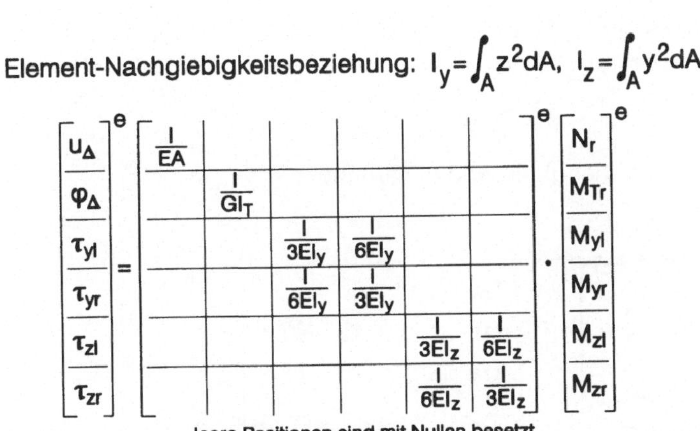

leere Positionen sind mit Nullen besetzt

Bild 4.6. Nachgiebigkeitsbeziehung eines geraden, räumlich beanspruchten Stabelementes in der Vorzeichenkonvention I

Hierin bezeichnet $\mathbf{k}^e$ die Element-Steifigkeitsmatrix und $\overset{o}{\mathbf{s}}{}^e$ eine aus Elementbelastungen, Temperatureinwirkungen u.ä. [Krätzig 1994] herrührende, unabhängig von den v_i^e existierende Kraftgrößenspalte: die Festhalte- oder Volleinspannkraftgrößen. Eine einzelne Spalte $\mathbf{k}_j^e$, $1 \leq j \leq k$ von $\mathbf{k}^e$ enthält offensichtlich gerade diejenigen Knotenkräfte s_i^e, $1 \leq i \leq k$ des Elementes, die sich bei Nullsetzung aller Elementfreiheitsgrade außer $v_j^e = 1$ einstellen. Da dieser Prozeß eine rein kinematische Zwängung darstellt, ähnlich den Einheitsverformungszuständen $V_j = 1$ am kinematisch bestimmten Hauptsystem, der keine Gleichgewichtsfähigkeit erfordert, dürfen die Variablenräume $\{\mathbf{s}^e, \mathbf{v}^e\}$ in (4.12) sowohl unabhängige als auch vollständige Sätze von Knotenvariablen enthalten. Wir fassen unsere bisherigen Erkenntnisse über Element-Steifigkeiten im folgenden zusammen.

Sätze: Element-Steifigkeitsbeziehungen können sowohl für unabhängige als auch für vollständige innere Variablen angegeben werden.

Die Spalte k_j^e der Element-Steifigkeitsmatrix k^e enthält die Festhaltekraftgrößen (Widerstände) s_i^e des Elementes infolge der Einheitsknotendeformation $v_j^e = 1$.

Element-Steifigkeitsmatrizen k^e sind stets quadratisch und symmetrisch. Enthalten die $\{s^e, v^e\}$ ausschließlich unabhängige Elementvariablen, so ist k^e regulär (det $k^e \neq 0$), positiv definit ($v^{eT} \cdot k^e \cdot v^e > 0$) und es gilt:

$$k^e = (f^e)^T .$$

(4.13)

Enthalten die $\{s^e, v^e\}$ dagegen die vollständigen Elementvariablen, so ist k^e wegen der linearen Abhängigkeiten in s^e singulär (det $k^e = 0$) und positiv semi-definit ($v^{eT} \cdot k^e \cdot v^e \geq 0$). Der Rangabfall von k^e ist in diesem Fall gleich der Anzahl verfügbarer Gleichgewichtsbedingungen für das Element, d.h. gleich der Anzahl der abhängigen Kraftgrößen in s^e.

Beispiel: Bild 4.7 zeigt dem Leser oben die bereits vertraute Element-Steifigkeitsbeziehung eines geraden, ebenen Stabes für unabhängige Knotenvariablen, unten dagegen diejenige für vollständi-

Ebenes Stabelement mit unabhängigen Knotenvariablen:

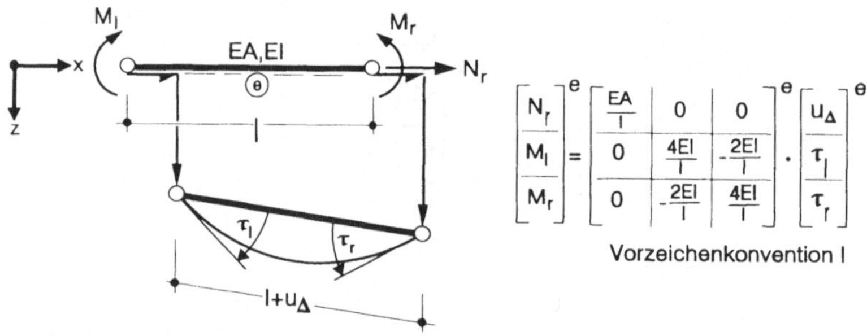

$$
\begin{bmatrix} N_r \\ M_l \\ M_r \end{bmatrix}^e =
\begin{bmatrix} \dfrac{EA}{l} & 0 & 0 \\ 0 & \dfrac{4EI}{l} & -\dfrac{2EI}{l} \\ 0 & -\dfrac{2EI}{l} & \dfrac{4EI}{l} \end{bmatrix}^e
\cdot
\begin{bmatrix} u_\Delta \\ \tau_l \\ \tau_r \end{bmatrix}^e
$$

Vorzeichenkonvention I

Ebenes Stabelement mit vollständigen Knotenvariablen:

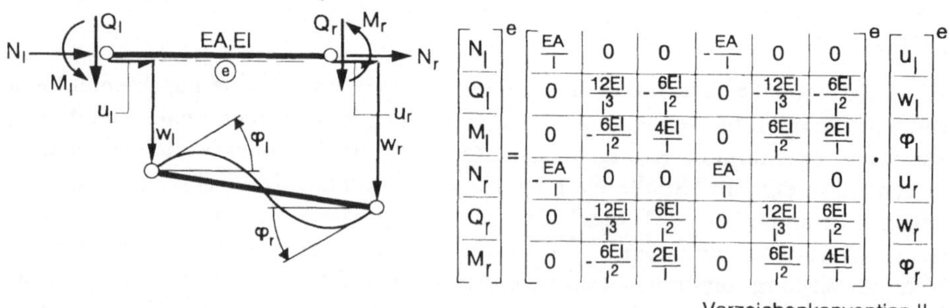

$$
\begin{bmatrix} N_l \\ Q_l \\ M_l \\ N_r \\ Q_r \\ M_r \end{bmatrix}^e =
\begin{bmatrix}
\dfrac{EA}{l} & 0 & 0 & -\dfrac{EA}{l} & 0 & 0 \\
0 & \dfrac{12EI}{l^3} & -\dfrac{6EI}{l^2} & 0 & -\dfrac{12EI}{l^3} & -\dfrac{6EI}{l^2} \\
0 & -\dfrac{6EI}{l^2} & \dfrac{4EI}{l} & 0 & \dfrac{6EI}{l^2} & \dfrac{2EI}{l} \\
-\dfrac{EA}{l} & 0 & 0 & \dfrac{EA}{l} & 0 & 0 \\
0 & -\dfrac{12EI}{l^3} & \dfrac{6EI}{l^2} & 0 & \dfrac{12EI}{l^3} & \dfrac{6EI}{l^2} \\
0 & -\dfrac{6EI}{l^2} & \dfrac{2EI}{l} & 0 & \dfrac{6EI}{l^2} & \dfrac{4EI}{l}
\end{bmatrix}^e
\cdot
\begin{bmatrix} u_l \\ w_l \\ \varphi_l \\ u_r \\ w_r \\ \varphi_r \end{bmatrix}^e
$$

Vorzeichenkonvention II

Bild 4.7. Steifigkeitsbeziehungen eines geraden, ebenen Stabelementes für unabhängige und vollständige Knotenvariablen

ge Knotenvariablen [Krätzig 1994]. Aus der bloßen Betrachtung der oberen Steifigkeitsmatrix erkennen wir deren Regularität, während im unteren Fall det $k^e = 0$ mit Rangabfall 3 gilt: Die Zeilen 1 und 4 sowie 2 und 5 sind bis auf das Vorzeichen gleich; außerdem ergibt Addition der Zeilen 3 und 6 die Zeile 2, multipliziert mit der Elementlänge l.

Abschließend sollen nun gemäß (4.3a) sämtliche p Elemente zum Gesamttragwerk zusammengefügt werden, man erhält als

Nachgiebigkeitsbeziehung aller Elemente:

$$
v = f \cdot s + \overset{o}{v} : \quad
\begin{bmatrix} v^a \\ v^b \\ \cdot \\ v^e \\ \cdot \\ v^p \end{bmatrix}
=
\begin{bmatrix} f^a & 0 & \cdots & 0 \\ 0 & f^b & & \\ \cdot & & & \cdot \\ 0 & & \cdots & f^e & \cdots \\ & & & & \cdot \\ & & & & & f^p \end{bmatrix}
\cdot
\begin{bmatrix} s^a \\ s^b \\ \cdot \\ s^e \\ \cdot \\ s^p \end{bmatrix}
+
\begin{bmatrix} \overset{o}{v}{}^a \\ \overset{o}{v}{}^b \\ \cdot \\ \overset{o}{v}{}^e \\ \cdot \\ \overset{o}{v}{}^p \end{bmatrix}
, \quad (4.14a)
$$

Steifigkeitsbeziehung aller Elemente:

$$
s = k \cdot v + \overset{o}{s} : \quad
\begin{bmatrix} s^a \\ s^b \\ \cdot \\ s^e \\ \cdot \\ s^p \end{bmatrix}
=
\begin{bmatrix} k^a & 0 & \cdots & 0 \\ 0 & k^b & & \\ \cdot & & & \cdot \\ 0 & & \cdots & k^e & \cdots \\ & & & & \cdot \\ & & & & & k^p \end{bmatrix}
\cdot
\begin{bmatrix} v^a \\ v^b \\ \cdot \\ v^e \\ \cdot \\ v^p \end{bmatrix}
+
\begin{bmatrix} \overset{o}{s}{}^a \\ \overset{o}{s}{}^b \\ \cdot \\ \overset{o}{s}{}^e \\ \cdot \\ \overset{o}{s}{}^p \end{bmatrix}
. \quad (4.14b)
$$

Nachgiebigkeitsmatrix f und Steifigkeitsmatrix k aller Elemente besitzen natürlich nur in Hypermatrizenschreibweise (4.14a,b) Diagonalform, tatsächlich zeichnet sie eine *Bandstruktur* aus. Ihre Eigenschaften über Quadratform und Symmetrie hinaus ergeben sich aus den Eigenschaften der in ihnen zusammengefaßten Matrizen f^e, k^e (e = a, b, ... p). Mit (4.3b) lautet schließlich die innere Wechselwirkungsenergie elastischer Gesamttragwerke:

$$
\begin{aligned}
-W^{(i)} &= s^T \cdot v = s^T \cdot f \cdot s + s^T \cdot \overset{o}{v} \\
&= v^T \cdot s = v^T \cdot k \cdot v + v^T \cdot \overset{o}{s} .
\end{aligned}
\quad (4.14c)
$$

4.2.5 Vollständiges Transformationsschema

Auf Bild 4.8 fassen wir nun alle bisher getroffenen Definitionen und gewonnenen Erkenntnisse zusammen. In die obere Variablenübersicht fügen wir zunächst die Knotenfreiheitsgrade V nebst deren korrespondierende Knotenlasten P (4.1a) ein. Auf Elementebene wurden von uns die Element-Knotenkraftgrößen s^e nebst den

Zustandsvariablen des Gesamttragwerks:

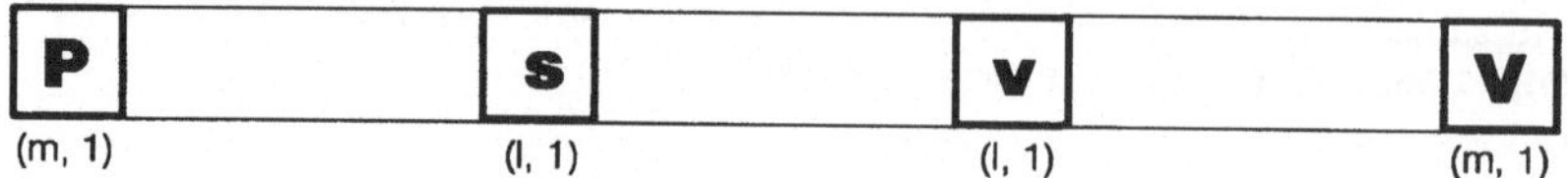

Einzelelement:

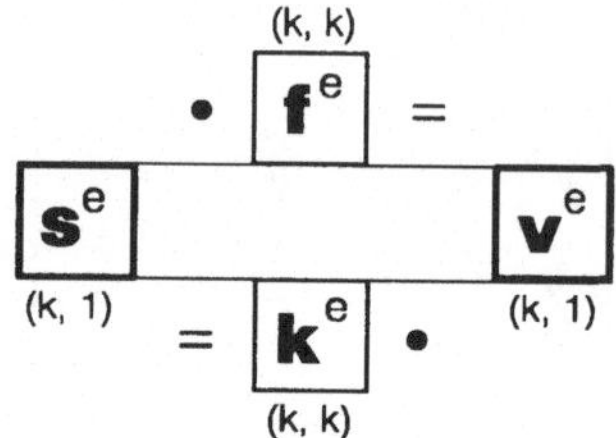

Gesamttragwerk:

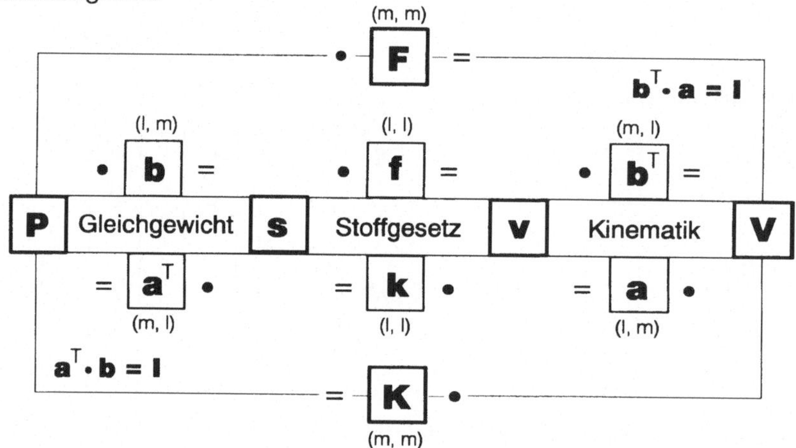

Bild 4.8. Variablen und Grundtransformationen für zeitinvariante Aufgabenstellungen der diskreten Festkörpermechanik

Element-Knotenkinematen $\mathbf{v}^e$ (4.2a) definiert und diese sodann für sämtliche Tragwerkselemente e: a, b, … p in den Spalten $\mathbf{s}$, $\mathbf{v}$ vereinigt (4.3a). Ebenfalls auf Elementebene wurden Nachgiebigkeitsmatrix $\mathbf{f}^e$ (4.10) und Steifigkeitsmatrix $\mathbf{k}^e$ (4.12) eingeführt sowie gleichfalls durch (4.14) zur Nachgiebigkeitsmatrix $\mathbf{f}$ und Steifigkeitsmatrix $\mathbf{k}$ aller Elemente zusammengefaßt. Schließlich übernehmen wir noch die beiden grundlegenden Transformationen des Gleichgewichts und der Kinematik (4.9), jeweils in ihrer originalen und kontragredienten Form.

Das Schema des Bildes 4.8 enthält damit sämtliche Zustandsvariablen und Primärtransformationen für zeitinvariante Probleme der Festkörpermechanik diskreter, linear elastischer Strukturmodelle. Wir betonen erneut, daß sein oberer Teil nur für aktive Freiheitsgrade $\mathbf{V}$, korrespondierende Knotenlasten $\mathbf{P}$ sowie unabhängige innere Variablen s, v gilt, sein unterer Teil dagegen sowohl für die aktiven als auch sämtliche äußeren Zustandsvariablen sowie für unabhängige oder vollständige innere Zustandsgrößen.

Der Einfachheit halber wurden auf Bild 4.8 Elementeinwirkungen $\overset{\circ}{s}$, $\overset{\circ}{v}$ (4.14) unterdrückt. Diese nunmehr einbeziehend verknüpfen wir die beiden äußeren Zustandsvariablen P, V auf dem oberen Pfad des Bildes 4.8 zur *Gesamt-Nachgiebigkeitsbeziehung*:

$$V = b^T \cdot v \qquad\qquad \text{Kinematik}$$

$$v = f \cdot s + \overset{\circ}{v} \qquad\qquad \text{Werkstoffgesetz}$$

$$s = b \cdot P \qquad\qquad \text{Gleichgewicht}$$

$$V = b^T \cdot f \cdot b \cdot P + b^T \cdot \overset{\circ}{v} = F \cdot P + b^T \cdot \overset{\circ}{v} \quad \text{mit} \quad F = b^T \cdot f \cdot b \; , \quad (4.15a)$$

auf dem unteren Weg zur *Gesamt-Steifigkeitsbeziehung*:

$$P = a^T \cdot s \qquad\qquad \text{Gleichgewicht}$$

$$s = k \cdot v + \overset{\circ}{s} \qquad\qquad \text{Werkstoffgesetz}$$

$$v = a \cdot V \qquad\qquad \text{Kinematik}$$

$$P = a^T \cdot k \cdot a \cdot V + a^T \cdot \overset{\circ}{s} = K \cdot V + a^T \cdot \overset{\circ}{s} \quad \text{mit} \quad K = a^T \cdot k \cdot a \; . \quad (4.15b)$$

Die entstandene Gesamt-Nachgiebigkeitsmatrix F sowie die Gesamt-Steifigkeitsmatrix K sind quadratisch (m,m) und symmetrisch infolge der Ähnlichkeitstransformationen $b^T \cdot f \cdot b$, $a^T \cdot k \cdot a$. Enthalten P, V nur aktive Freiheitsgrade nebst zugehörigen Knotenkräften, so sind beide Gesamtmatrizen

$$\text{regulär:} \qquad\qquad \det F \neq 0 \; , \quad \det K \neq 0$$
$$\text{und positiv definit:} \qquad P^T \cdot F \cdot P > 0 \; , \quad V^T \cdot K \cdot V > 0 \; .$$

Im Falle der Einbeziehung sämtlicher äußerer Variablen wird K

$$\text{singulär:} \qquad\qquad \det K = 0 \; ,$$
$$\text{und positiv semi-definit:} \qquad V^T \cdot K \cdot V \geq 0 \; ,$$

wobei der Rangabfall r von K den möglichen Starrkörperdeformationen des Strukturmodells entspricht. Schließlich lesen wir wegen der Vorgebbarkeit von P bzw. V aus

$$P = a^T \cdot s \qquad\qquad\qquad V = b^T \cdot v$$
$$s = b \cdot P \qquad\qquad\qquad\qquad v = a \cdot V$$

$$P = a^T \cdot b \cdot P : \; a^T \cdot b = I \; , \qquad V = b^T \cdot a \cdot V : \; b^T \cdot a = I \qquad (4.16)$$

noch die angegebene Beziehung zwischen der kinematischen Transformationsmatrix a und der Gleichgewichtsmatrix b ab.

4.3 Energieaussagen

4.3.1 Der Energiesatz der Mechanik

Energieaussagen stellen leistungsfähige Instrumente der Tragwerksmechanik dar, durch welche viele grundsätzliche Phänomene erst allgemeingültig beschreibbar werden. Verglichen mit den komplizierten Funktionalformen für Kontinuumsmodelle beeindrucken sie bei diskreten Tragwerksmodellen durch Einfachheit. Die Ursachen hierfür liegen in der Definition energetisch korrespondierender Knotenvariablen sowie in den Freiheitsgradattributen aktiv und passiv, durch welche Randbedingungen besonders einfach erfaßbar werden.

Der Energiesatz der Mechanik wurde im Kapitel 3 für Kontinuumselemente hergeleitet, so daß wir uns hier auf seine Formulierung für diskrete Strukturmodelle beschränken können. Dabei greifen wir auf die Energieausdrücke (4.1b) und (4.3b) sowie auf das Transformationsschema des Bildes 4.8 zurück.

Energiesatz: Für einen im Gleichgewicht befindlichen Kraftgrößenzustand 1:

$$\mathbf{P}_1 = \mathbf{a}^T \cdot \mathbf{s}_1 \ , \quad \mathbf{s}_1 = \mathbf{b} \cdot \mathbf{P}_1 \tag{4.17a}$$

und einen kompatibel deformierten Weggrößenzustand 2

$$\mathbf{V}_2 = \mathbf{b}^T \cdot \mathbf{v}_2 \ , \quad \mathbf{v}_2 = \mathbf{a} \cdot \mathbf{V}_2 \tag{4.17b}$$

verschwindet die Summe der äußeren und inneren Wechselwirkungsenergien:

$$W_{1,2} = W_{1,2}^{(a)} + W_{1,2}^{(i)} = \mathbf{P}_1^T \cdot \mathbf{V}_2 - \mathbf{s}_1^T \cdot \mathbf{v}_2 = \mathbf{V}_2^T \cdot \mathbf{P}_1 - \mathbf{v}_2^T \cdot \mathbf{s}_1 = 0 \ . \tag{4.17c}$$

Beispiel: Zur Rückerinnerung an die in der inneren Wechselwirkungsenergie zu kombinierenden Elementvariablen formulieren wir ausgehend von Bild 4.7 die innere Wechselwirkungsenergie (4.2b) eines ebenen, geraden Stabelementes e. Unter Verwendung unabhängiger Variablen lautet diese:

$$-w^{(i)\,e} = \mathbf{s}^{eT} \cdot \mathbf{v}^e = N_r\, u_\Delta + M_l\, \tau_l + M_r\, \tau_r \ , \tag{4.18a}$$

für vollständige dagegen:

$$-w^{(i)\,e} = \mathbf{s}^{eT} \cdot \mathbf{v}^e = N_l\, u_l + Q_l\, w_l + M_l\, \varphi_l + N_r\, u_r + Q_r\, w_r + M_r\, \varphi_r \ . \tag{4.18b}$$

Als erste Anwendung des Energiesatzes (4.17c) substituieren wir nun in diesen die Gleichgewichts- und Kinematiktransformationen

$$\mathbf{s}_1 = \mathbf{b} \cdot \mathbf{P}_1 \ , \quad \mathbf{v}_2 = \mathbf{a} \cdot \mathbf{V}_2 \tag{4.19a}$$

und gewinnen damit:

$$W_{1,2} = \mathbf{P}_1^T \cdot \mathbf{V}_2 - \mathbf{s}_1^T \cdot \mathbf{v}_2 = \mathbf{V}_2^T \cdot \mathbf{P}_1 - \mathbf{v}_2^T \cdot \mathbf{s}_1 = 0$$

$$= \mathbf{P}_1^T \cdot \mathbf{V}_2 - \underbrace{\mathbf{P}_1^T \cdot \mathbf{b}^T \cdot \mathbf{a}}_{I} \cdot \mathbf{V}_2 = \mathbf{V}_2^T \cdot \mathbf{P} - \underbrace{\mathbf{V}_2^T \cdot \mathbf{a}^T \cdot \mathbf{b}}_{I} \cdot \mathbf{P}_1 = 0 \tag{4.19b}$$

die bereits aus (4.16) bekannte Verknüpfung zwischen der kinematischen Transformationsmatrix **a** und der Gleichgewichtsmatrix **b**. Bei den Kontinuumsmodellen waren Gleichgewichts- und Kinematikoperator $\mathbf{D}_e$, $\mathbf{D}_k$ stets zueinander adjungiert; offenbar entspricht jene Adjungiertheitsaussage dieser Verknüpfung.

Satz: Der Adjungiertheit der Feldoperatoren bei den Kontinuumsmodellen entspricht die Verknüpfung

$$\mathbf{a}^T \cdot \mathbf{b} = \mathbf{b}^T \cdot \mathbf{a} = \mathbf{I} \tag{4.20}$$

*der beiden Transformationsmatrizen **a**, **b**.*

4.3.2 Die Sätze von BETTI und CASTIGLIANO

Zur Anwendung des Energiesatzes (4.17c) sollen nun zwei klassische Aussagen der Mechanik hergeleitet werden. Als erstes betrachten wir zwei im Gleichgewicht befindliche Kraftgrößensysteme 1 und 2, denen jeweils elastische, kinematisch kompatible Deformationssysteme zugeordnet sind:

$$\text{System 1:} \quad \{\mathbf{P}_1, \mathbf{s}_1\} \quad \rightarrow \quad \{\mathbf{V}_1, \mathbf{v}_1 = \mathbf{f} \cdot \mathbf{s}_1\}$$
$$\text{System 2:} \quad \{\mathbf{P}_2, \mathbf{s}_2\} \quad \rightarrow \quad \{\mathbf{V}_2, \mathbf{v}_2 = \mathbf{f} \cdot \mathbf{s}_2\}$$

Gemäß (4.17c) gilt für beide Variablensysteme der Energiesatz:

$$W_{1,2} = \mathbf{P}_1^T \cdot \mathbf{V}_2 - \mathbf{s}_1^T \cdot \mathbf{v}_2 = 0: \qquad \mathbf{P}_1^T \cdot \mathbf{V}_2 = \mathbf{s}_1^T \cdot \mathbf{v}_2 = \mathbf{s}_1^T \cdot \mathbf{f} \cdot \mathbf{s}_2 \;,$$
$$W_{2,1} = \mathbf{P}_2^T \cdot \mathbf{V}_1 - \mathbf{s}_2^T \cdot \mathbf{v}_1 = 0: \qquad \mathbf{P}_2^T \cdot \mathbf{V}_1 = \mathbf{s}_2^T \cdot \mathbf{v}_1 = \mathbf{s}_2^T \cdot \mathbf{f} \cdot \mathbf{s}_1 \;. \tag{4.21a}$$

Wegen der Symmetrie der Nachgiebigkeitsmatrix **f** aller Elemente sind die beiden quadratischen Formen $\mathbf{s}_1^T \mathbf{f} \mathbf{s}_2$, $\mathbf{s}_2^T \mathbf{f} \mathbf{s}_1$ gleich, woraus wir den Satz von BETTI gewinnen.

Satz: Die äußeren Wechselwirkungsenergien zweier elastischer Kraft-Verformungssysteme sind zueinander reziprok, d.h. in den Indizes vertauschbar:

$$W_{1,2}^{(a)} = W_{2,1}^{(a)}: \qquad \mathbf{P}_1^T \cdot \mathbf{V}_2 = \mathbf{P}_2^T \cdot \mathbf{V}_1 \;. \tag{4.21b}$$

Als nächstes betrachten wir die äußere (Eigen-) Arbeit eines im Gleichgewicht befindlichen Kraftgrößensystems $\{\mathbf{P}, \mathbf{s}\}$ längs der durch dieses hervorgerufenen elastischen Deformationen $\{\mathbf{V}, \mathbf{v}\}$:

$$W^{(a)} = \frac{1}{2}\mathbf{P}^T \cdot \mathbf{V} = \frac{1}{2}\mathbf{V}^T \cdot \mathbf{P} = \frac{1}{2}(P_1 V_1 + P_2 V_2 + \dots P_i V_i + \dots P_m V_m) \;. \tag{4.22a}$$

Eine differentielle Zusatzverrückung d**V** bewirkt folgende Zusatzarbeiten:

$$dW^{(a)} = \mathbf{P}^T \cdot d\mathbf{V} = P_1 \, dV_1 + P_2 \, dV_2 + \dots P_i \, dV_i + \dots P_m \, dV_m \;, \tag{4.22b}$$

eine differentielle Gruppe d**P** von Zusatzkraftgrößen dagegen:

$$dW^{(a)} = d\mathbf{P}^T \cdot \mathbf{V} = dP_1 V_1 + dP_2 V_2 + \ldots dP_i V_i + \ldots dP_m V_m \ . \tag{4.22c}$$

Aus diesen Arbeitsdifferentialen leiten wir mühelos die beiden Sätze von CASTIGLIANO* her:

Sätze: Die partielle Ableitung der äußeren Arbeit einer mechanischen Gruppe nach einer Kraftgröße (Weggröße) liefert die korrespondierende Weggröße (Kraftgröße):

$$\frac{\partial W^{(a)}}{\partial V_i} = P_i \ , \quad \frac{\partial W^{(a)}}{\partial P_i} = V_i \ . \tag{4.23}$$

4.3.3 Die klassischen Variationsprinzipe

Wir kehren zum Energiesatz der Mechanik (4.17c) zurück

$$W = \mathbf{P}^T \cdot \mathbf{V} - \mathbf{s}^T \cdot \mathbf{v} = \mathbf{V}^T \cdot \mathbf{P} - \mathbf{v}^T \cdot \mathbf{s} = 0 \ , \tag{4.24}$$

der für im Gleichgewicht befindliche Kraftgrößenzustände $\{\mathbf{P}, \mathbf{s}\}$ sowie kompatibel deformierte Weggrößenzustände $\{\mathbf{V}, \mathbf{v}\}$ gilt. Aus diesem sollen nun die beiden Variationsprinzipe der virtuellen Arbeiten und der virtuellen konjugierten Arbeiten hergeleitet werden.

Hierzu wurde die Wechselwirkungsenergie eines wirklichen Kraftgrößenzustandes $\{\mathbf{P}, \mathbf{s}\}$ hinsichtlich eines um seine 1. Variation ergänzten Weggrößenzustandes $\{\mathbf{V} + \delta\mathbf{V}, \mathbf{v} + \delta\mathbf{v}\}$ gebildet. Berücksichtigt man im Ergebnis

$$W + \delta W = \mathbf{V}^T \cdot \mathbf{P} - \mathbf{v}^T \cdot \mathbf{s} + \delta\mathbf{V}^T \cdot \mathbf{P} - \delta\mathbf{v}^T \cdot \mathbf{s} = 0 \tag{4.25a}$$

den obigen Energiesatz (4.24), so verbleibt mit

$$\delta W = \delta\mathbf{V}^T \cdot \mathbf{P} - \delta\mathbf{v}^T \cdot \mathbf{s} = 0 \tag{4.25b}$$

bereits das diskrete *Prinzip der virtuellen Verschiebungen* (Arbeiten), gültig unter der Nebenbedingung

$$\delta\mathbf{v} = \mathbf{a} \cdot \delta\mathbf{V} \ . \tag{4.25c}$$

Führt man diese Nebenbedingung in (4.25b) ein:

$$\delta\mathbf{V}^T \cdot \mathbf{P} - \delta\mathbf{V}^T \cdot \mathbf{a}^T \cdot \mathbf{s} = \delta\mathbf{V}^T \cdot (\mathbf{P} - \mathbf{a}^T \cdot \mathbf{s}) = 0 : \ \mathbf{P} = \mathbf{a}^T \cdot \mathbf{s} \ , \tag{4.25d}$$

so entsteht wegen willkürlicher Vorgebbarkeit der virtuellen äußeren Weggrößen $\delta\mathbf{V}$ gerade das Knotengleichgewicht des ursprünglichen Kraftgrößenzustandes.

---

*   CARLO ALBERTO CASTIGLIANO, italienischer Mathematiker aus Turin, 1847-1884; Forschungen zu Minimalprinzipen, die Formulierung der beiden Sätze findet sich in einer elastizitätstheoretischen Arbeit aus dem Jahre 1879.

Prinzip der virtuellen Weggrößen: Die Summe der virtuellen inneren und äußeren Arbeiten eines wirklichen Kraftgrößenzustandes verschwindet für jede kinematisch zulässige Weggrößenvariation:

$$\delta W = \delta V^T \cdot P - \delta v^T \cdot s = 0 \quad \textit{für} \quad \delta v = a \cdot \delta V : \ P = a^T \cdot s \ , \qquad (4.26)$$

wodurch das Knotengleichgewicht des diskreten Tragwerksmodells beschrieben wird.

Im zweiten Schritt berechnen wir die Wechselwirkungsenergie eines wirklichen Weggrößenzustandes $\{V, v\}$ hinsichtlich eines um seine 1. Variation ergänzten Kraftgrößenzustandes $\{P + \delta P, s + \delta s\}$. Berücksichtigt man im Ergebnis erneut den Energiesatz (4.24), so verbleibt diesmal mit

$$\delta W^* = \delta P^T \cdot V + \delta s^T \cdot v = 0 \qquad (4.27a)$$

das diskrete *Prinzip der virtuellen Kraftgrößen* (konjugierten Arbeiten), gültig unter der Nebenbedingung

$$\delta s = b \cdot \delta P \ . \qquad (4.27b)$$

Substituiert man diese Nebenbedingung in (4.27a)

$$\delta P^T \cdot V - \delta P^T \cdot b^T \cdot v = \delta P^T \cdot (V - b^T \cdot v) = 0 : \ V = b^T \cdot v \ , \qquad (4.27c)$$

so gewinnt man wegen willkürlicher Vorgebbarkeit der virtuellen äußeren Kraftgrößen δP gerade die kinematische Kompatibilitätsaussage des ursprünglichen Weggrößenzustandes.

Prinzip der virtuellen Kraftgrößen: Die Summe der virtuellen inneren und äußeren konjugierten Arbeiten eines wirklichen Weggrößenzustandes verschwindet für jede statisch zulässige, d.h. im Gleichgewicht befindliche Kraftgrößenvariation:

$$\delta W^* = \delta P^T \cdot V - \delta s^T \cdot v = 0 \quad \textit{für} \quad \delta s = b \cdot P : \ V = b^T \cdot v \ , \qquad (4.28)$$

wodurch die kinematische Verträglichkeit des diskreten Tragwerksmodells beschrieben wird.

4.3.4 Die Prinzipe für elastische Werkstoffe

Wir betrachten in diesem Abschnitt elastische Tragwerksmodelle mit den Werkstoffgesetzen (4.14a,b)

$$v = f \cdot s + \overset{\circ}{v} \ , \quad s = k \cdot v + \overset{\circ}{s} \ , \qquad (4.29)$$

beide unter Berücksichtigung von Elementeinwirkungen. Für diese Tragwerke definieren wir das aus innerem und äußerem Potential bestehende Gesamtpotential

$$\Pi = \Pi^{(i)} + \Pi^{(a)} = \frac{1}{2} v^T \cdot k \cdot v + v^T \cdot \overset{\circ}{s} - V^T \cdot P \ , \qquad (4.30a)$$

das wir mittels Kinematik und Gesamt-Steifigkeitsmatrix (4.15b)

$$\mathbf{v} = \mathbf{a} \cdot \mathbf{V} , \quad \mathbf{K} = \mathbf{a}^{\mathrm{T}} \cdot \mathbf{k} \cdot \mathbf{a} \tag{4.30b}$$

auch in die Form

$$\Pi = \Pi^{(i)} + \Pi^{(a)} = \frac{1}{2} \mathbf{V}^{\mathrm{T}} \cdot \mathbf{K} \cdot \mathbf{V} + \mathbf{V}^{\mathrm{T}} \cdot (\mathbf{a}^{\mathrm{T}} \cdot \overset{\circ}{\mathbf{s}}) - \mathbf{V}^{\mathrm{T}} \cdot \mathbf{P} \tag{4.30c}$$

überführen können.

Das Verschwinden der 1. Variation von Π nach den Weggrößen

$$\delta\Pi = \delta\mathbf{v}^{\mathrm{T}} \cdot \mathbf{k} \cdot \mathbf{v} + \delta\mathbf{v}^{\mathrm{T}} \cdot \overset{\circ}{\mathbf{s}} - \delta\mathbf{V}^{\mathrm{T}} \cdot \mathbf{P} = \delta\mathbf{v}^{\mathrm{T}} \cdot \mathbf{s} - \delta\mathbf{V}^{\mathrm{T}} \cdot \mathbf{P}$$
$$= \delta\mathbf{V}^{\mathrm{T}} \cdot \mathbf{K} \cdot \mathbf{V} + \delta\mathbf{V}^{\mathrm{T}} \cdot (\mathbf{a}^{\mathrm{T}} \cdot \overset{\circ}{\mathbf{s}}) - \delta\mathbf{V}^{\mathrm{T}} \cdot \mathbf{P} = \delta\mathbf{V}^{\mathrm{T}} \cdot (\mathbf{K} \cdot \mathbf{V} + \mathbf{a}^{\mathrm{T}} \cdot \overset{\circ}{\mathbf{s}} - \mathbf{P}) = 0 \tag{4.31a}$$

entspricht offensichtlich gerade dem (negativen) Prinzip der virtuellen Arbeiten (4.26) und damit dem Strukturgleichgewicht, sofern ein kompatibler Weggrößenzustand (4.30a) verwendet wird. Aus den Definitheitseigenschaften der 2. Variationen von Π

$$\delta^{2}\Pi = \delta\mathbf{v}^{\mathrm{T}} \cdot \mathbf{k} \cdot \delta\mathbf{v} \geq 0 \quad \text{bzw.} \quad \delta^{2}\Pi = \delta\mathbf{V}^{\mathrm{T}} \cdot \mathbf{K} \cdot \delta\mathbf{V} > 0 \tag{4.31b}$$

entnehmen wir (4.31a,b) als diskrete Form des Prinzips vom stationären Wert des Gesamtpotentials.

Prinzip vom stationären Wert (Minimum) des Gesamtpotentials: *Von allen kinematisch zulässigen Weggrößenzuständen stellt sich im Gleichgewicht gerade derjenige ein, der das Gesamtpotential Π mindestens stationär (minimal) macht.*

Im 2. Schritt definieren wir durch

$$\Pi^{*} = \Pi^{*(i)} + \Pi^{*(a)} = \frac{1}{2} \mathbf{s}^{\mathrm{T}} \cdot \mathbf{f} \cdot \mathbf{s} + \mathbf{s}^{\mathrm{T}} \cdot \overset{\circ}{\mathbf{v}} - \mathbf{P}^{\mathrm{T}} \cdot \mathbf{V} \tag{4.32a}$$

ein konjugiertes Gesamtpotential, das mittels der Gleichgewichtstransformation sowie der Gesamt-Nachgiebigkeitsmatrix (4.15a)

$$\mathbf{s} = \mathbf{b} \cdot \mathbf{P} , \quad \mathbf{F} = \mathbf{b}^{\mathrm{T}} \cdot \mathbf{f} \cdot \mathbf{b} \tag{4.32b}$$

auch die Form

$$\Pi^{*} = \Pi^{*(i)} + \Pi^{*(a)} = \frac{1}{2} \mathbf{P}^{\mathrm{T}} \cdot \mathbf{F} \cdot \mathbf{P} + \mathbf{P}^{\mathrm{T}} \cdot (\mathbf{b}^{\mathrm{T}} \cdot \overset{\circ}{\mathbf{v}}) - \mathbf{P}^{\mathrm{T}} \cdot \mathbf{V} \tag{4.32c}$$

annehmen kann. Aus seiner 1. und 2. Variation nach den Kraftgrößen

$$\delta\Pi^{*} = \delta\mathbf{s}^{\mathrm{T}} \cdot \mathbf{f} \cdot \mathbf{s} + \delta\mathbf{s}^{\mathrm{T}} \cdot \overset{\circ}{\mathbf{v}} - \delta\mathbf{P}^{\mathrm{T}} \cdot \mathbf{V} = \delta\mathbf{s}^{\mathrm{T}} \cdot \mathbf{v} - \delta\mathbf{P}^{\mathrm{T}} \cdot \mathbf{V}$$
$$= \delta\mathbf{P}^{\mathrm{T}} \cdot \mathbf{F} \cdot \mathbf{P} + \delta\mathbf{P}^{\mathrm{T}} \cdot (\mathbf{b}^{\mathrm{T}} \cdot \overset{\circ}{\mathbf{v}}) - \delta\mathbf{P}^{\mathrm{T}} \cdot \mathbf{V} = \delta\mathbf{P}^{\mathrm{T}} \cdot (\mathbf{F} \cdot \mathbf{P} + \mathbf{b}^{\mathrm{T}} \cdot \overset{\circ}{\mathbf{v}} - \mathbf{V}) = 0 , \tag{4.33a}$$

$$\delta^2 \Pi^* = \delta s^T \cdot f \cdot \delta s > 0 \quad \text{bzw.} \quad \delta^2 \Pi^* = \delta P^T \cdot F \cdot \delta P > 0 \tag{4.33b}$$

erkennen wir in diesem Fall die Verwandtschaft von (4.33a) mit dem Variationsprinzip der virtuellen konjugierten Arbeiten (4.28) und damit in (4.33a,b) die diskrete Form des Prinzips vom Minimum des konjugierten Gesamtpotentials.

Prinzip vom Minimum des konjugierten Gesamtpotentials: *Von allen statisch zulässigen Gleichgewichtszuständen stellt sich im wirklichen Verformungszustand gerade derjenige ein, der das konjugierte Gesamtpotential zum Minimum macht.*

Abschließend befreien wir noch die beiden Gesamtpotentiale (4.30a) und (4.32a) mittels LAGRANGE-Faktoren λ, λ^* von ihren jeweiligen Nebenbedingungen (4.27c) und (4.25d):

$$\hat{\Pi} = \frac{1}{2} v^T \cdot k \cdot v + v^T \cdot \overset{\circ}{s} - V^T \cdot P + \lambda^T \cdot (V - b^T \cdot v) \ , \tag{4.34a}$$

$$\hat{\Pi}^* = \frac{1}{2} s^T \cdot f \cdot s + s^T \cdot \overset{\circ}{v} - P^T \cdot V + \lambda^{*T} \cdot (P - a^T \cdot s) \ . \tag{4.34b}$$

Die Stationaritätsbedingungen lauten im 1. Fall:

$$\frac{\partial \hat{\Pi}}{\partial V} = -P + \lambda = 0 \quad \rightarrow \quad \lambda = P \ ,$$

$$\frac{\partial \hat{\Pi}}{\partial v} = k \cdot v + \overset{\circ}{s} - b \cdot P = 0 \ ,$$

$$\frac{\partial \hat{\Pi}}{\partial \lambda} = V - b^T \cdot v = 0 \ ; \tag{4.35a}$$

sowie im 2. Fall:

$$\frac{\partial \hat{\Pi}^*}{\partial P} = -V + \lambda^* = 0 \quad \rightarrow \quad \lambda^* = V \ ,$$

$$\frac{\partial \hat{\Pi}^*}{\partial s} = f \cdot s + \overset{\circ}{v} - a \cdot V = 0 \ ,$$

$$\frac{\partial \hat{\Pi}^*}{\partial \lambda^*} = P - a^T \cdot s = 0 \ . \tag{4.35b}$$

Somit entsprechen die beiden erweiterten Gesamtpotentiale:

$$\hat{\Pi} = \frac{1}{2} v^T \cdot k \cdot v + v^T \cdot \overset{\circ}{s} - V^T \cdot P + P^T \cdot (V - b^T \cdot v) \ , \tag{4.36a}$$

$$\hat{\Pi}^* = \frac{1}{2} s^T \cdot f \cdot s + s^T \cdot \overset{\circ}{v} - P^T \cdot V + V^T \cdot (P - a^T \cdot s) \ , \tag{4.36b}$$

gerade den diskreten Gegenstücken zu den nebenbedingungsfreien Funktionalen von HU-WASHIZU und HU.

4.4 Verfahren zur Tragwerksanalyse

4.4.1 Weggrößenverfahren und Minimum des Gesamtpotentials

Tragwerkstheorien der Strukturmechanik dienen der Tragwerksanalyse, d.h. der Ermittlung aller unbekannten Zustandsvariablen des Bildes 4.8 aus einer vorgegebenen Teilmenge von Variablen. Derartige Aufgabenstellungen sind eng mit den Variations- und Extremalprinzipen verknüpft, wie nun gezeigt werden soll.

Hierzu denken wir uns ein gleichgewichtsfähiges, elastisches Tragwerk in diskreter Modellierung unter vorgegebenen äußeren Lasten und übernehmen für dieses das elastische Gesamtpotential (4.30c)

$$\Pi = \frac{1}{2}\,\mathbf{V}^T \cdot \mathbf{K} \cdot \mathbf{V} + \mathbf{V}^T \cdot (\mathbf{a}^T \cdot \overset{\circ}{\mathbf{s}}) - \mathbf{V}^T \cdot \mathbf{P} \;. \tag{4.37a}$$

Aufgrund des Prinzips vom Minimum des Gesamtpotentials liefert dessen 1. Variation (4.31a)

$$\delta\Pi = \delta\mathbf{V}^T \cdot (\mathbf{K} \cdot \mathbf{V} + \mathbf{a}^T \cdot \overset{\circ}{\mathbf{s}} - \mathbf{P}) = 0 \tag{4.37b}$$

wegen willkürlicher Wählbarkeit der Variation $\delta\mathbf{V}$ gerade die bereits aus (4.15b) bekannte Gesamt-Steifigkeitsbeziehung:

$$\mathbf{P} = \mathbf{K} \cdot \mathbf{V} + \mathbf{a}^T \cdot \overset{\circ}{\mathbf{s}} \;. \tag{4.38a}$$

Da das Aufstellen des Gesamtpotentials (4.37a) die kinematische Transformation und die Steifigkeitsbeziehung aller Elemente

$$\mathbf{v} = \mathbf{a} \cdot \mathbf{V} \;, \quad \mathbf{s} = \mathbf{k} \cdot \mathbf{v} + \overset{\circ}{\mathbf{s}} \tag{4.38b}$$

voraussetzt, stehen mit (4.38a, b) sämtliche Beziehungen des *Weggrößenverfahrens* zur Verfügung: Dieses ist daher offensichtlich dem Prinzip vom Minimum des Gesamtpotentials als Lösungsalgorithmus zugeordnet.

Satz: Das Minimum des elastischen Gesamtpotentials wird für kinematisch kompatible Deformationszustände durch die Gesamt-Steifigkeitsbeziehung beschrieben. Das zugehörige Berechnungskonzept ist somit das Weggrößenverfahren.

Tafel 4.1 faßt noch einmal die dem Leser aus [Krätzig 1994] wohlbekannten Grundschritte des Standard-Weggrößenalgorithmus zusammen, sofern äußere Lasten vorgegeben sind. Wie eingangs betont, wurde dabei das Tragwerk als gleichgewichtsfähig vorausgesetzt, d.h. $\mathbf{K}$ gilt gemäß Abschnitt 4.2.5 als regulär (det $\mathbf{K}$ $\neq 0$) und positiv definit ($\mathbf{V}^T\mathbf{K}\cdot\mathbf{V} > 0$). Der letzte Schritt auf Tafel 4.1 entstammt dem Vorgehen bei Stabtragwerken und wird im allgemeinen Fall modifiziert werden.

Tafel 4.1. Standard-Weggrößenalgorithmus für Lastvorgaben

- Aufbau der Spalten **P** der vorgebbaren Knotenlasten und $\overset{\circ}{\mathbf{s}}$ der aus den Elementeinwirkungen berechenbaren Volleinspannkraftgrößen.

- Spaltenweiser Aufbau der kinematischen Transformationsmatrix **a** durch Anwendung von Knotendeformationen $V_j = 1$, $j = 1,2, \ldots$ m am kinematisch bestimmten Hauptsystem:

$$\mathbf{v} = \mathbf{a} \cdot \mathbf{V} \ .$$

- Ermittlung der Steifigkeitsmatrix **k** aller Elemente.

- Berechnung der Gesamt-Steifigkeitsmatrix **K** durch Kongruenztransformation:

$$\mathbf{K} = \mathbf{a}^{\mathsf{T}} \cdot \mathbf{k} \cdot \mathbf{a} \ .$$

- Aufbau der Gesamt-Steifigkeitsbeziehung und Auflösung nach **V**:

$$\mathbf{P} = \mathbf{K} \cdot \mathbf{V} + \mathbf{a}^{\mathsf{T}} \cdot \overset{\circ}{\mathbf{s}} \quad \rightarrow \quad \mathbf{V} = \mathbf{K}^{-1} \cdot (\mathbf{P} - \mathbf{a}^{\mathsf{T}} \cdot \overset{\circ}{\mathbf{s}}) \ .$$

- Ermittlung der Element-Knotendeformationen **v** aus der kinematischen Transformation:

$$\mathbf{v} = \mathbf{a} \cdot \mathbf{V} \ .$$

- Ermittlung der Elementknotenkraftgrößen **s** aus der Steifigkeitsbeziehung aller p Elemente:

$$\mathbf{s} = \mathbf{k} \cdot \mathbf{v} + \overset{\circ}{\mathbf{s}} \ .$$

4.4.2 Kraftgrößenverfahren und Minimum des konjugierten Gesamtpotentials

Für das gleiche elastische Tragwerk, wieder unter vorgegebenen äußeren Lasten, übernehmen wir nun das konjugierte Gesamtpotential (4.32c)

$$\Pi^* = \frac{1}{2} \mathbf{P}^{\mathsf{T}} \cdot \mathbf{F} \cdot \mathbf{P} + \mathbf{P}^{\mathsf{T}} \cdot (\mathbf{b}^{\mathsf{T}} \cdot \overset{\circ}{\mathbf{v}}) - \mathbf{P}^{\mathsf{T}} \cdot \mathbf{V} \ . \tag{4.39a}$$

Dessen 1. Variation (4.33a)

$$\delta\Pi^* = \delta\mathbf{P}^{\mathsf{T}} \cdot (\mathbf{F} \cdot \mathbf{P} + \mathbf{b}^{\mathsf{T}} \cdot \overset{\circ}{\mathbf{v}} - \mathbf{V}) = 0 \tag{4.39b}$$

liefert dem Prinzip vom Minimum des konjugierten Gesamtpotentials gemäß und im Hinblick auf willkürliche Wählbarkeit von $\delta\mathbf{P}$ gerade die bereits aus (4.15a) bekannte Gesamt-Nachgiebigkeitsbeziehung

$$\mathbf{V} = \mathbf{F} \cdot \mathbf{P} + \mathbf{b}^{\mathsf{T}} \cdot \overset{\circ}{\mathbf{v}} \ . \tag{4.40a}$$

Tafel 4.2. Standard-Kraftgrößenalgorithmus für Lastvorgaben

- Aufbau der Spalten $\mathbf{P}$ der vorgebbaren Knotenlasten und $\overset{o}{\mathbf{v}}$ der aus den Elementeinwirkungen berechenbaren Knotendeformationen.

- Feststellung des Grades n der statischen Unbestimmtheit sowie Wahl des statisch bestimmten Hauptsystems durch Festlegung der statisch Überzähligen $\mathbf{X}$ und der zugehörigen Klaffungen $\mathbf{V_x}$.

- Aufbau der Gleichgewichtstransformation des statisch bestimmten Hauptsystems

$$\mathbf{s} = \tilde{\mathbf{b}} \cdot \tilde{\mathbf{P}} = \mathbf{b_0} \cdot \mathbf{P} + \mathbf{b_x} \cdot \mathbf{X}$$

aus den Lastzuständen $\mathbf{b_0}$ infolge $P_j = 1$, $j = 1,2, \ldots$ m und aus Einheitszuständen $\mathbf{b_x}$ infolge $X_k = 1$, $k = 1,2, \ldots$ n. Im Allgemeinen erfolgt dies durch Inversion der Knotengleichgewichtsbedingungen des statisch bestimmten Hauptsystems:

$$\tilde{\mathbf{P}} = \tilde{\mathbf{g}} \cdot \mathbf{s} = \begin{bmatrix} \mathbf{P} \\ \mathbf{X} \end{bmatrix} = \begin{bmatrix} \mathbf{g_0} \\ \mathbf{g_x} \end{bmatrix} \cdot \mathbf{s} \; .$$

- Ermittlung der Nachgiebigkeitsmatrix $\mathbf{f}$ aller Elemente.

- Aufstellung und Lösung des Systems der Elastizitätsgleichungen zwecks Bestimmung der statisch Überzähligen $\mathbf{X}$:

$$\mathbf{V_x} = \mathbf{F_{xo}} \cdot \mathbf{P} + \mathbf{F_{xx}} \cdot \mathbf{X} + \mathbf{b_x^T} \cdot \overset{o}{\mathbf{v}} = \mathbf{0} \quad \rightarrow \quad \mathbf{X} = -\mathbf{F_{xx}^{-1}} \cdot (\mathbf{F_{xo}} \cdot \mathbf{P} + \mathbf{b_x^T} \cdot \overset{o}{\mathbf{v}})$$

mit $\mathbf{F_{xo}} = \mathbf{b_x^T} \cdot \mathbf{f} \cdot \mathbf{b_0}$, $\mathbf{F_{xx}} = \mathbf{b_x^T} \cdot \mathbf{f} \cdot \mathbf{b_x}$.

- Ermittlung der Element-Knotenkraftgrößen $\mathbf{s}$ des n-fach statisch unbestimmten Tragwerks:

$$\mathbf{s} = \mathbf{b_0} \cdot \mathbf{P} + \mathbf{b_x} \cdot \mathbf{X} = \mathbf{b} \cdot \mathbf{P} + \mathbf{k_{xx}} \cdot \overset{o}{\mathbf{v}}$$

mit $\mathbf{b} = \mathbf{b_0} - \mathbf{b_x} \cdot \mathbf{F_{xx}^{-1}} \cdot \mathbf{F_{xo}}$, $\mathbf{k_{xx}} = -\mathbf{b_x} \cdot \mathbf{F_{xx}^{-1}} \cdot \mathbf{b_x^T}$.

- Ermittlung der Knotendeformationen $\mathbf{V}$ des n-fach statisch unbestimmten Tragwerks:

$$\mathbf{V} = \mathbf{F} \cdot \mathbf{P} + \mathbf{b^T} \cdot \overset{o}{\mathbf{v}} \quad \text{mit:} \quad \mathbf{F} = \mathbf{F_{oo}} - \mathbf{F_{xo}^T} \cdot \mathbf{F_{xx}^{-1}} \cdot \mathbf{F_{xo}} , \quad \mathbf{F_{oo}} = \mathbf{b_0^T} \cdot \mathbf{f} \cdot \mathbf{b_0} .$$

Da das konjugierte Gesamtpotential (4.32c) die Gleichgewichtstransformation und die Nachgiebigkeitsbeziehung aller Elemente

$$\mathbf{s} = \mathbf{b} \cdot \mathbf{P} \; , \quad \mathbf{v} = \mathbf{f} \cdot \mathbf{s} + \overset{o}{\mathbf{v}} \tag{4.40b}$$

voraussetzt, stehen nun sämtliche Beziehungen des *Kraftgrößenverfahrens* zur Verfügung, das daher offensichtlich dem Prinzip vom Minimum des konjugierten Gesamtpotentials als Lösungsalgorithmus zugeordnet ist:

Satz: Das Minimum des elastischen konjugierten Gesamtpotentials wird für Gleichgewichtszustände durch die Gesamt-Nachgiebigkeitsbeziehung beschrieben. Das zugehörige Berechnungskonzept ist somit das Kraftgrößenverfahren.

Tafel 4.2 faßt erneut die dem Leser aus [Krätzig 1994] bekannten Grundschritte des Kraftgrößenalgorithmus zusammen, gültig für n-fach statisch unbestimmte ($n \neq 0$: X_j, $1 \leq j \leq n$) sowie statisch bestimmte ($n = 0$: $X \equiv 0$, $g_x = b_x = F_{xx} = 0$) Tragwerke. Sowohl vom Kraftgrößen- als auch vom Weggrößenverfahren existieren vielfältige Modifikationen im Hinblick auf algorithmische Details [Robinson 1973]. Obwohl die oberen und unteren Transformationen des Schemas auf Bild 4.8 völlig symmetrisch sind, erscheinen die beiden Algorithmen auf den Tafeln 4.1 und 4.2 eindeutig ungleich. Die Ursache hierfür liegt in der allgemeinen Vorgabe äußerer Lasten. Würde man auch diese Vorgaben symmetrisieren, so wäre der Kraftgrößenalgorithmus für Systeme mit Lastvorgaben dem Weggrößenalgorithmus für Verformungsvorgaben völlig dual [Pestel 1963], und der Weggrößenalgorithmus für Kraftvorgaben entspräche dem Kraftgrößenverfahren für Verformungsvorgaben. Wegen der fortgeschrittenen Automatisierung der Berechnungsalgorithmen und der Dominanz von Lastvorgaben bei technischen Aufgabenstellungen ist diese Dualität in der Ingenieurpraxis jedoch kaum bekannt.

4.4.3 Gemischte Analyseverfahren

Abschließend führen wir analoge Überlegungen hinsichtlich des erweiterten Funktionals von Hu (4.36b) durch:

$$\bar{\Pi}^* = \frac{1}{2}\,\mathbf{s}^T \cdot \mathbf{f} \cdot \mathbf{s} + \mathbf{s}^T \cdot \overset{\circ}{\mathbf{v}} - \mathbf{P}^T \cdot \mathbf{V} + \mathbf{V}^T \cdot (\mathbf{P} - \mathbf{a}^T \cdot \mathbf{s}) \ . \tag{4.41a}$$

Dessen Stationaritätsbedingungen (4.35b)

$$\mathbf{f} \cdot \mathbf{s} + \overset{\circ}{\mathbf{v}} - \mathbf{a} \cdot \mathbf{V} = \mathbf{0} \ , \quad \mathbf{P} - \mathbf{a}^T \cdot \mathbf{s} = \mathbf{0} \tag{4.41b}$$

beschreiben zuerst die Nachgiebigkeitsbeziehung aller Elemente, in welcher v durch die kinematische Transformation substituiert wurde, sodann das Knotengleichgewicht. Beide Beziehungen enthalten damit sämtliche festkörpermechanisch erforderlichen Gleichungskomponenten und lassen sich zu folgender Gesamtform vereinigen:

$$\mathbf{A} \cdot \mathbf{Z} = \mathbf{R} : \quad \begin{bmatrix} \mathbf{0} & \mathbf{a}^T \\ \mathbf{a} & -\mathbf{f} \end{bmatrix} \cdot \begin{bmatrix} \mathbf{V} \\ \mathbf{s} \end{bmatrix} = \begin{bmatrix} \mathbf{P} \\ \overset{\circ}{\mathbf{v}} \end{bmatrix} \ . \tag{4.42}$$

Damit wurde die Grundgleichung eines sogenannten gemischten (Kraftgrößen-) Lösungsverfahrens gewonnen. Sein Vorteil besteht darin, daß bei Lastvorgaben ($\mathbf{P}$, $\overset{\circ}{\mathbf{v}}$) sämtliche den entwerfenden Ingenieur interessierenden Zustandsvariablen

(V, s) in einem Gesamtschritt gewonnen werden. Dafür ist die Kantenlänge der quadratischen, symmetrischen Systemmatrix A mit ($m + l$) mehr als doppelt so groß wie diejenige von K oder F. Besonders nachteilig ist jedoch, daß A indefinit ist, zur Auflösung von (4.42) somit besondere Gleichungslöser benötigt werden.

Satz: Stationarität des erweiterten, elastischen Energiefunktionals von Hu wird für Gleichgewichts- und kompatible Deformationszustände durch die Beziehung (4.42) beschrieben, die ein gemischtes Lösungsverfahren begründet.

Gemischte Verfahren existieren in mehreren Varianten [Altenbach 1982, Robinson 1973], die der Stationarität unterschiedlicher erweiterter Funktionale entsprechen. Als strukturmechanische Lösungsverfahren entstanden sie Ende der 50er Jahre in der amerikanischen Flugzeugindustrie; sie werden periodisch wiederentdeckt [Ebel 1990]. Trotz des mechanisch klaren Aufbaus der Matrix A gelang ihnen vornehmlich wohl wegen stets begrenzter Computerkapazitäten sowie der erforderlichen speziellen Gleichungslöser nie ein entscheidender Durchbruch, sieht man einmal von ihrer zeitweiligen Anwendung bei der Strukturanalyse mit sogenannten gemischten Elementen ab [Fraeijs 1965, Herrmann 1966].

Analog entsteht aus den Stationaritätsbedingungen (4.35a)

$$k \cdot v + \overset{\circ}{s} - b \cdot P = 0 \ , \quad V - b^{T} \cdot v = 0 \tag{4.43a}$$

des erweiterten Funktionals (4.34a) von Hu-Washizu ein anderes gemischtes (Weggrößen-) Lösungsverfahren

$$A^{*} \cdot Z^{*} = R^{*} \ : \quad \begin{bmatrix} 0 & b^{T} \\ b & -k \end{bmatrix} \cdot \begin{bmatrix} P \\ v \end{bmatrix} = \begin{bmatrix} V \\ \overset{\circ}{s} \end{bmatrix} , \tag{4.43b}$$

dessen Charakterisierung ähnlich derjenigen von (4.42) ausfällt [Robinson 1973].

Aufgaben

1. Stellen Sie für das nichtgleichgewichtsfähige Fachwerk des Bildes 4.5 unter Verwendung vollständiger Stabendvariablen sämtliche Knotengleichgewichtsbedingungen in der Vorzeichenkonvention II auf und bestätigen Sie so: $P = a^{T} \cdot s$.

2. Bauen Sie für das gleiche Fachwerk durch Rückgriff auf Teile der Element-Steifigkeitsmatrix k^{c} von Bild 4.7 (unten) die Steifigkeitsmatrix k aller Stabelemente auf.

3. Ermitteln Sie aus a^{T} von Aufgabe 1 und k von Aufgabe 2 die Gesamt-Steifigkeitsmatrix $\tilde{K} = a^{T} \cdot k \cdot a$ des Fachwerks.

4. Entwickeln Sie die vollständige Dualität zwischen dem Kraftgrößenverfahren unter Lastvorgaben und dem Weggrößenverfahren unter Deformationsvorgaben in Anlehnung an Tafel 4.2. (Möglicherweise müssen Sie dabei Ihnen aus der Tragwerksanalyse bisher unbekannte Begriffe definieren.)

5. Leiten Sie aus den Gleichgewichtstransformationen $s = b \cdot P$ bzw. $P = a^T \cdot s$, den kinematischen Transformationen $V = b^T \cdot v$ bzw. $v = a \cdot V$ und der Nachgiebigkeitsbeziehung $v = f \cdot s + \overset{\circ}{v}$ bzw. der Steifigkeitsbeziehung $s = k \cdot v + \overset{\circ}{s}$ aller Elemente die Systemgleichungen für weitere gemischte Lösungsverfahren her. Machen Sie sich für jede der von Ihnen entwickelten Variante vorteilhafte und weniger vorteilhafte Anwendungsbereiche klar.

Literatur

Altenbach, J., Sacharov, A.S.: Die Methode der finiten Elemente in der Festkörpermechanik. VEB Fachbuchverlag, Leipzig 1982

Argyris, J.H.: Die Matrizentheorie der Statik. Ingenieurarchiv 25 (1957), 174-192

Argyris, J.H.: Energy Theorems and Structural Analysis. Aircraft Engineering 26 (1954), 347-356, 383-394 und 27 (1955), 42-58, 80-94, 125-134, 145-158

Betti, E.: Teoria della Elasticità. Il nuove Cimento, Serie 2 (1872), 7: 5-21, 8: 69-97

Ebel, H.: Statische Berechnung von Stahtragwerken mit dem Gesamtmatrixverfahren - Räumliche Systeme mit Übergang zum Kraft- und Weggrößenverfahren sowie lastabhängige Tragsysteme. Bauingenieur 65 (1990), 17-27

Fraeijs de Veubecke, B.M.: Displacement and Equilibrium Models in the Finite Element Method. Beitrag in: O.C. Zienkiewicz et al.: Stress Analysis, 145-197. John Wiley & Sons Inc., New York 1965

Herrmann, L.R.: A Bending Analysis for Plates. Proc. Conf. Matrix Methods Struct. Mech., Wright-Patterson Air Force Base, Oct. 1965, 66-80. AFFDL TR 1966

Krätzig, W.B.: Tragwerke 2, 2. Auflage. Springer-Verlag, Berlin 1994

Pestel, E.C., Leckie, F.A.: Matrix Methods in Elastomechanics. McGraw-Hill Book Company, Inc., New York 1963

Robinson, J.: Integrated Theory of Finite Element Methods. John Wiley & Sons, London 1973

5 Einführung in finite Weggrößenelemente

Kunst gefällt nur, wenn sie den
Charakter der Leichtigkeit hat.

Johann Wolfgang von Goethe,
1749-1832, in seinen Gesprächen
mit Eckermann

Dieses Kapitel enthält eine elementare Einführung in Weggrößenelemente, diejenige Finite-Elementklasse mit der größten Verbreitung in der Strukturmechanik. Die Herleitung ihrer Elementmatrizen erfolgt für sämtliche in den verschiedenen Modellräumen definierten Strukturmodelle – Stäbe, Scheiben, Platten, Kontinua – nach einem völlig einheitlichen Konzept, welches sich auf bereichsweise Approximationen des äußeren Weggrößenfeldes mittels des Prinzips der virtuellen Arbeiten gründet. Nach der generellen Herleitung dieses Konzepts sowie der Darlegung von Konvergenzgrundsätzen erfolgt die Anwendung auf einfache finite Elemente für die obigen Strukturmodelle.

5.1 Das Elementkonzept

5.1.1 Allgemeine Grundlagen

Bekanntlich basieren die Strukturmodelle der Festkörpermechanik auf Kontinuumskonzepten, deren natürliche Lösungsmethoden der Analysis entstammen. Besser geeignet zur Bearbeitung in digitalen Computern sind dagegen diskrete Tragwerksmodelle. Beide Modellierungen sind grundverschieden, aber über Energieaussagen miteinander verknüpfbar.

Im Kapitel 3 hatten wir gezeigt, daß das *Prinzip der virtuellen Arbeiten*

$$
\delta^* W = \int_V \delta \mathbf{u}^T \cdot \mathbf{p}\, dV + \int_{S_t} \delta \mathbf{r}^T \cdot \overset{\circ}{\mathbf{t}}\, dS - \int_V \delta \boldsymbol{\varepsilon}^T \cdot \boldsymbol{\sigma}\, dV
$$

$$
= \int_V \delta \mathbf{u}^T \cdot (\mathbf{D}_e \cdot \boldsymbol{\sigma} + \mathbf{p})\, dV + \int_{S_t} \delta \mathbf{r}^T \cdot (\overset{\circ}{\mathbf{t}} - \mathbf{t})\, ds = 0 \qquad (5.1a)
$$

in jedem Modellraum V mit Kraftvorgaben-Berandung S_t eine *schwache Gleichgewichtsaussage* darstellt, vorausgesetzt, die virtuellen Verrückungen $\{\delta \mathbf{u}, \delta \boldsymbol{\varepsilon}, \delta \mathbf{r}\}$ erfüllen als kompatibler Deformationszustand die kinematischen Feldgleichungen und Weggrößen-Randbedingungen:

$$
\delta \boldsymbol{\varepsilon} = \mathbf{D}_k \cdot \delta \mathbf{u} \in V \,, \quad \delta \mathbf{r} = \mathbf{R}_r \cdot \delta \mathbf{u} \in S_t \,. \qquad (5.1b)
$$

Um auf dieser Basis finite Elemente als bereichsweise Näherungslösungen zu konstruieren, wird ein finiter Teil des Modellraumes mit einem virtuellen Weggrößenzustand überdeckt. Mittels (5.1a) lassen sich daraus schwache, d.h. gemittelte Gleichgewichtsaussagen für $\{p, \sigma, t\}$ gewinnen, ein Vorgehen, welches auf Steifigkeitsbeziehungen für finite Weggrößenelemente führen wird.

Beispiel: Zur einführenden Rückerinnerung an diese mechanischen Grundlagen diene ein mit konstanter Achsialbelastung versehener Fachwerkstab (Bild 5.2), welcher gemäß Abschnitt 2.2 die folgenden Feld- und Randvariablen aufweist:

$$p = [q_x] \ , \quad u = [u] \ , \quad \sigma = [N] \ , \quad \varepsilon = [\varepsilon] \ , \quad r = [u] \ , \quad t = [\overset{\circ}{N}] \ . \tag{5.2a}$$

Gleichgewicht, Kinematik sowie Werkstoffgesetz lauten:

$$-p = D_e \cdot \sigma : \qquad -q_x = [d_x] \cdot [N] = N' \ ,$$
$$\varepsilon = D_k \cdot u : \qquad \varepsilon = [d_x] \cdot [u] = u' \ , \tag{5.2b}$$
$$\sigma = E \cdot \varepsilon : \qquad N = [EA] \cdot [\varepsilon] = EA \, u' \ .$$

Das Prinzip der virtuellen Arbeiten (5.1a) nimmt somit folgende Form an:

$$\delta^* W = \int_0^l q_x \, \delta u \, dx + \left[\overset{\circ}{N} \, \delta u\right]_0^l - \int_0^l N \, \delta\varepsilon \, dx$$
$$= \int_0^l q_x \, \delta u \, dx + \left[\overset{\circ}{N} \, \delta u\right]_0^l - \int_0^l EA \, u' \, \delta u' \, dx = 0 \ , \tag{5.2c}$$

mit der Stablänge l und $\overset{\circ}{N}$ als vorgegebenen Randnormalkräften. In das innere Arbeitsintegral der letzten Zeile wurden bereits Stoffgesetz und Kinematik substituiert, weshalb dessen partielle Integration für konstantes EA

$$\int_0^l EA \, u' \, \delta u' \, dx = \left[EA \, u' \, \delta u\right]_0^l - \int_0^l EA \, u'' \, \delta u \, dx \tag{5.3a}$$

liefert. Damit lautet der gesamte Arbeitsausdruck:

$$\delta^* W = \int_0^l (EA \, u'' + q_x) \, \delta u \, dx + \left[(\overset{\circ}{N} - EA \, u') \, \delta u\right]_0^l$$
$$= \int_0^l (N' + q_x) \, \delta u \, dx + \left[(\overset{\circ}{N} - N) \, \delta u\right]_0^l = 0 \ . \tag{5.3b}$$

Nach Rücksubstitution des Stoffgesetzes (5.2b) verbleibt hierin gerade die schwache Form des Gleichgewichtes und der Kräfterandbedingungen.

5.1.2 Diskretisierung und Herleitung der Elementmatrizen

Die grundsätzliche Verknüpfung der kontinuierlichen mit den diskreten Tragwerksmodellen der Theorie finiter Elemente erfolgt in einem stets identischen Prozeß durch Definition und Herleitung der Elementmatrizen. Sind die Knotenvariablen

$\mathbf{s}^e$, $\mathbf{v}^e$ eines Elementes e definiert (Bild 4.8) und dessen Elementmatrizen $\mathbf{k}^e$, $\overset{\circ}{\mathbf{s}}{}^e$ bzw. $\mathbf{f}^e$, $\overset{\circ}{\mathbf{v}}{}^e$ bestimmt, so ist der Leser mit allen weiteren Analyseschritten im Prinzip aus der Stabstatik vertraut. Berechnungsalgorithmische Fragen oder solche der programmtechnischen Realisierung dürfen daher zunächst zurückgestellt werden.

Gemäß Bild 5.1 trennen wir nun aus dem Modellrauminneren des zu untersuchenden Tragwerks ein geeignetes finites Element e heraus. Dieses werde durch eine Reihe von Elementknoten und Elementrändern – Randflächen, Seiten oder Randpunkten – beschrieben, die in geeigneter Weise durchnumeriert werden. Da zunächst nur Elemente aus dem Tragwerksinneren betrachtet werden sollen, bilden die Randschnittgrößen $\mathbf{t}$, dargestellt auf Bild 5.1 für den Elementrand 4, die Gleichgewichtsgrößen zur Elementumgebung.

Innerhalb eines derartigen finiten Elementes herrsche ein beliebig komplizierter Verschiebungszustand, welchen wir durch den *Näherungsansatz*

$$\mathbf{u}^e = \mathbf{\Phi}^e \cdot \overset{\wedge}{\mathbf{u}}{}^e \tag{5.4a}$$

approximieren. Hierin bezeichnet $\mathbf{\Phi}^e$ die *Matrix der Ansatzfunktionen* und $\overset{\wedge}{\mathbf{u}}{}^e$ den *Vektor der Freiwerte*, angefüllt mit freien Parametern. Die Matrix $\mathbf{\Phi}^e$ darf beliebige Funktionen enthalten; überwiegend kommen Polynomansätze zur Anwendung.

Um die unanschaulichen Parameter $\overset{\wedge}{\mathbf{u}}{}^e$ durch anschaulich interpretierbare Größen zu ersetzen, tauschen wir diese durch die *Knotenfreiheitsgrade* $\mathbf{v}^e$ aus, d.h. durch Verschiebungen und Verdrehungen in den Elementknoten. Hierzu schlagen wir folgenden Weg ein: Nacheinander werden die Koordinaten der Elementknoten in (5.4a) oder – je nach Freiheitsgraddefinition – deren Ableitungen eingesetzt, wobei für jeden definierten Freiheitsgrad gerade eine Gleichung entsteht. Deren Vereinigung zu einer matriziellen Beziehung liefert

$$\mathbf{v}^e = \overset{\wedge}{\mathbf{\Phi}}{}^e \cdot \overset{\wedge}{\mathbf{u}}{}^e \tag{5.4b}$$

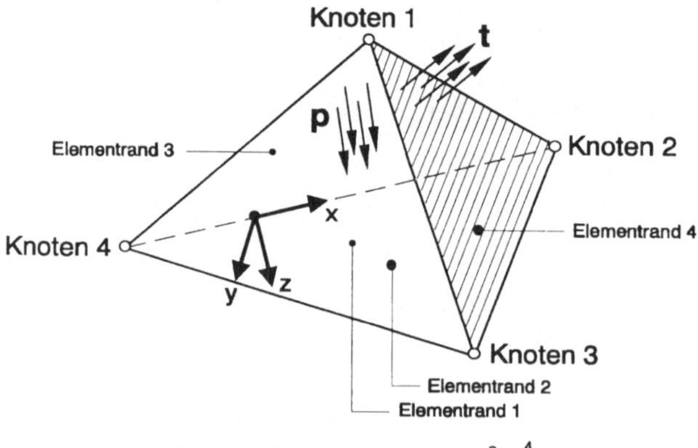

$$\text{Gesamt - Elementberandung:} \quad S^e = \sum_{i=1}^{4} S_i$$
$$\text{Gesamt - Elementvolumen:} \quad V^e$$

Bild 5.1. Schematischer Aufbau eines finiten Elementes e

mit der *Formmatrix* $\overset{\wedge}{\Phi}{}^e$. Entspricht die Anzahl der Knotenfreiheitsgrade $\mathbf{v}^e$ derjenigen der Freiwerte in $\overset{\wedge}{\mathbf{u}}{}^e$, so ist $\overset{\wedge}{\Phi}{}^e$ quadratisch. Wird $\overset{\wedge}{\Phi}{}^e$ zusätzlich als regulär vorausgesetzt, so kann (5.4b) invertiert

$$\overset{\wedge}{\mathbf{u}}{}^e = (\overset{\wedge}{\Phi}{}^e)^{-1} \cdot \mathbf{v}^e \tag{5.4c}$$

und in (5.4a) substituiert werden:

$$\mathbf{u}^e = \Phi^e \cdot \overset{\wedge}{\mathbf{u}}{}^e = \Phi^e \cdot (\overset{\wedge}{\Phi}{}^e)^{-1} \cdot \mathbf{v}^e = \Omega^e \cdot \mathbf{v}^e \ . \tag{5.4d}$$

Die hiermit gebildete Beschreibung des Element-Verschiebungsfeldes in Abhängigkeit der Knotenfreiheitsgrade mit der *Matrix* Ω^e *der* Formfunktionen besitzt Interpolationseigenschaften. Jede Funktion in Ω^e weist an demjenigen Knoten, an welchem der entsprechende Knotenfreiheitsgrad definiert ist, gerade den Wert 1 auf, an allen anderen Knoten dagegen den Wert 0, eine wichtige Kontrolleigenschaft bei Elemententwicklungen!

Mit Hilfe des Ansatzes (5.4d) lassen sich nun aus (5.1b) zugehörige Approximationen der inneren mechanischen Variablen sowie der kinematischen Randvariablen angeben, alle in Abhängigkeit der Knotenfreiheitsgrade:

$$\boldsymbol{\varepsilon}^e = \mathbf{D}_k \cdot \mathbf{u}^e = (\mathbf{D}_k \cdot \Omega^e) \cdot \mathbf{v}^e = \mathbf{H}^e \cdot \mathbf{v}^e \ , \quad \mathbf{r}^e = \mathbf{R}_r \cdot \mathbf{u}^e = (\mathbf{R}_r \cdot \Omega^e) \cdot \mathbf{v}^e \ ,$$

$$\boldsymbol{\sigma}^e = \mathbf{E} \cdot \boldsymbol{\varepsilon}^e = (\mathbf{E} \cdot \mathbf{H}^e) \cdot \mathbf{v}^e \ . \tag{5.5}$$

Die Anwendung des Differentialoperators $\mathbf{D}_k$ auf die Matrix Ω^e der Formfunktionen läßt die neue *Matrix* $\mathbf{H}^e$ *der Verzerrungsformfunktionen* entstehen. Analog lassen sich die Ausdrücke $(\mathbf{E} \cdot \mathbf{H}^e)$ und $(\mathbf{R}_r \cdot \Omega^e)$ als *Formfunktionen der Schnittgrößen* $\boldsymbol{\sigma}^e$ sowie *Randweggrößen* $\mathbf{r}^e$ interpretieren. Im Prinzip der virtuellen Arbeiten (5.1a) treten die Variationen $\{\delta\mathbf{u}, \delta\boldsymbol{\varepsilon}, \delta\mathbf{r}\}$ der Weggrößenfelder auf. Infolge konsequenter Unterteilung aller Felder in Formfunktionen und unbekannte Knotenfreiheitsgrade sind letztere die zu variierenden Größen:

$$\delta\mathbf{u}^e = \Omega^e \cdot \delta\mathbf{v}^e \ , \quad \delta\boldsymbol{\varepsilon}^e = \mathbf{H}^e \cdot \delta\mathbf{v}^e \ , \quad \delta\mathbf{r}^e = (\mathbf{R}_r \cdot \Omega^e) \cdot \delta\mathbf{v}^e \ . \tag{5.6a}$$

Durch Substitution von (5.6a) sowie (5.5) in das Prinzip der virtuellen Arbeiten (5.1a) entsteht dessen (5.4d) zugeordnete Approximation für das Element e:

$$\delta^*\mathrm{W}^e = \delta\mathbf{v}^{eT} \cdot \int\limits_V \Omega^{eT} \cdot \mathbf{p}\, dV + \delta\mathbf{v}^{eT} \cdot \int\limits_{S_t} \mathbf{R}_r^T \cdot \Omega^{eT} \cdot \mathbf{t}\, dS - \delta\mathbf{v}^{eT} \cdot \int\limits_V \mathbf{H}^{eT} \cdot \mathbf{E} \cdot \mathbf{H}^e\, dV \cdot \mathbf{v}^e$$

$$= -\delta\mathbf{v}^{eT} \cdot \left[-\int\limits_V \Omega^{eT} \cdot \mathbf{p}\, dV - \int\limits_{S_t} \mathbf{R}_r^T \cdot \Omega^{eT} \cdot \mathbf{t}\, dS + \int\limits_V \mathbf{H}^{eT} \cdot \mathbf{E} \cdot \mathbf{H}^e\, dV \cdot \mathbf{v}^e \right] = 0 \ .$$

$$\tag{5.6b}$$

Dabei wurde bereits berücksichtigt, daß die Variationen $\delta\mathbf{v}^e$ wie die Freiheitsgrade $\mathbf{v}^e$ selbst keine funktionalen Abhängigkeiten der Elementkoordinaten besitzen und daher von Integrationen nicht betroffen sind.

(5.6b) verkörpert einen virtuellen Arbeitsausdruck, den wir nun im Sinne diskretisierter Tragwerksmodelle interpretieren wollen. Wegen des herausgezogenen virtuellen Knotenfreiheitsgradvektors $\delta\mathbf{v}$ stellt die eckige Klammer den zu diesem korrespondierenden, *wirklichen Knotenkraftvektor* s dar. Die die vorgegebenen Lasten **p** und die Randkraftgrößen **t** enthaltenden Teilintegrale verkörpern somit *Knotenkraftgrößen* infolge der *äußeren Lasten* sowie infolge der *Gleichgewichtsgrößen* zur Elementumgebung:

$$\overset{o}{\mathbf{s}}{}^{e} = -\int_{V} \Omega^{eT} \cdot \mathbf{p}\, dV \; , \tag{5.7a}$$

$$\mathbf{s}^{e} = \int_{S_t} \mathbf{R}_r^T \cdot \Omega^{eT} \cdot \mathbf{t}\, dS \; . \tag{5.7b}$$

Der letzte Knotenkraftausdruck in (5.6b) stellt ein Produkt mit dem Freiheitsgradvektor $\mathbf{v}^e$ dar, weshalb das Integral nur eine *Steifigkeitsmatrix* beschreiben kann:

$$\mathbf{k}^{e} = \int_{V} \mathbf{H}^{eT} \cdot \mathbf{E} \cdot \mathbf{H}\, dV \; . \tag{5.7c}$$

Mit diesen Abkürzungen nimmt die virtuelle Arbeit (5.6b) folgende Gestalt an:

$$\delta^{*}W^{e} = -\delta\mathbf{v}^{eT} \cdot [\,\overset{o}{\mathbf{s}}{}^{e} - \mathbf{s}^{e} + \mathbf{k}^{e} \cdot \mathbf{v}^{e}\,] = 0 \; . \tag{5.7d}$$

Da (5.7d) für beliebige Variationen $\delta\mathbf{v}^{e}$ erfüllt sein muß, folgt hieraus die gesuchte Element-Steifigkeitsbeziehung:

$$\overset{o}{\mathbf{s}}{}^{e} - \mathbf{s}^{e} + \mathbf{k}^{e} \cdot \mathbf{v}^{e} = \mathbf{0} \; : \quad \mathbf{s}^{e} = \mathbf{k}^{e} \cdot \mathbf{v}^{e} + \overset{o}{\mathbf{s}}{}^{e} \; . \tag{5.7e}$$

Hierin müssen nur die Element-Steifigkeitsmatrix $\mathbf{k}^{e}$ (5.7c) und der Vektor $\overset{o}{\mathbf{s}}{}^{e}$ der Volleinspannkraftgrößen (5.7a) explizit berechnet werden, $\mathbf{s}^{e}$ wegen der Bestimmungsform von (5.7d) natürlich nicht. Die hier dargestellte Vorgehensweise zur Herleitung der Element-Steifigkeitsbeziehung ist für alle Weggrößenelemente identisch. Sie ist auf Tafel 5.1 zusammengefaßt und soll nun an Hand eines Fachwerkstabes erprobt werden.

Beispiel: Ebenes Fachwerkelement Der Übersicht halber unterdrücken wir im folgenden den Elementindex e. Gemäß Bild 5.2 beschreiben wir die Stabgeometrie durch die dimensionslose, lokale Koordinate $s = x/l$ und beginnen mit der Wahl eines Ansatzes für das achsiale Verschiebungsfeld u:

$$\mathbf{u} = \mathbf{\Phi} \cdot \hat{\mathbf{u}} \; : \quad u = a_1 + a_2 s = \begin{bmatrix} 1 & s \end{bmatrix} \cdot \begin{bmatrix} a_1 \\ a_2 \end{bmatrix} . \tag{5.8a}$$

Entsprechend den beiden generalisierten Freiwerten a_1, a_2 in $\hat{\mathbf{u}}$ definieren wir als Knotenfreiheitsgrade die Achsialverschiebungen $\mathbf{v} = \{u_1\ u_2\}$ an den beiden Stabenden durch folgende Bedingung:

$$\begin{matrix} u_1 = u\,(s=0) = a_1 + a_2 \cdot 0 \\ u_2 = u\,(s=1) = a_1 + a_2 \cdot 1 \end{matrix} : \; \mathbf{v} = \hat{\mathbf{\Phi}} \cdot \hat{\mathbf{u}} = \begin{bmatrix} u_1 \\ u_2 \end{bmatrix} = \begin{bmatrix} 1 & 0 \\ 1 & 1 \end{bmatrix} \cdot \begin{bmatrix} a_1 \\ a_2 \end{bmatrix} . \tag{5.8b}$$

Die Inversion dieser Beziehung führt auf

Tafel 5.1. Vorgehensweise zur Ermittlung von Element-Steifigkeitsmatrizen und Volleinspannkraftgrößen für beliebig finite Elemente (Index: e)

● Näherungsansatz für das äußere Weggrößenfeld:

$$u^e = \phi^e \cdot \hat{u}^e$$

      └─ Vektor der Freiwerte
    └── Matrix der Ansatzfunktionen
  └── Äußeres Weggrößenfeld (Verschiebungsgrößenfeld)

● Definition der Knotenfreiheitsgrade aus dem äußeren Weggrößenfeld:

$$v^e = \hat{\phi}^e \cdot \hat{u}^e$$

    └─ Formmatrix: Werte von ϕ^e in den Elementknoten
  └── Knotenfreiheitsgrade

● Inversion:

$$\hat{u}^e = (\hat{\phi}^e)^{-1} \cdot v^e \quad \text{mit} \quad \det \hat{\phi}^e \neq 0$$

● Substitution in den Näherungsansatz für das äußeren Weggrößenfeld:

$$u^e = \phi^e \cdot (\hat{\phi}^e)^{-1} \cdot v^e = \Omega^e \cdot v^e$$

       └─ Matrix der Formfunktionen von u^e

● Herleitung weiterer Formfunktionen für die Verzerrungsgrößen, Schnittgrößen und Randweggrößen:

$$\varepsilon^e = D_k \cdot u^e = D_k \cdot \Omega^e \cdot v^e = H^e \cdot v^e \qquad \sigma^e = E_k \cdot \varepsilon^e = (E \cdot H^e) \cdot \varepsilon^e$$

$$r^e = R_r \cdot u^e = (R \cdot \Omega^e) \cdot v^e$$

● Ermittlung der Element - Steifigkeitsmatrix k^e sowie des Vektors $\overset{\circ}{s}{}^e$ der
Volleinspannkraftgrößen infolge Lasten $\overset{\circ}{p}$ im Modellraum V und $\overset{\circ}{t}$ auf
der Berandung S_t zwecks Aufbau der Element - Steifigkeitsbeziehung:

$$s^e = k^e \cdot v^e + \overset{\circ}{s}{}^e$$

        └─ $-\int_{V^e} \Omega^{eT} \cdot \overset{\circ}{p}\, dV - \int_{S_t^e} (R_r \cdot \Omega^e)^T \cdot \overset{\circ}{t}\, dS$

      └── $\int_{V^e} H^{eT} \cdot E \cdot H^e\, dV$

  └── Zu den Knotenfreiheitsgraden v^e korrespondierende Knotenkraftgrößen

---

$$\hat{u} = (\hat{\Phi})^{-1} \cdot v = \begin{bmatrix} a_1 \\ a_2 \end{bmatrix} = \begin{bmatrix} 1 & 0 \\ -1 & 1 \end{bmatrix} \cdot \begin{bmatrix} u_1 \\ u_2 \end{bmatrix}, \tag{5.9a}$$

und deren Substitution in (5.8a) liefert die Approximation des Verschiebungsfeldes durch die
Matrix Ω der Formfunktionen sowie durch die beiden Knotenfreiheitsgrade:

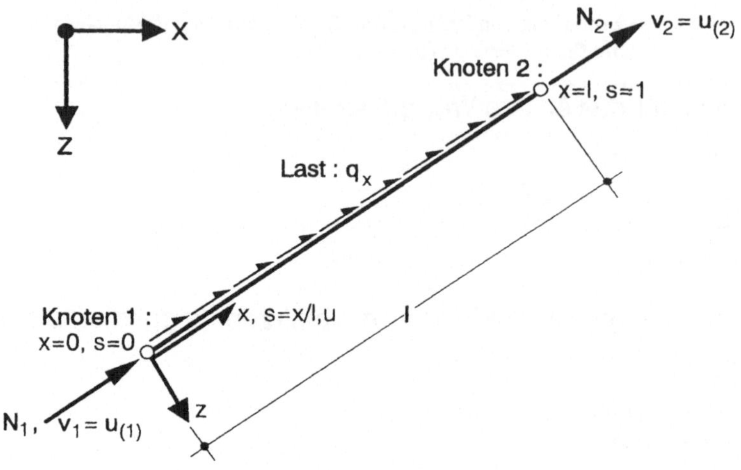

Bild 5.2. Ebenes Fachwerkelement

$$\mathbf{u} = \boldsymbol{\Phi} \cdot (\hat{\boldsymbol{\Phi}})^{-1} \cdot \mathbf{v} = \boldsymbol{\Omega} \cdot \mathbf{v} = \begin{bmatrix} 1 & s \end{bmatrix} \cdot \begin{bmatrix} 1 & 0 \\ -1 & 1 \end{bmatrix} \cdot \begin{bmatrix} u_1 \\ u_2 \end{bmatrix} = \begin{bmatrix} 1-s & s \end{bmatrix} \cdot \begin{bmatrix} u_1 \\ u_2 \end{bmatrix} . \tag{5.9b}$$

Wir kontrollieren noch die Interpolationseigenschaften der beiden Formfunktionen $\Omega_1 = 1-s$, $\Omega_2 = s$:

$$\Omega_1 (0) = 1 \, , \quad \Omega_1 (1) = 0 \, ,$$
$$\Omega_2 (0) = 0 \, , \quad \Omega_2 (1) = 1 \, . \tag{5.9c}$$

Mit $\boldsymbol{\Omega}$ gemäß (5.9b) ergeben sich die Formfunktionen der Verzerrungen zu

$$\mathbf{H} = \begin{bmatrix} d_x \end{bmatrix} \cdot \begin{bmatrix} 1-s & s \end{bmatrix} = \frac{1}{l} \begin{bmatrix} -1 & 1 \end{bmatrix} \tag{5.9d}$$

sowie diejenigen der Schnittgrößen zu

$$\mathbf{E} \cdot \mathbf{H} = \frac{EA}{l} \begin{bmatrix} -1 & 1 \end{bmatrix} . \tag{5.9e}$$

Da der Operator d_x eine Differentiation nach der dimensionsbehafteten Koordinate x vorschreibt, entsteht $d_x = d_s \cdot x_{,s} = d_s/l$, woraus sich der Vorfaktor $1/l$ in (5.9d) erklärt.

Jetzt berechnen wir noch die Element-Steifigkeitsmatrix $\mathbf{k}$ gemäß (5.7c)

$$\mathbf{k} = \int_0^1 \frac{EA}{l} \begin{bmatrix} -1 \\ 1 \end{bmatrix} \cdot \frac{1}{l} \begin{bmatrix} -1 & 1 \end{bmatrix} l \, ds = \frac{EA}{l} \begin{bmatrix} 1 & -1 \\ -1 & 1 \end{bmatrix} \tag{5.10a}$$

sowie den Vektor der Volleinspannkraftgrößen nach (5.7a)

$$\overset{0}{\mathbf{s}} = -\int_0^1 \begin{bmatrix} 1-s \\ s \end{bmatrix} \cdot q_x \cdot l \, ds = -\frac{1}{2} q_x l \begin{bmatrix} 1 \\ 1 \end{bmatrix} , \tag{5.10b}$$

womit die Element-Steifigkeitsbeziehung des Fachwerkstabes angebbar ist:

$$\mathbf{s} = \mathbf{k} \cdot \mathbf{v} + \overset{0}{\mathbf{s}} = \begin{bmatrix} N_1 \\ N_2 \end{bmatrix} = \frac{EA}{l} \begin{bmatrix} 1 & -1 \\ -1 & 1 \end{bmatrix} \cdot \begin{bmatrix} u_1 \\ u_2 \end{bmatrix} - \frac{q_x l}{2} \begin{bmatrix} 1 \\ 1 \end{bmatrix} . \tag{5.10c}$$

5.1.3 Konvergenzanforderungen

Die späteren Lösungen von Randwertaufgaben der Strukturmechanik mittels der Elementmatrizen (5.7) besitzen natürlich Näherungscharakter. Mit zunehmender Netzverfeinerung wird erwartet, daß die Näherungslösungen monoton (einseitig) gegen die genaue Lösung konvergieren.

Die Güte einer Näherungslösung hängt entscheidend von der Wahl der Ansatzfunktionen in Φ^e (5.4a) ab. Da das Prinzip der virtuellen Arbeiten (5.1) für elastische Werkstoffe der Minimalbedingung des elastischen Gesamtpotentials Π entspricht, wird mittels finiter Weggrößenelemente stets ein Minimum von Π im Raum der Ansatzfunktionen eingestellt. Dieses relative Minimum kann aber weit vom wirklichen, dem absoluten Minimum entfernt liegen. Ohne sich auf spezielle festkörpermechanische Strukturmodelle oder bestimmte Elementformen festzulegen, können zumindest notwendige Voraussetzungen für *monotone Konvergenz* der Näherungslösung aufgestellt werden.

Wir beginnen mit drei Grundanforderungen, ohne welche keine sinnvolle Formulierung des Verfahrens möglich ist.

Voraussetzungen: Alle Zeilen von Ansatzfunktionen in Φ^e (5.4a) müssen untereinander linear unabhängig (zeilenregulär) sein, weil sonst die quadratische Matrix Φ^e (5.4b) singulär wird und somit nicht invertierbar ist.

Zur eventuellen Definition von Freiheitsgraden aus Ableitungen von Φ^e (Beispiel: $\varphi = -dw/dx$ der Theorie schubstarrer Stäbe) müssen die Funktionen in Φ^e hinreichend oft differenzierbar sein.

Die in den Formfunktionsmatrizen $\mathbf{H}^e$ bzw. $(\mathbf{E\,H}^e)$ der Verzerrungs- bzw. Schnittgrößenapproximation verwendeten Operatoren $\mathbf{D}^k$ und $\mathbf{E}$ müssen konsistenten Theorievarianten gemäß Bild 2.1 entstammen.

Die Herleitung finiter Weggrößenelemente verkörpert eine RAYLEIGH-RITZ*-Approximation des Funktionals Π mit elementweisen Ansatzfunktionen. Letztere müssen die für dieses Verfahren vorausgesetzten mathematischen Anforderungen [Braess 1992, Courant 1968, Stoer 1973] erfüllen, die im Finiten-Element-Kalkül als *Konvergenzanforderungen* bezeichnet werden. Die erste Anforderung basiert auf der Überlegung, daß die im Funktional Π vertretenen Formfunktionen den Charakter ihres Energiebeitrages bewahren sollen, wenn bei Netzverdichtungen die Elementgrößen gegen Null streben.

1. Vollständigkeitsanforderung: Durch die gewählten Formfunktionen von Φ^e müssen die auftretenden Verzerrungsfelder mindestens als konstant approximiert und alle möglichen Starrkörperdeformationen korrekt beschrieben werden, d.h. durch letztere dürfen weder Schnittgrößen noch Knotenkräfte entstehen.

---

*   LORD RAYLEIGH, JOHN WILLIAM STRUTT, britischer Physiker, 1842-1919, Forschungen zur Akustik, Hauptwerk 1878: The Theory of Sound, 1904 Nobelpreis für die Entdeckung des Argon.
WALTER RITZ, deutscher Physiker und Mathematiker, 1878-1909, Arbeiten zur Spektraltheorie, veröffentlichte 1908 dieses Verfahren, das vor ihm schon LORD RAYLEIGH verwendet hatte.

Bild 5.3 illustriert das Vollständigkeitskriterium am Beispiel eines rechteckigen Scheibenelementes. In dem aus derartigen Elementen modellierten Kragträger dieses Bildes möge der Leser beide Anteile – Starrkörperdeformationen und Verzerrungen – identifizieren.

Verallgemeinert wird dieses Kriterium durch die Forderung, daß alle Ansatzfunktionen bis zur höchsten im Funktional auftretenden Ableitung aus *vollständigen Funktionenfolgen* bestehen müssen. Wählt man wie üblich Polynomansätze, so gibt das PASCALsche Dreieck* auf Tafel 5.2 für flächenhafte finite Elemente sämtliche Anforderungen übersichtlich wieder. (Für dreidimensionale Elementapproximationen kann diese Darstellung zur Pyramide bzw. zum Würfel der Polynomargumente x_1, x_2, x_3 erweitert werden.) Die Bedingung vollständiger Funktionensysteme wird sowohl durch vollständige Polynome n-ter Ordnung als auch durch vollständige Bi-Polynome (bzw. Tri-Polynome) erfüllt.

Bei der Approximation (5.4a) des Verschiebungsfeldes sollte keine Koordinatenrichtung bevorzugt werden. Ferner sollte sich für gegenüber der globalen Basis gedrehte Elementbasen die Approximationsgüte nicht verändern, was beides durch folgendes Kriterium sichergestellt wird.

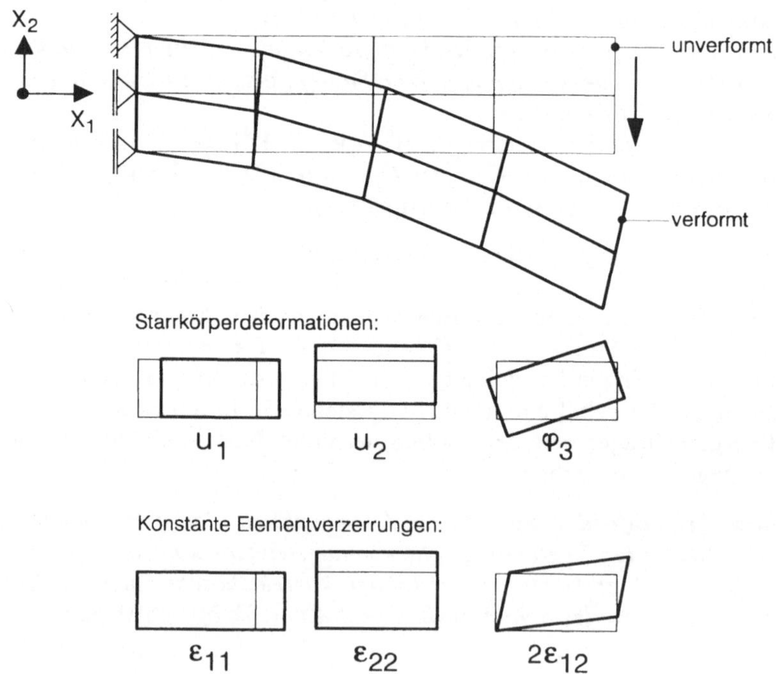

Bild 5.3. Zum Vollständigkeitskriterium

---

*   BLAISE PASCAL, französischer Philosoph und Mathematiker, 1623-1662, Beiträge zu Kegelschnitten und zur Wahrscheinlichkeitsrechnung, konstruierte eine Rechenmaschine.

Tafel 5.2. PASCALsches Dreieck im R^2

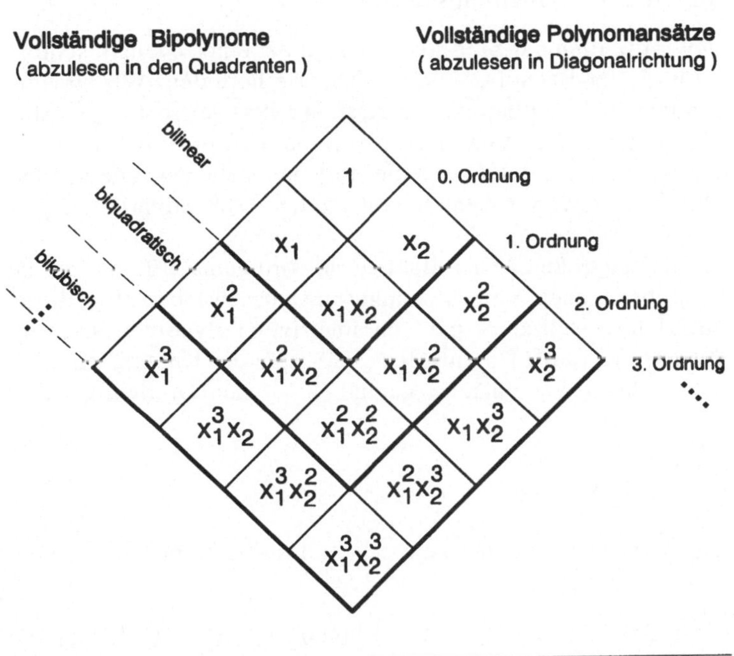

2. Isotropie- und Drehinvarianzanforderung: *Isotropie des Ansatzes ist erfüllt, wenn alle zur Hauptdiagonalen des* PASCAL*schen Dreiecks symmetrischen Glieder enthalten sind, Drehinvarianz, wenn alle Ansatzfunktionen mit unterschiedlichen Freiwerten gekoppelt werden.*

Das *Kompatibilitätskriterium* schließlich regelt den stetigen Übergang der kinematischen Feldapproximation an den Grenzen zu Nachbarelementen. Dieser ist bei einem Randwertproblem 2n-ter Ordnung, das durch Ableitungsordnungen bis n im Kinematikoperator $\mathbf{D}_k$ des Funktionals (5.1) gekennzeichnet ist, so vorzunehmen, daß alle wesentlichen oder geometrischen (kinematischen) Rand- und Übergangsbedingungen (n−1)-ter Ordnung erfüllt werden müssen. Somit muß Stetigkeit der Ansatzfunktionen und deren (n−1)-ten Ableitungen gefordert werden. Für die restlichen oder natürlichen (dynamischen) Rand- und Übergangsbedingungen bestehen keine Anforderungen an die Ansatzfunktionen.

3. Kompatibilitätsanforderung: *Die Ansatzfunktionen müssen im Element C^n-stetig, längs seiner Ränder C^{n-1}-stetig sein.*

Jeder Satz von Ansatzfunktionen, der dieses Kriterium erfüllt, heißt *voll-kompatibel* oder *konform*. Für $n \geq 1$ erfordert der Konformitätsnachweis besondere Sorgfalt, wie wir bei der Behandlung von Plattenelementen zeigen werden.

5.2 Schubsteifes Balkenelement

5.2.1 Diskretisierung und Verschiebungsansatz

Im folgenden werden wir die Element-Steifigkeitsbeziehung eines ebenen, schubsteifen Stabelementes nach der BERNOULLI-NAVIER-Theorie herleiten. Wir stützen diese Herleitung, die manchem Leser bereits aus [Krätzig 1994] vertraut ist, auf die Modelltheorie des Abschnittes 2.2.6. Vorher erinnern wir noch in Bild 5.4 daran, daß für ein solches Stabelement der Länge l die dort angegebenen, zueinander korrespondierenden Kraft- und Weggrößen als vollständige Stabendvariablen gewählt werden.

Das Feld der äußeren Weggrößen dieser Stabtheorie wird gemäß (2.15a) durch die auf die lokale Basis bezogenen Verschiebungen u,w beschrieben. Für diese wählen wir die in Bild 5.4 dargestellten 2- und 4-parametrigen Polynomansätze mit insgesamt 6 freien Parametern in $\hat{\mathbf{u}}^{e}$. Um aus diesem Ansatz die Knotenfreiheitsgrade zu definieren, berechnen wir zunächst gemäß (2.14) den Drehwinkel der Stabachse:

$$\varphi = -\frac{dw}{dx} = -a_4 - 2a_5 x - 3a_6 x^2 \; . \tag{5.11a}$$

Durch Substitution der Knotenkoordinaten $x_1 = 0$, $x_2 = l$ in die Approximationen für u,w und φ

$$\mathbf{v}^{e} = \begin{bmatrix} u_l \\ w_l \\ \varphi_l \\ u_r \\ w_r \\ \varphi_r \end{bmatrix} = \begin{bmatrix} u(0) \\ w(0) \\ \varphi(0) \\ u(l) \\ w(l) \\ \varphi(l) \end{bmatrix} = \begin{bmatrix} a_1 \\ a_3 \\ -a_4 \\ a_1 + a_2 l \\ a_3 + a_4 l + a_5 l^2 + a_6 l^3 \\ -a_4 - 2a_5 l - 3a_6 l^2 \end{bmatrix} = \begin{bmatrix} 1 & 0 & 0 & 0 & 0 & 0 \\ 0 & 0 & 1 & 0 & 0 & 0 \\ 0 & 0 & 0 & -1 & 0 & 0 \\ 1 & 1 & 0 & 0 & 0 & 0 \\ 0 & 0 & 1 & 1 & l^2 & l^3 \\ 0 & 0 & 0 & -1 & -2l & -3l^2 \end{bmatrix} \cdot \begin{bmatrix} a_1 \\ a_2 \\ a_3 \\ a_4 \\ a_5 \\ a_6 \end{bmatrix}$$

$$= \hat{\boldsymbol{\Phi}}^{e} \cdot \hat{\mathbf{u}}^{e} \tag{5.11b}$$

gewinnen wir sodann die Matrix $\hat{\boldsymbol{\Phi}}^{e}$ sowie aus dieser deren Inverse $(\hat{\boldsymbol{\Phi}}^{e})^{-1}$. Beide Matrizen sind auf Bild 5.4 dargestellt.

5.2.2 Element-Steifigkeitsbeziehung

Damit ist der Weg frei zur Interpolation des Verschiebungsfeldes $\mathbf{u}^{e}$ durch die *Matrix Ω^{e} der Formfunktionen* gemäß (5.4d)

$$\mathbf{u}^{e} = \Omega^{e} \cdot \mathbf{v}^{e} \quad \text{mit} \quad \Omega^{e} = \Phi^{e} \cdot (\hat{\boldsymbol{\Phi}}^{e})^{-1} \; , \tag{5.12a}$$

wiedergegeben im oberen Teil von Bild 5.5. Wir erkennen aus den nun in der dimensionslosen Koordinate $\xi = x/l$ formulierten Interpolationspolynomen, daß die Achsialverschiebung u durch ω_1, ω_2 linear über die Stablänge approximiert wird,

BERNOULLI - NAVIER - Stabelement mit vollständigen Stabendvariablen:

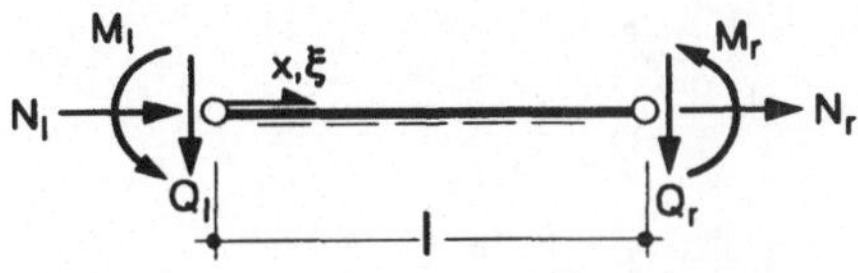

$$\mathbf{s}^{eT} = \begin{bmatrix} N_l & Q_l & M_l & N_r & Q_r & M_r \end{bmatrix}$$

$$\mathbf{v}^{eT} = \begin{bmatrix} u_l & w_l & \varphi_l & u_r & w_r & \varphi_r \end{bmatrix}$$

Knoten 1: x = 0   Knoten 2: x = l

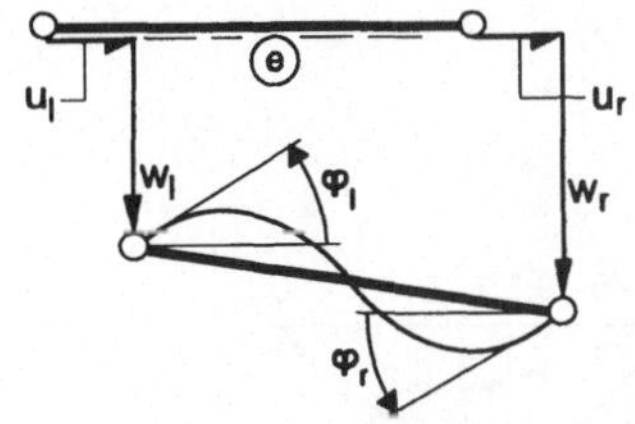

Ansatz für das Verschiebungsfeld:

$$\mathbf{u}^e = \hat{\boldsymbol{\phi}}^e \cdot \mathbf{u}^e = \begin{bmatrix} u \\ w \end{bmatrix} = \begin{bmatrix} a_1 + a_2 x \\ a_3 + a_4 x + a_5 x^2 + a_6 x^3 \end{bmatrix} = \left[\begin{array}{cc|cccc} 1 & x & 0 & 0 & 0 & 0 \\ 0 & 0 & 1 & x & x^2 & x^3 \end{array} \right] \cdot \begin{bmatrix} a_1 \\ a_2 \\ a_3 \\ a_4 \\ a_5 \\ a_6 \end{bmatrix}$$

Definition der Knotenfreiheitsgrade aus dem Verschiebungsfeld:

$$\mathbf{v}^e = \hat{\boldsymbol{\phi}}^e \cdot \hat{\mathbf{u}}^e = \begin{bmatrix} u_l \\ w_l \\ \varphi_l \\ u_r \\ w_r \\ \varphi_r \end{bmatrix} = \begin{bmatrix} 1 & 0 & 0 & 0 & 0 & 0 \\ 0 & 0 & 1 & 0 & 0 & 0 \\ 0 & 0 & 0 & -1 & 0 & 0 \\ 1 & l & 0 & 0 & 0 & 0 \\ 0 & 0 & 1 & l & l^2 & l^3 \\ 0 & 0 & 0 & -1 & -2l & -3l^2 \end{bmatrix} \cdot \begin{bmatrix} a_1 \\ a_2 \\ a_3 \\ a_4 \\ a_5 \\ a_6 \end{bmatrix}$$

Inversion:

$$\hat{\mathbf{u}}^e = (\hat{\boldsymbol{\phi}}^e)^{-1} \cdot \mathbf{v}^e = \begin{bmatrix} a_1 \\ a_2 \\ a_3 \\ a_4 \\ a_5 \\ a_6 \end{bmatrix} = \begin{bmatrix} 1 & 0 & 0 & 0 & 0 & 0 \\ -1/l & 0 & 0 & 1/l & 0 & 0 \\ 0 & 1 & 0 & 0 & 0 & 0 \\ 0 & 0 & -1 & 0 & 0 & 0 \\ 0 & -3/l^2 & 2/l & 0 & 3/l^2 & 1/l \\ 0 & 2/l^3 & -1/l^2 & 0 & -2/l^3 & -1/l^2 \end{bmatrix} \cdot \begin{bmatrix} u_l \\ w_l \\ \varphi_l \\ u_r \\ w_r \\ \varphi_r \end{bmatrix}$$

Bild 5.4. Grundlagen der Verschiebungsfeld-Approximation eines schubsteifen Stabelementes

Approximation (Formfunktionen) des Verschiebungsfeldes $\mathbf{u}^e$:

$$\hat{\mathbf{u}}^e = \boldsymbol{\phi}^e \cdot (\hat{\boldsymbol{\phi}}^e)^{-1} \cdot \mathbf{v}^e = \boldsymbol{\Omega}^e \cdot \mathbf{v}^e = \begin{bmatrix} \omega_1 & 0 & 0 & \omega_2 & 0 & 0 \\ 0 & \omega_3 & \omega_4 \cdot l & 0 & \omega_5 & \omega_6 \cdot l \end{bmatrix} \cdot \mathbf{v}^e \begin{bmatrix} u_l \\ w_l \\ \varphi_l \\ u_r \\ w_r \\ \varphi_r \end{bmatrix}^e$$

$$= \begin{bmatrix} u \\ w \end{bmatrix}^e = \begin{bmatrix} 1-\xi & 0 & 0 & \xi & 0 & 0 \\ 0 & 1-3\xi^2+2\xi^3 & (-\xi+2\xi^2-\xi^3)\cdot l & 0 & 3\xi^2-2\xi^3 & (\xi^2-\xi^3)\cdot l \end{bmatrix}^e \cdot \begin{bmatrix} u_l \\ w_l \\ \varphi_l \\ u_r \\ w_r \\ \varphi_r \end{bmatrix}$$

Darstellung der Interpolationsfunktionen:

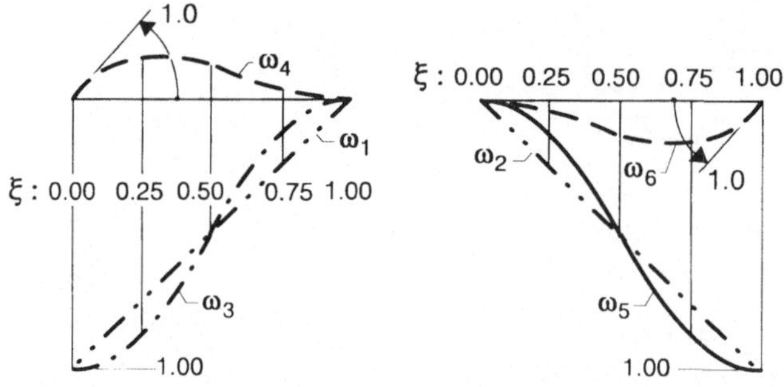

Approximation (Formfunktionen) des Verzerrungsfeldes $\boldsymbol{\varepsilon}^e$:

$$\boldsymbol{\varepsilon}^e = (\mathbf{D}_k \cdot \boldsymbol{\Omega}^e) \cdot \mathbf{v}^e = \mathbf{H}^e \cdot \mathbf{v}^e = \begin{bmatrix} \dfrac{1}{l}\dfrac{d}{d\xi} & 0 \\ 0 & -\dfrac{1}{l^2}\dfrac{d^2}{d\xi^2} \end{bmatrix} \cdot \begin{bmatrix} 1-\xi & 0 & 0 & \xi & 0 & 0 \\ 0 & 1-3\xi^2+2\xi^3 & (-\xi+2\xi^2-\xi^3)\cdot l & 0 & 3\xi^2-2\xi^3 & (\xi^2-\xi^3)\cdot l \end{bmatrix}^e \cdot \begin{bmatrix} u_l \\ w_l \\ \varphi_l \\ u_r \\ w_r \\ \varphi_r \end{bmatrix}^e$$

$$= \begin{bmatrix} \varepsilon \\ \kappa \end{bmatrix}^e = \frac{1}{l}\begin{bmatrix} -1 & 0 & 0 & 1 & 0 & 0 \\ 0 & (6-12\xi)\frac{1}{l} & -(4-6\xi) & 0 & -(6-12\xi)\frac{1}{l} & -(2-6\xi) \end{bmatrix}^e \cdot \begin{bmatrix} u_l \\ w_l \\ \varphi_l \\ u_r \\ w_r \\ \varphi_r \end{bmatrix}$$

Darstellung der Interpolationsfunktionen:

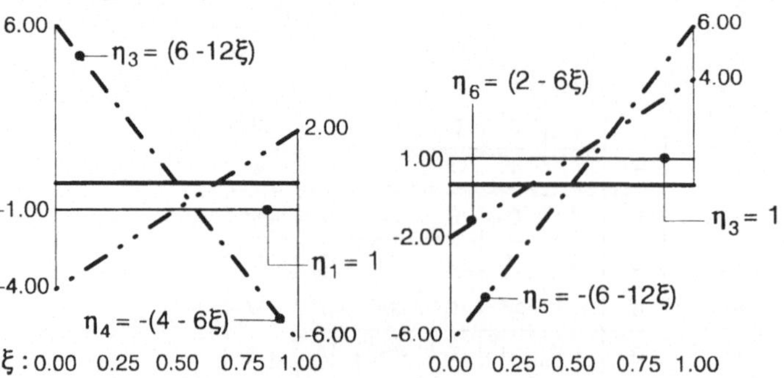

Bild 5.5. Approximation des Verschiebungs- und Verzerrungsfeldes eines schubsteifen Stabelementes

die Normalverschiebung w dagegen in Abhängigkeit aller 4 Freiheitsgrade w_l, φ_l, w_r, φ_r kubisch.

Die Formfunktionen ω_3 bis ω_6 stellen HERMITEsche* Interpolationspolynome dar. Bauingenieuren sind sie als Einflußfunktionen der Randkraftgrößen eines beidseitig eingespannten Einzelstabes vertraut [Krätzig 1994]. Ein mit der Interpolationstheorie [Kämmel 1990, Kolar 1975, Oden 1976, Zurmühl 1967] bewanderter Ingenieur hätte sich daher die Herleitungen des Bildes 5.4 vollständig ersparen können und seine Elemententwicklung unmittelbar mit den Interpolationspolynomen in Ω^e beginnen können. Offensichtlich stellen die auf Bild 5.4 wiedergegebenen Schritte (5.4a) bis (5.4c) lediglich ein ingenieurmäßig anschauliches Konzept zur Gewinnung von Interpolationsfunktionen dar.

Durch Anwendung des kinematischen Operators $\mathbf{D}_k$ (2.15b), den wir noch mittels

$$\frac{\mathrm{d}}{\mathrm{dx}} = \frac{1}{l}\frac{\mathrm{d}}{\mathrm{d}\xi} \tag{5.12b}$$

auf die dimensionslose Koordinate ξ umschreiben, bilden wir im nächsten Schritt auf Bild 5.5 die *Approximationen des Verzerrungsfeldes* $\varepsilon = \{\varepsilon \ \kappa\}$, die dort ebenfalls graphisch dargestellt sind: Dehnungen ε der Stabachse werden konstant, deren Verkrümmungen κ linear approximiert.

Als nächstes bilden wir gemäß (5.7c) auf Bild 5.6 den Integranden der Element-Steifigkeitsmatrix $\mathbf{k}^e$

$$\mathbf{k}^e = \int_0^1 \mathbf{H}^{eT} \cdot \mathbf{E} \cdot \mathbf{H}^e \, l \, \mathrm{d}\xi \ . \tag{5.12c}$$

Die einzelnen Integrationen dieser quadratischen Matrix 6. Ordnung werden im geschlossenen Intervall $[0 \le \xi \le 1]$ ausgeführt, was zu der auf Bild 5.6 angegebenen Form von $\mathbf{k}^e$ führt. Auf dem gleichen Weg gewinnen wir sodann in Bild 5.7 den Vektor der lastäquivalenten Kraftgrößen (5.7a)

$$\overset{\circ}{\mathbf{s}}{}^e = -\int_0^1 \Omega^{eT} \cdot \mathbf{p} \, l \, \mathrm{d}\xi \tag{5.12d}$$

für das Beispiel elementweise konstanter Belastungen q_x, q_z. Erinnern wir uns schließlich noch an die zu den Knotenfreiheitsgraden $\mathbf{v}^e$ korrespondierenden Stabendkraftgrößen $\mathbf{s}^e$, so lautet abschließend die *Element-Steifigkeitsbeziehung* (5.7e) für ein schubsteifes, mit konstanten Lasten q_x, q_z versehenes Stabelement:

---

*   CHARLES HERMITE, 1822-1901, französischer Mathematiker in Paris, Arbeiten zur Algebra, Zahlen- und Funktionentheorie.

$$\mathbf{s}^e = \mathbf{k}^e \cdot \mathbf{v}^e + \overset{o}{\mathbf{s}}{}^e =$$

$$
\begin{bmatrix} N_l \\ Q_l \\ M_l \\ \hline N_r \\ Q_r \\ M_r \end{bmatrix}
=
\left[\begin{array}{ccc|ccc}
\dfrac{EA}{l} & 0 & 0 & -\dfrac{EA}{l} & 0 & 0 \\[2mm]
0 & \dfrac{12\,EI}{l^3} & -\dfrac{6\,EI}{l^2} & 0 & -\dfrac{12\,EI}{l^3} & -\dfrac{6\,EI}{l^2} \\[2mm]
0 & -\dfrac{6\,EI}{l^2} & \dfrac{4\,EI}{l} & 0 & \dfrac{6\,EI}{l^2} & \dfrac{2\,EI}{l} \\[1mm]
\hline
-\dfrac{EA}{l} & 0 & 0 & \dfrac{EA}{l} & 0 & 0 \\[2mm]
0 & -\dfrac{12\,EI}{l^3} & \dfrac{6\,EI}{l^2} & 0 & \dfrac{12\,EI}{l^3} & \dfrac{6\,EI}{l^2} \\[2mm]
0 & -\dfrac{6\,EI}{l^2} & \dfrac{2\,EI}{l} & 0 & \dfrac{6\,EI}{l^2} & \dfrac{4\,EI}{l}
\end{array}\right]
\cdot
\begin{bmatrix} u_l \\ w_l \\ \varphi_l \\ \hline u_r \\ w_r \\ \varphi_r \end{bmatrix}
+
\begin{bmatrix} -q_x l/2 \\ -q_z l/2 \\ q_z l^2/12 \\ \hline -q_x l/2 \\ -q_z l/2 \\ -q_z l^2/12 \end{bmatrix}
\qquad (5.13)
$$

Element - Steifigkeitsmatrix: $\;\mathbf{k}^e = \displaystyle\int_0^l \cdot\, \mathbf{H}^{eT}\cdot\mathbf{E}\cdot\mathbf{H}^e\, dx = \int_0^1 \cdot\, \mathbf{H}^{eT}\cdot\mathbf{E}\cdot\mathbf{H}^e\, l\, d\xi$

$$
\mathbf{H}^{eT}\cdot\mathbf{E}\cdot\mathbf{H}^e =
\left[\begin{array}{ccc|ccc}
\dfrac{EA}{l^2} & 0 & & -\dfrac{EA}{l^2} & & \\[2mm]
0 & \dfrac{EI}{l^4}(6-12\xi)^2 & -\dfrac{EI}{l^3}(6-12\xi)(4-6\xi) & 0 & \dfrac{EI}{l^3}(6-12\xi)^2 & -\dfrac{EI}{l^3}(6-12\xi)(2-6\xi) \\[2mm]
0 & -\dfrac{EI}{l^3}(4-6\xi)(6-12\xi) & \dfrac{EI}{l^2}(4-6\xi)^2 & 0 & \dfrac{EI}{l^3}(4-6\xi)(6-12\xi) & \dfrac{EI}{l^2}(4-6\xi)(2-6\xi) \\[1mm]
\hline
-\dfrac{EA}{l^2} & 0 & 0 & \dfrac{EA}{l^2} & 0 & 0 \\[2mm]
0 & -\dfrac{EI}{l^4}(6-12\xi)^2 & \dfrac{EI}{l^3}(6-12\xi)(4-6\xi) & 0 & \dfrac{EI}{l^4}(6-12\xi)^2 & \dfrac{EI}{l^3}(6-12\xi)(2-6\xi) \\[2mm]
0 & -\dfrac{EI}{l^3}(2-6\xi)(6-12\xi) & \dfrac{EI}{l^2}(2-6\xi)(4-6\xi) & 0 & \dfrac{EI}{l^3}(2-6\xi)(6-12\xi) & \dfrac{EI}{l^2}(2-6\xi)^2
\end{array}\right]
$$

Integrationen:

$$\int_0^1 \frac{EA}{l^2}\cdot l\, d\xi = \frac{EA}{l}\cdot\int_0^1 d\xi = \frac{EA}{l}\,\xi\,\Big/_0^1 = \frac{EA}{l}$$

$$\int_0^1 \frac{EI}{l^4}(6-12\xi)^2\cdot l\, d\xi = \frac{EI}{l^3}\cdot 6^2\cdot\int_0^1(1-4\xi+4\xi^2)\, d\xi = \frac{EI}{l^3}\cdot 6^2\cdot\left(\xi-2\xi^2+\frac{4}{3}\xi^3\right)\Big/_0^1 = \frac{12EI}{l^3}$$

$$\int_0^1 -\frac{EI}{l^3}(6-12\xi)(4-6\xi)\cdot l\, d\xi = -\frac{EI}{l^2}\cdot 6\cdot 2\cdot\int_0^1(2-7\xi+6\xi^2)\, d\xi = -\frac{EI}{l^2}\cdot 6\cdot 2\cdot\left(2\xi-\frac{7}{2}\xi^2+2\xi^3\right)\Big/_0^1 = -\frac{6EI}{l^2}$$

$$\int_0^1 -\frac{EI}{l^3}(6-12\xi)(2-6\xi)\cdot l\, d\xi = -\frac{EI}{l^2}\cdot 6\cdot 2\cdot\int_0^1(1-5\xi+6\xi^2)\, d\xi = -\frac{EI}{l^2}\cdot 6\cdot 2\cdot\left(\xi-\frac{5}{2}\xi^2+2\xi^3\right)\Big/_0^1 = -\frac{6EI}{l^2}$$

$$\int_0^1 \frac{EI}{l^2}(4-6\xi)^2\cdot l\, d\xi = \frac{EI}{l}\cdot 2^2\cdot\int_0^1(4-12\xi+9\xi^2)\, d\xi = \frac{EI}{l}\cdot 2^2\cdot\left(4\xi-6\xi^2+3\xi^3\right)\Big/_0^1 = \frac{4EI}{l}$$

$$\int_0^1 \frac{EI}{l^2}(2-6\xi)(4-6\xi)\cdot l\, d\xi = \frac{EI}{l}\cdot 2^2\cdot\int_0^1(2-9\xi+9\xi^2)\, d\xi = \frac{EI}{l}\cdot 2^2\cdot\left(2\xi-\frac{9}{2}\xi^2+3\xi^3\right)\Big/_0^1 = \frac{2EI}{l}$$

$$\int_0^1 \frac{EI}{l^2}(2-6\xi)^2\cdot l\, d\xi = \frac{EI}{l^2}\cdot 2^2\cdot\int_0^1(1-6\xi+9\xi^2)\, d\xi = \frac{EI}{l^2}\cdot 2^2\cdot\left(\xi-3\xi^2+3\xi^3\right)\Big/_0^1 = \frac{4EI}{l}$$

Vollständige Form der Element - Steifigkeitsmatrix (Vorzeichenkonvention II):

$$
\mathbf{k}^e =
\left[\begin{array}{ccc|ccc}
EA/l & 0 & 0 & -EA/l & 0 & 0 \\
0 & 12EI/l^3 & -6EI/l^2 & 0 & -12EI/l^3 & -6EI/l^2 \\
0 & -6EI/l^2 & 4EI/l & 0 & 6EI/l^2 & 2EI/l \\
\hline
-EA/l & 0 & 0 & EA/l & 0 & 0 \\
0 & -12EI/l^3 & 6EI/l^2 & 0 & 12EI/l^3 & 6EI/l^2 \\
0 & -6EI/l^2 & 2EI/l & 0 & 6EI/l^2 & 4EI/l
\end{array}\right]
$$

Bild 5.6. Ermittlung der Element-Steifigkeitsmatrix eines schubsteifen Stabelementes

Festhaltekraftgrößen: $\overset{o}{\mathbf{s}}{}^{e} = -\int_{0}^{l} \mathbf{\Omega}^{eT} \cdot \overset{o}{\mathbf{p}}\, dx = -\int_{0}^{1} \mathbf{\Omega}^{eT} \cdot \overset{o}{\mathbf{p}} \cdot l\, d\xi$

$$
-\mathbf{\Omega}^{eT} \cdot \overset{o}{\mathbf{p}} = -
\begin{bmatrix}
1-\xi & 0 \\
0 & 1-3\xi^2+2\xi^3 \\
0 & (-\xi+2\xi^2-\xi^3)\cdot l \\
\xi & 0 \\
0 & 3\xi^2-2\xi^3 \\
0 & (\xi^2-\xi^3)\cdot l
\end{bmatrix}
\begin{bmatrix} q_x \\ q_z \end{bmatrix}
=
\begin{bmatrix}
-q_x(1-\xi) \\
-q_z(1-3\xi^2+2\xi^3) \\
q_z(\xi-2\xi^2+\xi^3)\cdot l \\
-q_x\xi \\
-q_z(3\xi^2-2\xi^3) \\
-q_z(\xi^2-\xi^3)\cdot l
\end{bmatrix}
\quad\Longrightarrow\quad
\overset{o}{\mathbf{s}}{}^{e} =
\begin{bmatrix}
-q_x\, l/2 \\
-q_z\, l/2 \\
q_z\, l^2/12 \\
-q_x\, l/2 \\
-q_z\, l/2 \\
-q_z\, l^2/12
\end{bmatrix}
$$

Integrationen für q_x = konst, q_z = konst :

$$\int_{0}^{1} -q_x(1-\xi)\cdot l\, d\xi = -q_x\, l \cdot \int_{0}^{1}(1-\xi)\, d\xi = -q_x\, l \cdot (\xi-\tfrac{1}{2}\xi^2)\Big/_0^1 = -q_x\frac{l}{2}$$

$$\int_{0}^{1} -q_z(1-3\xi^2+2\xi^3)\cdot l\, d\xi = -q_z\, l \cdot \int_{0}^{1}(1-3\xi^2+2\xi^3)\, d\xi = -q_z\, l \cdot (\xi-\xi^3+\tfrac{1}{2}\xi^4)\Big/_0^1 = -q_z\frac{l}{2}$$

$$\int_{0}^{1} q_z(\xi-2\xi^2+\xi^3)\cdot l^2\, d\xi = q_z\, l^2 \cdot \int_{0}^{1}(\xi-2\xi^2+\xi^3)\, d\xi = q_z\, l^2 \cdot (\tfrac{1}{2}\xi^2-\tfrac{2}{3}\xi^3+\tfrac{1}{4}\xi^4)\Big/_0^1 = q_z\frac{l^2}{12}$$

$$\int_{0}^{1} -q_x\, \xi\cdot l\, d\xi = -q_x\, l \cdot \int_{0}^{1} d\xi = -q_x\, l \cdot \tfrac{1}{2}\xi^2\Big/_0^1 = -q_x\frac{l}{2}$$

$$\int_{0}^{1} -q_z(3\xi^2-2\xi^3)\cdot l\, d\xi = -q_z\, l \cdot \int_{0}^{1}(3\xi^2-2\xi^3)\, d\xi = -q_z\, l \cdot (\xi^3-\tfrac{1}{2}\xi^4)\Big/_0^1 = -q_z\frac{l}{2}$$

$$\int_{0}^{1} -q_z(\xi^2-\xi^3)\cdot l^2\, d\xi = -q_z\, l^2 \cdot \int_{0}^{1}(\xi^2-\xi^3)\, d\xi = -q_z\, l^2 \cdot (\tfrac{1}{3}\xi^3-\tfrac{1}{4}\xi^4)\Big/_0^1 = -q_z\frac{l^2}{12}$$

Bild 5.7. Ermittlung der Volleinspannkraftgröße für q_x = konst, q_z = konst eines schubsteifen Stabelementes

5.2.3 Eigenschaften von $\mathbf{k}^e$

Die so gewonnene Element-Steifigkeitsbeziehung (5.13) ist dem Approximations-ansatz (5.12a) entsprechend in vollständigen Knotenvariablen formuliert. Würde man dagegen $\mathbf{v}^e$ in (5.12a) auf Stabendweggrößen korrespondierend zu den unabhängigen Stabendkraftgrößen reduzieren, so entstände auf demselben Weg eine Element-Steifigkeitsbeziehung in diesen Variablen [Krätzig 1994]. Gerade deshalb macht der hier beschrittene Herleitungsgang deutlich, daß eine Formulierung in *vollständigen Knotenvariablen* offenbar die *Standard-Darstellungsform* in der Theorie der finiten Elemente ist, auch wegen vieler weiterer bekannter Vorteile, deren Variablen daher von uns keiner Zusatzmarkierung mehr bedürfen.

Abschließend werfen wir noch einen Blick auf die *Element-Steifigkeitsmatrix* $\mathbf{k}^e$ und stellen ihre wichtigsten Eigenschaften fest, die allen (vollständigen) Element-Steifigkeitsmatrizen eigen sind.

Sätze: Da gemäß (5.7d) jeder Knotenkraftgröße s_i eine korrespondierende Knotenweggröße v_i zugeordnet wurde, ist $\mathbf{k}^e$ quadratisch von der Ordnung der in $\mathbf{s}^e, \mathbf{v}^e$ zusammengefaßten Variablen.

$\mathbf{k}^e$ *ist zufolge der Kongruenztransformation in (5.12c) symmetrisch, ihre Haupt-diagonalglieder sind positiv.*

$\mathbf{k}^e$ *ist singulär:* $\det \mathbf{k}^e = 0$. *Der Rangabfall von* $\mathbf{k}^e$ *entspricht gerade der Anzahl der für das Element gültigen Gleichgewichts- oder Starrkörperbewegungsbedingungen, d.h. der Differenz zwischen vollständigen und abhängigen Knotenvariablen.*

Für die folgende quadratische Form gilt gemäß (4.11) und (4.13):

$$-\mathrm{w}^{(i)e} = \mathbf{v}^{eT} \cdot \mathbf{s}^e = \mathbf{v}^{eT} \cdot \mathbf{k}^e \cdot \mathbf{v}^e \geq 0 \ , \tag{5.14}$$

somit ist $\mathbf{k}^e$ *positiv semi-definit.*

Singularität und Rangabfall $r = 3$ der Stab-Steifigkeitsmatrix $\mathbf{k}^e$ gemäß (5.13) sind unschwer erkennbar: Die Zeilen 1 und 2 finden ihre Entsprechung in den negativen Zeilen 4 und 5; die Addition der Zeilen 3 und 6 liefert Zeile 5, dividiert durch l.

5.3 Dreieckige Scheibenelemente

5.3.1 Das CST-Element: Diskretisierung und Weggrößenapproximationen

Als zweites behandeln wir in dieser Einführung ein dreieckiges Scheibenelement mit Eckknoten. Dieses sogenannte *Constant-Strain-Triangle* oder *CST-Element* entstammt der Frühzeit [Turner 1956] finiter Berechnungstechniken. Zur Herleitung greifen wir auf die grundlegenden strukturmechanischen Beziehungen der Scheibentheorie aus den Abschnitten 2.4 zurück.

Auf Bild 5.8 ist zuoberst ein derartiges Dreieckelement mit seinen 6 Knotenfreiheitsgraden dargestellt. Dort und im folgenden beziehen sich die in Klammern gesetzten Indizes auf die jeweiligen Knotenpunkte 1, 2 oder 3. Nunmehr approximieren wir das Verschiebungsfeld u_α, $\alpha = 1,2$, in beiden Koordinatenrichtungen x_α durch die auf Bild 5.8 dargestellte, in x_1, x_2 lineare matrizielle Verknüpfung. Hierin führen wir 6 freie Konstanten α_1 bis α_6 ein, die im unteren Teil dieses Bildes durch die Knotenfreiheitsgrade

$$\mathbf{v}^e = \{u_{1(1)} \quad u_{1(2)} \quad u_{1(3)} \quad u_{2(1)} \quad u_{2(2)} \quad u_{2(3)}\} \tag{5.15a}$$

gemäß der Standard-Vorgehensweise von Tafel 5.1 abgelöst werden.

Das Ergebnis, nämlich die Approximation des Verschiebungsfeldes

$$\mathbf{u}^e = \mathbf{\Omega}^e \cdot \mathbf{v}^e \tag{5.15b}$$

mittels der *Matrix* $\mathbf{\Omega}^e$ der *Formfunktionen* in Abhängigkeit der Knotenfreiheitsgrade $\mathbf{v}^e$, findet der Leser im oberen Teil von Bild 5.9. Deutlich erkennt man in der dortigen Teilmatrix $\boldsymbol{\omega}$ die in x_1 und x_2 lineare Verschiebungsapproximation. Substituiert man beispielsweise in die Matrix $\boldsymbol{\omega}^T$ des Bildes 5.9 die Koordinaten $x_{1(1)}$, $x_{2(1)}$ des 1. Knotenpunktes, so erhält man unter Beachtung von

Dreieckiges Scheibenelement mit Knotenfreiheitsgraden:

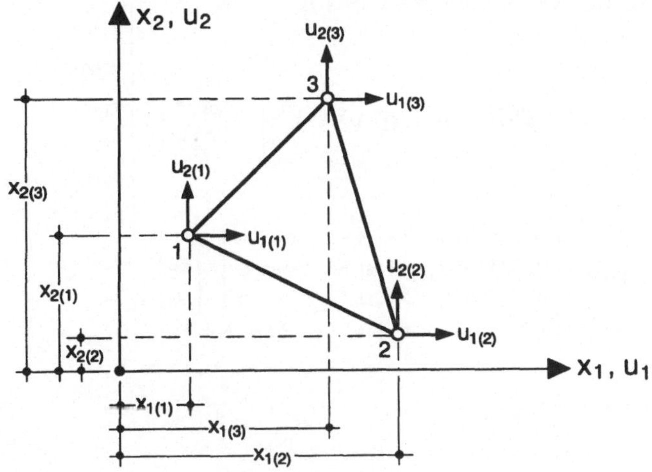

Linearer Approximationsansatz für das Verschiebungsfeld:

$$\mathbf{u}^e = \hat{\boldsymbol{\phi}}^e \cdot \hat{\mathbf{u}}^e = \begin{bmatrix} u_1(x_1,x_2) \\ u_2(x_1,x_2) \end{bmatrix} = \begin{bmatrix} 1 & x_1 & x_2 & 0 & 0 & 0 \\ 0 & 0 & 0 & 1 & x_1 & x_2 \end{bmatrix} \cdot \begin{bmatrix} \alpha_1 \\ \alpha_2 \\ \alpha_3 \\ \alpha_4 \\ \alpha_5 \\ \alpha_6 \end{bmatrix}$$

Definition der Knotenfreiheitsgrade:

$$\mathbf{v}^e = \hat{\boldsymbol{\phi}}^e \cdot \hat{\mathbf{u}}^e = \begin{bmatrix} u_{1(1)} \\ u_{1(2)} \\ u_{1(3)} \\ \hline u_{2(1)} \\ u_{2(2)} \\ u_{2(3)} \end{bmatrix} = \left[\begin{array}{ccc|ccc} 1 & x_{1(1)} & x_{2(1)} & & & \\ 1 & x_{1(2)} & x_{2(2)} & & \mathbf{0} & \\ 1 & x_{1(3)} & x_{2(3)} & & & \\ \hline & & & 1 & x_{1(1)} & x_{2(1)} \\ & \mathbf{0} & & 1 & x_{1(2)} & x_{2(2)} \\ & & & 1 & x_{1(3)} & x_{2(3)} \end{array}\right] \cdot \begin{bmatrix} \alpha_1 \\ \alpha_2 \\ \alpha_3 \\ \alpha_4 \\ \alpha_5 \\ \alpha_6 \end{bmatrix} = \left[\begin{array}{c|c} \hat{\boldsymbol{\phi}} & \mathbf{0} \\ \hline \mathbf{0} & \hat{\boldsymbol{\phi}} \end{array}\right] \cdot \hat{\mathbf{u}}^e$$

$$\det \hat{\boldsymbol{\phi}} = x_{1(2)}x_{2(3)} - x_{1(3)}x_{2(2)} - x_{1(1)}x_{2(3)} + x_{1(3)}x_{2(1)} + x_{1(1)}x_{2(2)} - x_{1(2)}x_{2(1)} = 2A^e \,,$$

$$\det \boldsymbol{\phi}^e = (2A^e)^2, \quad A^e : \text{Fläche des Dreieckelementes}$$

Inversion:

$$\hat{\mathbf{u}}^e = (\hat{\boldsymbol{\phi}}^e)^{-1} \cdot \mathbf{v}^e = \left[\begin{array}{c|c} \hat{\boldsymbol{\phi}}^{-1} & \mathbf{0} \\ \hline \mathbf{0} & \hat{\boldsymbol{\phi}}^{-1} \end{array}\right]^e \cdot \mathbf{v}^e$$

$$\text{mit:} \quad \hat{\boldsymbol{\phi}}^{-1} = \frac{1}{2A^e} \begin{bmatrix} x_{1(2)}x_{2(3)} - x_{1(3)}x_{2(2)} & x_{1(3)}x_{2(1)} - x_{1(1)}x_{2(3)} & x_{1(1)}x_{2(2)} - x_{1(2)}x_{2(1)} \\ x_{2(23)} & x_{2(31)} & x_{2(12)} \\ x_{1(32)} & x_{1(13)} & x_{1(21)} \end{bmatrix}$$

sowie den Abkürzungen: $\qquad x_{1(kl)} = x_{1(k)} - x_{1(l)} \,, \quad x_{2(kl)} = x_{2(k)} - x_{2(l)}$

Bild 5.8. Constant-Strain-Triangle: Diskretisierung und Verschiebungsapproximation

Formfunktionen $\mathbf{\Omega}^e$ des Verschiebungsfeldes $\mathbf{u}^e$:

$$\mathbf{u}^e = \boldsymbol{\phi}^e \cdot (\hat{\boldsymbol{\phi}}^e)^{-1} \mathbf{v}^e = \mathbf{\Omega}^e \cdot \mathbf{v}^e = \begin{bmatrix} u_1 \\ \hline u_2 \end{bmatrix} = \begin{bmatrix} \boldsymbol{\omega} & 0 \\ \hline 0 & \boldsymbol{\omega} \end{bmatrix} \cdot \begin{bmatrix} u_{1(1)} \\ u_{1(2)} \\ u_{1(3)} \\ u_{2(1)} \\ u_{2(2)} \\ u_{2(3)} \end{bmatrix}$$

$$\text{mit: } \boldsymbol{\omega}^T = \frac{1}{2A^e} \begin{bmatrix} X_{1(2)}X_{2(3)} - X_{1(3)}X_{2(2)} & +X_{2(23)} \cdot X_1 & +X_{1(32)} \cdot X_2 \\ X_{1(3)}X_{2(1)} - X_{1(1)}X_{2(3)} & +X_{2(31)} \cdot X_1 & +X_{1(13)} \cdot X_2 \\ X_{1(1)}X_{2(2)} - X_{1(2)}X_{2(1)} & +X_{2(12)} \cdot X_1 & +X_{1(21)} \cdot X_2 \end{bmatrix} = \begin{bmatrix} \omega_1 \\ \omega_2 \\ \omega_3 \end{bmatrix}$$

sowie den Abkürzungen: $X_{1(kl)} = X_{1(k)} - X_{1(l)}, \quad X_{2(kl)} = X_{2(k)} - X_{2(l)}$

Darstellung der Formfunktionen:

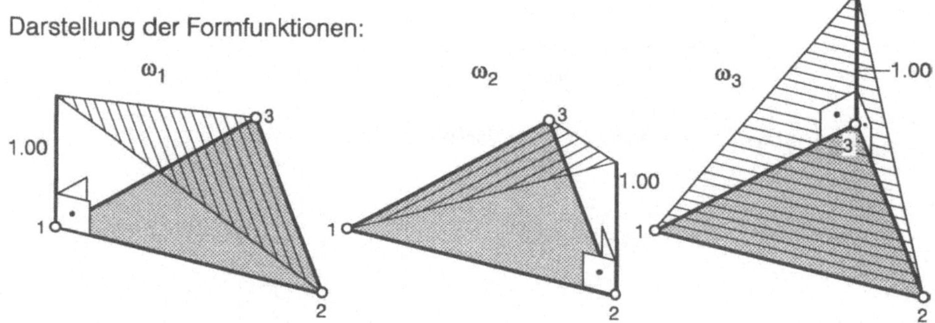

Formfunktionen $\mathbf{H}^e$ des Verzerrungsfeldes $\boldsymbol{\varepsilon}^e$:

$$\boldsymbol{\varepsilon}^e = \mathbf{D}_k \cdot \mathbf{\Omega}^e \cdot \mathbf{v}^e = \mathbf{H}^e \cdot \mathbf{v}^e = \begin{bmatrix} \varepsilon_{11} \\ 2\varepsilon_{12} \\ \varepsilon_{22} \end{bmatrix} = \frac{1}{2A^e} \begin{bmatrix} X_{2(23)} & X_{2(31)} & X_{2(12)} & 0 & 0 & 0 \\ X_{1(32)} & X_{1(13)} & X_{1(21)} & X_{2(23)} & X_{2(31)} & X_{2(12)} \\ 0 & 0 & 0 & X_{1(32)} & X_{1(13)} & X_{1(21)} \end{bmatrix} \cdot \begin{bmatrix} u_{1(1)} \\ u_{1(2)} \\ u_{1(3)} \\ u_{2(1)} \\ u_{2(2)} \\ u_{2(3)} \end{bmatrix}$$

$$= \frac{1}{2A^e} \begin{bmatrix} H_2 & 0 \\ H_1 & H_2 \\ 0 & H_1 \end{bmatrix} \cdot \begin{bmatrix} u_1 \\ u_2 \end{bmatrix}$$

Formfunktionen $\mathbf{S}^e$ des Schnittgrößenfeldes $\boldsymbol{\sigma}^e$:

$$\boldsymbol{\sigma}^e = \mathbf{D} \cdot \mathbf{E} \cdot \mathbf{H}^e \cdot \mathbf{v}^e = \mathbf{D} \cdot \mathbf{S}^e \cdot \mathbf{v}^e = \begin{bmatrix} n_{11} \\ n_{12} \\ n_{22} \end{bmatrix} = \frac{Eh}{(1-v^2)2A^e} \begin{bmatrix} H_2 & vH_1 \\ (1-v^2)/2\,H_1 & (1-v^2)/2\,H_2 \\ vH_2 & H_1 \end{bmatrix} \cdot \begin{bmatrix} u_{1(1)} \\ u_{1(2)} \\ u_{1(3)} \\ u_{2(1)} \\ u_{2(2)} \\ u_{2(3)} \end{bmatrix}$$

$$\text{mit: } H_1 = \begin{bmatrix} X_{1(32)} & X_{1(13)} & X_{1(21)} \end{bmatrix}, \qquad H_2 = \begin{bmatrix} X_{2(23)} & X_{2(31)} & X_{2(12)} \end{bmatrix}$$

Bild 5.9. Constant-Strain-Triangle: Formfunktionen der Verschiebungs-, Verzerrungs- und Schnittgrößenfelder

$$\det \hat{\phi} = x_{1(2)}\, x_{2(3)} - x_{1(3)}\, x_{2(2)} - x_{1(1)}\, x_{2(3)} + x_{1(3)}\, x_{2(1)} + x_{1(1)}\, x_{2(2)} - x_{1(2)}\, x_{2(1)}$$

$$= 2A^e \tag{5.16a}$$

$$\boldsymbol{\omega}_{(1)}^T = \frac{1}{2\,A^e} \begin{bmatrix} x_{1(2)}\, x_{2(3)} - x_{1(3)}\, x_{2(2)} + x_{2(2)}\, x_{1(1)} - x_{2(3)}\, x_{1(1)} + x_{1(3)}\, x_{2(1)} - x_{1(2)}\, x_{2(1)} \\ x_{1(3)}\, x_{2(1)} - x_{1(1)}\, x_{2(3)} + x_{2(3)}\, x_{1(1)} - x_{2(1)}\, x_{1(1)} + x_{1(1)}\, x_{2(1)} - x_{1(3)}\, x_{2(1)} \\ x_{1(1)}\, x_{2(2)} - x_{1(2)}\, x_{2(1)} + x_{2(1)}\, x_{1(1)} - x_{2(2)}\, x_{1(1)} + x_{1(2)}\, x_{2(1)} - x_{1(1)}\, x_{2(1)} \end{bmatrix}$$

$$= \frac{1}{2\,A^e} \begin{bmatrix} 2\,A^e \\ 0 \\ 0 \end{bmatrix} = \begin{bmatrix} 1 \\ 0 \\ 0 \end{bmatrix}. \tag{5.16b}$$

Damit entspricht das Verschiebungsfeld im Knoten 1

$$\mathbf{u}_{(1)}^e = \boldsymbol{\Omega}_{(1)}^e \cdot \mathbf{v}^e = \begin{bmatrix} \omega_{1(1)} & \omega_{2(1)} & \omega_{3(1)} & 0 & 0 & 0 \\ 0 & 0 & 0 & \omega_{1(1)} & \omega_{2(1)} & \omega_{3(1)} \end{bmatrix} \cdot \begin{bmatrix} u_{1(1)} \\ u_{1(2)} \\ u_{1(3)} \\ u_{2(1)} \\ u_{2(2)} \\ u_{2(3)} \end{bmatrix}$$

$$= \begin{bmatrix} 1 & 0 & 0 & 0 & 0 & 0 \\ 0 & 0 & 0 & 1 & 0 & 0 \end{bmatrix} \cdot \mathbf{v}^e \tag{5.16c}$$

erwartungsgemäß gerade den beiden dortigen Knotenfreiheitsgraden, und der Einfluß aller anderen Knotenfreiheitsgrade verschwindet. Diese insgesamt lineare Interpolationseigenschaft illustriert Bild 5.9 im mittleren Teil.

Die schließlich durch Anwendung des Differentialoperators $\mathbf{D}_k$ nach (2.38c)

$$\boldsymbol{\varepsilon} = \mathbf{D}_k \cdot \mathbf{u} = \begin{bmatrix} \varepsilon_{11} \\ 2\,\varepsilon_{12} \\ \varepsilon_{22} \end{bmatrix} = \begin{bmatrix} \partial_1 & 0 \\ \partial_2 & \partial_1 \\ 0 & \partial_2 \end{bmatrix} \cdot \begin{bmatrix} u_1 \\ u_2 \end{bmatrix}, \quad \partial_\alpha = \frac{\partial \dots}{\partial x_\alpha} = \dots ,_\alpha \tag{5.16d}$$

auf die Verschiebungsapproximation (5.15b) hergeleitete *Formfunktionsmatrix* $\mathbf{H}^e$ *der Verzerrungen* nähert jede Verzerrungskomponente gemäß Bild 5.9 durch einen konstanten Term an, woraus sich der Name des Elementes herleitet.

5.3.2 Element-Steifigkeitsmatrix und Schnittgrößenapproximation

Aus der Matrix der Formfunktionen $\mathbf{H}^e$ des Verzerrungsgrößenfeldes $\boldsymbol{\varepsilon}^e$ entsteht sodann die Element-Steifigkeitsmatrix $\mathbf{k}^e$ gemäß der auf Tafel 5.1 wiedergegebenen Integrationsvorschrift (5.7c). Dabei findet die Elastizitätsmatrix $\mathbf{E}$ entsprechend (2.44b) sowie die Scheibendehnsteifigkeit D laut (2.44c) Verwendung:

$$\mathbf{k}^e = \int\limits_{A^e} \mathbf{H}^{eT} \cdot D \cdot \mathbf{E} \cdot \mathbf{H}^e\, dA = D\,A^e \cdot \mathbf{H}^{eT} \cdot \mathbf{E} \cdot \mathbf{H}^e . \tag{5.17a}$$

Das Ergebnis ist die auf Bild 5.10 in geschlossener Form wiedergegebene quadratische Matrix 6. Ordnung.

Die sodann aus der Element-Steifigkeitsbeziehung

$$\mathbf{s}^e = \mathbf{k}^e \cdot \mathbf{v}^e \tag{5.17b}$$

ermittelbaren Knotenkraftgrößen $\mathbf{s}^e$ als zu den Knotenfreiheitsgraden $\mathbf{v}^e$ korrespondierenden inneren Variablen besitzen bei Flächentragwerken, anders als bei Stabwerken, keine mechanisch anschauliche Interpretation in Verbindung zu den auftretenden Schnittgrößenfeldern $\boldsymbol{\sigma}$. Um letztere in gleicher Güte wie die Verzerrungen zu approximieren, substituiert man diese

$$\boldsymbol{\varepsilon}^e = \mathbf{H}^e \cdot \mathbf{v}^e \tag{5.17c}$$

daher in das Element-Stoffgesetz

$$\boldsymbol{\sigma}^e = \mathbf{D}\,\mathbf{E} \cdot \boldsymbol{\varepsilon}^e = \mathbf{D}\,\mathbf{E} \cdot \mathbf{H}^e \cdot \mathbf{v}^e = \mathbf{D}\,\mathbf{S}^e \cdot \mathbf{v}^e \tag{5.17d}$$

und erhält so die auf Bild 5.9 unten wiedergegebene *Formmatrix* $\mathbf{S}^e$. Beim CST-Element werden somit die Schnittgrößen $\boldsymbol{\sigma}^e$ ebenso wie die Verzerrungen $\boldsymbol{\varepsilon}^e$ elementweise als *konstant* approximiert.

Integrationsvorschrift und Element - Steifigkeitsmatrix $\mathbf{k}^e$:

$$\mathbf{k}^e = \int_{A^e} \mathbf{H}^{eT}\mathbf{D}\cdot\mathbf{E}\cdot\mathbf{H}^e\,dA = D A^e\cdot \mathbf{H}^{eT}\cdot \mathbf{E}\cdot \mathbf{H}^e = \frac{Eh}{4(1-\nu^2)\,A^e}\left[\begin{array}{c|c} \mathbf{k}_{11} & \mathbf{k}_{12} \\ \hline \mathbf{k}_{21}=\mathbf{k}_{12}^T & \mathbf{k}_{22} \end{array}\right]$$

mit:

$$\mathbf{k}_{11}=\begin{bmatrix} x_{2(23)}^2+\dfrac{1-\nu}{2}x_{1(32)}^2 & x_{2(23)}\,x_{2(31)}+\dfrac{1-\nu}{2}x_{1(32)}\,x_{1(13)} & x_{2(23)}\,x_{2(12)}+\dfrac{1-\nu}{2}x_{1(32)}\,x_{1(21)} \\[2ex] & x_{2(31)}^2+\dfrac{1-\nu}{2}x_{1(13)}^2 & x_{2(31)}\,x_{2(12)}+\dfrac{1-\nu}{2}x_{1(13)}\,x_{1(21)} \\[2ex] \text{symmetrisch} & & x_{2(12)}^2+\dfrac{1-\nu}{2}x_{1(21)}^2 \end{bmatrix}$$

$$\mathbf{k}_{12}=\begin{bmatrix} \dfrac{1+\nu}{2}x_{1(32)}\,x_{2(23)} & \dfrac{1-\nu}{2}x_{1(32)}\,x_{2(31)}+\nu\,x_{1(13)}\,x_{2(23)} & \dfrac{1-\nu}{2}x_{1(32)}\,x_{2(12)}+\nu\,x_{1(21)}\,x_{2(23)} \\[2ex] \dfrac{1-\nu}{2}x_{1(13)}\,x_{2(23)}+\nu\,x_{1(32)}\,x_{2(31)} & \dfrac{1+\nu}{2}x_{1(13)}\,x_{2(31)} & \dfrac{1-\nu}{2}x_{1(13)}\,x_{2(12)}+\nu\,x_{1(21)}\,x_{2(31)} \\[2ex] \dfrac{1-\nu}{2}x_{1(21)}\,x_{2(23)}+\nu\,x_{1(32)}\,x_{2(12)} & \dfrac{1-\nu}{2}x_{1(21)}\,x_{2(31)}+\nu\,x_{1(13)}\,x_{2(12)} & \dfrac{1+\nu}{2}x_{1(21)}\,x_{2(12)} \end{bmatrix}$$

$$\mathbf{k}_{22}=\begin{bmatrix} x_{2(32)}^2+\dfrac{1-\nu}{2}x_{2(23)}^2 & x_{1(32)}\,x_{1(13)}+\dfrac{1-\nu}{2}x_{2(31)}\,x_{2(23)} & x_{1(32)}\,x_{1(21)}+\dfrac{1-\nu}{2}x_{2(23)}\,x_{2(12)} \\[2ex] & x_{1(13)}^2+\dfrac{1-\nu}{2}x_{2(31)}^2 & x_{1(13)}\,x_{1(21)}+\dfrac{1-\nu}{2}x_{2(31)}\,x_{2(12)} \\[2ex] \text{symmetrisch} & & x_{1(21)}^2+\dfrac{1-\nu}{2}x_{2(12)}^2 \end{bmatrix}$$

Bild 5.10. Constant-Strain-Triangle: Element-Steifigkeitsmatrix $\mathbf{k}^e$

Wird in dem als thermisch isotrop vorausgesetzten Scheibenwerkstoff gleichzeitig eine durch Temperaturanstieg T verursachte thermische Dehnung ε_T aktiviert oder tritt isotropes Schwinden ε_S auf:

$$\overset{\circ}{\varepsilon}{}^e = \varepsilon_T^e + \varepsilon_S^e = \alpha_T \begin{bmatrix} T \\ 0 \\ T \end{bmatrix} - \varepsilon_S \begin{bmatrix} 1 \\ 0 \\ 1 \end{bmatrix} , \tag{5.18a}$$

so ist natürlich dieser Anteil von den Gesamtverzerrungen ε^e in (5.17d) zu subtrahieren:

$$\sigma^e = D\,E \cdot (\varepsilon^e - \overset{\circ}{\varepsilon}{}^e) = D \cdot E \cdot (H^e \cdot v^e - \overset{\circ}{\varepsilon}{}^e) . \tag{5.18b}$$

In (5.18a) bezeichnet α_T die Wärmedehnzahl und ε_S die Schwinddehnung des Werkstoffs [Krätzig 1995].

5.3.3 Alternative Formulierung

In diesem Abschnitt soll eine alternative Herleitung des CST-Elementes unter Verwendung natürlicher Dreieckskoordinaten erfolgen; letztere werden im Anhang 2 näher erläutert. Gemäß der Skizze in Bild 5.11 besitzt ein beliebiger Punkt P des Elementes die Dreieckskoordinaten

$$\zeta_1 = A_1/A^e , \quad \zeta_2 = A_2/A^e , \quad \zeta_3 = A_3/A^e . \tag{5.19a}$$

Da Punkte einer Fläche durch 2 Koordinaten eindeutig festgelegt werden, sind Dreieckskoordinaten ζ_i , $i = 1, 2, 3$, linear voneinander abhängig:

$$\zeta_1 + \zeta_2 + \zeta_3 = 1 . \tag{5.19b}$$

Die Transformationsbeziehungen zwischen kartesischen Koordinaten und Dreieckskoordinaten lauten:

$$\begin{bmatrix} x_1 \\ x_2 \\ 1 \end{bmatrix} = \begin{bmatrix} x_{1(1)} & x_{1(2)} & x_{1(3)} \\ x_{2(1)} & x_{2(2)} & x_{2(3)} \\ 1 & 1 & 1 \end{bmatrix} \cdot \begin{bmatrix} \zeta_1 \\ \zeta_2 \\ \zeta_3 \end{bmatrix} ,$$

$$\begin{bmatrix} \zeta_1 \\ \zeta_2 \\ \zeta_3 \end{bmatrix} = \frac{1}{2A^e} \begin{bmatrix} x_{2(23)} & x_{1(32)} & x_{1(2)}\,x_{2(3)} - x_{1(3)}\,x_{2(2)} \\ x_{2(31)} & x_{1(13)} & x_{1(3)}\,x_{2(1)} - x_{1(1)}\,x_{2(3)} \\ x_{2(12)} & x_{1(21)} & x_{1(1)}\,x_{2(2)} - x_{1(2)}\,x_{2(1)} \end{bmatrix} \cdot \begin{bmatrix} x_1 \\ x_2 \\ 1 \end{bmatrix} , \tag{5.19c}$$

wiederum mit den Abkürzungen:

$$x_{1(kl)} = x_{1(k)} - x_{1(l)} , \quad x_{2(kl)} = x_{2(k)} - x_{2(l)} . \tag{5.19d}$$

Dreieckiges Scheibenelement, Diskretisierung und Dreieckskoordinaten:

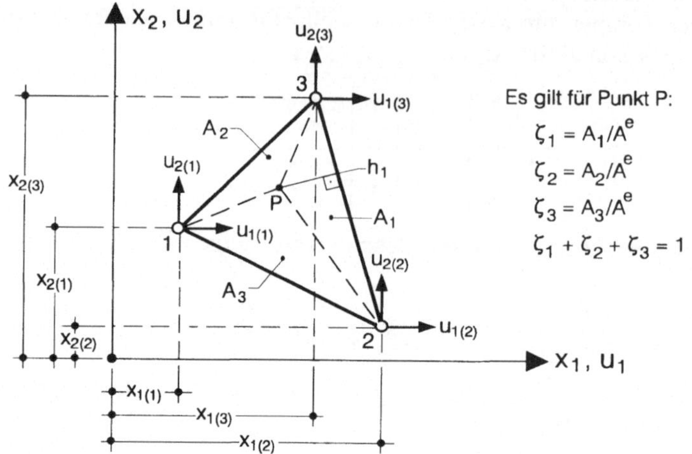

Es gilt für Punkt P:
$$\zeta_1 = A_1/A^e$$
$$\zeta_2 = A_2/A^e$$
$$\zeta_3 = A_3/A^e$$
$$\zeta_1 + \zeta_2 + \zeta_3 = 1$$

Elementgeometrie:

$$\mathbf{x}^e = \mathbf{\Omega}^e \cdot \mathbf{x}_k^e = \begin{bmatrix} x_1 \\ x_2 \end{bmatrix} = \begin{bmatrix} \zeta_1 & \zeta_2 & \zeta_3 & 0 & 0 & 0 \\ 0 & 0 & 0 & \zeta_1 & \zeta_2 & \zeta_3 \end{bmatrix} \cdot \begin{bmatrix} x_{1(1)} \\ x_{1(2)} \\ x_{1(3)} \\ x_{2(1)} \\ x_{2(2)} \\ x_{2(3)} \end{bmatrix}$$

Approximation des Verschiebungsfeldes:

$$\mathbf{u}^e = \mathbf{\Omega}^e \cdot \mathbf{v}^e = \begin{bmatrix} u_1 \\ u_2 \end{bmatrix} = \begin{bmatrix} \zeta_1 & \zeta_2 & \zeta_3 & 0 & 0 & 0 \\ 0 & 0 & 0 & \zeta_1 & \zeta_2 & \zeta_3 \end{bmatrix} \cdot \begin{bmatrix} u_{1(1)} \\ u_{1(2)} \\ u_{1(3)} \\ u_{2(1)} \\ u_{2(2)} \\ u_{2(3)} \end{bmatrix}$$

Approximation des Verzerrungsfeldes:

Transformation des Differentialoperators $\mathbf{D}_k$:

$$\mathbf{D}_k = \begin{bmatrix} ,1 & 0 \\ ,2 & ,1 \\ 0 & ,2 \end{bmatrix} = \frac{1}{2A^e} \begin{bmatrix} x_{2(23)} & x_{2(31)} & x_{2(12)} & 0 & 0 & 0 \\ x_{1(32)} & x_{1(13)} & x_{1(21)} & x_{2(23)} & x_{2(31)} & x_{2(12)} \\ 0 & 0 & 0 & x_{1(32)} & x_{1(13)} & x_{1(21)} \end{bmatrix} \cdot \begin{bmatrix} ,1 & 0 \\ ,2 & 0 \\ ,3 & 0 \\ 0 & ,1 \\ 0 & ,2 \\ 0 & ,3 \end{bmatrix} = \mathbf{J}^* \cdot \mathbf{D}_k^*$$

Bildung der Formfunktionsmatrix $\mathbf{H}^e$:

$$\boldsymbol{\varepsilon}^e = \mathbf{D}_k \cdot \mathbf{u}^e = \mathbf{J}^* \cdot \underbrace{\mathbf{D}_k^* \cdot \mathbf{\Omega}^e}_{\mathbf{I}} \cdot \mathbf{v}^e = \mathbf{J}^* \cdot \mathbf{v}^e = \mathbf{H}^e \cdot \mathbf{v}^e$$

$$\begin{bmatrix} \varepsilon_{11} \\ 2\varepsilon_{12} \\ \varepsilon_{22} \end{bmatrix} = \frac{1}{2A^e} \begin{bmatrix} x_{2(23)} & x_{2(31)} & x_{2(12)} & 0 & 0 & 0 \\ x_{1(32)} & x_{1(13)} & x_{1(21)} & x_{2(23)} & x_{2(31)} & x_{2(12)} \\ 0 & 0 & 0 & x_{1(32)} & x_{1(13)} & x_{1(21)} \end{bmatrix} \cdot \begin{bmatrix} u_{1(1)} \\ u_{1(2)} \\ u_{1(3)} \\ u_{2(1)} \\ u_{2(2)} \\ u_{2(3)} \end{bmatrix}$$

Abkürzungen: $x_{1(kl)} = x_{1(k)} - x_{1(l)}$, $x_{2(kl)} = x_{2(k)} - x_{2(l)}$

Bild 5.11. Das Constant-Strain-Triangle in natürlichen Dreieckskoordinaten

Jede Dreieckskoordinate ζ_i weist gemäß Bild 5.11 im Eckknoten i offensichtlich stets den Wert 1 auf und in den beiden anderen Knoten den Wert 0. Somit besitzen Dreieckskoordinaten Interpolationseigenschaften! Weiterhin nimmt die Koordinate ζ_1 beispielsweise für alle parallel zur Grundlinie 2-3 liegenden Punkte – wegen der gleichbleibenden Höhe h_1 von A_1 – einen identischen Wert an; dieser ist darüber hinaus proportional zur Dreieckshöhe h_1. Da somit der Wertevorrat von Dreieckskoordinaten $0 \leq \zeta_i \leq 1$ proportional zur Höhe auf die Gegenseite verläuft, entsprechen sie der auf Bild 5.9 verwendeten Interpolation; daher muß die in diesem Abschnitt eingeschlagene alternative Vorgehensweise die dort erzielten Ergebnisse verifizieren.

Infolge der Interpolationseigenschaften der Dreieckskoordinaten ist der Herleitungsgang jedoch ungleich zeitsparender. Mittels der Transformation (5.19c) von den ζ_i zu den kartesischen Koordinaten x_α, $\alpha = 1, 2$ läßt sich die Elementgeometrie auf Bild 5.11 ebenso unmittelbar anschreiben wie die Approximation des Verschiebungsfeldes durch die Formfunktionsmatrix $\mathbf{\Omega}^e$. Zur Transformation der Ableitungen im Differentialoperator $\mathbf{D}_k$ nach den beiden Koordinaten x_1, x_2 (abgekürzt durch das übliche Komma) in solche nach den Dreieckskoordinaten ζ_1, ζ_2, ζ_3 (abgekürzt durch ein Semikolon) verwenden wir die Kettenregel:

$$
\begin{bmatrix} \dfrac{\partial}{\partial x_1} \\[2mm] \dfrac{\partial}{\partial x_2} \end{bmatrix} =
\begin{bmatrix} \dfrac{\partial}{\partial \zeta_1}\cdot\dfrac{\partial \zeta_1}{\partial x_1} + \dfrac{\partial}{\partial \zeta_2}\cdot\dfrac{\partial \zeta_2}{\partial x_1} + \dfrac{\partial}{\partial \zeta_3}\cdot\dfrac{\partial \zeta_3}{\partial x_1} \\[3mm] \dfrac{\partial}{\partial \zeta_1}\cdot\dfrac{\partial \zeta_1}{\partial x_2} + \dfrac{\partial}{\partial \zeta_2}\cdot\dfrac{\partial \zeta_2}{\partial x_2} + \dfrac{\partial}{\partial \zeta_3}\cdot\dfrac{\partial \zeta_3}{\partial x_2} \end{bmatrix}
$$

$$
= \begin{bmatrix} \dfrac{\partial \zeta_1}{\partial x_1} & \dfrac{\partial \zeta_2}{\partial x_1} & \dfrac{\partial \zeta_3}{\partial x_1} \\[3mm] \dfrac{\partial \zeta_1}{\partial x_2} & \dfrac{\partial \zeta_2}{\partial x_2} & \dfrac{\partial \zeta_3}{\partial x_2} \end{bmatrix} \cdot
\begin{bmatrix} \dfrac{\partial}{\partial \zeta_1} \\[3mm] \dfrac{\partial}{\partial \zeta_2} \\[3mm] \dfrac{\partial}{\partial \zeta_3} \end{bmatrix} :
$$

$$
\begin{bmatrix} ,1 \\[2mm] ,2 \end{bmatrix} = \frac{1}{2A^e}
\begin{bmatrix} x_{2(23)} & x_{2(31)} & x_{2(12)} \\[2mm] x_{1(32)} & x_{1(13)} & x_{1(21)} \end{bmatrix} \cdot
\begin{bmatrix} ;1 \\[2mm] ;2 \\[2mm] ;3 \end{bmatrix} . \tag{5.20}
$$

Der in der letzten Zeile von (5.20) verwendete Koordinatenausdruck für die Jacobi-Matrix* findet sich im Anhang 2.3. Unter seiner Verwendung schreiben wir nun in Bild 5.11 den Differentialoperator $\mathbf{D}_k$ (5.16d) in Ableitungen bezüglich der Dreieckskordinaten um, wodurch die modifizierte Jacobi-Matrix $\mathbf{J}^*$ und der modifizierte Differentialoperator $\mathbf{D}_k^*$ definiert werden. Wenden wir letzteren gemäß Bild 5.11 auf die Formfunktion $\mathbf{\Omega}^e$ des Verschiebungsfeldes an:

---

*   Karl Gustav Jacobi, aus Potsdam gebürtiger Mathematiker, wirkte an den Universitäten Königsberg und Berlin, 1804-1851, bahnbrechende Forschungsarbeiten auf vielen Gebieten der Analysis.

$$\begin{bmatrix} \zeta_1 & \zeta_2 & \zeta_3 & 0 & 0 & 0 \\ 0 & 0 & 0 & \zeta_1 & \zeta_2 & \zeta_3 \end{bmatrix}$$

$$\mathbf{D}_k^* \cdot \mathbf{\Omega}^e = \begin{bmatrix} _{;1} & 0 \\ _{;2} & 0 \\ _{;3} & 0 \\ 0 & _{;1} \\ 0 & _{;2} \\ 0 & _{;3} \end{bmatrix} \begin{bmatrix} 1 & 0 & 0 & 0 & 0 & 0 \\ 0 & 1 & 0 & 0 & 0 & 0 \\ 0 & 0 & 1 & 0 & 0 & 0 \\ 0 & 0 & 0 & 1 & 0 & 0 \\ 0 & 0 & 0 & 0 & 1 & 0 \\ 0 & 0 & 0 & 0 & 0 & 1 \end{bmatrix}, \qquad (5.21)$$

so entsteht offenbar gerade eine Einheitsmatrix 6. Ordnung: Die JACOBI-Matrix $\mathbf{J}^*$ entspricht somit unmittelbar der Formfunktionsmatrix des Verzerrungsfeldes. Wie ersichtlich, ist die so auf Bild 5.11 entstehende Verzerrungsapproximation gerade derjenigen auf Bild 5.9 identisch, weshalb natürlich auch die Steifigkeitsmatrix $\mathbf{k}^e$ und die Formfunktionen $\mathbf{S}^e$ der Schnittgrößenfelder gleich sind.

5.3.4 Einführungsbeispiel

Als Beispiel zur Einführung in CST-Elemente wählen wir die Stützscheibe des Bildes 5.12, deren symmetrische Hälfte mittels 10 Dreieckelementen diskretisiert wurde. Die Tragwerksberechnung erfolgte nach der im nächsten Kapitel vorgestellten direkten Steifigkeitsmethode.

Selbstverständlich dürfen wir von einer derart groben Diskretisierung keine für einen Tragwerksentwurf brauchbaren Ergebnisse erwarten, vielmehr soll uns dieses Beispiel Eigenschaften des einfachen CST-Elementes verdeutlichen. Zunächst zeigen die Auflagerkräfte, daß die Berechnung natürlich globales Gleichgewicht einstellt. Darüber hinaus liefern die ermittelten Knotenverschiebungen ein ingenieurmäßig durchaus glaubhaftes Verformungsbild. Dieser positive Eindruck ändert sich allerdings bei Betrachtung der Schnittgrößen. Da die Verzerrungen elementweise konstant approximiert werden, dies somit auch für die Schnittgrößen gilt, kann zwischen Elementgrenzen kein Gleichgewicht herrschen. In unserem Einführungsbeispiel sind die Sprünge der Schnittkräfte teilweise größer als deren Absolutwerte; beispielsweise gilt zwischen den Elementen 4 und 10: $\Delta n_{22} = -19.93$ kN/m. Ein derartiger Defekt läßt sich natürlich durch feinere Elementierung soweit reduzieren, daß er anwendungstechnisch bedeutungslos wird. Das fehlende Gleichgewicht unmittelbar unter der einwirkenden Einzellast dagegen ist ein prinzipieller Defekt dieses CST-Elementes. Einzellasten in Scheiben führen bekanntlich zu Schnittgrößensingularitäten [Girkmann 1963], welche von CST-Elementen nicht beschrieben werden können: Wegen der eingeschränkten Funktionsklasse in $\mathbf{\Omega}^e$ würde eine höher auflösende Diskretisierung unter der Einzellast zwar größere Schnittkräfte n_{22} liefern, aber niemals die dortige Singularität approximieren können [Mußchelischwili 1971].

Baustatische Skizze:

Diskretisierung:

Auflagerkräfte und Knotenverschiebungen:

Schnittgrößen:

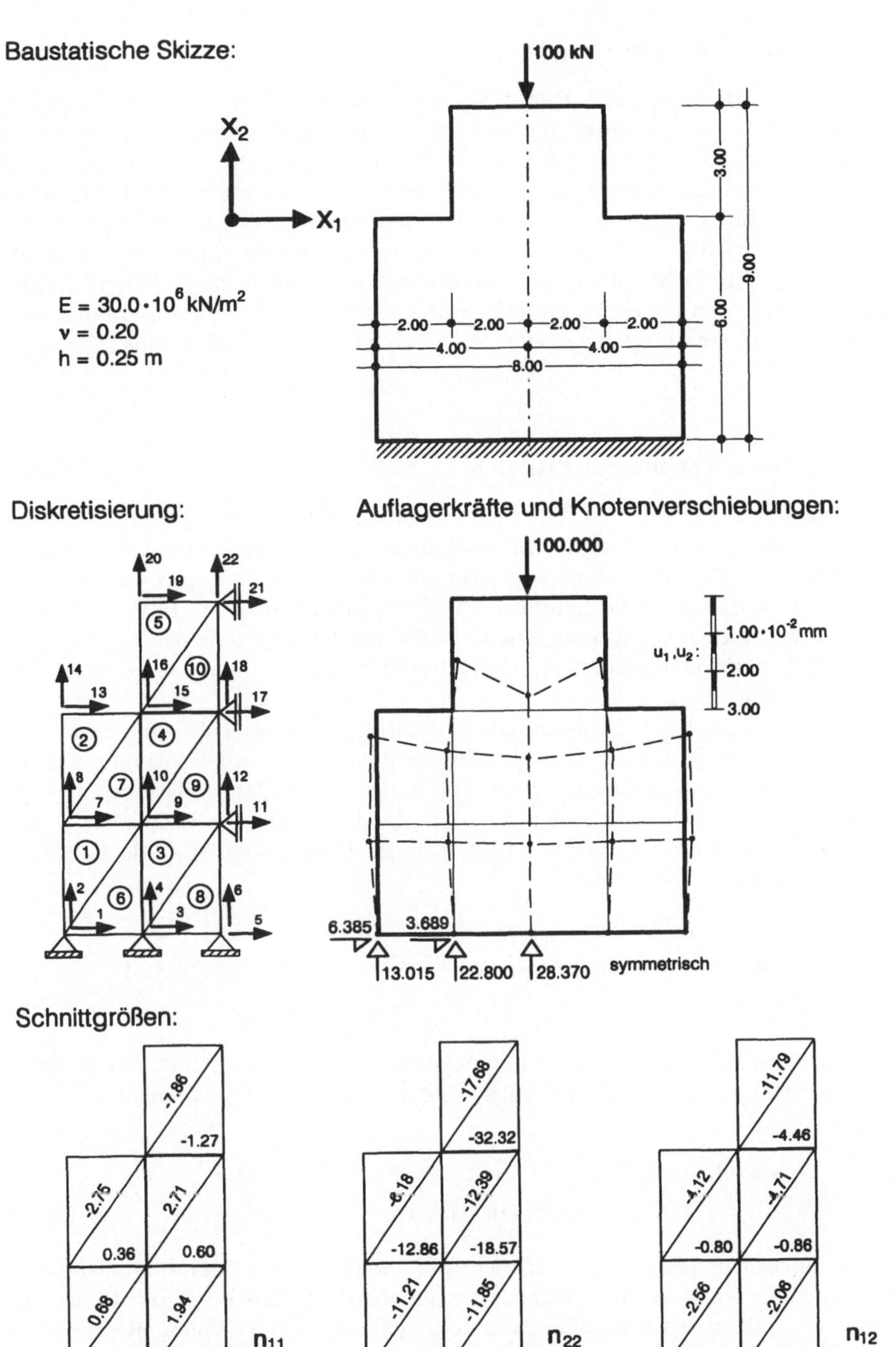

Bild 5.12. Berechnung einer Stützscheibe mit dem CTS-Element

5.3.5 Beispiel: Wandscheibe

Als nächstes Beispiel zeigt Bild 5.13 zwei mit dem CST-Element berechnete Wandscheiben zur Überbrückung eines stützenfreien Untergeschosses in einem Stahlbetonhochbau, einmal ohne und einmal mit Leitungsdurchbrüchen versehen. Wie angegeben, wurde jeweils eine halbe Scheibe analysiert; die für beide Alternativen gewählten Anzahlen von Knoten, CST-Elementen und Freiheitsgraden findet der Leser auf Bild 5.13. Dargestellt ist das Verschiebungsfeld aller Knotenpunkte und Elementgrenzen sowie das Hauptschnittkraftfeld in den Elementschwerpunkten. Da in den Ecken der Durchbrüche wieder Schnittgrößensingularitäten zu erwarten sind, bedarf deren genauere Approximation hier einer erhöhten Netzverdichtung.

5.3.6 Dreieckelemente mit 6 Knoten

Die mangelhafte Güte des CST-Elementes kann durch Anordnung weiterer Knoten verbessert werden, um damit durch zusätzliche Freiheitsgrade eine Erhöhung des Polynomgrades der Ansatzfunktionen vornehmen zu können. Legen wir beispielsweise, wie in Bild 5.14 dargestellt, zusätzlich zu den bisherigen Eckknoten noch in jede Seitenmitte einen Knoten mit je 2 Freiheitsgraden, so stehen nunmehr insgesamt 12 Elementfreiheitsgrade $u_{1(k)}$, $u_{2(k)}$, $1 \leq k \leq 6$ zur Verfügung, 6 davon zur Polynomgraderhöhung.

Bei der folgenden Skizzierung eines derartigen 6-Knoten-Elementes werden wir erneut natürliche Dreieckskoordinaten wegen ihrer Interpolationseigenschaften verwenden. Die direkte Herleitung der Formfunktionen als Interpolationspolynome in den ξ_i, $i = 1, 2, 3$ illustrieren wir durch die beiden mittleren Skizzen des Bildes 5.14. Demnach muß die Formfunktion N_2 eines Eckknotens folgende Interpolationseigenschaften aufweisen:

$$
\begin{aligned}
N_2 \text{ verschwindet längs } \zeta_2 = 0: \qquad & N_2 = \zeta_2 \cdot [\ldots] \\
N_2 \text{ verschwindet längs } \zeta_2 = 1/2: \qquad & = \zeta_2 \, (\zeta_2 - 1/2) \cdot [\ldots] \\
\text{für } \zeta_2 = 1 \text{ gilt } N_2 = 1: \qquad & = \zeta_2 \, (\zeta_2 - 1/2) \, 2 \; .
\end{aligned}
\qquad (5.22a)
$$

Damit sind sämtliche zu stellenden Interpolationsanforderungen erfüllt. Für die Interpolationsfunktion N_5 eines Mittelknotens gelten gemäß Bild 5.14 folgende Anforderungen:

$$
\begin{aligned}
N_5 \text{ verschwindet für } \zeta_2 = 0 \text{ und } \zeta_3 = 0: \qquad & N_5 = \zeta_2 \, \zeta_3 \cdot [\ldots] \\
\text{für } \zeta_2 = 1/2 \text{ und } \zeta_3 = 1/2 \text{ gilt } N_5 = 1: \qquad & = \zeta_2 \, \zeta_3 \, 4 \; .
\end{aligned}
\qquad (5.22b)
$$

Damit sind erneut alle Anforderungen erfüllt und die beiden Interpolationspolynome N_2 und N_5 ermittelt. Aus ihnen lassen sich die restlichen auf Bild 5.14 angegebenen Verschiebungsformfunktionen durch zyklische Vertauschung gewinnen.

Mit der Approximation des Verschiebungsfeldes auf Bild 5.14 brechen wir die Herleitungen ab, die weitgehend denen im Abschnitt 5.3.3 folgen. Die aus der Verschiebungs-Formfunktionsmatrix Ω^e zu gewinnenden Formfunktionen $\mathbf{H}^e$ des Ver-

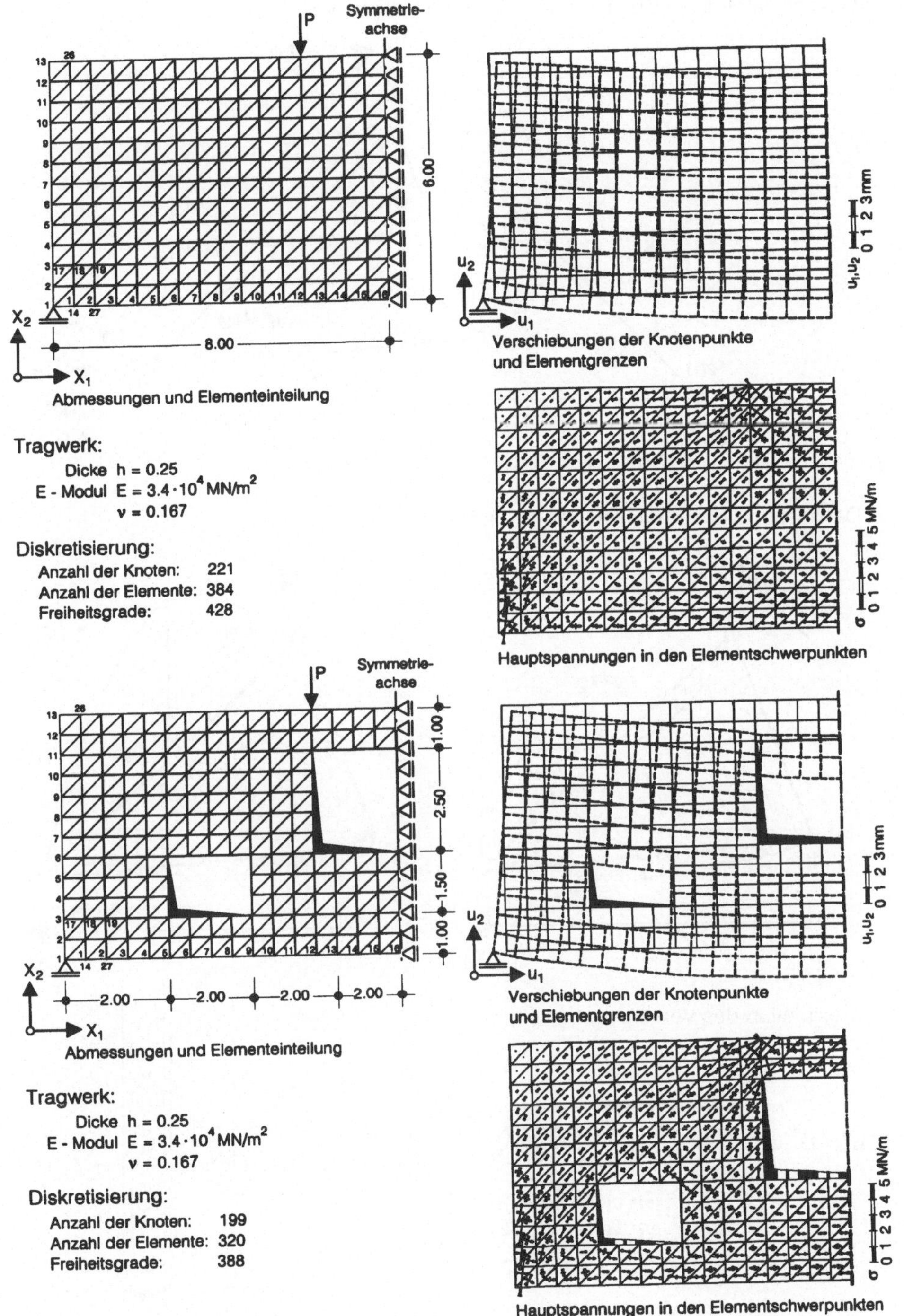

Bild 5.13. Berechnung einer Wandscheibe ohne (oben) und mit (unten) Aussparungen

Dreieckelement mit Knotenpunkten und Freiheitgraden:

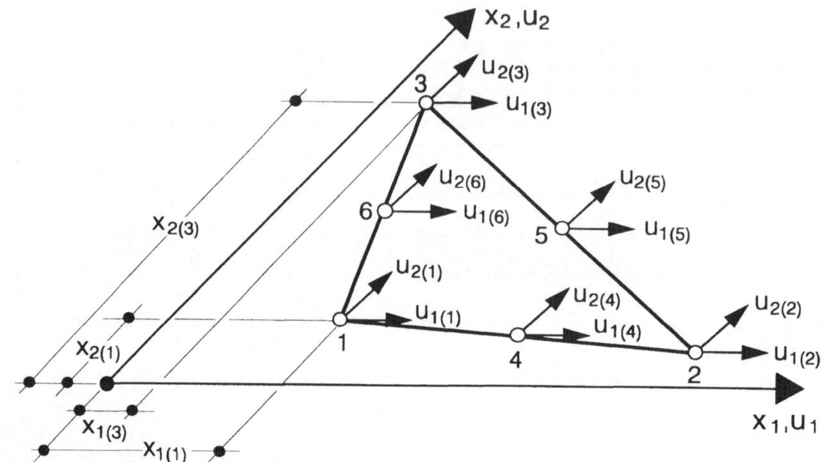

Darstellung der Formfunktionen N_1 und N_5 :

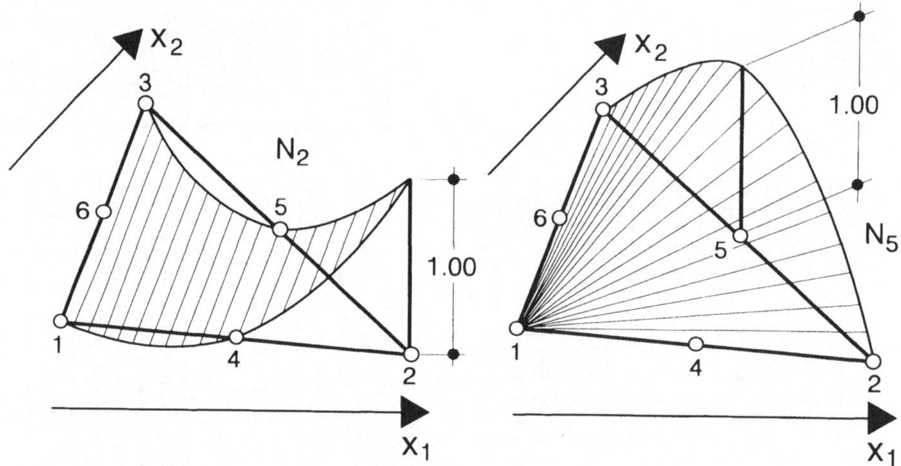

Approximation des Verschiebungsfeldes:

$$\mathbf{u}^e = \mathbf{\Omega}^e \cdot \mathbf{v}^e = \begin{bmatrix} u_1 \\ u_2 \end{bmatrix} = \begin{bmatrix} N_1 & N_2 & N_3 & N_4 & N_5 & N_6 & 0 & 0 & 0 & 0 & 0 & 0 \\ 0 & 0 & 0 & 0 & 0 & 0 & N_1 & N_2 & N_3 & N_4 & N_5 & N_6 \end{bmatrix} \cdot \begin{bmatrix} u_{1(1)} \\ u_{1(2)} \\ u_{1(3)} \\ u_{1(4)} \\ u_{1(5)} \\ u_{1(6)} \\ u_{2(1)} \\ u_{2(2)} \\ u_{2(3)} \\ u_{2(4)} \\ u_{2(5)} \\ u_{2(6)} \end{bmatrix}$$

mit:
$$N_1 = \zeta_1(2\zeta_1-1) \qquad N_4 = 4\,\zeta_1\zeta_2$$
$$N_2 = \zeta_2(2\zeta_2-1) \qquad N_5 = 4\,\zeta_2\zeta_3$$
$$N_3 = \zeta_3(2\zeta_3-1) \qquad N_6 = 4\,\zeta_3\zeta_1$$

Bild 5.14. Verschiebungsfeldapproximation eines Linear-Strain-Triangle

zerrungsfeldes $\boldsymbol{\varepsilon}^e$ verkörpern schrägliegende Flächen, d.h. Polynome 1. Grades in ζ_i [Hahn 1975], weshalb dieses Element auch *Linear-Strain-Triangle*, *LST-Element*, heißt. Damit werden bei diesem Element Verzerrungs- und Schnittgrößensprünge entlang der Elementgrenzen vermieden, eine entscheidende Verbesserung gegenüber dem CST-Element. In [Hahn 1975] wird nachgewiesen, daß dieses LST-Element ebenfalls aus dem folgenden Verschiebungsansatz hergeleitet werden kann:

$$\mathbf{u}^e = \boldsymbol{\Phi}^e \cdot \hat{\mathbf{u}}^e = \begin{bmatrix} u_1 \\ u_2 \end{bmatrix} = \begin{bmatrix} \boldsymbol{\Phi}_1 & \mathbf{0} \\ \mathbf{0} & \boldsymbol{\Phi}_2 \end{bmatrix} \cdot \begin{bmatrix} \alpha_1 \\ \alpha_2 \\ \cdot \\ \alpha_{11} \\ \alpha_{12} \end{bmatrix} \qquad (5.23a)$$

$$\text{mit} \qquad \boldsymbol{\Phi}_1 = \boldsymbol{\Phi}_2 = \begin{bmatrix} 1 & x_1 & x_2 & x_1^2 & x_1 x_2 & x_2^2 \end{bmatrix}, \qquad (5.23b)$$

dessen Ansatzfunktionen vollständige Polynome 2. Grades bilden. Gegenüber dem CST-Element sind $\boldsymbol{\Phi}_1$ und $\boldsymbol{\Phi}_2$ somit um die quadratischen x_1^2, x_2^2 und bilinearen $x_1 x_2$ Glieder erweitert.

5.4 Viereckige Scheibenelemente

5.4.1 Zusammenbau aus Dreieckelementen

Zu Beginn dieses Abschnittes werfen wir die Frage auf, ob es überhaupt der autonomen Herleitung von Viereckelementen bedarf. Reicht es nicht vielmehr aus, wie auf Bild 5.15 dargestellt, Viereckelemente aus je zwei CST-Dreieckelementen zusammenzusetzen? Zur Beantwortung gruppieren wir zunächst die Freiheitsgrade $\mathbf{v}^e$ eines CST-Elementes nach Bild 5.8 in Knotenreihenfolge um

$$\mathbf{v}^e = \left\{ u_{1(1)} \quad u_{2(1)} \mid u_{1(2)} \quad u_{2(2)} \mid u_{1(3)} \quad u_{2(3)} \right\} = \left\{ \mathbf{u}_{(1)} \quad \mathbf{u}_{(2)} \quad \mathbf{u}_{(3)} \right\} \qquad (5.24a)$$

und behandeln die Element-Steifigkeitsbeziehung mit $\mathbf{k}^e$ gemäß Bild 5.10 in analoger Weise:

$$\mathbf{s}^e = \mathbf{k}^e \cdot \mathbf{v}^e = \begin{bmatrix} \mathbf{N}_{(1)} \\ \mathbf{N}_{(2)} \\ \mathbf{N}_{(3)} \end{bmatrix} = \begin{bmatrix} \mathbf{k}_{(11)} & \mathbf{k}_{(12)} & \mathbf{k}_{(13)} \\ & \mathbf{k}_{(22)} & \mathbf{k}_{(23)} \\ \text{sym.} & & \mathbf{k}_{(23)} \end{bmatrix} \cdot \begin{bmatrix} \mathbf{u}_{(1)} \\ \mathbf{u}_{(2)} \\ \mathbf{u}_{(3)} \end{bmatrix}. \qquad (5.24b)$$

Jede hierin auftretende Untermatrix $\mathbf{k}_{(ij)}$ besitzt die Ordnung 2.

Nunmehr wenden wir uns Bild 5.15 zu, auf welchem die so umgeordneten CST-Steifigkeitsmatrizen symbolisch angedeutet sind. Offenbar kann ein beliebiges Viereckelement mit den Eckknoten 1, 2, 3 und 4 auf zweifach unterschiedliche Weise in Dreieckelemente zerlegt werden. Die Steifigkeitsmatrix des Viereckelementes gewinnen wir durch Einmischen der umgeordneten CST-Steifigkeitsmatrizen (5.24b) $\mathbf{k}^1$ und $\mathbf{k}^2$ bzw. $\mathbf{k}^a$ und $\mathbf{k}^b$ in zwei quadratische Matrizen 8. Ordnung, die auf Bild 5.15 ebenfalls in der knotenorientierten Form (5.24b) dargestellt sind. Die aus beiden Alternativen entstehenden Steifigkeitsmatrizen $\mathbf{k}^I$ und $\mathbf{k}^{II}$ sind ganz offensichtlich unterschiedlich: Im linken Fall I fehlen Steifigkeitskopplungen zwischen den Knoten 1 und 3, im rechten Fall II zwischen den Knoten 2 und 4. Die auftretenden Unterschiede, übrigens in allen Elementen der Steifigkeitsmatrizen, werden gelegentlich durch arithmetische Mittelung beider Matrizen verwischt:

$$\mathbf{k} = (\mathbf{k}^I + \mathbf{k}^{II}) : 2 \ . \tag{5.25}$$

Derart hergeleitete Steifigkeitsmatrizen von Viereckelementen besitzen, wie diejenigen der zugrundeliegenden CST-Dreieckelemente, konstante Verzerrungs- und

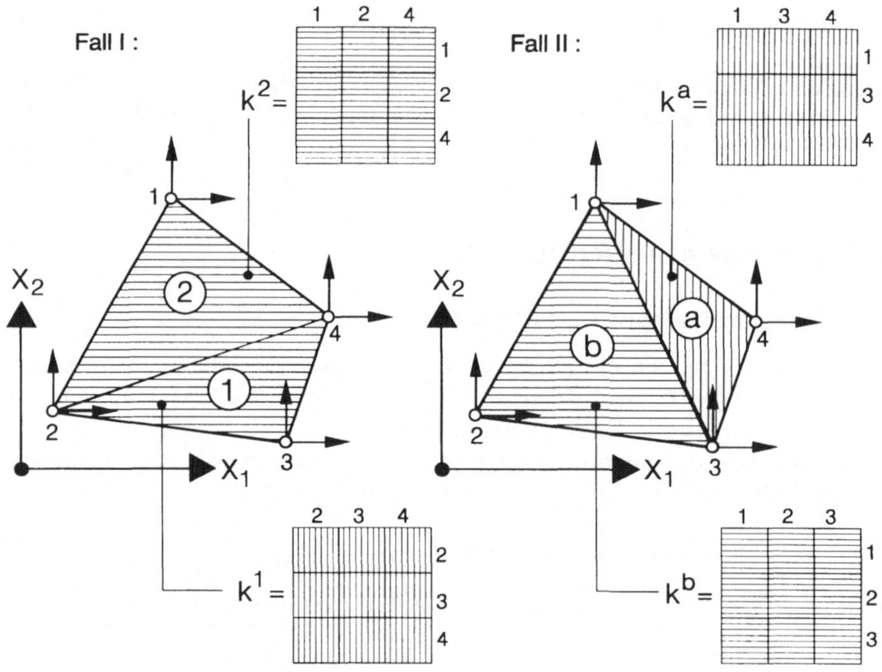

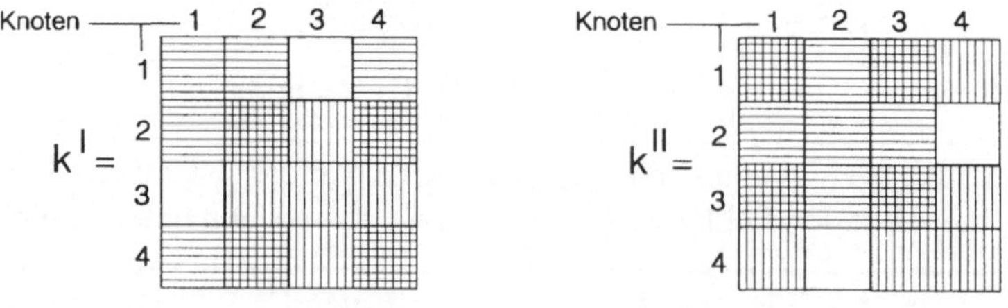

Bild 5.15. Aufbau eines Viereckelementes aus 2 Dreieckelementen

Schnittgrößenapproximationen in den einzelnen Dreiecken. Anwendungstechnisch bieten daher derartige Elemente nichts neues, außer, daß bei gleicher Knotenanzahl nur die Hälfte der Elemente auftritt. Die eingangs aufgeworfene Frage beantwortet sich daher derart, daß eine systematische Herleitung viereckiger Scheibenelemente vor allem deshalb zweckmäßig erscheint, um neue *mechanische* Approximationen zu gewinnen.

5.4.2 Das parametrische Elementkonzept

Vor Beginn von Elemententwicklungen fragen wir uns zunächst, wie eine ebene Scheibenmittelfläche möglichst variabel in Teilbereiche, eben in finite Elemente, aufgeteilt werden kann. Alle Elemente seien dabei von gleichem Typ, beispielsweise 6-Knoten-Dreieckelemente oder 8-Knoten-Viereckelemente. Im oberen Teil von Bild 5.16 wurde eine rechteckige Scheibenmittelfläche in 4 derartige Elemente unterteilt, zunächst nur durch Wahl der 9 gemeinsamen Knoten $x_{1(k)}$, $x_{2(k)}$, $1 \leq k \leq 9$.

Um jeden Punkt eines solchen, nunmehr wahllos herausgegriffenen finiten Elementes koordinatenmäßig einfach und eindeutig erfassen zu können, parametrisieren wir jede Elementfläche, wie in Bild 5.16 erfolgt, durch Parameterlinien ζ_1, ζ_2, auch als natürliche Koordinaten bezeichnet. Deren Wertevorrat möge je Element von -1 oder 0 bis +1 laufen. Weiterhin beschreiben wir die *Elementgeometrie* in den (wirklichen) kartesischen Koordinaten x_1, x_2 in Abhängigkeit von Freiwerten oder den Knotenpunktskoordinaten und von in ζ_1, ζ_2 formulierten, geometrischen Ansatz- oder Formfunktionen, ganz ähnlich zu den späteren Approximationen der Verschiebungsfelder:

$$
\mathbf{x}^e = \begin{bmatrix} x_1 \, (\zeta_1, \zeta_2) \\ x_2 \, (\zeta_1, \zeta_2) \end{bmatrix} = \mathbf{\Phi}^e_g \, (\zeta_1, \zeta_2) \cdot \hat{\mathbf{x}}^e_g = \mathbf{\Phi}^e_g \, (\zeta_1, \zeta_2) \cdot \begin{bmatrix} a_1 \\ b_1 \\ \vdots \\ a_l \\ b_l \end{bmatrix}
$$

$$
= \mathbf{\Omega}^e_g \, (\zeta_1, \zeta_2) \cdot \mathbf{x}^e_{(k)} = \mathbf{\Omega}^e_g \, (\zeta_1, \zeta_2) \cdot \begin{bmatrix} x_{1(1)} \\ x_{2(1)} \\ \vdots \\ x_{1(l)} \\ x_{2(l)} \end{bmatrix} . \tag{5.26}
$$

Enthält dieser matrizielle Geometrieansatz (Index: g) gerade soviele Freiwerte a_k, b_k, $1 \leq k \leq l$ wie Knotenkoordinaten $x_{1(k)}$, $x_{2(k)}$, $1 \leq k \leq l$ vorhanden sind, so sind die $\hat{\mathbf{x}}^e_g$ eindeutig durch die $\mathbf{x}^e_{(k)}$ ablösbar, wodurch sich automatisch die Anzahl der *Ansatzfunktionen* in $\mathbf{\Phi}^e_g \, (\zeta_1, \zeta_2)$ bzw. die der *Formfunktionen* in $\mathbf{\Omega}^e_g \, (\zeta_1, \zeta_2)$ mitbestimmt. Der Ansatz (5.26) sei weitgehend beliebig und einzig durch C^0-Stetigkeit der Funktionenräume in $\mathbf{\Phi}^e_g \, (\zeta_1, \zeta_2)$ bzw. $\mathbf{\Omega}^e_g \, (\zeta_1, \zeta_2)$ beschränkt: Die gesamte Mittel-

Diskretisierung eines Rechteckbereiches in vier krummlinig berandete, parametrisierte 8 - Knoten - Viereckelemente:

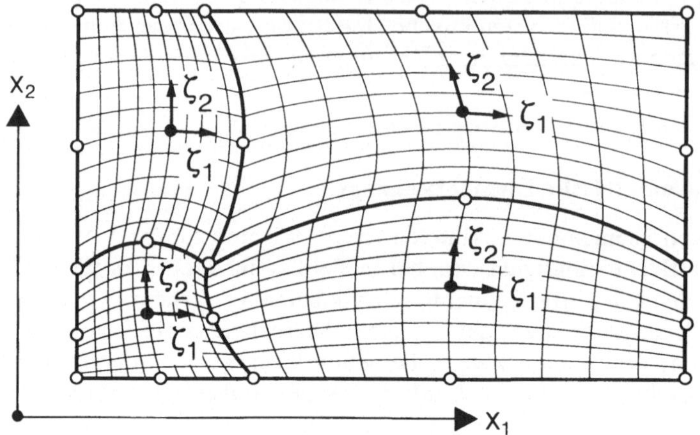

Parametrisierung und Abbildung auf Einheitsbereiche:

Viereckelement:

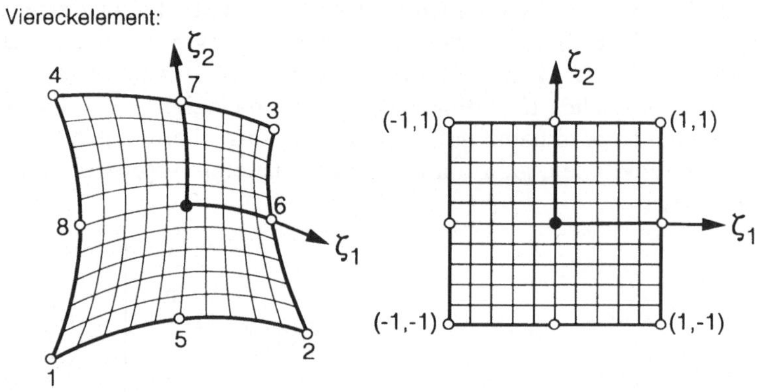

Dreieckelement:

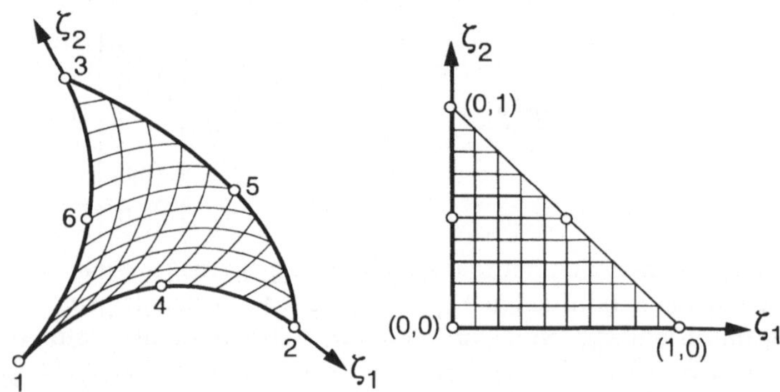

Bild 5.16. Parametrisierung von Scheibenmittelflächen und von Scheibenelementen

fläche soll lückenlos abgebildet werden; benachbarte Elemente dürfen weder klaffen noch sich durchdringen.

Jedes finite Scheibenelement in Bild 5.16 ist mit einer zweifach unendlichen Schar von Parameterlinien $\zeta_1 = $ konst, $\zeta_2 = $ konst überdeckt; diese können gekrümmt und schiefwinklig zueinander verlaufen. Da die ζ_α keine physikalische Bedeutung besitzen, werden die einzelnen Elemente gemäß Bild 5.16 zweckmäßigerweise auf *Einheitsbereiche* abgebildet, das *Einheitsquadrat* oder das *Einheitsdreieck*. Die Rücktransformation in das kartesische System x_α des Anschauungsraumes erfolgt durch (5.26), für die Differentiale mittels der Kettenregel

$$\begin{bmatrix} \dfrac{\partial}{\partial \zeta_1} \\[2ex] \dfrac{\partial}{\partial \zeta_2} \end{bmatrix} = \begin{matrix} \dfrac{\partial}{\partial x_1}\dfrac{\partial x_1}{\partial \zeta_1} + \dfrac{\partial}{\partial x_2}\dfrac{\partial x_2}{\partial \zeta_1} \\[2ex] \dfrac{\partial}{\partial x_1}\dfrac{\partial x_1}{\partial \zeta_2} + \dfrac{\partial}{\partial x_2}\dfrac{\partial x_2}{\partial \zeta_2} \end{matrix} = \begin{bmatrix} \dfrac{\partial x_1}{\partial \zeta_1} & \dfrac{\partial x_2}{\partial \zeta_1} \\[2ex] \dfrac{\partial x_1}{\partial \zeta_2} & \dfrac{\partial x_2}{\partial \zeta_2} \end{bmatrix} \cdot \begin{bmatrix} \dfrac{\partial}{\partial x_1} \\[2ex] \dfrac{\partial}{\partial x_2} \end{bmatrix} = \mathbf{J} \cdot \begin{bmatrix} \dfrac{\partial}{\partial x_1} \\[2ex] \dfrac{\partial}{\partial x_2} \end{bmatrix},$$

$$(5.27a)$$

wodurch die 2-dimensionale JACOBI-Matrix $\mathbf{J}$ definiert wird. Die inverse Transformation

$$\begin{bmatrix} \dfrac{\partial}{\partial x_1} \\[2ex] \dfrac{\partial}{\partial x_2} \end{bmatrix} = \mathbf{J}^{-1} \cdot \begin{bmatrix} \dfrac{\partial}{\partial \zeta_1} \\[2ex] \dfrac{\partial}{\partial \zeta_2} \end{bmatrix} \qquad\qquad (5.27b)$$

kann unmittelbar aus (5.26) gewonnen werden.

Die geschilderte Approximation der *Elementgeometrie* (5.26) erfolgt bewußt analog zur Approximation des *Verschiebungsfeldes* (5.4a bis d). Je nach Höhe des Polynomgrades der Ansatzfunktionen in beiden Approximationen unterscheiden wir daher 3 Elementkonzepte:

Subparametrische Elemente: *Der Geometrieansatz besitzt eine niedrigere Polynomordnung als der Verschiebungsansatz.*

Isoparametrische Elemente: *Geometrie und Verschiebungsfeld werden mit dem gleichen Ansatz approximiert.*

Superparametrische Elemente: *Der Geometrieansatz besitzt eine höhere Polynomordnung als der Verschiebungsansatz.*

Heute hat das isoparametrische Konzept wegen zahlreicher Vorteile eine überragende Bedeutung bei Finite-Element-Analysen erlangt. Beispielsweise bewahren konstante oder in ζ_α lineare Ansatzglieder ihre jeweiligen Eigenschaften auch nach Rücktransformation in die kartesischen Koordinaten x_α des Anschauungsraumes, weshalb Starrkörperbewegungen in diesem Konzept stets korrekt beschrieben werden. Auf ebenfalls vorhandene Nachteile werden wir im Abschnitt 5.4.4 eingehen.

5.4.3 Schiefwinkliges isoparametrisches 4-Knoten-Viereckelement

Als erstes behandeln wir das auf Bild 5.17 mit seinen Freiheitsgraden dargestellte, in den 2-dimensionalen kartesischen Anschauungsraum x_α, $\alpha = 1, 2$ eingebettete 4-Knoten-Viereckelement. Wegen der vier Eckknoten $x_{1(k)}$, $x_{2(k)}$, $k = 1, 2, 3, 4$ kann dessen Berandung nur aus Geraden bestehen, weshalb gemäß Bild 5.17 der *bilineare Ansatz* für die *Parameterdarstellung* gewählt wird:

$$x_1 (\zeta_1, \zeta_2) = a_1 + a_2\zeta_1 + a_3\zeta_2 + a_4\zeta_1\zeta_2 \ ,$$
$$x_2 (\zeta_1, \zeta_2) = b_1 + b_2\zeta_1 + b_3\zeta_2 + b_4\zeta_1\zeta_2 \ , \tag{5.28a}$$

$$\mathbf{x}^e (\zeta_\alpha) = \mathbf{\Phi}_g^e (\zeta_\alpha) \cdot \hat{\mathbf{x}}_g^e$$

$$= \begin{bmatrix} x_1 \\ x_2 \end{bmatrix} = \begin{bmatrix} 1 & \zeta_1 & \zeta_2 & \zeta_1\zeta_2 & 0 & 0 & 0 & 0 \\ 0 & 0 & 0 & 0 & 1 & \zeta_1 & \zeta_2 & \zeta_1\zeta_2 \end{bmatrix} \cdot \begin{bmatrix} a_1 \\ \vdots \\ a_4 \\ b_1 \\ \vdots \\ b_4 \end{bmatrix} \ . \tag{5.28b}$$

In diesen Ansatz substituieren wir nun die als bekannt vorausgesetzten Werte der kartesischen Knotenkoordinaten, wobei, wie im letzten Abschnitt bereits angedeutet, die natürlichen Parameter ζ_1, ζ_2 dort die Werte -1 bzw. +1 besitzen sollen. Wir beginnen mit den Koordinaten x_1:

$$x_1 (-1, -1) = a_1 - a_2 - a_3 + a_4 = x_{1(1)} \ ,$$
$$x_1 (\ 1, -1) = a_1 + a_2 - a_3 - a_4 = x_{1(2)} \ ,$$
$$x_1 (\ 1, \ 1) = a_1 + a_2 + a_3 + a_4 = x_{1(3)} \ , \tag{5.29a}$$
$$x_1 (-1, \ 1) = a_1 - a_2 + a_3 - a_4 = x_{1(4)} \ .$$

Durch Auflösung dieses Gleichungssystems

$$\begin{bmatrix} 1 & -1 & -1 & 1 \\ 1 & 1 & -1 & -1 \\ 1 & 1 & 1 & 1 \\ 1 & -1 & 1 & -1 \end{bmatrix} \cdot \begin{bmatrix} a_1 \\ a_2 \\ a_3 \\ a_4 \end{bmatrix} = \begin{bmatrix} x_{1(1)} \\ x_{1(2)} \\ x_{1(3)} \\ x_{1(4)} \end{bmatrix} \tag{5.29b}$$

ersetzen wir die freien Konstanten a_k in (5.28) durch die Knotenkoordinaten $x_{1(k)}$

$$\begin{bmatrix} a_1 \\ a_2 \\ a_3 \\ a_4 \end{bmatrix} = \frac{1}{4} \begin{bmatrix} 1 & 1 & 1 & 1 \\ -1 & 1 & 1 & -1 \\ -1 & -1 & 1 & 1 \\ 1 & -1 & 1 & -1 \end{bmatrix} \cdot \begin{bmatrix} x_{1(1)} \\ x_{1(2)} \\ x_{1(3)} \\ x_{1(4)} \end{bmatrix} \ , \tag{5.29c}$$

deren Substitution in den Parameteransatz (5.28a) abschließend auf die Parametrisierung des Elementes in x_1-Richtung führt:

Element: Knotenpunkte, Koordinaten und Freiheitgrade:

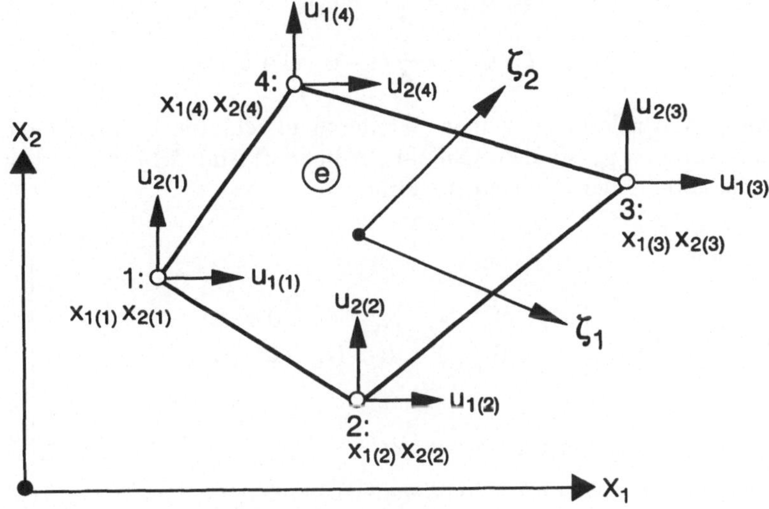

Parameterdarstellung der Elementgeometrie:

Ansatzfunktionen:

$$\mathbf{x}^e = \hat{\boldsymbol{\phi}}_g^e \cdot \hat{\mathbf{X}}_g^e = \begin{bmatrix} x_1 \\ x_2 \end{bmatrix} = \begin{bmatrix} 1 & \zeta_1 & \zeta_2 & \zeta_1\zeta_2 & 0 & 0 & 0 & 0 \\ 0 & 0 & 0 & 0 & 1 & \zeta_1 & \zeta_2 & \zeta_1\zeta_2 \end{bmatrix} \cdot \begin{bmatrix} a_1 \\ a_2 \\ a_3 \\ a_4 \\ b_1 \\ b_2 \\ b_3 \\ b_4 \end{bmatrix}$$

Formfunktionen:

$$\mathbf{x}^e = \boldsymbol{\Omega}_g^e \cdot \mathbf{X}_{(k)}^e = \begin{bmatrix} x_1 \\ x_2 \end{bmatrix} = \begin{bmatrix} N_1 & N_2 & N_3 & N_4 & 0 & 0 & 0 & 0 \\ 0 & 0 & 0 & 0 & N_1 & N_2 & N_3 & N_4 \end{bmatrix} \cdot \begin{bmatrix} x_{1(1)} \\ x_{1(2)} \\ x_{1(3)} \\ x_{1(4)} \\ x_{2(1)} \\ x_{2(2)} \\ x_{2(3)} \\ x_{2(4)} \end{bmatrix}$$

Abkürzungen:

$$N_1 = (1-\zeta_1)(1-\zeta_2)/4$$
$$N_2 = (1+\zeta_1)(1-\zeta_2)/4$$
$$N_3 = (1+\zeta_1)(1+\zeta_2)/4$$
$$N_4 = (1-\zeta_1)(1+\zeta_2)/4$$

Approximation des Verschiebungsfeldes:

$$\mathbf{u}^e = \boldsymbol{\Omega}^e \cdot \mathbf{v}^e = \begin{bmatrix} u_1 \\ u_2 \end{bmatrix} = \begin{bmatrix} N_1 & N_2 & N_3 & N_4 & 0 & 0 & 0 & 0 \\ 0 & 0 & 0 & 0 & N_1 & N_2 & N_3 & N_4 \end{bmatrix} \cdot \begin{bmatrix} u_{1(1)} \\ u_{1(2)} \\ u_{1(3)} \\ u_{1(4)} \\ u_{2(1)} \\ u_{2(2)} \\ u_{2(3)} \\ u_{2(4)} \end{bmatrix}$$

Bild 5.17. Parametrisierung und Verschiebungsapproximation eines schiefwinkligen 4-Knoten-elementes

$$x_1 = \frac{1}{4}(1 - \zeta_1)(1 - \zeta_2)\, x_{1(1)} + \frac{1}{4}(1 + \zeta_1)(1 - \zeta_2)\, x_{1(2)}$$

$$+ \frac{1}{4}(1 + \zeta_1)(1 + \zeta_2)\, x_{1(3)} + \frac{1}{4}(1 - \zeta_1)(1 + \zeta_2)\, x_{1(4)} \ . \tag{5.30}$$

Einen analogen Ausdruck gewinnen wir durch gleichartiges Vorgehen für die Koordinatenwerte $x_{2(k)}$, so daß schließlich die auf Bild 5.17 wiedergegebene Parameterdarstellung der Elementgeometrie

$$\mathbf{x}^e = \boldsymbol{\Omega}_g^e \cdot \mathbf{x}_{(k)}^e = \begin{bmatrix} N_1 & N_2 & N_3 & N_4 & 0 & 0 & 0 & 0 \\ 0 & 0 & 0 & 0 & N_1 & N_2 & N_3 & N_4 \end{bmatrix} \cdot \begin{bmatrix} x_{1(1)} \\ x_{1(2)} \\ \vdots \\ x_{2(1)} \\ x_{2(2)} \\ \vdots \end{bmatrix} \tag{5.31a}$$

mit den vier *geometrischen Formfunktionen* entsteht:

$$N_1 = \frac{1}{4}(1 - \zeta_1)(1 - \zeta_2) \ , \qquad N_2 = \frac{1}{4}(1 + \zeta_1)(1 - \zeta_2) \ ,$$

$$N_3 = \frac{1}{4}(1 + \zeta_1)(1 + \zeta_2) \ , \qquad N_4 = \frac{1}{4}(1 - \zeta_1)(1 + \zeta_2) \ . \tag{5.31b}$$

Auf Bild 5.18 sind einige Parameterlinien, wegen des Ansatzes (5.28a) natürlich Geraden, in das 4-Knoten-Viereckelement eingezeichnet. Darüber hinaus vermittelt Bild 5.18 einen optischen Eindruck von Verlauf der Formfunktion $N_1(\zeta_1, \zeta_2)$ als typischer Repräsentantin aller 4 Formfunktionen (5.31b). Längs der Parameterlinien verläuft sie linear, in den Diagonalrichtungen dagegen parabelförmig. Deutlich sichtbar ist ihre Interpolationseigenschaft $N_{1(1)}=1$, $N_{1(2)}=N_{1(3)}=N_{1(4)}=0$.

Entsprechend isoparametrischem Vorgehen wählen wir nun zur Approximation des Verschiebungsfeldes eine zu (5.31a) *gleichartige Formfunktionsmatrix*

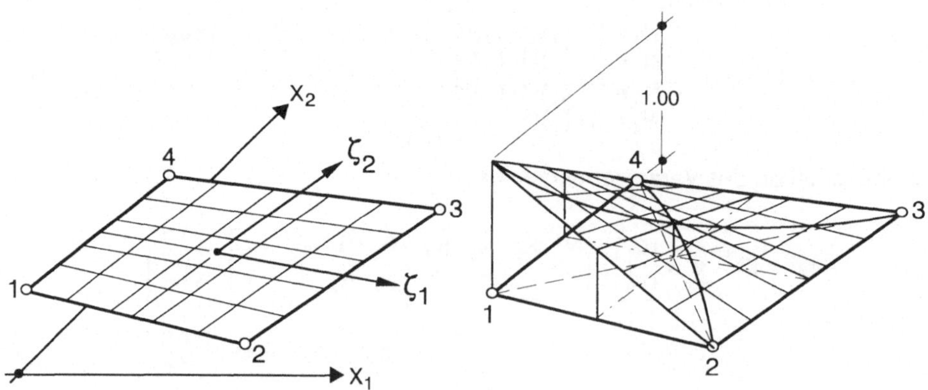

Bild 5.18. Parameterlinien (links) und Formfunktionen $N_1(\zeta_1, \zeta_2)$ eines schiefwinkligen 4-Knoten-Viereckelementes

$$\mathbf{u}^e = \boldsymbol{\Omega}^e \cdot \mathbf{v}^e = \begin{bmatrix} u_1 \\ u_2 \end{bmatrix} = \begin{bmatrix} N_1 & N_2 & N_3 & N_4 & 0 & 0 & 0 & 0 \\ 0 & 0 & 0 & 0 & N_1 & N_2 & N_3 & N_4 \end{bmatrix} \cdot \begin{bmatrix} u_{1(1)} \\ u_{1(2)} \\ \vdots \\ u_{2(1)} \\ u_{2(2)} \\ \vdots \end{bmatrix},$$

$$(5.32)$$

die Bild 5.17 abschließt. Mit der Bereitstellung von $\boldsymbol{\Omega}^e$ ($= \boldsymbol{\Omega}_g^e$) ist der wichtigste Approximationsschritt erfolgt. Um die Ableitungen der in den natürlichen Koordinaten ζ_1, ζ_2 formulierten Formfunktionen N_k nach den kartesischen Koordinaten x_1, x_2, wie im kinematischen Operator (2.38b) gefordert, ausführen zu können, greifen wir nun auf die JACOBI-Transformation (5.27) zurück.

5.4.4 Transformation des Kinematikoperators

Wir bedienen uns der inversen JACOBI-Transformation (5.27b)

$$\begin{bmatrix} ,1 \\ ,2 \end{bmatrix} = \begin{bmatrix} \zeta_{1,1} & \zeta_{2,1} \\ \zeta_{1,2} & \zeta_{2,2} \end{bmatrix} \cdot \begin{bmatrix} ;1 \\ ;2 \end{bmatrix} = \mathbf{J}^{-1} \cdot \begin{bmatrix} ;1 \\ ;2 \end{bmatrix},$$

$$(5.33a)$$

in deren Kurzschreibweise Ableitungen nach den kartesischen Koordinaten x_α durch ein Komma, Ableitungen nach den Parameterlinien ζ_α durch ein Semikolon abgekürzt werden. Zur Bildung der in (5.33a) benötigten Ableitungen $\zeta_{\alpha,\beta}$ der Parameterlinien nach den kartesischen Koordinaten fehlt uns eine geeignete Ausgangsbeziehung. Vorteilhafter ist es daher, von der ursprünglichen JACOBI-Transformation (5.27a) auszugehen:

$$\begin{bmatrix} ;1 \\ ;2 \end{bmatrix} = \begin{bmatrix} x_{1;1} & x_{2;1} \\ x_{1;2} & x_{2;2} \end{bmatrix} \cdot \begin{bmatrix} ,1 \\ ,2 \end{bmatrix} = \mathbf{J} \cdot \begin{bmatrix} ,1 \\ ,2 \end{bmatrix},$$

$$(5.33b)$$

die problemlos aus (5.26) herleitbar ist. Durch Inversion dieser Transformationsbeziehung gewinnt man sodann einen Ausdruck für die obige Matrix $\mathbf{J}^{-1}$:

$$\mathbf{J} = \begin{bmatrix} x_{1;1} & x_{2;1} \\ x_{1;2} & x_{2;2} \end{bmatrix},$$

$$(5.34a)$$

$$\mathbf{J}^{-1} = \begin{bmatrix} \zeta_{1,1} & \zeta_{2,1} \\ \zeta_{1,2} & \zeta_{2,2} \end{bmatrix} = \begin{bmatrix} x_{1;1} & x_{2;1} \\ x_{1;2} & x_{2;2} \end{bmatrix}^{-1} = \frac{1}{\det \mathbf{J}} \begin{bmatrix} x_{2;2} & -x_{2;1} \\ -x_{1;2} & x_{1;1} \end{bmatrix}.$$

$$(5.34b)$$

Folgerichtig lautet die hierin auftretende JACOBI-Determinante:

$$\det \mathbf{J} = x_{1;1}\, x_{2;2} - x_{1;2}\, x_{2;1}\ .$$

$$(5.34c)$$

Nach diesen Vorarbeiten transformieren wir den kinematischen Differential-operator $\mathbf{D}_k$ (2.38b) mittels (2.33a) wie folgt:

$$\mathbf{D}_k = \begin{bmatrix} \cdots_{,1} & 0 \\ \cdots_{,2} & \cdots_{,1} \\ 0 & \cdots_{,2} \end{bmatrix} = \begin{bmatrix} [\mathbf{J}^{-1}] & 0 \; 0 \\ 0 \; 0 & [\mathbf{J}^{-1}] \end{bmatrix} \cdot \begin{bmatrix} \cdots_{;1} & 0 \\ \cdots_{;2} & 0 \\ 0 & \cdots_{;1} \\ 0 & \cdots_{;2} \end{bmatrix} = \frac{1}{\det \mathbf{J}} \, \mathbf{J}^* \cdot \mathbf{D}_k^* \, ,$$

$$(5.35a)$$

der in dieser Form unmittelbar auf die Formfunktionsmatrix $\mathbf{\Omega}^e \, (\zeta_1, \zeta_2)$ des Verschiebungsfeldes anwendbar wird. Die JACOBI-Determinante $\det \mathbf{J}$ wird zweckmäßigerweise aus dem inversen JACOBI-Operator $\mathbf{J}^*$ gemäß (5.34b) herausgezogen; erstere tritt später übrigens bei der Transformation des Flächenelementes dA von A^e in das natürliche Koordinatensystem wieder auf:

$$dA = dx_1 \, dx_2 = \det \mathbf{J} \, d\zeta_1 \, d\zeta_2 \; . \tag{5.35b}$$

Für das zu entwickelnde 4-Knoten-Viereckelement gewinnen wir die JACOBI-Matrix aus (5.28a) zu:

$$\mathbf{J} = \begin{bmatrix} x_{1;1} & x_{2;1} \\ x_{1;2} & x_{2;2} \end{bmatrix} = \begin{bmatrix} a_2 + a_4 \zeta_2 & b_2 + b_4 \zeta_2 \\ a_3 + a_4 \zeta_1 & b_3 + b_4 \zeta_1 \end{bmatrix} , \tag{5.36a}$$

die sich durch Substitution von (5.29c) sowie dem analogen Ausdruck für die b_k als eine in ζ_1, ζ_2 lineare Funktion der Knotenpunktskoordinaten bestätigt:

$$\mathbf{J} = \begin{bmatrix} x_{1(21)} \, (1-\zeta_2) + x_{1(34)} \, (1+\zeta_2) & x_{2(21)} \, (1-\zeta_2) + x_{2(34)} \, (1+\zeta_2) \\ x_{1(41)} \, (1-\zeta_1) + x_{1(32)} \, (1+\zeta_1) & x_{2(41)} \, (1-\zeta_2) + x_{2(32)} \, (1+\zeta_1) \end{bmatrix} . \tag{5.36b}$$

Hierin gilt wiederum die Abkürzung

$$x_{\alpha(kl)} = x_{\alpha(k)} - x_{\alpha(l)} \, , \quad \alpha = 1, 2 \, , \quad k, l = 1, 2, 3, 4 \; . \tag{5.36c}$$

Aus (5.36b) lassen sich nun die Komponenten von $\mathbf{J}^{-1}$ gemäß (5.34b) berechnen, die sich wegen der im Nenner auftretenden JACOBI-Determinante (5.34c) als gebrochen rationale Funktionen ergeben. Somit wird für dieses isoparametrische Element die Anwendung des transformierten Differentialoperators $\mathbf{D}_k^*$ (5.35a) auf die Verschiebungs-Formfunktionsmatrix $\mathbf{\Omega}^e \, (\zeta_1, \zeta_2)$ (5.32) zu einer Approximation der Verzerrungsfelder $\mathbf{H}^e \, (\zeta_1, \zeta_2)$ mittels *gebrochen rationaler Funktionen* führen, sofern die Elementform von Quadrat, Rechteck oder Parallelogramm abweicht.

Die JACOBI-Determinante (5.34c) spielt bei dieser Approximation eine interessante Rolle. Als Funktion jedes Elementpunktes ist sie nur für quadratische, rechteckige oder parallelogrammförmige Elemente konstant. Je stärker die Elementform von diesen Grundtypen abweicht, desto ungleichmäßiger verteilt sich $\det \mathbf{J}$ über die Elementfläche. Wegen ihres Auftretens im Nenner von $\mathbf{D}_k$ (5.35a) wichtet $\det \mathbf{J}$ damit die zu approximierenden Verzerrungen an den einzelnen Elementknoten in unterschiedlicher Weise. Somit wird die Approximationsgüte dieses isoparametrischen Elementes von der Abweichung der Elementform von obigen Grundtypen abhängig. Die Bilder 5.19 und 5.20 geben einen Eindruck von Verlauf der Determinante det **J** über die Elementfläche für dort wiedergegebene Abweichungen von der

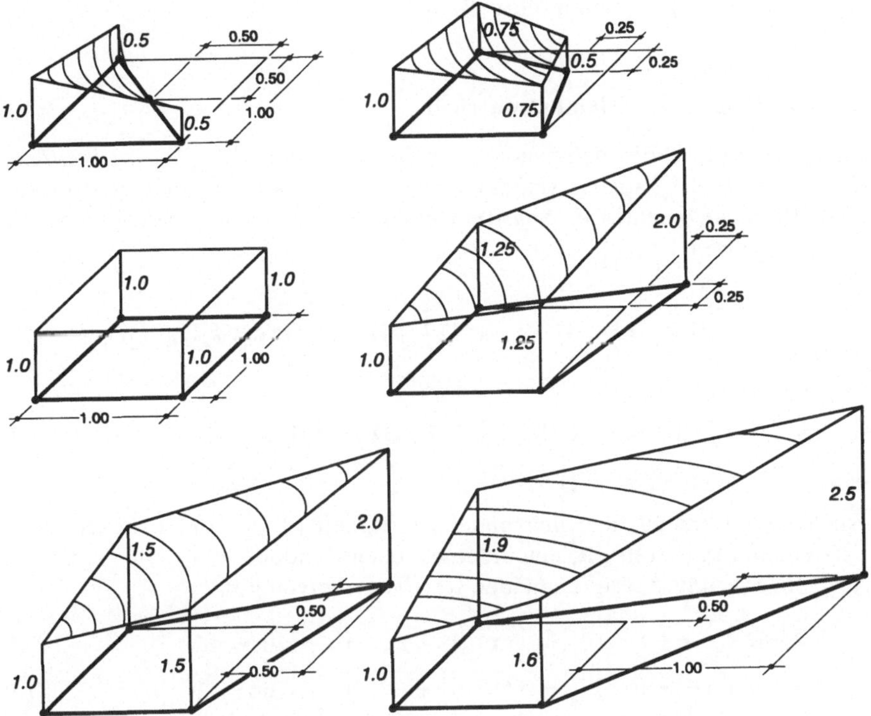

Bild 5.19. Verlauf der JACOBI-Determinante für ein deformiertes Einheitsquadrat

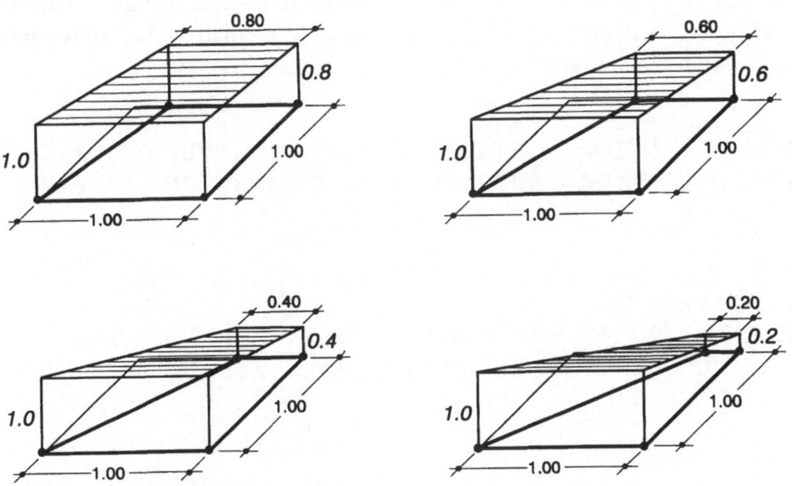

Bild 5.20. Verlauf der JACOBI-Determinante für ein zum Trapez deformiertes Einheitsquadrat

Quadratform. Als besonders gefährlich erweist sich ein Trend zu einspringenden Ecken (siehe das obige Dreieck auf Bild 5.19), weil dann die JACOBI-Determinante den Wert Null annehmen kann, was gemäß (5.35a) zu mechanisch nicht interpretierbaren Verzerrungssingularitäten führt [Bathe 1986].

5.4.5 Ermittlung der Elementmatrizen

Nach diesen Vorarbeiten nehmen wir nun die Ermittlung der *Element-Steifigkeitsmatrix* $\mathbf{k}^e$ sowie des Randlastvektors $\overset{oe}{\mathbf{s}}_r$ des schiefwinkligen isoparametrischen 4-Knoten-Viereckelementes in Angriff. Gemäß Tafel 5.1 sind dazu folgende Integrale auszuwerten:

$$\mathbf{k}^e = \int_{V^e} \mathbf{H}^{eT} \cdot \mathbf{D}\,\mathbf{E} \cdot \mathbf{H}^e\, dV = D \int_{-1}^{1} \int_{-1}^{1} \mathbf{H}^{eT} \cdot \mathbf{E}\,\mathbf{H}^e \det \mathbf{J}\, d\zeta_1\, d\zeta_2 \;, \qquad (5.37a)$$

$$\overset{oe}{\mathbf{s}}_r = -\int_{S_t} (\mathbf{R}_r \cdot \mathbf{\Omega}^e)^T \cdot \overset{o}{\mathbf{t}}\, dS = -\int_{-1}^{1} (\mathbf{R}_r \cdot \mathbf{\Omega}^e)^T \cdot \overset{o}{\mathbf{t}}\, J_c\, dc \;. \qquad (5.37b)$$

Hierin kürzt D erneut die Scheibendehnsteifigkeit (2.44c) ab, $\mathbf{E}$ bezeichnet die Elastizitätsmatrix (2.44b), $\mathbf{R}_r$ den kinematischen Randoperator (2.46b) und $\overset{o}{\mathbf{t}}$ eine vorgegebene Randlast. Für die beiden Randalternativen gilt:

$$\text{Rand } \zeta_1 = \pm 1: \quad J_c = \sqrt{(x_{1;2})^2 + (x_{2;2})^2}\;, \quad dc = d\zeta_2\;,$$

$$\text{Rand } \zeta_2 = \pm 1: \quad J_c = \sqrt{(x_{1;1})^2 + (x_{2;1})^2}\;, \quad dc = d\zeta_1\;. \qquad (5.38)$$

Die Ermittlung der Randkräfte $\overset{oe}{\mathbf{s}}_r$ bietet kaum Schwierigkeiten und bedarf daher im Augenblick keiner detaillierten Erläuterungen. Der erste Schritt zur Berechnung der Element-Steifigkeitsmatrix $\mathbf{k}^e$ besteht im Aufbau der Verzerrungs-Formfunktionsmatrix $\mathbf{H}^e$ durch Anwendung von $\mathbf{D}_k$ (5.35a) auf $\mathbf{\Omega}^e$ gemäß (5.32). In formaler Darstellung erhalten wir hieraus

$$\mathbf{H}^e = \begin{bmatrix} \overset{u_{1(1)}}{-Z11{\cdot}Z2M - Z21{\cdot}Z1M} & \overset{u_{1(2)}}{Z11{\cdot}Z2M - Z21{\cdot}Z1P} & \overset{u_{1(3)}}{Z11{\cdot}Z2P + Z21{\cdot}Z1P} \\ -Z12{\cdot}Z2M - Z22{\cdot}Z1M & Z12{\cdot}Z2M - Z22{\cdot}Z1P & Z12{\cdot}Z2P + Z22{\cdot}Z1P \\ 0 & 0 & 0 \end{bmatrix}$$

$$\begin{matrix} \overset{u_{1(4)}}{-Z11{\cdot}Z2P + Z21{\cdot}Z1M} & \overset{u_{2(1)}}{0} & \overset{u_{2(2)}}{0} \\ -Z12{\cdot}Z2P + Z22{\cdot}Z1M & -Z11{\cdot}Z2M - Z21{\cdot}Z1M & Z11{\cdot}Z2M - Z21{\cdot}Z1P \\ 0 & -Z12{\cdot}Z2M - Z22{\cdot}Z1M & Z12{\cdot}Z2M - Z22{\cdot}Z1P \end{matrix}$$

$$\begin{matrix} \overset{u_{2(3)}}{0} & \overset{u_{2(4)}}{0} \\ Z11{\cdot}Z2P + Z21{\cdot}Z1P & -Z11{\cdot}Z2P + Z21{\cdot}Z1M \\ Z12{\cdot}Z2P + Z22{\cdot}Z1P & -Z12{\cdot}Z2P + Z22{\cdot}Z1M \end{matrix} \qquad (5.39)$$

mit den folgendermaßen abgekürzten Anteilen aus der JACOBI-Transformation (5.33a):

$$Z11 = \zeta_{1,1} \ , \quad Z21 = \zeta_{2,1} \ , \quad Z12 = \zeta_{1,2} \ , \quad Z22 = \zeta_{2,2} \qquad (5.40a)$$

sowie den abgekürzten Anteilen der Ansatzfunktionen N_k (5.31b) aus Ωe (5.32):

$$Z1M = (1 - \zeta_1)/4 \ , \quad Z1P = (1 + \zeta_1)/4 \ ,$$
$$Z2M = (1 - \zeta_2)/4 \ , \quad Z2P = (1 + \zeta_2)/4 \ . \qquad (5.40b)$$

Bei sorgfältiger Wertung des Ergebnisses (5.39) gewinnen wir folgende Erkenntnisse: Selbst für den einfachen bilinearen Ansatz (5.28a) entsteht eine äußerst komplizierte Formfunktionsmatrix $\mathbf{H}^e$, und die Berechnung der Element-Steifigkeitsmatrix $\mathbf{k}^e$ (5.37a) wird sich dementsprechend langwierig gestalten. Jedes Element von $\mathbf{H}^e$ setzt sich aus 2 Summanden zusammen, die ihrerseits aus 2 Faktoren bestehen: einem aus den Ansatzfunktionen N_k herrührenden linearen Term und einem der JACOBI-Transformation (5.34b) entstammenden gebrochen–rationalen Term. Somit repräsentiert jedes Element von $\mathbf{H}^e$ eine gebrochen–rationale Funktion. Da ferner der JACOBI-Anteil von den Koordinaten der Elementknoten abhängt, führt ein Ausschreiben der einzelnen Elemente von $\mathbf{H}^e$ (5.39) zu äußerst komplexen Ausdrücken, deren analytische Integration in (5.37a) nahezu unmöglich ist.

Aus diesen Erkenntnissen darf der Schluß gezogen werden, daß eine explizite, analytische Ermittlung der Steifigkeitsmatrix bereits für dieses einfachste isoparametrische Scheibenelement nicht mehr möglich sein wird. Der Aufbau der Element-Steifigkeitsmatrix (5.37a) und analog der Randlastvektoren (5.37b) kann nur noch durch Softwarealgorithmen computerintern erfolgen, weshalb auch keine expliziten, sondern numerische Integrationen gemäß Anlage A1.2 der Flächen- und Linienintegrale angewendet werden. Für die Steifigkeitsmatrix erweist sich eine GAUSS-Integration mit einem Integrationsraster von 2x2 im Elementbereich als zweckmäßig, für die Randlastvektoren eine solche mit 2 Stützstellen. Dieses isoparametrische 4-Knoten-Viereckelement wurde erstmalig in [Ergatoudis 1968] beschrieben; es gehört in die Klasse der SERENDIPITY-Elemente.

5.4.6 Der Sonderfall des 4-Knoten-Rechteckelementes

Um unsere Elemententwicklung zu einem dokumentierbaren Abschluß zu bringen, wollen wir diese nun auf das Rechteckelement des Bildes 5.21 als Sonderfall des allgemeinen Vierecks spezialisieren. Die Transformation zwischen den Parameterlinien ζ_1, ζ_2 und den kartesischen Koordinaten x_1, x_2 ergibt sich zu

$$x_1 = x_{1(1)} + \frac{a}{2}(1 + \zeta_1) \ , \quad x_2 = x_{2(1)} + \frac{b}{2}(1 + \zeta_2) \ . \qquad (5.41)$$

Hieraus gewinnen wir die inverse JACOBI-Matrix $\mathbf{J}^{-1}$ (5.34b) sowie die JACOBI-Determinante det $\mathbf{J}$ (5.34c) zu:

$$\mathbf{J}^{-1} = \begin{bmatrix} x_{1;1} & x_{2;1} \\ x_{1;2} & x_{2;2} \end{bmatrix}^{-1} = \begin{bmatrix} a/2 & 0 \\ 0 & b/2 \end{bmatrix}^{-1} = \begin{bmatrix} 2/a & 0 \\ 0 & 2/b \end{bmatrix} = \begin{bmatrix} \zeta_{1,1} & \zeta_{2,1} \\ \zeta_{1,2} & \zeta_{2,1} \end{bmatrix},$$

(5.42a)

$$\det \mathbf{J} = \frac{a}{2} \cdot \frac{b}{2} = \frac{ab}{4}.$$

(5.42b)

Gemäß Bild 5.21 approximieren wir das Verschiebungsfeld $\mathbf{u}^e$ in der in Abschnitt 5.4.3 hergeleiteten Standardform. Durch Anwendung des Kinematikoperators $\mathbf{D}_k$ (5.35a) gewinnen wir hieraus die ebenfalls auf Bild 5.21 wiedergegebene Approximation des Verzerrungsfeldes. Abweichend von dem hier eingeschlagenen isoparametrischen Weg mittels der Parameterlinien hätten wir das gleiche Ergebnis natürlich auch aus dem bilinearen Verschiebungsansatz gewinnen können:

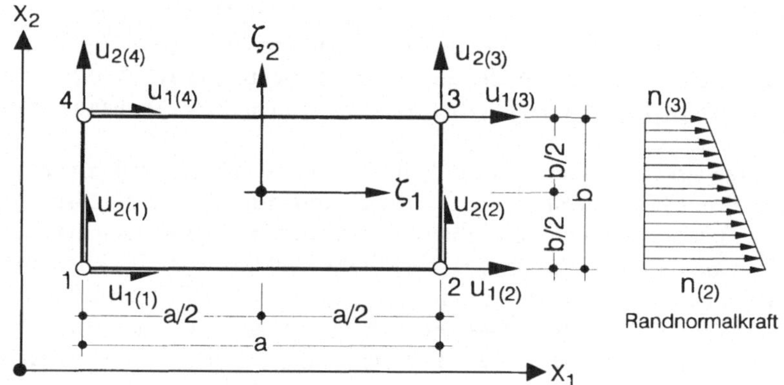

Verschiebungsfeld - Formfunktionsmatrix:

$$\mathbf{x}^e = \mathbf{\Omega}_g^e \cdot \mathbf{x}_{(k)}^e = \begin{bmatrix} x_1 \\ \hline x_2 \end{bmatrix} = \begin{bmatrix} N_1 & N_2 & N_3 & N_4 & 0 & 0 & 0 & 0 \\ 0 & 0 & 0 & 0 & N_1 & N_2 & N_3 & N_4 \end{bmatrix} \cdot \begin{bmatrix} u_{1(1)} \\ u_{1(2)} \\ u_{1(3)} \\ u_{1(4)} \\ u_{2(1)} \\ u_{2(2)} \\ u_{2(3)} \\ u_{2(4)} \end{bmatrix}$$

mit den Abkürzungen:

$$N_1 = (1-\zeta_1)(1-\zeta_2)/4$$
$$N_2 = (1+\zeta_1)(1-\zeta_2)/4$$
$$N_3 = (1+\zeta_1)(1+\zeta_2)/4$$
$$N_4 = (1-\zeta_1)(1+\zeta_2)/4$$

Verzerrungsfeld - Formfunktionsmatrix:

$$\boldsymbol{\varepsilon}^e = \mathbf{H}^e \cdot \mathbf{v}^e = \begin{bmatrix} \varepsilon_{11} \\ 2\varepsilon_{12} \\ \varepsilon_{22} \end{bmatrix} = \frac{1}{2ab} \begin{bmatrix} -b(1-\zeta_2) & b(1-\zeta_2) & b(1+\zeta_2) & -b(1+\zeta_2) & 0 & 0 & 0 & 0 \\ -a(1-\zeta_1) & -a(1+\zeta_1) & a(1+\zeta_1) & a(1-\zeta_1) & -b(1-\zeta_2) & b(1-\zeta_2) & b(1+\zeta_2) & -b(1+\zeta_2) \\ 0 & 0 & 0 & 0 & -a(1-\zeta_1) & -a(1+\zeta_1) & a(1+\zeta_1) & a(1-\zeta_1) \end{bmatrix} \cdot \mathbf{v}^e$$

Bild 5.21. Verschiebungs- und Verzerrungsfeldapproximation eines 4-Knotenelementes

$$\mathbf{u}^e = \mathbf{\Phi}^e \cdot \hat{\mathbf{u}}^e = \begin{bmatrix} u_1 \\ u_2 \end{bmatrix} = \begin{bmatrix} 1 & x_1 & x_2 & x_1x_2 & 0 & 0 & 0 & 0 \\ 0 & 0 & 0 & 0 & 1 & x_1 & x_2 & x_1x_2 \end{bmatrix} \cdot \begin{bmatrix} a_1 \\ a_2 \\ \cdot \\ a_8 \end{bmatrix} .$$

$$(5.43)$$

Durch Multiplikation der in Bild 5.21 definierten Formfunktionsmatrix $\mathbf{H}^e$ mit dem Elastizitätsoperator (2.44b) der Scheibentheorie leiten wir nun das Produkt

$$
\begin{array}{cccc}
u_{1(1)} & u_{1(2)} & u_{1(3)} & u_{1(4)}
\end{array}
$$

$$\mathbf{D}\mathbf{E}\mathbf{H}^e = \frac{D}{4ab} \begin{bmatrix} -2b\,(1-\zeta_2) & 2b\,(1-\zeta_2) & 2b\,(1+\zeta_2) & -2b\,(1+\zeta_2) \\ -(1-v)\,a\,(1-\zeta_1) & -(1-v)\,a\,(1+\zeta_1) & (1-v)\,a\,(1+\zeta_1) & (1-v)\,a\,(1-\zeta_1) \\ -2v\,b\,(1-\zeta_2) & v\,2b\,(1-\zeta_2) & v\,2b\,(1+\zeta_2) & -v\,2b\,(1+\zeta_2) \end{bmatrix}$$

$$
\begin{array}{cccc}
u_{2(1)} & u_{2(2)} & u_{2(3)} & u_{2(4)}
\end{array}
$$

$$
\begin{bmatrix}
-v\,2a\,(1-\zeta_1) & -v\,2a\,(1+\zeta_1) & v\,2a\,(1+\zeta_1) & v\,2a\,(1-\zeta_1) \\
-(1-v)\,b\,(1-\zeta_2) & (1-v)\,b\,(1-\zeta_2) & (1-v)\,b\,(1+\zeta_2) & (1-v)\,b\,(1+\zeta_2) \\
-2a\,(1-\zeta_1) & -2a\,(1+\zeta_1) & 2a\,(1+\zeta_1) & 2a\,(1-\zeta_1)
\end{bmatrix} \qquad (5.44)
$$

her, aus welchem durch Vormultiplikation mit $\mathbf{H}^{eT}$ der Integrand der Element-Steifigkeitsmatrix $\mathbf{k}^e$ aufgebaut wird. Beispielsweise gewinnen wir das Element k_{ij}^e der i-ten Zeile und der j-ten Spalte von $\mathbf{k}^e$, wie man sich leicht aus dem Multiplikationsschema klarmacht, durch Multiplikation der i-ten Spalte von $\mathbf{H}^e$ mit der j-ten Spalte von $\mathbf{D}\,\mathbf{E}\,\mathbf{H}^e$ sowie nachfolgender Integration über die Rechteckfläche, beispielsweise:

$$k_{25}^e = \int_{-1}^{1}\int_{-1}^{1} \mathbf{H}_2^{eT} \cdot \mathbf{D}\,(\mathbf{E}\cdot\mathbf{H}^e)_5 \det \mathbf{J}\, d\zeta_1\, d\zeta_2$$

$$= \int_{-1}^{1}\int_{-1}^{1} \frac{1}{8a^2b^2} [b(1-\zeta_2)\,\{-2av\,(1-\zeta_1)\} - a(1+\zeta_2)\,\{-(1-v)\}\,b(1-\zeta_2)]\,\frac{ab}{4}\, d\zeta_1\, d\zeta_2$$

$$= \frac{D}{24} \cdot 3\,(1-3v)\ . \qquad (5.45)$$

Die gesamte so ermittelte Steifigkeitsmatrix dieses 4-Knoten-Rechteckelementes ist auf Bild 5.22 dargestellt; sie entstammt [Argyris 1954, Przemieniecki 1968].

Aus den Formfunktionen des Bildes 5.21 können wir die Approximationseigenschaften dieses Elementes ablesen. Die Verschiebungen verlaufen gemäß Ω^e längs aller Ränder linear. Da die Schnittgrößen σ^e proportional zu ε^e approximiert werden, erkennen wir aus $\mathbf{H}^e$, daß Schubkräfte in beiden Koordinatenrichtungen linear verlaufen, Normalkräfte jedoch nur orthogonal zu ihrer jeweiligen Wirkungsrichtung. In Wirkungsrichtung erfolgt ihre Approximation elementweise konstant.

Element, Knotenpunkte und Freiheitgrade:

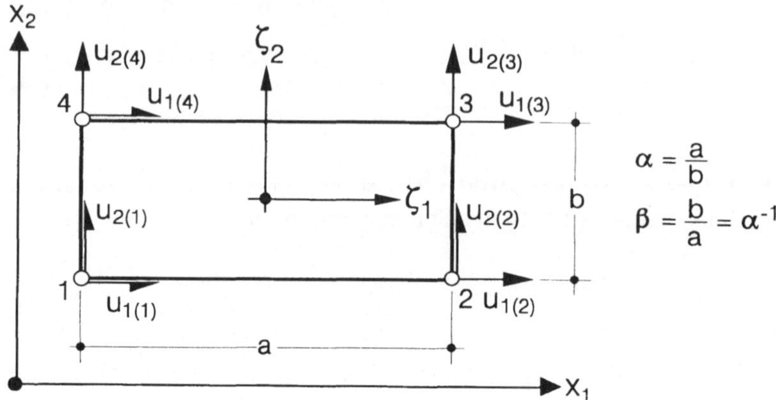

Steifigkeitsmatrix:

$$\mathbf{k}^e = \frac{Eh}{24\,(1-v^2)}$$

	$u_{1(1)}$	$u_{1(2)}$	$u_{1(3)}$	$u_{1(4)}$	$u_{2(1)}$	$u_{2(2)}$	$u_{2(3)}$	$u_{2(4)}$	
	8β +4α(1−v)	−8β +2α(1−v)	−4β −2α(1−v)	4β −4α(1−v)	3(1+v)	−3(1−3v)	−3(1+v)	3(1−3v)	$u_{1(1)}$
		8β +4α(1−v)	4β −4α(1−v)	−4β −2α(1−v)	3(1−3v)	−3(1+v)	−3(1−3v)	3(1+v)	$u_{1(2)}$
			8β +4α(1−v)	−8β +2α(1−v)	−3(1+v)	3(1−3v)	3(1+v)	−3(1−3v)	$u_{1(3)}$
				8β +4α(1 v)	−3(1−3v)	3(1+v)	3(1−3v)	−3(1−v)	$u_{1(4)}$
					8α +4β(1−v)	4α −4β(1−v)	−4α −2β(1−v)	−8α +2β(1−v)	$u_{2(1)}$
symmetrisch						8α +4β(1−v)	−8α +2β(1−v)	−4α −2β(1−v)	$u_{2(2)}$
							8α +4β(1−v)	4α −4β(1−v)	$u_{2(3)}$
								8α +4β(1−v)	$u_{2(4)}$

Bild 5.22. Steifigkeitsmatrix eines 4-Knoten-Rechteckelementes

Abschließend soll noch der Elementlastvektor $\overset{o\,c}{\mathbf{s}}_r$ (5.37b) für eine längs des Randes 2-3 gemäß Bild 5.21 angreifende, trapezförmige Normallast $\underset{o}{n}(\zeta_2)$ ermittelt werden. Mit den dortigen Bezeichnungen lautet der Randlastvektor $\mathbf{t}$

$$\overset{o}{\mathbf{t}} = \begin{bmatrix} \frac{1}{2}\,n_{(2)}\,(1-\zeta_2) + \frac{1}{2}\,n_{(3)}\,(1+\zeta_2) \\ 0 \end{bmatrix} = \begin{bmatrix} t_1 \\ t_2 \end{bmatrix}. \tag{5.46a}$$

Die Matrix der Formfunktionen nimmt am Rand 2-3 folgende Gestalt an:

$$\mathbf{R}_r\,(\zeta_1 = 1) \cdot \mathbf{\Omega}^e \;=\; \mathbf{\Omega}^e\,(\zeta_1 = 1)$$

$$= \begin{bmatrix} 0 & (1-\zeta_2)/2 & (1+\zeta_2)/2 & 0 & 0 & 0 & 0 & 0 \\ 0 & 0 & 0 & 0 & 0 & (1-\zeta_2)/2 & (1+\zeta_2)/2 & 0 \end{bmatrix}. \qquad (5.46\text{b})$$

Man erkennt sofort, daß der Integrand von (5.37b) nur 2 Komponenten aufweist; daher ergeben sich mit $J_c = b/2$:

$$\overset{\varrho e}{s}_{(2)} \;=\; \frac{b}{2}\int\limits_{-1}^{1} t_1 \cdot (1 - \zeta_2)\, d\zeta_2 \;=\; \frac{b}{6}\,(2\,n_{(2)} + n_{(3)})\;,$$

$$\overset{\varrho e}{s}_{(3)} \;=\; \frac{b}{2}\int\limits_{-1}^{1} t_1 \cdot (1 + \zeta_2)\, d\zeta_2 \;=\; \frac{b}{6}\,(n_{(2)} + 2\,n_{(3)})\;. \qquad (5.46\text{c})$$

Offensichtlich wird die Randlast $\overset{\mathsf{u}}{t}$ in dieser auf einem Energieprinzip basierenden Transformation gerade nach dem Hebelgesetz, d.h. linear, auf die beiden Eckknoten aufgeteilt, eine Konsequenz der linearen Verschiebungsapproximation in Ω^e.

5.4.7 Viereckelemente mit zusätzlichen Seitenknoten

Zur Steigerung der Approximationsgüte der bisher behandelten Scheibenelemente können, wie bei Dreieckelementen, höhere Ansätze gewählt werden. Um wie bisher je Knoten zwei Freiheitsgrade $u_{1(k)}$, $u_{2(k)}$ beizubehalten, werden 4 Zusatzknoten in den Seitenmitten gewählt. Wie auf Bild 5.23 dargestellt, wird dadurch die Anzahl der Ansatzfunktionen verdoppelt. Für diese wählen wir im Parameterraum ζ_α ein vollständiges Polynom 2. Grades, welches um die Glieder $\zeta_1^2\zeta_2$ und $\zeta_1\zeta_2^2$ erweitert wird, wodurch entsprechend gekrümmte Elementränder beschreibbar sind.

Im dargestellten Ansatz für die Elementgeometrie führt die Ablösung der Konstanten $a_1 \ldots a_8$, $b_1 \ldots b_8$ durch die Knotenpunktskoordinaten $x_{1(1)} \ldots x_{1(8)}$, $x_{2(1)} \ldots x_{2(8)}$ auf die ebenfalls in Bild 5.23 wiedergegebenen Formfunktionen N_k, $k = 1 \ldots 8$ in Ω^e. Diese gehören in die Klasse der SERENDIPITY-Funktionen; ihre Interpolationseigenschaften sind aus der dortigen Darstellung augenscheinlich.

Approximieren wir nunmehr, der isoparametrischen Vorgehensweise gemäß, das *Verschiebungsfeld* erneut analog zur *Elementgeometrie*:

$$\mathbf{u}^e = \mathbf{\Omega}^e \cdot \mathbf{v}^e = \begin{bmatrix} u_1 \\ u_2 \end{bmatrix} = \begin{bmatrix} N_1 & N_2 & N_3 & N_4 & N_5 & N_6 & N_7 & N_8 \\ 0 & 0 & 0 & 0 & 0 & 0 & 0 & 0 \\ & & & & & & & \\ 0 & 0 & 0 & 0 & 0 & 0 & 0 & 0 \\ N_1 & N_2 & N_3 & N_4 & N_5 & N_6 & N_7 & N_8 \end{bmatrix} \cdot \begin{bmatrix} u_{1(1)} \\ \vdots \\ u_{1(8)} \\ u_{2(1)} \\ \vdots \\ u_{2(8)} \end{bmatrix}, \qquad (5.47)$$

Element: Knotenpunkte und Koordinatensysteme:

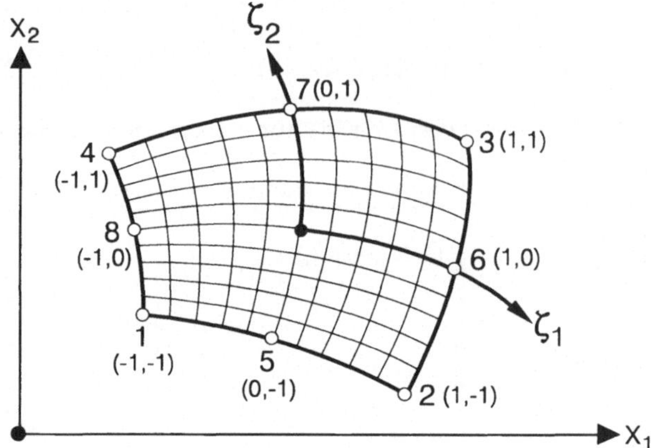

Elementgeometrie:

Ansatzfunktionen:

$$\mathbf{x}_g^e = \boldsymbol{\phi}_g^e \cdot \hat{\mathbf{x}}^e = \left[\frac{x_1}{x_2}\right] = \left[\begin{array}{c|c}\boldsymbol{\phi}_g^{e\star} & \mathbf{0} \\ \hline \mathbf{0} & \boldsymbol{\phi}_g^{e\star}\end{array}\right] \cdot \left[\begin{array}{c}a_1 \\ \vdots \\ a_8 \\ \hline b_1 \\ \vdots \\ b_8\end{array}\right]$$

mit: $\boldsymbol{\phi}_g^{e\star} = \left[\begin{array}{cccccccc}1 & \zeta_1 & \zeta_2 & \zeta_1^2 & \zeta_1\zeta_2 & \zeta_2^2 & \zeta_1^2\zeta_2 & \zeta_1\zeta_2^2\end{array}\right]$

Formfunktionen:

$$\mathbf{x}^e = \boldsymbol{\Omega}_g^e \cdot \mathbf{x}_{(k)}^e = \left[\frac{x_1}{x_2}\right] = \left[\begin{array}{c|c}\boldsymbol{\Omega}_g^{e\star} & \mathbf{0} \\ \hline \mathbf{0} & \boldsymbol{\Omega}_g^{e\star}\end{array}\right] \cdot \left[\begin{array}{c}x_{1(1)} \\ \vdots \\ x_{1(8)} \\ \hline x_{2(1)} \\ \vdots \\ x_{2(8)}\end{array}\right]$$

mit: $\boldsymbol{\Omega}_g^{e\star} = \left[\begin{array}{cccccccc}N_1 & N_2 & N_3 & N_4 & N_5 & N_6 & N_7 & N_8\end{array}\right]$

$$N_1 = -(1-\zeta_1)(1-\zeta_2)(1+\zeta_1+\zeta_2)/4 \qquad N_5 = (1-\zeta_1^2)(1-\zeta_2)/2$$

$$N_2 = -(1+\zeta_1)(1-\zeta_2)(1-\zeta_1+\zeta_2)/4 \qquad N_6 = (1+\zeta_1)(1-\zeta_2^2)/2$$

$$N_3 = -(1+\zeta_1)(1+\zeta_2)(1-\zeta_1-\zeta_2)/4 \qquad N_7 = (1-\zeta_1^2)(1+\zeta_2)/2$$

$$N_4 = -(1-\zeta_1)(1+\zeta_2)(1+\zeta_1-\zeta_2)/4 \qquad N_8 = (1-\zeta_1)(1-\zeta_2^2)/2$$

Darstellung der Formfunktionen im Parameterraum:

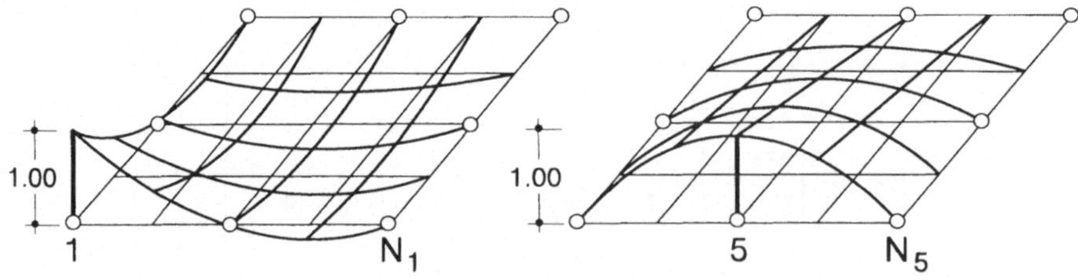

Bild 5.23. Geometrieapproximation eines isoparametrischen 8-Knoten-Viereckelementes

so erfolgt die Herleitung der Verzerrungs-Formfunktionsmatrix $\mathbf{H}^e$ aus $\mathbf{\Omega}^e$ in völliger Analogie zum bilinearen 4-Knoten-Element. Das dort bezüglich einer analytischen Auswertung der Flächenintegrale Gesagte gilt hier in noch stärkerem Maße: die zahlenmäßige Berechnung aller Elementmatrizen können wir nur noch dem Computer überlassen. Mit dem Auffinden der Formmatrix $\mathbf{\Omega}^e$ sei daher die Behandlung dieses Elementes abgeschlossen.

Bei Beschränkung auf ein rechteckiges Scheibengebiet sind für Steifigkeitsmatrix und Randlastvektor jedoch erneut analytische Integrationen möglich, was somit wieder auf geschlossene Darstellungen führt. Solche findet der Leser beispielsweise in [Thieme 1996], von wo wir die Steifigkeitsmatrix auf Bild 5.24 und Tafel 5.3 übernommen haben.

5.4.8 Beispiel: Balkenförmige Rechteckscheibe unter Gleichlast

In den Abschnitten 5.3 waren zwei Dreieckelemente, in den Abschnitten 5.4 zwei Viereckelemente behandelt worden, deren Leistungsfähigkeit nunmehr zusammenfassend ausgetestet werden soll. Fragen nach der *Effizienz* entwickelter Elemente

Tafel 5.3. Elemente der Steifigkeitsmatrix des 8-Knoten-Rechteck-Elementes aus Bild 5.24

Nr.	*Steifigkeitsausdruck:*	*Nr.*	*Steifigkeitsausdruck:*	*Nr.*	*Steifigkeitsausdruck:*
0	0	*11*	$\dfrac{17\alpha + (1-\nu)\,14\beta}{10}$	*22*	$\dfrac{4\,[10\beta - (1-\nu)\,3\alpha]}{5}$
1	$\dfrac{13\,[2\beta + (1-\nu)\,\alpha]}{5}$	*12*	$\dfrac{17\beta + (1-\nu)\,14\alpha}{10}$	*23*	$\dfrac{4\,[10\alpha - (1-\nu)\,3\beta]}{5}$
2	$\dfrac{13\,[2\alpha + (1-\nu)\,\beta]}{5}$	*13*	$-2\,(1+\nu)$	*24*	$\dfrac{4\,[-6\alpha + (1-\nu)\,5\beta]}{5}$
3	$\dfrac{17\,(1+\nu)}{8}$	*14*	$-\dfrac{3\beta + (1-\nu)\,10\alpha}{5}$	*25*	$\dfrac{4\,[-6\beta + (1-\nu)\,5\alpha]}{5}$
4	$\dfrac{4\,[20\beta + (1-\nu)\,3\alpha]}{5}$	*15*	$-\dfrac{3\alpha + (1-\nu)\,10\beta}{5}$	*26*	$\dfrac{-80\beta + (1-\nu)\,3\alpha}{10}$
5	$\dfrac{4\,[20\alpha + (1-\nu)\,3\beta]}{5}$	*16*	$-\dfrac{1-\nu}{2}$	*27*	$\dfrac{-80\alpha + (1-\nu)\,3\beta}{10}$
6	$\dfrac{8\,[3\alpha + (1-\nu)\,5\beta]}{5}$	*17*	$-\dfrac{40\alpha + (1-\nu)\,3\beta}{10}$	*28*	$\dfrac{3\alpha - (1-\nu)\,20\beta}{9}$
7	$\dfrac{8\,[3\beta + (1-\nu)\,5\alpha]}{5}$	*18*	$-\dfrac{40\beta + (1-\nu)\,3\alpha}{10}$	*29*	$\dfrac{3\beta - (1-\nu)\,20\alpha}{9}$
8	$\dfrac{56\beta + (1-\nu)\,17\alpha}{20}$	*19*	$\dfrac{23\,[2\beta + (1-\nu)\,\alpha]}{20}$	*30*	$\dfrac{-5 + 7\nu}{2}$
9	$\dfrac{56\alpha + (1-\nu)\,17\beta}{20}$	*20*	$\dfrac{23\,[2\alpha + (1-\nu)\,\beta]}{20}$	*31*	$\dfrac{1 - 11\nu}{2}$
10	$\dfrac{3\,(1-3\nu)}{8}$	*21*	$\dfrac{7\,(1+\nu)}{8}$		

lassen sich nur durch numerische Experimente an strukturmechanischen Problemstellungen beantworten, für welche ausreichend zuverlässige analytische oder numerische Referenzlösungen existieren, sogenannte Benchmarks. Als Testbeispiel wählen wir die auf Bild 5.25 oben dargestellte Einfeldscheibe unter konstanter Gleichlast q. Wegen der Schlankheit des Balkens wird die Scheibenlösung sehr nahe an der Balkenlösung liegen, für welche folgende Vergleichswerte bekannt sind:

Element, Knotenpunkte und Freiheitgrade:

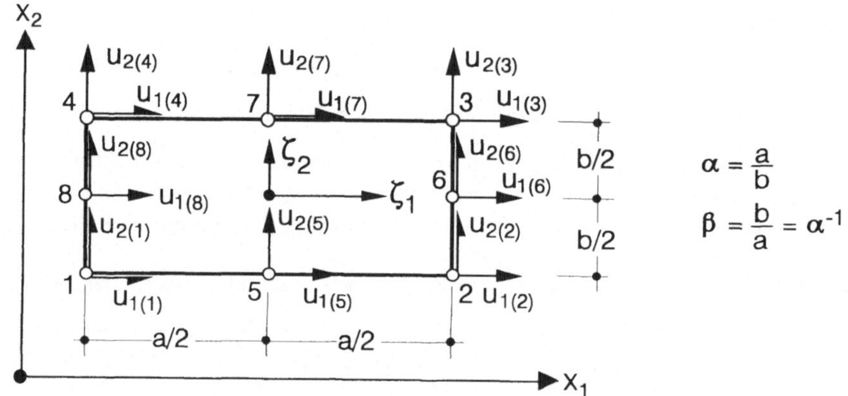

Steifigkeitsmatrix:

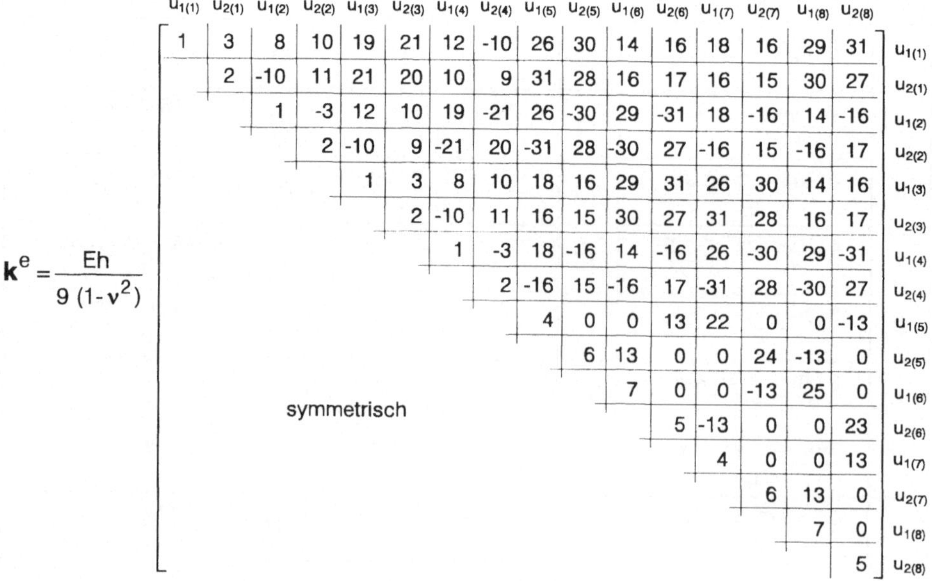

$$\mathbf{k}^e = \frac{Eh}{9\,(1-\nu^2)}$$

	$u_{1(1)}$	$u_{2(1)}$	$u_{1(2)}$	$u_{2(2)}$	$u_{1(3)}$	$u_{2(3)}$	$u_{1(4)}$	$u_{2(4)}$	$u_{1(5)}$	$u_{2(5)}$	$u_{1(6)}$	$u_{2(6)}$	$u_{1(7)}$	$u_{2(7)}$	$u_{1(8)}$	$u_{2(8)}$	
	1	3	8	10	19	21	12	-10	26	30	14	16	18	16	29	31	$u_{1(1)}$
		2	-10	11	21	20	10	9	31	28	16	17	16	15	30	27	$u_{2(1)}$
			1	-3	12	10	19	-21	26	-30	29	-31	18	-16	14	-16	$u_{1(2)}$
				2	-10	9	-21	20	-31	28	-30	27	-16	15	-16	17	$u_{2(2)}$
					1	3	8	10	18	16	29	31	26	30	14	16	$u_{1(3)}$
						2	-10	11	16	15	30	27	31	28	16	17	$u_{2(3)}$
							1	-3	18	-16	14	-16	26	-30	29	-31	$u_{1(4)}$
								2	-16	15	-16	17	-31	28	-30	27	$u_{2(4)}$
									4	0	0	13	22	0	0	-13	$u_{1(5)}$
										6	13	0	0	24	-13	0	$u_{2(5)}$
											7	0	0	-13	25	0	$u_{1(6)}$
												5	-13	0	0	23	$u_{2(6)}$
													4	0	0	13	$u_{1(7)}$
														6	13	0	$u_{2(7)}$
															7	0	$u_{1(8)}$
																5	$u_{2(8)}$

symmetrisch

Bild 5.24. Steifigkeitsmatrix eines 8-Knoten-Rechteckelementes

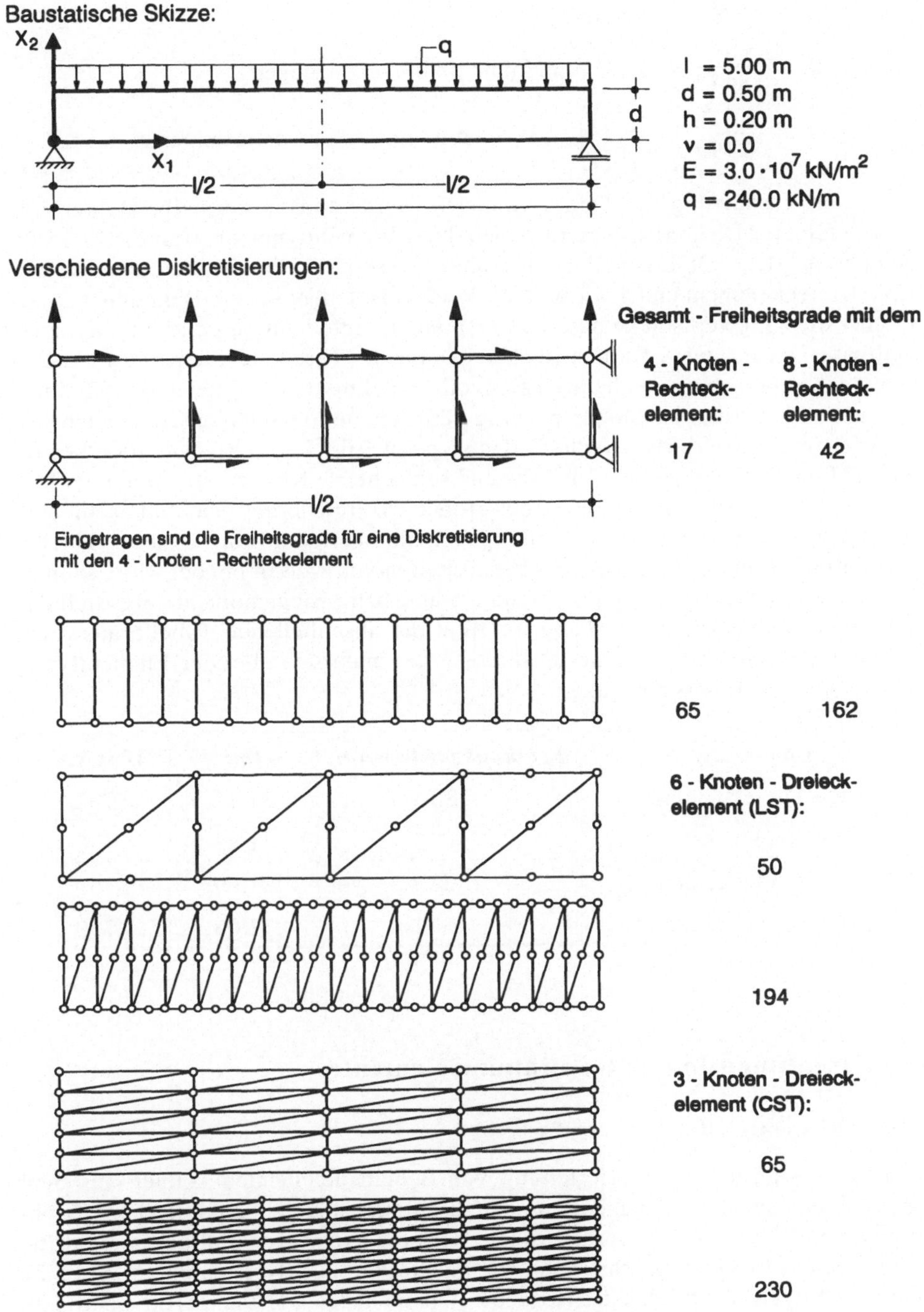
Baustatische Skizze:
x_2
q
x_1
d
l/2
l/2
l
l = 5.00 m
d = 0.50 m
h = 0.20 m
ν = 0.0
E = 3.0·10^7 kN/m^2
q = 240.0 kN/m
Verschiedene Diskretisierungen:
l/2
Eingetragen sind die Freiheitsgrade für eine Diskretisierung
mit den 4 - Knoten - Rechteckelement
Gesamt - Freiheitsgrade mit dem
4 - Knoten - Rechteck- element:
8 - Knoten - Rechteck- element:
17
42
65
162
6 - Knoten - Dreieck- element (LST):
50
194
3 - Knoten - Dreieck- element (CST):
65
230

Bild 5.25. Benchmark für eine schlanke balkenförmige Einfeldscheibe

$$M = ql^2/8 = 750 \text{ kNm} ,$$

$$w = \frac{5\,q\,l^4}{384\,EI} = 31.25 \text{ mm}\ \text{ohne Schubverzerrungen} ,$$

$$w = \frac{5\,q\,l^4}{384\,EI} \left(1 + \frac{4d^2}{l^2} \right) = 32.50 \text{ mm}\ \text{mit Schubverzerrungen} .$$

Unter Ausnutzung der Trägersymmetrie wurde sodann der halbe Balken mit immer feinerer Diskretisierung für jeden der 4 Elementtypen analysiert. Bild 5.25 zeigt einige der vielfältigen, dabei gewählten Diskretisierungsalternativen. Da das LST-Dreieckelement und das 4-Knoten-Rechteckelement lineare Dehnungsverläufe über die Tragwerksdicke beschreiben können, liefert für beide Elementtypen – und natürlich für das 8-Knoten-Rechteckelement – bereits eine einzige Elementschicht in x_2-Richtung mechanisch sinnvolle Ergebnisse. Lediglich das CST-Dreieckelement erfordert eine mehrschichtige Diskretisierung quer zur Balkenachse.

Die Ergebnisse dieser Studie finden sich auf Bild 5.26. Offensichtlich besitzt das CST-Dreieckelement das mit Abstand schlechteste Konvergenzverhalten. Das 4-Knoten-Rechteckelement liefert bei grober Diskretisierung ebenfalls schlechte Ergebnisse, konvergiert aber schneller gegen die richtige Lösung als das CST-Element. Beide Elemente mit zusätzlichen Seitenknoten weisen bei der Mittendurchbiegung ein nahezu gleich gutes Verhalten auf; beim Biegemoment zeigt sich das 8-Knoten-Rechteckelement überlegen. Wie die abschließende Tabelle ausweist, kommen bei ausreichend feiner Diskretisierung natürlich alle vier Elementtypen den exakten Werten (sehr) nahe:

Elementtyp	*Freiheitsgradanzahl*	*w [mm]*	*M [kNm]*
3-Knoten-Dreieckelement	1330	31.32	732
4-Knoten-Rechteckelement	1025	31.88	750
6-Knoten-Dreieckelement	386	31.99	750
8-Knoten-Rechteckelement	322	32.05	750

5.5 Dreidimensionale Kontinuumselemente

5.5.1 Elementvielfalt

Unsere Ausführungen zur Herleitung von Scheibenelementen können aus dem Zweidimensionalen weitgehend in den dreidimensionalen euklidischen Erfahrungsraum E3 übertragen werden. Dabei wird die Elementvielfalt durch die dritte Raumdimension beträchtlich erhöht, wie die einführende Systematik auf Bild 5.27 belegt. Übrigens baut sich jedes Hexaederelement aus mindestens 5 Tetraedern auf. Zerlegungs-algorithmisch ist es jedoch vorteilhafter, ein Hexaederelement zunächst in 2 prismatische Elemente zu unterteilen und letztere in je 3 Tetraeder aufzuspalten [Zienkiewicz 1985]. Als Knotenfreiheitsgrade werden im E3 stets die

Mittendurchbiegung:

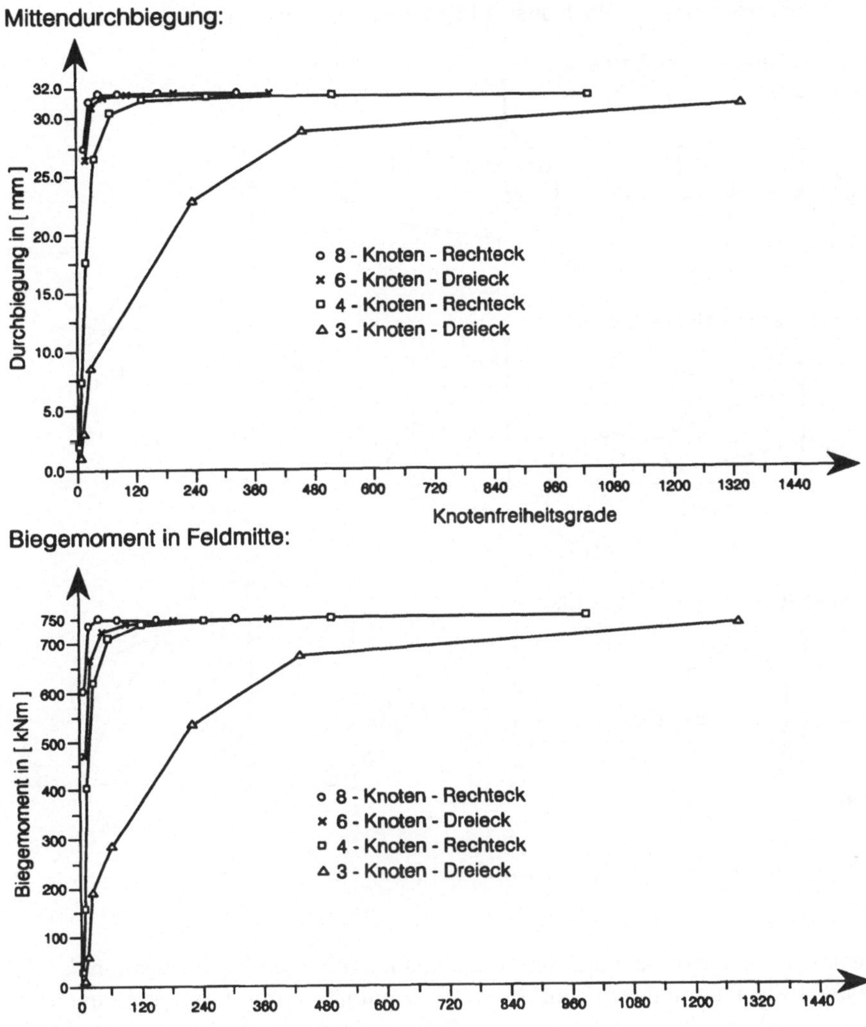

Biegemoment in Feldmitte:

Bild 5.26. Ergebnisse des Benchmarks

drei Verschiebungskomponenten u_i, $i = 1, 2, 3$ verwendet. Da im Kinematikoperator $\mathbf{D}_k$ (2.81b) nur Ableitungen 1. Ordnung auftreten, brauchen lediglich die Ansatzfunktionen auf den Elementoberflächen für den Übergang zu den Nachbarelementen stetig zu sein. Unseren kurzen systematischen Überblick möge der interessierte Leser in [Schwarz 1980] selbst vertiefen.

Hexaederelemente: Der unvollständige trilineare Ansatz

$$u_i\,(\zeta_1, \zeta_2, \zeta_3) = a_1 + a_2\zeta_1 + a_3\zeta_2 + a_4\zeta_3 + a_5\zeta_1\zeta_2$$
$$+ a_6\zeta_2\zeta_3 + a_7\zeta_3\zeta_1 + a_8\zeta_1\zeta_2\zeta_3 \tag{5.48a}$$

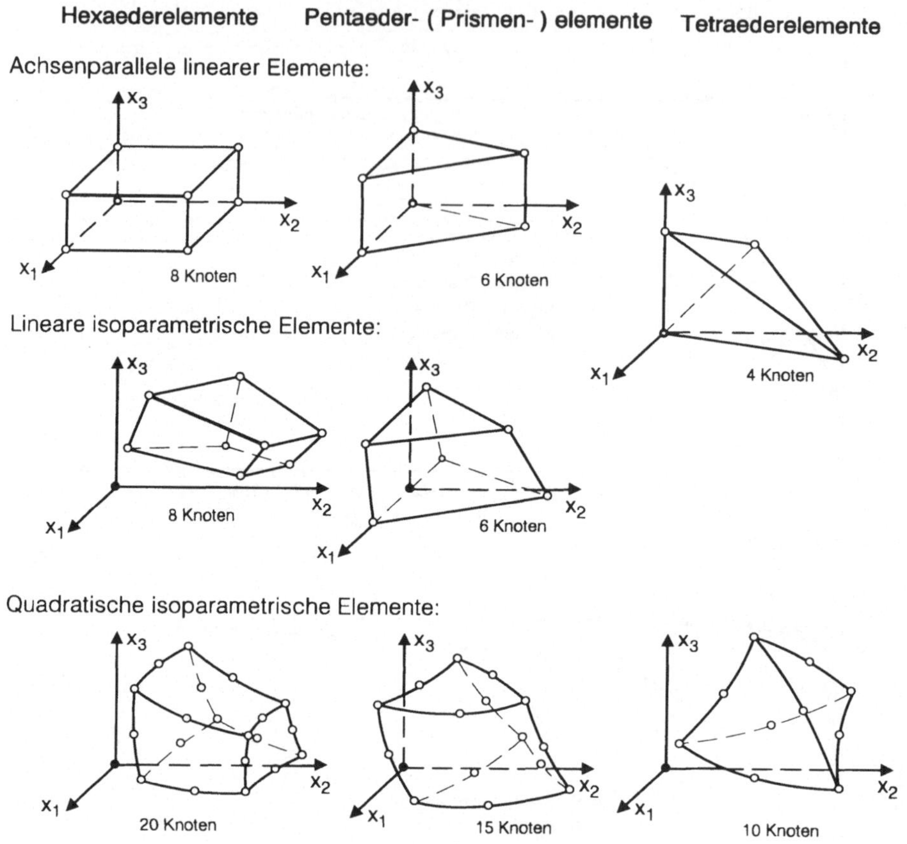

Hexaederelemente   Pentaeder- (Prismen-) elemente   Tetraederelemente

Achsenparallele linearer Elemente:

8 Knoten   6 Knoten   4 Knoten

Lineare isoparametrische Elemente:

8 Knoten   6 Knoten

Quadratische isoparametrische Elemente:

20 Knoten   15 Knoten   10 Knoten

Bild 5.27. Ein Blick in die Vielfalt dreidimensionaler Elemente

für eine beliebige Verschiebungskomponente, angegeben im Parameterraum ζ_1, ζ_2, ζ_3, weist 8 freie Parameter auf, die in den 8 Knotenpunkten durch je einen Knotenfreiheitsgrad abgelöst werden können. Der quadratische Ansatz der Serendipity-Klasse

$$
\begin{aligned}
u_i\,(\zeta_1, \zeta_2, \zeta_3) = {} & a_1 + a_2\zeta_1 + a_3\zeta_2 + a_4\zeta_3 + a_5\zeta_1^2 + a_6\zeta_1\zeta_2 \\
& + a_7\zeta_1\zeta_3 + a_8\zeta_2^2 + a_9\zeta_2\zeta_3 + a_{10}\zeta_3^2 + a_{11}\zeta_1^2\zeta_2 \\
& + a_{12}\zeta_1^2\zeta_3 + a_{13}\zeta_1\zeta_2^2 + a_{14}\zeta_1\zeta_2\zeta_3 + a_{15}\zeta_1\zeta_3^2 + a_{16}\zeta_2^2\zeta_3 \\
& + a_{17}\zeta_2\zeta_3^2 + a_{18}\zeta_1^2\zeta_2\zeta_3 + a_{19}\zeta_1\zeta_2^2\zeta_3 + a_{20}\zeta_1\zeta_2\zeta_3^2
\end{aligned}
\tag{5.48b}
$$

besitzt dagegen bereits 20 Freiwerte und erfordert somit neben den 8 Eckknoten noch 12 Seitenmittelknoten zur Ablösung.

Pentaederelemente (Prismenelemente): Der einfachste Ansatz für ein lineares Parallelepiped mit 6 Eckknoten, welcher auch mit linearen Hexaedern und Tetraedern zu stetigen Elementübergängen in den Verschiebungen führt, lautet

$$u_i\,(\zeta_1, \zeta_2, \zeta_3) = a_1 + a_2\zeta_1 + a_3\zeta_2 + a_4\zeta_3 + a_5\zeta_1\zeta_3 + a_6\zeta_2\zeta_3 \;. \tag{5.49a}$$

Ergänzt man die 6 zur Ablösung erforderlichen Eckknoten durch 9 Seitenmittel-knoten, so gestattet der konforme Ansatz

$$
\begin{aligned}
u_i\,(\zeta_1, \zeta_2, \zeta_3) = {} & a_1 + a_2\zeta_1 + a_3\zeta_2 + a_4\zeta_3 + a_5\zeta_1^2 + a_6\zeta_1\zeta_2 \\
& + a_7\zeta_1\zeta_3 + a_8\zeta_2^2 + a_9\zeta_2\zeta_3 + a_{10}\zeta_3^2 + a_{11}\zeta_1^2\zeta_2 \\
& + a_{12}\zeta_1\zeta_2\zeta_3 + a_{13}\zeta_1\zeta_3^2 + a_{14}\zeta_2^2\zeta_3 + a_{15}\zeta_2\zeta_3^2
\end{aligned}
\tag{5.49b}
$$

Formfunktionen für insgesamt 15-knotige Elemente mit nunmehr parabelförmigen Kanten. Die Formfunktionen sind sowohl mit denjenigen quadratischer Hexaeder- als auch Tetraederelemente kombinierbar.

Tetraederelemente: Der vollständige lineare Ansatz

$$u_i\,(\zeta_1, \zeta_2, \zeta_3) = a_1 + a_2\zeta_1 + a_3\zeta_2 + a_3\zeta_3 \tag{5.50a}$$

mit 4 Freiwerten entspricht dem einfachsten 4-Knoten-Element. Ein vollständiger quadratischer Ansatz dagegen

$$
\begin{aligned}
u_i\,(\zeta_1, \zeta_2, \zeta_3) = {} & a_1 + a_2\zeta_1 + a_3\zeta_2 + a_4\zeta_3 + a_5\zeta_1^2 + a_6\zeta_1\zeta_2 \\
& + a_7\zeta_1\zeta_3 + a_8\zeta_2^2 + a_9\zeta_2\zeta_3 + a_{10}\zeta_3^2
\end{aligned}
\tag{5.50b}
$$

erfordert 10 Knoten zur Ablösung durch Freiheitsgrade, d.h. 6 weitere Seitenmittelknoten.

5.5.2 Lineares 4-Knoten-Tetraederelement

Elemententwicklungen für dreidimensionale Kontinua sollen, ähnlich denen der Scheibentheorie, mit dem einfachsten Element beginnen: dem *linearen Tetraederelement*. Dieses Kontinuumselement geht auf [Gallagher 1962] und in der vorliegenden Form auf [Melosh 1963] zurück. Es besitzt ähnlich primitive Approximationsfähigkeiten wie das CST-Scheibenelement und erfordert dementsprechend einen hohen numerischen Aufwand. Würde beispielsweise die an der unteren Grenze zur praktischen Anwendung liegende Scheibenberechnung des Bildes 5.13 auf eine dreidimensionale Struktur der Abmessungen 6.00 m x 8.00 m x 7.00 m übertragen, so wären statt 12 x 16 x 2 = 384 CST-Elementen mit 13 x 17 x 2 − 14 = 428 Knotenfreiheitsgraden nunmehr 12 x 16 x 15 x 5 = 14.400 Tetraederelemente mit 13 x 17 x (16 x 3 − 1) − 16 = 10.371 Knotenfreiheitsgraden erforderlich.

Das zu entwickelnde Tetraederelement besitzt gemäß Bild 5.28 4 Eckknoten mit je 3 Verschiebungsfreiheitsgraden. Der einfachstmögliche, in allen 3 Raumkoordinaten x_i, i = 1, 2, 3 lineare Verschiebungsansatz

$$
\begin{aligned}
u_1\,(x_1, x_2, x_3) &= \alpha_1 + \alpha_2 x_1 + \alpha_3 x_2 + \alpha_4 x_3 \;, \\
u_2\,(x_1, x_2, x_3) &= \alpha_5 + \alpha_6 x_1 + \alpha_7 x_2 + \alpha_8 x_3 \;, \\
u_3\,(x_1, x_2, x_3) &= \alpha_9 + \alpha_{10} x_1 + \alpha_{11} x_2 + \alpha_{12} x_3
\end{aligned}
\tag{5.51a}
$$

Element mit Knoten und Knotenfreiheitsgraden:

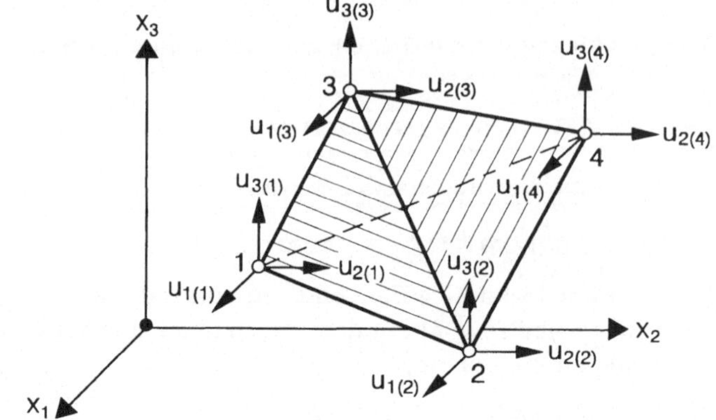

Approximation des Verschiebungsfeldes:

Ansatzfunktionen:

$$\mathbf{u}^e = \hat{\boldsymbol{\phi}}^e \cdot \hat{\mathbf{u}}^e = \begin{bmatrix} u_1 \\ u_2 \\ u_3 \end{bmatrix} = \begin{bmatrix} 1 & x_1 & x_2 & x_3 & & 0 & & & 0 \\ & 0 & & 1 & x_1 & x_2 & x_3 & & 0 \\ & 0 & & & 0 & & 1 & x_1 & x_2 & x_3 \end{bmatrix} \cdot \begin{bmatrix} \alpha_1 \\ \alpha_2 \\ \alpha_3 \\ \alpha_4 \\ \vdots \\ \alpha_9 \\ \alpha_{10} \\ \alpha_{11} \\ \alpha_{12} \end{bmatrix}$$

Formfunktionen:

$$\mathbf{u}^e = \boldsymbol{\Omega}^e \cdot \mathbf{v}^e = \begin{bmatrix} u_1 \\ u_2 \\ u_3 \end{bmatrix} = \begin{bmatrix} N_1 & N_2 & N_3 & N_4 \end{bmatrix} \cdot \begin{bmatrix} u_{1(1)} \\ u_{2(1)} \\ u_{3(1)} \\ u_{1(2)} \\ u_{2(2)} \\ u_{3(2)} \\ u_{1(3)} \\ u_{2(3)} \\ u_{3(3)} \\ u_{1(4)} \\ u_{2(4)} \\ u_{3(4)} \end{bmatrix}$$

$$N_i = \frac{a_i + b_i x_1 + c_i x_2 + d_i x_3}{6V^e} \begin{bmatrix} 1 & 0 & 0 \\ 0 & 1 & 0 \\ 0 & 0 & 1 \end{bmatrix}$$

mit den Determinanten:

$$a_i = \begin{vmatrix} x_{1(j)} & x_{2(j)} & x_{3(j)} \\ x_{1(k)} & x_{2(k)} & x_{3(k)} \\ x_{1(l)} & x_{2(l)} & x_{3(l)} \end{vmatrix}, \quad b_i = -\begin{vmatrix} 1 & x_{2(j)} & x_{3(j)} \\ 1 & x_{2(k)} & x_{3(k)} \\ 1 & x_{2(l)} & x_{3(l)} \end{vmatrix}, \quad c_i = \begin{vmatrix} x_{1(j)} & 1 & x_{3(j)} \\ x_{1(k)} & 1 & x_{3(k)} \\ x_{1(l)} & 1 & x_{3(l)} \end{vmatrix}, \quad d_i = -\begin{vmatrix} x_{1(j)} & x_{2(j)} & 1 \\ x_{1(k)} & x_{2(k)} & 1 \\ x_{1(l)} & x_{2(l)} & 1 \end{vmatrix}$$

Approximation des Verzerrungsfeldes:

$$\boldsymbol{\varepsilon}^e = \mathbf{H}^e \cdot \mathbf{v}^e = \begin{bmatrix} \varepsilon_{11} \\ \varepsilon_{22} \\ \varepsilon_{33} \\ 2\varepsilon_{12} \\ 2\varepsilon_{23} \\ 2\varepsilon_{31} \end{bmatrix} = \begin{bmatrix} H_1 & H_2 & H_3 & H_4 \end{bmatrix} \cdot \mathbf{v}^e \quad \text{mit: } \mathbf{H}_i = \frac{1}{6V^e} \begin{bmatrix} b_i & 0 & 0 \\ 0 & c_i & 0 \\ 0 & 0 & d_i \\ c_i & b_i & 0 \\ 0 & d_i & c_i \\ d_i & 0 & b_i \end{bmatrix}$$

Bild 5.28. Approximation der Verschiebungs- und Verzerrungsfelder eines 4-Knoten-Tetraeder elementes

eröffnet die Matrizenbeziehungen auf Bild 5.28. Zum Ablösen der 12 Konstanten α_m, $1 \leq m \leq 12$ durch die 4 $\times$ 3 Knotenfreiheitsgrade nach dem Standardvorgehen von Tafel 5.1 substituieren wir die Knotenpunktskoordinaten $x_{i(k)}$, $k = 1, 2, 3, 4$ in (5.51a) und definieren so die Knotenfreiheitsgrade $u_{i(k)}$. Die entstehende Formmatrix $\hat{\Phi}^e$ wird sodann invertiert, um durch Substitution in den Verschiebungsansatz schließlich die *Formfunktionen* des Verschiebungsfeldes zu gewinnen. Die Ergebnisse dieses mit viel Übersicht in [Melosh 1963] systematisierten Verfahrens finden sich ebenfalls auf Bild 5.28, worin V^e das Volumen des Tetraeders bezeichnet, darstellbar durch die Determinante:

$$V^e = \frac{1}{6} \begin{vmatrix} 1 & x_{1(i)} & x_{2(i)} & x_{3(i)} \\ 1 & x_{1(j)} & x_{2(j)} & x_{3(j)} \\ 1 & x_{1(k)} & x_{2(k)} & x_{3(k)} \\ 1 & x_{1(l)} & x_{2(l)} & x_{3(l)} \end{vmatrix} . \tag{5.51b}$$

a_i auf Bild 5.28 kürzt hieraus die untere rechte Unterdeterminante ab, und b_i, c_i sowie d_i sind deren Kofaktoren. In sämtlichen Darstellungen ist die Reihenfolge der Knotennumerierungen j, k, l derart zu wählen, daß vom Knoten i aus betrachtet die drei anderen in positivem Umfahrungssinn durchlaufen werden müssen, d.h. i: j,k,l := 1: 2,3,4; 2: 3,1,4; 3: 1,2,4; 4: 1,3,2. Werfen wir abschließend noch einen Blick auf die einzelnen *Formfunktionen* N_i, $i = 1, 2, 3, 4$ der Matrix Ω^e des Bildes 5.28, so ist in ihnen die eingangs angestrebte vollständige lineare Verschiebungsapproximation in x_1, x_2, x_3 deutlich erkennbar.

Zur Approximation des *Verzerrungsfeldes* wird sodann gemäß Tafel 5.1 der kinematische Operator $\mathbf{D}_k$ (2.81b) auf das Verschiebungsfeld angewendet. Infolge der vier Untermatrizen $\mathbf{N}_i$ von Ω^e wiederholt sich das dabei entstehende Produkt $\mathbf{D}_k \cdot \mathbf{N}_i$ auch viermal, nämlich für i = 1, 2, 3, 4:

$$\mathbf{D}_k \cdot \mathbf{N}_i = \begin{bmatrix} \partial_1 & & \\ & \partial_2 & \\ & & \partial_3 \\ \partial_2 & \partial_1 & \\ & \partial_3 & \partial_2 \\ \partial_3 & & \partial_1 \end{bmatrix} = \begin{bmatrix} N_{i,1} & & \\ & N_{i,2} & \\ & & N_{i,3} \\ N_{i,2} & N_{i,1} & \\ & N_{i,3} & N_{i,2} \\ N_{i,3} & & N_{i,1} \end{bmatrix} = \frac{1}{6V^e} \begin{bmatrix} b_i & & \\ & c_i & \\ & & d_i \\ c_i & b_i & \\ & d_i & c_i \\ d_i & & b_i \end{bmatrix} = \mathbf{H}_i . \tag{5.52a}$$

Damit gewinnt man die sehr einfache, nämlich nur durch konstante Glieder b_i, c_i, d_i erfolgende Approximation des Verzerrungsfeldes im unteren Teil von Bild 5.28:

$$\boldsymbol{\varepsilon}^e = \mathbf{H}^e \cdot \mathbf{v}^e = [\mathbf{H}_1 \mid \mathbf{H}_2 \mid \mathbf{H}_3 \mid \mathbf{H}_4] \cdot \begin{bmatrix} \mathbf{v}_1 \\ \mathbf{v}_2 \\ \mathbf{v}_3 \\ \mathbf{v}_4 \end{bmatrix} \quad \text{mit} \quad \mathbf{v}_i = \begin{bmatrix} u_{1(i)} \\ u_{2(i)} \\ u_{3(i)} \end{bmatrix} . \tag{5.52b}$$

Unter Verwendung des Elastizitätsgesetzes (2.84a) leiten wir hieraus sodann die Approximation des *Spannungsfeldes*

$$\sigma^e = \mathbf{E} \cdot \varepsilon^e = \mathbf{E} \cdot \mathbf{H}^e \cdot \mathbf{v}^e = \mathbf{S}^e \cdot \mathbf{v}^e = [\mathbf{S}_1 \quad \mathbf{S}_2 \quad \mathbf{S}_3 \quad \mathbf{S}_4] \cdot \mathbf{v}^e \tag{5.53a}$$

mit den Formfunktionen [Hahn 1975]

$$\mathbf{S}_i = \frac{E}{6(1+\nu)(1-2\nu)V^e} \begin{bmatrix} (1-\nu)\,b_i & \nu\,c_i & \nu\,d_1 \\ \nu\,b_i & (1-\nu)\,c_i & \nu\,d_i \\ \nu\,b_i & \nu\,c_i & (1-\nu)\,d_i \\ (1-2\nu)\,c_i/2 & (1-2\nu)\,b_i/2 & 0 \\ 0 & (1-2\nu)\,d_i/2 & (1-2\nu)\,c_i/2 \\ (1-2\nu)\,d_i/2 & 0 & (1-2\nu)\,b_i/2 \end{bmatrix} \tag{5.54b}$$

her, wozu die Laméschen Werkstoffkonstanten (2.83b) in den Elastizitätsoperator $\mathbf{E}$ rücksubstituiert wurden. Hiermit läßt sich schließlich die *Element-Steifigkeits-matrix*

$$\mathbf{k}^e = \int_{V^e} \mathbf{H}^{eT} \cdot \mathbf{E} \cdot \mathbf{H}^e \, dV = \int_{V^e} \mathbf{H}^{eT} \cdot \mathbf{S}^e \, dx_1 \, dx_2 \, dx_3 = \mathbf{H}^{eT} \cdot \mathbf{S}^e \, V^e \tag{5.54c}$$

aufbauen, deren Untermatrizen auf Bild 5.29 die Elementherleitung abschließen.

5.5.3 Schiefwinkliges isoparametrisches 8-Knoten-Hexaederelement

Das im Abschnitt 5.4.3 entwickelte isoparametrische Elementkonzept für Scheiben läßt sich problemlos auf dreidimensionale Elemente übertragen. Hierzu führen wir in einem in den Erfahrungsraum E3, x_i, $i = 1, 2, 3$ eingebetteten Element einen nunmehr dreidimensionalen Parameterraum ζ_i, $i = 1, 2, 3$ ein. Wählen wir zwischen den beiden Räumen eine vollständige *trilineare Verknüpfung*

$$\mathbf{x}^e = \mathbf{\Phi}^e \cdot \hat{\mathbf{x}}^e \; :$$

$$
\begin{aligned}
x_1(\zeta_1, \zeta_2, \zeta_3) &= a_1 + a_2\zeta_1 + a_3\zeta_2 + a_4\zeta_3 + a_5\zeta_1\zeta_2 + a_6\zeta_2\zeta_3 + a_7\zeta_1\zeta_3 + a_8\zeta_1\zeta_2\zeta_3 \;, \\
x_2(\zeta_1, \zeta_2, \zeta_3) &= b_1 + b_2\zeta_1 + b_3\zeta_2 + b_4\zeta_3 + b_5\zeta_1\zeta_2 + b_6\zeta_2\zeta_3 + b_7\zeta_1\zeta_3 + b_8\zeta_1\zeta_2\zeta_3 \;, \\
x_3(\zeta_1, \zeta_2, \zeta_3) &= c_1 + c_2\zeta_1 + c_3\zeta_2 + c_4\zeta_3 + c_5\zeta_1\zeta_2 + c_6\zeta_2\zeta_3 + c_7\zeta_1\zeta_3 + c_8\zeta_1\zeta_2\zeta_3 \;,
\end{aligned} \tag{5.55}
$$

so können analog zu dem Ablösungsprozeß im Abschnitt 5.4.3 die Parameter a_k, b_k, c_k, $1 \le k \le 8$ durch die Knotenpunktskoordinaten $x_{1(k)}$, $x_{2(k)}$, $x_{3(k)}$ ersetzt werden. Damit wird die Geometrie eines im Erfahrungsraum schiefwinkligen, geradseitigen 8-Knoten-Hexaederelementes gemäß Bild 5.30 in Abhängigkeit der Knotenpunktskoordinaten beschrieben, welches im Parameterraum auf einen Würfel mit den Eckkoordinaten $\zeta_i := -1$ bzw. 1 abgebildet wird. Man erhält nach einer Reihe von Standard-Rechenschritten die *Approximation der Elementgeometrie:*

$$\mathbf{x}^e = \mathbf{N}_1\mathbf{x}^e_{(1)} + \mathbf{N}_2\mathbf{x}^e_{(2)} + \mathbf{N}_3\mathbf{x}^e_{(3)} + \mathbf{N}_4\mathbf{x}^e_{(4)} + \mathbf{N}_5\mathbf{x}^e_{(5)} + \mathbf{N}_6\mathbf{x}^e_{(6)} + \mathbf{N}_7\mathbf{x}^e_{(7)} + \mathbf{N}_8\mathbf{x}^e_{(8)} \tag{5.56a}$$

Element, Knotenfreiheitsgrade und Steifigkeitsmatrix:

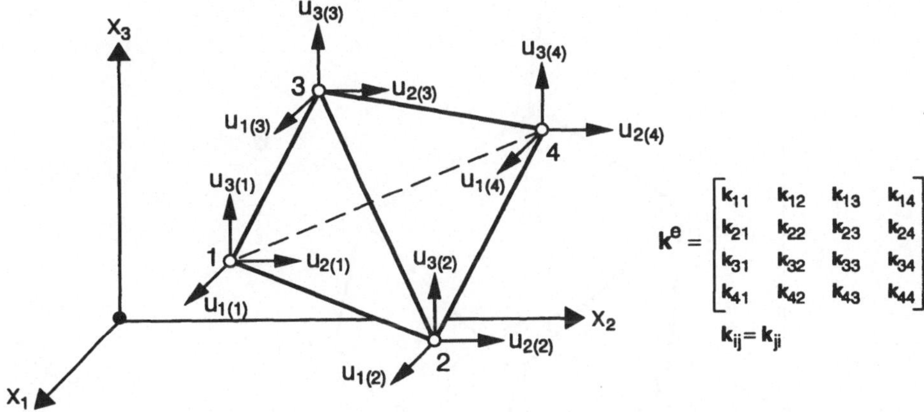

$$\mathbf{k}^e = \begin{bmatrix} k_{11} & k_{12} & k_{13} & k_{14} \\ k_{21} & k_{22} & k_{23} & k_{24} \\ k_{31} & k_{32} & k_{33} & k_{34} \\ k_{41} & k_{42} & k_{43} & k_{44} \end{bmatrix}$$

$$k_{ij} = k_{ji}$$

Untermatrizen der Steifigkeitsmatrix:

Allgemein:

$$k_{ij} = \frac{E}{36(1-v-2v^2)\,V^e} \begin{bmatrix} (1-v)\,b_i b_j + \frac{1-2v}{2}(c_i c_j + d_i d_j) & vb_i c_j + \frac{1-2v}{2} b_j c_i & vb_i d_j + \frac{1-2v}{2} b_j d_i \\ vb_j c_i + \frac{1-2v}{2} b_i c_j & (1-v)\,c_i c_j + \frac{1-2v}{2}(b_i b_j + d_i d_j) & vc_i d_j + \frac{1-2v}{2} c_j d_i \\ vb_j d_i + \frac{1-2v}{2} b_i d_j & vc_j d_i + \frac{1-2v}{2} c_i d_j & (1-v)\,d_i d_j + \frac{1-2v}{2}(b_i b_j + c_i c_j) \end{bmatrix}$$

Diagonalmatrizen:

$$k_{ii} = \frac{E}{36(1-v-2v^2)\,V^e} \begin{bmatrix} (1-v)\,b_i^2 + \frac{1-2v}{2}(c_i^2 + d_i^2) & \frac{1}{2} b_i c_i & \frac{1}{2} b_i d_i \\ \frac{1}{2} b_i c_i & (1-v)\,c_i^2 + \frac{1-2v}{2}(b_i^2 + d_i^2) & \frac{1}{2} c_i d_i \\ \frac{1}{2} b_i d_i & \frac{1}{2} c_i d_i & (1-v)\,d_i^2 + \frac{1-2v}{2}(b_i^2 + c_i^2) \end{bmatrix}$$

Bild 5.29. Steifigkeitsmatrix eines 4-Knoten-Tetraederelementes

mit den Abkürzungen:

$$\mathbf{x}^e = \begin{bmatrix} x_1(\zeta_1, \zeta_2, \zeta_3) \\ x_2(\zeta_1, \zeta_2, \zeta_3) \\ x_3(\zeta_1, \zeta_2, \zeta_3) \end{bmatrix}, \quad \mathbf{x}_{(k)}^e = \begin{bmatrix} x_{1(k)} \\ x_{2(k)} \\ x_{3(k)} \end{bmatrix}, \quad \mathbf{N}_k = \begin{bmatrix} N_k & 0 & 0 \\ 0 & N_k & 0 \\ 0 & 0 & N_k \end{bmatrix} \quad (5.56b)$$

sowie den auf Bild 5.30 wiedergegebenen Formfunktionen N_k, $1 \le k \le 8$, deren Interpolationseigenschaften leicht kontrollierbar sind.

Im Rahmen des isoparametrischen Konzepts wählen wir einen zu (5.56a) analogen Ansatz zur *Approximation des Verschiebungsfeldes*

$$\mathbf{u}^e = \mathbf{N}_1 \mathbf{v}_{(1)}^e + \mathbf{N}_2 \mathbf{v}_{(2)}^e + \mathbf{N}_3 \mathbf{v}_{(3)}^e + \mathbf{N}_4 \mathbf{v}_{(4)}^e + \mathbf{N}_5 \mathbf{v}_{(5)}^e + \mathbf{N}_6 \mathbf{v}_{(6)}^e + \mathbf{N}_7 \mathbf{v}_{(7)}^e + \mathbf{N}_8 \mathbf{v}_{(8)}^e$$

$$(5.57a)$$

mit

Element mit Knotenpunkten k und Parameterwerten ($\zeta_{1(k)}$, $\zeta_{2(k)}$, $\zeta_{3(k)}$):

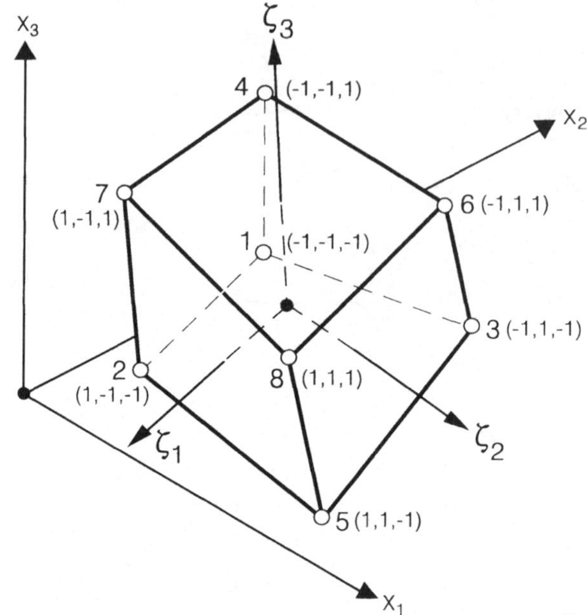

Elementgeometrie:

$$\mathbf{x}^e = \mathbf{\Omega}^e \cdot \tilde{\mathbf{x}}^e_{(k)} = \begin{bmatrix} x_1 \\ x_2 \\ x_3 \end{bmatrix}^e = \begin{bmatrix} \mathbf{N}_1 & \mathbf{N}_2 & \mathbf{N}_3 & \mathbf{N}_4 & \mathbf{N}_5 & \mathbf{N}_6 & \mathbf{N}_7 & \mathbf{N}_8 \end{bmatrix} \cdot \begin{bmatrix} \mathbf{x}_{(1)} \\ \mathbf{x}_{(2)} \\ \mathbf{x}_{(3)} \\ \mathbf{x}_{(4)} \\ \mathbf{x}_{(5)} \\ \mathbf{x}_{(6)} \\ \mathbf{x}_{(7)} \\ \mathbf{x}_{(8)} \end{bmatrix}^e$$

mit: $\mathbf{x}^e_{(k)} = \begin{bmatrix} x_{1(k)} \\ x_{2(k)} \\ x_{3(k)} \end{bmatrix}$, $\mathbf{N}_k = \begin{bmatrix} N_k & 0 & 0 \\ 0 & N_k & 0 \\ 0 & 0 & N_k \end{bmatrix}$

und den Formfunktionen:

$$N_1 = (1 - \zeta_1)(1 - \zeta_2)(1 - \zeta_3)/8 \qquad N_5 = (1 + \zeta_1)(1 + \zeta_2)(1 - \zeta_3)/8$$
$$N_2 = (1 + \zeta_1)(1 - \zeta_2)(1 - \zeta_3)/8 \qquad N_6 = (1 - \zeta_1)(1 + \zeta_2)(1 + \zeta_3)/8$$
$$N_3 = (1 - \zeta_1)(1 + \zeta_2)(1 - \zeta_3)/8 \qquad N_7 = (1 + \zeta_1)(1 - \zeta_2)(1 + \zeta_3)/8$$
$$N_4 = (1 - \zeta_1)(1 - \zeta_2)(1 + \zeta_3)/8 \qquad N_8 = (1 + \zeta_1)(1 + \zeta_2)(1 + \zeta_3)/8$$

Approximation des Verschiebungsfeldes:

$$\mathbf{u}^e = \mathbf{\Omega}^e \cdot \mathbf{v}^e = \begin{bmatrix} u_1 \\ u_2 \\ u_3 \end{bmatrix}^e = \begin{bmatrix} \mathbf{N}_1 & \mathbf{N}_2 & \mathbf{N}_3 & \mathbf{N}_4 & \mathbf{N}_5 & \mathbf{N}_6 & \mathbf{N}_7 & \mathbf{N}_8 \end{bmatrix} \cdot \begin{bmatrix} \mathbf{v}_{(1)} \\ \mathbf{v}_{(2)} \\ \mathbf{v}_{(3)} \\ \mathbf{v}_{(4)} \\ \mathbf{v}_{(5)} \\ \mathbf{v}_{(6)} \\ \mathbf{v}_{(7)} \\ \mathbf{v}_{(8)} \end{bmatrix}^e$$

mit: $\mathbf{v}^e_{(k)} = \begin{bmatrix} u_{1(k)} \\ u_{2(k)} \\ u_{3(k)} \end{bmatrix}$

Bild 5.30. Schiefwinkliges isoparametrisches 8-Knoten-Hexaederelement

$$\mathbf{u}^e = \begin{bmatrix} u_1\,(\zeta_1, \zeta_2, \zeta_3) \\ u_2\,(\zeta_1, \zeta_2, \zeta_3 \\ u_3\,(\zeta_1, \zeta_2, \zeta_3 \end{bmatrix}, \quad \mathbf{v}^e_{(k)} = \begin{bmatrix} u_{1(k)} \\ u_{2(k)} \\ u_{3(k)} \end{bmatrix}, \tag{5.57b}$$

dessen Ergebnis ebenfalls Bild 5.30 enthält. Die hieraus herzuleitende Verzerrungsapproximation durch Anwendung des kinematischen Operators $\mathbf{D}_k$ (2.81b) auf die Formfunktionsmatrix $\mathbf{\Omega}^e$ des Verschiebungsfeldes erfordert dessen Transformation in die Koordinaten ζ_i des Parameterraumes. Dies erfolgt zweckmäßigerweise durch zeilenweise Anwendung der inversen dreidimensionalen JACOBI-Transformation:

$$\begin{bmatrix} \dfrac{\partial}{\partial \zeta_1} \\[2ex] \dfrac{\partial}{\partial \zeta_2} \\[2ex] \dfrac{\partial}{\partial \zeta_3} \end{bmatrix} = \begin{bmatrix} \dfrac{\partial x_1}{\partial \zeta_1} & \dfrac{\partial x_2}{\partial \zeta_1} & \dfrac{\partial x_3}{\partial \zeta_1} \\[2ex] \dfrac{\partial x_1}{\partial \zeta_2} & \dfrac{\partial x_2}{\partial \zeta_2} & \dfrac{\partial x_3}{\partial \zeta_2} \\[2ex] \dfrac{\partial x_1}{\partial \zeta_3} & \dfrac{\partial x_2}{\partial \zeta_3} & \dfrac{\partial x_3}{\partial \zeta_3} \end{bmatrix} = \mathbf{J} \cdot \begin{bmatrix} \dfrac{\partial}{\partial x_1} \\[2ex] \dfrac{\partial}{\partial x_2} \\[2ex] \dfrac{\partial}{\partial x_3} \end{bmatrix}, \tag{5.58a}$$

$$\begin{bmatrix} \dfrac{\partial}{\partial x_1} \\[2ex] \dfrac{\partial}{\partial x_2} \\[2ex] \dfrac{\partial}{\partial x_3} \end{bmatrix} = \begin{bmatrix} \dfrac{\partial \zeta_1}{\partial x_1} & \dfrac{\partial \zeta_2}{\partial x_1} & \dfrac{\partial \zeta_3}{\partial x_1} \\[2ex] \dfrac{\partial \zeta_1}{\partial x_2} & \dfrac{\partial \zeta_2}{\partial x_2} & \dfrac{\partial \zeta_3}{\partial x_2} \\[2ex] \dfrac{\partial \zeta_1}{\partial x_3} & \dfrac{\partial \zeta_2}{\partial x_3} & \dfrac{\partial \zeta_3}{\partial x_3} \end{bmatrix} = \mathbf{J}^{-1} \cdot \begin{bmatrix} \dfrac{\partial}{\partial \zeta_1} \\[2ex] \dfrac{\partial}{\partial \zeta_2} \\[2ex] \dfrac{\partial}{\partial \zeta_3} \end{bmatrix}. \tag{5.58b}$$

Hieraus kann erneut $\mathbf{J}^{-1}$ über

$$\mathbf{J}^{-1} = \begin{bmatrix} \zeta_{1,1} & \zeta_{2,1} & \zeta_{3,1} \\ \zeta_{1,2} & \zeta_{2,2} & \zeta_{3,2} \\ \zeta_{1,3} & \zeta_{2,3} & \zeta_{3,3} \end{bmatrix} = \begin{bmatrix} x_{1;1} & x_{2;1} & x_{3;1} \\ x_{1;2} & x_{2;2} & x_{3;2} \\ x_{1;3} & x_{2;3} & x_{3;3} \end{bmatrix}^{-1} \tag{5.58c}$$

aus (5.56b) gewonnen werden; wieder kürzt das Semikolon die Ableitungen nach den Koordinaten ζ_i des Parameterraumes ab.

Die Elemente von $\mathbf{J}^{-1}$ und damit ebenfalls diejenigen der Formfunktionsmatrizen $\mathbf{H}_k$, $1 \leq k \leq 8$ der gesuchten *Verzerrungsapproximation*

$$\boldsymbol{\varepsilon}^e = \mathbf{D}_k \cdot \mathbf{\Omega}^e \cdot \mathbf{v}^e = \mathbf{H}^e \cdot \mathbf{v}^e = [\mathbf{H}_1 \ \mathbf{H}_2 \ \mathbf{H}_3 \ \mathbf{H}_4 \ \mathbf{H}_5 \ \mathbf{H}_6 \ \mathbf{H}_7 \ \mathbf{H}_8] \cdot \mathbf{v}^e \tag{5.59a}$$

ergeben sich infolge (5.58c) wieder als gebrochen-rationale Funktionen, weshalb das explizite Ausschreiben der $\mathbf{H}_k$ zwecks möglicher analytischer Integrationen unausführbar kompliziert werden würde. Daher wird man die benötigten Funktionswerte der $\mathbf{H}_k$ auch hier nur computerintern bereithalten und die Element-Steifigkeitsmatrix durch numerische Integration gewinnen, beispielsweise in einem 2x2x2-Raster. Da für das Volumenelement

$$dx_1\, dx_2\, dx_3 = \det \mathbf{J}\ d\zeta_1\, d\zeta_2\, d\zeta_3 \tag{5.59b}$$

gilt, lautet das hierfür auszuwertende Integral:

$$\mathbf{k}^e = \int_{V^e} \mathbf{H}^{eT} \cdot \mathbf{E} \cdot \mathbf{H}^e \, dV = \int_{-1}^{1} \int_{-1}^{1} \int_{-1}^{1} \mathbf{H}^{eT} \cdot \mathbf{E} \cdot \mathbf{H}^e \det \mathbf{J} \, d\zeta_1 \, d\zeta_2 \, d\zeta_3 \ . \qquad (5.59c)$$

5.5.4 Orthogonales 8-Knoten-Hexaederelement: Die Steifigkeitsmatrix

Lediglich für ein orthogonales 8-Knoten-Hexaederelement, das Parallelepiped auf
Bild 5.31, lassen sich die *Verzerrungsapproximationen* anschreiben und die auftre-

Element mit Abmessungen, Knoten- und Freiheitsgradnumerierungen:

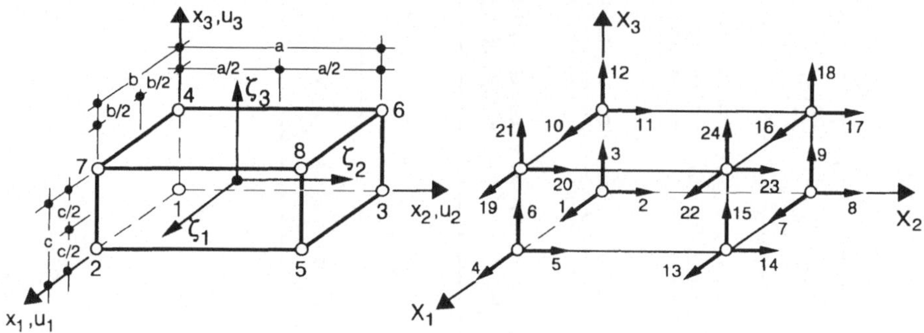

Approximation des Verschiebungsfeldes:

$$\mathbf{u}^e = \mathbf{\Omega}^e \cdot \mathbf{v}^e = \begin{bmatrix} \mathbf{N}_1 & \mathbf{N}_2 & \mathbf{N}_3 & \mathbf{N}_4 & \mathbf{N}_5 & \mathbf{N}_6 & \mathbf{N}_7 & \mathbf{N}_8 \end{bmatrix} \cdot \mathbf{v}^e :$$

$$\begin{bmatrix} u_1 \\ u_2 \\ u_3 \end{bmatrix} = \begin{bmatrix} N_1 & & & N_2 & & & N_3 & & & N_4 & & & N_5 & & \\ & N_1 & & & N_2 & & & N_3 & & & N_4 & & & N_5 & \\ & & N_1 & & & N_2 & & & N_3 & & & N_4 & & & N_5 \end{bmatrix}$$

$$\begin{bmatrix} N_6 & & & N_7 & & & N_8 & & \\ & N_6 & & & N_7 & & & N_8 & \\ & & N_6 & & & N_7 & & & N_8 \end{bmatrix} \cdot \mathbf{v}^e$$

mit den Formfunktionen N_k von Bild 5.30 sowie mit:

$$\mathbf{v}^{eT} = \begin{bmatrix} v_1 & v_2 & v_3 & v_4 & v_5 & v_6 & v_7 & v_8 & v_9 & v_{10} & v_{11} & v_{12} & v_{13} & v_{14} & v_{15} \end{bmatrix}$$
$$\begin{bmatrix} v_{16} & v_{17} & v_{18} & v_{19} & v_{20} & v_{21} & v_{22} & v_{23} & v_{24} \end{bmatrix}$$

JACOBI - Transformation:
$$\mathbf{J} = \begin{bmatrix} a/2 & 0 & 0 \\ 0 & b/2 & 0 \\ 0 & 0 & c/2 \end{bmatrix}, \quad \det \mathbf{J} = \frac{8}{abc}, \quad \mathbf{J}^{-1} = \begin{bmatrix} a/2 & 0 & 0 \\ 0 & b/2 & 0 \\ 0 & 0 & 2c \end{bmatrix}$$

Bild 5.31. Approximation des Verschiebungsfeldes eines orthogonalen 8-Knoten-Hexaederele-
mentes

tenden Integrationen daher noch einmal analytisch bewältigen [Melosh 1963]. Die Knotenfreiheitsgrade wurden in der dort wiedergegebenen Reihenfolge entsprechend den Knotennumerierungen bezeichnet und in der Spalte v^e zusammengefaßt. Ferner wurde von Bild 5.30 die Approximation des Verschiebungsfeldes mit den Formfunktionen N_k, $1 \le k \le 8$ in den Koordinaten ζ_i des Parameterraumes übernommen.

Aus den Koordinatentransformationen zum Erfahrungsraum

$$x_1 = x_{1(1)} + \frac{a}{2}(1+\zeta_1) \qquad x_{1;1} = \frac{a}{2}$$

$$x_2 = x_{2(1)} + \frac{b}{2}(1+\zeta_2) \;\to\; x_{2;2} = \frac{b}{2} \tag{5.60a}$$

$$x_3 = x_{3(1)} + \frac{c}{2}(1+\zeta_3) \qquad x_{3;3} = \frac{c}{2}$$

erhalten wir die Jacobi-Matrix, deren Inverse sowie Determinante:

$$\mathbf{J} = \begin{bmatrix} a/2 & 0 & 0 \\ 0 & b/2 & 0 \\ 0 & 0 & c/2 \end{bmatrix}, \quad \mathbf{J}^{-1} = \begin{bmatrix} 2/a & 0 & 0 \\ 0 & 2/b & 0 \\ 0 & 0 & 2/c \end{bmatrix}, \quad \det \mathbf{J} = \frac{abc}{8}. \tag{5.60b}$$

Damit läßt sich der Kinematikoperator $\mathbf{D}_k$ folgendermaßen, nämlich durch zeilenweise Anwendung von (5.58b), in den Parameterraum transformieren:

$$\mathbf{D}_k = \begin{bmatrix} ,1 & & \\ & ,2 & \\ & & ,3 \\ ,2 & ,1 & \\ & ,3 & ,2 \\ ,3 & & ,1 \end{bmatrix} = \begin{bmatrix} 2/a & & & & & \\ & 2/b & & & & \\ & & 2/c & & & \\ & & & 2/b & 2/a & \\ & & & & 2/c & 2/b \\ & & & 2/c & & 2/a \end{bmatrix} \cdot \begin{bmatrix} ;1 & & \\ & ;2 & \\ & & ;3 \\ ;2 & ;1 & \\ & ;3 & ;2 \\ ;3 & & ;1 \end{bmatrix}$$

$$= \begin{bmatrix} 2/a\,_{;1} & & \\ & 2/b\,_{;2} & \\ & & 2/c\,_{;3} \\ 2/b\,_{;2} & 2/a\,_{;1} & \\ & 2/c\,_{;3} & 2/b\,_{;2} \\ 2/c\,_{;3} & & 2/a\,_{;1} \end{bmatrix} \tag{5.60c}$$

Durch seine Anwendung auf die Formfunktionsmatrix $\mathbf{\Omega}^e$ der Verschiebungen auf Bild 5.32 entsteht die Formfunktionsmatrix $\mathbf{H}^e$ der Verzerrungen mit den ebenfalls dort wiedergegebenen Formfunktionen H_l, $1 \le l \le 12$.

Wie uns Bild 5.31 bestätigt, werden die 3 Verschiebungskomponenten u_i elementweise in jeder Koordinatenrichtung linear $(1 \pm \zeta_i)$ approximiert. Die Dehnungen ε_{11}, ε_{22}, ε_{33} werden gemäß Bild 5.32 in ihren Wirkungsrichtungen als konstant, quer zu diesen wieder linear approximiert. Die Schubgleitungen $2\,\varepsilon_{ij}$, $i \ne j$ dagegen erfahren in allen drei Koordinatenrichtungen eine lineare Approximation. Wegen des Stoffgesetzes (2.84a) werden alle Spannungen konform zu ihren zugeordneten

$$\boldsymbol{\varepsilon}^e = \mathbf{H}^e \cdot \mathbf{v}^e = \begin{bmatrix} \mathbf{H}_1 & \mathbf{H}_2 & \mathbf{H}_3 & \mathbf{H}_4 & \mathbf{H}_5 & \mathbf{H}_6 & \mathbf{H}_7 & \mathbf{H}_8 \end{bmatrix} \cdot \mathbf{v}^e$$

$$\begin{bmatrix} \varepsilon_{11} \\ \varepsilon_{22} \\ \varepsilon_{33} \\ 2\varepsilon_{12} \\ 2\varepsilon_{23} \\ 2\varepsilon_{31} \end{bmatrix} = \left[\begin{array}{ccc|ccc|ccc|ccc|ccc|ccc|ccc|ccc}
-H_1 & & & H_1 & & & -H_2 & & & -H_3 & & & H_2 & & & -H_4 & & & H_3 & & & H_4 & & \\
& -H_5 & & & -H_6 & & & H_5 & & & -H_7 & & & H_6 & & & H_7 & & & -H_8 & & & H_8 & \\
& & -H_9 & & & -H_{10} & & & -H_{11} & & & H_9 & & & -H_{12} & & & H_{11} & & & H_{10} & & & H_{12} \\
-H_5 & -H_1 & & -H_6 & H_1 & & H_5 & -H_2 & & -H_7 & -H_3 & & H_6 & H_2 & & H_7 & -H_4 & & -H_8 & H_3 & & H_8 & H_4 & \\
& -H_9 & -H_5 & & -H_{10} & -H_6 & & -H_{11} & H_5 & & H_9 & -H_7 & & -H_{12} & H_6 & & H_{11} & H_7 & & H_{10} & -H_8 & & H_{12} & H_8 \\
-H_9 & & -H_1 & -H_{10} & & H_1 & -H_{11} & & -H_2 & H_9 & & -H_3 & -H_{12} & & H_2 & H_{11} & & -H_4 & H_{10} & & H_3 & H_{12} & & H_4
\end{array}\right] \cdot \mathbf{v}^e$$

mit:

$$H_1 = (1 - \zeta_2)(1 - \zeta_3)/4a \qquad H_5 = (1 - \zeta_1)(1 - \zeta_3)/4b \qquad H_9 = (1 - \zeta_1)(1 - \zeta_2)/4c$$
$$H_2 = (1 + \zeta_2)(1 - \zeta_3)/4a \qquad H_6 = (1 + \zeta_1)(1 - \zeta_3)/4b \qquad H_{10} = (1 + \zeta_1)(1 - \zeta_2)/4c$$
$$H_3 = (1 - \zeta_2)(1 + \zeta_3)/4a \qquad H_7 = (1 - \zeta_1)(1 + \zeta_3)/4b \qquad H_{11} = (1 - \zeta_1)(1 + \zeta_2)/4c$$
$$H_4 = (1 + \zeta_2)(1 + \zeta_3)/4a \qquad H_8 = (1 + \zeta_1)(1 + \zeta_3)/4b \qquad H_{12} = (1 + \zeta_1)(1 + \zeta_2)/4c$$

Bild 5.32. Approximation des Verzerrungsfeldes eines orthogonalen 8-Knoten-Hexaederelementes

Verzerrungen abgebildet.

Nunmehr kann durch

$$\mathbf{k}^e = \int_{V^e} \mathbf{H}^{eT} \cdot \mathbf{E} \cdot \mathbf{H}^e \, dV = \int_{-1}^{1} \int_{-1}^{1} \int_{-1}^{1} \mathbf{H}^{eT} \cdot \mathbf{E} \cdot \mathbf{H}^e \det \mathbf{J} \, d\zeta_1 \, d\zeta_2 \, d\zeta_3 \tag{5.61}$$

die *Element-Steifigkeitsmatrix* gliedweise gewonnen werden, beispielsweise mittels eines Computerprogramms zur symbolischen Analysis. Auf Bild 5.33 ist sie in der von [Thieme 1996] ermittelten Fassung wiedergegeben.

5.5.5 Orthogonales 8-Knoten-Hexaederelement: Die Volleinspannkraftgrößen

Abschließend sollen für dieses Element noch einige Volleinspannkraftgrößen bestimmt werden. Abweichend vom bisherigen Standardvorgehen im Abschnitt 5.1.2, nach welchem das betrachtete Element stets ganz in den Gesamtkörper eingebettet

$$k^e = \frac{E\,abc}{18(1+\nu)}$$

symmetrisch

	1	2	3	4	5	6	7	8	9	10	11	12	13	14	15	16	17	18	19	20	21	22	23	24	
	13	5	3	14	6	4	15	-6	9	16	11	-4	17	-5	10	18	-12	-10	19	12	-3	20	-11	-9	1
		21	1	-6	23	7	6	22	2	11	24	-2	-5	25	8	12	27	-1	-12	26	-8	-11	28	-7	2
			29	-4	7	32	9	-2	31	4	2	30	-10	-8	34	10	-1	33	-3	8	35	-9	-7	36	3
				13	-5	-3	17	5	-10	19	-12	3	15	6	-9	20	11	9	16	-11	4	18	12	10	4
					21	1	5	25	8	12	26	-8	-6	22	2	11	28	-7	-11	24	-2	-12	27	-1	5
						29	10	-8	34	3	8	35	-9	-2	31	9	-7	36	-4	2	30	-10	-1	33	6
							13	-5	3	18	12	-10	14	-6	4	16	-11	-4	20	11	-9	19	-12	-3	7
								21	-1	-12	27	1	6	23	-7	-11	-4	20	11	-9	19	-12	-3	0	8
									29	10	1	33	-4	-7	32	4	-2	30	-9	7	36	-3	-8	35	9
										13	5	-3	20	-11	9	15	-6	-9	14	6	-4	17	-5	-10	10
											21	-1	-11	28	7	6	22	-2	-6	23	-7	-5	25	-8	11
												29	9	7	36	-9	2	31	4	-7	32	10	8	34	12
													13	5	-3	19	12	3	18	-12	10	16	11	4	13
														21	-1	-12	26	8	12	27	1	11	24	2	14
															29	3	-8	35	-10	1	33	-4	-2	30	15
																13	-5	-3	17	5	-10	14	-6	-4	16
																	21	1	5	25	8	6	23	7	17
																		29	10	-8	34	4	7	32	18
																			13	-5	3	15	6	9	19
																				21	-1	-6	22	-2	20
																					29	9	2	31	21
																						13	5	3	22
																							21	1	23
																								29	24

Nr.	Ausdruck	Nr.	Ausdruck	Nr.	Ausdruck
0	0				
1	$3(n+1)/4bc$	13	$m/a^2 + 1/b^2 + 1/c^2$	25	$-m/2b^2 - 1/2a^2 + 1/4c^2$
2	$3(n-1)/4bc$	14	$-m/a^2 + 1/2b^2 + 1/2c^2$	26	$m/4b^2 - 1/2a^2 - 1/2c^2$
3	$3(n+1)/4ac$	15	$m/2a^2 - 1/b^2 + 1/2c^2$	27	$-m/2b^2 + 1/4a^2 - 1/2c^2$
4	$3(n-1)/4ac$	16	$m/2a^2 + 1/2b^2 - 1/c^2$	28	$-m/4b^2 - 1/4a^2 - 1/4c^2$
5	$3(n+1)/4ab$	17	$-m/a^2 - 1/2b^2 + 1/4c^2$	29	$m/c^2 + 1/b^2 + 1/a^2$
6	$3(n-1)/4ab$	18	$m/4a^2 + 1/2b^2 - 1/2c^2$	30	$-m/c^2 + 1/2b^2 + 1/2a^2$
7	$3(n+1)/8bc$	19	$-m/2a^2 + 1/4b^2 - 1/2c^2$	31	$m/2c^2 - 1/b^2 + 1/2a^2$
8	$3(n-1)/8bc$	20	$-m/4a^2 - 1/4b^2 - 1/4c^2$	32	$m/2c^2 + 1/2b^2 - 1/a^2$
9	$3(n+1)/8ac$	21	$m/b^2 + 1/a^2 + 1/c^2$	33	$-m/2c^2 - 1/2b^2 + 1/4a^2$
10	$3(n-1)/8ac$	22	$-m/b^2 + 1/2a^2 + 1/2c^2$	34	$m/4c^2 - 1/2b^2 - 1/2a^2$
11	$3(n+1)/8ab$	23	$m/2b^2 - 1/a^2 + 1/2c^2$	35	$-m/2c^2 + 1/4b^2 - 1/2a^2$
12	$3(n-1)/8ab$	24	$m/2b^2 + 1/2a^2 - 1/c^2$	36	$-m/4c^2 - 1/4b^2 - 1/4a^2$

mit: $\quad m = \dfrac{2(1-\nu)}{1-2\nu}, \quad n = \dfrac{2\nu}{1-2\nu}$

Bild 5.33. Steifigkeitsmatrix eines orthogonalen 8-Knoten-Hexaederelementes

war, soll nun ein Teil des Elements zur Gesamtkörper-Oberfläche gehören. Gemäß Bild 5.34 sei dies das durch die Knotenpunkte 4,6,7,8 umschriebene Rechteck, auf welchem ein äußerer Spannungsvektor $\overset{o}{t}$ sowie ein Kantenlastvektor $\overset{o}{l}$ vorgegeben seien, beide mit Komponenten in Richtung der positiven Basis x_i:

$$\text{Rechteckfläche } 4,6,7,8: \qquad S_t^*: \quad \overset{\circ}{\mathbf{t}}{}^{T} = \begin{bmatrix} \overset{\circ}{t}_1 & \overset{\circ}{t}_2 & \overset{\circ}{t}_3 \end{bmatrix},$$

$$\text{Rechteckkante } 4,7: \qquad s_t^*: \quad \overset{\circ}{\mathbf{l}}{}^{T} = \begin{bmatrix} \overset{\circ}{l}_1 & \overset{\circ}{l}_2 & \overset{\circ}{l}_3 \end{bmatrix}.$$

Zur korrekten Behandlung der Volleinspannkraftgrößen muß zunächst das Prinzip der virtuellen Verückungen (5.1a) entsprechend erweitert werden:

$$\delta^* W = \int_{S_t} \delta \mathbf{r}^T \cdot \mathbf{t}\, dS - \int_V \delta \boldsymbol{\varepsilon}^T \cdot \boldsymbol{\sigma}\, dV$$

$$+ \int_V \delta \mathbf{u}^T \cdot \overset{\circ}{\mathbf{p}}\, dV + \int_{S_t^*} \delta \mathbf{r}^T \cdot \overset{\circ}{\mathbf{t}}\, dS + \int_{s_t^*} \delta \mathbf{r}^T \cdot \overset{\circ}{\mathbf{l}}\, ds = 0 . \qquad (5.62a)$$

Element mit vorgegebenen Lasten:

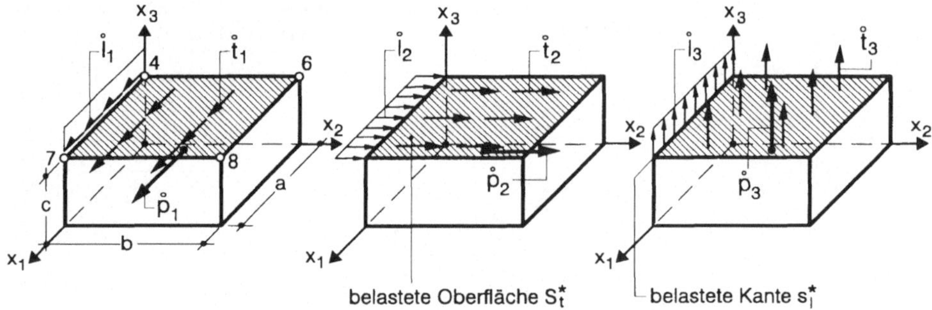

Volleinspannkraftgrößen:

i	$\overset{\circ}{\mathbf{p}}$	$\overset{\circ}{\mathbf{t}}$	$\overset{\circ}{\mathbf{l}}$	i	$\overset{\circ}{\mathbf{p}}$	$\overset{\circ}{\mathbf{t}}$	$\overset{\circ}{\mathbf{l}}$
			$-\,s_i^e$ infolge				
1	$\overset{\circ}{p}_1\,abc/8$			13	$\overset{\circ}{p}_1\,abc/8$		
2	$\overset{\circ}{p}_2\,abc/8$			14	$\overset{\circ}{p}_2\,abc/8$		
3	$\overset{\circ}{p}_3\,abc/8$			15	$\overset{\circ}{p}_3\,abc/8$		
4	$\overset{\circ}{p}_1\,abc/8$			16	$\overset{\circ}{p}_1\,abc/8$	$\overset{\circ}{t}_1\,ab/4$	
5	$\overset{\circ}{p}_2\,abc/8$			17	$\overset{\circ}{p}_2\,abc/8$	$\overset{\circ}{t}_2\,ab/4$	
6	$\overset{\circ}{p}_3\,abc/8$			18	$\overset{\circ}{p}_3\,abc/8$	$\overset{\circ}{t}_3\,ab/4$	
7	$\overset{\circ}{p}_1\,abc/8$			19	$\overset{\circ}{p}_1\,abc/8$	$\overset{\circ}{t}_1\,ab/4$	$\overset{\circ}{l}_1\,a/2$
8	$\overset{\circ}{p}_2\,abc/8$			20	$\overset{\circ}{p}_2\,abc/8$	$\overset{\circ}{t}_2\,ab/4$	$\overset{\circ}{l}_2\,a/2$
9	$\overset{\circ}{p}_3\,abc/8$			21	$\overset{\circ}{p}_3\,abc/8$	$\overset{\circ}{t}_3\,ab/4$	$\overset{\circ}{l}_3\,a/2$
10	$\overset{\circ}{p}_1\,abc/8$	$\overset{\circ}{t}_1\,ab/4$	$\overset{\circ}{l}_1\,a/2$	22	$\overset{\circ}{p}_1\,abc/8$	$\overset{\circ}{t}_1\,ab/4$	
11	$\overset{\circ}{p}_2\,abc/8$	$\overset{\circ}{t}_2\,ab/4$	$\overset{\circ}{l}_2\,a/2$	23	$\overset{\circ}{p}_2\,abc/8$	$\overset{\circ}{t}_2\,ab/4$	
12	$\overset{\circ}{p}_3\,abc/8$	$\overset{\circ}{t}_3\,ab/4$	$\overset{\circ}{l}_3\,a/2$	24	$\overset{\circ}{p}_3\,abc/8$	$\overset{\circ}{t}_3\,ab/4$	

Bild 5.34. Volleinspannkraftgrößen eines orthogonalen 8-Knoten-Hexaederelementes infolge vorgegebener Massenkräfte $\overset{\circ}{\mathbf{p}}$, Oberflächenspannungen $\overset{\circ}{\mathbf{t}}$ und Kantenlasten $\overset{\circ}{\mathbf{l}}$

Ein dem Diskretisierungsprozeß des Abschnittes 5.1.2 analoges Vorgehen führt auf den gegenüber (5.7a) erweiterten Vektor der Volleinspannkraftgrößen

$$\overset{o}{s}{}^{e} = -\int_{V} \mathbf{\Omega}^{eT} \cdot \overset{o}{\mathbf{p}} \, dV - \int_{S_t^*} (\mathbf{R}_r \mathbf{\Omega}^e)^{T} \cdot \overset{o}{t} \, dS - \int_{s_t^*} (\mathbf{R}_r \mathbf{\Omega}^e) \cdot \overset{o}{l} \, ds \ , \qquad (5.62b)$$

den wir im folgenden für vorgegebene Massenkräfte

$$\overset{o}{\mathbf{p}}{}^{T} = \begin{bmatrix} \overset{o}{p}_1 & \overset{o}{p}_2 & \overset{o}{p}_3 \end{bmatrix} \qquad (5.62c)$$

auswerten wollen.

Dabei beschränken wir uns auf die Volleinspannkräfte im Knoten 1, weshalb im Integral

$$\overset{oe}{s}_{p} = -\int_{V^e} \mathbf{\Omega}^{eT} \cdot \overset{o}{\mathbf{p}} \, dV \qquad (5.63a)$$

nur die dem Knoten 1 zugeordnete Untermatrix $\mathbf{N}_1$ von $\mathbf{\Omega}^e$ auf Bild 5.30 zu berücksichtigen ist. Mit dem so reduzierten Integranden

$$\mathbf{\Omega}^{eT} \cdot \overset{o}{\mathbf{p}} = \begin{bmatrix} N_1 & 0 & 0 \\ 0 & N_1 & 0 \\ 0 & 0 & N_1 \end{bmatrix} \cdot \begin{bmatrix} \overset{o}{p}_1 \\ \overset{o}{p}_2 \\ \overset{o}{p}_3 \end{bmatrix} = \begin{bmatrix} N_1 \overset{o}{p}_1 \\ N_1 \overset{o}{p}_2 \\ N_1 \overset{o}{p}_3 \end{bmatrix} = N_1 \begin{bmatrix} \overset{o}{p}_1 \\ \overset{o}{p}_2 \\ \overset{o}{p}_3 \end{bmatrix} \qquad (5.63b)$$

wird hieraus:

$$\overset{oe}{s}_{p} = \int_{-1}^{1}\int_{-1}^{1}\int_{-1}^{1} N_1 \begin{bmatrix} \overset{o}{p}_1 \\ \overset{o}{p}_2 \\ \overset{o}{p}_3 \end{bmatrix} \det \mathbf{J} \, d\zeta_1 \, d\zeta_2 \, d\zeta_3$$

$$= -\frac{abc}{8} \cdot \frac{1}{8} \int_{-1}^{1}\int_{-1}^{1}\int_{-1}^{1} (1-\zeta_1)(1-\zeta_2)(1-\zeta_3) \begin{bmatrix} \overset{o}{p}_1 \\ \overset{o}{p}_2 \\ \overset{o}{p}_3 \end{bmatrix} d\zeta_1 \, d\zeta_2 \, d\zeta_3 \qquad (5.63c)$$

und weiter nach Integration:

$$\overset{oe}{s}_{p} = \begin{bmatrix} \overset{o}{s}_{1p} \\ \overset{o}{s}_{2p} \\ \overset{o}{s}_{3p} \end{bmatrix} = -\frac{abc}{8} \begin{bmatrix} \overset{o}{p}_1 \\ \overset{o}{p}_2 \\ \overset{o}{p}_3 \end{bmatrix} \ . \qquad (5.63d)$$

Sämtliche in analoger Weise berechneten Volleinspannkraftgrößen infolge der vorgegebenen Massenkräfte $\overset{o}{\mathbf{p}}$, der Oberflächenspannungen $\overset{o}{\mathbf{t}}$ und der Kantenlast $\overset{o}{\mathbf{l}}$ sind in Bild 5.34 zusammengefaßt. Offensichtlich teilen sich die in unserem Beispiel als elementweise konstant vorausgesetzten Lasten gleichmäßig auf die zum Gleichgewicht fähigen Knotenkräfte auf. Bei beliebig verteilten Lasten erfolgt deren Knotenaufteilung, als Folge der linearen Verschiebungsapproximation in Ω^e, nach dem Hebelgesetz, sie wird bei Finiten-Element-Berechnungen oftmals als a-priori Annahme eingeführt. Dieses Element wurde erstmalig in [Melosh 1963] publiziert; unsere Wiedergabe lehnt sich eng an [Thieme 1996] an, insbesondere in den Ergebnisdarstellungen der Bilder 5.33 und 5.34.

5.6 Plattenelemente

5.6.1 Elementüberblick

Ausgehend von der verwendeten Plattentheorie können finite Plattenelemente folgendermaßen unterteilt werden:

Schubstarre Elemente fußen auf der KIRCHHOFF-LOVE Plattentheorie. Gemäß Bild 2.22 enthält deren Kinematikoperator $\mathbf{D}_k$ Ableitungen 2. Ordnung. Deshalb sollten die Ansatzfunktionen des Verschiebungsfeldes C^1-Stetigkeit aufweisen, was die Formulierung konformer Ansätze für diese Elemente erheblich erschwert. An Rändern mit Kraftvorgaben können schubstarre Elemente Modellierungsprobleme aufweisen, welche aus den KIRCHHOFFschen Ersatzscherkräften (2.72b) herrühren.

Schubweiche Elemente basieren dagegen auf einer REISSNER-MINDLIN Plattentheorie. Der Kinematikoperator dieser Theorie enthält gemäß Bild 2.20 nur Ableitungen 1. Ordnung; daher reduzieren sich die Konformitätsanforderungen für die Ansatzfunktionen auf C^o-Stetigkeit. Die Formulierung beliebiger Randvorgaben bereitet keinerlei Schwierigkeiten. Allerdings kann bei schubweichen Plattenelementen geringer Dicke die Schubsteifigkeit gegenüber der Biegesteifigkeit als zu groß approximiert werden, ein als *shear locking* bezeichnetes Phänomen.

In dieser Einführung werden wir nur *schubsteife Plattenelemente* nach der KIRCHHOFF-LOVE Theorie behandeln, über welche Tafel 5.4 eine einführende Übersicht gibt. Gängig ist, wie bei Scheibentragwerken, deren Klassifizierung nach der Form. In den ersten fünf Zeilen sind einige *dreieckige* Plattenelemente so angeordnet, daß sie vom primitivsten Element von [Morley 1971] mit konstanter Verkrümmung zu Elementen immer besserer Qualität ansteigen. Das einfachste *Rechteckelement* in Zeile 6 weist 12 Freiheitsgrade auf. Soll deren Zahl bei gleicher Knotenanzahl erhöht werden, so müssen höhere Kinematen $w_{,12}$, $w_{,11}$, ... als zusätzliche Knotenfreiheitsgrade hinzugefügt werden. Diese stellen im Grunde jedoch bereits Schnittgrößen (m_{12}, m_{11}, ...) dar, wodurch die Grenze zu den gemischten Elementen überschritten wird. Um dieses einführende Kapitel nicht zu überladen, bleiben isoparametrische Plattenelemente unbehandelt.

Tafel 5.4 Übersicht über einfache Plattenelemente

	Element	Freiheitsgrade pro Element	Knoten-parameter	Ansatz	C^0 - stetig C^1 - stetig	Ursprung
1	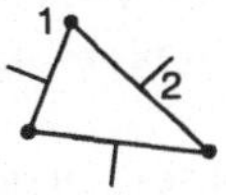	6	1: w 2: $w_{,n}$	vollständig quadratisch	nein nein	Morley 1971
2	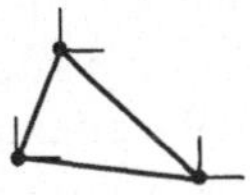	9	$w \quad w_{,1} \quad w_{,2}$	vollständig quadratisch, unvollständig kubisch	ja nein	Adini 1961 Bazeley 1965 Clough 1965
3	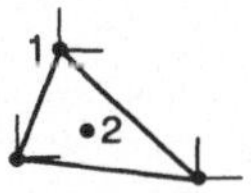	10	1: $w \quad w_{,1} \quad w_{,2}$ 2: w	vollständig kubisch	ja nein	Tocher 1962
4	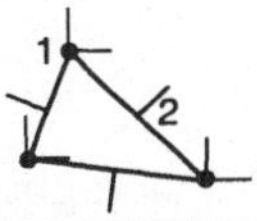	12	1: $w \quad w_{,1} \quad w_{,2}$ 2: $w_{,n}$	vollständig quadratisch, unvollständig kubisch	ja ja	Clough 1965
5	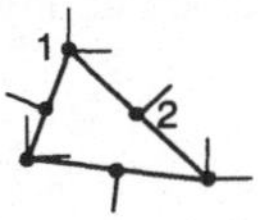	15	1: $w \quad w_{,1} \quad w_{,2}$ 2: $w \quad w_{,n}$	unvollständig quadratisch	ja ja	Bell 1968
6	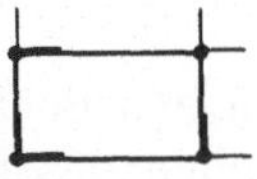	12	$w \quad w_{,1} \quad w_{,2}$	unvollständig quadratisch	ja nein	Adini 1961 Melosh 1961
7	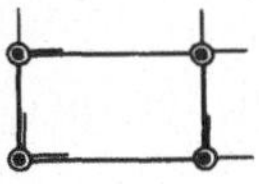	16	$w \quad w_{,1} \quad w_{,2} \quad w_{,12}$	vollständig kubisch	ja ja	Bogner 1965
8	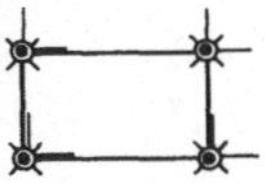	36	$w \quad w_{,1} \quad w_{,2} \quad w_{,12}$ $w_{,11} \quad w_{,22}$ $w_{,112} \quad w_{,122} \quad w_{,1122}$		ja ja	Bogner 1965
9	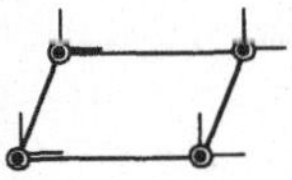	16	$w \quad w_{,1} \quad w_{,2} \quad w_{,12}$	vollständig kubisch	ja ja	Pestel 1965
10	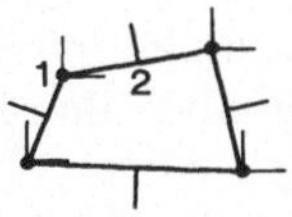	16	1: $w \quad w_{,1} \quad w_{,2}$ 2: $w_{,n}$	vollständig kubisch	ja ja	Fraeijs 1968

5.6.2 Zur Modellierung von Dreieckelementen

Wir kehren zu den dreieckigen Plattenelementen auf Tafel 5.4 zurück, an Hand derer die generellen Schwierigkeiten von Elemententwicklungen skizziert werden sollen. Das einfachste Element von [Morley 1971] beschreibt mit seiner vollständigen biquadratischen Approximation gerade konstante Verzerrungszustände. Damit sind jedoch sowohl seine Biegefläche als auch deren 1. Ableitungen an den Elementgrenzen unstetig.

Für dreieckige Plattenelemente liegt der Gedanke nahe, als Freiheitsgrade generell die Kinematen w, $w_{,1}$ und $w_{,2}$ in den Eckknoten vorzusehen, d.h. die Durchbiegung und die beiden tangentialen Verdrehungen φ_1, φ_2, was ein Element mit 9 Freiheitsgraden ergäbe. Ein derartiges Element erlaubt nur 9 voneinander linear unabhängige Ansatzfunktionen. Aus dem PASCALschen Dreieck in kartesischen Koordinaten

$$1$$
$$x_1 \qquad x_2$$
$$x_1^2 \qquad x_1 x_2 \qquad x_2^2$$
$$x_1^3 \qquad x_1^2 x_2 \qquad x_1 x_2^2 \qquad x_2^3$$

erkennt man jedoch, daß ein vollständiger kubischer Ansatz aus 10 Polynomgliedern aufgebaut sein muß. Als Kompromiß unterdrückte [Adini 1961] im Verschiebungsansatz des ersten dreieckigen Plattenelementes

$$w\,(x_1,\,x_2) = a_1 + a_2 x_1 + a_3 x_2 + a_4 x_1^2 + a_5 x_2^2 + a_6 x_1^3$$
$$+ a_7 x_1^2 x_2 + a_8 x_1 x_2^2 + a_9 x_2^3 \qquad (5.64a)$$

den $x_1 x_2$-Term. Damit bewahrt dieser Ansatz Symmetrie, er verletzt jedoch die Forderung, mindestens konstante Verzerrungen modellieren zu können: das unterdrückte Glied beschreibt gerade eine konstante Verwindung. Folgerichtig erwies sich dieses Element für tordierende Beanspruchungen als viel zu steif!

Zur Abhilfe vereinigte [Tocher 1962] die mittleren kubischen Glieder mit einem einzigen Freiwert

$$w\,(x_1,\,x_2) = a_1 + a_2 x_1 + a_3 x_2 + a_4 x_1^2 + a_5 x_1 x_2 + a_6 x_2^2$$
$$+ a_7 x_1^3 + a_8\,(x_1^2 x_2 + x_1 x_2^2) + a_9 x_2^3\ . \qquad (5.64b)$$

Damit bleibt die Symmetrie des Ansatzes gewahrt, aber nun ist der Ansatz nicht mehr invariant gegen Koordinatendrehungen, so daß beim Einmischen des Elementes in die Gesamtsteifigkeitsmatrix gelegentlich singuläre Elementsteifigkeiten auftraten. Tocher überwand diese Schwierigkeit durch Einführung des in Zeile 3 auf Tafel 5.4 aufgeführten Mittelknotens mit einem Zusatzfreiheitsgrad, den er bei Bedarf wieder herauskondensierte. Das wieder auf 9 Freiheitsgrade herunterkondensierte Element erwies sich allerdings in vielen Fällen als zu flexibel, ihm fehlte nun ein wichtiger Steuerparameter.

Das erste brauchbare Dreieckelement wurde von [Bazeley 1965] auf der Basis von Dreieckskoordinaten hergeleitet; in der Überarbeitung von [Holand 1969] werden wir es im nächsten Abschnitt vorstellen. Bei allen genannten Elementen ist C^1-Stetigkeit der Biegefläche w an den Elementgrenzen nur in Randrichtung erzielbar, nicht orthogonal hierzu. Zur C^1-Stetigkeit rechtwinklig zu den Rändern bedarf es zusätzlicher Freiheitsgrade, beispielsweise der Richtungsableitungen $w_{,n}$ in den Plattenmitten gemäß Zeile 4 auf Tafel 5.4. Dies verbessert die Leistungsfähigkeit dreieckiger Plattenelemente entscheidend [Bell 1969], allerdings um den Preis ungleich zu behandelnder Knotenpunkte.

5.6.3 3-Knoten-Dreieckelement mit 9 Freiheitsgraden

Nunmehr soll das auf [Bazeley 1965] zurückgehende dreieckige Plattenelement mit 9 Freiheitsgraden in natürlichen Dreieckskoordinaten hergeleitet werden. Analog zum dreieckigen Scheibenelement auf Bild 5.11 betten wir auch dieses gemäß Bild 5.35 in den Teilraum x_α, $\alpha = 1, 2$ des E3 ein und geben dort zunächst die bekannten

Dreieckelement und Dreieckskoordinaten:

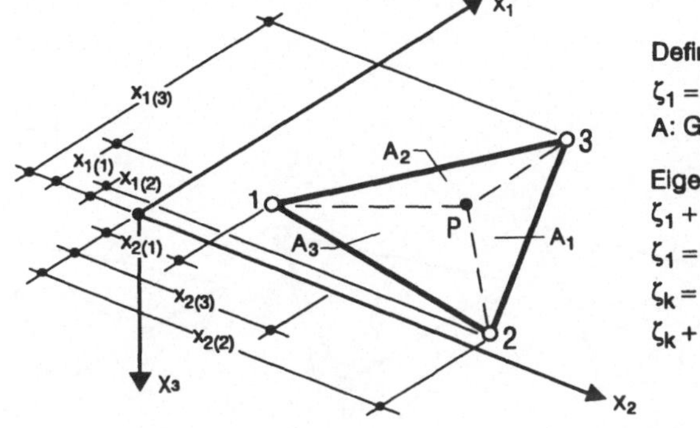

Beziehungen zwischen Dreiecks- und kartesischen Koordinaten:

$$\begin{bmatrix} x_1 \\ x_2 \\ 1 \end{bmatrix} = \begin{bmatrix} x_{1(1)} & x_{1(2)} & x_{1(3)} \\ x_{2(1)} & x_{2(2)} & x_{2(3)} \\ 1 & 1 & 1 \end{bmatrix} \cdot \begin{bmatrix} \zeta_1 \\ \zeta_2 \\ \zeta_3 \end{bmatrix}, \quad \begin{bmatrix} \zeta_1 \\ \zeta_2 \\ \zeta_3 \end{bmatrix} = \frac{1}{2A} \begin{bmatrix} x_{2(23)} & x_{1(32)} & x_{1(2)}x_{2(3)} - x_{1(3)}x_{2(2)} \\ x_{2(31)} & x_{1(13)} & x_{1(3)}x_{2(1)} - x_{1(1)}x_{2(3)} \\ x_{2(12)} & x_{1(21)} & x_{1(1)}x_{2(2)} - x_{1(2)}x_{2(1)} \end{bmatrix} \cdot \begin{bmatrix} x_1 \\ x_2 \\ x_3 \end{bmatrix}$$

Ableitungsbeziehungen:

$$\begin{bmatrix} \dfrac{\partial}{\partial \zeta_1} \\[2ex] \dfrac{\partial}{\partial \zeta_2} \end{bmatrix} = \begin{bmatrix} x_{1(13)} & x_{2(13)} \\ x_{1(23)} & x_{2(23)} \end{bmatrix} \cdot \begin{bmatrix} \dfrac{\partial}{\partial x_1} \\[2ex] \dfrac{\partial}{\partial x_2} \end{bmatrix} = J \cdot \begin{bmatrix} \dfrac{\partial}{\partial x_1} \\[2ex] \dfrac{\partial}{\partial x_2} \end{bmatrix}$$

$$\begin{bmatrix} \dfrac{\partial}{\partial x_1} \\[2ex] \dfrac{\partial}{\partial x_2} \end{bmatrix} = \frac{1}{2A^e} \begin{bmatrix} x_{2(23)} & x_{2(31)} \\ x_{1(32)} & x_{1(13)} \end{bmatrix} \cdot \begin{bmatrix} \dfrac{\partial}{\partial \zeta_1} \\[2ex] \dfrac{\partial}{\partial \zeta_2} \end{bmatrix} = J^{-1} \cdot \begin{bmatrix} \dfrac{\partial}{\partial \zeta_1} \\[2ex] \dfrac{\partial}{\partial \zeta_2} \end{bmatrix}$$

Abkürzungen:

$$x_{1(kl)} = x_{1(k)} - x_{1(l)}$$
$$x_{2(kl)} = x_{2(k)} - x_{2(l)}$$

Bild 5.35. Dreieckiges Plattenelement mit Dreieckskoordinaten im E3

Transformationen zwischen den kartesischen und den natürlichen Dreieckskoordinaten gemäß Anhang 2 an. Außerdem ergänzen wir dort noch die beiden JACOBI-Matrizen $\mathbf{J}$, $\mathbf{J}^{-1}$ zur Transformation der jeweiligen partiellen Ableitungen.

Die eigentliche Elementherleitung beginnen wir mit der Approximation des *Verschiebungsfeldes* w $(\zeta_1, \zeta_2, \zeta_3)$ durch 9 Ansatzfunktionen Φ_i^e, $i = 1, \ldots 9$ auf Bild 5.36. Aus deren graphischer Darstellung erkennt man die Symmetrie des Ansatzes in den Dreieckskoordinaten sowie die beschreibbaren Starrkörperdeformationen, aber wir vermuten auch Defekte des Elements infolge des unterdrückten Polynomgliedes $\zeta_1 \zeta_2 \zeta_3$. Den Ersatz der 9 Ansatzfreiwerte a_i, $i = 1, \ldots 9$ durch die ebenfalls 9 Knotenfreiheitsgrade nehmen wir auf den Bildern 5.37 und 5.38 in zwei Schritten vor. Zunächst substituieren wir die a_i durch mathematische Knotenfreiheitsgrade v^{e*}, was durch Einsatz der inversen JACOBI-Matrix $\mathbf{J}^{-1}$ von Bild 5.35 problemlos gelingt. In diesem Schritt kürzt das Semikolon erneut Ableitungen nach ζ_α ab. Mit

Näherungsansatz:

$$\mathbf{u}^e = \boldsymbol{\phi}^e \cdot \hat{\mathbf{u}}^e = \mathbf{w}\,(\zeta_1,\zeta_2,\zeta_3) = \begin{bmatrix} 1 & \zeta_1 & \zeta_2 & \zeta_1\zeta_2 & \zeta_2\zeta_3 & \zeta_3\zeta_1 & \zeta_1\zeta_2^2-\zeta_2\zeta_1^2 & \zeta_2\zeta_3^2-\zeta_3\zeta_2^2 & \zeta_3\zeta_1^2-\zeta_1\zeta_3^2 \end{bmatrix} \cdot \begin{bmatrix} a_1 \\ a_2 \\ a_3 \\ a_4 \\ a_5 \\ a_6 \\ a_7 \\ a_8 \\ a_9 \end{bmatrix}$$

Darstellung der Ansatzfunktionen:

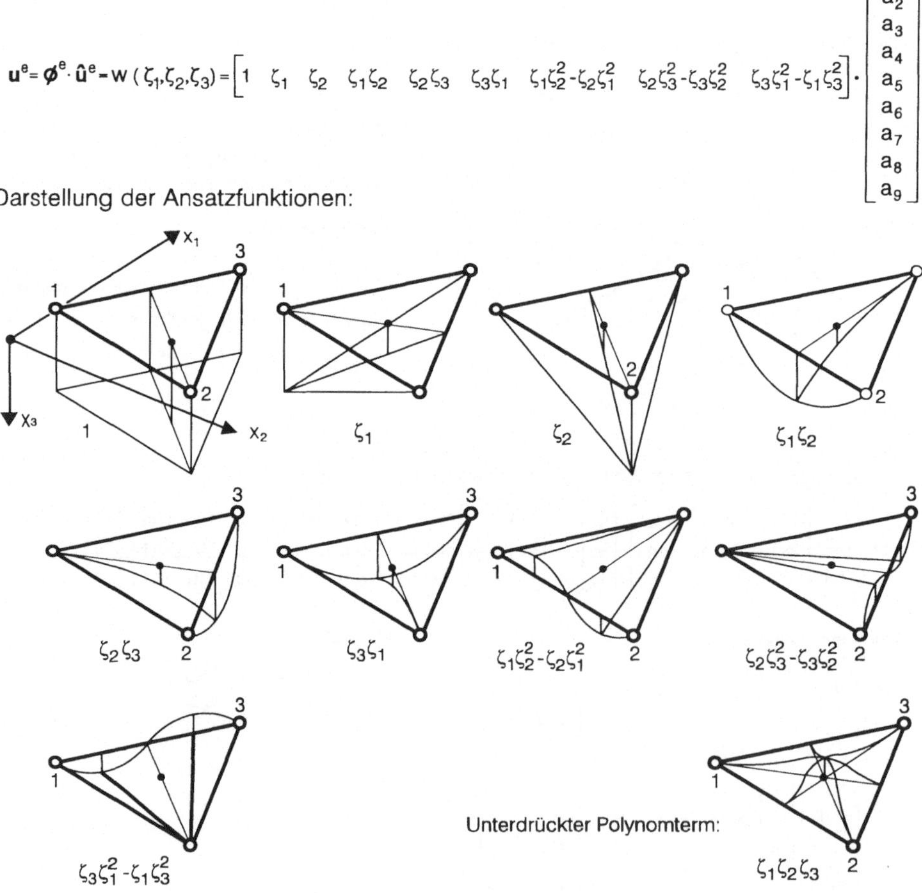

Bild 5.36. Ansatzfunktionen des Verschiebungsfeldes eines dreieckigen Plattenelementes

Angabe der Inversen $(\overset{\wedge}{\Phi}{}^e_N)^{-1}$ auf Bild 5.37 kann die angestrebte Ablösung dort in geschlossener Form angegeben werden.

Abschließend erfolgt noch in Bild 5.38 die Transformation auf mechanisch interpretierbare Knotenfreiheitsgrade v^e. Wegen

$$\varphi_1 = w_{,2} \ , \quad \varphi_2 = -w_{,1} \tag{5.65a}$$

muß der Vektor v^{e*} hierzu durch Multiplikation mit der Matrix

$$\lceil 1 \ \ \mathbf{J}_s \ \ 1 \ \ \mathbf{J}_s \ \ 1 \ \ \mathbf{J}_s \ \rfloor \quad \text{mit} \ \ \mathbf{J}_s = \begin{bmatrix} 0 & 1 \\ -1 & 0 \end{bmatrix} \tag{5.65b}$$

in Reihung und Wirkungsrichtungen der Spalte v^e umgeordnet werden.

Zur Herleitung der zugehörigen *Verzerrungsfeldapproximationen* auf Bild 5.39 transformieren wir zunächst die im Kinematikoperator $\mathbf{D}_k$ zusammengefaßten 2. Ableitungen nach den kartesischen Koordinaten x_α in solche nach den Dreieckskoordinaten ζ_α. Durch zweifache Anwendung der JACOBI-Transformation von Bild 5.35 gewinnen wir die Bild 5.39 einleitende Transformation auf $\mathbf{D}_k^*$ mit der Transformationsmatrix $\mathbf{S}^e$. Bei der sich anschließenden Bildung der ersten Ableitungen der Ansatzfunktionen Φ_i^e nach den Dreieckskoordinaten möge der Leser sorgfältig

Definition mathematischer Freiheitsgrade:

$$v^{e\star} = \overset{\wedge}{\phi}{}^e \cdot \hat{u}^e \ \text{ mit:} \quad v^{e\star T} = \left[w_{(1)} \ \ w_{,1(1)} \ \ w_{,2(1)} \ \vdots \ w_{(2)} \ \ w_{,1(2)} \ \ w_{,2(2)} \ \vdots \ w_{(3)} \ \ w_{,1(3)} \ \ w_{,2(3)} \right]$$

Inversion:

Bild 5.37 zeigt die Matrizen in grafischer Form.

Bild 5.37. Approximation des Verschiebungsfeldes eines dreieckigen Plattenelementes 1

Transformation auf mechanische Freiheitsgrade: $\mathbf{J}_s^* = \begin{bmatrix} 1 & \mathbf{J}_s & 1 & \mathbf{J}_s & 1 & \mathbf{J}_s \end{bmatrix}$, $\mathbf{J}_s = \begin{bmatrix} 0 & 1 \\ -1 & 0 \end{bmatrix}$

$\mathbf{v}^{e*} = \mathbf{J}_s^* \cdot \mathbf{v}^e$ mit: $\mathbf{v}^{eT} = \begin{bmatrix} w_{(1)} & w_{,1(1)} & w_{,2(1)} & w_{(2)} & w_{,1(2)} & w_{,2(2)} & w_{(3)} & w_{,1(3)} & w_{,2(3)} \end{bmatrix}$

$\hat{\mathbf{u}}^e = (\hat{\boldsymbol{\phi}}_N^e)^{-1} \cdot \mathbf{J}^* \cdot \mathbf{v}^{e*} = (\hat{\boldsymbol{\phi}}_N^e)^{-1} \cdot \mathbf{J}^* \cdot \mathbf{J}_s^* \cdot \mathbf{v}^e = \mathbf{G}^e \cdot \mathbf{v}^e$

$$\mathbf{G}^e = \begin{bmatrix} 1 & & & & & & & 1 & \\ & & 1 & & & & & -1 & \\ & & & & & & & -1 & \\ -0.5 & 0.5 & & 0.5 & -0.5 & & & & \\ & & & & -0.5 & & & & 0.5 \\ -0.5 & & & & & & 0.5 & & \\ -1 & 0.5 & -0.5 & 1 & 0.5 & -0.5 & & & \\ & & & -1 & & 0.5 & 1 & & 0.5 \\ 1 & -0.5 & & & & & -1 & -0.5 & \end{bmatrix} \cdot \begin{bmatrix} 1 & \mathbf{J} & 1 & \mathbf{J} & 1 & \mathbf{J} \end{bmatrix} \cdot \begin{bmatrix} 1 & \mathbf{J}_s & 1 & \mathbf{J}_s & 1 & \mathbf{J}_s \end{bmatrix}$$

Ablösung der Ansatzfreiwerte $\hat{\mathbf{u}}^e$ durch die Knotenfreiheitsgrade $\mathbf{v}^e$:

$\hat{\mathbf{u}}^e = \boldsymbol{\phi}^e \cdot \hat{\mathbf{u}}^e = \boldsymbol{\phi}^e \cdot \mathbf{G}^e \cdot \mathbf{v}^e = \boldsymbol{\Omega}^e \cdot \mathbf{v}^e$ mit: $\boldsymbol{\Omega}^e = \boldsymbol{\phi}^e \cdot \mathbf{G}^e$

Bild 5.38. Approximation des Verschiebungsfeldes eines dreieckigen Plattenelementes 2

die Eigenschaften dieser Koordinaten aus Bild 5.35 beachten, insbesondere deren lineare Abhängigkeit, um auf die beiden Zeilen $\boldsymbol{\Phi}^e_{,\alpha}$ zu kommen. Gleiches gilt für die folgenden 2. Ableitungen gemäß $\mathbf{D}_k^*$, die schließlich die Approximationsmatrix $\mathbf{H}^{e*}$ des Verzerrungsfeldes entstehen läßt. In dem gewonnenen Ausdruck ersetzen wir abschließend wieder die Ansatzfreiwerte $\hat{\mathbf{u}}^e$ durch mechanisch interpretierbare Knotenfreiheitsgrade $\mathbf{v}^e$, wobei wir die am Ende von Bild 5.38 hergeleitete Transformation erneut anwenden.

Damit sind die Approximationsmatrizen $\boldsymbol{\Omega}^e$, $\mathbf{H}^e$ ermittelt, so daß nach Tafel 5.1 beispielsweise die *Element-Steifigkeitsmatrix*

$$\mathbf{k}^e = \int_{A^e} \mathbf{H}^{eT} \cdot \mathbf{B}\,\mathbf{E} \cdot \mathbf{H}^e \, dA \tag{5.66a}$$

mit $\mathbf{E}$ gemäß Bild 2.22, der Vektor der *Volleinspannkraftgrößen* einer Querbelastung $\overset{o}{\mathbf{p}} = [p]$

$$\overset{o}{\mathbf{s}}{}^e = -\int_{A^e} \boldsymbol{\Omega}^{eT} \cdot \overset{o}{\mathbf{p}} \, dA \tag{5.66b}$$

oder die *Schnittgrößen-Formfunktionen*

$$\boldsymbol{\sigma} = \mathbf{B}\,\mathbf{E} \cdot \mathbf{H}^e \cdot \mathbf{v}^e \tag{5.66c}$$

aufgebaut werden können. Die Ausführung dieser Operationen zur elementweisen Bestimmung der Matrizen erfolgt im Computer, gesteuert durch einen mathematischen Formelmanipulator. In der Anwendung erweist sich dieses nichtkonforme Element als sehr stabil, gelegentlich als geringfügig zu flexibel.

Transformation des Kinematikoperators:

$$\boldsymbol{\varepsilon}^e = \mathbf{D}_k \cdot \hat{\mathbf{u}}^e = \begin{bmatrix} \kappa_{11} \\ 2\kappa_{12} \\ \kappa_{22} \end{bmatrix} \cdot \mathbf{u}^e = -\begin{bmatrix} \partial_{11} \\ 2\partial_{12} \\ \partial_{22} \end{bmatrix} \cdot \begin{bmatrix} w \end{bmatrix} = -\begin{bmatrix} ,11 \\ 2\ ,12 \\ ,22 \end{bmatrix} \cdot \begin{bmatrix} w \end{bmatrix} = -\mathbf{S}^e \cdot \begin{bmatrix} ;11 \\ 2\ ;12 \\ ;22 \end{bmatrix} \cdot \begin{bmatrix} w \end{bmatrix} = \mathbf{S}^e \cdot \mathbf{D}_k^* \cdot \mathbf{u}^e$$

$$\text{mit:} \quad \mathbf{S}^e = \begin{bmatrix} x_{2(23)}^2 & 2x_{2(31)}\, x_{2(23)} & x_{2(31)}^2 \\ 2x_{1(32)}\, x_{2(23)} & 2(x_{1(13)}\, x_{2(23)} + x_{1(32)}\, x_{2(31)}) & 2x_{1(13)}\, x_{2(31)} \\ x_{1(32)}^2 & 2x_{1(13)}\, x_{1(32)} & x_{2(13)}^2 \end{bmatrix}$$

Bildung der 1. Ableitungen des Verschiebungsfeldes:

$$\boldsymbol{\phi}^e_{;1} = \begin{bmatrix} 0 & 1 & 0 & \zeta_2 & -\zeta_2 & \zeta_3 - \zeta_1 & \zeta_2^2 - 2\zeta_1\zeta_2 & \zeta_2^2 - 2\zeta_2\zeta_3 & -\zeta_1^2 - \zeta_3^2 + 4\zeta_1\zeta_3 \end{bmatrix}$$

$$\boldsymbol{\phi}^e_{;2} = \begin{bmatrix} 0 & 0 & 1 & \zeta_1 & -\zeta_3 - \zeta_2 & -\zeta_1 & 2\zeta_1\zeta_2 - \zeta_1^2 & \zeta_3^2 + \zeta_2^2 - 4\zeta_2\zeta_3 & -\zeta_1^2 + 2\zeta_1\zeta_3 \end{bmatrix}$$

Bildung der 2. Ableitungen des Verschiebungsfeldes mittels $\mathbf{D}_k^*$:

$$\boldsymbol{\varepsilon}^e = \mathbf{D}_k \cdot \mathbf{u}^e = \mathbf{S}^e \cdot \mathbf{D}_k^* \cdot \mathbf{u}^e = \mathbf{S}^e \cdot \mathbf{D}_k^* \cdot \boldsymbol{\phi}^e \cdot \hat{\mathbf{u}}^e = -\mathbf{S}^e \cdot \mathbf{H}^{e*} \cdot \hat{\mathbf{u}}^e$$

$$\text{mit:} \quad \mathbf{H}^{e*} = \left[\begin{array}{ccc|ccc|ccc} 0 & 0 & 0 & 0 & 0 & -2 & -\zeta_2 & 2\zeta_2 & 6(\zeta_1 - \zeta_3) \\ 0 & 0 & 0 & 0 & -2 & 0 & 2\zeta_1 & 6(\zeta_2 - \zeta_3) & -2\zeta_1 \\ 0 & 0 & 0 & 1 & -1 & -1 & -2(\zeta_1 - \zeta_2) & 2(2\zeta_2 - \zeta_3) & 2(2\zeta_1 - \zeta_3) \end{array}\right]$$

Ablösung der Ansatzfreiwerte $\hat{\mathbf{u}}^e$ durch die Knotenfreiheitsgrade $\mathbf{v}^e$:

$$\boldsymbol{\varepsilon}^e = \mathbf{D}_k \cdot \mathbf{u}^e = -\mathbf{S}^e \cdot \mathbf{H}^{e*} \cdot \hat{\mathbf{u}}^e = -\mathbf{S}^e \cdot \mathbf{H}^{e*} \cdot \mathbf{G}^e \cdot \mathbf{v}^e = \mathbf{H}^e \cdot \mathbf{v}^e \quad \text{mit:} \quad \mathbf{H}^e = -\mathbf{S}^e \cdot \mathbf{H}^{e*} \cdot \mathbf{G}^e$$

Bild 5.39. Approximation des Verzerrungsfeldes eines dreieckigen Plattenelementes 2

5.6.4 4-Knoten-Rechteckelement mit 12 Freiheitsgraden

Als nächstes leiten wir das einfachste, auf [Adini 1961] zurückgehende rechteckige Plattenelement her, dessen 4 Knoten gemäß Bild 5.40 jeweils über die Durchbiegung w und die beiden tangentialen Verdrehungen φ_1, φ_2 als Knotenfreiheitsgrade verfügen. Dieses Element mit den Seitenlängen a, b werde durch das Elementkoordinatensystem x_α sowie zusätzlich durch die dimensionslosen Koordinaten ζ_α: $\zeta_1 = x_1/a$, $\zeta_2 = x_2/b$ aufgespannt.

Die insgesamt 12 Freiheitsgrade dieses Elementes gestatten einen 12-parametrigen Polynomansatz, als welcher das unvollständige, symmetrische quartische Polynom des Bildes 5.40 in dimensionslosen Koordinaten gewählt wird. Der Ansatz beschreibt offensichtlich alle drei Starrkörperdeformationen, auch ist er in der Lage, konstante Verzerrungen wiederzugeben. Durch ihn werden die Durch-

Element, Knotenpunkte und Freiheitsgrade:

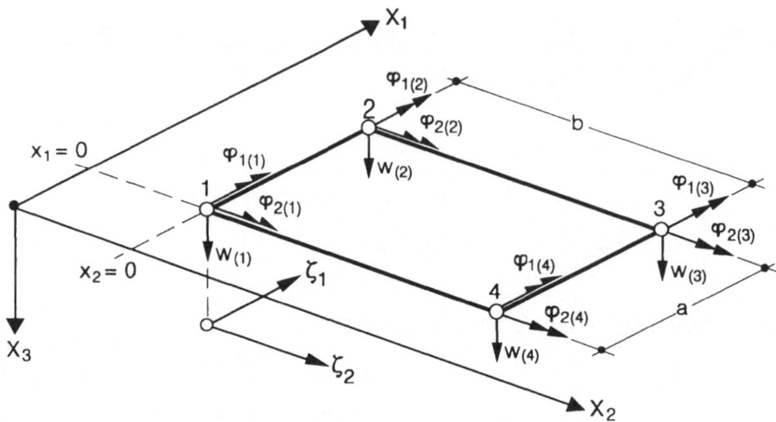

Näherungsansatz des Verschiebungsfeldes:

$$\mathbf{u}^e = \boldsymbol{\phi}^e \cdot \hat{\mathbf{u}}^e = w(\zeta_1,\zeta_2) = \begin{bmatrix} 1 & \zeta_1 & \zeta_2 & \zeta_1^2 & \zeta_1\zeta_2 & \zeta_2^2 & \zeta_1^3 & \zeta_1^2\zeta_2 & \zeta_1\zeta_2^2 & \zeta_2^3 & \zeta_1^3\zeta_2 & \zeta_1\zeta_2^3 \end{bmatrix} \cdot \begin{bmatrix} a_1 \\ a_2 \\ a_3 \\ a_4 \\ a_5 \\ a_6 \\ a_7 \\ a_8 \\ a_9 \\ a_{10} \\ a_{11} \\ a_{12} \end{bmatrix}$$

Partielle Ableitungen:

$$w_{,1} = a_2 + 2a_4\zeta_1 + a_5\zeta_2 + 3a_7\zeta_1^2 + 2a_8\zeta_1\zeta_2 + a_9\zeta_2^2 + 3a_{11}\zeta_1^2\zeta_2 + a_{12}\zeta_2^3$$

$$w_{,2} = a_3 + a_5\zeta_1 + 2a_6\zeta_2 + a_8\zeta_1^2 + 2a_9\zeta_1\zeta_2 + 3a_{10}\zeta_2^2 + a_{11}\zeta_1^3 + 3a_{12}\zeta_1\zeta_2^2$$

$$w_{,11} = 2a_4 + 6a_7\zeta_1 + 2a_8\zeta_2 + 6a_{11}\zeta_1\zeta_2$$

$$w_{,12} = a_5 + 2a_8\zeta_1 + 2a_9\zeta_2 + 3a_{11}\zeta_1^2 + 3a_{12}\zeta_2^2$$

$$w_{,22} = 2a_6 + 2a_9\zeta_1 + 6a_{10}\zeta_2 + 6a_{12}\zeta_1\zeta_2$$

Definition mathematischer Freiheitsgrade:

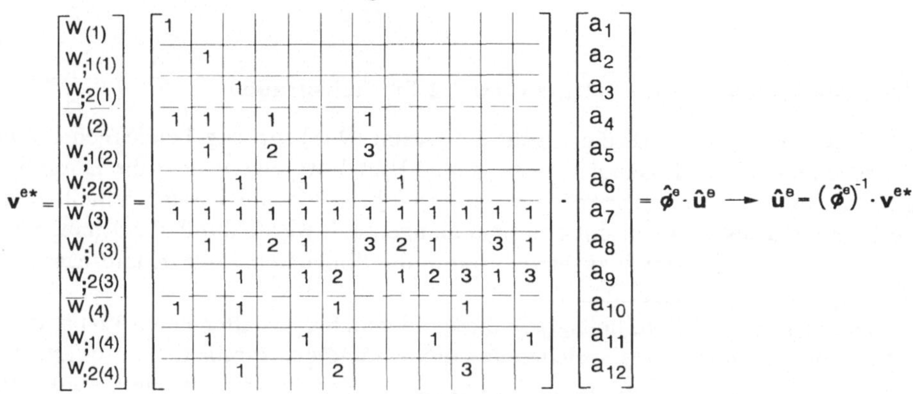

Bild 5.40. Approximation des Verschiebungsfeldes des 12-Freiheitsgrad-Rechteckelementes

biegungen $w(\zeta_1, \zeta_2)$ in beiden Koordinatenrichtungen kubisch approximiert, ähnlich wie bei einem Biegebalken. Aus diesem Ansatz sowie dessen 1. Ableitungen nach den ζ_α, erneut abgekürzt durch ein Semikolon, definieren wir sodann die mathematischen Knotenfreiheitsgrade $\mathbf{v}^{e*}$ in dem angegebenen Gleichungssystem 12. Ordnung, mittels denen nach Inversion des Gleichungssystems die Ablösung der Ansatzfreiwerte a_i, $i = 1, \ldots 12$ erfolgen soll.

Vor diesem Schritt seien jedoch der Lösungsansatz w und dessen 1. Ableitung $w_{,1}$ entlang eines Elementrandes näher betrachtet, beispielsweise entlang der Rechteckseite $1-4$ ($\zeta_1 = 0$):

$$w \ = a_1 + a_3\zeta_2 + a_6\zeta_2^2 + a_{10}\zeta_2^3 \ ,$$
$$w_{,1} = a_2 + a_5\zeta_2 + a_9\zeta_2^2 + a_{12}\zeta_2^3 \ . \tag{5.67}$$

Zur eindeutigen Festlegung des kubischen Verlaufs von w stehen die 4 Freiheitsgrade $w_{(1)}$, $w_{;2(1)}$, $w_{(4)}$, $w_{;2(4)}$ der beiden randbegrenzenden Knoten 1 und 4 bereit. Ist hiermit w längs dieses Randes eindeutig beschrieben, so gilt dies auch für die Ableitung $w_{,2}$ (ζ_2), womit offensichtlich in Randrichtung ζ_2 ein C^o- und C^1-stetiger Übergang zum Nachbarelement erreicht wird.

Zur Festlegung des ebenfalls kubischen Verlaufs von $w_{,1}$ entlang $1-4$ stehen jedoch nur die beiden Randgrößen $w_{;1(1)}$ und $w_{;1(4)}$ bereit: zwei der insgesamt vier Konstanten in (5.67) sind somit am betrachteten Rand nicht vorgebbar. Bei zwei benachbarten Elementen werden daher die Neigungen $w_{,1}$ in den beiden Randknoten übereinstimmen; längs des Randes ist jedoch ein stetiger Übergang von $w_{,1}$ nicht einzustellen. Das vorliegende Element ist daher *nichtkonform.*

Die nun auf Bild 5.41 folgende Ablösung der Ansatzparameter a_i in $\hat{\mathbf{u}}^e$ durch die $\mathbf{v}^{e*}$ führt auf die dort wiedergegebenen *Formfunktionen* Ω_i^*, $i = 1, \ldots 12$ *des Verschiebungsfeldes*, von denen die ersten beiden als Repräsentanten aller anderen zeichnerisch dargestellt sind. Unter Verwendung der Beziehungen

$$\varphi_1 = w_{,2} = w_{;2}/b \ , \quad \varphi_2 = -w_{,1} = -w_{;1}/a \ , \tag{5.68a}$$

aus denen die Umordnungsmatrix

$$\mathbf{J}_s = \begin{bmatrix} 0 & b \\ -a & 0 \end{bmatrix} \tag{5.68b}$$

entsteht, werden abschließend auf Bild 5.41 die Approximationen des Verschiebungsfeldes wieder auf mechanisch interpretierbare Freiheitswerte $\mathbf{v}^e$ transformiert.

Die aus den Formfunktionen des Verschiebungsfeldes herzuleitende *Approximation des Verzerrungsfeldes* $\boldsymbol{\varepsilon}^e$ folgt den im letzten Abschnitt angegebenen Schritten. Beachtet man dabei die im Kinematikoperator $\mathbf{D}_k$ verwendeten Transformationen

$$w_{,11} = w_{;11}/a^2 \ , \quad w_{,12} = w_{;12}/ab \ , \quad w_{,22} = w_{;22}/b^2 \ , \tag{5.69}$$

so ist das Ergebnis auf Bild 5.42 weitgehend selbsterklärend dargestellt. Aus der Formfunktionsmatrix $\mathbf{H}^e$ erkennt man, daß dieses Plattenelement die beiden Ver-

Formfunktionen des Verschiebungsfeldes:

$$\mathbf{u}^e = \boldsymbol{\phi}^e \cdot \hat{\mathbf{u}}^e = \boldsymbol{\phi}^e \cdot \left(\hat{\boldsymbol{\phi}}^e\right)^{-1} \cdot \mathbf{v}^{e\star} = \boldsymbol{\Omega}^{e\star} \cdot \mathbf{v}^{e\star}$$

$$= w(\zeta_1,\zeta_2) = \begin{bmatrix} \Omega_1^* & \Omega_2^* & \Omega_3^* \mid \Omega_4^* & \Omega_5^* & \Omega_6^* \mid \Omega_7^* & \Omega_8^* & \Omega_9^* \mid \Omega_{10}^* & \Omega_{11}^* & \Omega_{12}^* \end{bmatrix} \cdot \begin{bmatrix} w_{(1)} \\ w_{;1(1)} \\ w_{;2(1)} \\ \hline w_{(2)} \\ w_{;1(2)} \\ w_{;2(2)} \\ \hline w_{(3)} \\ w_{;1(3)} \\ w_{;2(3)} \\ \hline w_{(4)} \\ w_{;1(4)} \\ w_{;2(4)} \end{bmatrix}$$

$$\Omega_1^* = 1 - 3\zeta_1^2 - \zeta_1\zeta_2 - 3\zeta_2^2 + 2\zeta_1^3 + 3\zeta_1^2\zeta_2 + 3\zeta_1\zeta_2^2 + 2\zeta_2^2 - 2\zeta_1^3\zeta_2 - 2\zeta_1\zeta_2^3$$

$$\Omega_2^* = \zeta_1 - 2\zeta_1^2 - \zeta_1\zeta_2 + \zeta_1^3 + 2\zeta_1^2\zeta_2 - \zeta_1^3\zeta_2$$

$$\Omega_3^* = \zeta_2 - \zeta_1\zeta_2 - 2\zeta_2^2 + 2\zeta_1\zeta_2^2 + \zeta_2^3 - \zeta_1\zeta_2^3$$

$$\Omega_4^* = 3\zeta_1^2 + \zeta_1\zeta_2 - 2\zeta_1^2 - 3\zeta_1^2\zeta_2 - 3\zeta_1\zeta_2^2 + 2\zeta_1^3\zeta_2 + 2\zeta_1\zeta_2^3$$

$$\Omega_5^* = -\zeta_1^2 + \zeta_1^3 + \zeta_1^2\zeta_2 - \zeta_1^3\zeta_2$$

$$\Omega_6^* = \zeta_1\zeta_2 - 2\zeta_1\zeta_2^2 + \zeta_1\zeta_2^3$$

$$\Omega_7^* = -\zeta_1\zeta_2 + 3\zeta_1^2\zeta_2 + 3\zeta_1\zeta_2^2 - 2\zeta_1^3\zeta_2 - 2\zeta_1\zeta_2^3$$

$$\Omega_8^* = -\zeta_1^2\zeta_2 + \zeta_1^3\zeta_2$$

$$\Omega_9^* = -\zeta_1\zeta_2^2 + \zeta_1\zeta_2^3$$

$$\Omega_{10}^* = \zeta_1\zeta_2 + 3\zeta_2^2 - 3\zeta_1^2\zeta_2 - 3\zeta_1\zeta_2^2 - 2\zeta_2^3 + 2\zeta_1^3\zeta_2 + 2\zeta_1\zeta_2^2$$

$$\Omega_{11}^* = \zeta_1\zeta_2 - 2\zeta_1^2\zeta_2 + \zeta_1^3\zeta_2$$

$$\Omega_{12}^* = -\zeta_2^2 + \zeta_1\zeta_2^2 + \zeta_2^3 - \zeta_1\zeta_2^3$$

Darstellung der Formfunktionen:

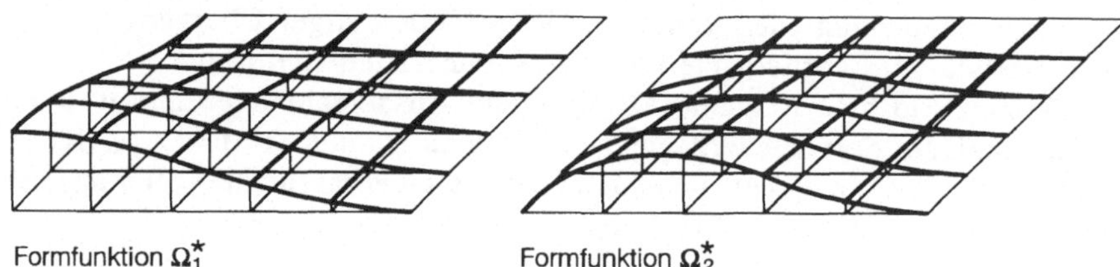

Formfunktion Ω_1^* Formfunktion Ω_2^*

Ablösung der mathematischen durch mechanische Freiheitsgrade:

$$\mathbf{v}^{e\star} = \mathbf{J}_s^* \cdot \mathbf{v}^e \quad \text{mit:} \quad \mathbf{v}^{eT} = \begin{bmatrix} w_{(1)} & \varphi_{1(1)} & \varphi_{2(1)} \mid w_{(2)} & \varphi_{1(2)} & \varphi_{2(2)} \mid w_{(3)} & \varphi_{1(3)} \mid \varphi_{2(3)} & w_{(4)} & \varphi_{1(4)} & \varphi_{2(4)} \end{bmatrix}$$

$$\mathbf{J}_s^* = \begin{bmatrix} 1 & \mathbf{J}_s & 1 & \mathbf{J}_s & 1 & \mathbf{J}_s & 1 & \mathbf{J}_s \end{bmatrix}, \quad \mathbf{J}_s = \begin{bmatrix} 0 & b \\ -a & 0 \end{bmatrix}$$

$$\mathbf{u}^e = \boldsymbol{\Omega}^{e\star} \cdot \mathbf{J}^* = \boldsymbol{\Omega}^{e\star} \cdot \mathbf{J}_s^* \cdot \mathbf{v}^e = \boldsymbol{\Omega}^e \quad \text{mit:} \quad \boldsymbol{\Omega}^e = \boldsymbol{\Omega}^{e\star} \cdot \mathbf{J}_s^*$$

Bild 5.41. Verschiebungsfeldapproximation des 12-Freiheitsgrad-Rechteckelementes

krümmungen κ_{11}, κ_{22} bilinear approximiert, die Verwindungsanteile κ_{12} infolge $w_{(k)}$ quadratisch, sonst jeweils in einer Richtung als konstant, in der anderen ebenfalls quadratisch.

Mit Hilfe der Matrizen $\boldsymbol{\Omega}^e$, $\mathbf{H}^e$ lassen sich schließlich erneut gemäß Tafel 5.1 die *Steifigkeitsmatrix, Lastvektoren* und die *Schnittgrößenapproximation* dieses Elements ermitteln. Die mit einem mathematischen Formelmanipulator aus $\mathbf{H}^e$

$$\boldsymbol{\varepsilon}^{\theta} = \mathbf{D}_k \cdot \mathbf{u}^{\theta} = \mathbf{D}_k \cdot \boldsymbol{\Omega}^{\theta} \cdot \mathbf{v}^{\theta} = \mathbf{D}_k \cdot \boldsymbol{\Omega}^{\theta *} \cdot \mathbf{J}_8^{*} \cdot \mathbf{v}^{\theta} = \mathbf{H}^{\theta} \cdot \mathbf{v}^{\theta}$$

	$w_{(1)}$	$\varphi_{1(1)}$	$\varphi_{2(1)}$	$w_{(2)}$	$\varphi_{1(2)}$	$\varphi_{2(2)}$	$w_{(3)}$	$\varphi_{1(3)}$	$\varphi_{2(3)}$	$w_{(4)}$	$\varphi_{1(4)}$	$\varphi_{2(4)}$	
$\mathbf{H}^{\theta} =$	1	0	2	-1	0	3	4	0	5	-4	0	6	$\cdot (-a^{-2})$
	7	8	9	-7	-8	10	7	11	-10	-7	-11	-9	$\cdot (-2/ab)$
	12	13	0	14	15	0	-14	16	0	-12	17	0	$\cdot (-b^{-2})$
Spaltenfaktor	$\cdot b$	$\cdot (-a)$		$\cdot b$	$\cdot (-a)$		$\cdot b$	$\cdot (-a)$		$\cdot b$	$\cdot (-a)$		Zeilenfaktor

Abkürzungen:

Nr.	Formfunktion	Nr.	Formfunktion
1	$-6 + 12\zeta_1 + 6\zeta_2 - 12\zeta_1\zeta_2$	10	$2\zeta_1 - 3\zeta_1^2$
2	$-4 + 6\zeta_1 + 4\zeta_2 - 6\zeta_1\zeta_2$	11	$-2\zeta_2 + 3\zeta_2^2$
3	$-2 + 6\zeta_1 + 2\zeta_2 - 6\zeta_1\zeta_2$	12	$-6 + 6\zeta_1 + 12\zeta_2 - 12\zeta_1\zeta_2$
4	$6\zeta_2 - 12\zeta_1\zeta_2$	13	$-4 + 4\zeta_1 + 6\zeta_2 - 12\zeta_1\zeta_2$
5	$-2\zeta_1 + 6\zeta_1\zeta_2$	14	$-6\zeta_1 + 12\zeta_1\zeta_2$
6	$-4\zeta_2 + 6\zeta_1\zeta_2$	15	$-4\zeta_1 + 6\zeta_1\zeta_2$
7	$-1 + 6\zeta_1 + 6\zeta_2 - 6\zeta_1^2 - 6\zeta_2^2$	16	$-2\zeta_1 + 6\zeta_1\zeta_2$
8	$-1 + 4\zeta_2 - 3\zeta_2^2$	17	$-2 + 2\zeta_1 + 6\zeta_2 - 6\zeta_1\zeta_2$
9	$-1 + 4\zeta_1 - 3\zeta_1^2$		

Bild 5.42. Formmatrix des Verzerrungsfeldes des 12-Freiheitsgrad-Rechteckelementes

sowie **E** (2.62a) integrierte Steifigkeitsmatrix enthält Bild 5.43. Für allgemeine orthotrope Werkstoffeigenschaften findet der Leser die Steifigkeitsmatrix dieses Elementes übrigens in [Zienkiewicz 1985].

5.6.5 4-Knoten-Rechteckelement mit 16 Freiheitsgraden

Das soeben hergeleitete 4-Knoten-Rechteckelement mit 12 Freiheitsgraden ist nichtkonform, dennoch wird mit ihm ein bemerkenswertes Genauigkeitsniveau erreicht. Es besitzt vor allem den Vorteil, mit der Verschiebung w und den beiden tangentialen Drehwinkeln φ_1, φ_2 über ingenieurmäßig-anschauliche Knotenfreiheitsgrade zu verfügen, die leicht mit denen anderer Elemente koppelbar sind. Deshalb ist es in vielen Elementbibliotheken von FE-Programmen vertreten.

Will man *Konformität* eines 4-Knoten-Rechteckelementes erreichen, d.h. vollständige C^1-Stetigkeit, so kann in jedem Knoten die Verwindung $w_{,12}$ als zusätzlicher Freiheitsgrad hinzugefügt werden. Der Verschiebungsansatz

$$\mathbf{u}^e = \boldsymbol{\Phi}^e \cdot \hat{\mathbf{u}}^e \qquad (5.70a)$$

mit den nunmehr 16 Ansatzfunktionen und ebenso vielen Freiwerten:

Element, Knotenfreiheitsgrade und Knotenfreiheitsgrade:

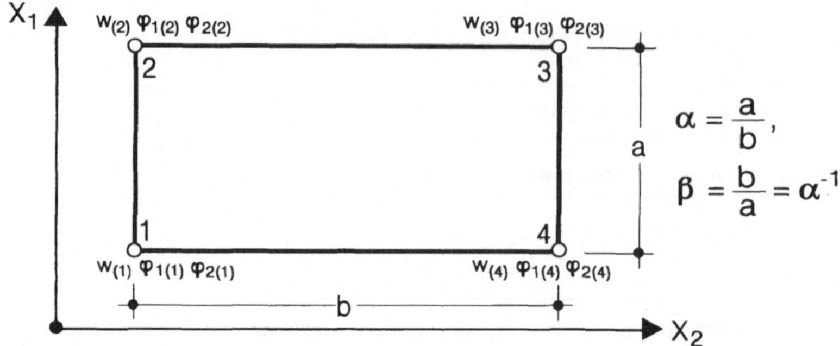

Elementsteifigkeitsmatrix:

$$\mathbf{k}^e = \frac{1}{30\,ab}\cdot\frac{Eh^3}{12(1-\nu^2)}$$

	1	2	3	4	5	6	7	8	9	10	11	12	
	1	2	3	4	5	6	7	8	9	10	11	12	1
		13	14	-5	15	0	8	16	0	-11	17	0	2
			18	19	0	20	-9	0	21	-12	0	22	3
				1	-2	3	10	-11	12	7	-8	9	4
					13	-14	11	17	0	-8	23	0	5
						18	-12	0	22	-9	0	21	6
							1	2	-3	4	5	-6	7
symmetrisch								13	-14	-5	15	0	8
									18	-6	0	-20	9
										1	-2	-3	10
											13	14	11
												18	12

Steifigkeitselemente:

Nr.		Nr.		Nr.	
0	0				
1	$3(10\alpha^2 + 10\beta^2 - 2\nu + 7)$	9	$3a(10\beta^2 - \nu + 1)$	17	$2b^2(5\alpha^2 - \nu + 1)$
2	$3b(-10\alpha^2 - 4\nu - 1)$	10	$3(-5\alpha^2 - 5\beta^2 - 2\nu + 7)$	18	$8a^2(5\beta^2 - \nu + 1)$
3	$3a(10\beta^2 + 4\nu - 1)$	11	$3b(-5\alpha^2 - \nu + 1)$	19	$5a(5\beta^2 - 4\nu - 1)$
4	$3(-10\alpha^2 + 5\beta^2 + 2\nu - 7)$	12	$3a(5\beta^2 + \nu - 1)$	20	$4a^2(5\alpha^2 + 2\nu - 2)$
5	$3b(-10\alpha^2 + \nu - 1)$	13	$8b^2(5\alpha^2 - \nu + 1)$	21	$2a^2(10\beta^2 + \nu - 1)$
6	$3a(5\beta^2 - 4\nu - 1)$	14	$-30\,ab\,\nu$	22	$2a^2(5\beta^2 - \nu + 1)$
7	$3(5\alpha^2 - 10\beta^2 + 2\nu - 7)$	15	$2b^2(10\alpha^2 + \nu + 1)$	23	$4b^2(5\alpha^2 + 2\nu - 2)$
8	$3b(-5\alpha^2 + 4\nu - 1)$	16	$4b^2(5\alpha^2 + 2\nu - 2)$		

Bild 5.43. Steifigkeitsmatrix des 4 Knoten Rechteckelementes mit 12 Freiheitsgraden

$$\boldsymbol{\Phi}^e = \begin{bmatrix} 1 & \zeta_1 & \zeta_2 & \zeta_1^2 & \zeta_1\zeta_2 & \zeta_2^2 & \zeta_1^3 & \zeta_1^2\zeta_2 & \zeta_1\zeta_2^2 & \zeta_2^3 \\ & & & \zeta_1^3\zeta_2 & \zeta_1^2\zeta_2^2 & \zeta_1\zeta_2^3 & \zeta_1^3\zeta_2^2 & \zeta_1^2\zeta_2^3 & \zeta_1^3\zeta_2^3 \end{bmatrix}, \qquad (5.70b)$$

$$\hat{\mathbf{u}}^{eT} = \begin{bmatrix} a_1 & a_2 & a_3 & a_4 & a_5 & a_6 & a_7 & a_8 & a_9 & a_{10} \\ & & & & a_{11} & a_{12} & a_{13} & a_{14} & a_{15} & a_{16} \end{bmatrix} \qquad (5.70c)$$

stellt in diesem von [Bogner 1965] entwickelten Element ein vollständiges bikubisches Polynom dar. Die Herleitung der Elementmatrizen erfolgt weitgehend analog zum Abschnitt 5.6.4, deshalb haben wir uns auf Bild 5.44 auf die Wiedergabe der *Element-Steifigkeitsmatrix* beschränkt. Diese entstammt [Thieme 1996]; dort findet der Leser auch die Formfunktionsmatrizen $\boldsymbol{\Omega}^e$, $\mathbf{H}^e$ sowie verschiedene verschiebungskonsistente Element-Knotenlasten.

Mit voller Absicht wurden für dieses Element pro Knoten die Kinematen w, $w_{,1}$, $w_{,2}$ und $w_{,12}$ als Freiheitsgrade beibehalten, also nicht die Tangentenneigungen durch die Drehwinkel ausgetauscht. Für diese ebenfalls oft verwendeten Plattenkinematen lautet somit der Vektor der Element-Freiheitsgrade:

$$\mathbf{v}^{eT} = \begin{bmatrix} w_{(1)} & w_{,1(1)} & w_{,2(1)} & w_{,12(1)} & | & w_{(2)} & w_{,1(2)} & w_{,2(2)} & w_{,12(2)} & | \\ w_{(3)} & w_{,1(3)} & w_{,2(3)} & w_{,12(3)} & | & w_{(4)} & w_{,1(4)} & w_{,2(4)} & w_{,12(4)} \end{bmatrix}. \qquad (5.71)$$

Der Nachteil dieses Elementes, das ebenfalls vielfach verwendet wird, liegt in der schwierigen Interpretierbarkeit des Verwindungsfreiheitsgrades, der bei der Ankopplung von Stäben oder Scheiben keine Entsprechung findet. In [Thieme 1996] findet sich der vollständige Nachweis der Konformität für dieses Element.

5.6.6 Rechteckplatte unter Gleichlast

Abschließend soll die auf Bild 5.45 wiedergegebene Rechteckplatte unter Gleichlast mit den behandelten Elementen berechnet werden. Die Platte besitzt einen eingespannten ($x_1 = 0$), einen kräftefreien ($x_1 = l_1$) sowie zwei gelenkig gelagerte Ränder ($x_2 = 0$, $x_2 = l_2$); Abmessungen, Steifigkeitsdaten und Belastung leiten das Bild ein. Die darunter wiedergegebenen Schnittgrößen- und Durchbiegungsplots entstammen einer Analyse mit pro Plattenhälfte 8x8 nichtkonformen 4-Knoten-Rechteckelementen mit je 12 Freiheitsgraden. Für dieses Tragwerk findet man in [Czerny 1996] durch Auswertung einer Reihenlösung gewonnene Ergebnisse, die auf Bild 5.45 als Vergleichswerte in Klammern gesetzt wurden.

Das Tragwerk wurde sowohl mit dem 4-knotigen 12-Freiheitsgrad- als auch mit dem 16-Freiheitsgrad-Rechteckelement in verschiedenen Diskretisierungen analysiert. Die erzielten Ergebnisse für die Maximaldurchbiegung w_{max} in der Mitte des freien Randes gibt Tafel 5.5 wieder. Erwartungsgemäß modelliert das nichtkonforme Element das Tragwerk als zu weich und nähert sich bei höherer Diskretisierung der exakten Lösung durch Versteifung an, während das konforme 16-Freiheitsgrad-Element geringfügig zu steif beginnt und zur genauen Lösung durch Aufweichung konvergiert.

Element, Knotenfreiheitsgrade und Knotenfreiheitsgrade:

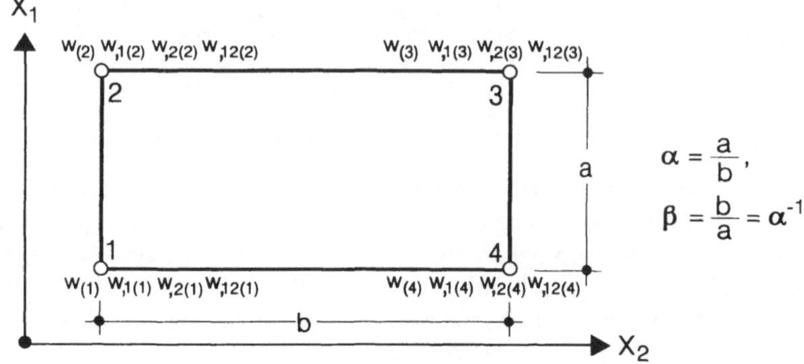

Elementsteifigkeitsmatrix:

$$k^e = \frac{1}{175\,ab} \cdot \frac{Eh^3}{12(1-v^2)}$$

	1	2	3	4	5	6	7	8	9	10	11	12	13	14	15	16
1	1	2	3	4	5	6	7	8	9	10	11	12	13	14	15	16
2		17	18	19	-6	20	-8	21	10	22	12	23	-14	24	-16	25
3			26	27	7	8	28	29	-11	-12	30	31	-15	-16	32	33
4				34	-8	21	-29	35	-12	-23	31	36	16	-25	-33	37
5					1	-2	3	-4	13	-14	15	-16	9	-10	11	-12
6						17	-18	19	14	24	16	25	-10	22	-12	23
7							26	-27	-15	16	32	-33	-11	12	30	-31
8								34	-16	25	33	37	12	-23	-31	36
9	symmetrisch								1	2	-3	-4	5	6	-7	-8
10										17	-18	-19	-6	20	8	-21
11											26	27	-7	-8	28	29
12												34	8	-21	-29	35
13													1	-2	-3	4
14														17	18	-19
15															26	-27
16																34

Steifigkeitselemente:

Nr.		Nr.		Nr.	
1	$780\alpha^2 + 780\beta^2 + 504$	13	$-270\alpha^2 - 270\beta^2 + 504$	25	$a^2b[-45\alpha^2 - 65\beta^2 - 7]:6$
2	$a[390\beta^2 + 110\alpha^2 + 42 + 210v]$	14	$a[65\alpha^2 + 135\beta^2 - 42]$	26	$b^2[20\beta^2 + 260\alpha^2 + 56]$
3	$b[390\alpha^2 + 110\beta^2 + 42 + 210v]$	15	$b[65\beta^2 + 135\alpha^2 - 42]$	27	$ab^2[30\beta^2 + 110\alpha^2 + 14 + 70v]:3$
4	$ab[110\alpha^2 + 110\beta^2 + 7 + 70v]:2$	16	$ab[-65\alpha^2 - 65\beta^2 + 7]$	28	$b^2[90\alpha^2 - 20\beta^2 - 56]$
5	$270\alpha^2 - 780\beta^2 - 504$	17	$a^2[20\alpha^2 + 260\beta^2 + 56]$	29	$ab^2[30\beta^2 - 65\alpha^2 + 14]$
6	$a[390\beta^2 - 65\alpha^2 + 42]$	18	$ab[110\alpha^2 + 110\beta^2 + 7 + 420v]:2$	30	$b^2[130\alpha^2 - 15\beta^2 - 14]$
7	$b[135\alpha^2 - 110\beta^2 - 42 - 210v]$	19	$a^2b[30\alpha^2 + 110\beta^2 + 14 + 70v]:3$	31	$ab^2[110\alpha^2 - 45\beta^2 - 7 - 35v]:6$
8	$ab[110\beta^2 - 65\alpha^2 + 7 + 35v]$	20	$a^2[130\beta^2 - 15\alpha^2 - 14]$	32	$b^2[15\beta^2 + 45\alpha^2 + 14]$
9	$270\beta^2 - 780\alpha^2 - 504$	21	$a^2b[110\beta^2 - 45\alpha^2 - 7 - 35v]:6$	33	$ab^2[-45\beta^2 - 65\alpha^2 - 7]:6$
10	$a[135\beta^2 - 110\alpha^2 - 42 - 210v]$	22	$a^2[90\beta^2 - 20\alpha^2 - 56]$	34	$a^2b^2[60\alpha^2 + 60\beta^2 + 65]$
11	$b[390\alpha^2 - 65\beta^2 + 42]$	23	$a^2b[30\alpha^2 - 65\beta^2 + 14]:3$	35	$a^2b^2[30\beta^2 - 45\alpha^2 - 14]:9$
12	$ab[110\alpha^2 - 65\beta^2 + 7 + 35v]$	24	$a^2[15\alpha^2 + 45\beta^2 + 14]$	36	$a^2b^2[30\alpha^2 - 45\beta^2 - 14]:9$
				37	$7a^2b^2[-9\alpha^2 - 9\beta^2 + 1]:18$

Bild 5.44. Steifigkeitsmatrix des 4-Knoten-Rechteckelementes mit 16 Freiheitsgraden

Tragwerk:

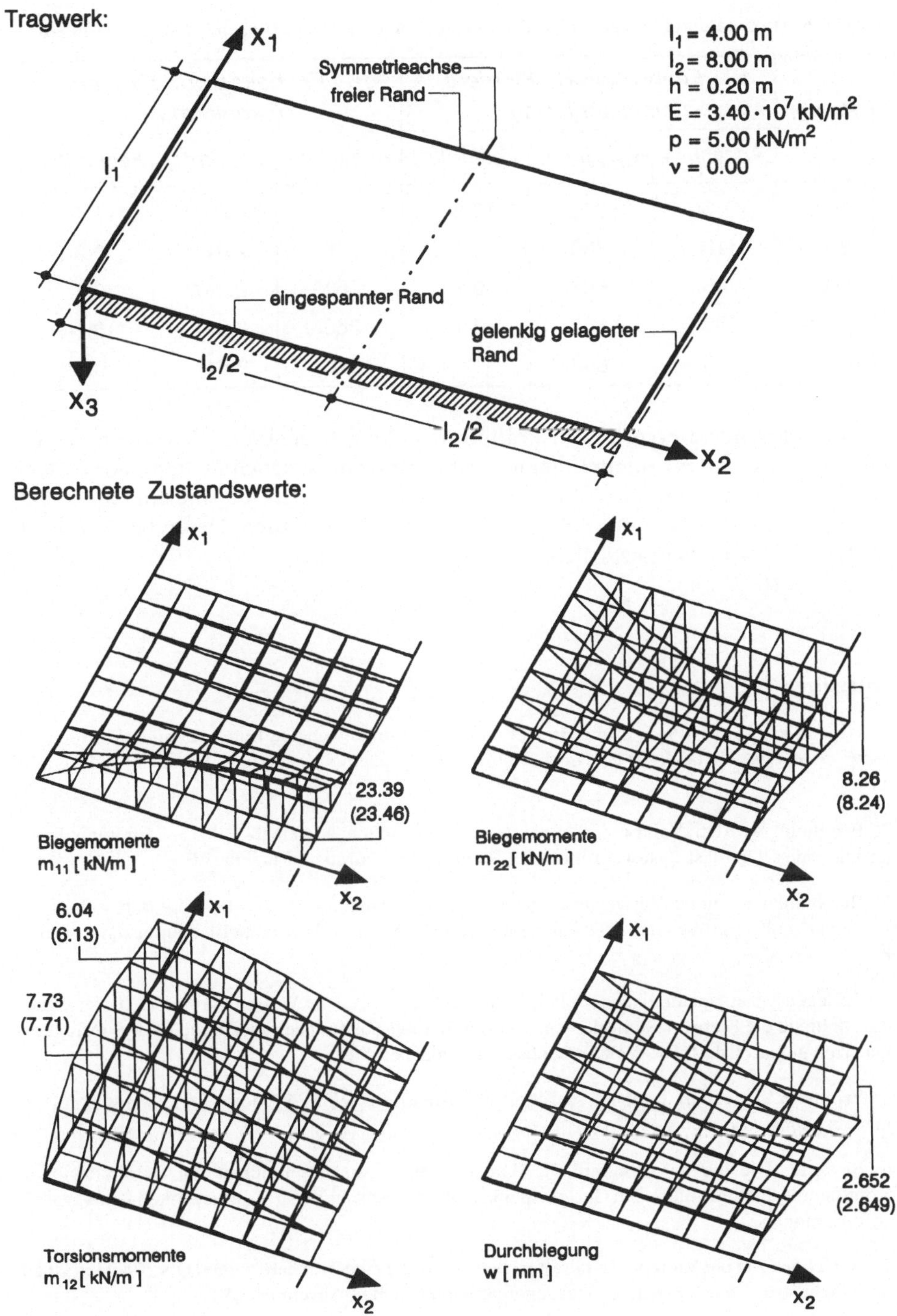

Bild 5.45. Rechteckplatte unter Gleichlast

Tafel 5.5 Maximaldurchbiegung w_{max} der Rechteckplatte für verschiedene Diskretisierungen

Raster	12 - Freiheitsgrad - Element (nicht konform)			16 - Freiheitsgrad - Element (konform)		
	Anzahl V_m	w_{max} [mm]	Fehler [%]	Anzahl V_m	w_{max} [mm]	Fehler [%]
1 x 1	3	2.972	12.2	4	2.621	1.1
2 x 2	12	2.730	3.1	16	2.644	0.2
4 x 4	48	2.667	0.7	64	2.647	0.1
8 x 8	192	2.652	0.1	256	2.647	0.1
16 x 16	768	2.648	–	1040	2.647	0.1

Beide Elemente ergeben am kräftefreien Rand beachtliche Torsionsmomente m_{12}. Diese stehen in vollem Einklang mit der KIRCHHOFFschen Plattentheorie, denn am Rand $x_2 = l_2$ kann neben dem Biegemoment m_{11} eben nur die Randquerkraft $\bar{q}_2 = q_2 + m_{12,1}$ als Gesamtgröße zu Null vorgegeben werden. Deren beide Einzelbestandteile sind dann natürlich von Null verschieden.

Aufgaben

1. Übertragen Sie das PASCALsche Dreieck in den dreidimensionalen Raum E3 und schreiben Sie in x_1, x_2, x_3 ein vollständiges Polynom 3. Ordnung sowie ein vollständiges trikubisches Polynom aus.

2. Ermitteln Sie den Vektor der Volleinspannkraftgrößen $\overset{\text{ge}}{s}$ gemäß Bild 5.7 für eine linear ansteigende Gleichlast q_z sowie für eine in Stabmitte angeordnete Einzellast F_z.

3. Bestimmen Sie unter Verwendung der Formfunktionsmatrix Ω^c von Bild 5.9 den Vektor der Volleinspannkraftgrößen des CST-Elementes gemäß (5.7a) für konstante Elementlasten $p_1 = p_2 =$ konst.

4. Zerlegen Sie ein quadratisches Scheibenelement auf zweifache Weise in jeweils 2 Dreiecke und ermitteln Sie die Element-Steifigkeitsmatrix durch Superposition der jeweiligen CST-Steifigkeitsmatrizen gemäß Bild 5.10. Welche Beobachtung machen Sie?

5. Ermitteln Sie weitere Elemente der Steifigkeitsmatrix k^e eines 4-Knoten Scheibenrechteckelementes gemäß Gleichung (5.45).

6. Bewerten Sie die im Abschnitt 5.5.1 angegebenen Ansatzfunktionen für dreidimensionale Kontinuumselemente unter den Gesichtspunkten der im Abschnitt 5.1.3 aufgezählten Konvergenzanforderungen.

7. Berechnen Sie die Volleinspannkraftgrößen $\overset{\text{ge}}{s}$ infolge einer trapezförmigen Oberflächenlast auf der Fläche 4-6-7-8 des 8-Knoten Hexaederelementes gemäß Abschnitt 5.5.5.

8. Leiten Sie gemäß (5.66b) den Vektor der Volleinspannkraftgrößen infolge einer Gleichlast p für ein 3-knotiges gleichschenklig-rechteckiges Plattenelement her.

9. Schreiben Sie für das nichtkonforme 4-Knoten Plattenrechteckelement die Matrix Ω^e der Formfunktionen aus und ermitteln Sie die Volleinspannkraftgrößen für Gleichlast.

Literatur

Adini, A.: Analysis of Shell Structures by the Finite Element Method. Ph.D. Dissertation, Dept. Civil Engg., UC Berkeley 1961

Argyris, J.H.: Energy Theorems and Structural Analysis. Aircraft Engineering 26 (1954), 347-356, 383-387, 394; 27 (1955), 42-58, 80-94, 125-134, 145-158

Bathe, K.-J.: Finite-Element-Methoden. Springer-Verlag, Berlin 1986

Bazeley, G., Cheung, Y., Irons, B., Zienkiewicz, O.C.: Triangular elements in plate bending - conforming and nonconforming solutions. Proc (1st) Conf. on Matrix Methods in Struct. Mech., AFFDL TR 66-80 (1965), 547-576

Bell, K.: Triangular Plate Bending Elements. In: I. Holand, K. Bell (Herausg.): Finite Element Methods, 213-252. Tapir, Trondheim 1969

Bell, K.: Analysis of Thin Plates in Bending Using Triangular Finite Elements. Rep. Div. Struct. Mech., The Technical University of Norway, Trondheim 1968

Bogner, F.K., Fox, R.L., Schmit, L.A.: The generation of interelement-compatible stiffness and mass matrices by the use of interpolation formulas. Proc (1st) Conf. on Matrix Methods in Struct. Mech., AFFDL TR 66-80 (1965), 397-443

Braess, D.: Finite Elemente. Springer-Verlag, Berlin 1992

Clough, R.W., Tocher, J.L.: Finite element stiffness matrices for the analysis of plate bending. Proc. (1st) Conf. on Matrix Methods in Struct. Mech., AFFDL TR 66-80 (1965), 515-546

Courant, R., Hilbert, D.: Methoden der mathematischen Physik, Band I und II, 3. bzw. 2. Auflage. Springer-Verlag, Berlin 1968

Czerny, F.: Tafeln für Rechteckplatten. Beitrag in: J. Eibl (Herausg.) Betonkalender, 85. Jahrgang, Teil 1, 277-340. Verlag Ernst & Sohn, Berlin 1996

Ergatoudis, I., Irons, B.M., Zienkiewicz, O.C.: Curved isoparametric quadrilateral elements for finite element analysis. Int. J. Solids Structures 4 (1968), 31-42

Fraeijs de Veubeke, B.: A conforming Finite Element for Plate Bending. Int. J. Solids Structures 4 (1968), 95-108

Gallagher, R.H., Padlog, J., Bijlaard, P.P.: Stress Analysis of Heated Complex Shapes. Journ. Am. Rocket Soc. 32 (1962), 700-707

Girkmann, K.: Flächentragwerke. 6. Auflage, Springer-Verlag, Wien 1963

Hahn, H.G.: Methoden der finiten Elemente in der Festigkeitslehre. Akademische Verlagsgesellschaft, Frankfurt 1975

Holand, I.: Stiffness Matrices for Plate Bending Elements. In: I. Holand, K. Bell (Herausg.): Finite Element Methods, 159-178. Tapir, Trondheim 1969

Kämmel, G., Franeck, H.: Einführung in die Methode der finiten Elemente. 2. Auflage, VEB Fachbuchverlag Leipzig 1990

Kolar, V., Kratochvill, J., Leitner, F., Zenisek, A.: Berechnung von Flächen- und Raumtragwerken nach der Methode der Finiten Elemente. Springer-Verlag, Wien 1975

Krätzig, W.B., Wittek, U.: Tragwerke 1. 3. Auflage, Springer-Verlag, Berlin 1995

Krätzig, W.B.: Tragwerke 2. 2. Auflage, Springer-Verlag, Berlin 1994

Melosh, R.J.: Structural Analysis of Solids. ASCE, Journ. Struct. Div. 89 (1963), 205-223

Melosh, R.J.: A Stiffness Matrix for the Analysis of Thin Plates in Bending. Journ. Aerospace Science 28 (1961], 34-42, 64

Morley, L.S.D.: The constant-moment plate bending element. Journ. Strain Analysis 6 (1971), 20-24

Mußchelischwili, N.I.: Einige Grundaufgaben zur mathematischen Elastizitätstheorie. (Deutschsprachige Ausgabe der 5. Auflage des russischen Originals von 1966.) VEB Fachbuchverlag, Leipzig 1971

Oden, J.T., Reddy, J.N.: An Introduction to the Mathematical Theory of Finite Elements. John Wiley & Sons, New York 1976

Pestel, E.C.: Dynamic stiffness matrix formulation by means of Hermitean Polynomials. Proc. (1st) Conf. Matrix Methods Struct. Mech., AFFDL TR 66-80 (1965), 479-502

Przemieniecki, J.S.: Theory of Matrix Structural Analysis. McGraw-Hill Book Company, New York 1968

Schwarz, H.R.: Methode der finite Elemente. B.G. Teubner, Stuttgart 1980

Thieme, D.: Einführung in die Finite-Elemente-Methode für Bauingenieure, 2. Auflage. Verlag für Bauwesen, Berlin 1996

Stoer, J., Burlisch, R.: Einführung in die Numerische Mathematik II. Springer-Verlag, Berlin 1973

Tocher, J.L.: Analysis of Plate Bending using Triangular Elements. Ph.D. Dissertation, Dept. of Civil Engg., UC Berkeley 1962

Turner, M.J., Clough, R.W., Martin, H.C., Topp, L.J.: Stiffness and Deflection Analysis of Complex Structures. J. Aeronaut. Science, 23 (1956), 805-823, 854

Zienkiewicz, O.C.: The Finite Element Method, 3rd edition. McGraw-Hill Book Company, London 1985

Zurmühl, R.: Praktische Mathematik für Ingenieure und Physiker. Springer-Verlag, Berlin 1967

6 Standardtechniken zur Tragwerksanalyse

Wer unter die Oberfläche dringt,
tut es stets auf eigene Gefahr.

Oscar Wilde, 1854-1900,
in seinem Aphorismen

In diesem Kapitel leiten wir zunächst die direkte Steifigkeitsmethode, das Standardkonzept für Finite-Element-Analysen, aus dem allgemeinen Weggrößenverfahren her. Wir erläutern sodann seine Realisierung in modernen Finite-Element-Programmsystemen und führen in wichtige Sonderfragen ein: die Bandbreitenoptimierung, die statische Kondensation, das Arbeiten mit Makroelementen sowie die Substrukturtechnik. Vornehmlich aus der Sicht eines Programmanwenders wird das Kapitel durch Konzepte zur Quantifizierung von Abbildungsschwächen finiter Elemente, zur Feststellung ihres Konvergenzverhaltens und von Diskretisierungsfehlern abgerundet.

6.1 Die direkte Steifigkeitsmethode

6.1.1 Rückblick auf das allgemeine Weggrößenverfahren

Im Kapitel 5 wurde von uns ein einheitliches Konzept vorgestellt und auf Stäbe, Scheiben, Platten sowie Kontinua angewandt, um für finite Teilräume kontinuumsmechanischer Strukturmodelle mittels Weggrößenapproximationen Steifigkeitsbeziehungen eines zugeordneten diskretisierten Modells zu entwickeln. Ein finiter Modellraum V^e wurde hierzu durch Knotenpunkte abgesteckt, in welchen Elementkraft- und Elementweggrößen s^e, v^e definiert wurden. Als Verknüpfung beider Variablenspalten wurden jeweils Element-Steifigkeitsbeziehungen

$$s^e = k^e \cdot v^e + \overset{\circ}{s}{}^e \tag{6.1a}$$

mit der Element-Steifigkeitsmatrix (5.7c)

$$k^e = \int_{V^e} H^{eT} \cdot E \cdot H^e \, dV \tag{6.1b}$$

und dem Vektor der Element-Volleinspannkraftgrößen (5.7a)

$$\overset{\circ}{s}{}^e = -\int_{V^e} \Omega^{eT} \cdot p \, dV \tag{6.1c}$$

hergeleitet. Sämtliche Knotenvariablen s^e, v^e waren dabei stets auf die *lokale Elementbasis* bezogen. Sie bildeten sogenannte *vollständige Variablen*, für deren Kraftgrößen s^e Gleichgewicht nicht vorausgesetzt wird und deren Weggrößen v^e sämtlicher Starrkörperdeformationen fähig sein müssen. Dies entpuppte sich als Standard-Darstellungsform in der Theorie finiter Elemente; daher blieben beide Spalten s^e, v^e, anders als in der systematischen Herleitung [Krätzig 1994], ohne zusätzliche Markierung.

Mit dem Vorliegen finiter Element-Steifigkeitsbeziehungen (6.1a) für unterschiedliche Strukturmodelle können wir nun zum Kapitel 4.4.1 zurückkehren, um weitgehend beliebige Tragwerke nach dem *Weggrößenverfahren* zu analysieren. Aus Tafel 4.1 wiederholen wir hierzu den Standardalgorithmus für Tragwerksberechnungen unter Lastvorgaben. Nach Aufbau der Spalten $\mathbf{P}$ der vorgebbaren Knotenlasten und $\overset{\circ}{\mathbf{s}}$ der Volleinspannkraftgrößen erfolgt die Herleitung der kinematischen Transformationsmatrix $\mathbf{a}$. Gemäß

$$\mathbf{v} = \mathbf{a} \cdot \mathbf{V} \tag{6.2.a}$$

geschieht dies durch sukzessive Zwangsaktivierung aller äußeren Knotenfreiheitsgrade $V_j = 1$, $j = 1, 2, \ldots$ m am kinematisch bestimmten Hauptsystem sowie gleichzeitige Identifikation der hierdurch hervorgerufenen Element-Knotenweggrößen v_i^e, $i = 1, 2, \ldots$ k. Mittels $\mathbf{a}$ kann sodann die *Gesamt-Steifigkeitsmatrix*

$$\mathbf{K} = \mathbf{a}^T \cdot \mathbf{k} \cdot \mathbf{a} \tag{6.2.b}$$

durch Kongruenztransformation der Steifigkeitsmatrix $\mathbf{k}$ aller Elemente der zu berechnenden Struktur bestimmt werden, deren Inversion den Vektor $\mathbf{V}$ der Knotenfreiheitsgrade aus der *Gesamt-Steifigkeitsbeziehung* unter den Einwirkungen $\mathbf{P}$, $\overset{\circ}{\mathbf{s}}$ bestimmt:

$$\mathbf{K} \cdot \mathbf{V} + \mathbf{a}^T \cdot \overset{\circ}{\mathbf{s}} = \mathbf{P} \quad \rightarrow \quad \mathbf{V} = \mathbf{K}^{-1} \cdot (\mathbf{P} - \mathbf{a}^T \cdot \overset{\circ}{\mathbf{s}}) \; . \tag{6.2c}$$

Aus $\mathbf{V}$ gewinnt man schließlich durch Substitution in die kinematische Beziehung

$$\mathbf{v} = \mathbf{a} \cdot \mathbf{V} \quad \rightarrow \quad \mathbf{v} = \{\mathbf{v}^a \; \mathbf{v}^b \; \ldots \; \mathbf{v}^e \; \ldots \; \mathbf{v}^p\} \tag{6.2.d}$$

die Knotenfreiheitsgrade jedes Elementes.

Der letzte Schritt, nämlich die Berechnung der Element-Knotenkraftgrößen durch Substitution der $\mathbf{v}^e$ in die jeweilige Element-Steifigkeitsbeziehung

$$\mathbf{s}^e = \mathbf{k}^e \cdot \mathbf{v}^e + \overset{\circ}{\mathbf{s}}^e \tag{6.3a}$$

liefert lediglich für Stabelemente bemessungsrelevante Schnittgrößen $\boldsymbol{\sigma}^e$. Bei den finiten Elementen aller anderen Strukturmodelle besitzen die Knotenkraftgrößen $\mathbf{s}^e$ keine unmittelbare Beziehung zu den für Nachweiszwecke benötigten Schnittgrößenfeldern. Hier greift man daher zweckmäßigerweise auf die Approximation (5.5) der Verzerrungsfelder

$$\boldsymbol{\varepsilon}^e = \mathbf{H}^e \cdot \mathbf{v}^e \tag{6.3.b}$$

zurück, aus welcher durch Substitution in das Elastizitätsgesetz die zu $\boldsymbol{\varepsilon}^e$ korrespondierenden Schnittgrößenfelder

$$\boldsymbol{\sigma}^e = \mathbf{E} \cdot \boldsymbol{\varepsilon}^e = (\mathbf{E} \cdot \mathbf{H}^e) \cdot \boldsymbol{\varepsilon}^e \tag{6.3c}$$

entstehen. Damit sind die wesentlichen Schritte einer Tragwerksanalyse nach dem Weggrößenverfahren wiederholt. Dieses Verfahren soll nun zur *direkten Steifigkeitsmethode* weiterentwickelt werden, der Standardtechnik in der Theorie finiter Elemente.

6.1.2 Gesamt-Steifigkeitsmatrix mittels Inzidenzen

Ein besonders rechenzeitintensiver, speicherplatzbeanspruchender Berechnungsschritt ist der Aufbau der Gesamt-Steifigkeitsmatrix $\mathbf{K}$ durch die *Kongruenztransformation* (6.2b), den wir nun näher beleuchten wollen. Hierzu betrachten wir auf Bild 6.1 eine aus zwei Stabelementen a, b aufgebaute, mit den globalen Freiheitsgraden V_j, $j = 1, 2, \ldots 9$ in Richtung der Basis X, Z versehene Gesamtstruktur. Ohne Lagerungsbedingungen ist diese Struktur natürlich kein Tragwerk, ein Aspekt, über den wir uns zunächst bewußt hinwegsetzen wollen.

Unter der Gesamtstruktur sind auf Bild 6.1 die beiden finiten Stabelemente mit ihren jeweils sechs Elementfreiheitsgraden v_1^e, v_2^e, $\ldots v_6^e$ abgebildet, gefolgt von der kinematischen Transformation (6.2a). Wir bemerken, daß die beiden lokalen Elementbasen $\{x, z\}^e$, $e = a$, b zur globalen Basis X, Z gleiche Orientierung aufweisen. Nunmehr bauen wir die kinematische Verträglichkeitsmatrix $\tilde{\mathbf{a}}$, ausgehend vom kinematisch bestimmten Hauptsystem ($V_j \equiv 0$) auf, indem jedem Freiheitsgrad nacheinander eine Zwangsverformung „1" erteilt wird und die hierdurch aktivierten Elementfreiheitsgrade in die zugehörige Spalte von $\tilde{\mathbf{a}}$ eingetragen werden. Dies ist für $V_2 = 1$ in die Darstellungen des Bildes 6.1 eingestrichelt worden, aus der wir die Zuordnung $v_2^a = 1$ ablesen. Führt man nun sämtliche Zwangsverschiebungen und Zuordnungen durch, so entsteht die kinematische Transformationsmatrix $\tilde{\mathbf{a}}$ offensichtlich als reine Inzidenzmatrix, d.h. als Zuordnungsmatrix, die – infolge der Gleichheit von globalen mit lokalen Basen – nur die Elemente 0 und 1 enthält.

Mit dieser Matrix $\tilde{\mathbf{a}}$ führen wir sodann im unteren Teil von Bild 6.1 die Kongruenztransformation (6.2b) der Steifigkeitsmatrix $\mathbf{k}$ aller Elemente durch. Beide Untermatrizen von $\mathbf{k}$ wurden zur besseren Übersicht durch Kreise ($\mathbf{k}^a$) und Punkte ($\mathbf{k}^b$) symbolisiert. Bereits nach der Vormultiplikation mit $\tilde{\mathbf{a}}^T$ erkennen wir im Zwischenergebnis $\tilde{\mathbf{a}}^T \cdot \mathbf{k}$, daß dort die beiden ursprünglichen Element-Steifigkeitsmatrizen $\mathbf{k}^a$ und $\mathbf{k}^b$ infolge der Werte 0 und 1 von $\tilde{\mathbf{a}}$ völlig unverändert auftreten; wegen der besonderen Struktur von $\tilde{\mathbf{a}}$ sind sie gegeneinander verschoben. Durch die Nachmultiplikation von $\tilde{\mathbf{a}}^T \cdot \mathbf{k}$ mit $\tilde{\mathbf{a}}$ erfolgt ein Ineinanderschieben beider Element-Steifigkeiten derart, daß sich offenkundig auf jeder globalen Position i, j von $\tilde{\mathbf{K}}$ die Elementsteifigkeiten für zu V_i, V_j identische Element-Freiheitsgrade wiederfinden. Zur Heraushebung dieses Ordnungsprinzips dient die Markierung globaler und lokaler Freiheitsgrade am Rand von $\tilde{\mathbf{K}}$ auf Bild 6.1. Durch dieses Ordnungsprinzip werden im zentralen Teil von $\tilde{\mathbf{K}}$ Steifigkeitssummen beider Stabelemente positioniert, im Randbereich nur einfache Elementsteifigkeiten.

Gesamtstruktur und Elementierung:

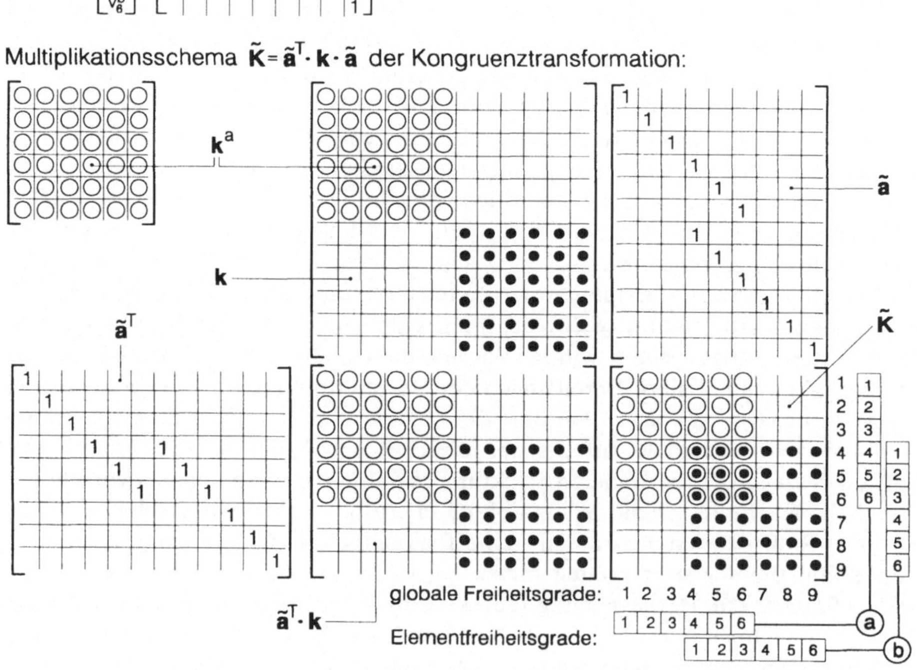

$$\mathbf{v} = \tilde{\mathbf{a}} \cdot \tilde{\mathbf{V}} =$$

Multiplikationsschema $\tilde{\mathbf{K}} = \tilde{\mathbf{a}}^T \cdot \mathbf{k} \cdot \tilde{\mathbf{a}}$ der Kongruenztransformation:

Bild 6.1. Zur Kongruenztransformation von **k** mittels Inzidenzen

Da beispielweise der globale Freiheitsgrad V_4 auf Bild 6.1 den beiden Elementfreiheitsgraden v_4^a und v_1^b entspricht, lautet das Steifigkeitselement von $\widetilde{K}$ auf der Position 4,4:

$$\widetilde{K}_{44} = k_{44}^a + k_{11}^b \ , \tag{6.4a}$$

da ferner V_5 mit v_5^a und v_2^b korrespondiert, lautet z.B.

$$\widetilde{K}_{45} = k_{45}^a + k_{12}^b \ . \tag{6.4b}$$

Offensichtlich können somit Gesamt-Steifigkeitsmatrizen $\widetilde{K}$ – bei Gleichheit der globalen Basis mit jeder der Elementbasen – statt durch Kongruenztransformation (6.2b) wesentlich effektiver nach Identifikation lokaler und globaler Freiheitsgrade durch *positionsgerechten Einbau* sowie gegebenenfalls Superposition der Steifigkeitswerte nach folgendem Schema gewonnen werden.

Satz: Entsprechen den globalen Knotenfreiheitsgraden V_i *und* V_j *die Element-Freiheitsgrade* v_k^a, v_l^b, ... *und* v_r^a, v_s^b, ..., *so baut sich* $\widetilde{K}_{ij}$ *durch folgende Superpositionsregel auf:*

$$\widetilde{K}_{ij} = k_{kr}^a + k_{ls}^b + \dots \ , \quad \forall \ i, j = 1, \dots m \ . \tag{6.5}$$

Gesamt-Steifigkeitsmatrizen $\widetilde{K}$ lassen sich somit rechenzeit- und speicherplatzsparend durch positionsgerechten Einbau der Element-Steifigkeitswerte bestimmen, ausgehend von einer quadratischen Nullmatrix $\widetilde{K} = 0$. Dieser Vorgang wird als *direktes Einmischen der Steifigkeitselemente* in $\widetilde{K}$ bezeichnet; er erspart die Kongruenztransformation (6.2b) und wirkte namensgebend: die *direkte Steifigkeitsmethode*. Das positionsgerechte Einmischen, allerdings in eine Nullspalte, wird in gleicher Weise auf den Aufbau des Beitrages $\tilde{a}^T \cdot \mathring{s}$ der Festhaltekraftgrößen übertragen.

Natürlich bildet der Informationsinhalt der kinematischen Transformationsmatrix $\tilde{a}$ nach wie vor die Grundlage dieses direkten, positionsgerechten Einmischens der Steifigkeitselemente in $\widetilde{K}$. Diese Information gewinnt man nun jedoch durch einen Identifikationsprozeß zwischen Knotenfreiheitsgraden V_j und Elementfreiheitsgraden v_i^e. Das Ergebnis faßt man in einer sogenannten *Inzidenztabelle* zusammen. Tafel 6.1 zeigt zwei häufig verwendete Alternativen für die Tragstruktur des Bildes 6.1 Die erste Alternative ordnet den Knotenfreiheitsgraden einzelne Elementfreiheitsgrade zu und ist auch für unterschiedliche Elementtypen einsetzbar. Die zweite Alternative dreht die Zuordnung um und wird dadurch kompakter. Im ersten Fall erkennt der Leser noch unschwer den Informationsgehalt von $\tilde{a}$ wieder.

6.1.3 Globale Elementsteifigkeiten und Volleinspannkraftgrößen

Der im letzten Abschnitt beschriebene Aufbau der Gesamt-Steifigkeitsmatrix setzte die Ausrichtung sämtlicher Elementfreiheitsgrade hinsichtlich der globalen Basis $\{X_i, e_{gi}, i = 1, 2, 3\}$ voraus. Dagegen gingen die Herleitungen der Elementsteifigkeitsmatrizen im Kapitel 5 stets von einer eigenen Elementbasis $\{x_i, e_i, i = 1, 2, 3\}$

Tafel 6.1. Inzidenztabelle der Tragstruktur von Bild 6.1

Alternative 1:

Knotenfreiheitsgrade:	V_1	V_2	V_3	V_4	V_5	V_6	V_7	V_8	V_9
entsprechen den Elementfreiheitsgraden von Element a:	v_1^a	v_2^a	v_3^a	v_4^a	v_5^a	v_6^a			
von Element b:				v_1^b	v_2^b	v_3^b	v_4^b	v_5^b	v_6^b

Alternative 2:

Elementfreiheitsgrade:	v_1^e	v_2^e	v_3^e	v_4^e	v_5^e	v_6^e
entsprechen den Knotenfreiheitsgraden bei Element a:	V_1	V_2	V_3	V_4	V_5	V_6
bei Element b:	V_4	V_5	V_6	V_7	V_8	V_9

aus, in deren Richtungen sämtliche Knotenvariablen definiert waren. Um $\tilde{K}$ trotz dieses Widerspruchs durch Einmischen aufbauen zu können, müssen letztere daher von ihrer lokalen Elementorientierung in die globalen Richtungen drehtransformiert werden. Da alle Freiheitsgrade – Verschiebungen und Verdrehungen – sowie alle Knotenkraftgrößen – Kräfte und Momente – als Vektorkomponenten in den Basisrichtungen definiert wurden, leiten wir zunächst die Drehtransformationen zwischen zwei kartesischen Basen her.

Bild 6.2 beginnt mit einer Darstellung der globalen kartesischen Basis $\{X_i, e_{gi}\}$ eines Gesamttragwerks, in welche die (lokale) kartesische Basis $\{x_i, e_i\}$ eines Elementes oder Elementknotens strichpunktiert eingezeichnet wurde. Es enthält ferner weitere gebräuchliche Koordinatenbezeichnungen für die unterschiedlichen Strukturmodelle des Kapitels 5. Der Leser erkennt im Bild außerdem die beiden Systeme von Basisvektoren e_i, e_{gi}, deren Drehtransformationen darunter angegeben wurden [Link 1984, Meissner 1989]. cos (a, A) kürzt hierin den Kosinus des Winkels von der lokalen a-Achse auf die globale A-Achse ab, den sogenannten Richtungskosinus. In Bild 6.2 sind insbesondere die beiden Drehmatrizen c bzw. c^T der Basisvektoren herausgehoben, die *orthogonale Matrizen* mit folgenden Eigenschaften darstellen:

$$c^T \cdot c = c \cdot c^T = I \ , \quad \text{d.h.} \ \ c^{-1} = c^T \ \ \text{und} \ \ \det c = \det c^T = 1 \ . \tag{6.6}$$

Besonders einfach sind diese Drehmatrizen für den *ebenen* Sonderfall zu verifizieren, anwendbar auf ebene Stab- oder Scheibentragwerke. Hierzu wurde in Bild 6.3 oben ein Elementknoten, links mit seiner um den Winkel α aus der Horizontalen herausgedrehten lokalen Basis $\{x, z, e_1, e_3\}$ und rechts mit der globalen Basis $\{X,$

Lokale und globale Basis:

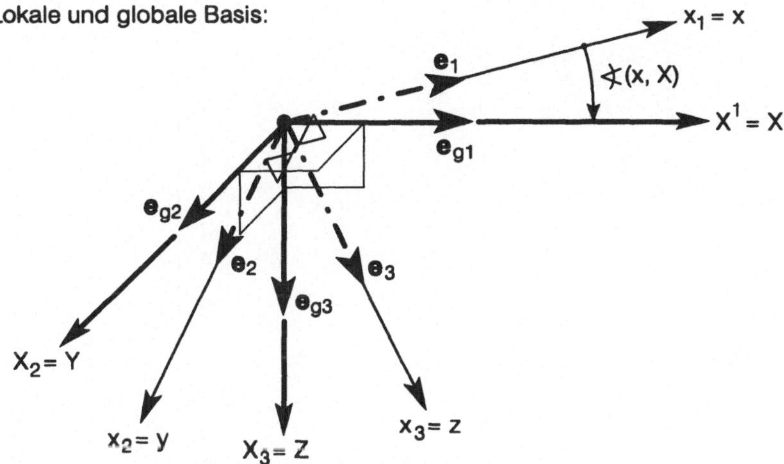

Transformationsmatrix c :

$$
e = \begin{bmatrix} e_1 \\ e_2 \\ e_3 \end{bmatrix} = \begin{bmatrix} \cos(x,X) & \cos(x,Y) & \cos(x,Z) \\ \cos(y,X) & \cos(y,Y) & \cos(y,Z) \\ \cos(z,X) & \cos(z,Y) & \cos(z,Z) \end{bmatrix} \cdot \begin{bmatrix} e_{g1} \\ e_{g2} \\ e_{g3} \end{bmatrix} = c \cdot e_g
$$

$$
e_g = \begin{bmatrix} e_{g1} \\ e_{g2} \\ e_{g3} \end{bmatrix} = \begin{bmatrix} \cos(X,x) & \cos(X,y) & \cos(X,z) \\ \cos(Y,x) & \cos(Y,y) & \cos(Y,z) \\ \cos(Z,x) & \cos(Z,y) & \cos(Z,z) \end{bmatrix} \cdot \begin{bmatrix} e_1 \\ e_2 \\ e_3 \end{bmatrix} = c^T \cdot e
$$

cos (a, A) bezeichnet den Richtungscosinus zwischen
der (lokalen) a - Achse und der (globalen) A - Achse

Eigenschaften der Transformationsmatrix c :

$$c^T \cdot c = c \cdot c^T = I, \quad \text{d. h.} \quad c^{-1} = c^T \quad \text{und} \quad \det c = \det c^T = 1$$

Bild 6.2. Drehtransformationen zwischen lokalen und globalen Basen

$Z, e_{g1}, e_{g3}\}$ dargestellt. Die jeweils dritten Achsen weisen wie üblich orthogonal aus der Zeichenebene heraus. Kartesische Basisvektoren besitzen bekanntlich die Längen ,,1". Daher erleichtern die eingetragenen Längen $\cos\alpha$ und $\sin\alpha$ die Formulierung ihrer Transformationsbeziehungen unter den Skizzen, aus deren matriziellen Schreibweisen die Drehmatrizen c und c^T gewonnen werden. Ihre Orthogonalitätseigenschaften werden im letzten Teil von Bild 6.3 nachgewiesen. Bei der Definition der Drehmatrizen wurden übrigens die Basisvektoren so umgeordnet, daß c und c^T unmittelbar auf ebene Stabprobleme, die die Winkelfunktionen allein enthaltenden Untermatrizen dagegen auf Scheibenprobleme anwendbar sind.

Beispiel: Sollen die Knotenfreiheitsgrade des Stabelementes von Bild 5.4 aus ihrer lokalen Orientierung um den Winkel α in eine globale Richtung gedreht werden, so erfolgt dies mittels der auf Bild 6.3 angegebenen Drehmatrizen c, c^T durch

$$
\mathbf{v}_g^e =
\begin{bmatrix}
\bar{u}_l \\
\bar{w}_l \\
\bar{\varphi}_l \\
\bar{u}_r \\
\bar{w}_r \\
\bar{\varphi}_r
\end{bmatrix}^e
=
\begin{bmatrix}
\cos\alpha & \sin\alpha & 0 & & & \\
-\sin\alpha & \cos\alpha & 0 & & \mathbf{0} & \\
0 & 0 & 1 & & & \\
& & & \cos\alpha & \sin\alpha & 0 \\
& \mathbf{0} & & -\sin\alpha & \cos\alpha & 0 \\
& & & 0 & 0 & 1
\end{bmatrix}^e
\cdot
\begin{bmatrix}
u_l \\
w_l \\
\varphi_l \\
u_r \\
w_r \\
\varphi_r
\end{bmatrix}^e
= \mathbf{c}^{eT} \cdot \mathbf{v}^e \; ; \quad (6.7a)
$$

die Rücktransformation folgt:

$$
\mathbf{v}^e =
\begin{bmatrix}
u_l \\
w_l \\
\varphi_l \\
u_r \\
w_r \\
\varphi_r
\end{bmatrix}^e
=
\begin{bmatrix}
\cos\alpha & -\sin\alpha & 0 & & & \\
\sin\alpha & \cos\alpha & 0 & & \mathbf{0} & \\
0 & 0 & 1 & & & \\
& & & \cos\alpha & -\sin\alpha & 0 \\
& \mathbf{0} & & \sin\alpha & \cos\alpha & 0 \\
& & & 0 & 0 & 1
\end{bmatrix}^e
\cdot
\begin{bmatrix}
\bar{u}_l \\
\bar{w}_l \\
\bar{\varphi}_l \\
\bar{u}_r \\
\bar{w}_r \\
\bar{\varphi}_r
\end{bmatrix}^e
= \mathbf{c}^e \cdot \mathbf{v}_g^e \; . \quad (6.7b)
$$

Für das Constant-Strain-Triangle von Bild 5.8 lauten beide Transformationen:

$$
\mathbf{v}_g^e =
\begin{bmatrix}
\bar{u}_{1(1)} \\
\bar{u}_{2(1)} \\
\bar{u}_{1(2)} \\
\bar{u}_{2(2)} \\
\bar{u}_{1(3)} \\
\bar{u}_{2(3)}
\end{bmatrix}^e
=
\begin{bmatrix}
\mathbf{c}^T & \mathbf{0} & \mathbf{0} \\
\mathbf{0} & \mathbf{c}^T & \mathbf{0} \\
\mathbf{0} & \mathbf{0} & \mathbf{c}^T
\end{bmatrix}^e
\cdot
\begin{bmatrix}
u_{1(1)} \\
u_{2(1)} \\
u_{1(2)} \\
u_{2(2)} \\
u_{1(3)} \\
u_{2(3)}
\end{bmatrix}^e
= \mathbf{c}^{eT} \cdot \mathbf{v}^e \; , \quad (6.8a)
$$

$$
\mathbf{v}^e =
\begin{bmatrix}
u_{1(1)} \\
u_{2(1)} \\
u_{1(2)} \\
u_{2(2)} \\
u_{1(3)} \\
u_{2(3)}
\end{bmatrix}^e
=
\begin{bmatrix}
\mathbf{c} & \mathbf{0} & \mathbf{0} \\
\mathbf{0} & \mathbf{c} & \mathbf{0} \\
\mathbf{0} & \mathbf{0} & \mathbf{c}
\end{bmatrix}^e
\cdot
\begin{bmatrix}
\bar{u}_{1(1)} \\
\bar{u}_{2(1)} \\
\bar{u}_{1(2)} \\
\bar{u}_{2(2)} \\
\bar{u}_{1(3)} \\
\bar{u}_{2(3)}
\end{bmatrix}^e
= \mathbf{c}^e \cdot \mathbf{v}_g^e \; , \quad (6.8b)
$$

nunmehr mit

$$
\mathbf{c} =
\begin{bmatrix}
\cos\alpha & -\sin\alpha \\
\sin\alpha & \cos\alpha
\end{bmatrix}, \quad
\mathbf{c}^T =
\begin{bmatrix}
\cos\alpha & \sin\alpha \\
-\sin\alpha & \cos\alpha
\end{bmatrix} . \quad (6.8c)
$$

Ebene lokale und globale Basen:

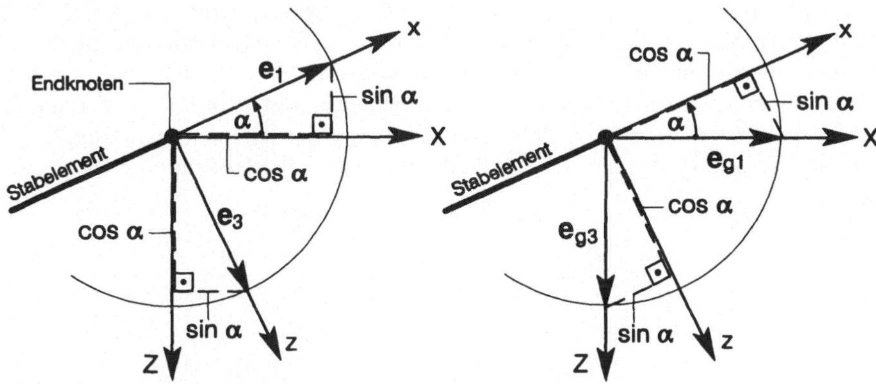

Aufstellung der Transformationen:

$$\begin{aligned}
e_1 &= \cos\alpha \cdot e_{g1} + 0 \cdot e_{g2} - \sin\alpha \cdot e_{g3}\\
e_2 &= \quad\; 0 \cdot e_{g1} + 1 \cdot e_{g2} \quad\;\; + 0 \cdot e_{g3}\\
e_3 &= \sin\alpha \cdot e_{g1} + 0 \cdot e_{g2} + \cos\alpha \cdot e_{g3}
\end{aligned}$$

$$\begin{aligned}
e_{g1} &= \cos\alpha \cdot e_1 + 0 \cdot e_2 + \sin\alpha \cdot e_3\\
e_{g2} &= \quad\; 0 \cdot e_1 + 1 \cdot e_2 \quad\;\; + 0 \cdot e_3\\
e_{g3} &= -\sin\alpha \cdot e_1 + 0 \cdot e_2 + \cos\alpha \cdot e_3
\end{aligned}$$

$$
e = \begin{bmatrix} e_1\\ e_3\\ e_2 \end{bmatrix}
= \begin{bmatrix} \cos\alpha & -\sin\alpha & 0\\ \sin\alpha & \cos\alpha & 0\\ 0 & 0 & 1 \end{bmatrix}
\cdot \begin{bmatrix} e_{g1}\\ e_{g3}\\ e_{g2} \end{bmatrix} = c \cdot e_g
\qquad
e_g = \begin{bmatrix} e_{g1}\\ e_{g3}\\ e_{g2} \end{bmatrix}
= \begin{bmatrix} \cos\alpha & \sin\alpha & 0\\ -\sin\alpha & \cos\alpha & 0\\ 0 & 0 & 1 \end{bmatrix}
\cdot \begin{bmatrix} e_1\\ e_3\\ e_2 \end{bmatrix} = c^T \cdot e
$$

Nachweis der Orthogonalität von c:

$$
c \cdot c_g^T = I : \quad
\begin{bmatrix} \cos\alpha & -\sin\alpha & 0\\ \sin\alpha & \cos\alpha & 0\\ 0 & 0 & 1 \end{bmatrix}
\begin{bmatrix} \cos\alpha & \sin\alpha & 0\\ -\sin\alpha & \cos\alpha & 0\\ 0 & 0 & 1 \end{bmatrix}
= \begin{bmatrix} 1 & 0 & 0\\ 0 & 1 & 0\\ 0 & 0 & 1 \end{bmatrix}
$$

$$
\det c = \begin{vmatrix} \cos\alpha & -\sin\alpha & 0\\ \sin\alpha & \cos\alpha & 0\\ 0 & 0 & 1 \end{vmatrix}
= 1 \cdot \begin{vmatrix} \cos\alpha & -\sin\alpha\\ \sin\alpha & \cos\alpha \end{vmatrix}
= 1 \cdot (\cos^2\alpha + \sin^2\alpha) = 1
$$

Bild 6.3. Drehtransformationen zwischen ebenen lokalen und globalen Basen

Hierin bezeichnen die überstrichenen Größen die Komponenten in der jeweils globalen Basis. In ganz analoger Weise können auch die Knotenkraftgrößen dieser Elemente gedreht werden.

Wie wir soeben sahen, kann für jedes finite Element eine spezifische, den Knotenfreiheitsgraden angepaßte orthogonale Drehmatrix aufgestellt werden. Zusammenfassend gilt daher:

$$
\begin{aligned}
s^e &= c^e \cdot s_g^e, & s_g^e &= c^{eT} \cdot s^e,\\
v^e &= c^e \cdot v_g^e, & v_g^e &= c^{eT} \cdot v^e.
\end{aligned}
\tag{6.9}
$$

Diese Drehtransformationen von Elementfreiheitsgraden und elementbezogenen Knotenkraftgrößen wurden aufgestellt, um Steifigkeitsmatrizen $\mathbf{k}^e$ (sowie Volleinspannkraftgrößen $\overset{o}{\mathbf{s}}{}^e$) finiter Elemente mit ursprünglich willkürlicher lokaler Orientierung in $\tilde{\mathbf{K}}$ (und $\mathbf{a}^T\!\cdot\!\overset{o}{\mathbf{s}}$) *einmischen* zu können, ohne Zwang zu ineffizienten Kongruenztransformationen. Zur Herleitung der hierzu erforderlichen Transformationsregeln für $\mathbf{k}^e$ und $\overset{o}{\mathbf{s}}{}^e$ im Falle einer Drehung der Elementbasis transformieren wir nun gemäß (6.9) eine beliebige Element-Steifigkeitsbeziehung in die globale Richtung:

$$\mathbf{s}_g^e = \mathbf{c}^{eT} \cdot \mathbf{s}^e$$

$$\mathbf{s}^e = \mathbf{k}^e \cdot \mathbf{v}^e + \overset{o}{\mathbf{s}}{}^e$$

$$\mathbf{v}^e = \mathbf{c}^e \cdot \mathbf{v}_g^e$$

$$\overline{\mathbf{s}_g^e = \mathbf{c}^{eT} \cdot \mathbf{k}^e \cdot \mathbf{c}^e \cdot \mathbf{v}_g^e + \mathbf{c}^{eT} \cdot \overset{o}{\mathbf{s}}{}^e \quad = \mathbf{k}_g^e \cdot \mathbf{v}_g^e + \overset{o}{\mathbf{s}}{}_g^e \;.} \tag{6.10a}$$

Hieraus lesen wir die gesuchten Transformationsregeln der *globalen Element-Steifigkeitsmatrix* und *Volleinspannkraftgrößen* wie folgt ab:

$$\mathbf{k}_g^e = \mathbf{c}^{eT} \cdot \mathbf{k}^e \cdot \mathbf{c}^e \;, \quad \overset{o}{\mathbf{s}}{}_g^e = \mathbf{c}^{eT} \cdot \overset{o}{\mathbf{s}}{}^e \;, \tag{6.10b}$$

die in dieser Form auf die globale Basis bezogen (Fußindex g) für den Einmischvorgang bereitstehen.

Die Transformationen (6.10b) werden, ebenso wie der eigentliche Einmischvorgang, natürlich stets computerintern durchgeführt. Um uns jedoch die mechanische Bedeutung einer derartigen Freiheitsgradtransformation zu verdeutlichen, wurde auf Bild 6.4 für ein ebenes, schubweiches Stabelement – im oberen Bildteil mit seiner auf die lokale Basis x, z bezogenen Steifigkeitsbeziehung wiedergegeben – eine derartige Drehtransformation um den Winkel α ausgeschrieben. Selbstverständlich können die entstehenden Knotenkräfte $\mathbf{s}_g^e$ in den globalen Richtungen nun nicht mehr als Normal- und Querkräfte bezeichnet werden, da diese offensichtlich jeweils Anteile aus N und Q enthalten. Dies spiegelt sich in den Elementen der globalen Steifigkeitsmatrix $\mathbf{k}_g^e$ wider, in welcher auf allen Kräfte- und Verschiebungspositionen aus Normal- und Querkraftwirkungen gemischte, mit Winkelfunktionen transformierte Glieder auftreten.

6.1.4 Auflagerfesselungen: Aktive und passive Knotenfreiheitsgrade

Den Herleitungen des Abschnittes 6.1.2 hatten wir in Bild 6.1 eine aus zwei Stabelementen zusammengesetzte Gesamtstruktur zugrundegelegt, behandelt ohne Festlegung von Lagerungsbedingungen mit der Gesamtzahl aller möglichen Knotenfreiheitsgrade $\tilde{\mathbf{V}} = \{V_1 \dots V_9\}$. Anhand dieser Struktur wurde das positionsgerechte Einmischen als unvergleichlich effektive Vorgehensweise zur Aufstellung der Gesamt-Steifigkeitsmatrix $\tilde{\mathbf{K}}$ erkannt. Eine derartige Stabstruktur ist natürlich noch kein Tragwerk! Es fehlen die *Lagerungsbedingungen*, welche mindestens die *Starrkörperdeformationen* – hier zwei Verschiebungen und eine Verdrehung –

Element - Steifigkeitsbeziehung bezüglich der lokalen Elementbasis x, z:

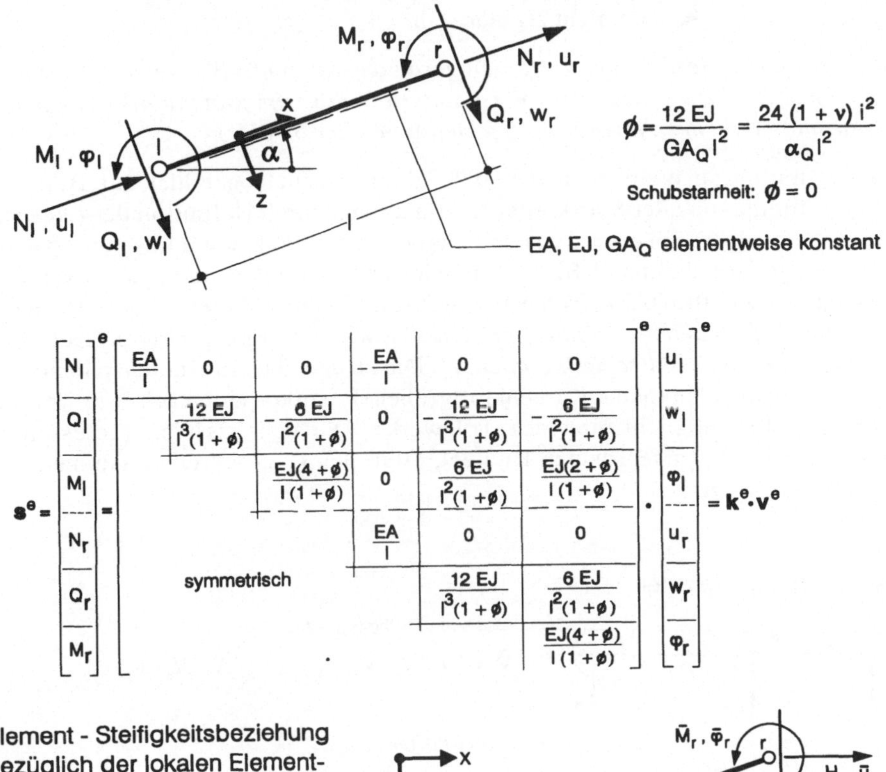

$$\mathbf{s}^e = \mathbf{k}^e \cdot \mathbf{v}^e$$

Element - Steifigkeitsbeziehung bezüglich der lokalen Element-basis x, z:

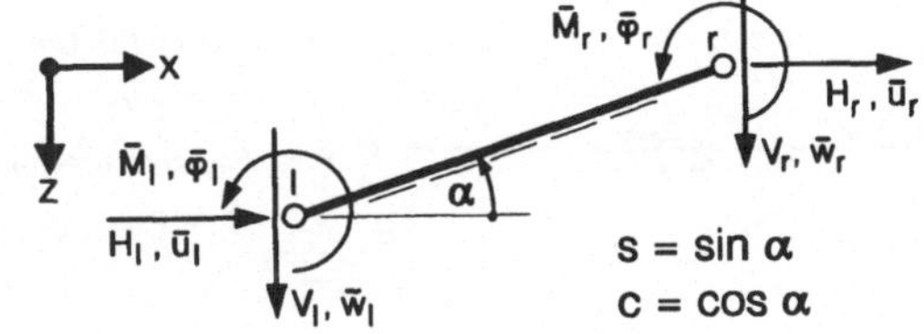

$$\mathbf{s}_g^e = \mathbf{k}_g^e \cdot \mathbf{v}_g^e$$

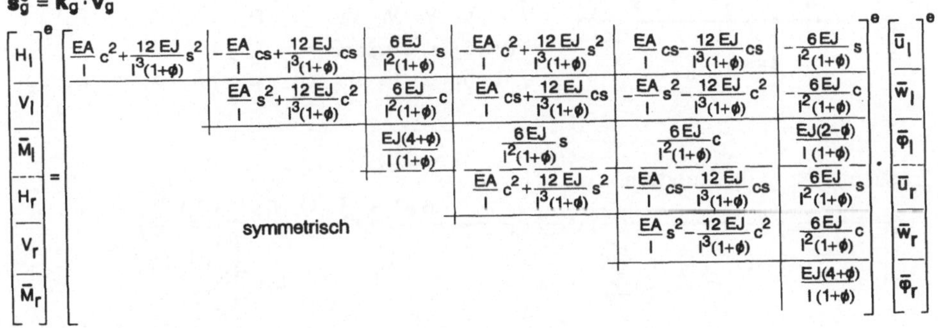

Bild 6.4. Element-Steifigkeitsbeziehung eines ebenen, schubweichen Stabes hinsichtlich lokaler und globaler Basen

ausschalten müssen. Dementsprechend kann die auf Bild 6.1 entstandene Gesamt-Steifigkeitsmatrix $\tilde{K}$ auch nicht regulär sein.

Satz: Die unter Berücksichtigung der gesamten Knotenfreiheitsgrade V_j *aufgestellte Gesamt-Steifigkeitsmatrix* $\tilde{K}$ *ist stets singulär; ihr Rangabfall* r *entspricht der Anzahl möglicher Starrkörperdeformationen der Struktur.*

Um Regularität zu erzielen, muß die Struktur, erneut abgebildet auf Bild 6.5, zwecks Elimination aller Starrkörperdeformationen durch Definition der *Lagerbedingungen* in ein *Tragwerk* verwandelt werden. Beschränken wir uns zunächst auf *starre Lager*, so müssen auf Bild 6.5 mindestens 3 Freiheitsgrade passiviert, d.h. gefesselt werden. Bild 6.5 zeigt hierfür zwei statisch unbestimmte Alternativen mit unterschiedlichen *aktiven Freiheitsgraden* **V** sowie *passiven*, d.h. durch Auflagerbindungen *gefesselten Freiheitsgraden* V_c. Die zu den aktiven Knotenfreiheitsgraden **V** korrespondierenden Knotenkraftgrößen **P** verkörpern nach wie vor die natürlichen Lastmöglichkeiten des Tragwerks. Die den passiven (gefesselten) Freiheitsgraden V_c zugeordneten Knotenkraftgrößen P_c beschreiben nunmehr die Auflagerreaktionen.

Starr gelagerte Strukturen:

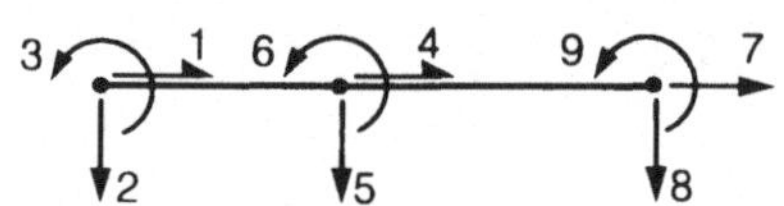

Gesamte Freiheitsgrade:

$$\tilde{V} = \{ V_1 \quad V_2 \quad V_3 \quad V_4 \quad V_5 \quad V_6 \quad V_7 \quad V_8 \quad V_9 \}$$

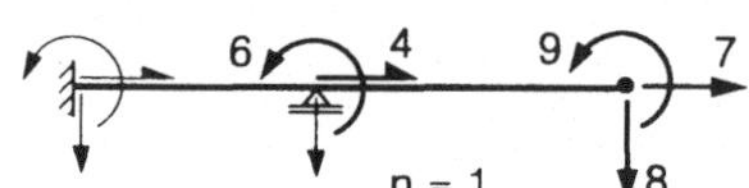

Aktive Freiheitsgrade:

$$\tilde{V} = \{ V_4 \quad V_6 \quad V_7 \quad V_8 \quad V_9 \} \qquad P = \{ P_4 \quad P_6 \quad P_7 \quad P_8 \quad P_9 \}$$

Passive Freiheitsgrade:

$$\tilde{V}_c = \{ V_1 \quad V_2 \quad V_3 \quad V_5 \} \qquad P_c = \{ P_1 \quad P_2 \quad P_3 \quad P_5 \}$$

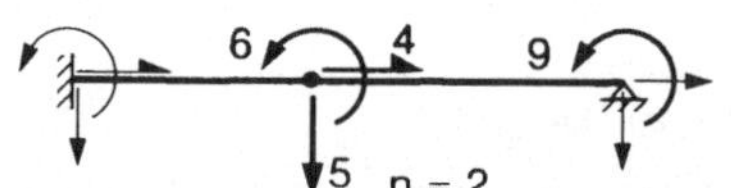

Aktive Freiheitsgrade:

$$\tilde{V} = \{ V_4 \quad V_5 \quad V_6 \quad V_9 \} \qquad P = \{ P_4 \quad P_5 \quad P_6 \quad P_9 \}$$

Passive Freiheitsgrade:

$$\tilde{V}_c = \{ V_1 \quad V_2 \quad V_3 \quad V_7 \quad V_8 \} \qquad P_c = \{ P_1 \quad P_2 \quad P_3 \quad P_7 \quad P_8 \}$$

Elastisch gelagerte Strukturen:

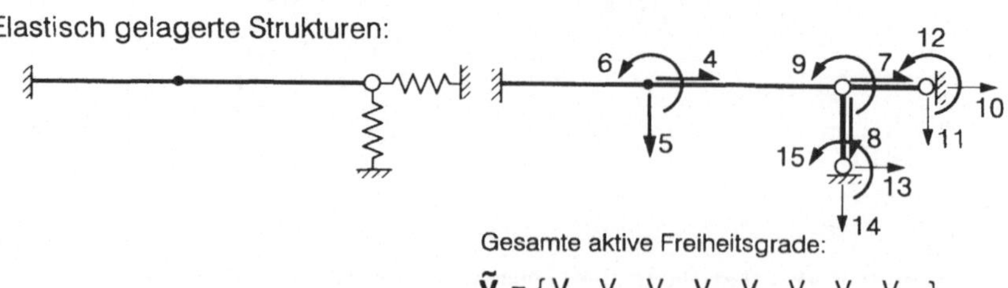

Gesamte aktive Freiheitsgrade:

$$\tilde{V} = \{ V_4 \quad V_5 \quad V_6 \quad V_7 \quad V_8 \quad V_9 \quad V_{12} \quad V_{15} \}$$

Bild 6.5. Erläuterungen zu aktiven und passiven Freiheitsgraden

Sind Lager *elastisch gebettet*, wie im unteren Teil von Bild 6.5 angedeutet, so werden die Federn zweckmäßigerweise durch Federelemente ersetzt. Dadurch bleibt das dargelegte Konzept der aktiven und passiven Freiheitsgrade unverändert bestehen, allerdings wird die Tragwerkstopologie erweitert und die Anzahl der Knotenfreiheitsgrade erhöht sich somit. Ein ähnliches Vorgehen kann auch für schrägliegende einwertige Auflager angewendet werden.

6.1.5 Der Algorithmus der direkten Steifigkeitsmethode

Nunmehr sind unsere Vorkenntnisse soweit gediehen, daß wir den gesamten Algorithmus der direkten Steifigkeitsmethode in Tafel 6.2 formulieren können. Die ersten beiden Schritte, nämlich die Diskretisierung des Tragwerks sowie die nachfolgende Definition und Bezeichung aller Knotenfreiheitsgrade, dienen als *Vorlaufberechnungen* der verfahrenstechnischen Vorbereitung. Der sodann vorzunehmende Aufbau der *Inzidenzverknüpfungen* sowie das hierauf aufbauende *positionsgerechte Einmischen* der drehtransformierten Steifigkeiten und Volleinspannkraftgrößen in Leermatrizen $\tilde{\mathbf{K}}$, $\tilde{\mathbf{S}}^o$ gemäß (6.10b), Schritt 3 und 4 auf Tafel 6.2, wurden bereits im Abschnitt 6.1.2 ausführlich erläutert. An dieser Stelle wird ebenfalls der Lastvektor $\mathbf{P}$ belegt.

Im 5. Schritt erfolgt sodann der Einbau der Weggrößen-Randbedingungen in die Gesamt-Steifigkeitsbeziehung durch Aufspaltung von $\tilde{\mathbf{V}}$ in den Vektor $\mathbf{V}_c$ der passiven (gefesselten) sowie den Vektor $\mathbf{V}$ der aktiven Knotenfreiheitsgrade. Diese Aufspaltung erfordert die Ausführung entsprechender *Zeilenvertauschungen* in den Spalten $\tilde{\mathbf{S}}^o$ und $\tilde{\mathbf{P}}$ sowie von *Zeilen- und Spaltenumordnungen* in $\tilde{\mathbf{K}}$. Deren nun den aktiven Freiheitsgraden $\mathbf{V}$ zugeordnete obere linke Untermatrix $\mathbf{K}$ muß, wegen der Freiheit von Starrkörperdeformationen des jetzt reduzierten Systems, stets *regulär* sein. Damit können die Knotenfreiheitsgrade $\mathbf{V}$ durch Lösung oder Inversion des oberen Teils der Gesamt-Steifigkeitsbeziehung, der *reduzierten Gesamt-Steifigkeitsbeziehung*, im Schritt 6 bestimmt werden. Sind die passiven Freiheitsgrade $\mathbf{V}_c$ nicht zu Null vorgegeben, so können Auflagerverschiebungen und -verdrehungen hierbei im Ausdruck $\mathbf{K}_c^T \cdot \mathbf{V}_c$ berücksichtigt werden.

Nach Bestimmung aller Elemente des Freiheitsgradvektors können im 7. Schritt die *Auflagergrößen* $\mathbf{C} = \mathbf{P}_c$ aus der unteren Zeile der Gesamt-Steifigkeitsbeziehung des Schrittes 5 berechnet werden. Vorgegebene Auflagerdeformationen $\mathbf{V}_c$ nimmt dabei das Produkt $\mathbf{K}_{cc} \cdot \mathbf{V}_c$ auf. Werden übrigens die Auflagergrößen $\mathbf{C}$ nicht benötigt, ein in der Praxis häufiger Fall, so kann man sich das Umordnen der Zeilen und Spalten im 5. Schritt auf Tafel 6.2 ersparen: lediglich die zu den Elementen von $\mathbf{V}_c$ gehörenden Zeilen und Spalten von $\tilde{\mathbf{K}}$ sowie Zeilen von $\tilde{\mathbf{S}}^o$ und $\tilde{\mathbf{P}}$ sind dann zu streichen.

Nach Abschluß des algorithmischen Kerns der direkten Steifigkeitsmethode erfolgen die *Nachlaufberechnungen*. Sie beginnen im Schritt 8 mit elementweisen Identifikationen der globalen Freiheitsgrade $\mathbf{v}_g^e$ aus dem Lösungsvektor $\mathbf{V}$ über die Inzidenzverknüpfung sowie deren Rücktransformation auf die jeweilige Elementbasis. Es folgt die Bestimmung der Verzerrungsfeldapproximationen $\boldsymbol{\varepsilon}^e$ aller finiten Elemente als Grundlage der zugeordneten Schnittgrößenapproximationen $\boldsymbol{\sigma}^e$ im Schritt 9, was bereits im Abschnitt 6.1.1 erläutert wurde. Im Sonderfall von

Tafel 6.2. Der Algorithmus der direkten Steifigkeitsmethode

---

1. Diskretisierung des Tragwerks in Knotenpunkte und p geeignete finite Elemente.

2. Definition und Bezeichnung aller wesentlichen äußeren Knotenfreiheitsgrade V_j, $j = 1,...$ m des ungefesselten, diskretisierten Tragwerksmodells in den Richtungen der globalen Basis.

3. Aufbau der Inzidenztabelle zur Verknüpfung sämtlicher äußeren Knotenfreiheitsgrade V_j mit den globalen Knotenfreiheitsgraden v_g^e aller p Elemente, e = 1,... p :

Knotenfreiheitsgrade V_j	1	2	3	4	5	6	7	8	9	10	11	12	13	14
Elementfreiheitsgraden v_{gi}^e														
Element a:	1	2	3				4	5	6					
Element b:	1	2	3	4	5	6								
Element c:				1	2	3				4	5	6		
⋮														
Element k:	1	2		5	6		3	4						
Element l:				1	2		3	4		5	6			
Element m:				1	2					3	4		5	6
⋮														

4. Bereitstellung einer Leermatrix $\tilde{K}$ der Ordnung (m, m) sowie zweier Leerspalten $\tilde{S}^o$, $\tilde{P}$ (m, 1). Positionsgerechtes Einmischen der in die globalen Richtungen drehtransformierten Steifigkeitselemente nebst Volleinspannkraftgrößen sowie der vorgegebenen Knotenlasten:

$$\tilde{K} = \begin{bmatrix} \\ \end{bmatrix}, \quad \tilde{S}^o = \begin{bmatrix} \\ \end{bmatrix}, \quad \tilde{P} = \begin{bmatrix} \\ \end{bmatrix}.$$

5. Einbau der kinematischen Tragwerksrandbegingungen durch Separation der aktiven Freiheitsgrade **V** von den durch Auflagerbindungen gefesselten, passiven Freiheitsgraden V_c in der Gesamt - Steifigkeitsbeziehung:

$$\tilde{K} \cdot \tilde{V} + \tilde{S}^o = \tilde{P} : \begin{bmatrix} K & K_c^T \\ K_c & K_{cc} \end{bmatrix} \cdot \begin{bmatrix} V \\ V_c \end{bmatrix} + \begin{bmatrix} S^o \\ S_c^o \end{bmatrix} = \begin{bmatrix} P \\ P_c \end{bmatrix}.$$

6. Lösung der reduzierten Gesamt - Steifigkeitsbeziehung (obere Zeile):

$$K \cdot V + K_c^T \cdot V_c + S^o = P : \qquad V = K^{-1} \cdot (P - K_c^T \cdot V_c - S^o) .$$

— Anteil vorgegeber Auflagerverschiebungen und -verdrehungen

7. Ermittlung der Auflagergrößen P_c (untere Zeile):

$$K_c \cdot V + K_{cc} \cdot V_c + S_c^o = P_c : \qquad C = P_c = K_c \cdot V_c + K_{cc} \cdot V_c + S_c^o .$$

8. Elementweise Ermittlung der globalen Elementfreiheitsgrade v_g^e aus dem Lösungsvektor **V** mittels der Inzidenztabelle und Rücktransformation der v_g^e in die lokale Basis:

$$v^e = c^e \cdot v_g^e , \quad e = 1, ... p .$$

9. Elementweise Ermittlung der Approximation der Element - Verzerrungsfelder ε^e sowie der zugeordneten Schnittgrößenfelder σ^e

$$\varepsilon^e = H^e \cdot v^e , \quad \sigma^e = (EH^e) \cdot v^e , \quad e = 1, ... p$$

aller p verwendeten finiten Elemente. Im Sonderfall von Stabelementen erfolgt zunächst die Bestimmung der Knotenkraftgrößen aus der Element - Steifigkeitsbeziehung

$$s^e = k^e \cdot v^e + \mathring{s}^e , \quad e = 1, ... p$$

sowie eine nachlaufende Ermittlung der Schnittgrößenverläufe σ^e in den Elementen.

Stabtragwerken geht man den vertrauten Weg über die Stabendkraftgrößen als Lösung der Element-Steifigkeitsbeziehungen. Die Ermittlung der Schnittgrößenverläufe σ^e kann hieraus beispielsweise mittels des Übertragungsverfahrens [Krätzig 1994, Tesár 1988, Werner 1978] erfolgen, eines der klassischen matriziellen Analysekonzepte für Stäbe [Pestel 1963, Uhrig 1972, Waller 1989, Withum 1966].

6.1.6 Beispiel: Ebenes Rahmentragwerk

Zur beispielhaften Erläuterung dieses Algorithmus' der direkten Steifigkeitsmethode soll nun das im oberen Teil von Bild 6.6 wiedergegebene ebene Rahmentragwerk berechnet werden. Unterhalb seiner baustatischen Skizze findet sich dort das zugehörige diskretisierte System mit den Knotenpunkten 1 bis 4 sowie den drei Elementen a, b und c. Hieraus folgen unmittelbar die Ordnungen der Spalten $\tilde{V}$, $\tilde{P}$, v_g sowie s_g, insbesondere natürlich deren Elementbelegungen. Der untere Teil von Bild 6.6 enthält sodann die Inzidenztabelle als Zuordnung der auf die globale Basis X, Z transformierten Elementfreiheitsgrade $v_g^e = \{\bar{u}_l\ \bar{w}_l\ \bar{\varphi}_l\ |\ \bar{u}_r\ \bar{w}_r\ \bar{\varphi}_r\}^e$ aller drei Elemente zu den äußeren Knotenfreiheitsgraden V_j, $j = 1, \dots 12$. Die dort außerdem aufgeführte Zuordnung der Anfangs- und Endknoten l, r der Elemente zu den Tragwerksknoten dient der eindeutigen Elementorientierung (gestrichelte Zone).

Nunmehr werden die Stabsteifigkeitsmatrizen der drei Stabelemente computerintern bereitgestellt und, für Stab a sowie c, in die korrekte globale Orientierung gedreht. Beispielsweise berechnet der Computer für Stab a folgende, in Anlehnung an Bild 6.4 ($\Phi = 0$) kontrollierbare Zahlenwerte:

$$
\mathbf{k}_g^a = 10^6 \cdot
\begin{bmatrix}
.5795 & -.4274 & -.0144 & -.5795 & .4274 & -.0144 \\
 & .3301 & -.0192 & .4274 & -.3301 & -.0192 \\
 & & .0800 & .0144 & .0192 & .0400 \\
 & & & .5795 & -.4274 & .0144 \\
 & \text{sym.} & & & .3301 & .0192 \\
 & & & & & .0800
\end{bmatrix}
\cdot \quad (6.11)
$$

Deren zur Inzidenztabelle konformer Einbau in eine Nullmatrix der Ordnung (12, 12) bildet die Grundlage der Gesamt-Steifigkeitsmatrix $\tilde{\mathbf{K}}$; positionsgemäßes Einmischen der beiden weiteren Steifigkeitsmatrizen $\mathbf{k}_g^b$, $\mathbf{k}_g^c$ ergibt schließlich deren vollständige Form im oberen Teil von Bild 6.7. Ebenfalls dort finden sich die durch Einmischen gewonnenen Spalten $\tilde{\mathbf{S}}^o$, $\tilde{\mathbf{P}}$, wobei für die Zahlenwerte der ersteren auf die Tafel der Festhaltekraftgrößen in [Krätzig 1994] verwiesen wird.

Die Freiheitsgrade V_1, V_2, V_3 sowie V_{10}, V_{11} sollen gemäß der baustatischen Skizze als Elemente von $\mathbf{V}_c$ durch Auflagerfesselungen unterdrückt werden. Die folgerichtig auszuführende Umordnung von $\tilde{\mathbf{K}}$ sowie von $(\tilde{\mathbf{P}} - \tilde{\mathbf{S}}^o)$ findet der Leser im unteren Teil von Bild 6.7; die gemäß Schritt 6 auf Tafel 6.2 vorzunehmende Lösung $\mathbf{V}$ der reduzierten Gesamt-Steifigkeitsbeziehung mit $\mathbf{K}$ von der Ordnung (7, 7) steht oben auf Bild 6.8. Ebenfalls dort findet man die gemäß Schritt 7 berechneten Lagerreaktionen. Der Leser möge sich überzeugen, daß er die Steifigkeitsmatrix $\mathbf{K}$ auch durch Streichung der Zeilen und Spalten 1, 2, 3, 10 sowie 11 aus $\tilde{\mathbf{K}}$ gewonnen hätte.

Aus den Zahlenwerten der Knotenfreiheitsgrade $\mathbf{V} = \{V_4 \dots V_9\,V_{12}\}$ können nun mittels der Inzidenzverknüpfung diejenigen der globalen Elementfreiheitsgrade $\mathbf{v}_g^e$ aller drei Stabelemente identifiziert werden. Unter Verwendung von Element-Steifigkeitsbeziehungen, in welchen die Freiheitsgrade $\mathbf{v}^e$ durch (6.9)

$$\mathbf{v}^e = \mathbf{c}^e \cdot \mathbf{v}_g^e \qquad\qquad (6.12a)$$

Baustatische Skizze:

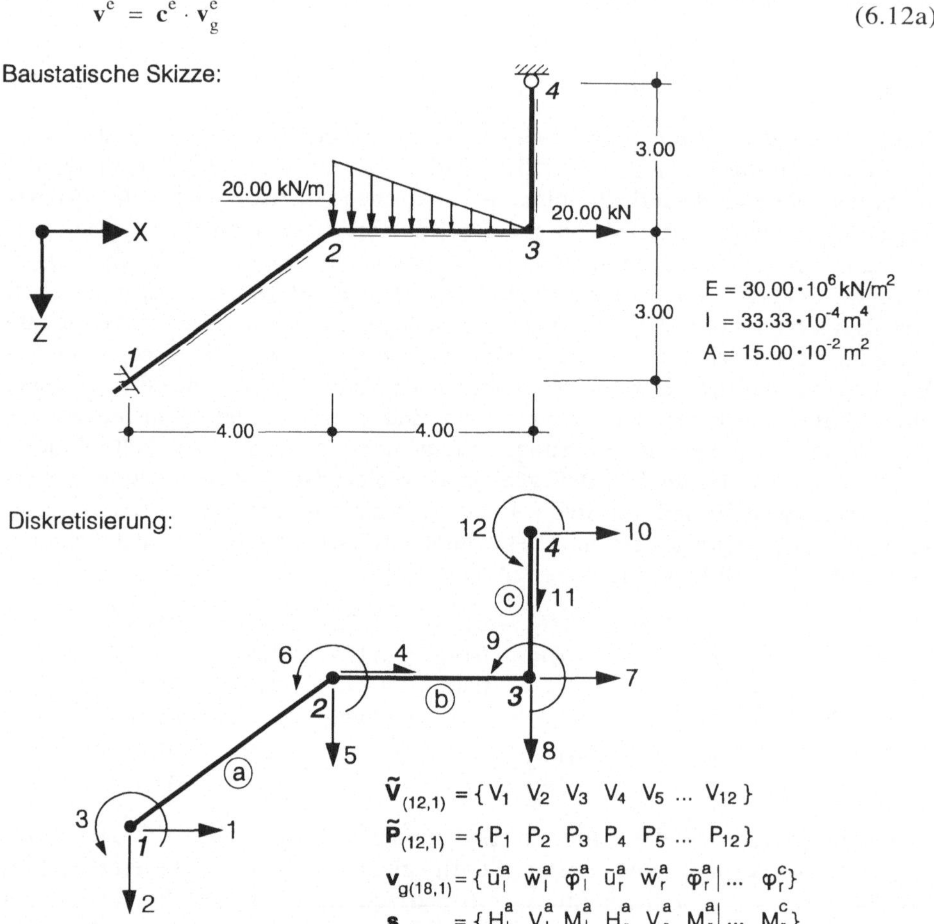

$$\tilde{\mathbf{V}}_{(12,1)} = \{V_1 \ \ V_2 \ \ V_3 \ \ V_4 \ \ V_5 \ \dots\ V_{12}\}$$

$$\tilde{\mathbf{P}}_{(12,1)} = \{P_1 \ \ P_2 \ \ P_3 \ \ P_4 \ \ P_5 \ \dots\ P_{12}\}$$

$$\mathbf{v}_{g(18,1)} = \{\bar{u}_l^a \ \ \bar{w}_l^a \ \ \bar{\varphi}_l^a \ \ \bar{u}_r^a \ \ \bar{w}_r^a \ \ \bar{\varphi}_r^a\,|\dots\ \varphi_r^c\}$$

$$\mathbf{s}_{g(18,1)} = \{H_l^a \ \ V_l^a \ \ M_l^a \ \ H_r^a \ \ V_r^a \ \ M_r^a\,|\dots\ M_r^c\}$$

Inzidenztabelle und Element - Knoten - Beziehung:

	Elementfreiheitsgrade						Knoten	
	$\bar{u}_l$	$\bar{w}_l$	$\bar{\varphi}_l$	$\bar{u}_r$	$\bar{w}_r$	$\bar{\varphi}_r$	l	r
Element a	1	2	3	4	5	6	1	2
Element b	4	5	6	7	8	9	2	3
Element c	7	8	9	10	11	12	3	4

Bild 6.6. Berechnung eines ebenen Rahmentragwerks nach der direkten Steifigkeitsmethode, Teil 1

Eingemischte Gesamt - Steifigkeitsbeziehung $\tilde{K}\cdot\tilde{V} + \tilde{S}^o = \tilde{P}$:

$\tilde{K} = 10^6 \cdot$

	1	2	3	4	5	6	7	8	9	10	11	12	
	.5795	-.4274	-.0144	-.5795	.4274	-.0144							1
		.3301	-.0192	.4274	-.3301	-.0192							2
			.0800	.0144	.0192	.0400							3
				1.7045	-.4274	.0144	-1.1250						4
					.3489	-.0183		-.0187	-.0375				5
						.1800		.0375	.0500				6
							1.1694		-.0667	-.0444		-.0667	7
								1.5187	.0375		-1.5000		8
symmetrisch									.2333	.0667		.0667	9
										.0444		.0667	10
											1.5000		11
												.1333	12

$$\tilde{S}^{oT} = \begin{bmatrix} & & & -28.000 & 16.000 & & -12.000 & -10.667 & & & & \end{bmatrix}$$

$$\tilde{P}^{T} = \begin{bmatrix} & & & & & & 20.000 & & & & & \end{bmatrix}$$

leere Positionen sind mit Nullen besetzt

Umgeordnete Gesamt - Steifigkeitsbeziehung: $\begin{bmatrix} K & K_c^T \\ K_c & K_{cc} \end{bmatrix} \cdot \begin{bmatrix} V \\ V_c \end{bmatrix} + \begin{bmatrix} S^o \\ S_c^o \end{bmatrix} = \begin{bmatrix} P \\ P_c \end{bmatrix}$

$\tilde{K} = 10^6 \cdot$

	4	5	6	7	8	9	12	1	2	3	10	11	
	1.7045	-.4274	.0144	-1.1250				-.5795	.4274	.0144			4
	-.4274	.3489	-.0183		-.0178	-.0375		.4274	-.3301	.0192			5
	.0144	-.0183	.1800		.0375	.0500		-.0144	-.0192	.0400			6
	-1.1250			1.1694		-.0667	-.0667				-.0444		7
		-.0178	.0375		1.5187	.0375						-1.5000	8
		-.0375	.0500	-.0667	.0375	.2333	.0667				.0667		9
				-.0667		.0667	.1333				.0667		12
	-.5795	.4274	-.0144					.5795	-.4274	-.0144			1
	.4274	-.3301	-.0192					-.4274	.3301	-.0192			2
	.0144	.0192	.0400					-.0144	-.0192	.0800			3
				-.0444		.0667	.0667				.0444		10
					1.5000							1.5000	11

$$(\tilde{P} - \tilde{S}^o)^{T} = \begin{bmatrix} 28.000 & -16.000 & 20.000 & 12.000 & 10.667 & & & & & & & \end{bmatrix}$$

leere Positionen sind mit Nullen besetzt

Bild 6.7. Berechnung eines ebenen Rahmentragwerks nach der direkten Steifigkeitsmethode, Teil 2

bereits in die globale Orientierung gedreht wurden:

$$s^e = k^e \cdot v^e + \overset{o}{s}{}^e = k^e \cdot c^e \cdot v_g^e + \overset{o}{s}{}^e \tag{6.12b}$$

werden sodann die Stabendkraftgrößen elementweise bestimmt und aus ihnen die Schnittgrößenverläufe σ^e berechnet, die auf Bild 6.8 dargestellt sind. Die dem Vektor P_c entnommenen Auflagergrößen schließen gemeinsam mit den beiden Tragwerkslasten Bild 6.8 ab, mit welchem wir durch Formulierung der drei globalen Gleichgewichtsbedingungen:

Lösungen:

$$(\mathbf{V} \,\vdots\, \mathbf{V_c})^T = 10^{-3} \cdot \left[\underset{4}{1.7956} \,\bigg|\, \underset{5}{2.3606} \,\bigg|\, \underset{6}{-.2343} \,\bigg|\, \underset{7}{1.8207} \,\bigg|\, \underset{8}{.0217} \,\bigg|\, \underset{9}{.8539} \,\bigg|\, \underset{12}{.4832} \,\vdots\, \underset{1}{} \,\bigg|\, \underset{2}{} \,\bigg|\, \underset{3}{} \,\bigg|\, \underset{10}{} \,\bigg|\, \underset{11}{} \right]$$

$$\mathbf{P_c^T} = \qquad\qquad 10^2 \cdot \left[-.2823 \,\big|\, -.0738 \,\big|\, .6180 \,\big|\, .0823 \,\big|\, -.3262 \right]$$

leere Positionen sind mit Nullen besetzt

	Elementfreiheitsgrade (Faktor: 10^{-3})						Stabendkraftgrößen (Faktor: 10^2)					
	$\bar{u}_l$	$\bar{w}_l$	$\bar{\varphi}_l$	$\bar{u}_r$	$\bar{w}_r$	$\bar{\varphi}_r$	N_l	Q_l	M_l	N_r	Q_r	M_r
Element a				1.7956	2.3606	-.2343	-.1816	-.2285	.6180	.1816	.2285	.5243
Element b	1.7956	2.3606	-.2343	1.8207	.0217	.8539	-.2823	-.0738	-.5243	.2823	-.3261	-.2470
Element c	1.8207	.0217	.8539			.4832	-.3262	-.0823	.2470	.3262	.0823	

Zustandslinien und Auflagerreaktionen:

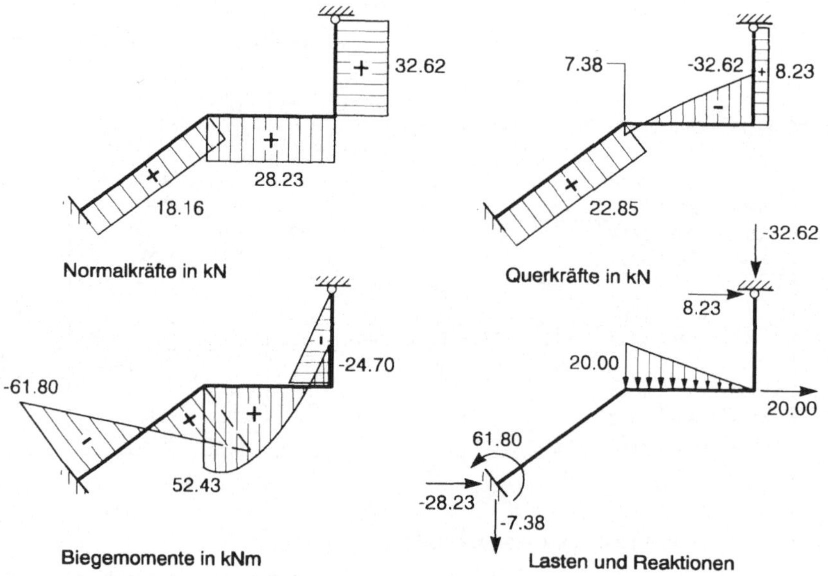

Bild 6.8. Berechnung eines ebenen Rahmentragwerks nach der direkten Steifigkeitsmethode, Teil 3

$$\Sigma F_x = 0: \qquad -28.23 + 20.00 + 8.23 = 0 \; ,$$

$$\Sigma F_z = 0: \qquad -7.38 + 20.00 \cdot 4.00 : 2 - 32.62 = 0 \; ,$$

$$\Sigma M_{y(1)} = 0: \quad -61.80 - 20.00 \cdot 4.00 \cdot 5.33 : 2 - 20.00 \cdot 3.00$$
$$- \; 8.23 \cdot 6.00 + 32.62 \cdot 8.00 = 0.06 \approx 0 \qquad (6.13)$$

die Korrektheit unserer Tragwerksberechnung abschließend untermauern.

6.2 Programmsysteme zur Finiten-Element-Analyse

6.2.1 Der Programmkern

Programmsysteme zur Finiten-Element-Analyse von Tragwerken arbeiten heute überwiegend nach der *direkten Steifigkeitsmethode*. Sie stellen komplexe Softwareprodukte dar, deren Herstellungsaufwand durchaus mehrere hundert Mannjahre umfassen kann. Derartige Programmsysteme werden zweckmäßigerweise in die *Vorlaufphase*, die *Berechnungsphase* und die *Nachlaufphase* unterteilt. Diesem eigentlichen Programmkern ist das *Preprocessing* vor- und das *Postprocessing* nachgeschaltet. Letztere Programmphasen stellen autarke, graphisch-interaktiv arbeitende Programmteile dar, welche die generierten Daten über Schnittstellen und Hintergrundspeicher dem Programmkern zuführen sowie die Ergebnisdaten computer-graphisch darstellen, aufbauend auf den in der Eingabephase gespeicherten Datensätzen des Tragwerksmodells.

Das Bild des Anwenders von einem vorliegenden Programmsystem wird stark von dessen Kenntnissen über derartige Systeme geprägt sein. Jeder Benutzer muß zuerst die *Eingabedaten* einer geplanten Tragwerksberechnung aufbauen, die bei allen Programmsystemen in sehr ähnlichen Eingabesegmenten zusammengefaßt sind. Ihre Zusammenstellung erfolgt auf Bild 6.9 mit dem Ziel, dem Leser die Identität dieser abstrakten Daten mit denjenigen Informationen zu verdeutlichen, die bisher in einer *baustatischen Skizze* niedergelegt waren.

In der *Vorlaufphase* einer Finiten-Element-Analyse müssen nach Benennung der Tragwerksknoten demnach folgende Informationen bereitgestellt werden:

- Die *Element-Knotenbeziehungen* beschreiben die Verknüpfung sämtlicher Elementknoten, deren elementbezogene Numerierung für jeden verwendeten Elementtyp im Programm vereinbart sein muß, mit den Nummern der Tragwerksknoten. Manche Elemente benötigen dabei zur Orientierung der lokalen Basis oder zur Hauptachsenorientierung noch die Angabe weiterer Bezugsknoten. Damit ist bereits die *Topologie* des *ungefesselten* Tragwerks vollständig beschrieben. Ist programmintern die Numerierungsreihenfolge der globalen Freiheitsgrade jedes Tragwerksknotens sowie jedes Elementknotens festgelegt, beispielsweise $\bar{u}_1$, $\bar{u}_2$, $\bar{u}_3$, $\bar{\varphi}_1$, $\bar{\varphi}_2$, $\bar{\varphi}_3$, so kann aus diesen Informationen automatisch

- die *Inzidenztabelle* aufgebaut werden. Erfolgt dies nicht, so ist letztere als Zuordnung von Knotenfreiheitsgraden zu Elementfreiheitsgraden einzugeben. Fügt man nun die Information APKNVV zur Trennung der aktiven von den passiven Freiheitsgraden hinzu, so stehen damit *Topologie* und *Inzidenzverknüpfungen* auch des *gefesselten* Tragwerks fest. Die Tabelle

- der *Knotenkoordinaten* ergänzt noch die gesamte *Tragwerksgeometrie*, da nunmehr alle Knotenpunkte im Modellraum fixiert sind und aus diesen die Orientierungen lokaler Basen, d.h. sämtliche Drehmatrizen bestimmbar sind.

- Die *physikalischen Elementdaten* schließlich, Steifigkeiten, Querdehnungszahlen, ..., vervollständigen die bisherigen Informationen zu einem *lastfähigen Tragwerk*. Abschließend werden noch

Element - Knotenlasten: ELKNOT

	El.- Knoten 1	El.- Knoten 2	El.- Knoten 3		Bezugsknoten
Typ 1 Element Nr. 1					
Element Nr. 2					
Typ 2 Element Nr. 101					
Element Nr. p					

Inzidenzverknüpfungen: INZTAB

	Globalen Elementfreiheitsgraden zugeordnete Knotenfreiheitsgrade						
	1	2	3	4	5	6	k
Typ 1 Element Nr. 1							
Element Nr. 2							
Typ 2 Element Nr. 101							
Element Nr. p							

Physikalische Elementdaten: ELDATP

	$E[MN/m^2]$	$G[MN/m^2]$	ν	$h[m]$	ε_s	φ_t		$\alpha_T[1/°C]$
Typ 1 Element Nr. 1								
Element Nr. 2								
Typ 2 Element Nr. 101								
Element Nr. p								

Einwirkungs - Elementdaten: ELDATE

	Lastfall 1		Lastfall 2			Lastfall n	
	$p[MN/m^2]$	ΔT [°C]	$p[MN/m^2]$	ΔT [°C]		$p[MN/m^2]$	ΔT [°C]
Typ 1 Element Nr. 1							
Element Nr. 2							
Typ 2 Element Nr. 101							
Element Nr. p							

Knotenkoordinaten: KOORD

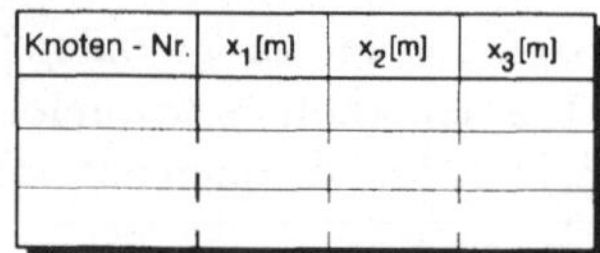

Knoten - Nr.	$x_1[m]$	$x_2[m]$	$x_3[m]$

Information zur Zeilen- / Spaltenumordnung von $\tilde{K}$: APKNVV

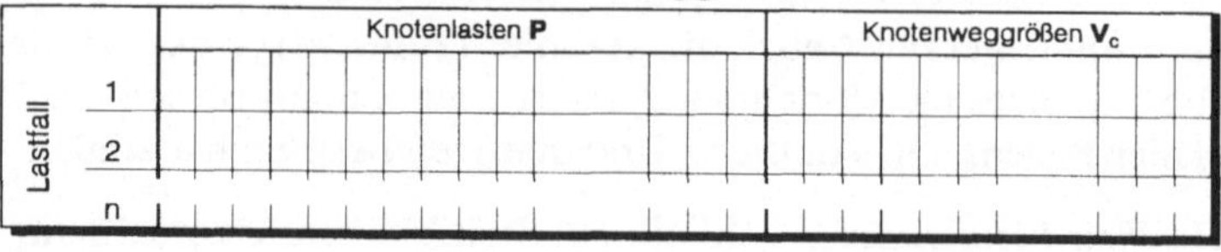

Aktive Knotenfreiheitsgrade **V**	Passive Knotenfreiheitsgrade $\mathbf{V_c}$

Vorgegebene Knotenlasten und Knotenweggrößen: PPVVC

		Knotenlasten **P**	Knotenweggrößen $\mathbf{V_c}$
Lastfall	1		
	2		
	n		

Bild 6.9. Eingabeinformationen für ein Programmsystem zur Finiten-Element-Analyse

Tafel 6.3. Datenfluß und Modulablauf im Kern eines Programmsystems
zur Finiten-Element-Analyse, Teil 1

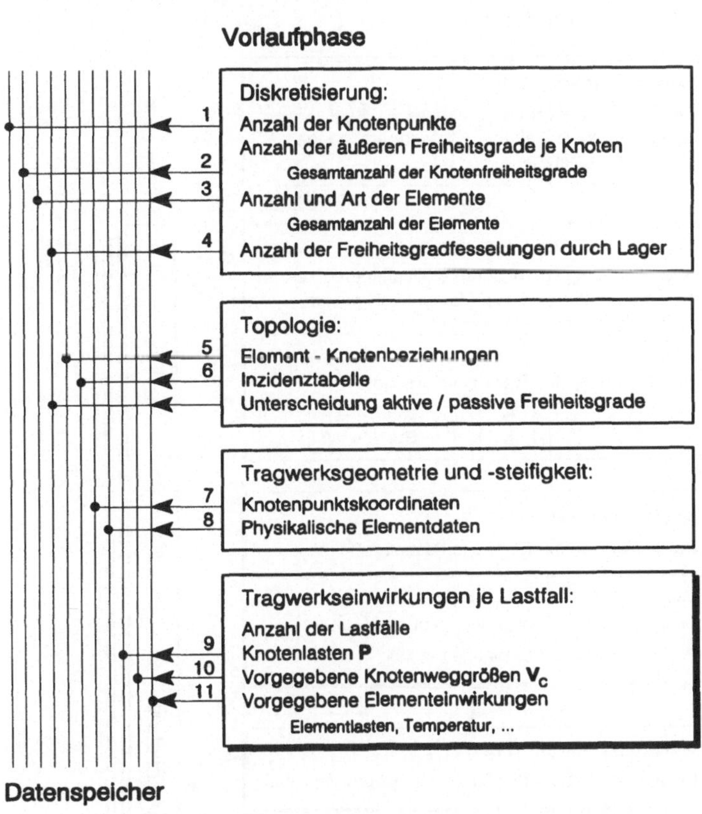

- die *vorgegebenen Knotenlasten* **P** nebst *Knotenweggrößen* $\mathbf{V}_c$ eingegeben, abgelegt als zu den Knotenfreiheitsgraden analoge Zeilen, sowie

- die Tabelle aller *Elementeinwirkungen*, d.h. Lasten, Temperaturänderungen, ... Die beiden letztgenannten Einwirkungsinformationen werden i.a. in einzelne Lastfälle l, 1(1) n, unterteilt.

Damit stehen sämtliche Eingabeinformationen als abstrakte Datensätze in vollständiger Weise zur Verfügung.

Hierauf aufbauend wurde nun auf den beiden Teilen von Tafel 6.3 der eigentliche Kern eines FE-Programmsystems in Anlehnung an die algorithmische Beschreibung der direkten Steifigkeitsmethode der Tafel 6.2 symbolisch dargestellt. Darin sind die Eingabedaten in der *Vorlaufphase* so umorganisiert, daß der Leser den Rückgriff auf diese Daten während der eigentlichen Berechnung nachvollziehen kann. Organisationszentrum der Berechnungsphase bildet

Tafel 6.3. Datenfluß und Modulablauf im Kern eines Programmsystems zur Finiten-Element-Analyse, Teil 2

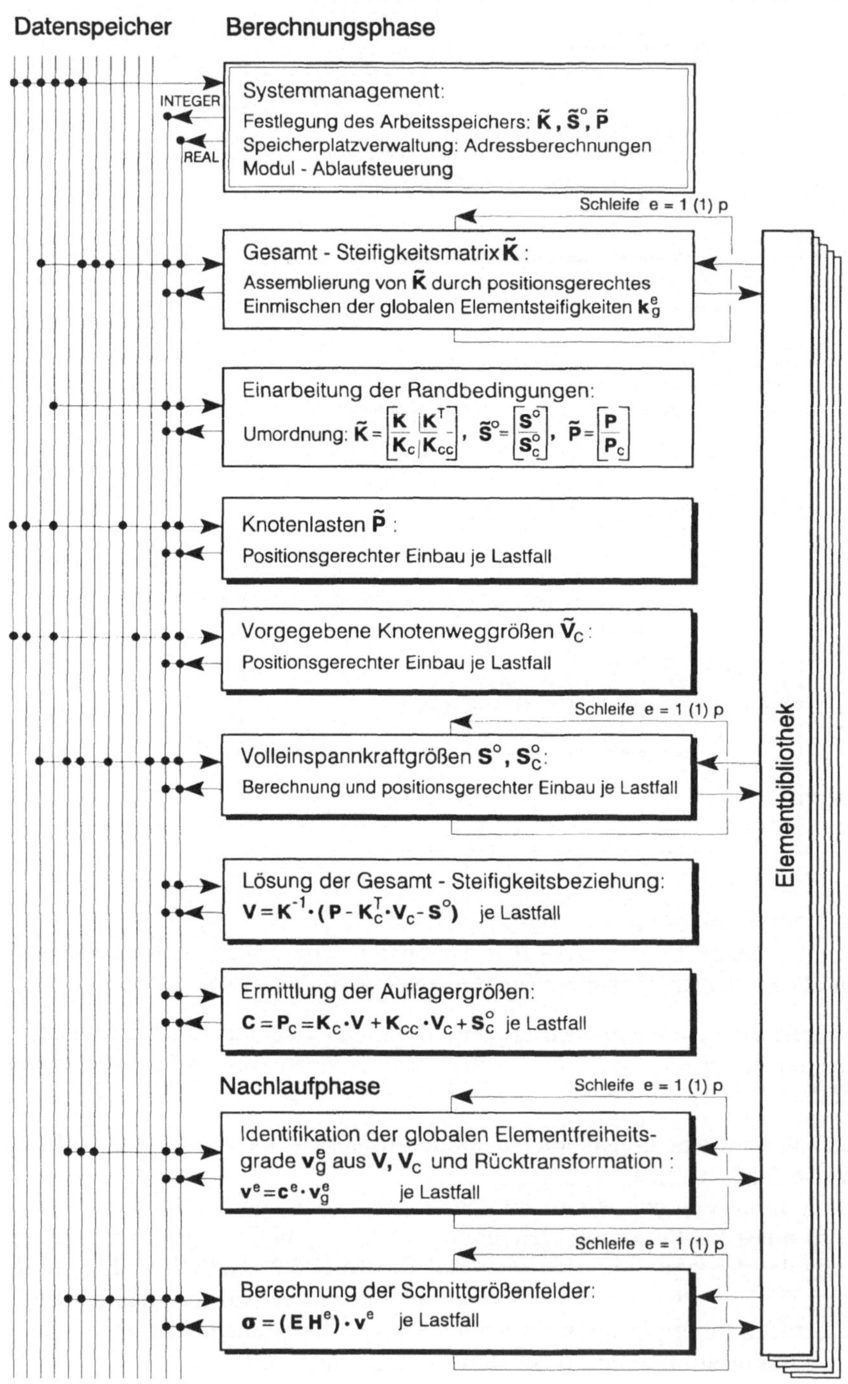

- das *Systemmanagement*, welches die verschiedenen *Datenspeicher* der angeschlossenen Datenbank verwaltet und darin sowohl Ablage als auch Zugriff aller Datensegmente organisiert. Außerdem steuert es den gesamten Modulablauf. Es folgen die verschiedenen

- *Berechnungsmoduln*, sie bewerkstelligen den Aufbau der Gesamt-Steifigkeitsmatrix $\tilde{\mathbf{K}}$, der Lastspalten $\tilde{\mathbf{P}}$, $\tilde{\mathbf{S}}^o$ sowie von $\mathbf{V}_c$ durch positionsgerechtes Einmischen. Sodann führen sie die Zeilen-Spalten-Tauschvorgänge aus und bestimmen schließlich die Knotenfreiheitsgrade $\mathbf{V}$ durch Lösung der reduzierten Gesamt-Steifigkeitsbeziehung. Abschließend ermitteln sie die Auflagergrößen $\mathbf{C}$. In Einzelschritten stützen sie sich intensiv auf

- die *Elementbibliothek* ab, welche die strukturmechanische Vielfalt eines FE-Programmsystems bestimmt und Informationen gemäß Kapitel 5 bereitstellt. Mehrere Berechnungsmoduln sind elementweise auszuführen, weshalb das Systemmanagement wie angegeben p-mal auf diese zurückgreift.

Die *Nachlaufphase* schließlich, auf Tafel 6.3 bewußt kurz skizziert, enthält nur die elementweise auszuführende

- *Identifikation* der globalen Elementfreiheitsgrade $\mathbf{v}_g^e$ aus den Knotenfreiheitsgraden $\mathbf{V}$, $\mathbf{V}_c$, deren Rücktransformationen $\mathbf{v}^e$ in die lokalen Elementbasen sowie ebenfalls die elementweise

- *Berechnung der Schnittgrößenfelder*. Beide Bausteine greifen erneut p-mal auf die erforderlichen Programmbausteine der Elementbibliothek zurück.

Verschiedene Moduln in Tafel 6.3 müssen für jeden einzelnen Lastfall separat, d.h. insgesamt l-mal durchlaufen werden; diese sind mit Schatten hinterlegt.

6.2.2 Maschinelle Assemblierung von $\tilde{\mathbf{K}}$

Ein zentraler Modul des Programmkerns nimmt den Aufbau der Gesamt-Steifigkeitsmatrix $\tilde{\mathbf{K}}$ durch positionsgerechtes Einmischen vor, auch *Assemblierung* genannt, weil durch diesen Prozeß die Einzelsteifigkeiten aller finiten Elemente zum Gesamttragwerk *zusammengefügt* (englisch: *assemblage*) werden. Im Abschnitt 6.1.2 war mit Gleichung (6.5) ein allgemeines Gesetz für die Positionierung der Einzelsteifigkeiten aufgestellt worden, das auf der Identität der äußeren Knotenfreiheitsgrade $\mathbf{V}_i$ mit globalen Elementfreiheitsgraden $\mathbf{v}_{gj}^e$ fußt, dem Informationsinhalt der Inzidenztabelle. Das hierauf aufbauende *positionsgerechte Einmischen* erfolgt im Computer durch Aufprägen der globalen Knotenfreiheitsgradnummern auf die jeweils behandelte Elementsteifigkeitsmatrix sowie Indexvergleich in zeilen- und spaltenweiser Abarbeitung.

Zur Erläuterung der algorithmischen Vorgehensweise finden wir auf Bild 6.10 ein mit e bezeichnetes dreieckiges Scheibenelement, Teil einer größeren Gesamtstruktur, mit seinen sechs Freiheitsgraden $\mathbf{v}_g^e$ in Richtung der globalen Basis, gemäß interner Programmvereinbarung durch Ziffern 1 bis 6 gekennzeichnet. Daneben befindet sich der betreffende Ausschnitt aus der Inzidenztabelle, die

Element und Inzidenztabelle:

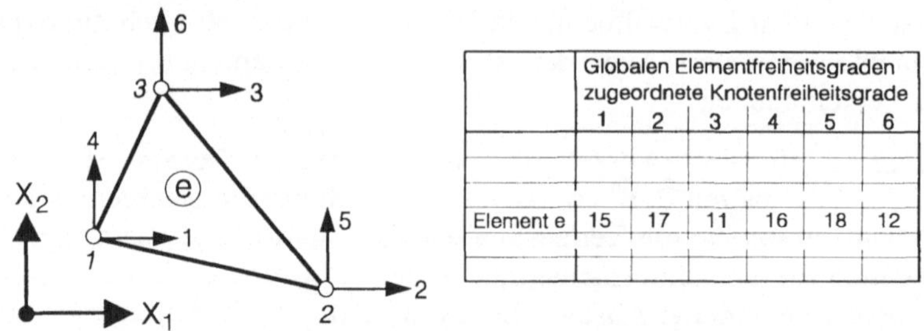

Elementsteifigkeits $\mathbf{k}_g^e$ und Volleinspannkraftgrößen $\overset{\circ}{\mathbf{s}}{}_g^e$:

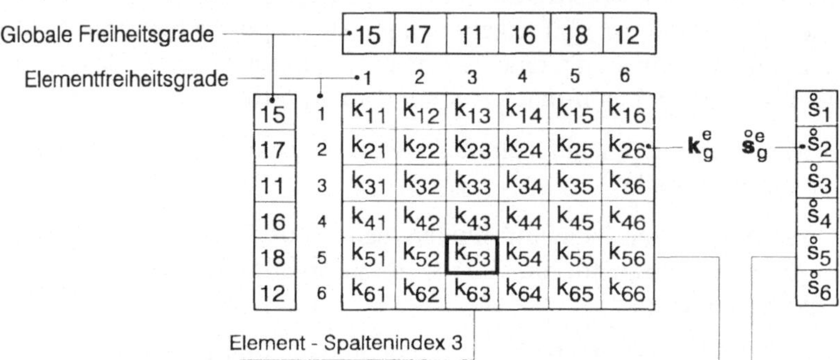

Gesamt - Steifigkeitsmatrix $\tilde{\mathbf{K}}$ und Gesamt - Volleinspannkraftgrößen $\tilde{\mathbf{S}}^{\circ}$:

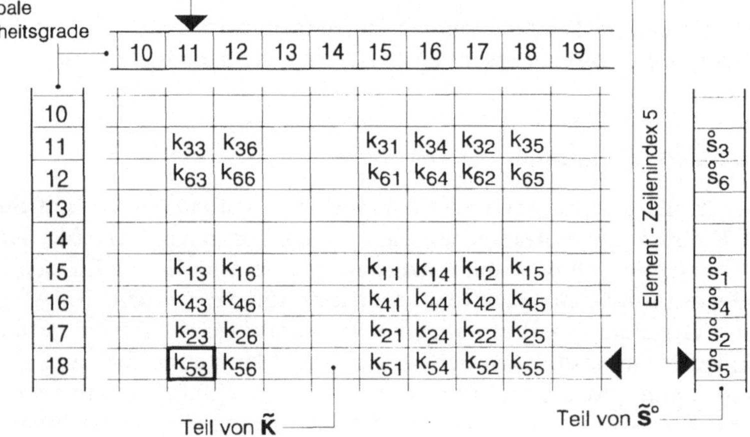

Bild 6.10. Inzidenzsteuerungen beim Einmischen von $\mathbf{k}_g^e$ und $\overset{\circ}{\mathbf{s}}{}_g^e$ in $\tilde{\mathbf{K}}$ und $\tilde{\mathbf{S}}^{\circ}$

diesen Elementfreiheitsgraden durch die benutzergesteuerte Generierung die äußeren Knotenfreiheitsgrade $V_{15}, \ldots V_{12}$ zuordnet. Weiterhin ist auf Bild 6.10 die globale Elementsteifigkeitsmatrix $\mathbf{k}_g^e$ dargestellt, gemäß interner Programmvereinbarung zweifach indiziert, sowie rechts daneben ein zugehöriger Elementvektor

$\overset{oe}{s}_g$ der Volleinspannkraftgrößen. Aus der Inzidenztabelle wurden die globalen Freiheitsgradnummern als zusätzliche Zeilen- und Spaltenindizierungen aufgeprägt.

Der computerintern ablaufende Einmischalgorithmus setzt nun nacheinander Zeiger auf jede Zeile von k_g^e und $\overset{oe}{s}_g$, beginnend auf der elementorientiert mit 1 bezeichneten. Er identifiziert den zugeordneten globalen Zeilenindex (15) und fragt nacheinander die globalen Spaltenpositionen der Elemente von k_g^e ebenfalls aus der Inzidenztabelle ab: Mit diesen Positionsinformationen erfolgt der korrekte Einbau in $\tilde{K}$ und $\tilde{S}^o$. Auf Bild 6.10 sind gerade Zeiger auf den 5. (18.) Zeilen- und 3. (11.) Spaltenindex gesetzt. Auf diese Weise wird jedes Einzelelement $k_{g\,ij}^e$ einer Elementsteifigkeitsmatrix in $\tilde{K}$ positioniert und dem dort bereits vorhandenen Wert superponiert; analoges erfolgt mit den Elementen $\overset{oe}{s}_{g\,i}$ in $\tilde{S}^o$.

Tatsächlich wird die symmetrische Matrix $\tilde{K}$ im Computer natürlich nur als *Bandmatrix* abgespeichert, häufig auch – unter Auslassung der noch im Band auftretenden Endnullen – als *Skyline-Matrix*. Dies verkompliziert die Index-Zähloperationen bei den Positionierungen beträchtlich, ändert aber nichts Prinzipielles am geschilderten Vorgehen. Die FORTRAN-Programmschritte für den Einmischalgorithmus bei Skyline-Abspeicherung von $\tilde{K}$ findet der Leser in [Bathe 1986] ausführlich erläutert, ergänzende Darlegungen zur maschinellen Assemblierung in [Knothe 1992, Wunderlich 1996].

6.2.3 Überblick über ein Gesamtsystem

Wie bereits im Abschnitt 6.2.1 betont umfassen moderne Programmsysteme zur Finiten-Element-Analyse beliebiger Tragwerke noch weitere Programmteile als die im Programmkern der Tafel 6.3 aufgeführten Moduln. Wie man der Struktur des Programmsystems FEMAS [Beem 1996] auf Bild 6.11 entnimmt, ist dort die *Vor-*

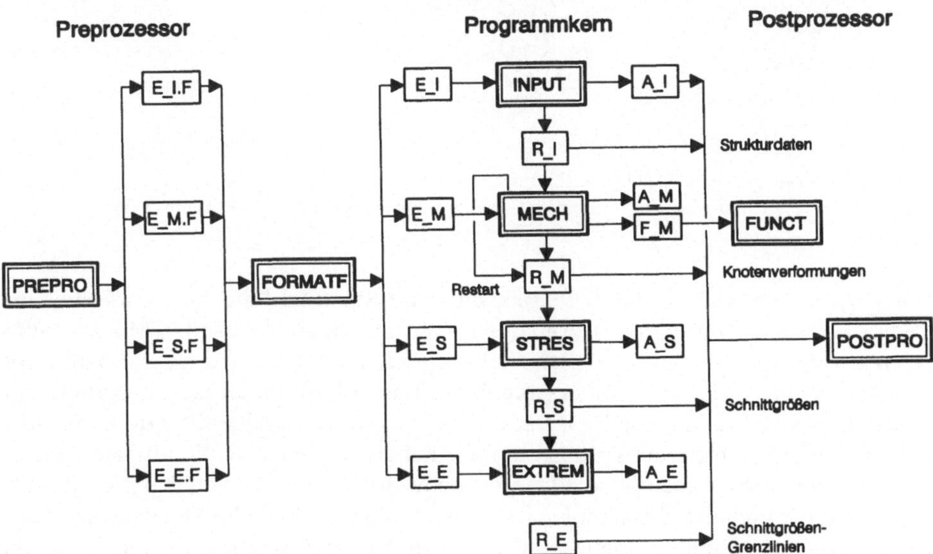

Bild 6.11. FEMAS-Programmstruktur

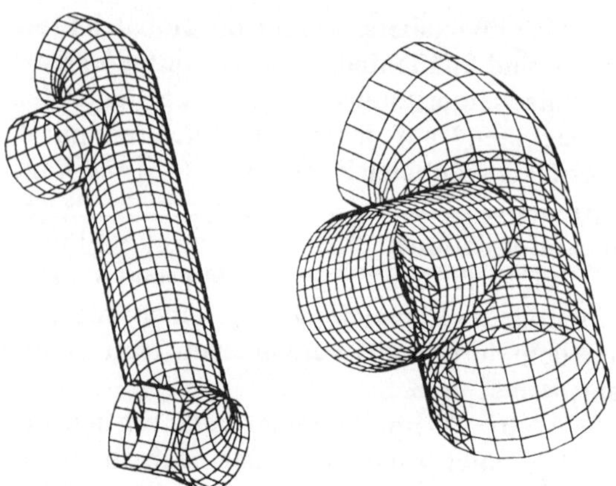

Bild 6.12. Rohrteil einer Rauchgas-Reinigungsanlage:
Grobdiskretisierung (links) und Feindiskretisierung (rechts)

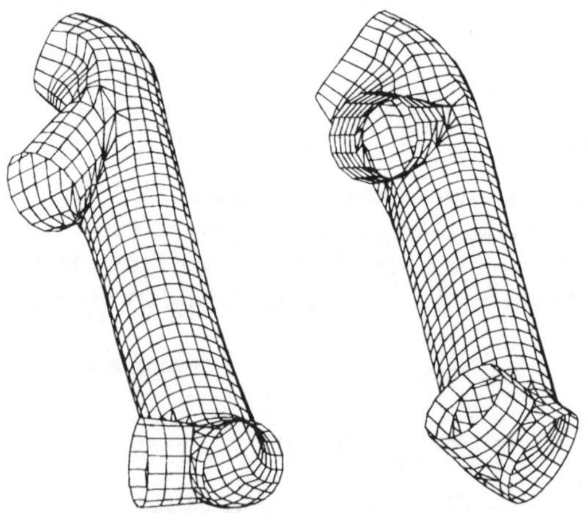

Bild 6.13. Rohrteil einer Rauchgas-Reinigungsanlage:
Verformungsdarstellung unter Eigengewicht (links) und Wind (rechts)

laufphase mit INPUT, die *Berechnungsphase* mit MECH und die *Nachlaufphase* mit STRES benannt. Diese drei Kernbauteile werden noch durch die Modulgruppe EXTREM ergänzt, welche extremale Schnittgrößen für eine beliebige Anzahl von Lastfällen, gruppierbar in unterschiedliche Lastfallkombinationen, ermittelt und damit dem Ingenieuranwender Bemessungsgrundlagen bereitstellt. Die *Elementbibliothek* dieses Programmsystems umfaßt neben ebenen und räumlichen Stäben, verschiedenen Scheiben- und Platten- sowie dreidimensionalen Kontinuumselementen auch mehrere Schalenelemente, rotationssymmetrische Flächentragwerks- und Volumenselemente sowie eine Serie spezieller Einzelfedern; sie ist in die Modulgruppe MECH integriert.

Wie aus Bild 6.11 ersichtlich, erfolgt der Datentransfer zwischen den vier genannten Kernprogrammteilen über die *binären Hintergrunddateien* R_INPUT, R_MECH und R_STRES. R_MECH besitzt *Restartfähigkeiten* für mehrfach zu durchlaufende Moduln, eine Besonderheit beispielsweise nichtlinearer Algorithmen für inkrementell-iterative Konzepte, bei welchen der zuletzt ermittelte Berechnungsstand als neuer Ausgangszustand dient.

Während auf Bild 6.11 der Datentransfer in vertikaler Richtung somit durch seine *binäre Verschlüsselung* dem Benutzer verschlossen bleibt, sind sämtliche anderen Dateien offen zugänglich. Wegen der Formatierung, beispielsweise im Sinne von Bild 6.9, existiert zwischen den graphischen oder maskenorientierten *Preprozessoren* und dem Programmkern eine dokumentierte *Schnittstelle* FORMATF als Programmteil, der die erzeugten Eingabedaten im Sinne eines *Interface-Managers* in das FEMAS-Format wandelt und sie so programmintern verfügbar macht.

Die von der Berechnungs- und Nachlaufphase erzeugten Daten werden wieder als Hintergrunddateien – A_INPUT, A_MECH, A_STRES und A_EXTREM – im Datenspeicher gelagert, von wo die vom Programmanwender zur Weiterverarbeitung angeforderten Daten – Struktur, Verformungen und Schnittgrößen – dem *Postprozessor* zugeführt werden. Ein vereinfachtes Postprocessing über den Funktionsplot-Baustein FUNCT dient u.a. der schnellen Plausibilitätskontrolle von Ergebnissen.

In modernen Programmsystemen zur Finiten-Element-Analyse ist der graphische Postprozessor gleichermaßen zur Darstellung der Strukturdaten, von Verformungs- und Schnittgrößenergebnissen geeignet. So zeigt Bild 6.12 zwei Diskretisierungsplots des Rohrteils einer Rauchgas-Reinigungsanlage und Bild 6.13 dessen Verformungsplots unter Eigengewicht und Wind, beides als einfache Beispiele heute üblicher vielfältiger Möglichkeiten zur Ergebnisdarstellung.

6.2.4 Fehlerquellen und Kontrollmöglichkeiten

Viele Ingenieure begegnen den von ihnen mittels Computeranalysen gewonnenen Ergebnissen mit erstaunlicher Kritiklosigkeit, als würde die Zuverlässigkeit computerbasierter Berechnungen *automatisch* diejenige manueller Berechnungen übertreffen. Offensichtlich verdrängen sie dabei, daß auch Berechnungsprozesse in Computern fehlerbehaftet sein können, wobei sich Fehler im *Berechnungsvorlauf*, während der eigentlichen *Berechnungsphase* sowie in der *Ergebnisaufbereitung* einschleichen können. Jeder Programmanwender sollte sich daher der vielfältigen Fehlermöglichkeiten während einer Computeranalyse [Nafems 1991] bewußt sein und geeignete *Verifikationsstrategien* beherrschen. Im folgenden geben wir einen kurzen Überblick aus Anwendersicht, der mögliche herstellerspezifische Hard- und Softwarefehler bewußt ausklammert. Wir beginnen mit Fehlerquellen während des *Berechnungsvorlaufs*:

- Generelle *Eingabefehler* entstehen durch systematisch oder zufällig fehlerbehaftete Programmeingaben. Vermeidbar sind sie nur durch gewissenhafte, systematische *Eingabekontrollen*, möglichst durch unterschiedliche Personen. Nachträgliches Aufspüren von Eingabefehlern erfordert *Reproduzierbarkeit* der Er-

gebnisse, d.h. eine sorgfältige *Dokumentation* der Ein- und Ausgabedaten von
Projekten.

- *Diskontinuitäten* des Elementrasters, *Fehlverknüpfungen*, d.h. falsche Element-
  Knotenbeziehungen können durch fehlerhafte Generierung des finiten Element-
  netzes wie auf Bild 6.14 entstehen. Wird aus ihnen die Inzidenztabelle
  hergeleitet, so ist auch diese fehlerhaft mit allen vom Leser nachvollziehbaren
  Konsequenzen. Sicherlich sind derartige Fehlverknüpfungen durch graphische
  Netzgenerierungen auf CAD-Basis stark reduziert worden, jedoch können auch
  manuelle ebenso wie automatische Netzgenerierungstechniken zu Fehlverknüpfungen führen, beispielsweise wegen zu großer Toleranz des Fangalgorithmus
  der Knotenpunkte: Liegen nämlich einzelne Knotenpunkte enger benachbart als
  die Einfangtoleranz, so werden sie fälschlicherweise miteinander verbunden.

  Fehlverknüpfungen lassen sich bei ebenen Strukturen relativ leicht erkennen:
  Schon ein hochauflösender Bildschirm unter einem Zeichnungsmodus, der die
  Elemente in geschrumpftem Maßstab von den Knoten abrückt, ist ein geeignetes
  Hilfsmittel. Ungleich schwieriger, oft fast unmöglich, gestaltet sich die Suche
  nach Vernetzungsfehlern bei komplizierten räumlichen Strukturen. Hier verbleibt häufig nur der von Zufall gesteuerte Weg über viele vergrößerte Aus-
  schnittsplots, aufgenommen von verschiedenen Anssichtspunkten aus.

- *Kopplungsinkompatibilitäten* treten immer dann auf, wenn finite Elemente mit
  nicht identischen Freiheitsgraden gekoppelt werden. Ein Beispiel hierfür bilden
  ebene Biegestäbe, die mit Scheibenelementen nicht biegesteif, sondern nur
  gelenkig koppelbar sind, weil (klassische) Scheibenelemente keine Rotations-
  freiheitsgrade aufweisen. Programmbeschreibungen erwähnen derartige Ein-

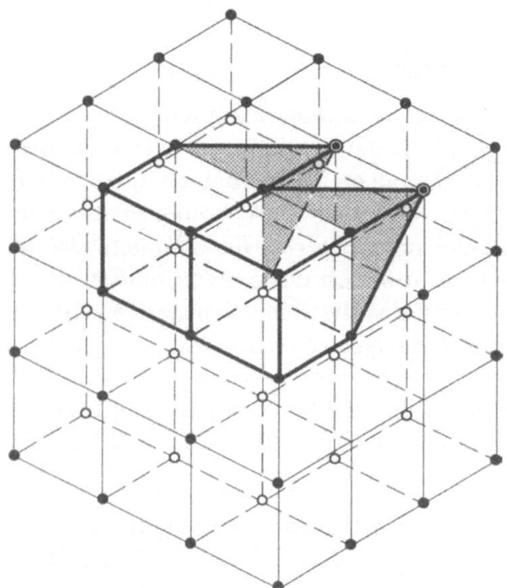

Bild 6.14. Räumliche Elementstruktur mit zwei Fehlverknüpfungen

schränkungen selten. Solche Kopplungsinkompatibilitäten können völlig harmlose Folgen besitzen, aber auch zu erheblichen Fehlinterpretationen des Tragverhaltens führen. Einzige Abhilfe sind fundierte strukturmechanische Kenntnisse der verwendeten Elemente.

Während der *Berechnungsphase* können im Rechenwerk des Computers Numerikfehler auftreten, die sich wie folgt klassifizieren lassen:

- Alle Eingaben von Gleitkommazahlen sowie Zwischen- und Endergebnisse von Gleitkommaoperationen werden computerintern in Dualzahl-Wortformaten als aus Mantisse und Exponent bestehend dargestellt. Dadurch ist die Mantisse stets mit *Rundungsfehlern* behaftet.

- *Abbruchfehler* treten in allen iterativen Näherungsverfahren auf, die bei vielen Matrizenoperationen Verwendung finden. Die einprogrammierten Abbruchschranken bleiben dem Benutzer jedoch verborgen.

- *Akkumulationsfehler* entstehen durch Algorithmen, die Rundungsfehler akkumulieren. Andere Algorithmen gleichen dagegen Rundungsfehler aus. Dem Anwender, oftmals sogar dem Programmersteller, fehlen Informationen darüber, ob in einem vorliegenden Programmsystem fehlerakkumulierende Rechenprozesse ablaufen.

Während Eingabefehler stets durch den Benutzer verursacht werden, sind diese drei Arten numerischer Fehler von ihm unbeeinflußbar. Im allgemeinen bleiben sie ihm völlig unbekannt, dennoch kann ihr Einfluß auf Stabilität und Genauigkeit einer Finiten-Element-Analyse ganz erheblich sein. Generell lehrt die Erfahrung, daß *einfache Genauigkeit* mit Wortlängen von 32 Bits (FORTRAN REAL*4) selten ausreichend ist, während doppelte Genauigkeit (REAL *8) mit Wortlängen von 64 Bits übliche Lösungsinstabilitäten zumeist vermeidet.

6.2.5 Konditionierung von K und Stabilität der Gleichungsauflösung

Jede Finite-Element-Analyse nach der direkten Steifigkeitsmethode erfordert die Lösung der Gesamt-Steifigkeitsbeziehung, einem System linearer Gleichungen von beträchtlicher Größe. Deren Gesamt-Steifigkeitsmatrix K ist symmetrisch, regulär und positiv definit, sie besitzt Bandstruktur, in Sonderfällen Diagonaldominanz [Krätzig 1994]. Die eingesetzten Computer-Lösungsverfahren erfordern vielfache Additionen, Multiplikationen sowie Divisionen, alles Operationen mit Rundungsfehlern.

Schlechte *Konditionierung* von K, im allgemeinen eine Folge allzu ungleicher Steifigkeiten im Tragwerk, kann daher zu inakzeptabler Lösungsstabilität von V führen. Stets sollte deshalb vor Rechnungsbeginn sichergestellt werden, daß K markant *regulär* ist. Dem Erstautor sind als Prüfingenieur mehrfach äußerst schlecht konditionierte Matrizen K begegnet, fast singulär, eine Folge zu starker Verformungsfähigkeit komplizierter räumlicher Tragwerke durch Überforderung der bearbeitenden Ingenieure.

Ein geeignetes *Konditionsmaß* für $\mathbf{K}$ bildet das Verhältnis der Beträge ihres größten zum kleinsten Eigenwert [Krätzig 1994]:

$$k\,(\mathbf{K}) = /\,\text{max. Eigenwert von } \mathbf{K}\,/ : /\,\text{min. Eigenwert von } \mathbf{K}\,/\,. \tag{6.14a}$$

Satz: Bleibt die Größenordnung von $k\,(\mathbf{K})$ unterhalb der halben Stellenzahl der Mantisse, so sind erfahrungsgemäß keine kritischen Rundungsfehler bei der Gleichungsauflösung zu befürchten.

Die exakte Berechnung von $k\,(\mathbf{K})$ gemäß (6.14a) ist allerdings hypothetisch, da Eigenwertermittlungen mindestens den gleichen Berechnungsaufwand wie Gleichungslösungen erfordern. Als Ausweg kann ein *approximatives Konditionsmaß* als Quotient der Beträge des größten und kleinsten Hauptdiagonalgliedes

$$k_1\,(\mathbf{K}) = /\,\text{max. } K_{ii}\,/ : /\,\text{min. } K_{ii}\,/ \tag{6.14b}$$

definiert werden. Da die Summe der Hauptdiagonalglieder, die Spur, gerade der Summe der Eigenwerte von $\mathbf{K}$ entspricht, liefert der Quotient

$$k_2\,(\mathbf{K}) = /\,\sum_{i=1}^{m} K_{ii}\,/ : /\,\text{min. } K_{ii}\,/ \geq k\,(\mathbf{K}) \tag{6.14c}$$

darüber hinaus eine zuverlässige obere Schranke für $k\,(\mathbf{K})$.

Schlechte Konditionierung von $\mathbf{K}$ kann die Lösungsstabilität gefährden. Zur Gleichungsauflösung werden in der Theorie der finiten Elemente überwiegend *direkte* und sehr selten *iterative* Verfahren eingesetzt [Bronstein 1991, Engeln 1988, Stoer 1976, Zurmühl 1984]. Alle direkten Verfahren basieren auf dem *Eliminationsalgorithmus* von GAUSS, welcher in [Krätzig 1994] bereits behandelt worden war und kurz wiederholt werden soll.

Das Eliminationsverfahren von GAUSS zerlegt die Gesamt-Steifigkeitsmatrix $\mathbf{K}$ durch zeilenweise Reduktionen

$$\mathbf{L}_{m-1}^{-1} \cdot \ldots \mathbf{L}_{2}^{-1} \cdot \mathbf{L}_{1}^{-1} \cdot \mathbf{K} = \mathbf{U} \tag{6.15a}$$

in eine obere rechte Dreiecksmatrix. Sämtliche hierin auftretenden Faktorenmatrizen $\mathbf{L}_{i}^{-1}$ lassen sich formal zu einer Gesamtmatrix $\mathbf{L}^{-1}$

$$\mathbf{L}_{m-1}^{-1} \cdot \ldots \mathbf{L}_{2}^{-1} \cdot \mathbf{L}_{1}^{-1} \cdot \mathbf{K} = \mathbf{L}^{-1} \cdot \mathbf{K} = \mathbf{U} \quad \rightarrow \quad \mathbf{K} = \mathbf{L} \cdot \mathbf{U} \tag{6.15b}$$

multiplikativ vereinigen. Deren Inverse, die untere linke Dreiecksmatrix $\mathbf{L}$ wird im Verfahren von GAUSS allerdings nie explizit aufgebaut. Mit ihr transformiert der sogenannte *Vorwärtseliminationsschritt* eine Gesamt-Steifigkeitsbeziehung in die folgende obere Dreiecksform:

$$\mathbf{K} \cdot \mathbf{V} = \mathbf{L} \cdot \mathbf{U} \cdot \mathbf{V} = \mathbf{P} \quad \rightarrow \quad \mathbf{U} \cdot \mathbf{V} = \mathbf{L}^{-1} \cdot \mathbf{P} = \mathbf{P}^{*}\,, \tag{6.16a}$$

aus welcher im zweiten Schritt, dem Rückwärtseinsetzen

$$\mathbf{V} = \mathbf{U}^{-1} \cdot \mathbf{P}^{*} = \mathbf{U}^{-1} \cdot \mathbf{L}^{-1} \cdot \mathbf{P} \tag{6.16b}$$

der Aufbau des Lösungsvektors $\mathbf{V}$ durch Reduktion des modifizierten Lastvektors $\mathbf{P}^*$ erfolgt.

Gegenüber diesem Vorgehen nutzt das Lösungsverfahren von CHOLESKY* Symmetrie und positive Definitheit der Systemmatrix aus, wodurch sich die Dreieckszerlegung (6.15b) von $\mathbf{K}$ zu

$$\mathbf{K} = \mathbf{L} \cdot \mathbf{L}^T \tag{6.17a}$$

vereinfacht. Durch m-fache Zeilen- und Spaltendivisionen läßt sich hieraus die Diagonalmatrix $\mathbf{D}$ der *Pivotelemente* abspalten

$$\mathbf{K} = \mathbf{L}_1 \cdot \mathbf{D} \cdot \mathbf{L}_1^T \,, \tag{6.17b}$$

mit welcher ein einfacher expliziter Nachweis der *Regularität* von $\mathbf{K}$ gelingt:

$$\det \mathbf{K} \neq 0 \quad \text{falls} \quad D_{ii} \neq 0 \,, \quad \forall\, i - 1\,(1)\,m \,, \tag{6.17c}$$

der in vielen Programmsystemen als *Fehlerdiagnosemeldung* bei Singularität von $\mathbf{K}$ verwendet wird. Normiert man schließlich sämtliche Hauptdiagonalglieder der Dreiecksmatrix $\mathbf{L}$ auf den Wert 1

$$\mathbf{K} = \mathbf{L}_2 \cdot \mathbf{D}^* \cdot \mathbf{L}_2^T \quad \text{mit} \quad L_{2\,ii} = 1 \,, \quad \forall\, i = 1\,(1)\,m \,, \tag{6.18}$$

so enthält nun die Diagonalmatrix $\mathbf{D}^*$ gerade alle Eigenwerte von $\mathbf{K}$. Hiermit wäre die *Konditionszahl* $k\,(\mathbf{K})$ gemäß (6.14a) simultan zum Eliminationsprozeß aufbaubar. Hierauf fußende Nachweisstrategien der *Lösungsstabilität* von $\mathbf{V}$ sind jedoch in kommerziellen Programmsystemen zur Finiten-Element-Analyse noch weitgehend unbekannt.

Bei nicht hinreichender Konditionierung von $\mathbf{K}$ können *Vorkonditionierungsverfahren* [Schwarz 1980], sofern programmintern verfügbar, eingesetzt werden. Diese führen für $\mathbf{K}$ zunächst eine multiplikative Zerlegung

$$\mathbf{K} = \mathbf{D}_1 \cdot \mathbf{K}^* \cdot \mathbf{D}_1 \tag{6.19a}$$

mit der Diagonalmatrix

$$\mathbf{D}_1 = \lceil\, K_{11}^{1/2} \ K_{22}^{1/2} \ \dots \ K_{mm}^{1/2} \,\rfloor \tag{6.19b}$$

und der modifizierten Steifigkeitsmatrix $\mathbf{K}^*$ durch:

$$K_{ij}^* = \frac{K_{ij}}{D_{ii}\,D_{jj}} \cdot \tag{6.19c}$$

Hierdurch wird die Hauptdiagonale von $\mathbf{K}^*$ mit Einsen belegt, und alle eine unbefriedigende Konditionierung verursachenden stark ungleichen Steifigkeiten werden

---

* ANDRÉ-LOUIS CHOLESKY, Geodät und Artilleriekommandant aus Montguyon, 1875-1918, Studium an der École Polytechnique, anschließend Offizierslaufbahn in der französischen Armee. Das nach ihm benannte Reduktionsverfahren wurde 1924 posthum von BERNOIT veröffentlicht.

in die trivial zu invertierende Diagonalmatrix $\mathbf{D}_1$ verlagert. Fast immer folgt hieraus eine beträchtliche Konditionsverbesserung von $\mathbf{K}$ mit erheblich stabilerer Auflösung der Gesamt-Steifigkeitsbeziehung:

$$\mathbf{K} \cdot \mathbf{V} = \mathbf{P} \quad \rightarrow \quad \mathbf{V} = \mathbf{D}_1^{-1} \cdot \mathbf{K}^{*\,-1} \cdot \mathbf{D}_1^{-1} \cdot \mathbf{P} \; . \tag{6.20}$$

Hinsichtlich weiterer, besonders für schlecht konditionierte Gleichungssysteme geeigneter Lösungsverfahren, beispielsweise solche mit *orthogonalisierten* Matrizen [Givens 1954, Householder 1964] sei auf die Literatur verwiesen [Bathe 1986, Schwarz 1980].

Frontlöser [Irons 1970] als weitere Variante des Verfahrens von GAUSS werden besonders für sehr große Gleichungssysteme mit *ausgeprägter Bandstruktur* eingesetzt. Da bei einer Bandbreite b zur Elimination nur b+1 Gleichungen gleichzeitig im Arbeitsspeicher des Computers verfügbar sein müssen, kann man die Assemblierung von $\mathbf{K}$ mit der Auflösung derart kombinieren, daß der Vorwärtseliminationsschritt unmittelbar dem Einmischvorgang folgt, sobald eine ausreichende Gleichungsanzahl verfügbar ist [Schwarz 1980]. Die vielfältigen Lösungsstrategien linearer Gleichungssysteme stellen ein wichtiges Spezialgebiet in der Theorie finiter Elemente dar, auf welches wir den interessierten Leser abschließend ausdrücklich hinweisen [Bathe 1986, Stoer 1976, Törnig 1979, Wunderlich 1996, Zurmühl 1984].

6.3 Algorithmische Ergänzungen

6.3.1 Bandstruktur von $\tilde{\mathbf{K}}$

Gesamt-Steifigkeitsmatrizen $\tilde{\mathbf{K}}$ sind *quadratisch, symmetrisch* und erfahrungsgemäß *bandartig* um die Hauptdiagonale – siehe beispielsweise Bild 6.7 oben – bis *gleichmäßig dünn* belegt. Wegen ihrer Symmetrie braucht stets nur die halbe Matrix abgespeichert zu werden, zusammengeschoben zu einer Rechteckmatrix mit der *Bandbreite* als Spaltenzahl. Oftmals erfolgt die Ablage und Weiterverarbeitung dann in *Skyline-Speichertechnik* unter Aufgabe der Endnullen. Bei der Inversion oder Auflösung der reduzierten Gesamt-Steifigkeitsbeziehung ist natürlich eine geringe Bandbreite b sehr vorteilhaft: Mit der Bandbreite sinkt die *Speicherplatzbelegung* und über die Anzahl der auszuführenden Maschinenoperationen die *Rechenzeit*. Da mit abnehmender Bandbreite auch die *Lösungsgenauigkeit* ansteigt, bildet – unabhängig von der verwendeten Speichertechnik für $\tilde{\mathbf{K}}$ – eine minimale Bandbreite stets ein erstrebenswertes Ziel. Daher wollen wir zunächst klären, wodurch *Bandstruktur* und *Bandbreite* von $\tilde{\mathbf{K}}$ beeinflußt werden.

Hierzu betrachten wir auf Bild 6.15 eine Scheibenstruktur aus gleichseitig dreieckigen CST-Elementen. Im Kopf dieses Bildes findet sich neben den 15 Dreieckelementen die Knotenpunktsnumerierung 1 (1) 14, korrespondierend hierzu die Numerierung der 28 äußeren Freiheitsgrade. Wir bemerken ausdrücklich, daß Knoten- und Freiheitsgradnumerierungen einem *schneckenförmigen* Umlaufsinn folgen.

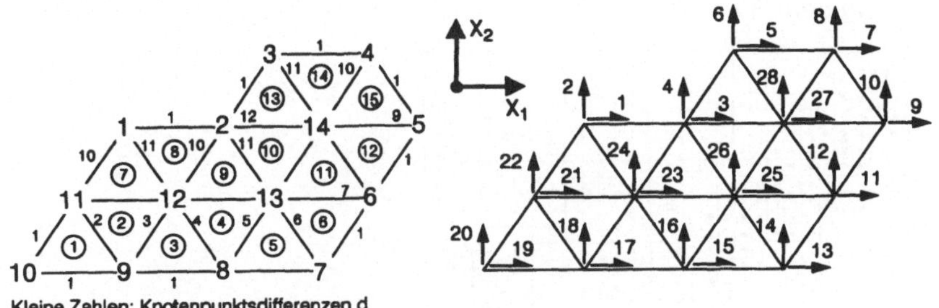

Assemblierung von $\tilde{K}^1$ und $\tilde{S}^0$ durch Einmischen:

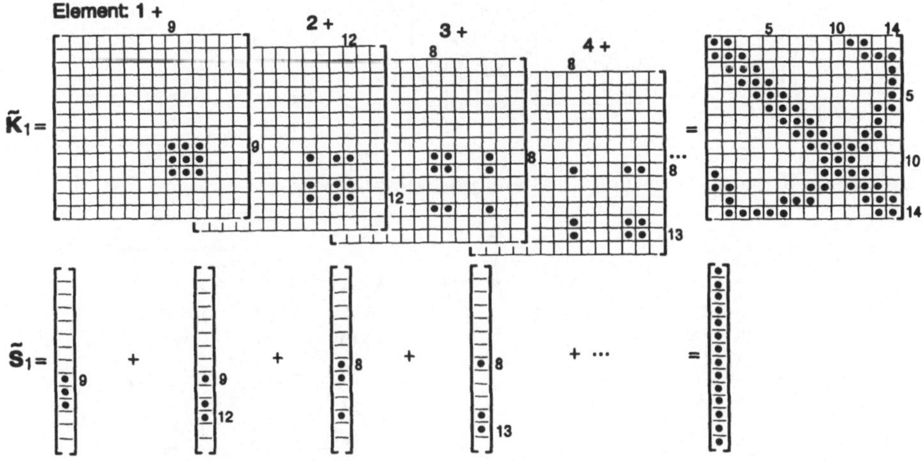

Bild 6.15. Assemblierung von $\tilde{K}^1$ und $\tilde{S}^0$ für eine Struktur aus dreieckigen Scheibenelementen

Jedes CST-Scheibenelement besitzt laut Bild 5.8 drei Eckknoten mit je zwei Freiheitsgraden. In der *knotenorientierten* Darstellungsform des Bildes 6.15 wird seine Elementsteifigkeitsmatrix 6. Ordnung somit durch ein 3x3 Raster repräsentiert, seine Volleinspannkräfte durch eine 3x1-Spalte, wie aus dem Einmischvorgang für Element 1 besonders deutlich wird. Die nicht explizit angegebenen Inzidenzverknüpfungen erfolgen daher auf Knotenpunktsebene, d.h. der Einmischvorgang für $\tilde{K}$ und $\tilde{S}^0$ auf Bild 6.15 folgt der Identität globaler zu den elementbezogenen Knotennummern. So entsprechen beispielsweise bei Element 1 die Elementknoten 1, 2, 3 gemäß Bild 5.8 den Tragwerksknoten 10, 9, 11, was zu der Positionierung auf Bild 6.15 führt.

Damit liefert der Einmischvorgang die Gesamt-Steifigkeitsmatrix $\tilde{K}_1$ als quadratische *Hypermatrix* der Kantenlänge 14. Soll diese auf die vertraute Darstellungsform in Knotenfreiheitsgraden umgeschrieben werden, so ist jedes Rasterquadrat durch 2x2 Steifigkeitselemente zu ersetzen, wie dies auf Bild 6.16 oben erfolgt ist. Dort erkennt man analog zu Bild 6.15 in $\tilde{K}_1$ ein dicht besetztes

Belegung der Gesamt - Steifigkeitsmatrix für die Knotenpunktsnumerierung gemäß Bild 6.15:

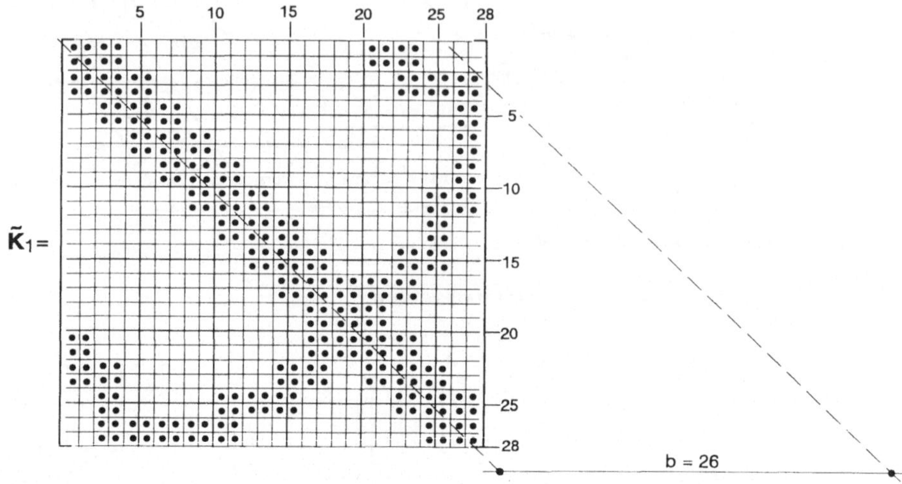

Geänderte Knotenpunkts- und Freiheitsgradnumerierung:

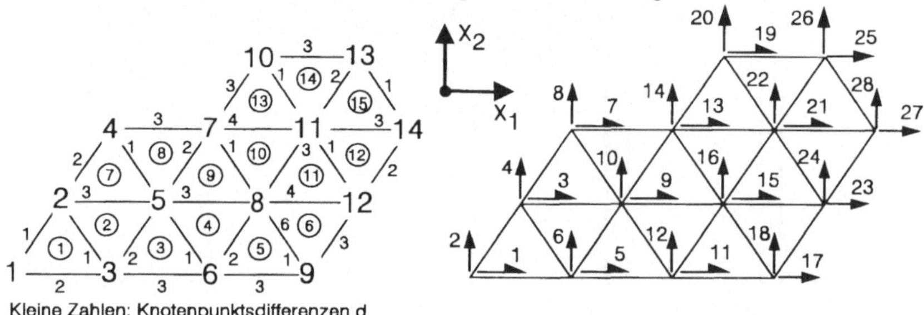

Belegung der Gesamt -
Steifigkeitsmatrix für die
geänderte Knotenpunkts-
numerierung:

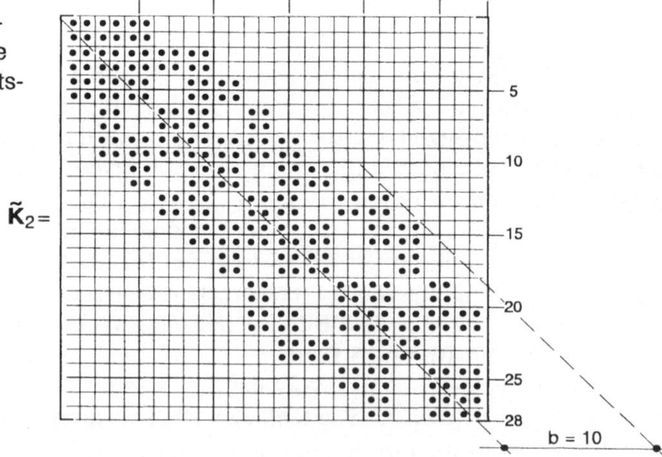

Bild 6.16. Belegung von $\tilde{K}$ für unterschiedliche Knotenpunktsnumerierungen einer Struktur
aus dreieckigen Scheibenelementen

Hauptdiagonalband, aber an den Matrixkanten sind ebenfalls noch Positionen besetzt. Abspeicherung dieser Matrix als Band in einem Rechteck ergäbe eine Bandbreite von 26, d.h. eine nur unnennenswerte Einsparung gegenüber der quadratischen Speicherung. Es sei noch erwähnt, daß weniger systematische Knotennumerierungen zu gleichmäßig verteilter, dünner Besiedlung von $\tilde{K}$ führen.

Im mittleren Teil von Bild 6.16 wird sodann die gleiche Struktur mit identisch bezeichneten Elementen, jedoch einer geänderten Knotenpunkts- und synchronen Freiheitsgradnumerierung behandelt. Letztere läuft nun nicht mehr schneckenförmig, sondern wie eine Wellenfront von links nach rechts über die Scheibe. Die als Ergebnis des Einmischprozesses wiedergegebene Gesamt-Steifigkeitsmatrix $\tilde{K}_2$ ist mit einer Bandbreite von b = 10 nunmehr erheblich schmaler und damit effektiver zu bearbeiten als $\tilde{K}_1$. Der Grund hierfür wird bei nährerer Betrachtung schnell klar: Im zweiten Fall erfolgt die Knotenpunkts- (bzw. Freiheitsgrad-)numerierung so, daß die Differenzen benachbarter Knotenpunktsnummern – in beiden Diskretisierungsplots als kleine Zahlen angegeben – möglichst klein bleiben: Bild 6.16 weist eine Maximaldifferenz von max d = 4 auf (zwischen den Knoten 8 und 12) gegenüber max d = 12 (zwischen den Knoten 2 und 14) auf Bild 6.15. Die gewonnenen Erkenntnisse halten wir wie folgt fest:

Sätze: Die Einordnung der Elementsteifigkeiten in die Gesamt-Steifigkeitsmatrix kann auf der Basis von Knotenpunkts- oder Freiheitsgradinzidenzen erfolgen.

Die Elementnumerierung besitzt keinen Einfluß auf die Bandbreite b von $\tilde{K}$, diese wird allein von der Knotenpunkts- bzw. Freiheitsgradnumerierung beeinflußt.

Die geringste Bandbreite entsteht für diejenige Knotenpunkts- (bzw. Freiheitsgrad-)numerierung, für welche die größte Differenz benachbarter Knotenpunktsnummern (Freiheitsgradnummern) minimal wird.

Damit steht uns ein interessantes Prinzip zur Gewinnung schmal gebänderter Gesamt-Steifigkeitsmatrizen zur Verfügung. Selbstverständlich ließen sich diese als quadratische, symmetrische Matrizen auch vollständig auf ihre *Hauptdiagonalen* transformieren, auf eine Bandbreite b = 1! Aber hierfür bedarf es der Transformation von $\tilde{K}$ auf deren Eigenwerte, eine der Inversion vergleichbar aufwendige Rechenoperation. Natürlich ist dieses extreme Ziel b = 1 durch bloßes Umnumerieren von Knotenpunkten nie erreichbar und wird auch nicht angestrebt. Dafür aber steht der Aufwand einer Umnumerierung in keinem Verhältnis zu demjenigen einer Eigenwerttransformation.

6.3.2 Bandbreitenminimierung

Offensichtlich entscheidet die Knotennumerierung über die Struktur von $\tilde{K}$. Geringe Bandbreite b erfordert eine optimale Numerierung mit niedrigen Differenzen benachbarter Knotenpunktsnummern. Für einfache ebene Strukturen ist eine derartige optimale Numerierung sicherlich manuell erreichbar. Werden die Strukturen jedoch komplizierter, so bestimmt im allgemeinen der *Generierungsalgorithmus* die Knotennumerierung, insbesondere bei räumlichen Netzen. Generell wird $\tilde{K}$

daher bereits in einer *Original-Knotennumerierung* vorliegen, die in einem 2. Schritt durch einen *Bandbreitenminimierer*, einen selbständigen Algorithmus, so umgeordnet werden soll, daß b minimal wird.

Derartige Algorithmen arbeiten nach *heuristischen* Strategien. Deshalb erzielen sie nicht notwendigerweise das erreichbare Bandbreitenminimum, reduzieren aber b im allgemeinen ganz erheblich. Wegen ihrer Operationen auf Knotenpunktsebene bilden sie rein *topologische* Algorithmen. Die Verknüpfung mit dem *strukturmechanischen* Tragwerksmodell erfolgt nachträglich durch Festlegung der Freiheitsgrade pro Knoten in der bereits optimal numerierten Knotenmenge.

Die ersten, in [Akyuz 1968, Rosen 1968] veröffentlichten Algorithmen zur Bandbreitenoptimierung fußten auf der naheliegenden Strategie des Zeilen-Spaltentauschs: Für eine vorliegende Startnumerierung bewirkt die Vertauschung zweier Knotennummern offenbar gerade einen Umtausch der den Freiheitsgraden zugeordneten Zeilen- und Spaltengruppen in $\tilde{K}$. Aufbauend auf dieser Erkenntnis wird durch Folgen von Index- nebst Zeilen- und Spaltenvertauschungen experimentell eine Reduktion der Bandbreite angestrebt. Als Zwischenschritte müssen dabei auch stets Tauschoperationen mit gleichbleibender Bandbreite zulässig sein.

Die hierbei eingesetzte mathematische Strategie [Rosen 1968] ist detailliert in [Schwarz 1980] beschrieben. Der praktische Einsatz derartiger Algorithmen erfordert erheblichen Zeitaufwand, insbesondere dann, wenn mit einer ungünstigen Startkonfiguration begonnen wurde. Gelegentlich auch bleiben diese Algorithmen in lokalen Minima stecken, weit entfernt vom absoluten Minimum. Ist dagegen die Startnumerierung der optimalen benachbart, somit nur noch Feinarbeit zu leisten, liegen sehr zufriedenstellende Erfahrungen vor [Gibbs 1976].

Alle heute verwendeten Algorithmen zur Bandbreitenminimierung [Armstrong 1984, Collins 1973, Grooms 1972] basieren auf der Strategie minimaler Knotennummerndifferenzen. Deren graphentheoretische Einbettung [Cuthill 1969] werden unsere Erläuterungen jedoch nicht aufgreifen, da sie in einer Einführung die Zusammenhänge eher verkompliziert. Zur Bandbreitenminimierung der Gesamt-Steifigkeitsmatrix einer n-Knoten-Struktur wird nun folgende Strategie eingeschlagen: Der Algorithmus wählt in einem *1. Versuch als Startknoten* einen solchen mit möglichst wenigen direkten Nachbarknoten und benennt ihn mit der Startnummer 1. Sodann werden sämtliche direkten Nachbarknoten, die *Nachbarknoten der 1. Stufe*, identifiziert und so umnumeriert, daß kleinstmögliche Differenzen d von Knotennummern auftreten. Hieraus wird für diesen 1. Versuch max d ermittelt und fixiert. Damit springt der Algorithmus in einem *2. Versuch* auf einen anderen Startknoten und wiederholt das geschilderte Vorgehen. In *weiteren Versuchen* wählt der Algorithmus weitere Startknoten aus, möglicherweise nacheinander alle n Knotenpunkte.

Aus allen durchgeführten Versuchen wird nun der günstigste Versuch, d.h. derjenige mit der *kleinsten maximalen Knotendifferenz* max d fortgeführt. Alle *Nachbarknoten 2. Stufe* werden für diesen identifiziert sowie bestmöglich umnumeriert, schließlich wird erneut max d festgestellt und fixiert. Übertrifft dieses dasjenige max d der 1. Stufe (oder später einer anderen, bereits abgearbeiteten Stufe), so bricht der Algorithmus zunächst ab und setzt den bisher *zweitbesten* Versuch mit seiner *2. Stufe* (oder später nach der letzten abgearbeiteten Stufe) fort.

Wird max d kleiner als dieser Parameter des bisher besten Versuchs, wird der aktu-
elle mit den *Nachbarknoten 3. Stufe* fortgesetzt, anderenfalls der bisher beste. Als
ungünstig diagnostizierte Versuche werden abgebrochen.

Aus dieser Skizzierung wird unschwer deutlich, daß in der genauen Steuerung
des Minimierungsprozesses, beispielsweise in der Bewertung der einzelnen Versuche und Stufen, viele Alternativen verborgen sind. Letztlich bestimmen diese die
Leistungsfähigkeit eines Bandbreitenoptimierers; hier scheinen graphentheoretische Konzepte Entscheidungshilfen bereitzuhalten. Bild 6.17 erläutert zunächst die
erwähnte Stufenstruktur von Nachbarknoten für die in Bild 6.16 verwendeten
Scheibe mit der dortigen Knotennumerierung. Je mehr derartige Stufen eine vorgegebene Tragstruktur in einem Versuch aufweist, als desto kleiner stellt sich
offenbar die Bandbreite ein, die der Beziehung

$$b = \max (\max d) + 1 \tag{6.21}$$

folgt (die 1 entstammt der Einschließung der Hauptdiagonalen).

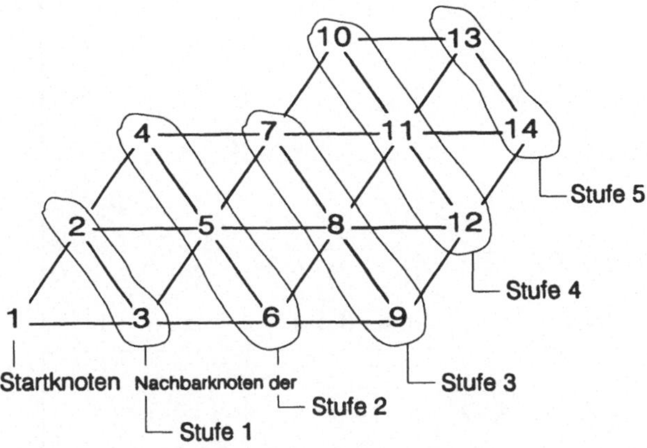

Bild 6.17. Stufenstruktur von Nachbarknoten zum gewählten Startknoten für die Scheibe
auf Bild 6.16

Die erläuterte prinzipielle Strategie wird noch einmal auf Bild 6.18 verdeutlicht,
auf welchem ein derartiger Algorithmus auf eine vereinfachte Scheibenstruktur angewendet wurde. Dort wird nach der 1. Stufe der günstigste 3. Versuch in der 2. Stufe
fortgesetzt; nach dem dortigen Ergebnis max d = 3 springt der Algorithmus zunächst
auf den zweitbesten Versuch 1, kehrt nach dem dortigen Ergebnis max d = 5 jedoch
zum 3. Versuch zurück und setzt diesen bis zum Ende fort.

Immer wieder ist von pathologischen Vernetzungen berichtet worden [Gibbs 1976,
Schwarz 1980], bei welchen diese Algorithmen versagen, falls nur Startknoten mit
einer geringsten Anzahl von Nachbarknoten ausgewählt werden. Daher empfiehlt es
sich, auch andere Startknoten zuzulassen, gegebenenfalls alle. Daß man dann gemäß
Bild 6.18 bei einer n-Knoten-Struktur n Versuche abarbeiten muß, erscheint tolerabel,
zumal Bandweitenminimierungen als reine Integer-Operationen in sehr hoher Ge-
schwindigkeit ablaufen.

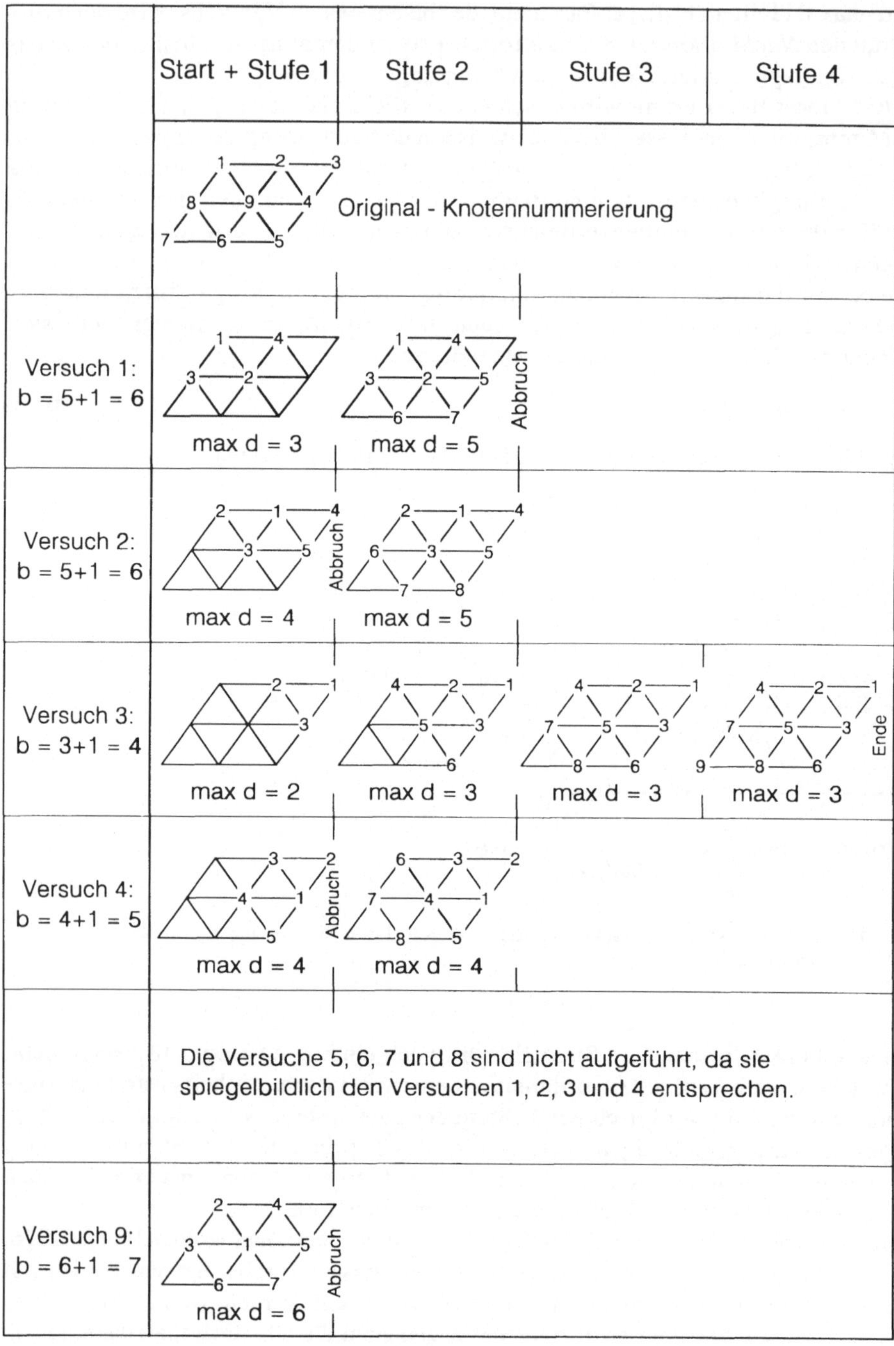

Bild 6.18. Bandbreitenoptimierung einer Struktur aus acht dreieckigen Scheibenelementen

Bild 6.19 zeigt abschließend ein Beispiel aus [Collins 1973], berechnet mit der dort in FORTRAN-Codierung beschriebenen Algorithmusvariante, die auch im Vorlaufbaustein INPUT VON FEMAS (Bild 6.11) verfügbar ist. Man findet erneut aus der

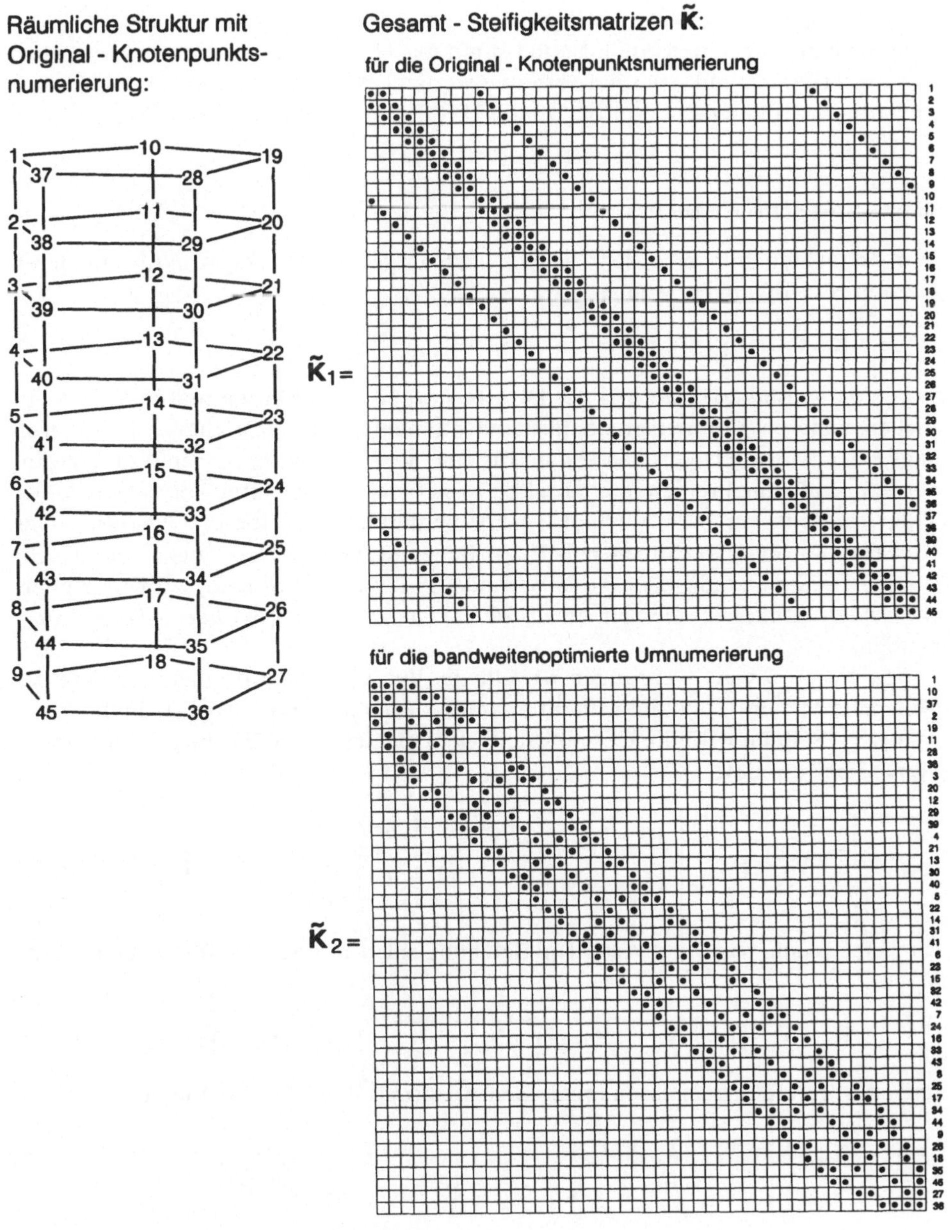

Bild 6.19. Bandweitenoptimierung einer räumlichen Struktur nach [Collins 1973]
(die Steifigkeitsmatrizen sind auf Knotenpunktsebene dargestellt)

Abbildung die völlige Unabhängigkeit der Bandbreitenminimierung von den strukturmechanischen Eigenschaften der finiten Elemente und des Diskontinuums bestätigt. Die Autoren besitzen langjährige Erfahrungen mit diesem Algorithmus: Für komplizierte Strukturen ist er weder eindeutig, schlägt bei verschiedenen Anläufen unterschiedliche Pfade ein noch erreicht er stets das absolute Minimum der Bandbreite. Immer aber konnte die Bandbreite ganz erheblich reduziert werden (gelegentlich erst im zweiten Anlauf), und somit das Hauptziel, eine Verbesserung von Lösungseffizienz und -stabilität, erreicht werden. Weitere Erfahrungen und Strategievarianten findet der Leser in [Bremer 1986, Lewis 1982].

6.3.3 Statische Kondensation

Wir betrachten nun eine sehr große, noch ungefesselte Tragstruktur. In deren Gesamt-Steifigkeitsbeziehung

$$\tilde{\mathbf{K}} \cdot \tilde{\mathbf{V}} = \tilde{\mathbf{P}} - \tilde{\mathbf{S}}^{\mathrm{o}} = \tilde{\mathbf{P}}^{*} \tag{6.22}$$

werde die Gesamtzahl der bei der Diskretisierung eingeführten und in $\tilde{\mathbf{V}}$ versammelten äußeren Freiheitsgrade für eine momentane Fragestellung als zu groß angesehen. Beispielsweise erscheine für eine Vorberechnung generell eine geringere Anzahl von Freiheitsgraden als ausreichend, die Diskretisierung einzelner Tragwerksteile sei bereits unnötig stark verdichtet oder für die Analyse eines Konstruktionsdetails können außerhalb liegende Tragwerksbereiche durch sehr wenige Freiheitsgrade approximativ modelliert werden. Solche zeitweilig unerwünschten Freiheitsgrade können aus (6.22) *voreliminiert* oder *herauskondensiert* werden.

Zu diesem Zweck vereinigen wir alle zu *eliminierenden* Freiheitsgrade in der Teilspalte $\tilde{\mathbf{V}}_{\mathrm{e}}$ von $\tilde{\mathbf{V}}$ und die weiterhin *interessierenden* Freiheitsgrade in der Restspalte $\tilde{\mathbf{V}}_{\mathrm{a}}$. Sodann wird die Gesamt-Steifigkeitsbeziehung (6.22) hierzu korrespondierend partitioniert:

$$\tilde{\mathbf{K}} \cdot \tilde{\mathbf{V}} = \tilde{\mathbf{P}}^{*} : \begin{bmatrix} \tilde{\mathbf{K}}_{\mathrm{aa}} & \tilde{\mathbf{K}}_{\mathrm{ae}} \\ \tilde{\mathbf{K}}_{\mathrm{ea}} & \tilde{\mathbf{K}}_{\mathrm{ee}} \end{bmatrix} \cdot \begin{bmatrix} \tilde{\mathbf{V}}_{\mathrm{a}} \\ \tilde{\mathbf{V}}_{\mathrm{e}} \end{bmatrix} = \begin{bmatrix} \tilde{\mathbf{P}}_{\mathrm{a}}^{*} \\ \tilde{\mathbf{P}}_{\mathrm{e}}^{*} \end{bmatrix} \quad \text{mit: } \tilde{\mathbf{K}}_{\mathrm{ea}} = \tilde{\mathbf{K}}_{\mathrm{ae}}^{\mathrm{T}} . \tag{6.23}$$

Zunächst lösen wir die zweite Teilgleichung nach der zu eliminierenden Spalte $\tilde{\mathbf{V}}_{\mathrm{e}}$ auf:

$$\tilde{\mathbf{K}}_{\mathrm{ea}} \cdot \tilde{\mathbf{V}}_{\mathrm{a}} + \tilde{\mathbf{K}}_{\mathrm{ee}} \cdot \tilde{\mathbf{V}}_{\mathrm{e}} = \tilde{\mathbf{P}}_{\mathrm{e}}^{*} \quad \rightarrow \quad \tilde{\mathbf{V}}_{\mathrm{e}} = (\tilde{\mathbf{K}}_{\mathrm{ee}})^{-1} \cdot (\tilde{\mathbf{P}}_{\mathrm{e}}^{*} - \tilde{\mathbf{K}}_{\mathrm{ea}} \cdot \tilde{\mathbf{V}}_{\mathrm{a}}) \tag{6.24a}$$

und substituieren sodann den erhaltenen Ausdruck in die erste Zeile von (6.23)

$$\tilde{\mathbf{K}}_{\mathrm{aa}} \cdot \tilde{\mathbf{V}}_{\mathrm{a}} + \tilde{\mathbf{K}}_{\mathrm{ae}} \cdot \tilde{\mathbf{V}}_{\mathrm{e}} = \tilde{\mathbf{P}}_{\mathrm{a}}^{*} : \tag{6.24b}$$

$$\tilde{\mathbf{K}}_{\mathrm{aa}} \cdot \tilde{\mathbf{V}}_{\mathrm{a}} - \tilde{\mathbf{K}}_{\mathrm{ae}} \cdot (\tilde{\mathbf{K}}_{\mathrm{ee}})^{-1} \cdot \tilde{\mathbf{K}}_{\mathrm{ea}} \cdot \tilde{\mathbf{V}}_{\mathrm{a}} = \tilde{\mathbf{P}}_{\mathrm{a}}^{*} - \tilde{\mathbf{K}}_{\mathrm{ae}} \cdot (\tilde{\mathbf{K}}_{\mathrm{ee}})^{-1} \cdot \tilde{\mathbf{P}}_{\mathrm{e}}^{*}$$

$$\left[\tilde{\mathbf{K}}_{\mathrm{aa}} - \tilde{\mathbf{K}}_{\mathrm{ae}} \cdot (\tilde{\mathbf{K}}_{\mathrm{ee}})^{-1} \cdot \tilde{\mathbf{K}}_{\mathrm{ea}} \right] \cdot \tilde{\mathbf{V}}_{\mathrm{a}} = \tilde{\mathbf{P}}_{\mathrm{a}}^{*} - \tilde{\mathbf{K}}_{\mathrm{ae}} \cdot (\tilde{\mathbf{K}}_{\mathrm{ee}})^{-1} \cdot \tilde{\mathbf{P}}_{\mathrm{e}}^{*} . \tag{6.24c}$$

Damit entsteht die kleinere Gesamt-Steifigkeitsbeziehung

$$\tilde{\mathbf{K}}_{aa\,kon} \cdot \tilde{\mathbf{V}}_a = \tilde{\mathbf{P}}^*_{a\,kon} \quad \text{mit: } \tilde{\mathbf{K}}_{aa\,kon} = \tilde{\mathbf{K}}_{aa} - \tilde{\mathbf{K}}^T_{ea} \cdot (\tilde{\mathbf{K}}_{ee})^{-1} \cdot \tilde{\mathbf{K}}_{ea} ,$$

$$\tilde{\mathbf{P}}^*_{a\,kon} = \tilde{\mathbf{P}}^*_a - \tilde{\mathbf{K}}^T_{ea} \cdot (\tilde{\mathbf{K}}_{ee})^{-1} \cdot \tilde{\mathbf{P}}^*_e \tag{6.25}$$

für die verbliebenen Freiheitsgrade $\tilde{\mathbf{V}}_a$. Gegenüber der Ausgangsgleichung (6.23) wurden hierin sämtliche Freiheitsgrade $\tilde{\mathbf{V}}_e$ in einem als *statische Kondensation* bezeichneten Teileliminationsprozeß herauskondensiert. Wie man im Vergleich von (6.23) mit (6.25) erkennt, vereinigt die Kondensation sämtliche Bestandteile der ursprünglichen Steifigkeitsmatrix $\tilde{\mathbf{K}}$ nunmehr in $\tilde{\mathbf{K}}_{aa\,kon}$, sämtliche Bestandteile von $\tilde{\mathbf{P}}^*$ in $\tilde{\mathbf{P}}_{a\,kon}$.

Hierbei war die Teilsteifigkeitsmatrix $\tilde{\mathbf{K}}_{ee}$ zu invertieren. Wir haben daher noch die Frage zu klären, unter welchen Bedingungen $\tilde{\mathbf{K}}_{ee}$ überhaupt regulär ist. Da die betrachtete Tragstruktur als ungefesselt vorausgesetzt wurde, offensichtlich der für unsere Fragestellung ungünstigste Fall, ist die Gesamt-Steifigkeitsmatrix $\tilde{\mathbf{K}}$ singulär und positiv semidefinit. Setzen wir nun voraus, daß in $\tilde{\mathbf{V}}_a$ auch alle später zu fesselnden Freiheitsgrade verblieben sind, deren Nullstellung die Tragstruktur in ein kinematisch unverschiebliches, gleichgewichtsfähiges Tragwerk überführt, so transformiert $\tilde{\mathbf{V}}_a = 0$ das Gleichungssystem (6.23) gerade in eine *reduzierte* Gesamt-Steifigkeitsbeziehung

$$\tilde{\mathbf{K}}_{ee} \cdot \tilde{\mathbf{V}}_e = \tilde{\mathbf{P}}^*_e . \tag{6.26}$$

Deren Steifigkeitsmatrix $\tilde{\mathbf{K}}_{ee}$ ist bekanntlich stets regulär sowie positiv definit und daher *invertierbar*. Ist die Ausgangsbeziehung (6.23) bereits auf die aktiven Freiheitsgrade reduziert, so ist deren Gesamt-Steifigkeitsmatrix K natürlich ebenso wie deren die Hauptdiagonale enthaltenden Untermatrizen regulär und invertierbar.

Wendet man abschließend den Kondensationsprozeß (6.24) auf ein *einziges* Element $\tilde{\mathbf{V}}_e$ und eine *einzige* Zeile von $\tilde{\mathbf{K}}$ an:

$$\tilde{\mathbf{V}}_e = \frac{1}{\tilde{\mathbf{K}}_{ee}} (\tilde{\mathbf{P}}^*_e - \tilde{\mathbf{K}}_{ea} \cdot \tilde{\mathbf{V}}_a) , \tag{6.27a}$$

$$\left(\tilde{\mathbf{K}}_{aa} - \tilde{\mathbf{K}}^T_{ea} \cdot \frac{1}{\tilde{\mathbf{K}}_{ee}} \tilde{\mathbf{K}}_{ea} \right) \cdot \tilde{\mathbf{V}}_a = \tilde{\mathbf{P}}^*_a - \tilde{\mathbf{K}}^T_{ea} \frac{\tilde{\mathbf{P}}^*_e}{\tilde{\mathbf{K}}_{ee}} \tag{6.27b}$$

und schreibt die Matrizenmultiplikationen beispielsweise in Summenform [Engeln 1988] aus, so stellt sich (6.27) gerade als ein Einzelschritt des GAUSSschen Eliminationsverfahrens dar. Daher beschreibt der Kondensationsprozeß (6.24) eine Teilelimination der Freiheitsgrade $\tilde{\mathbf{V}}_e$, welche sowohl durch den hergeleiteten Formelapparat als auch im Rahmen des GAUSSschen Eliminationsverfahrens ausgeführt werden kann, sofern ein verfügbares Finite-Element-Programmsystem Teileliminationen vorsieht. Das Herauskondensieren von Freiheitsgraden findet übrigens häufig auch auf Elementebene Anwendung [Argyris 1988, Bathe 1986], wenn Freiheitsgrade von Mittelknoten oder Randmittenknoten einzelner finiter Elemente eliminiert werden sollen.

6.3.4 Makroelemente

Im Kapitel 5 hatten wir finite Elemente für *geometrische Standardformen* – Dreiecke, Vierecke, Quader, usw. – hergeleitet. Bei Tragwerksmodellierungen wiederholen sich nun häufig kompliziertere *Konstruktionsgrundtypen*, wie Platten bestimmter Geometrie, Fachwerkbaugruppen oder durch Randträger versteifte Schalenfelder und viele weitere, die alle als aus finiten Standardelementen zusammengesetzte Teilstrukturen auffaßbar sind. Es liegt nahe, derartige sich wiederholende Teilstrukturen zunächst aus finiten Standardelementen aufzubauen und diese dann als *Makroelemente* bei der Modellierung des Gesamttragwerks einzusetzen.

Zu diesem Zweck müßten, ganz analog zum Aufbau der Gesamt-Steifigkeitsbeziehung einer vollständigen Tragstruktur

$$\tilde{\mathbf{P}} = \tilde{\mathbf{K}} \cdot \tilde{\mathbf{V}} + \tilde{\mathbf{S}}^{\mathrm{o}} \; , \tag{6.28a}$$

die Einzelelementbestandteile positionsgerecht in die Spalten und Matrizen des Makroelementes eingemischt werden. Wegen ihrer Nähe zu einem finiten Element sollen diese im folgenden auch elementnah bezeichnet werden, nämlich

$$\mathbf{s}^{m} = \mathbf{k}^{m} \cdot \mathbf{v}^{m} + \overset{\mathrm{o}}{\mathbf{s}}{}^{m} \; . \tag{6.28b}$$

sm enthält sämtliche Knotenkraftgrößen des Makroelements, vm seine Knotenfreiheitsgrade und $\overset{\mathrm{o}}{\mathbf{s}}{}^{m}$ die Volleinspannkraftgrößen. $\mathbf{k}^{m}$ verkörpert die Steifigkeitsmatrix des Makros. In bekannter Weise lassen sich in (6.28b) nun sämtliche Variablen $\mathbf{s}^{m}$, $\mathbf{v}^{m}$, $\overset{\mathrm{o}}{\mathbf{s}}{}^{m}$ sowie die Makrosteifigkeit $\mathbf{k}^{m}$ durch positionsgerechtes Einmischen gemäß den Inzidenzen zwischen den jeweiligen Elementfreiheitsgraden und den Knotenfreiheitsgraden der Makrostruktur aufbauen.

Häufig sollen in (6.28b) jedoch nur ausgewählte Freiheitsgrade $\mathbf{v}_{k}^{m}$ eines derartigen Makroelementes, nämlich diejenigen in den *Koppelknoten*, mit anderen Freiheitsgraden koppelbar sein, bei einem Plattenmakro beispielsweise diejenigen der Randknoten. Die *inneren* Knoten werden dann höchstens als *lasttragende Knoten* zugelassen. Die Konsequenzen dieser Annahme machen wir uns wieder durch Partitionierung der obigen Ausgangsbeziehung (6.28b) in die *koppelbaren* $\mathbf{s}_{k}^{m}$, $\mathbf{v}_{k}^{m}$, $\overset{\mathrm{o}}{\mathbf{s}}{}_{k}^{m}$ sowie die *inneren* Teilspalten $\mathbf{s}_{i}^{m}$, $\mathbf{v}_{i}^{m}$, $\overset{\mathrm{o}}{\mathbf{s}}{}_{i}^{m}$ deutlich:

$$\begin{bmatrix} \mathbf{s}_{k} \\ \mathbf{s}_{i} \end{bmatrix}^{m} = \begin{bmatrix} \mathbf{k}_{kk} & \mathbf{k}_{ki} \\ \mathbf{k}_{ik} & \mathbf{k}_{ii} \end{bmatrix}^{m} \cdot \begin{bmatrix} \mathbf{v}_{k} \\ \mathbf{v}_{i} \end{bmatrix}^{m} + \begin{bmatrix} \overset{\mathrm{o}}{\mathbf{s}}_{k} \\ \overset{\mathrm{o}}{\mathbf{s}}_{i} \end{bmatrix}^{m} \quad \text{mit } \mathbf{k}_{ik}^{m} = \mathbf{k}_{ki}^{m\mathrm{T}} \; , \tag{6.29}$$

aus welcher letztere herauskondensiert werden:

$$\mathbf{s}_{i}^{m} = \mathbf{k}_{ik}^{m} \cdot \mathbf{v}_{k}^{m} + \mathbf{k}_{ii}^{m} \cdot \mathbf{v}_{i}^{m} + \overset{\mathrm{o}}{\mathbf{s}}_{i}^{m} \;\; \rightarrow \;\; \mathbf{v}_{i}^{m} = (\mathbf{k}_{ii}^{m})^{-1} \cdot (\mathbf{s}_{i}^{m} - \overset{\mathrm{o}}{\mathbf{s}}_{i}^{m} - \mathbf{k}_{ik}^{m} \cdot \mathbf{v}_{k}^{m}) \; , \tag{6.30a}$$

$$\begin{aligned} \mathbf{s}_{k}^{m} &= \mathbf{k}_{kk}^{m} \cdot \mathbf{v}_{k}^{m} + \mathbf{k}_{ki}^{m} \cdot \mathbf{v}_{i}^{m} + \overset{\mathrm{o}}{\mathbf{s}}_{k}^{m} \\[4pt] &= \mathbf{k}_{kk}^{m} \cdot \mathbf{v}_{k}^{m} + \mathbf{k}_{ki}^{m} \cdot (\mathbf{k}_{ii}^{m})^{-1} \cdot (\mathbf{s}_{i}^{m} - \overset{\mathrm{o}}{\mathbf{s}}_{i}^{m} - \mathbf{k}_{ik}^{m} \cdot \mathbf{v}_{k}^{m}) + \overset{\mathrm{o}}{\mathbf{s}}_{k}^{m} \\[4pt] &= (\mathbf{k}_{kk}^{m} - \mathbf{k}_{ki}^{m} \cdot (\mathbf{k}_{ii}^{m})^{-1} \cdot \mathbf{k}_{ik}^{m}) \cdot \mathbf{v}_{k}^{m} + \overset{\mathrm{o}}{\mathbf{s}}_{k}^{m} - \mathbf{k}_{ki}^{m} \cdot (\mathbf{k}_{ii}^{m})^{-1} \cdot \overset{\mathrm{o}}{\mathbf{s}}_{i}^{m} - \mathbf{k}_{ki}^{m} \cdot (\mathbf{k}_{ii}^{m})^{-1} \cdot \mathbf{s}_{i}^{m} \; . \end{aligned} \tag{6.30b}$$

Damit entsteht die auf die Koppelfreiheitsgrade kondensierte Makro-Steifigkeits-
beziehung

$$s_k^m = k_{kk\,kon}^m \cdot v_k^m + \overset{o}{s}_{k\,kon}^m - k_{ki}^m \cdot (k_{ii}^m)^{-1} \cdot F_i^m \qquad (6.31a)$$

mit

$$k_{kk\,kon}^m = k_{kk}^m - k_{ki}^m \cdot (k_{ii}^m)^{-1} \cdot k_{ik}^m \;, \qquad (6.31b)$$

$$\overset{o}{s}_{k\,kon}^m = \overset{o}{s}_k^m - k_{ki}^m \cdot (k_{ii}^m)^{-1} \cdot \overset{o}{s}_i^m \qquad (6.31c)$$

als *kondensierter Steifigkeitsmatrix* und *kondensierter Spalte der Volleinspann-
kraftgrößen*. In letzterer beschreibt $-k_{ki}^m \cdot (k_{ii}^m)^{-1} \cdot \overset{o}{s}_i^m$ die auf die Koppelknoten
übertragenen Wirkungen der Volleinspannkraftgrößen $\overset{o}{s}_i^m$ der inneren Knoten, in
(6.31a) außerdem $-k_{ki}^m \cdot (k_{ii}^m)^{-1} \cdot F_i^m$ die Wirkungen der zu den herauskondensierten
inneren Freiheitsgraden v_i^m korrespondierenden Kraftgrößen, die nunmehr als
vorgebbare Lasten $s_i^m = F_i^m$ angesehen werden.

Auf den Bildern 6.20 und 6.21 sind die wichtigsten Schritte beim Aufbau der
Steifigkeitsmatrix eines aus vier CST-Elementen zusammengesetzten Scheibenma-
kros wiedergegeben. Einleitend hierzu zeigt Bild 6.20 die gemäß den Abschnitten
5.3.1 und 5.3.2 aufgestellte Steifigkeitsmatrix k^e ($v = 0$) eines rechtwinkligen
Dreieckelementes. In diesem wurden zunächst die Freiheitsgrade knotenorientiert
umnumeriert; die hieraus modifizierte Steifigkeitsmatrix k^{e*}, ebenfalls auf Bild
6.20 abgebildet, wurde nach den erforderlichen Drehtransformationen gemäß (6.8)
dem Einmischvorgang zugrundegelegt. Als Grundlage für diesen dienen die Bild
6.20 abschließenden Inzidenzverknüpfungen zwischen den Element- und Makro-
freiheitsgraden. Darüber erkennt der Leser das aus vier Rand- und einem Mittelknoten zusammengesetzte *Makroelement*.

Das Ergebnis des Einmischprozesses aller vier CST-Elemente, d.h. die auf
sämtliche 10 Freiheitsgrade des Makros bezogene Steifigkeitsmatrix k^m in ihrer
typischen Partitionierung (6.29), eröffnet Bild 6.21. Werden hierin die Freiheitsgrade 9 und 10 des *inneren* Mittelknotens 5 gemäß (6.31b) herauskondensiert, so
entsteht die Bild 6.21 abschließende, auf die *Koppelfreiheitsgrade* 1 bis 8 kondensierte Steifigkeitsmatrix $k_{kk\,kon}^m$. Die hierin als Brüche wiedergegebenen Kondensa-
tionsanteile $-k_{ki}^m \cdot (k_{ii}^m)^{-1} \cdot k_{ik}^m$ lassen allein aus der Hauptdiagonalen deutlich
werden, daß die kondensierte Steifigkeitsmatrix des Makros das Tragverhalten
offensichtlich weicher approximiert als die vier CST-Elemente einzeln, eine für
Makroelemente insgesamt verallgemeinerbare Eigenschaft.

6.3.5 Substrukturtechnik

Mit Finite-Element-Techniken wurden, gemessen an der Anzahl äußerer Freiheitgrade, bereits frühzeitig sehr große Probleme analysiert, deren Gleichungssysteme
die verfügbaren Computer überforderten. Als Abhilfe wurde u.a. die *Substrukturtechnik* entwickelt [Argyris 1954, Przemienicki 1963], für welche das Gesamttragwerk in Teilstrukturen, sogenannte *Substrukturen* oder *Makroelemente*, zerlegt und

Steifigkeitsmatrix eines CST - Scheibenelementes gemäß Bild 5.8:

$$k^e = \frac{Eh}{8}$$

	1	2	3	4	5	6	
	3	-1	-2	1	-1	0	1
		3	-2	1	-1	0	2
			4	-2	2	0	3
				3	1	-4	4
symmetrisch					3	-4	5
						8	6

Umordnung der Elementfreiheitsgrade:

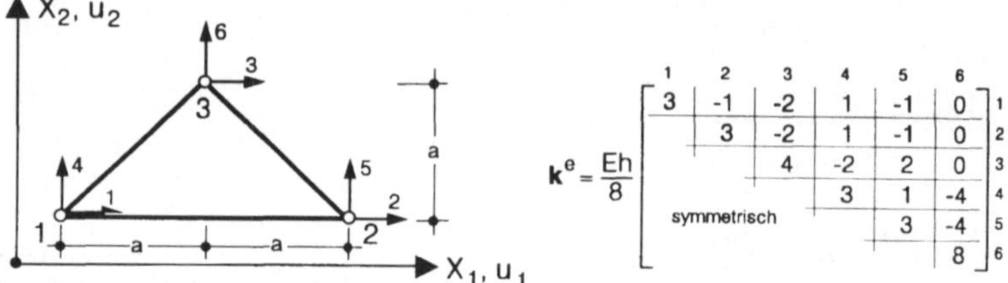

$$k^{e*} = \frac{Eh}{8}$$

	1	2	3	4	5	6	
	3	1	-1	-1	-2	0	1
		3	1	1	-2	-4	2
			3	-1	-2	0	3
				3	2	-4	4
symmetrisch					4	0	5
						8	6

Makroelement und Inzidenztabelle:

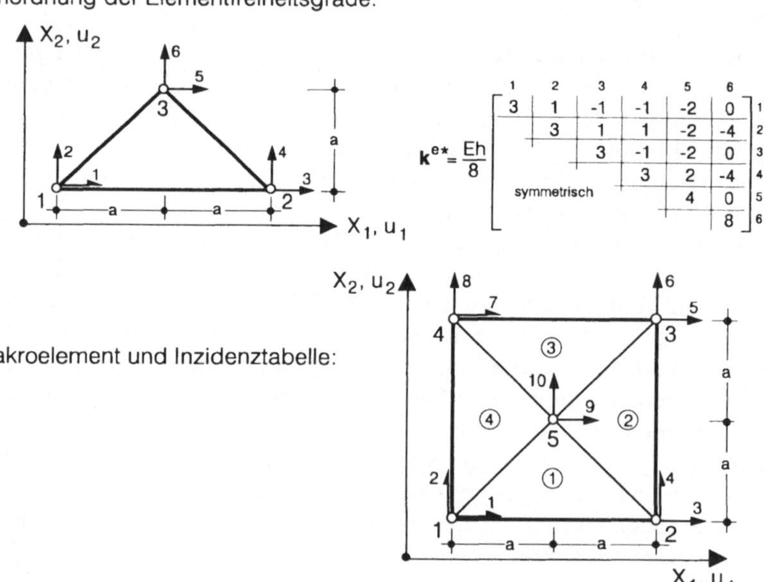

Elementfreiheitsgrade:	1	2	3	4	5	6
Element 1:	1	2	3	4	9	10
Element 2:	3	4	5	6	9	10
Element 3:	5	6	7	8	9	10
Element 4:	7	8	1	2	9	10

Bild 6.20. Aufbau eines Makro-Scheibenelementes 1

Gesamt - Steifigkeitsmatrix $\mathbf{k}^m$ des Makroelementes:

$$\mathbf{k}^m = \left[\begin{array}{c|c} \mathbf{k}^m_{kk} & \mathbf{k}^m_{ki} \\ \hline \mathbf{k}^m_{ik} & \mathbf{k}^m_{ii} \end{array}\right]$$

$$= \frac{Eh}{8}$$

	1	2	3	4	5	6	7	8	9	10	
	6	2	-1	-1	0	0	1	1	-6	-2	1
		6	1	1	0	0	-1	-1	-2	-6	2
			6	-2	1	-1	0	0	-6	2	3
				6	1	-1	0	0	2	-6	4
					6	2	-1	-1	-6	-2	5
symmetrisch						6	1	1	-2	-6	6
							6	-2	-6	2	7
								6	2	-6	8
	-6	-2	-6	2	-6	-2	-6	2	24	0	9
	-2	-6	2	-6	-2	-6	2	-6	0	24	10

Auf die Koppelfreiheitsgrade $\mathbf{v}^m_k$ kondensierte Gesamt - Steifigkeitsmatrix des Makroelementes:

$$\mathbf{k}^{*m}_{kk\,kon} = \mathbf{k}^m_{kk} - \mathbf{k}^m_{ki} \cdot (\mathbf{k}^m_{ii})^{-1} \cdot \mathbf{k}^m_{ik}$$

$$= \frac{Eh}{8}$$

	1	2	3	4	5	6	7	8	
	$6 - \frac{5}{3}$	$2 - 1$	$-1 - \frac{4}{3}$	$-1 - 0$	$-\frac{5}{3}$	-1	$1 - \frac{4}{3}$	$1 - 0$	1
		$6 - \frac{5}{3}$	$1 + 0$	$1 - \frac{4}{3}$	-1	$-\frac{5}{3}$	$-1 + 0$	$-1 - \frac{4}{3}$	2
			$6 - \frac{5}{3}$	$-2 + 1$	$1 - \frac{4}{3}$	$-1 + 0$	$-\frac{5}{3}$	$+1$	3
				$6 - \frac{5}{3}$	$1 - 0$	$-1 - \frac{4}{3}$	-1	$-\frac{5}{3}$	4
					$6 - \frac{5}{3}$	$2 - 1$	$-1 - \frac{4}{3}$	$-1 - 0$	5
symmetrisch						$6 - \frac{5}{3}$	$1 + 0$	$1 - \frac{4}{3}$	6
							$6 - \frac{5}{3}$	$-2 + 1$	7
								$6 - \frac{5}{3}$	8

Bild 6.21. Aufbau eines Makro-Scheibenelementes 2

die Tragwerksanalyse damit schrittweise durchgeführt werden konnte. Da die Substrukturtechnik mit sehr großen Makroelementen arbeitet, ist sie dem soeben behandelten Themenkreis eng verwandt.

Heute dient die Substrukturtechnik in erster Linie einer *effizienten Arbeitsorganisation* bei der Behandlung sehr großer Tragwerksanalysen, beispielsweise von Hochhäusern, großen Brücken, von Luft- und Raumfahrzeugen, von Schiffsrümpfen oder Kraftfahrzeugkarosserien. Würden derartige Tragstrukturen mit ihren oftmals vielen Tausend Freiheitsgraden als Gesamtstruktur analysiert werden, so

Tafel 6.4. Substrukturtechnik

---

1. Zerlegung der Gesamtstruktur in n Substrukturen (Makroelemente) j = 1 (1) n:

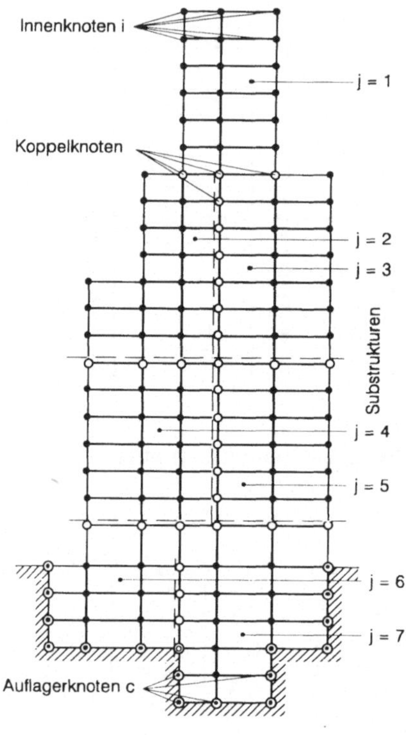

Für jede der n Substrukturen werden die inneren Knotenpunkte i sowiedie gemeinsamen Koppelknoten k festgelegt ; damit werden definiert:

$\tilde{\mathbf{V}}_i^{(j)}$ Freiheitsgrade der Innenknoten i

$\tilde{\mathbf{P}}_i^{(j)}$ Korrespondierende Knotenkraftgrößen

$\tilde{\mathbf{V}}_k^{(j)}$ Freiheitsgrade der Koppelknoten k

$\tilde{\mathbf{P}}_k^{(j)}$ Korrespondierende Knotenkraftgrößen
je Substruktur J

Sämtliche vorgegebenen Knotenlasten $\mathbf{P}_i^{(j)}$, $\mathbf{P}_k^{(j)}$ werden als bekannt vorausgesetzt.

2. Aufbau der Gesamt - Steifigkeitsbeziehung für jede der n Substrukturen:

$$\tilde{\mathbf{K}}^{(j)}\cdot\tilde{\mathbf{V}}^{(j)}=\tilde{\mathbf{P}}^{(j)}:\begin{bmatrix}\tilde{\mathbf{K}}_{kk} & \tilde{\mathbf{K}}_{ki}\\ \tilde{\mathbf{K}}_{ik} & \tilde{\mathbf{K}}_{ii}\end{bmatrix}^{(j)}\cdot\begin{bmatrix}\tilde{\mathbf{V}}_k\\ \tilde{\mathbf{V}}_i\end{bmatrix}^{(j)}=\begin{bmatrix}\tilde{\mathbf{P}}_k\\ \tilde{\mathbf{P}}_i\end{bmatrix}^{(j)}, j=1(1)n$$

mit: det $\tilde{\mathbf{K}}_{ii}^{(j)}\neq 0$, $\tilde{\mathbf{K}}_{ik}^{(j)}=\tilde{\mathbf{K}}_{ki}^{(j)T}$.

3. Kondensation der Steifigkeitsbeziehungen allerSubstrukturen auf die jeweiligen Koppelfreiheitsgrade $\tilde{\mathbf{V}}_k^{(j)}$:

$$\tilde{\mathbf{K}}_{ik}\cdot\tilde{\mathbf{V}}_k^{(j)}+\tilde{\mathbf{K}}_{ii}^{(j)}\cdot\tilde{\mathbf{V}}_i^{(j)}=\tilde{\mathbf{P}}_i, \tag{3a}$$

$$\tilde{\mathbf{V}}_i^{(j)}=(\tilde{\mathbf{K}}_{ii}^{(j)})^{-1}\cdot(\tilde{\mathbf{P}}_i^{(j)}-\tilde{\mathbf{K}}_{ik}^{(j)}\cdot\tilde{\mathbf{V}}_k^{(j)}),$$

$$\tilde{\mathbf{K}}_{kk}^{(j)}\cdot\tilde{\mathbf{V}}_k^{(j)}+\tilde{\mathbf{K}}_{ki}^{(j)}\cdot\tilde{\mathbf{V}}_i^{(j)}=\tilde{\mathbf{P}}_k^{(j)}$$

$$\underbrace{(\tilde{\mathbf{K}}_{kk}^{(j)}-\tilde{\mathbf{K}}_{kI}^{(j)}\cdot(\tilde{\mathbf{K}}_{ii}^{(j)})^{-1}\cdot\tilde{\mathbf{K}}_{ik}^{(j)})\cdot\tilde{\mathbf{V}}_k^{(j)}}_{\tilde{\mathbf{K}}_{kk\,kon}^{(j)}\cdot\tilde{\mathbf{V}}_k^{(j)}}=\underbrace{\tilde{\mathbf{P}}_k^{(j)}-\tilde{\mathbf{K}}_{ki}^{(j)}\cdot(\tilde{\mathbf{K}}_{ii}^{(j)})^{-1}\cdot\tilde{\mathbf{P}}_i^{(j)}}_{\tilde{\mathbf{P}}_{k\,kon}^{(j)}} \tag{3b}$$

4. Gesamt - Steifigkeitsbeziehung der Gesamtstruktur:

Nun wird die Gesamtstruktur nur mittels der Koppelfreiheitsgrade $\mathbf{V}_k$ sowie den Auflagerfreiheitsgraden $\mathbf{V}_c$ diskretisiert. Deren Inzidenzien zu den analogen Freiheitsgraden der n Substrukturen:

Gesamtstruktur:	Koppelfreiheitsgrade:							Auflagerfreiheitsgrade:				
	V_{k1}	V_{k2}	V_{k3}	V_{k4}	V_{k5}	V_{k6}	V_{km}	V_{c1}	V_{c2}	V_{c3}	V_{c4}	V_{cm}
Substruktur 1:	$V_{k1}^{(1)}$	$V_{k2}^{(1)}$	$V_{k3}^{(1)}$									
Substruktur n:	$V_{k1}^{(n)}$							$V_{c1}^{(n)}$	$V_{c2}^{(n)}$			

bilden die Grundlage zum Aufbau der Gesamt - Steifigkeitsbeziehung der Gesamtstruktur durch positionsgerechtes Einmischen aller Makroelementgrößen der Gleichung (3b):

$$\bar{\mathbf{K}}\cdot\bar{\mathbf{V}}=\bar{\mathbf{P}}:\begin{bmatrix}\mathbf{K} & \mathbf{K}_c^T\\ \mathbf{K}_c & \mathbf{K}_{cc}\end{bmatrix}\cdot\begin{bmatrix}\mathbf{V}_k\\ \mathbf{V}_c\end{bmatrix}=\begin{bmatrix}\mathbf{P}_k\\ \mathbf{P}_c\end{bmatrix}$$, Lösung: $\mathbf{V}_k$, $\mathbf{P}_c$

Mit der Lösung $\mathbf{V}_k$ lassen sich aus der Inzidenztabelle sämtliche Werte der Koppelfreiheitsgrade $\mathbf{V}_k^{(j)}$ aller n Substrukturen identifizieren.

5. Bestimmung der inneren Freiheitsgrade $\mathbf{V}_i^{(j)}$ aller n Substrukturen:

Durch Auswertung von Gleichung (3a) für alle n Substrukturen gewinnt man:

$$\tilde{\mathbf{V}}_i^{(j)}=(\tilde{\mathbf{K}}_{ii}^{(j)})^{-1}\cdot(\tilde{\mathbf{P}}_i^{(j)}-\tilde{\mathbf{K}}_{ik}^{(j)}\cdot\tilde{\mathbf{V}}_i).$$

wären nicht nur viele verfügbare Rechenanlagen überfordert. (Bekanntlich wächst der Berechnungsaufwand zur Gleichungslösung proportional zur Bandbreite und quadratisch zur Anzahl der Unbekannten.) Vor allem würden sich einschleichende *Fehler, Variantenuntersuchungen* oder projektbedingte *Modifikationen* einzelner Bauteile zu ständigen Wiederholungen der *Gesamtanalyse* zwingen, ein in hohem Maße ineffizientes Vorgehen. In der Substrukturtechnik dagegen braucht die Gesamt-Steifigkeitsbeziehung des vollständigen Tragwerks weder als Ganzes aufgebaut noch jemals gelöst zu werden: die Gesamtlösung erfolgt in effizienten Teilschritten. Wir erläutern dieses Verfahren auf Tafel 6.4 an Hand einer aus unterschiedlichen, nicht näher identifizierten finiten Elementen zusammengesetzten Gesamtstruktur. Zur Abkürzung wurde das die Volleinspannkraftgrößen enthaltende Glied $\tilde{S}^o$ unterdrückt.

Wir beginnen mit der Zerlegung der Gesamtstruktur in n *Substrukturen*, wodurch je Makroelement die Innenknoten i sowie alle gemeinsamen *Koppelknoten* k definiert werden. Sodann bauen wir im 2. Schritt auf Tafel 6.4 für jede der n Substrukturen, die noch als ungefesselt vorausgesetzt seien, deren Gesamt-Steifigkeitsbeziehung

$$\tilde{K}^{(j)} \cdot \tilde{V}^{(j)} = \tilde{P}^{(j)} \ , \quad j = 1 \ (1) \ n \tag{6.32}$$

auf. Da eine beliebige Substruktur j stets *kinematisch unverschieblich* in die Gesamtstruktur eingebettet sein muß, führt die Substitution $\tilde{V}_k^{(j)} = 0$ in die partitionierten Steifigkeitsbeziehung immer zu einem unverschieblichen Makro und damit zu einer regulären, positiv definiten Matrix $\tilde{K}_{ii}^{(j)}$. Damit ist die Hauptvoraussetzung erfüllt, um im 3. Schritt der Tafel 6.4 jede der Gesamt-Steifigkeitsbeziehungen der n Substrukturen auf die Koppelfreiheitsgrade $\tilde{V}_k^{(j)}$ zu kondensieren:

$$\tilde{K}_{kk\,\mathrm{kon}}^{(j)} \cdot \tilde{V}_k^{(j)} = \tilde{P}_{k\,\mathrm{kon}}^{(j)} \tag{6.33a}$$

mit

$$\tilde{K}_{kk\,\mathrm{kon}}^{(j)} = \tilde{K}_{kk}^{(j)} - \tilde{K}_{ik}^{(j)T} \cdot (\tilde{K}_{ii}^{(j)})^{-1} \cdot \tilde{K}_{ik}^{(j)} \ , \tag{6.33b}$$

$$\tilde{P}_{k\,\mathrm{kon}}^{(j)} = \tilde{P}_k^{(j)} - \tilde{K}_{ik}^{(j)T} \cdot (\tilde{K}_{ii}^{(j)})^{-1} \cdot \tilde{P}_i^{(j)} \ . \tag{6.33c}$$

Einige der Substrukturen werden hierin durch Auflagerbindungen zu fesselnde Freiheitsgrade $V_c^{(j)}$ aufweisen, für diese gilt:

$$\tilde{V}_k^{(j)} = \left\{ V_k^{(j)} \ V_c^{(j)} \right\} , \quad \tilde{P}_k^{(j)} = \left\{ P_k^{(j)} \ P_c^{(j)} \right\} ; \tag{6.34}$$

in den übrigen Spalten $\tilde{V}_k^{(j)}, \tilde{P}_k^{(j)}$ werden nur aktive Freiheitsgrade $V_k^{(j)}$ sowie korrespondierende Knotenlasten $P_k^{(j)}$ vertreten sein.

Im 4. Schritt bauen wir ein nur die aktiven Koppelfreiheitsgrade V_k und gegebenenfalls die zu fesselnden Auflagerfreiheitsgrade V_c umfassendes Modell der *Gesamtstruktur* auf. Beide Gruppen von Freiheitsgraden finden die ihnen entsprechenden Variablen in den n Substrukturen (6.33), so daß die gegenseitige Korrespondenz mittels einer Inzidenztabelle gemäß Tafel 6.4 festgestellt werden kann. Hierauf basiert der Aufbau der Gesamt-Steifigkeitsbeziehung durch posi-

tionsgerechtes Einmischen der Bestandteile der Steifigkeitsbeziehungen aller n
Substrukturen (= Makroelemente):

$$\tilde{\mathbf{K}} \cdot \tilde{\mathbf{V}} = \tilde{\mathbf{P}} : \begin{bmatrix} \mathbf{K} & \mathbf{K}_c^T \\ \mathbf{K}_c & \mathbf{K}_{cc} \end{bmatrix} \begin{bmatrix} \mathbf{V}_k \\ \mathbf{V}_c \end{bmatrix} = \begin{bmatrix} \mathbf{P}_k \\ \mathbf{P}_c \end{bmatrix} \quad \rightarrow \quad \mathbf{V}_k, \mathbf{P}_c \ . \tag{6.35}$$

Bei deren Lösung gemäß Tafel 6.2 wird auch die Fesselung der Struktur durch
Festlegung der Auflagerbindungen, d.h. die Überführung der Gesamtstruktur in ein
echtes Tragwerk, verwirklicht. Nach Rückindentifikation der einzelnen Substruk-
tur-Freiheitsgrade $\tilde{\mathbf{V}}_k^{(j)}$ aus den $\mathbf{V}_k$, $\mathbf{V}_c$ mittels der Inzidenztabelle können schließ-
lich sämtliche, zunächst herauskondensierten inneren Freiheitsgrade $\tilde{\mathbf{V}}_i^{(j)}$ der n
Substrukturen berechnet werden. Damit sind alle äußeren Freiheitsgrade des Ge-
samttragwerks bestimmt und die weitere Tragwerksanalyse kann in bekannter
Weise auf Elementebene fortgesetzt werden. Verfügt das Tragwerk bereits vor
Berechnungsbeginn über seine Auflagerbindungen, so vereinfacht sich der auf
Tafel 6.4 wiedergegebene Algorithmus in den entsprechenden Einzelschritten.

Mit der dargestellten Substrukturtechnik können große Tragwerksanalysen auf
n Teileliminationen der einzelnen Makros sowie auf die Lösung der handlichen
Gesamt-Steifigkeitsbeziehung für die Koppelfreiheitsgrade als eines Bruchteils
aller äußeren Freiheitsgrade reduziert werden. Dadurch hat diese Technik den
Größenbereich behandelbarer Analyseaufgaben beträchtlich erweitert und beispielsweise heutige PENTIUM-Rechner in die Leistungsnähe von Großrechnern ge-
rückt. Natürlich verbirgt sie im Anwendungsdetail noch manche Überraschung
[Argyris 1986, Furnike 1972, Przemienicki 1968], auf welche einzugehen unser
Platz nicht erlaubt.

6.4 Diskretisierungsfehler, Vernetzungsstrategien und Konvergenz

6.4.1 Problemstellung

Finite-Element-Analysen sind stets mit *Diskretisierungsfehlern* behaftet, denn das
strukturmechanische Kontinuum wird durch ein Diskontinuum substituiert, dessen
Vernetzungsfeinheit durch Kosten- und Zeitzwänge i.a. Grenzen gesetzt sind. Um
die schließlich gewählte Vernetzungsfeinheit eines Modells rational begründen zu
können, sollten Diskretisierungsfehler und Konvergenzverhalten eigentlich jedem
Anwender bekannt sein: eine wegen der Problemkomplexität schwierig zu erfül-
lende Forderung.

Finite Elemente differieren in bemerkenswerter Weise in ihren *Abbildungsqua-
litäten.* So führen *unterschiedliche Elementformen*, beispielsweise zwei Dreiecke
statt eines Vierecks, *Knotenpunktsanzahlen*, d.h. Grade von Interpolationspolynomen, oder *Anzahlen* von GAUSS-*Integrationspunkten* zu voneinander abweichenden
Approximationen. *Verzerrungen* der ursprünglichen Elementform, auf den Bildern
5.19 und 5.20 dargestellt, unterschiedliche *Schnittgrößeninterpolationen* oder *-mit-
telungen* können ebenfalls die Approximationsgüte stark beeinflussen, alles Fakto-

ren, deren Auswirkungen der Programmersteller dem Anwender fast immer vorenthält. Aber selbst mit den besten verfügbaren Elementen approximiert ein gewähltes *Elementnetz* wegen der endlichen Größe von Elementräumen die wirkliche Tragwerksantwort eben nur im Rahmen eines Diskretisierungsfehlers.

Dem unerfahrenen oder zu vertrauensvollen Anwender stellt sich die Frage nach Modellierungsfehlern selten. Erscheinen ihm Teile der berechneten Tragwerksantwort unerklärlich, so wird er hierfür zunächst ungewöhnliche Tragphänomene und erst in zweiter Linie Abbildungsschwächen seines Finite-Element-Modells verantwortlich machen. Wie kann ein Anwender dennoch, trotz geringer Kenntnisse interner Details des von ihm eingesetzen Programmsystems, eine gewisse Sicherheit über die Qualität seiner produzierten Ergebnisse gewinnen? Wie sollte er Probleme angehen, für welche er möglicherweise nur unzureichende Erfahrungen mitbringt?

Jede Tragwerksanalyse sollte mit einer relativ *groben Diskretisierung* begonnen werden, welche *sukzessiv* bis zur Zieldiskretisierung *verfeinert* wird. Damit baut sich ein Vertrauen in das berechnete Ergebnis auf, außerdem lassen sich empirische Aussagen über Diskretisierungsfehler und Konvergenzverhalten gewinnen. Parallel hierzu sollte die Leistungsfähigkeit der verwendeten Elemente für den vorliegenden Einsatzzweck sorgfältig ausgestestet werden, wozu der im nächsten Abschnitt beschriebene *Patch-Test* dienen kann.

6.4.2 Der Patch-Test

Im Abschnitt 5.1.3 hatten wir mit der *Vollständigkeitsanforderung* eine der Grundvoraussetzungen für *Konvergenz* von Weggrößenelementen kennengelernt. Demzufolge mußten die Formfunktionen des Verzerrungsfeldes mindestens konstante Elementverzerrungen und diejenigen des Verschiebungsfeldes sämtliche Starrkörperdeformationen abbilden, eine Konvergenzvoraussetzung, die beispielsweise an jedem Biegebalken mit sukzessive verfeinerter Diskretisierung anschaulich nachvollziehbar ist: Mit zunehmender Elementanzahl dominieren in den einzelnen Stabelementen konstante Beiträge die Verzerrungsfelder $\{\varepsilon, \gamma, \kappa\}$ und Starrkörperdeformationen die Verschiebungsfelder $\{u, w, \varphi\}$. Als Grundvoraussetzung für Konvergenz reicht jedoch die Vollständigkeitsbedingung bei weitem nicht aus, um allen Konvergenzaspekten eines Elementes gerecht zu werden.

Der *Patch-Test* [Irons 1972, Strang 1973] stellt eine wertvolle Ergänzung bei Konvergenzentscheidungen dar. Er wurde entwickelt, um neu konstruierte nichtkonforme Elemente, solche mit reduzierter Anzahl von Integrationspunkten, mit energiefreien Deformationsmoden oder auf der Basis gemischter Funktionale über die Vollständigkeitsanforderung hinaus besser abzusichern. Aus Sicht des Programmanwenders läßt er sich darüber hinaus vielseitig zur *Leistungskontrolle* von Elementen einsetzen. Vor einer diesbezüglichen Erläuterung sei jedoch betont, daß die Erfüllung des Patch-Tests weder als notwendige, schon gar nicht als hinreichende Bedingung für monotone Konvergenz gegen die exakte Lösung bei ausreichender Netzverfeinerung angesehen werden darf [Stummel 1980]; vielmehr stellt er einen Plausibilitätstest zur Quantifizierung möglicher Elementschwächen dar.

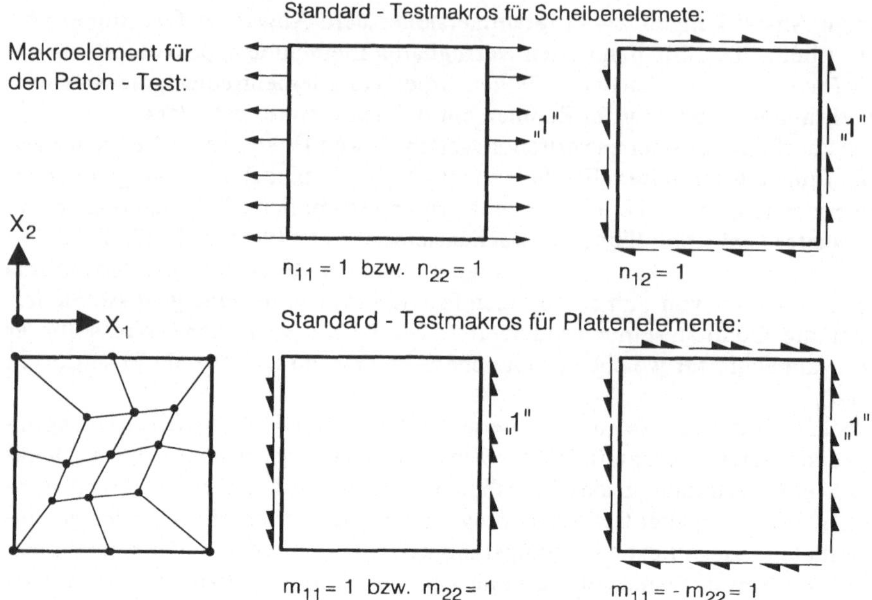

Bild 6.22. Standard-Testmakros und Makroelement für den Patch-Test
bei ebenen Flächentragwerken

Bild 6.23. Patch-Test eines Plattenmakros unter konstanter Biegewirkung m_{11}
zur Abschätzung der Approximationsgüte

Bild 6.22 erläutert den Patch-Test am Beispiel von Scheiben- und Plattenelementen, eingesetzt zur Aufdeckung von Elementschwächen bei der Schnittgrößenapproximation. Danach baut man sich einen Makro aus den zu testenden Elementen
auf, der gleichartige Schnitt- und Knotenmuster wie das Originalmodell enthält.
Diesen unterwirft man Finite-Element-Analysen in Form einfacher *Schnittgrößen-*

tests, d.h. konstanten Dehnungskräften bei Scheiben sowie konstanten Biege- und Torsionsbeanspruchungen bei Platten, jeweils der Größe "1". Die berechneten Abweichungen von diesem Einheitswert interpretiert man als mögliche Fehlergrößen. Bild 6.23 zeigt die berechneten Ergebnisse eines Platten-Patches unter Biegung. Dessen Schnittgrößenwerte wurden programmintern in den GAUSSpunkten bestimmt und linear in die Knotenpunkte extrapoliert. Neben der Qualität gewinnbarer Aussagen belegt dieses Beispiel gleichzeitig auch die Grenzen dieses Tests: Hätte die Elementroutine alle GAUSSpunkt-Momente einfach algebraisch gemittelt, so wäre ein sehr viel vorteilhafteres Bild des Elementverhaltens entstanden.

Sofern das verwendete Finite-Element-Programmsystem dies zuläßt, kann man die Testmakros auch *Einheits-Starrkörperdeformationen* unterwerfen und so deren Kräftefreiheit kontrollieren: 2 tangentiale Verschiebungen und eine Normalendrehung werden bei Scheiben-, eine Querverschiebung und 2 tangentiale Verdrehungen bei Platten-, je 3 Verschiebungen und Verdrehungen bei Volumenelementen eingesetzt. Gegebenenfalls hierbei berechnete Knotenkraftgrößen stellen ein Maß für die Verletzung der Starrkörperkinematik dar. Als Bezugsgrößen bieten sich die für Einheitsdeformationen unverschieblich gelagerter Makros erforderlichen Knotenkräfte an.

Fortgeschrittene Programmanwender führen den Nachweis der Erfüllung der Starrkörperbedingungen über das *Eigenschwingverhalten* des Makroelementes, welches für jede Starrkörperbewegung den Eigenwert Null ergeben muß [Bathe 1986]. Abschließend sei betont, daß die Aussagekraft des in der beschriebenen Weise eingesetzten Patch-Tests keinesfalls überbewertet werden darf, da der Schnittgrößentest im wesentlichen eine *statisch bestimmte* Kraftabtragung austestet und nicht die vollständige Verformungsfähigkeit des Elementes.

6.4.3 Locking-Effekte

Finite Elemente sollten bei Netzverfeinerung monoton gegen die exakte Lösung konvergieren. Warum wird dieses Ziel so selten erreicht? Die meisten Elemente hängen von vielen Parametern ab: Elementform, Dehn-, Schub- und Biegesteifigkeit, die alle das Konvergenzverhalten in spezifischer Weise beeinflussen. Deshalb sind alle Konvergenzvorhersagen problematisch und Überraschungen an der Tagesordnung.

Manche der erwähnten Parameter können das Approximationsverhalten von Elementen auch *grundsätzlich* verfälschen, sie versperren den monotonen Konvergenzpfad: ein *Locking-Effekt* tritt auf. Folgende Locking-Effekte sollte jeder Programmanwender in Betracht ziehen:

- Platten- und Scheibenelemente, welche sich von der Rechteckform entfernen, können zu einem *Shape-Distortion-Locking* führen.

- Für gewisse Dünne-Parameter h/l kann die Schubsteifigkeit *schubweicher* Stab- oder Plattenelemente gegenüber der Biegesteifigkeit völlig überschätzt werden, ein als *Shear-Locking* bezeichnetes Phänomen.

- Bei kombinierten Scheiben-Platten- oder Schalenelementen nach der KIRCHHOFF-LOVE-Theorie kann für kritische Dünne-Parameter h/l die Dehnsteifigkeit im Sinne eines *Membrane-Locking* erheblich überschätzt werden.

Unbekannte Elemente sollten vom Anwender stets sorgfältig auf mögliche Locking-Phänomene hin ausgetestet werden, wozu erneut auf den Patch-Test zurückgegriffen werden kann. Ohne Erörterung des anspruchsvollen theoretischen Hintergrundes führen wir unsere Leser mittels verschiedener Beispiele in dieses Phänomen ein.

Baustatische Skizze:

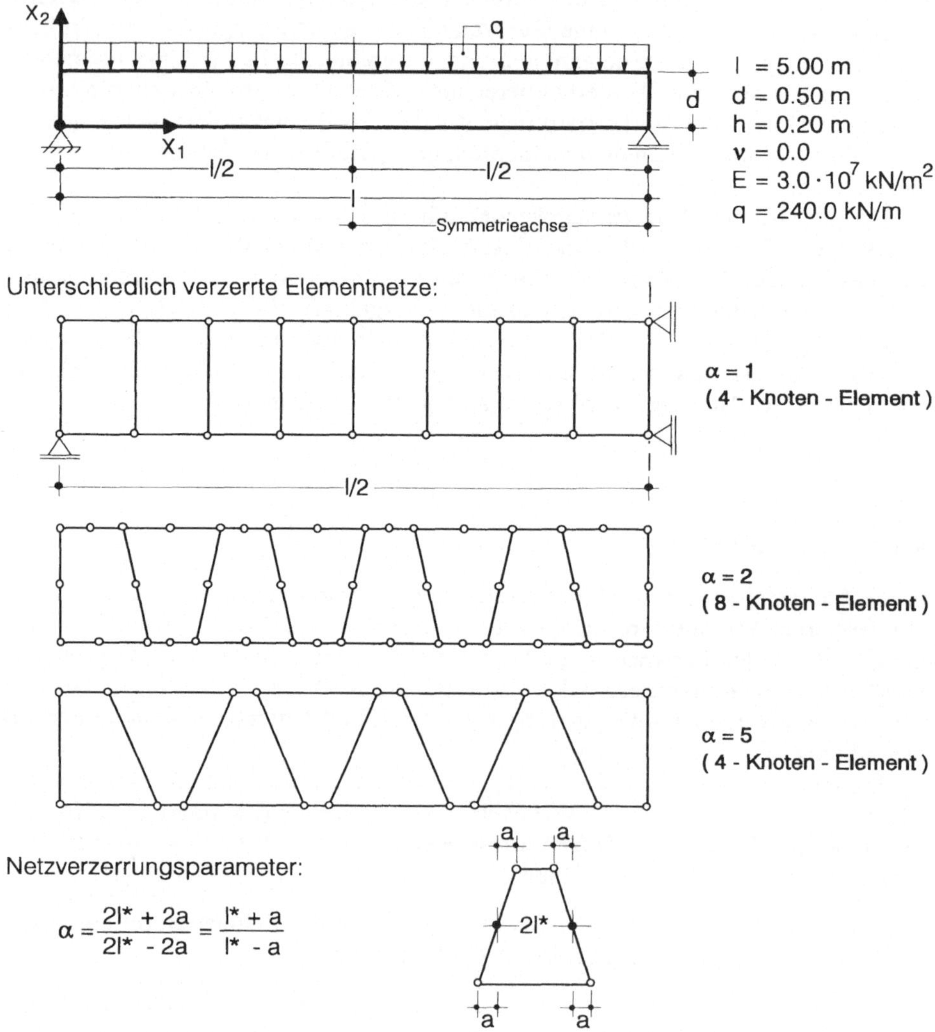

$$\alpha = \frac{2l^* + 2a}{2l^* - 2a} = \frac{l^* + a}{l^* - a}$$

Bild 6.24. Modellierung einer Einfeldscheibe durch trapezförmige Elemente

Bild 6.24 zeigt erneut den bereits auf den Bildern 5.25, 5.26 behandelten Balken auf zwei Stützen unter Gleichlast q, dessen Hälfte wiederum als Scheibentragwerk analysiert werden soll. Hierzu wählen wir sowohl das 4-Knoten-Rechteckelement des Abschnittes 5.4.6 als auch das 8-Knoten-Rechteckelement des Abschnittes 5.4.7. Beide Elemente werden, wie auf Bild 6.24 dargestellt, sukzessive zu Trapezen verzerrt, wobei der Netzverzerrungsparameter α ein Maß für das Verhältnis der ungleichen Seiten bildet.

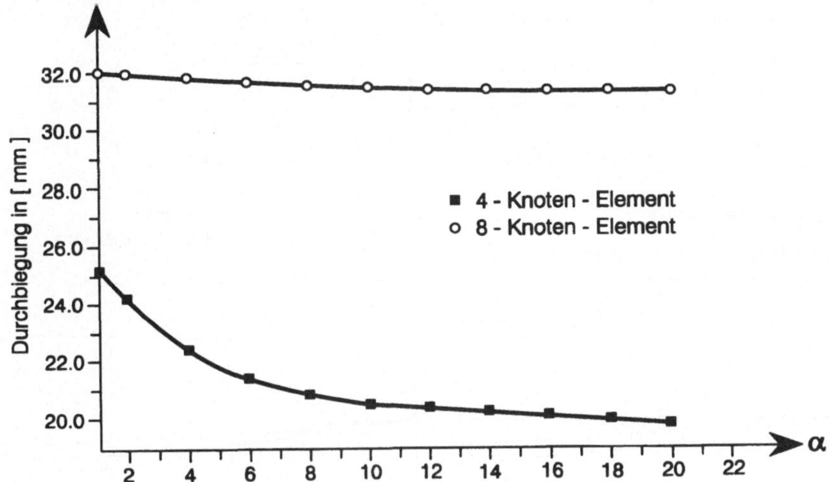

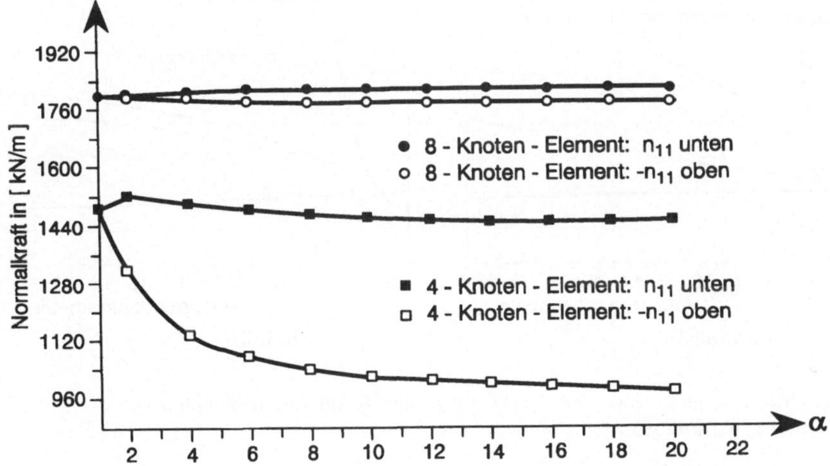

Bild 6.25. Durchbiegung und Randschnittgrößen in Feldmitte der Einfeldscheibe
bei Netzverzerrung

Baustatische Skizze:

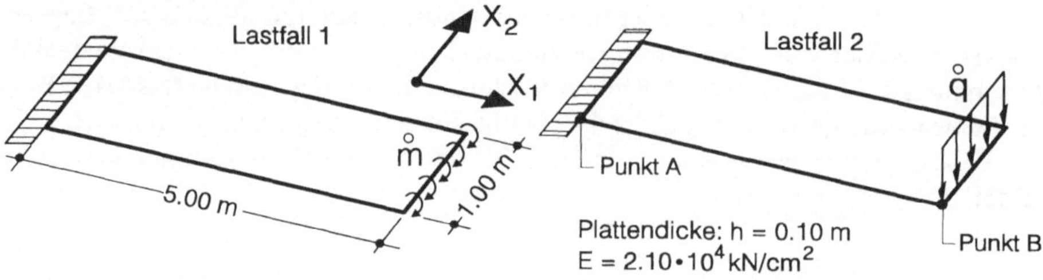

Diskretisierung und Elementverzerrung:

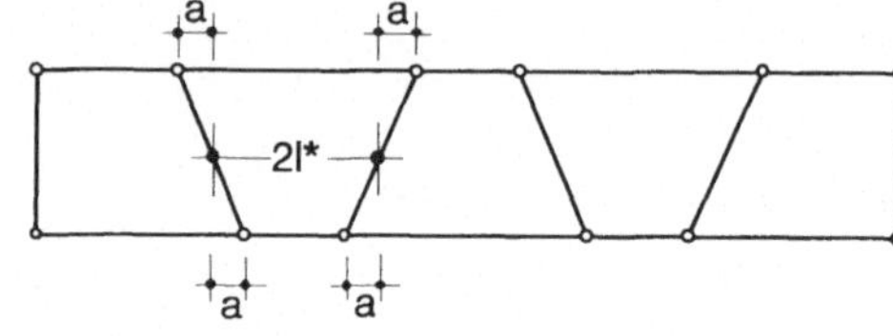

$$\alpha = \frac{l^* + a}{l^* - a}$$

Berechnungsergebnisse:

Durchbiegung w im Tragwerkspunkt B:

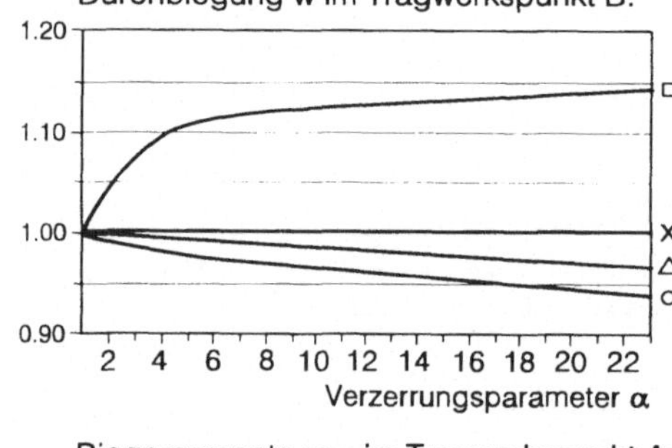

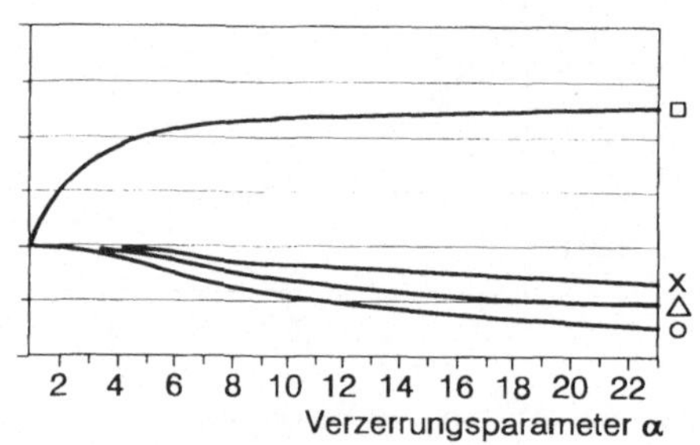

Biegemomente m_{11} im Tragwerkspunkt A:

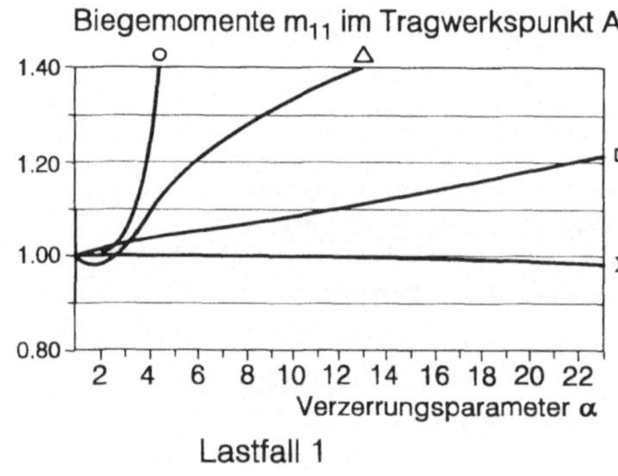

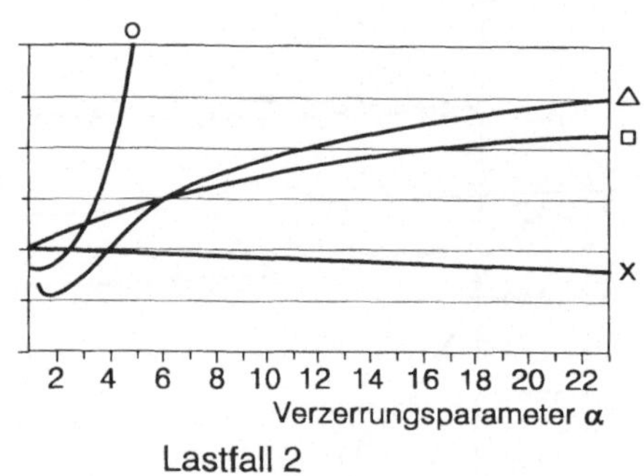

Lastfall 1   Lastfall 2

Bild 6.26. Abweichungen von der Rechtecklösung eines Kragplatten-Benchmarks
mit trapezförmigen Elementen

Die Ergebnisse dieser Analyse, aufgetragen über α, enthält Bild 6.25. Zunächst findet der Leser für $\alpha = 0$ die viel schwächere Leistungsfähigkeit des 4-Knoten-Elementes bestätigt, welche sich bei zunehmender Netzverzerrung rapide verschlechtert. Bei dem 8-Knoten-Element zeigt sich dieses *Shape-Locking* in erheblich abgemilderter Weise. Beide Elemente besitzen jedoch eine interessante *prinzipielle Schwäche*: Mit zunehmender Netzverzerrung α werden die Schnittgrößen n_{11} in den äußeren Mittelknoten oben und unten *ungleich* approximiert, was sich aus Gründen des Momentengleichgewichts natürlich verbietet. Für das 4-Knoten-Element ergibt sich bei $\alpha = 20$ mit $n_{11} = 1461$ kN/m (unten) und $n_{11} = -982$kN/m (oben) eine katastrophale Gleichgewichtsstörung von 479 kN/m, mehr als 25% des exakten Wertes. Dieses Locking-Phänomen bleibt auch bei verfeinerter Elementvernetzung, beispielsweise über die Trägerhöhe, bestehen.

Ein ähnliches *Shape-Locking* zeigt Bild 6.26, auf welchem drei schubsteife Plattenelemente aus verschiedenen kommerziellen Programmsystemen einem schubweichen Plattenelement aus eigener Entwicklung [Montag 1992] gegenübergestellt wurden. Die Durchbiegung w_B und das Biegemoment m_{11A} sind wieder über dem Netzverzerrungsparameter α aufgetragen. Im Bild 6.26 erkennt man deutlich das Locking, welches lastfallabhängig ist. Für keines der Elemente existierten übrigens Netzverzerrungsgrenzen in den Programmbeschreibungen, dennoch sind manche von ihnen außerhalb der Rechteckform schlechthin unbrauchbar.

Das letzte Beispiel auf Bild 6.27 beschreibt ein typisches *Shear-Locking* schubweicher Plattenelemente. Dazu wurde das Viertel einer volleingespannten, gleichmäßig belasteten Quadratplatte mit 8, 32, 72, 128 und 200 Dreieckelementen diskretisiert. Die jeweils berechnete Mittendurchbiegung w wurde auf den Wert einer KIRCHHOFF-LOVE-Platte $w_{KIRCHHOFF}$ normiert. Während für den Dünne-Parameter h/l = 0.1 eine gleichmäßige, monotone Konvergenz beobachtet wird (die Durchbiegung einer schubweichen Platte ist stets geringfügig größer als die einer schubsteifen), fallen für h/l = 0.01 zwei Plattenelemente völlig aus. Bei ihnen blockiert für diesen Dünne-Parameter die vom Algorithmus erheblich überschätzte Schubsteifigkeit das Approximationsverhalten des Elementes jenseits jeder für eine praktische Anwendbarkeit tolerablen Grenze.

6.4.4 Diskretisierungsdichte und Netzspezifikation

Die für ein zu analysierendes Problem gewählte Diskretisierungsfeinheit sollte stets der angestrebten Ergebnisgenauigkeit entsprechen. Wie wir soeben gesehen hatten, hängt diese von der Leistungsfähigkeit der verfügbaren Elemente ab. Die Diskretisierungsdichte kann vor Berechnungsbeginn durch Prototypuntersuchungen abgeschätzt und festgelegt werden. Zeigen diese ein *monotones Konvergenzverhalten,* wie das Beispiel des C^o-stetigen Dreieckelementes nach dem *Assumed-Strain-Konzept* auf Bild 6.27, so erscheint eine adäquate Diskretisierungsfeinheit rational entscheidbar.

Im allgemeinen führen jedoch derartige Konvergenzstudien nicht zu so eindeutigen Ergebnissen, wie der Benchmark einer NAVIER-gelagerten, schubsteifen Rhombusplatte unter Gleichlast auf Bild 6.28 demonstriert. Dort sind verschiedene berechnete Zustandsgrößen der Platte über der Gesamtzahl von Freiheitsgraden des jeweiligen Modells aufgetragen, wobei die Diskretisierungsdichte sukzessive verfeinert wurde. Dieser Vergleichstest wurde Mitte der achtziger Jahre von einer Gruppe der besten deutschen Elemententwickler im Rahmen eines Forschungsprogramms der Deutschen Forschungsgemeinschaft durchgeführt. Von der großen Anzahl beteiligter Elemente zeigt Bild 6.28 die Ergebnisse der sechs besten. Der Leser möge aus diesem Bild das sehr unterschiedliche Konvergenzverhalten entnehmen. Dieses unterscheidet sich nicht nur für einzelne Zustandsgrößen, sondern ist offensichtlich auch stark von deren *Tragwerksort* und natürlich von der *Lastart* abhängig. Im allgemeinen genügt es eben nicht, Konvergenzstudien nur für die Mittendurchbiegung einer Struktur auszulegen, wie dies oft geschieht.

Baustatische Skizze:

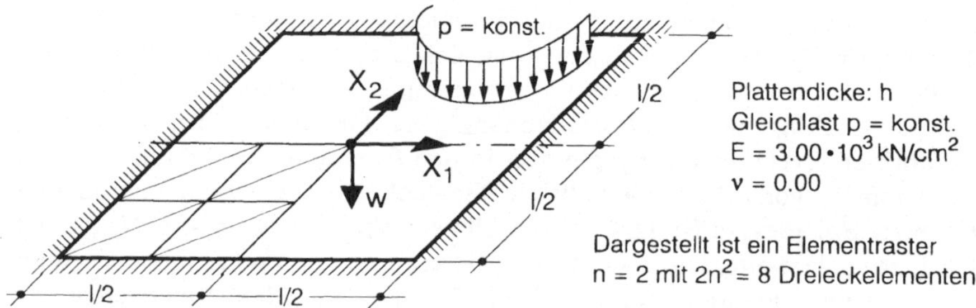

Approximation der Mittendurchbiegung w:

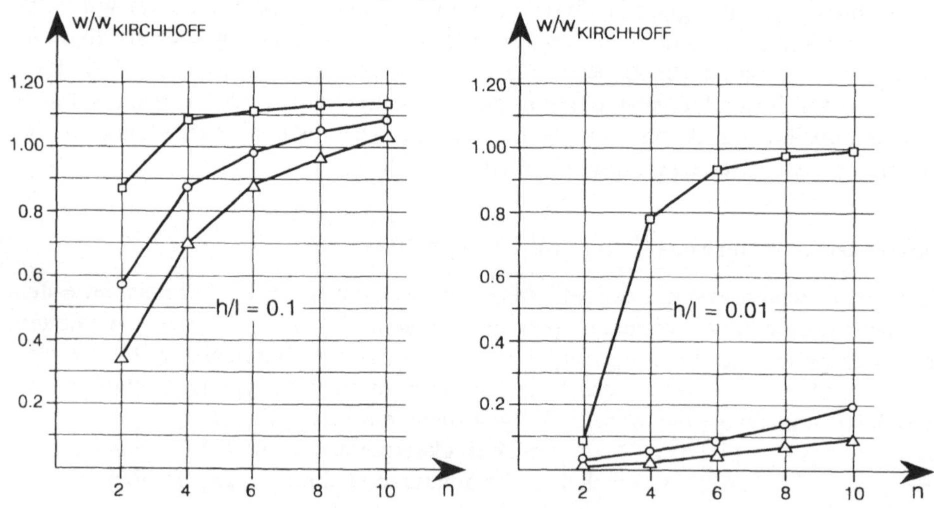

Bild 6.27. Shear-Locking von dreieckigen schubweichen Plattenelementen

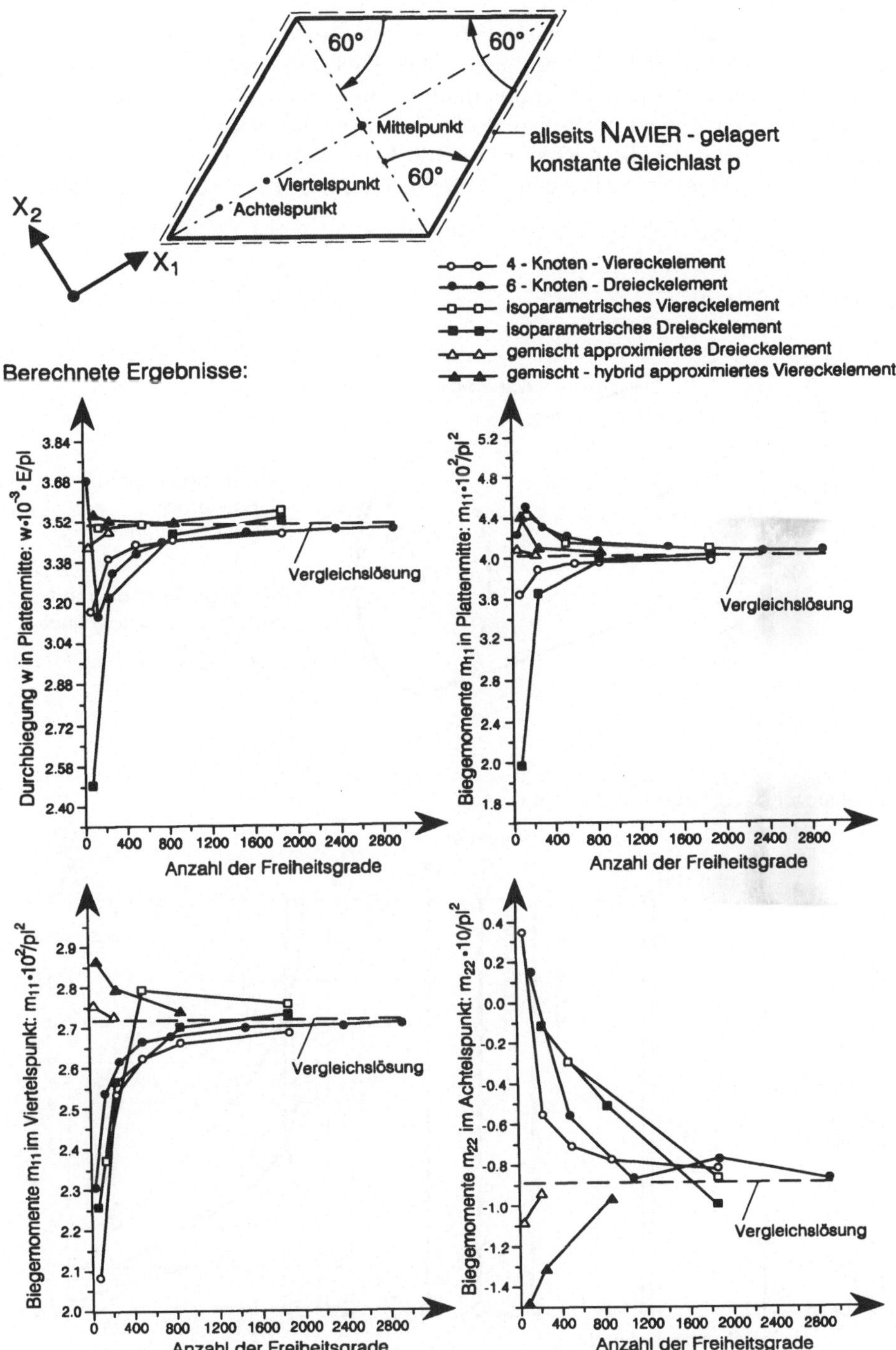

Bild 6.28. Plattenelement-Benchmark an einer NAVIER-gelagerten Rhombusplatte unter Gleichlast

Damit wird deutlich, daß man zur *Netzspezifikation*, d.h. zur Wahl der für jeden Tragwerkspunkt und jede Lastart geeigneten Diskretisierungsdichte, eigentlich wesentliche Eigenschaften des Tragverhaltens im voraus kennen sollte. Wir verdeutlichen diesen Aspekt am Beispiel des durch Innendruck p und gleichmäßige Erwärmung T beanspruchten Rohres auf Bild 6.29, welches an beiden Rohrenden vollständig eingespannt ist. Für den Schalenfachmann wird hierdurch ein *Randstö-*

Baustatische Skizze:

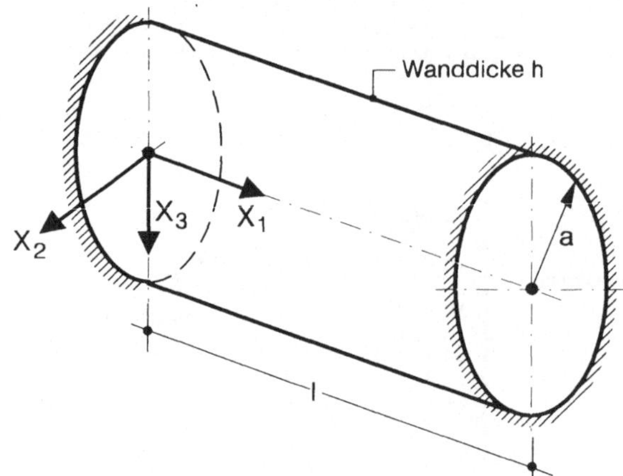

Diskretisierungsvarianten und Ergebnisse:

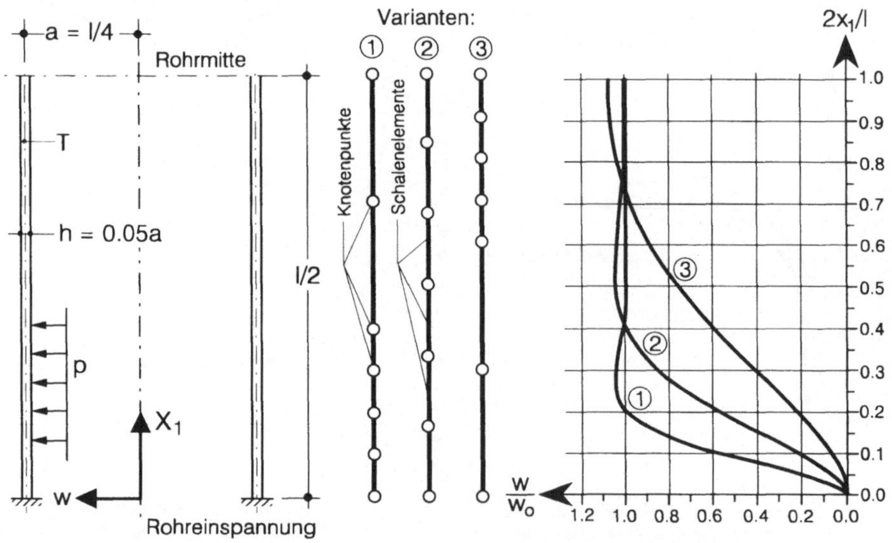

Bild 6.29. Temperaturbeanspruchtes Rohr unter Innendruck in verschiedenen Diskretisierungsvarianten

rungsproblem beschrieben, bei welchem in unmittelbarer Randnähe die last- und temperaturbedingte, rotationssymmetrische Aufweitung des Rohres durch Biegewirkungen in die Randeinspannung zurückgezwungen wird.

Zur Analyse dieses Tragverhaltens wurde eine Rohrhälfte gemäß Bild 6.29 durch 6 kreiszylindrische Schalenelemente unterschiedlicher Elementlänge diskretisiert. Verdichtet man das Netz im Randstörungsbereich, so erhält man aus dieser *Diskretisierungsvariante 1* praktisch die exakte Lösung. Die beiden anderen Diskretisierungsvarianten, eine *gleichmäßige* Vernetzung sowie eine zur *Schalenmitte hin verdichtete*, liefern grobfalsche Ergebnisse. Ihre Fehlerhaftigkeit wird besonders klar, wenn man sich vergegenwärtigt, daß die für die Bemessung maßgebenden Biegemomente der Biegelinienkrümmung w″ auf Bild 6.29 proportional sind.

6.4.5 Diskretisierungsfehler und Fehlerindikatoren

Nunmehr setzen wir finite Elemente mit monotoner Konvergenz gegen die exakte Lösung voraus, schließen pathologische Effekte, beispielsweise ein Locking, aus und suchen nach Konzepten zur Quantifizierung der mit einer vorgegebenen Vernetzung verbundenen Diskretisierungsfehler. *A-priori Fehlerindikatoren* versuchen derartige Vorhersagen aus den Eigenschaften der einem finiten Elementnetz zugeordneten Steifigkeitsmatrizen zu gewinnen, bisher ohne überzeugendes Resultat. Ungleich erfolgreicher sind *A-posteriori Indikatoren*, beispielsweise der Glättungsindikator nach ZIENKIEWICZ-ZHU [Zienkiewicz 1987] oder der residuale Fehlerschätzer nach BABUSKA-RHEINBOLDT [Babuska 1978]; beide bewerten die gewonnenen Ergebnisse.

Zur Herleitung des *residualen Fehlerestimators* bezeichnen wir mit $\mathbf{u}_h$ ein mittels einer Finite-Element-Analyse vorgegebener Diskretisierungsdichte h approximiertes Verschiebungsfeld und mit $\mathbf{u}$ die exakte Lösung. Dann bildet

$$\mathbf{u}_e = \mathbf{u} - \mathbf{u}_h \tag{6.36}$$

das $\mathbf{u}_h$ zugeordnete Fehlerfeld der Verschiebungen. Die Aufgabenstellung besteht nun darin, einen Kennwert dieses Fehlerfeldes, den *Fehlerindikator* oder *-estimator*, zu ermitteln.

Wir beginnen mit dem Fehler im Inneren V eines verallgemeinerten Elementraumes gemäß Abschnitt 3.1.1. Hierzu substituieren wir das Fehlerfeld (6.36) in die LAMÉ-NAVIERsche Fundamentalgleichung (2.4a), wobei exakte und approximierte Lösung sich natürlich auf die gleiche Last $\mathbf{p}$ beziehen:

$$\mathbf{D}^* \cdot \mathbf{u} + \mathbf{p} = 0 : \qquad \mathbf{D}^* \cdot \mathbf{u}_h + \mathbf{D}^* \cdot \mathbf{u}_e + \mathbf{p} = 0 \tag{6.37a}$$

$$-\mathbf{D}^* \cdot \mathbf{u}_e = \mathbf{r}_{Vh} = \mathbf{D}^* \cdot \mathbf{u}_h + \mathbf{p} \; . \tag{6.37b}$$

$\mathbf{r}_{Vh}$ bezeichnet das *Residuum* im Elementinneren V, in dessen Umfang die Fundamentalgleichung (6.37b) durch $\mathbf{u}_h$ nicht erfüllt wird. Sodann schreiben wir im Residuum (6.37b) den Fundamentaloperator $\mathbf{D}^*$ gemäß (2.4a) aus, wobei wir die kinematische Beziehung (3.1b) und das Stoffgesetz (3.3), beide für die Näherungslösung $\mathbf{u}_h, \boldsymbol{\varepsilon}_h$, verwenden:

$$\mathbf{r}_{Vh} = \mathbf{D}_e \cdot \mathbf{E} \cdot \mathbf{D}_k \cdot \mathbf{u}_h + \mathbf{p} = \mathbf{D}_e \cdot \mathbf{E} \cdot \mathbf{\varepsilon}_h + \mathbf{p} \quad \text{mit: } \mathbf{\varepsilon}_h = \mathbf{D}_k \cdot \mathbf{u}_h \qquad (6.38a)$$

$$= \mathbf{D}_e \cdot \mathbf{\sigma}_h + \mathbf{p} \qquad \text{mit: } \mathbf{\sigma}_h = \mathbf{E} \cdot \mathbf{\varepsilon}_h \ . \qquad (6.38b)$$

Der abschließende Ausdruck für das *lokale Fehlerresiduum* im Elementinneren lautet somit:

$$\mathbf{r}_{Vh} = \mathbf{D}_e \cdot \mathbf{\sigma}_h + \mathbf{p} \ . \qquad (6.39)$$

Als nächstes betrachten wir den Oberflächenteil S des generalisierten Elementraumes V zu einem Nachbarelement $\hat{V}$. Bei konformen Weggrößenelementen stimmen auf diesem die jeweiligen approximierten Elementverschiebungen $\mathbf{u}_h$, $\hat{\mathbf{u}}_h$ überein, nicht jedoch die Verzerrungen und damit auch nicht die Spannungen. Bezeichnen wir die zu $\mathbf{u}_h$ gehörenden Schnittgrößen wieder mit $\mathbf{\sigma}_h$, so erhalten wir analog zu obigem Vorgehen aus der Randtransformation (3.2a)

$$\mathbf{r}_{Sh}^* = \mathbf{R}_t \cdot \mathbf{\sigma}_h - \mathbf{t} \qquad (6.40a)$$

das *lokale Fehlerresiduum* zwischen dem approximierten $(\mathbf{R}_t \cdot \mathbf{\sigma}_h)$ und dem exakten $(\mathbf{t})$ Spannungsfeld auf S. Für das betrachtete Nachbarelement gilt demgemäß

$$\hat{\mathbf{r}}_{Sh}^* = \mathbf{R}_t \cdot \hat{\mathbf{\sigma}}_h - \mathbf{t} \ , \qquad (6.40b)$$

woraus sich das Fehlerresiduum auf der gemeinsamen Grenzfläche zwischen den beiden Elementen V, $\hat{V}$ zu

$$\mathbf{r}_{Sh} = \mathbf{r}_{Sh}^* - \hat{\mathbf{r}}_{Sh}^* = \mathbf{R}_t \cdot \mathbf{\sigma}_h - \mathbf{t} - \mathbf{R}_t \cdot \hat{\mathbf{\sigma}}_h + \mathbf{t} = \mathbf{R}_t (\mathbf{\sigma}_h - \hat{\mathbf{\sigma}}_h) \qquad (6.41)$$

bestimmt. Gemeinsam mit (6.39) bildet (6.41) ein interessantes Resultat, da die residualen Fehlerfelder – *Ungleichgewichtskräfte* $\mathbf{r}_{Vh}$ im Elementinneren und *Spannungssprünge* $\mathbf{r}_{Sh}$ auf den Elementrändern – nur die approximierten Spannungsfelder $\mathbf{\sigma}_h$, $\hat{\mathbf{\sigma}}_h$ enthalten. Diese können für jedes Element V und für jede Grenzfläche S ermittelt werden. Bezeichnet man beispielsweise die approximierten Schnittgrößen in den Gausspunkten eines Elementes mit $\mathbf{\sigma}_{h\,GP}$ und die hierauf bezogenen Formfunktionen mit $\mathbf{\Omega}_\sigma$, so lautet deren Interpolationsvorschrift:

$$\mathbf{\sigma}_h = \mathbf{\Omega}_\sigma \cdot \mathbf{\sigma}_{h\,GP} \ . \qquad (6.42)$$

Beispiel: Zur Erläuterung behandeln wir das auf Bild 6.30 dargestellte isoparametrische Scheibenelement mit 4 Knotenpunkten und 4 Gausspunkten. In jedem Gausspunkt GP seien die Schnittgrößen

$$\mathbf{\sigma}_{h\,GP\,I} = \begin{bmatrix} n_{11\,h\,GP\,I} \\ n_{12\,h\,GP\,I} \\ n_{22\,h\,GP\,I} \end{bmatrix} \ , \quad I = 1\,(1)\,4 \qquad (6.43a)$$

approximiert worden. Aus den Formfunktionen

$$N_{1\,\sigma} = (1 + \zeta_1/0.577)\,(1 + \zeta_2/0.577):4 \ ,$$
$$N_{2\,\sigma} = (1 + \zeta_1/0.577)\,(1 - \zeta_2/0.577):4 \ ,$$

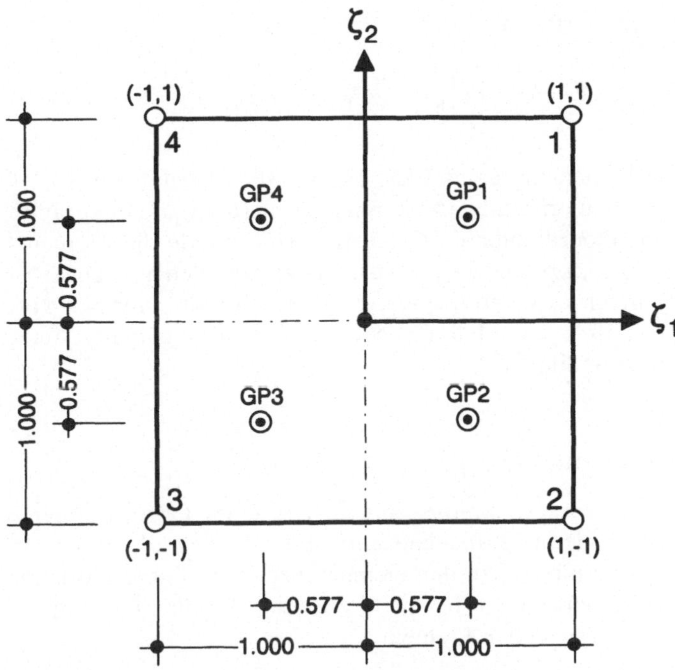

Bild 6.30. Isoparametrisches Scheibenelement mit 4 GAUSSpunkten

$$N_{3\sigma} = (1 - \zeta_1/0.577)\,(1 - \zeta_2/0.577) : 4 \ , \tag{6.43b}$$
$$N_{4\sigma} = (1 - \zeta_1/0.577)\,(1 + \zeta_2/0.577) : 4$$

der Elementschnittgrößen werde nun die folgende Formfunktionsmatrix gebildet:

$$\boldsymbol{\Omega}_\sigma = \begin{bmatrix} N_{1\sigma} & 0 & 0 & N_{2\sigma} & 0 & 0 & N_{3\sigma} & 0 & 0 & N_{4\sigma} & 0 & 0 \\ 0 & N_{1\sigma} & 0 & 0 & N_{2\sigma} & 0 & 0 & N_{3\sigma} & 0 & 0 & N_{4\sigma} & 0 \\ 0 & 0 & N_{1\sigma} & 0 & 0 & N_{2\sigma} & 0 & 0 & N_{3\sigma} & 0 & 0 & N_{4\sigma} \end{bmatrix}$$

$$\tag{6.43c}$$

mit deren Hilfe die approximierte Schnittgrößenverteilung σ_h interpoliert werden kann:

$$\boldsymbol{\sigma}_h = \boldsymbol{\Omega}_\sigma \cdot \boldsymbol{\sigma}_{h\,GP} \quad \text{mit} \quad \boldsymbol{\sigma}_{h\,GP} = \{\sigma_{h\,GP\,1} \,|\, \sigma_{h\,GP\,2} \,|\, \sigma_{h\,GP\,3} \,|\, \sigma_{h\,GP\,4}\} \ . \tag{6.43d}$$

Um die aus den Fehlerresiduen (6.39, 6.41) herzuleitenden Fehlerindikatoren auch dann anwenden zu können, wenn diese, beispielsweise im Zentrum einer nicht-approximierten Spannungssingularität, den Wert ∞ annehmen, arbeitet man mit über den Elementraum V integrierten Fehlerprojektionen. Durch die Quadrierung werden nur positive Beiträge gewonnen [Stein 1995]:

$$\| e^{e2} \| = \| e_V^{e2} \| + \| e_S^{e2} \| = \int_{V^e} \mathbf{r}_{Vh}^T \cdot \mathbf{r}_{Vh}\, dV + \int_{S^e} \mathbf{r}_{Sh}^T \cdot \mathbf{r}_{Sh}\, dS \ . \tag{6.44}$$

Für ebene Probleme hat sich hierfür die Form

$$\| \, e^{e2} \, \| \; = \; \| \, e_V^{e2} \, \| + \| \, e_S^{e2} \, \| \; = \; \frac{h^{e2}}{a} \int\limits_{V^e} \mathbf{r}_{Vh}^T \cdot \mathbf{r}_{Vh} \, dV + \frac{h^e}{a} \int\limits_{S^e} \mathbf{r}_{Sh}^T \cdot \mathbf{r}_{Sh} \, dS \qquad (6.45)$$

eingebürgert, worin a die Dimension eines Elastizitätsmoduls besitzt, um $\| \, e^{e2} \, \|$ physikalisch als *Energienorm* interpretieren zu können. Da in (6.45) die Integration über die normierten Elementkoordinaten ζ_1, ζ_2 erfolgen soll, wurde die Elementskalierung h^e, etwa ein *Elementdurchmesser*, vor das Integralzeichen gezogen. Mit (6.44, 6.45) liegen nun einfach zu bestimmende, energieverwandte Normen vor, die als residuale Fehlerschätzer ein Maß für den Diskretisierungsfehler einer Finite-Element-Approximation bilden.

6.4.6 Automatische Netzadaptierung

Liegt die Energienorm (6.45) des Diskretisierungsfehlers einer Finite-Element-Vernetzung vor, so lassen sich hierauf aufbauende *automatische Netzadaptionsverfahren* konzipieren. Hierzu normiert man den elementbezogenen Fehlerindikator $\| \, e^{e2} \, \|$ auf einen geeigneten Energiewert, beispielsweise auf die innere Wechselwirkungsenergie (4.2b) des betreffenden Elementes:

$$w_{(i)}^e = \mathbf{s}^{eT} \cdot \mathbf{v}^e = \mathbf{v}^{eT} \cdot \mathbf{k}^e \cdot \mathbf{v}^e \quad \rightarrow \quad \| \, \varepsilon^{e2} \, \| \; = \; \| \, e^{e2} \, \| : w_{(i)}^e \qquad (6.46)$$

und entwickelt Strategien zur gleichmäßigen Verteilung dieses gemittelten, *relativen Elementfehlers* $\| \, \varepsilon^{e2} \, \|$ über sämtliche Elemente des zu analysierenden Diskontinuums. Hierbei unterscheidet man die Verfahren der

- *p-Adaptivität*, bei welchen der Polynomgrad der Ansatzfunktionen der Verschiebungsgrößen-Formmatrix $\mathbf{\Omega}^e$ sukzessive erhöht wird, sowie diejenigen der

- *h-Adaptivität*, bei welchen die relativen Elementfehler $\| \, \varepsilon^{e2} \, \|$ durch Änderung der Elementgröße h^e reduziert werden.

Die besten Erfolgschancen werden heute einer Kombination beider Verfahren, der *h-p-Adaptivität*, zugesprochen [Bellmann 1989, Rank 1987].

Die Realisierung von Strategien zur h-Adaptivität, mit welcher wir uns hier allein auseinandersetzen wollen, folgt verschiedenen Vorgehensweisen. Unsere Kenntnisse zum Aufbau der Gesamt-Steifigkeitsmatrix $\mathbf{K}$ eines diskretisierten Modells lehren uns, daß deren Größe und Elementwerte von der gewählten *Vernetzung* abhängen. Wird diese aus Gründen der Fehlerreduktion geändert, so modifiziert sich auch die Gesamt-Steifigkeitsmatrix.

Wählt man das Konzept einer *strukturierten Verfeinerungsstrategie* [Gago 1982, Rank 1987, Stein 1993], wie dies im linken Teil von Bild 6.31 selbsterklärend dargestellt ist, so bleiben offensichtlich jeweils große Teile der Steifigkeitsmatrix erhalten; schlimmstenfalls müssen sie umpositioniert werden. Wegen der vermuteten Spannungssingularität in der Ecke erfolgt bei diesem Beispiel nur im Eckbereich eine strukturierte Netzverfeinerung.

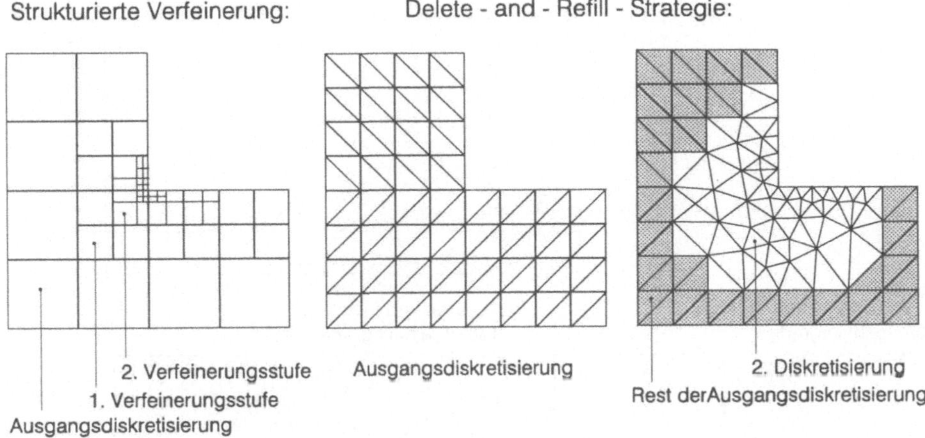

Bild 6.31. Adaptive Vernetzungsstrategien

Eine zweite Strategie behält ebenfalls möglichst viele Teile des zuletzt verwendeten Netzes bei, indem sie nur Bereiche mit signifikanter Fehlerreduktion neu vernetzt. Diese Technik wird als *delete-and-refill* bezeichnet [Könke 1994, Zienkiewicz 1987]. Den ersten und zweiten Schritt einer derartigen Vorgehensweise zeigt der rechte Teil von Bild 6.31.

Das heute sich zunehmend stärker durchsetzende Konzept der automatischen Netzadaption ist jedoch die *vollständige Neuvernetzung*, bei welcher Netze entstehen, die in eigentümlicher Weise den Verlauf von Spannungskonzentrationen widerspiegeln. Nach dieser Vorgehensweise ist das Einführungsbeispiel auf Bild 1.10 analysiert worden, ebenfalls das Blechformteil auf Bild 6.32, welches vor allem die heute erreichbare Genauigkeit dieser Verfahren dokumentiert [Rosenstein 1995].

Als besonders kritisches Beispiel dient die bereits behandelte L-förmige Scheibenstruktur auf Bild 6.33, welche in der einspringenden Ecke eine quadratische Spannungssingularität aufweist. Das *lokale Fehlerresiduum* ist hier somit unendlich groß; durch die Integration in (6.44, 6.45) bleiben die *elementbezogenen Fehlerschätzer* $\| \varepsilon^{e2} \|$ jedoch endlich. Da dieser relative Fehlerindikator in Singularitätennähe mit sich verkleinernden Elementen anwächst, konzentriert sich die Zunahme der Diskretisierungsdichte im Eckbereich.

Wir beenden unsere Ausführungen mit dem Hinweis auf die derzeit stürmische Entwicklung dieses Gebietes [Rehle 1995, Stein 1994], die insbesondere die automatischen Netzgeneratoren von Finite-Element-Programmen in den nächsten Jahren revolutionieren wird. Einschränkend sei betont, daß energetische Fehlernormen durch die Quadrierung in (6.44, 6.45) nur bedingte Rückschlüsse auf die Fehler der Schnittgrößenfelder σ_h selbst zulassen, ein Aspekt, der gern übersehen wird.

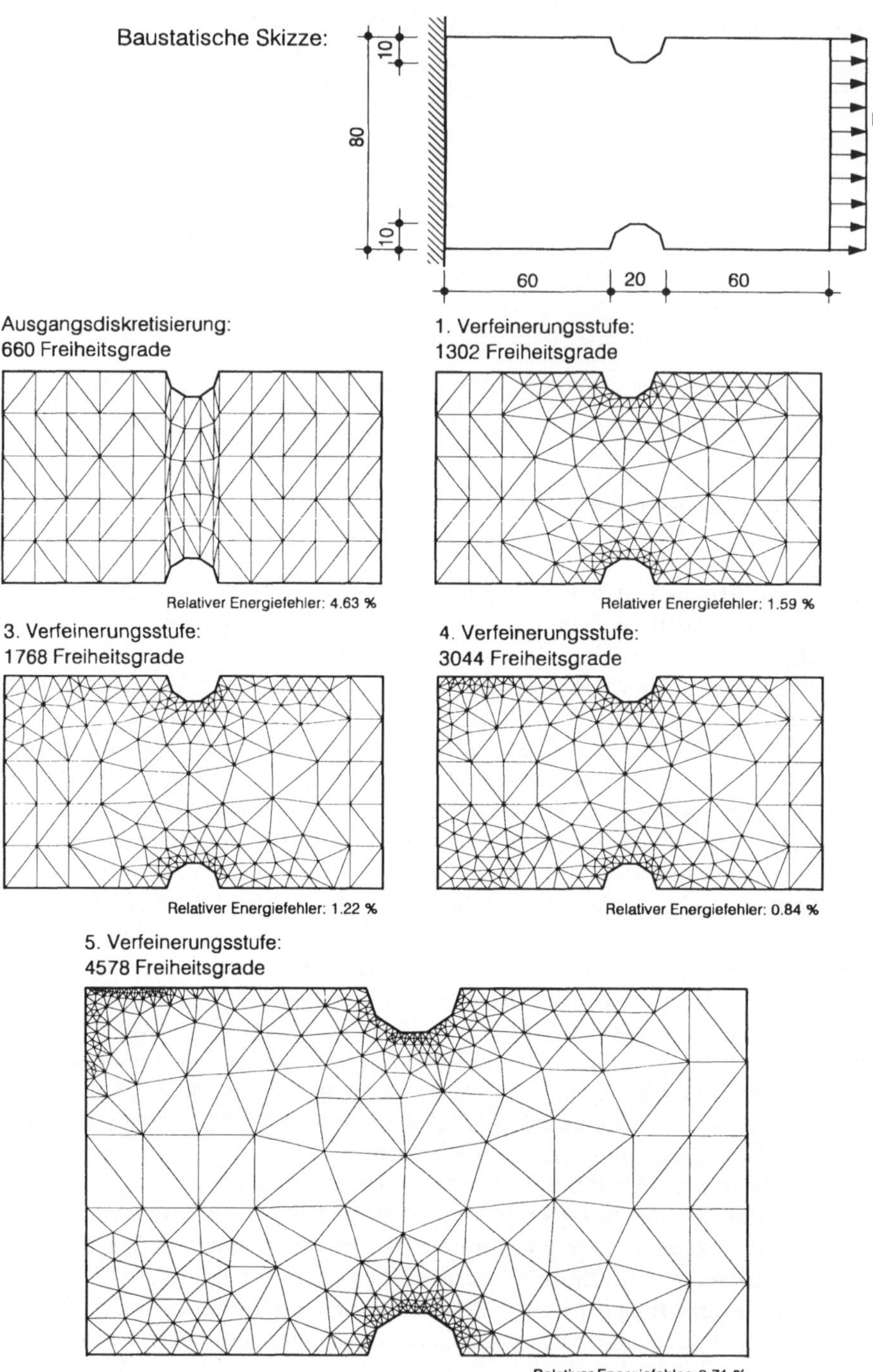

Bild 6.32. Automatische Netzadaption bei der Analyse eines Blechformteils (Abmessungen in mm)

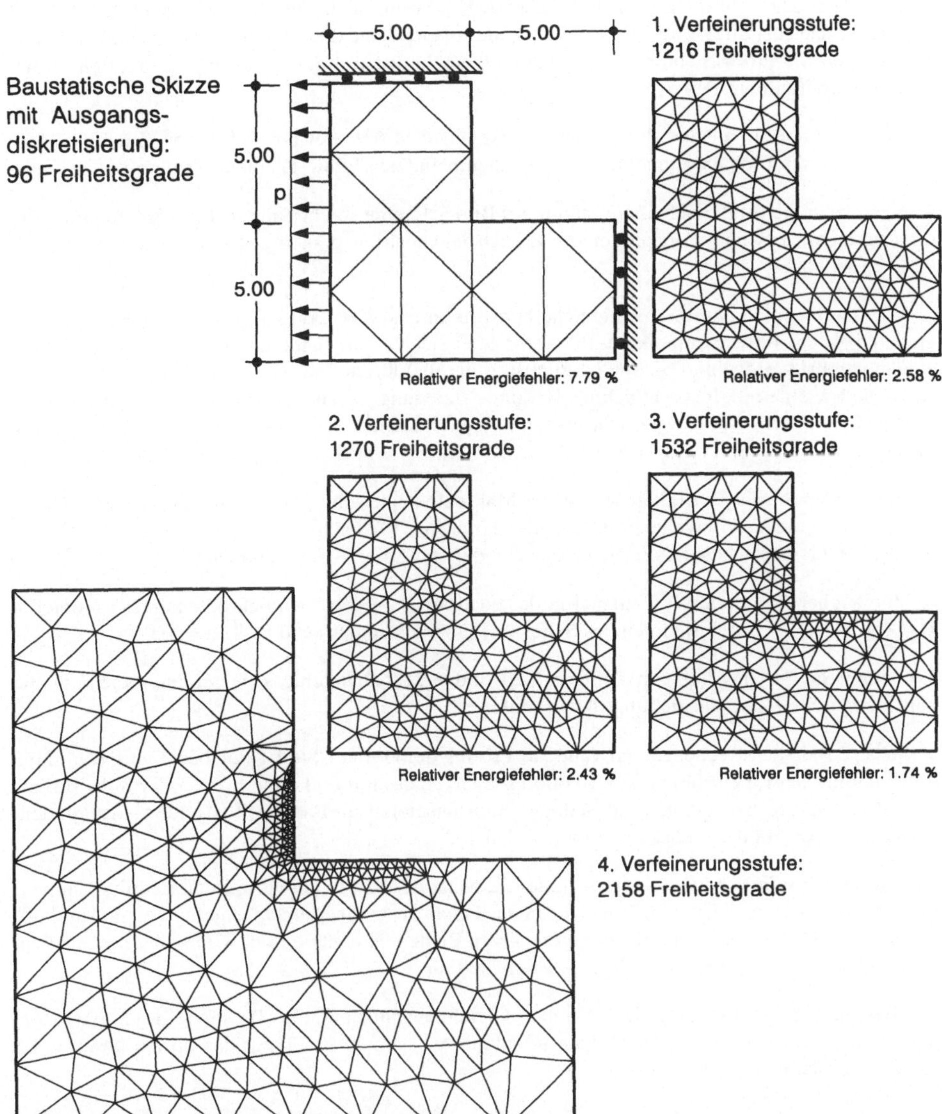

Bild 6.33. Automatische Netzadaption bei der Analyse einer L-förmigen Scheibe

Aufgaben

1. Ermitteln Sie die Drehmatrix **c** für Drehungen eines in der globalen XY-Grundrißebene liegenden Trägerrostelementes, zunächst unter Berücksichtigung sämtlicher Trägerrost-Stabendkraftgrößen $\{Q_y\,Q_z\,M_T\,M_y\,M_z\}$. Vereinfachen Sie die Drehmatrix sodann für den Sonderfall querbiegungsweicher Trägerroste: $Q_y = M_z = 0$.

2. Berechnen Sie, sofern Sie keine hinreichende Erfahrung (mehr) besitzen, einige einfache ebene Stabwerke nach der direkten Steifigkeitsmethode entsprechend dem Beispiel des Abschnittes 6.1.6. Vergleichen Sie Ihre Ergebnisse durch Parallelberechnung mit dem von Ihnen benutzten Finite-Element-Programmsystem.

3. Identifizieren Sie anhand der Eingabeblöcke auf Bild 6.9 oder anhand des Modulablaufplans auf Tafel 6.3 die Eingabesegmente des von Ihnen benutzten Finite-Elemente-Programmsystems.

4. Versuchen Sie für die Scheibenstruktur auf Bild 6.15 eine solche (ungünstige) Knotennumerierung zu finden, daß die Steifigkeitsmatrix $\tilde{\mathbf{K}}$ nach dem positionsgerechten Einmischen gleichmäßig dünn besiedelt ist.

5. Wählen Sie eine komplexe ebene Scheibenstruktur aus Viereckelementen mit ca. 80 Freiheitsgraden bzw. ca. 40 Knotenpunkten. Probieren Sie verschiedene Knotennumerierungen aus, um a) eine möglichst geringe und b) eine möglichst große Bandbreite b in $\tilde{\mathbf{K}}$ zu erzielen. Versuchen Sie auch wieder, eine möglichst gleichmäßig dünne Belegung von $\tilde{\mathbf{K}}$ zu erzeugen. Wiederholen Sie dieses Numerierungsspiel für eine kreiszylindrische Fachwerkstruktur, beispielsweise ein Gasometergerüst.

6. Entwickeln Sie die Steifigkeitsmatrix des Makroelementes eines unterspannten Trägers. Haupttragteil sei ein biegesteifer, ebener Balken, der durch eine $30°$-Fachwerkunterspannung mit mittiger Vertikalstrebe verstärkt sei. Nur die beiden Randknoten seien Koppelknoten.

7. Vergleichen Sie die Steifigkeitsmatrix des quadratischen Scheibenmakroelementes im unteren Teil von Bild 6.21 mit derjenigen des Scheibenelementes gemäß Bild 5.22 ($a = b$).

8. Stellen Sie für das auf den Bildern 6.20 und 6.21 behandelte Scheibenmakroelement die vollständige Steifigkeitsbeziehung (6.31a) auf.

9. Schätzen Sie den Rechenzeitaufwand zur Lösung der Gesamt-Steifigkeitsbeziehung für einige selbst definierte große Probleme (> 10.000 Freiheitsgrade) mit und ohne Einsatz der Substrukturtechnik ab. Der Rechenzeitaufwand ist ungefähr proportional zur Bandbreite b und wächst mit dem Quadrat der Anzahl der Unbekannten n ($A \approx b{\cdot}n^2$).

10. Testen Sie sämtliche viereckigen Plattenelemente des von Ihnen verwendeten Finite-Elemente-Programmsystems nach den Grundsätzen des Patch-Tests für Elementschiefen von $45°$ und $60°$ aus. Führen Sie gleiche Tests für ihre dreieckigen Plattenelemente durch, wobei diese signifikant stumpfe Winkel von $135°$ und $150°$ aufweisen sollten.

11. Bestimmen Sie mit Hilfe des Scheiben-Gleichgewichtsoperators $\mathbf{D}_e$ sowie des Lastvektors $\mathbf{p} = \{p_1 \, p_2\}$ gemäß Bild 2.15 das lokale Residuum $\mathbf{r}_{Vh}$ gemäß (6.39) für das im Abschnitt 6.4.5 behandelte Element des Bildes 6.30.

Literatur

Akyuz, F.A., Utku, S.: An automatic relabeling scheme for bandwidth minimization of stiffness matrices. Journ. Amer. Inst. Aeronaut. Astronaut. 6 (1968), 728-730

Argyris, J.H.: Energy Theorems and Structural Analysis. Aircraft Engineering 26 (1954), 347-356, 383-394; 27 (1955), 42-58, 80-94, 125-134, 145-158. Gesammelt veröffentlicht mit Kelsey, S. bei Butterworths, London 1960

Argyris, J.H., Mlejnek, H.-P.: Die Methode der Finiten Elemente, Band 1. Friedr. Vieweg & Sohn, Braunschweig 1986

Armstrong, B.: A Hybrid Algorithm for Reducing Matrix Bandwidth. Int. Journ. Num. Meth. Engg. 20 (1984), 1929-1940

Babuska, I., Rheinboldt, W.C.: A-posteriori Error Estimates for the Finite Element Method. Int. Journ. Num. Meth. Engg. 12 (1978), 1597-1615

Bathe, K.-J.: Finite-Elemente-Methoden. Springer-Verlag, Berlin 1986.

Beem, H. et al.: FEMAS 2000, User's Manual. Institut für Statik und Dynamik der Ruhr-Universität, Bochum 1996

Bellmann, J., Rank, E.: Die p- und die hp-Version der Finite-Elemente-Methode, oder: Lohnen sich höherwertige Elemente? Bauingenieur 64 (1989), 67-72

Bremer, C.: Algorithmen zum effizienten Einsatz der Finite-Elemente-Methode, Bericht Nr. 86-4 des Instituts der T.U. Braunschweig 1986

Bronstein, I.N., Semendjajew, K.A.: Taschenbuch der Mathematik, 25. Auflage. B.G. Teubner Verlagsgesellschaft, Stuttgart-Leipzig 1991

Collins, R.J.: Bandwidth Reduction by Automatic Renumbering. Int. Journ. Num. Meth. Engg. 6 (1973), 345-356

Cuthill, E., McKee, J.: Reducing the bandwidth of sparse symmetric matrices. Proc. 24th Nat. Conf. Assoc. Comp. Mach.-ACM, San Francisco 1969, 157-172

Engeln-Müllges, G., Reutter, F.: Formelsammlung zur Numerischen Mathematik mit Standard-FORTRAN 77-Programmen. 6. Auflage, BI Wissenschaftsverlag, Mannheim 1988

Furnike, T.: Computerized Multiple Level Substructuring Analysis. Computers and Structures 2 (1972), 1063-1073

Gago, J.P., Kelly, D.W., Babuska, I., Zienkiewicz, O.C.: A-Posteriori Error Analysis and Adaptive Processes in the Finite Element Method: Part II - Adaptive Mesh Refinement. Int. Journ. Num. Meth. Engg. 19 (1982), 1621-1656

Gibbs, N.E., Poole, W.G., Stockmeyer, P.K.: A comparison of several bandwidth and profile reduction algorithms. ACM Trans. Math. Software 2 (1976), 322-330

Givens, W.: Numerical computation of the characteristic values of a real symmetric matrix. Nat. Lab. Report ORNL-1574, Oak Ridge 1954

Grooms, H.R.: Algorithms for bandwidth reduction. ASCE, Journ. Struct. Div. 98 (1972), 203-214

Householder, A.S.: The theory of matrices in numerical analysis. Blaisdell Publ. Comp., New York 1964

Irons, B.M.: A frontal solution program for finite element analysis. Int. J. Num. Meth. Engg. 2 (1970), 5-32

Irons, B,M., Razzaque, A.: Experience with the patch test for convergence of finite elements. Beitrag in: Aziz, A. (ed.): The mathematical foundations of the finite element method with applications to partial differential equations, 557-587. Academic Press, New York 1972

Knothe, K., Wessels, H.: Finite Elemente, eine Einführung für Ingenieure. 2. Auflage, Springer-Verlag, Berlin 1992

Könke, C.: Kopplung eines mikromechanischen Porenwachstumsmodells mit einem Makrorißmodell zur Beschreibung der Schädigung in duktilen Materialien. Techn.-Wiss. Mitt. Nr. 94-4, Inst. Konstr. Ingenieurbau, Ruhr-Universität, Bochum 1994

Krätzig, W.B.: Tragwerke 2. 2. Auflage, Springer-Verlag, Berlin 1994

Lewis, J.G.: Implementation of the Gibbs-Poole-Stockmeyer and Gibbs-King algorithms. ACM Trans. Math. Software 8 (1982), 180-189

Link, M.: Finite Elemente in der Statik und Dynamik. B.G. Teubner, Stuttgart 1984

Meissner, U., Menzel, A.: Die Methode der finiten Elemente. Springer-Verlag, Berlin 1989

Montag, U.: Entwicklung eines isoparametrischen Finite-Element-Berechnungsmodells für die Analyse faserverstärkter Laminate. Diplomarbeit, Institut für Statik und Dynamik, Ruhr-Universität Bochum 1992

Nafems: A Finite Element Primer. 2nd Reprint, National Agency for Finite Element Methods & Structures, Glasgow 1991

Pestel, E.C., Leckie, F.A.: Matrix Methods in Elastomechanics. McGraw-Hill Book Company, Inc., New York 1963

Przemieniecki, J.S.: Matrix Structural Analysis of Substructures. Journ. A.I.A.A. 1 (1963), 138-147

Przemieniecki, J.S.: Theory of Matrix Structural Analysis. McGraw-Hill Book Company, New York 1968

Rank, E., Rossmann, A.: Fehlerschätzung und automatische Netzanpassung bei Finite-Element-Berechnungen. Bauingenieur 62 (1987), 449-454

Rehle, N., Ramm, E.: Adaptive Vernetzung bei mehreren Lastfällen. Beitrag in: Ramm, E. u.a. (Herausg.): Finite Elemente in der Baupraxis, 337-347. Ernst & Sohn, Berlin 1995

Rosen, R.: Matrix Bandwidth Minimization. Proc. 23rd Nat. Conf. Assoc. Comp. Mach.-ACM, Brandon Systems Press, Princeton N.J. 1968, 585-595

Rosenstein, O.A.: Fehlerindikatoren und adaptive Vernetzungsstrategien für physikalisch lineare und nichtlineare Berechnungen der Strukturmechanik nach der Methode der finiten Elemente. Diplomarbeit Institut für Statik und Dynamik, Ruhr-Universität, Bochum 1995

Schwarz, H.R.: Methode der finiten Elemente. B.G. Teubner, Stuttgart 1980

Stein, E., Ohnimus, S.: Zuverlässigkeit und Effizienz von Finite-Element Berechnungen durch adaptive Methoden. Beitrag in: Ramm, E. u.a. (Herausg.): Finite Elemente in der Baupraxis, 177-190. Ernst & Sohn, Berlin 1995

Stein, E., Ohnimus, B., Seifert, B., Mahnken, R.: Adaptive Finite-Element Diskretisierungen von Flächentragwerken. Bauingenieur 69 (1994), 53-62

Stoer, J.: Einführung in die Numerische Mathematik I. 2. Auflage, Springer-Verlag, Berlin 1976

Strang, G., Fix, G.J.: An analysis of the finite element method. Prentice Hall, Inc., Englewood Cliffs N.J., 1973

Stummel, F.: The limitations of the patch test. Int. J. Num. Meth. Engg. 15 (1980), 177-188

Tesár, A., Fillo, L.: Transfer Matrix Method. Kluwer Academic Publishers, Dordrecht 1988

Törnig, W.: Numerische Mathematik für Ingenieure und Physiker, Band 1. Springer-Verlag, Berlin 1979

Uhrig, R.: Elastostatik und Elastokinetik in Matrizenschreibweise. Springer-Verlag 1972

Waller, H., Schmidt, R.: Schwingungslehre für Ingenieure. Wissenschaftsverlag, Mannheim 1989
Werner, H.: Rechnerorientierte Nachweise an schlanken Massivbauwerken. Beton- und Stahlbetonbau 73 (1978), 263-268

Withum, D.: Die Berechnung räumlicher Stabwerke. Bauingenieur 41 (1966), 476-484

Wunderlich, W., Redanz, W.: Die Methode der Finiten Elemente. Beitrag in G. Mehlhorn (Herausg.) Der Ingenieurbau • Rechnerorientierte Baumechanik, 141-247. Verlag Ernst & Sohn, Berlin 1996

Zienkiewicz, O.C., Zhu, J.Z.: A simple Error Estimator and Adaptive Procedure for Practical Engineering Analysis. Int. Journ. Num. Meth. Engg. 24 (1987), 337-357

Zurmühl, R., Falk, S.: Matrizen und ihre Anwendungen für Angewandte Mathematiker, Physiker und Ingenieure, Teil 1 und 2. 5. Auflage, Springer-Verlag, Berlin 1984

Anhang 1: Interpolation und numerische Integration

Der Irrtum ist viel leichter
zu erkennen als die Wahrheit.

Johann Wolfgang von Goethe,
1749-1832, in: Maximen
und Reflexionen

A1.1 Interpolationstheorie für finite Elemente

Das Wesen der Methode der finiten Elemente besteht bekanntlich darin, unendlich viele Deformationsmöglichkeiten eines (festkörpermechanischen) Kontinuumsmodells durch eine endliche Anzahl von Freiheitsgraden in diskreten Knotenpunkten anzunähern. Die zwischen den Knotenpunkten liegenden Felder von Zustandsvariablen müssen dann durch Interpolation approximiert werden. Im Rahmen der Finite-Element-Methode besitzen vor allem Interpolationen durch Polynome praktische Bedeutung, wobei die Stützstellen der Interpolation durch die Elementknoten gebildet werden.

Interpolationspolynome der Ordnung n können in ein-, zwei- oder dreidimensionalen Elementräumen wie folgt definiert werden:

$$P_n(x) = \sum_{i=0}^{N(1)-1} a_i\, x^j \,, \quad i = 0(1)n \,, \quad N(1) = n+1 \,,$$

$$P_n(x_1, x_2) = \sum_{i=0}^{N(2)-1} a_i\, x_1^j\, x_2^k \,, \quad j,k = 0(1)n : j+k \le n \,, \quad N(2) = \frac{1}{2}\,(n+1)\,(n+2) \,, \qquad (A1.1)$$

$$P_n(x_1, x_2, x_3) = \sum_{i=0}^{N(3)-1} a_i\, x_1^j\, x_2^k\, x_3^l \,, \quad j,k,l = 0(1)n : j+k+l \le n \,, \quad N(3) = \frac{1}{6}\,(n+1)\,(n+2)\,(n+3) \,.$$

Hierin stellt N die Gesamtzahl der Glieder des *vollständigen Polynoms* dar und damit auch die Anzahl der auftretenden Koeffizienten a_i. Die Exponenten j, k, l müssen unter Beachtung der angegebenen Nebenbedingung alle Wertekombinationen von 0 bis n durchlaufen. Bild A1.1 enthält für die aufgezählten Elementräume unterschiedlicher Dimensionszahl die für vollständige Polynomansätze erforderlichen Polynomglieder in schematischen Übersichten. Vollständige Polynome erfüllen die wichtige Eigenschaft der *geometrischen Isotropie* (siehe Abschnitt 5.1.3), d.h. sie verhalten sich gegenüber linearen Transformationen *invariant*.

Bild A1.1 informiert insbesondere auch darüber, zu welchen *Knotenanzahlen* und *Knotenlagen* die Verwendung vollständiger Polynomansätze bei der Entwicklung finiter Fachwerk-, Dreiecksscheiben- und Tetraederelemente gemäß Kapitel

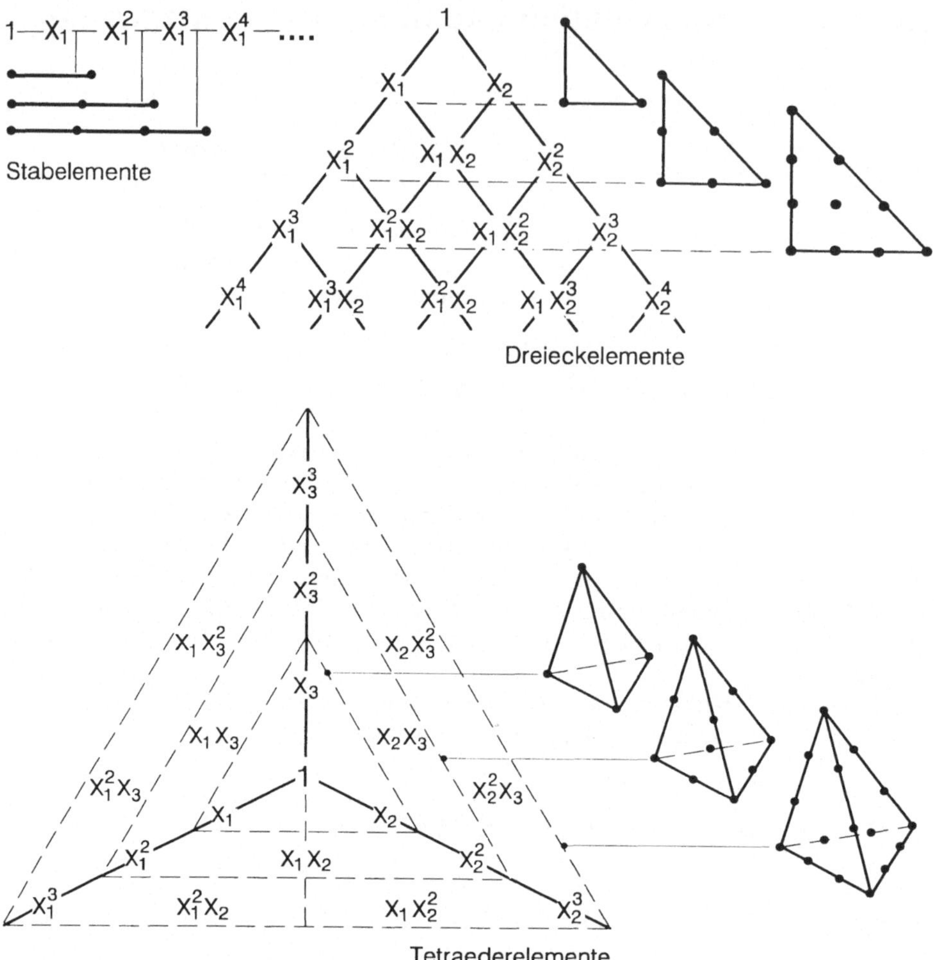

Bild A1.1. Elemente und Interpolationspolynome der LAGRANGE-Familie

5 führt. Will man dagegen Rechteckelemente entwickeln, so arbeitet man zweckmäßigerweise mit *vollständigen Bipolynomen*, die ebenfalls die Eigenschaft der geometrischen Isotropie besitzen. Bild A1.2 zeigt im linken Teil Lage und Anzahl der Knotenpunkte bei hieraus entstandenen rechteckigen Scheibenelementen. Da vollständige Polynom- oder Bipolynom- (bzw. bei Hexaederelementen: Tripolynom-) ansätze durch LAGRANGEsche Interpolationspolynome erzeugt werden können, faßt man die auf ihrer Grundlage entwickelten Elemente zur Familie der LAGRANGE-Elemente zusammen. Alle LAGRANGE-Elemente weisen C^{o}-Stetigkeit auf.

Bei höheren Elementen der LAGRANGE-Familie stören die auftretenden Mittelknoten, die – da sie als Koppelknoten ungeeignet sind – herauskondensiert werden müßten. Für den Aufbau von Elementen mit ausschließlichen Randknoten greift man daher auf eine geometrisch isotrope Auswahl vollständiger Bipolynome gemäß

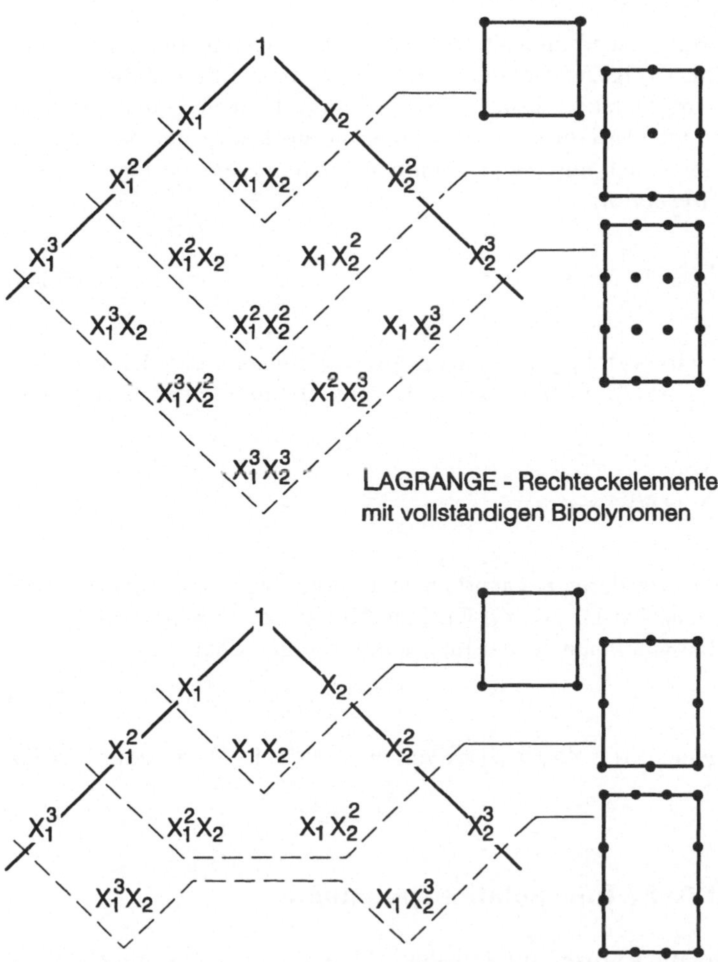

Bild A1.2. Rechteckelemente und Interpoaltionspolynome der Lagrange-
und Serendipity-Famile

dem rechten Teil von Bild A1.2 zurück, die zu den Rechteckelementen der Serendipi-
ty-Familie* führen und durch [Ergatoudis 1968] in die Elemententwurfstechnik
eingeführt wurden. Die Freiheit von Mittelknoten gelingt allerdings nur bis zur
Polynomordnung n = 3. Ausführlichere Darstellungen von Interpolationspolynomen und deren Eigenschaften im Hinblick auf Lagrange-Approximationen bei
finiten Elementen findet der Leser in [Zienkiewicz 1988], solche für Serendipity-
Elemente bei [Altenbach 1982].

---

*   Der seltsame Name bezieht sich auf die 1754 erschienene Erzählung "The three Princes of
Serendip" des britischen Dichters Horace Walpole, welche von den Fähigkeiten der drei
Prinzen berichtet, unverhofft glückliche Entdeckungen zu machen.

Zur Interpolation von Zustandsgrößenfeldern bei der Entwicklung finiter Elemente fordert man die Erfüllung vorgegebener Funktionswerte f_L an den Stützstellen $L = 0$, 1, ... n durch einen Interpolationsansatz $f(x_i)$. Hieraus können gemäß dem in Kapitel 5 erläuterten Standardvorgehen Interpolationsausdrücke gewonnen werden. Beispielsweise leitet sich für einen zweidimensionalen Elementraum $\{x_1, x_2\}$ aus dem *Approximationsansatz*

$$f(x_1, x_2) = \sum_{L=0}^{n} a_L\, P_L(x_1, x_2) \tag{A1.2}$$

mit $n + 1$ Polynomausdrücken $P_L(x_1, x_2)$ als *Ansatzfunktionen* durch deren Spezifikation auf die Stützwerte $f_L = f(x_{1(L)}, x_{2(L)})$, $L = 0, ...$ n unmittelbar die Interpolationsdarstellung

$$f(x_1, x_2) = \sum_{L=0}^{n} \Omega_L(x_1, x_2) \cdot F_L \tag{A1.3}$$

ab. Dieses Vorgehen erforderte bekanntlich stets eine Matrizeninversion. Die entstehende Funktionenschar $\Omega_L(x_1, x_2)$ wird als Menge der *Formfunktionen* bezeichnet. Jede einzelne von ihnen besitzt Interpolationseigenschaften

$$\Omega_L(x_{1(K)}, x_{2(K)}) = \delta_{LK}\ , \tag{A1.4}$$

wobei δ_{LK} ein verallgemeinertes KRONECKER-Symbol ($:= 1$ für $L = K$, $:= 0$ für $L \neq K$) darstellt.

A1.2 LAGRANGEsche Interpolationspolynome

Will man im Interpolationsprozeß die erwähnte Matrizeninversion umgehen, so verwendet man vorgegebene *Interpolationspolynome*, die – neben bestimmten mathematischen Eigenschaften – bereits die erwünschte Interpolationsfähigkeit (A1.4) aufweisen. Zur Interpolation brauchen dann lediglich die Stützstellenwerte f_L an den Stützstellen $L = 0, ...$ n mit den zugehörigen Interpolationspolynomen multipliziert zu werden, wie dies die LAGRANGEsche *Interpolationsformel*

$$f(x) = \sum_{L=0}^{n} L_l(x)\, f_L(x_L) = L_0(x)\, f_0 + L_1(x)\, f_1 + ... L_n(x)\, f_n \tag{A1.5}$$

zum Ausdruck bringt. Hierin stellen die $L_L(x)$ LAGRANGEsche *Interpolationspolynome* für zunächst eindimensionale Interpolationsaufgaben dar:

$$L_L(x) = \frac{L(x)}{(x - x_L)\, L'(x_L)} = \prod_{K=0}^{n} \frac{(x - x_L)}{(x_L - x_K)} \quad \text{(für } K \neq L\text{)}\ , \tag{A1.6}$$

wobei $L(x)$ den Ausdruck

$$L(x) = (x - x_0)(x - x_1)(x - x_2) \ldots (x - x_n) \tag{A1.7}$$

abkürzt. Ausgeschrieben lauten diese Polynome:

$$L_0(x) = \frac{(x - x_1)(x - x_2)(x - x_3) \ldots (x - x_n)}{(x_0 - x_1)(x_0 - x_2)(x_0 - x_3) \ldots (x_0 - x_n)} \, ,$$

$$L_1(x) = \frac{(x - x_0)(x - x_2)(x - x_3) \ldots (x - x_n)}{(x_1 - x_0)(x_1 - x_2)(x_1 - x_3) \ldots (x_1 - x_n)} \, ,$$

$$L_2(x) = \frac{(x - x_0)(x - x_1)(x - x_3) \ldots (x - x_n)}{(x_2 - x_0)(x_2 - x_1)(x_2 - x_3) \ldots (x_2 - x_n)} \, ,$$

$$L_n(x) = \frac{(x - x_0)(x - x_1)(x - x_3) \ldots (x - x_{n-1})}{(x_n - x_0)(x_n - x_1)(x_n - x_3) \ldots (x_n - x_{n-1})} \, . \tag{A1.8}$$

f(x) (A1.5) beschreibt die Funktionswerte an beliebigen Stellen x in dem abgeschlossenen Intervall $\{x_0, x_n\}$, deren Stützwerte f_L an den nicht notwendigerweise äquidistanten Stützstellen x_L, wie auf Bild A1.3 dargestellt, vorgegeben sein müssen. Dabei wird durch $n + 1$ Stützstellen gerade ein Interpolationspolynom n-ten Grades festgelegt. Die einzelnen Polynome $L_L(x)$ besitzen offensichtlich (A1.8) Interpolationseigenschaften:

$$L_L(x_K) = \delta_{LK} = \begin{array}{l} 1 \ \ \text{für} \ \ L = K \\ 0 \ \ \text{für} \ \ L \neq K \end{array} \, . \tag{A1.9}$$

Beispiel: Die Funktion f(w) sei durch 3 Stützwerte $\{f_0, f_1, f_2\}$ an den Stützstellen $\{x_0, x_1, x_2\}$ bestimmt. Aus (A1.8) erhalten wir für diese Aufgabenstellung

$$L_0(x) = \frac{(x - x_1)(x - x_2)}{(x_0 - x_1)(x_0 - x_2)} \, , \quad L_1(x) = \frac{(x - x_0)(x - x_2)}{(x_1 - x_0)(x_1 - x_2)} \, , \quad L_2(x) = \frac{(x - x_0)(x - x_1)}{(x_2 - x_0)(x_2 - x_1)}$$

$$\tag{A1.10}$$

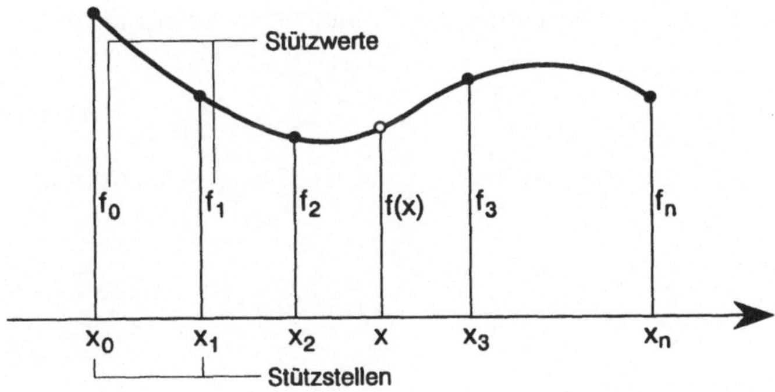

Bild A1.3. LAGRANGE-Interpolation

und damit die Interpolation:

$$f(x) = L_0(x)\, f_0 + L_1(x)\, f_1 + L_2(x)\, f_2 \ . \tag{A1.11}$$

Die Erweiterung auf mehrdimensionale Interpolationsgebiete erfolgt durch multiplikative Verknüpfung, beispielsweise für den zweidimensionalen Fall durch:

$$f\,(x_1, x_2) = \sum_{L=0}^{n} \sum_{K=0}^{m} L_L(x_1) \cdot L_K(x_2)\, f_{LK} \ . \tag{A1.12}$$

Da für LAGRANGE-Interpolationen lediglich Stützstellenwerte vorzugeben sind, erreichen Elemente der entstehenden LAGRANGE-Familie auch nur C^0-Stetigkeit an den Elementübergängen. Weiterführende Literatur zu dieser Interpolationstechnik findet der Leser in [Abramowitz 1972, Stoer 1983, Törnig 1979].

A1.3 HERMITEsche Interpolationspolynome

LAGRANGE-Polynome besitzen gerade für alle Biegeprobleme der Festkörpermechanik unbefriedigende Approximationseigenschaften. Für diese liefern Interpolationen unter Einschluß von *Ableitungen* in den Stützstellen ungleich bessere Ergebnisse. Derartige Möglichkeiten bieten Interpolationsformeln

$$f(x) = \sum_{L=0}^{n} \left\{ H_{0L(x)}\, f_L + H_{1L(x)}\, f'_L + H_{2L(x)}\, f''_L + \ldots H_{pL}(x)\, f_L^{(p)} \right\} , \tag{A1.13}$$

in welchen die Stützwerte f_L sowie deren Ableitungen bis zur Ordnung p auftreten. Besondere Bedeutung hiervon besitzt für unsere Probleme die HERMITE*sche Interpolationsvorschrift* (1. Ordnung), welche neben den Stützwerten f_L deren erste Ableitungen f'_L enthält:

$$f(x) = \sum_{L=0}^{n} \left\{ H_{0L}(x)\, f_L + H_{1L}(x)\, f'_L \right\} . \tag{A1.14}$$

Hierin beschreiben $H_{0L}(x)$ und $H_{1L}(x)$ Polynome $(2n+1)$ten Grades mit Interpolationseigenschaften

$$H_{0L}(x_K) = \delta_{LK} \ , \quad H_{1L}(x_K) = \delta_{LK} \ . \tag{A1.15}$$

Allgemein lauten diese beiden HERMITE*schen Interpolationspolynome* (1. Ordnung) [Törnig 1979]

$$H_{0L}(x) = \left\{ 1 - (x - x_L) \sum_{K=0}^{n} \frac{2}{x_L - x_K} \right\} \cdot \left\{ L_L(x) \right\}^2 \quad \text{(für } K \neq L) \ ,$$

$$H_{1L(x)} = (x - x_L) \cdot \left\{ L_L(x) \right\}^2 , \tag{A1.16}$$

worin die $L_L(x)$ wieder die LAGRANGEschen Basispolynome (A1.6) verkörpern.

Bei der Anwendung der HERMITEschen Interpolationspolynome auf Stab- oder Rechteckplattenelemente, welche nur Randknoten aufweisen, sind lediglich zwei Stützstellen am Anfang (x_0) und am Ende (x_1) vorhanden, weshalb sich (A1.14) zur vereinfachten Interpolationsvorschrift

$$f(x) = H_{00}(x)\, f_0 + H_{10}(x)\, f_0' + H_{01}(x)\, f_1 + H_{11}(x)\, f_1' \tag{A1.17}$$

wandelt. Die hierin vertretenen kubischen Interpolationspolynome berechnen sich aus (A1.16) zu [Hahn 1975, Werner 1979]:

$$H_{00}(x) = \left(1 - 2\,\frac{x - x_0}{x_0 - x_1}\right)\left(\frac{x - x_1}{x_0 - x_1}\right)^2 , \quad H_{01}(x) = \left(1 - 2\,\frac{x - x_1}{x_1 - x_0}\right)\left(\frac{x - x_0}{x_1 - x_0}\right)^2$$

$$H_{10}(x) = (x - x_0)\left(\frac{x - x_1}{x_0 - x_1}\right)^2 , \quad H_{11}(x) = (x - x_0)\left(\frac{x - x_0}{x_1 - x_0}\right)^2 . \tag{A1.18}$$

Für die Koordinatenwerte $x_0 = 0$ und $x_1 = 1$ spezialisieren sich diese Funktionen zu den Polynomen 3. Grades

$$\begin{aligned}
H_{00}(x) &= (1 + 2x)\,(x - 1)^2 = 1 - 3x^2 + 2x^3 , \\
H_{01}(x) &= x^2\,(3 - 2x) \quad\ \ = 3x^2 - 2x^3 , \\
H_{10}(x) &= x\,(x - 1)^2 \qquad\ = x - 2x^2 + x^3 , \\
H_{11}(x) &= x^2\,(x - 1) \qquad\ \ = -x^2 + x^3 ,
\end{aligned} \tag{A1.19}$$

welche bereits auf Bild 5.5 als Formfunktionen eines schubsteifen Biegebalkens aus einem vollständigen Polynom 3. Grades als Ansatzfunktionen hergeleitet worden waren.

Die Erweiterung von (A1.14) auf Interpolationen in mehrdimensionalen Elementräumen folgt erneut (A1.12). Wegen der Randvorgaben in f_L und f_L' führen Elemente mit HERMITE-Interpolationen auf C^1-Stetigkeit an den Elementübergängen; zu ihren weiteren Eigenschaften verweisen wir unsere Leser auf [Werner 1979, Zienkiewicz 1988].

A1.4 Numerische Integration

Grundsätzliches. Bei der Herleitung der Elementmatrizen sind Gebietsintegrale der Form

$$\int F\,(\xi)\, d\xi , \quad \iint F\,(\xi, \eta)\, d\xi\, d\eta , \quad \iiint F\,(\xi, \eta, \zeta)\, d\xi\, d\eta\, d\zeta \tag{A1.20}$$

zu berechnen. Es ist vorteilhaft oder sogar unumgänglich, diese Integrale nicht analytisch, sondern numerisch zu behandeln. An die numerische Integration wird die Forderung gestellt, daß Polynome beliebigen Grades mit einem genau definierten Integrationsraster exakt zu integrieren sind. Zugleich soll das Verfahren einen möglichst geringen Rechenaufwand erfordern. Der Grundgedanke der numerischen Integration besteht darin, daß man die Werte des jeweiligen Integranden an ausgewählten Integrationspunkten berechnet und diese mit den sogenannten *Wichtungsfaktoren* erweitert, um sie schließlich aufzuaddieren. Für die in (A1.20) dargestellten Integrale entstehen hieraus Integrationsvorschriften der Form

$$\int F(\xi)\, d\xi = \sum_i \alpha_i\, F(\xi_i) + R_n \ , \tag{A1.21a}$$

$$\iint F(\xi,\eta)\, d\xi\, d\eta = \sum_i \sum_j \alpha_{ij}\, F(\xi_i,\eta_j) + R_n \ , \tag{A1.21b}$$

$$\iiint F(\xi,\eta,\zeta)\, d\xi\, d\eta\, d\zeta = \sum_i \sum_j \sum_k \alpha_{ijk}\, F(\xi_i,\eta_j,\zeta_k) + R_n \ . \tag{A1.21c}$$

Dabei sind die Summationen über alle Werte der Indizes i, j und k zu erstrecken, welche die gewählten Stützstellen (i), (i, j) und (i, j, k) kennzeichnen. Die α_i, α_{ij} und α_{ijk} sind *Wichtungsfaktoren* und die $F(\xi_i)$, $F(\xi_i,\eta_i)$ bzw. $F(\xi_i,\eta_i,\zeta_i)$ sind die Werte der Funktionen $F(\xi)$, $F(\xi,\eta)$ bzw. $F(\xi,\eta,\zeta)$ in den im Argument angegebenen Stützstellen. Schließlich stellen die R_n die jeweiligen Fehlerglieder dar, die in der Praxis meist nicht ausgewertet werden.

Die Herleitung von Integrationsformeln der Form (A1.21) kann grundsätzlich nach den beiden folgenden Konzepten erfolgen:

Newton-Cotes-Quadraturen. Bei dieser Methode werden äquidistante Stützstellen gewählt und das gegebene Integral

$$\int_a^b F(\xi)\, d\xi \quad \text{durch} \quad \int_a^b \psi(\xi)\, d\xi$$

approximiert. Dabei verkörpert $\psi(\xi)$ ein Polynom, das die gleichen Werte wie der ursprüngliche Integrand $F(\xi)$ an den gewählten Stützstellen besitzt. Die Auswertung des letztgenannten Integrals liefert dann die unbekannten Wichtungsfaktoren α_i. Bei Wahl von insgesamt n+1 Stützpunkten gestattet dieses Konzept die exakte Integration von einem Polynom höchstens n-ter Ordnung.

Gauss-Quadratur. Im Gegensatz zu dem obigen Konzept verwendet die Gauss-Quadratur nicht äquidistant liegende Stützstellen ξ_i, die als Gausspunkte bezeichnet werden. Die Punkte ξ_i sowie die zugehörigen Wichtungsfaktoren α_i werden aus der Forderung bestimmt, daß mit n Integrationspunkten ein Polynom (2n−1)-ter Ordnung exakt zu integrieren sei. Mit zwei Gausspunkten läßt sich demnach eine kubische Parabel ohne Fehler integrieren. Mit der gleichen Anzahl von Stützstellen stellt demnach die Gauss-Quadratur eine größere Genauigkeit sicher, als die Newton-Cotes-Quadratur und ist somit für Finite-Element-Anwendungen dem letzteren Konzept deutlich überlegen.

Die Herleitung von Integrationsformeln nach den oben geschilderten Konzepten kann der Standard-Literatur entnommen werden [Bathe 1986; Zienkiewicz 1988; Schwarz 1993; Törnig 1979].

Im folgenden werden wir daher ohne ausführliche Begründung einige anwendungstechnisch wichtigen Ergebnisse zusammenstellen.

A1.5 Eindimensionale Integration

Als erstes betrachten wir das Integral

$$\int_a^b F(x)\, dx \ ,$$

worin $F(x)$ eine Funktion einer beliebigen Koordinate x darstellt. Wie bereits oben erwähnt wird für die NEWTON-COTES-Quadratur der Integrationsbereich zwischen a und b in n äquidistante Intervalle der Länge $h = \frac{b-a}{n}$ unterteilt. Bezeichnet man die Werte der Funktion $F(x)$ an gewählten Stützstellen i (i = 0, ..., n) durch F_i, so lautet die zugehörige Integrationsvorschrift:

$$\int_a^b F(x)\, dx = (b-a) \sum_{i=0}^n C_i^n F_i + R_n \ . \tag{A1.22}$$

Hierin bezeichnet R_n das Fehlerglied; die C_i^n sind die für die numerische Integration mit n Intervallen zu verwendenden NEWTON-COTES-Konstanten, deren Werte für n = 1 bis 6 in Tafel A1.1 zusammengestellt sind. Hieraus ist ersichtlich, daß die Fälle n = 1 bzw. n = 2 die bekannte *Trapezregel* bzw. SIMPSON-*Formel* liefern. Ferner stellt man fest, daß die Formeln für n = 3 bzw. n = 5 die gleiche Genauigkeit aufweisen wie diejenigen für n = 2 bzw. n = 4. In der Praxis werden demnach die Formeln für die geraden Zahlen n = 2 und 4 bevorzugt.

Nun widmen wir uns der GAUSS-Quadratur. Die Bestimmung der Stützstellen ξ_i sowie der Wichtungsfaktoren α_i in (A1.21a) hängt vom jeweiligen Intervall a bis b ab. Zwecks einer allgemeinen Darstellung betrachten wir jedoch zunächst das *natürliche* Intervall von -1 bis $+1$. In diesem Fall weist die Integrationsvorschrift (A1.21a) die Form

$$\int_{-1}^{+1} F(\xi)\, d\xi = \sum_{i=1}^n \alpha_i\, F(\xi_i) \tag{A1.23}$$

auf, worin das Fehlerglied R_n unterdrückt wurde. Die zu verwendenden Stützstellen ξ_i im Intervall -1 bis $+1$ sowie die zugehörigen Wichtungsfaktoren α_i sind in Tafel A1.2 für n = 1 bis 6 zusammengestellt. Unter Verwendung dieser Tafel können auch über beliebige Gebiete erstreckte Integrale ausgewertet werden. Zu diesem Zweck ist die Vorschrift (A1.23) durch

Tafel A1.1: Newton-Cotes-Zahlen, zu verwenden gemäß (A1.22)

Intervall-zahl n	C_0^n	C_1^n	C_2^n	C_3^n	C_4^n	C_5^n	C_6^n	Fehler R_n als Funktion der Ableitungen von F
1	$\frac{1}{2}$	$\frac{1}{2}$						$10^{-1} (b-a)^3 F^{II}(\xi)$
2	$\frac{1}{6}$	$\frac{4}{6}$	$\frac{1}{6}$					$10^{-3} (b-a)^5 F^{IV}(\xi)$
3	$\frac{1}{8}$	$\frac{3}{8}$	$\frac{3}{8}$	$\frac{1}{8}$				$10^{-3} (b-a)^5 F^{IV}(\xi)$
4	$\frac{7}{90}$	$\frac{32}{90}$	$\frac{12}{90}$	$\frac{32}{90}$	$\frac{7}{90}$			$10^{-6} (b-a)^7 F^{VI}(\xi)$
5	$\frac{19}{288}$	$\frac{75}{288}$	$\frac{50}{288}$	$\frac{50}{288}$	$\frac{75}{288}$	$\frac{19}{288}$		$10^{-6} (b-a)^7 F^{VI}(\xi)$
6	$\frac{41}{840}$	$\frac{216}{840}$	$\frac{27}{840}$	$\frac{272}{840}$	$\frac{27}{840}$	$\frac{216}{840}$	$\frac{41}{840}$	$10^{-9} (b-a)^9 F^{VIII}(\xi)$

Tafel A1.2: Stützstellen ξ_i und Wichtungsfaktoren α_i der Gauss-Legendre-Quadratur für das Intervall von -1 bis $+1$, zu verwenden gemäß (A1.23)

n	ξ_i	α_i
1	0.00000 00000 00000	2.00000 00000 00000
2	± 0.57735 02691 89626	1.00000 00000 00000
3	± 0.77459 66692 41483	0.55555 55555 55556
	0.00000 00000 00000	0.88888 88888 88889
4	± 0.86113 63115 94053	0.34785 48451 37454
	± 0.33998 10435 84856	0.65214 51548 62546
5	± 0.90617 98459 38664	0.23692 68850 56189
	± 0.53846 93101 05683	0.47862 86704 99366
	0.00000 00000 00000	0.56888 88888 88889
6	± 0.93246 95142 03152	0.17132 44923 79170
	± 0.66120 93864 66265	0.36076 15730 48139
	± 0.23861 91860 83197	0.46791 39345 72691
n : Anzahl der Stützstellen		
ξ_i: Koordinaten der Stützstellen		
α_i: Wichtungsfaktoren		

$$\int_{-b}^{+a} F(x)\, dx = \sum_{i=1}^{n} \bar{\alpha}_i\, F(x_i) \tag{A1.24}$$

zu ersetzen und die neuen Stützstellen sowie Wichtungsfaktoren x_i und $\bar{\alpha}_i$ gemäß

$$x_i = \frac{a+b}{2} + \frac{b-a}{2}\, \xi_i\,, \qquad \bar{\alpha}_i = \frac{b-a}{2}\, \alpha_i \tag{A1.25}$$

mit Hilfe der in Tafel A1.2 dargestellten Werte ξ_i und α_i zu berechnen.

Beispiel. Zum Vergleich der oben erläuterten Integrationsvorschriften betrachten wir als Beispiel das Integral

$$I = \int\limits_{0.5}^{5} \frac{1}{x}\,dx = \ln 5 - \ln 0.5 = 2.3026\ldots ,$$

das in Tafel A1.3 für $n = 1$ bis 7 GAUSSpunkte ausgewertet wurde. Die dargestellten Ergebnisse belegen eindeutig die Überlegenheit der GAUSS-Quadratur gegenüber der Trapezregel sowie der SIMPSON-Formel.

Tafel A1.3: Zur Genauigkeit der GAUSS-Quadratur

n	Gauß-Quadratur	Fehler [%]	Rechteck-Formel	Trapez-Formel	Simpson-Regel
1	1.6364	28.93	9.0000	4.9500	-
2	2.1064	8.52	5.3182	3.2932	2.7409
3	2.2466	2.43	4.1786	2.8286	-
4	2.2870	0.68	3.6417	2.6292	2.4079
5	2.2983	0.19	3.3349	2.5249	-
6	2.3014	0.05	3.1285	2.4635	2.3418
7	2.3023	0.01	3.0028	2.4243	-

A1.6 Zwei- und dreidimensionale Integration

Bei den Finite-Element-Entwicklungen für zwei- bzw. dreidimensionale Strukturen enstehen Flächen- bzw. Volumenintegrale, die meist numerisch ausgewertet werden. Als erstes betrachten wir Flächenintegrale über einem rechteckigen, durch die Variablen ξ und η aufgespannten Gebiet. In diesem Fall können die im letzten Abschnitt dargestellten eindimensionalen Formeln für jede der beiden Richtungen ξ und η sukzessive angewendet werden, indem man die Koordinate der anderen Richtung jeweils als konstant betrachtet. Damit entsteht auf der Basis der GAUSS-Quadratur (A1.23) folgende zweidimensionale Integrationsformel

$$\int\limits_{-1}^{+1}\int\limits_{-1}^{+1} F(\xi, \eta)\,d\xi\,d\eta = \sum_i \alpha_i \int\limits_{-1}^{+1} F(\xi_i, \eta)\,d\eta$$

$$= \sum_i \sum_j \alpha_i\,\alpha_j\,F(\xi_i, \eta_j) , \tag{A1.26}$$

für rechteckige Bereiche, worin α_i, α_j die eindimensionalen Wichtungsfaktoren darstellen. Das Produkt $\alpha_{ij} = \alpha_i\,\alpha_j$ verkörpert die in (A1.21b) eingeführten zweidi-

Tafel A1.4: Gauss-Quadratur über rechteckige Bereiche, zu verwenden gemäß (A1.26)

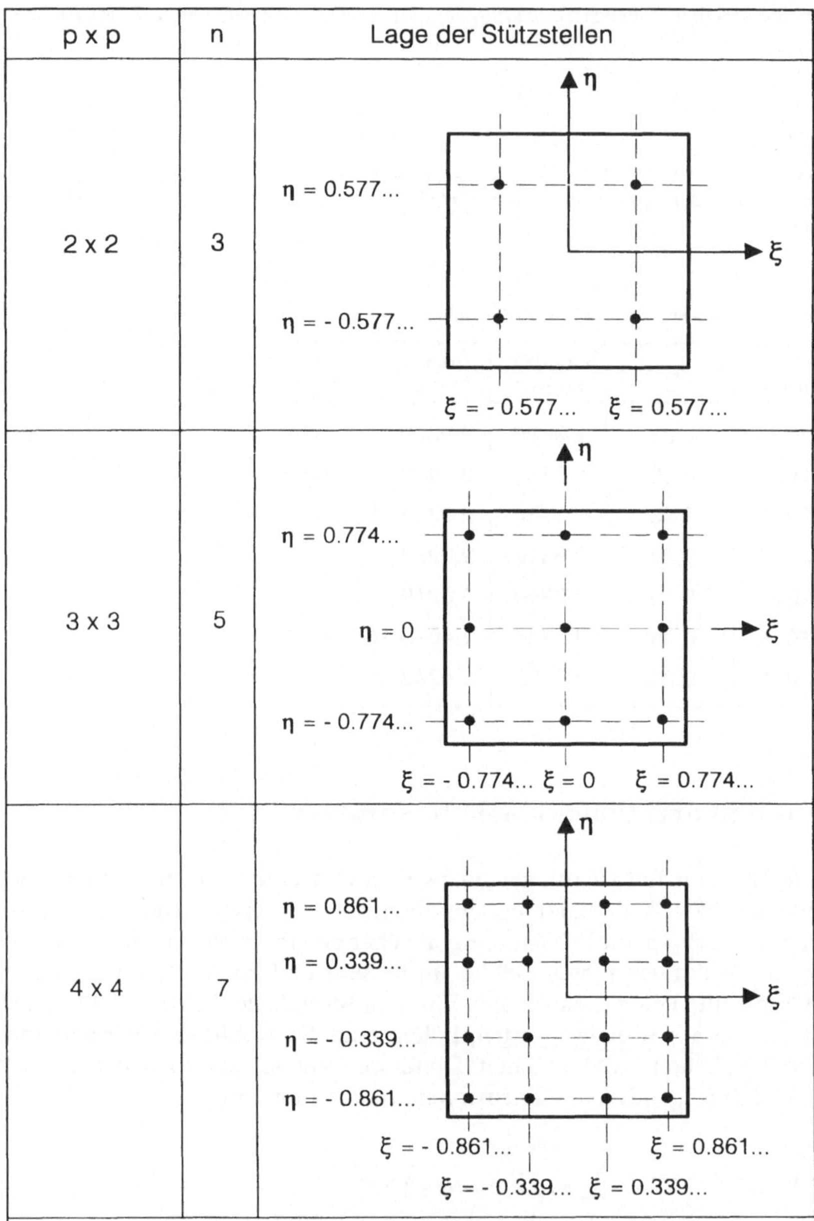

p x p : Raster, ξ, η : Elementkoordinaten laufend von -1 bis +1

--●-- : Stützstellen, n : Genauigkeitsordnung

Die Wichtungsfaktoren α_i und α_j für die Stützstellen sind der Tafel A1.2 zu entnehmen

mensionalen Wichtungsfaktoren. Basierend auf Tafel A1.2 gibt Tafel A1.4 für drei verschiedene Integrationsordnungen die Stützstellen ξ_i, η_i an, welche in Verbindung mit der Formel (A1.26) zu verwenden sind. Es sei betont, daß die dargestellten Werte für solche Koordinaten ξ, η gelten, welche jeweils im Intervall -1 bis $+1$ liegen.

Analog zu (A1.26) gilt für ein dreidimensionales Integral

$$\int_{-1}^{+1}\int_{-1}^{+1}\int_{-1}^{+1} F(\xi, \eta, \zeta)\, d\xi\, d\eta\, d\zeta = \sum_i \sum_j \sum_k \alpha_i\, \alpha_j\, \alpha_k\, F(\xi_i, \eta_j, \zeta_k) \tag{A1.27}$$

worin die $\alpha_{ijk} = \alpha_i\, \alpha_j\, \alpha_k$ entsprechend (A1.21c) dreidimensionale Wichtungsfaktoren darstellen.

Bei der numerischen Auswertung von Integralen der Form (A1.26) und (A1.27) ist es nicht erforderlich, für alle zwei bzw. drei Richtungen das gleiche Integrationsschema zu verwenden; jede der drei Richtungen ξ, η und ζ kann grundsätzlich nach einer unterschiedlichen Integrationsvorschrift behandelt werden.

Auf der Basis der GAUSS-Quadratur lassen sich auch Integrationsformeln für dreieckige Bereiche entwickeln, denen bei der Entwicklung dreieckiger finiter Elemente eine große Bedeutung zukommt. Wie bei rechteckigen Bereichen sind auch hier die Verfahren der GAUSS-Quadratur im allgemeinen effizienter, da sie bei gleichem Rechenaufwand eine höhere Genauigkeit sicherstellen. Tafel A1.5 enthält für das Einheitsdreieck die Stützstellen (ξ_i, η_i) sowie die Gewichtsfaktoren w_i, die in Verbindung mit der Integrationsformel

$$\iint F\, d\xi\, d\eta = \sum_{i=1}^{n} w_i\, F(\xi_i, \eta_i) \tag{A1.28}$$

zu verwenden sind. Dabei gibt n die gesamte Anzahl der gewählten Integrationspunkte an.

Literatur

Abramowitz, M., Stegun, I.A.: Handbook of Mathematical Functions, 9th edition. Dover Publications, Inc., New York 1972

Altenbach, J., u.a.: Die Methode der finiten Elemente in der Festkörpermechanik. VEB Fachbuchverlag, Leipzig 1982

Bathe, K.J.: Finite-Elemente-Methoden. Springer-Verlag, Berlin 1986

Ergatoudis, J.G., Irons, B.M., Zienkiewicz, O.C.: Curved, isoparametric, quadrilateral elements for finite element analysis. Int. Journ. Solids Struct. 4 (1968), 31-42

Hahn, H.G.: Methode der finiten Elemente in der Festigkeitslehre. Akademische Verlagsgesellschaft, Frankfurt/Main 1975

Schwarz, H.R.: Numerische Mathematik, 3. Auflage. B.G. Teubner, Stuttgart 1993

Schwarz, H.R.: Methode der finiten Elemente. BG. Teubner, Stuttgart 1980

Stoer, J.: Einführung in die Numerische Mathematik I, 4. Auflage. Springer-Verlag 1983

Törnig, W.: Numerische Mathematik für Ingenieure und Physiker, Band 2. Springer-Verlag, Berlin 1979

Werner, H., Schaback, R.: Praktische Mathematik II, 2. Auflage. Springer-Verlag, Berlin 1979
Zienkiewicz, O.C.: The Finite Element Method, 3rd edition. McGraw-Hill Book Company Ltd., London 1988

Tafel A1.5: GAUSS-Quadratur über dreieckige Bereiche, zu verwenden gemäß (A1.28)

p	n	Stützstellen j (j=1, 2,...)	Koordinaten ξ_j der Stützstellen j	Koordinaten η_j der Stützstellen j	Wichtungsfaktoren w_j der Stützstellen j
3	2	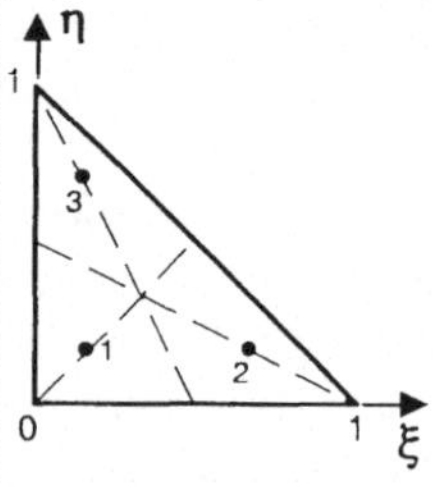 (Dreieck-Diagramm: η, ξ, Stützstellen 1, 2, 3)	$\xi_1 = 0.16666\ 66666\ 667$ $\xi_2 = 0.66666\ 66666\ 667$ $\xi_3 = \xi_1$	$\eta_1 = \xi_1$ $\eta_2 = \xi_1$ $\eta_3 = \xi_2$	$w_1 = 0.16666\ 66666\ 665$ $w_2 = w_1$ $w_3 = w_1$
7	5	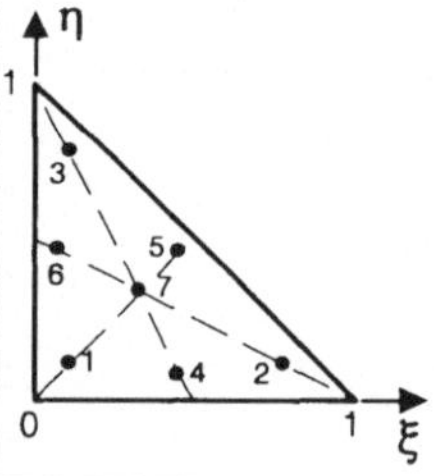 (Dreieck-Diagramm: η, ξ, Stützstellen 1–7)	$\xi_1 = 0.10128\ 65073\ 235$ $\xi_2 = 0.79742\ 69853\ 531$ $\xi_3 = \xi_1$ $\xi_4 = 0.47014\ 20641\ 051$ $\xi_5 = \xi_4$ $\xi_6 = 0.05971\ 58717\ 898$ $\xi_7 = 0.33333\ 33333\ 333$	$\eta_1 = \xi_1$ $\eta_2 = \xi_1$ $\eta_3 = \xi_2$ $\eta_4 = \xi_6$ $\eta_5 = \xi_4$ $\eta_6 = \xi_4$ $\eta_7 = \xi_7$	$w_1 = 0.06296\ 95902\ 724$ $w_2 = w_1$ $w_3 = w_1$ $w_4 = 0.06619\ 70763\ 943$ $w_5 = w_4$ $w_6 = w_4$ $w_7 = 0.1125$
13	7	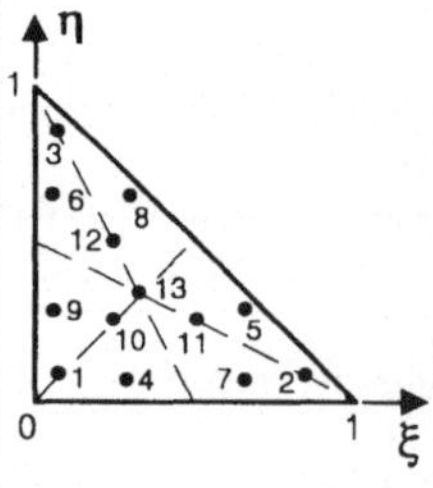 (Dreieck-Diagramm: η, ξ, Stützstellen 1–13)	$\xi_1 = 0.06513\ 01029\ 022$ $\xi_2 = 0.86973\ 97941\ 956$ $\xi_3 = \xi_1$ $\xi_4 = 0.31286\ 54960\ 049$ $\xi_5 = 0.63844\ 41885\ 698$ $\xi_6 = 0.04869\ 03154\ 253$ $\xi_7 = \xi_5$ $\xi_8 = \xi_4$ $\xi_9 = \xi_6$ $\xi_{10} = 0.26034\ 59660\ 790$ $\xi_{11} = 0.47930\ 80678\ 419$ $\xi_{12} = \xi_{10}$ $\xi_{13} = 0.33333\ 33333\ 333$	$\eta_1 = \xi_1$ $\eta_2 = \xi_1$ $\eta_3 = \xi_2$ $\eta_4 = \xi_6$ $\eta_5 = \xi_4$ $\eta_6 = \xi_5$ $\eta_7 = \xi_6$ $\eta_8 = \xi_5$ $\eta_9 = \xi_4$ $\eta_{10} = \xi_{10}$ $\eta_{11} = \xi_{10}$ $\eta_{12} = \xi_{11}$ $\eta_{13} = \xi_{13}$	$w_1 = 0.02667\ 36178\ 044$ $w_2 = w_1$ $w_3 = w_1$ $w_4 = 0.03855\ 68804\ 452$ $w_5 = w_4$ $w_6 = w_4$ $w_7 = w_4$ $w_8 = w_4$ $w_9 = w_4$ $w_{10} = 0.08780\ 76287\ 166$ $w_{11} = w_{10}$ $w_{12} = w_{10}$ $w_{13} = -0.07478\ 50222\ 339$

p : Gesamtanzahl der Stützstellen, ---●--- : Stützstellen

n : Genauigkeitsordnung, ξ, η : Elementkoordinaten laufend von 0 bis 1

Anhang 2: Natürliche Dreieckskoordinaten

Denken heißt vergleichen.

Walter Rathenau, 1867-1922

A2.1 Definition, Eigenschaften und Transformationen

Ebene finite Flächentragwerkselemente mit Dreiecksform lassen sich in natürlicher Weise durch sogenannte Dreieckskoordinaten ζ_1, ζ_2, ζ_3 beschreiben, wie dies bereits in den Abschnitten 5.3.3, 5.3.6 und 5.6.3 geschehen war. In Dreieckskoordinaten wird ein beliebiger, innerhalb der Dreiecksfläche A liegender Punkt P durch die orthogonalen Seitenabstände h_1, h_2, h_3 gemäß

$$\zeta_1 = h_1/H_1 \ , \quad \zeta_2 = h_2/H_2 \ , \quad \zeta_3 = h_3/H_3 \tag{A2.1}$$

beschrieben, wobei H_1, H_2, H_3 laut Bild A2.1 die Höhen der Dreieckseckpunkte darstellen. Da, ebenfalls laut Bild A2.1, die Dreiecksteilflächen durch

$$A_i = \frac{1}{2} s_i\, h_i \tag{A2.2}$$

angebbar sind, wobei s_i die dem jeweiligen Eckpunkt gegenüberliegende Dreiecksseite bezeichnet, und die Gesamtfläche durch

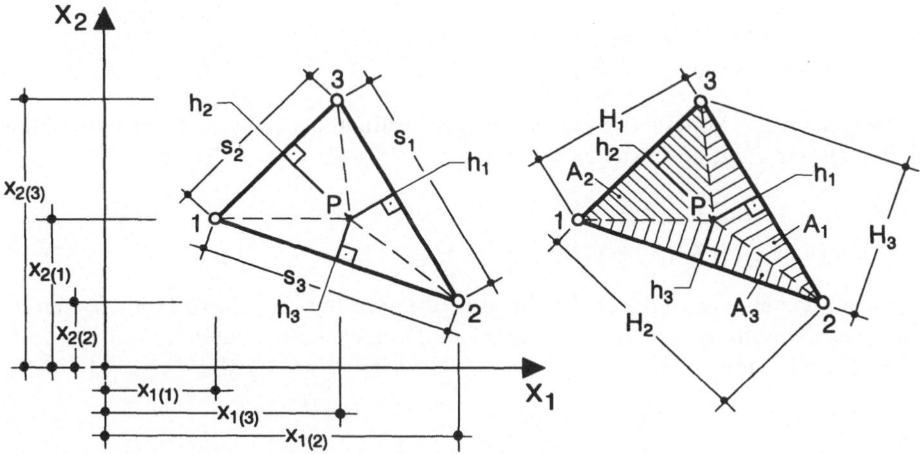

Bild A2.1. Erläuterungen zu natürlichen Dreieckskoordinaten

$$A = \frac{1}{2} s_i H_i \ ,$$ (A2.3)

kann (A2.1) auch durch

$$\zeta_1 = A_1/A \ , \quad \zeta_2 = A_2/A \ , \quad \zeta_3 = A_3/A$$ (A2.4)

ausgedrückt werden. Hieraus erklärt sich der ebenfalls gebräuchliche Ausdruck *Flächenkoordinaten*. Wegen

$$A = A_1 + A_2 + A_3$$ (A2.5)

erkennt man, daß Dreieckskoordinaten ζ_i stets voneinander *linear abhängig* sind, was durch die Beziehung

$$\zeta_1 + \zeta_2 + \zeta_3 = 1$$ (A2.6)

beschrieben wird, eine Kombination von (A2.4) und (A2.5).

Wie aus Bild A2.1 ersichtlich ist, nehmen die drei Eckpunkte des Dreiecks folgende Werte der Flächenkoordinaten an:

$$\text{Knotenpunkt 1:} \quad \zeta_1 = 1 \ , \quad \zeta_2 = \zeta_3 = 0 \ ,$$
$$\text{Knotenpunkt 2:} \quad \zeta_2 = 1 \ , \quad \zeta_1 = \zeta_3 = 0 \ ,$$
$$\text{Knotenpunkt 3:} \quad \zeta_3 = 1 \ , \quad \zeta_1 = \zeta_2 = 0 \ ,$$

d.h. die Flächenkoordinaten verlaufen proportional zu den orthogonalen Seitenabständen h_i und besitzen selbst Interpolationseigenschaften:

$$\zeta_{i\,(k)} = \delta_{ik} \ (:= 1 \ \text{für} \ i = k \ , \ := 0 \ \text{für} \ i \neq k) \ .$$ (A2.7)

Die den Knoten i gegenüberliegenden Dreiecksseiten s_i besitzen somit die Koordinaten:

$$\text{Dreiecksseite } s_1: \quad \zeta_1 = 0 \ ,$$
$$\text{Dreiecksseite } s_2: \quad \zeta_2 = 0 \ ,$$
$$\text{Dreiecksseite } s_3: \quad \zeta_3 = 0 \ .$$

Wegen (A2.7) können die kartesischen Koordinaten $x_{1(P)}$, $x_{2(P)}$ eines beliebigen Punktes P wie folgt beschrieben werden:

$$x_{1(P)} = \zeta_{1(P)} x_{1(1)} + \zeta_{2(P)} x_{1(2)} + \zeta_{3(P)} x_{1(3)} \ ,$$
$$x_{2(P)} = \zeta_{1(P)} x_{2(1)} + \zeta_{2(P)} x_{2(2)} + \zeta_{3(P)} x_{2(3)} \ .$$ (A2.8)

Ergänzen wir dies noch durch die lineare Verknüpfung (A2.6), so können hieraus die *Transformationsbeziehungen* zwischen Dreieckskoordinaten ζ_i und kartesischen Koordinaten x_α zu

$$\begin{bmatrix} x_1 \\ x_2 \\ 1 \end{bmatrix} = \begin{bmatrix} x_{1(1)} & x_{1(2)} & x_{1(3)} \\ x_{2(1)} & x_{2(2)} & x_{2(3)} \\ 1 & 1 & 1 \end{bmatrix} \cdot \begin{bmatrix} \zeta_1 \\ \zeta_2 \\ \zeta_3 \end{bmatrix}$$ (A2.9)

hergeleitet werden. Durch Inversion gewinnen wir aus (A2.9)

$$\begin{bmatrix} \zeta_1 \\ \zeta_2 \\ \zeta_3 \end{bmatrix} = \frac{1}{2A} \begin{bmatrix} x_{2(23)} & x_{1(32)} & x_{1(2)}\,x_{2(3)} - x_{1(3)}\,x_{2(2)} \\ x_{2(31)} & x_{1(13)} & x_{1(3)}\,x_{2(1)} - x_{1(1)}\,x_{2(3)} \\ x_{2(12)} & x_{1(21)} & x_{1(1)}\,x_{2(2)} - x_{1(2)}\,x_{2(1)} \end{bmatrix} \cdot \begin{bmatrix} x_1 \\ x_2 \\ 1 \end{bmatrix} , \qquad (A2.10)$$

wobei die bereits mehrfach benutzten Abkürzungen Verwendung finden:

$$x_{1(kl)} = x_{1(k)} - x_{1(l)} \, , \quad x_{2(kl)} = x_{2(k)} - x_{2(l)} \, . \qquad (A2.11)$$

A2.2 Flächenberechnungen und Integrationen

Die Fläche des Gesamtdreiecks in Bild A2.1 läßt sich in bekannter Weise aus der Transformationsmatrix (A2.9) als Funktion der Koordinaten der Eckpunkte angeben:

$$A = \frac{1}{2} \det \begin{bmatrix} x_{1(1)} & x_{1(2)} & x_{1(3)} \\ x_{2(1)} & x_{2(2)} & x_{2(3)} \\ 1 & 1 & 1 \end{bmatrix} = \frac{1}{2} \begin{vmatrix} x_{1(1)} & x_{1(2)} & x_{1(3)} \\ x_{2(1)} & x_{2(2)} & x_{2(3)} \\ 1 & 1 & 1 \end{vmatrix} , \qquad (A2.12)$$

eine Beziehung, die bereits bei der Inversion (A2.10) Anwendung fand. Analog gewinnt man für die Teilflächen A_i:

$$A_1 = \frac{1}{2} \begin{vmatrix} x_{1(P)} & x_{1(2)} & x_{1(3)} \\ x_{2(P)} & x_{2(2)} & x_{2(3)} \\ 1 & 1 & 1 \end{vmatrix} , \quad A_2 = \frac{1}{2} \begin{vmatrix} x_{1(1)} & x_{1(P)} & x_{1(3)} \\ x_{2(1)} & x_{2(P)} & x_{2(3)} \\ 1 & 1 & 1 \end{vmatrix} ,$$

$$A_3 = \frac{1}{2} \begin{vmatrix} x_{1(1)} & x_{1(2)} & x_{1(P)} \\ x_{2(1)} & x_{2(2)} & x_{2(P)} \\ 1 & 1 & 1 \end{vmatrix} . \qquad (A2.13)$$

Bei der Entwicklung finiter Elementmatrizen ist folgende Integralformel von großem Nutzen, die wir ohne Herleitung aus [Zienkiewicz 1988] übernehmen:

$$\iint\limits_A \zeta_1^a \, \zeta_2^b \, \zeta_3^c \, dx_1 \, dx_2 = \frac{a!\,b!\,c!}{(2+a+b+c)!} \, 2A \, . \qquad (A2.14)$$

A2.3 JACOBI-Matrix

Zur Transformation der Ableitungen nach den kartesischen Koordinaten x_1, x_2, die beispielsweise im kinematischen Differentialoperator $\mathbf{D}_k$ auftreten, in solche nach den Dreieckskoordinaten ζ_i, verwenden wir die Kettenregel

$$\begin{bmatrix} \dfrac{\partial}{\partial x_1} \\[2ex] \dfrac{\partial}{\partial x_2} \end{bmatrix} = \begin{bmatrix} \dfrac{\partial}{\partial \zeta_1}\cdot\dfrac{\partial \zeta_1}{\partial x_1} + \dfrac{\partial}{\partial \zeta_2}\cdot\dfrac{\partial \zeta_2}{\partial x_1} + \dfrac{\partial}{\partial \zeta_3}\cdot\dfrac{\partial \zeta_3}{\partial x_1} \\[2ex] \dfrac{\partial}{\partial \zeta_1}\cdot\dfrac{\partial \zeta_1}{\partial x_2} + \dfrac{\partial}{\partial \zeta_2}\cdot\dfrac{\partial \zeta_2}{\partial x_2} + \dfrac{\partial}{\partial \zeta_3}\cdot\dfrac{\partial \zeta_3}{\partial x_2} \end{bmatrix}$$

$$= \begin{bmatrix} \dfrac{\partial \zeta_1}{\partial x_1} & \dfrac{\partial \zeta_2}{\partial x_1} & \dfrac{\partial \zeta_3}{\partial x_1} \\[2ex] \dfrac{\partial \zeta_1}{\partial x_2} & \dfrac{\partial \zeta_2}{\partial x_2} & \dfrac{\partial \zeta_3}{\partial x_2} \end{bmatrix} \cdot \begin{bmatrix} \dfrac{\partial}{\partial \zeta_1} \\[2ex] \dfrac{\partial}{\partial \zeta_2} \\[2ex] \dfrac{\partial}{\partial \zeta_3} \end{bmatrix} . \tag{A2.15}$$

Zwecks Bildung der hierzu auftretenden Koordinatendifferentiale greifen wir auf die Transformationsbeziehung (A2.10) zurück und erhalten

$$\begin{bmatrix} \dfrac{\partial}{\partial x_1} \\[2ex] \dfrac{\partial}{\partial x_2} \end{bmatrix} = \dfrac{1}{2A} \begin{bmatrix} x_{2(23)} & x_{2(31)} & x_{2(12)} \\[2ex] x_{1(32)} & x_{1(13)} & x_{1(21)} \end{bmatrix} \cdot \begin{bmatrix} \dfrac{\partial}{\partial \zeta_1} \\[2ex] \dfrac{\partial}{\partial \zeta_2} \\[2ex] \dfrac{\partial}{\partial \zeta_3} \end{bmatrix} \tag{A2.16}$$

mit den Abkürzungen (A2.11). Die so entstandene Rechteckmatrix kann natürlich bereits als (inverse) JACOBI-*Matrix* interpretiert werden, wie dies im Abschnitt 5.3.3 erfolgte. Vorteilhafterweise eliminiert man jedoch in den Element-Interpolationen die Koordinate ζ_3 mittels (A2.6) und benötigt dann nur den ersten Teil von (A2.16), wodurch die nunmehr *quadratische* (inverse) JACOBI-*Matrix* definiert wird:

$$\begin{bmatrix} \dfrac{\partial}{\partial x_1} \\[2ex] \dfrac{\partial}{\partial x_2} \end{bmatrix} = \mathbf{J}^{-1} \cdot \begin{bmatrix} \dfrac{\partial}{\partial \zeta_1} \\[2ex] \dfrac{\partial}{\partial \zeta_2} \end{bmatrix} \quad \text{mit } \mathbf{J}^{-1} = \dfrac{1}{2A} \begin{bmatrix} x_{2(23)} & x_{2(31)} \\[2ex] x_{1(32)} & x_{1(13)} \end{bmatrix} . \tag{A2.17}$$

Durch Inversion dieser Beziehung entsteht die primale Tranformation der Differentialquotienten

$$\begin{bmatrix} \dfrac{\partial}{\partial \zeta_1} \\[2ex] \dfrac{\partial}{\partial \zeta_2} \end{bmatrix} = \mathbf{J} \cdot \begin{bmatrix} \dfrac{\partial}{\partial x_1} \\[2ex] \dfrac{\partial}{\partial x_2} \end{bmatrix} \quad \text{mit } \mathbf{J} = \begin{bmatrix} x_{1(13)} & x_{2(13)} \\[2ex] x_{1(23)} & x_{2(23)} \end{bmatrix} , \tag{A2.18}$$

beide Male erneut mit den Abkürzungen (A2.11).

A2.4 Formfunktionen in Dreieckskoordinaten

Wie schon früher festgestellt (A2.7), besitzen die natürlichen Dreieckskoordinaten bereits Interpolationseigenschaften, weshalb sich aus ihnen auf sehr anschauliche Weise beliebige Formfunktionen bilden lassen. Beispielsweise fanden bei der Entwicklung des CST-Elementes in Abschnitt 5.3.3 die Koordinaten ζ_i selbst als Formfunktionen Verwendung. In Bezug auf Bild A2.2 wollen wir nun, bestätigbar durch einfache Verifikation, folgende *Interpolationssystematik* entwickeln:

Lineares Dreieckelement (CST), 3 Knotenpunkte:
$$\Omega_1 = \zeta_1 , \quad \Omega_2 = \zeta_2 , \quad \Omega_3 = \zeta_3 .$$

Quadratisches Dreieckelement (LST), 6 Knotenpunkte:
$$\Omega_1 = (2\,\zeta_1 - 1)\,\zeta_1 , \quad \dots \; ,$$
$$\Omega_4 = 4\,\zeta_1\,\zeta_2 , \quad \dots \; . \tag{A2.20}$$

Eine derartige Interpolation wurde von uns im Abschnitt 5.3.6 angewendet, wo auch die angegebenen Formfunktionen hergeleitet wurden.

Kubisches Dreieckelement, 10 Knotenpunkte:
$$\Omega_1 = \frac{1}{2}\,(3\,\zeta_1 - 1)\,(3\,\zeta_1 - 2)\,\zeta_1 , \quad \dots \; ,$$
$$\Omega_4 = \frac{9}{2}\,\zeta_1\,(3\,\zeta_1 - 1)\,\zeta_2 , \quad \dots \; ,$$
$$\Omega_{10} = 27\,\zeta_1\,\zeta_2\,\zeta_3 . \tag{A2.21}$$

Alle weiteren Formfunktionen der beiden letzten Fälle können durch Vertauschung der Dreieckskoordinaten gemäß Bild A2.2 gewonnen werden. Die angegebenen Interpolationen entsprechen *vollständigen* Polynominterpolationen des genannten Grades in x_α, was jedoch in den vorliegenden Koordinaten nicht erkennbar ist.

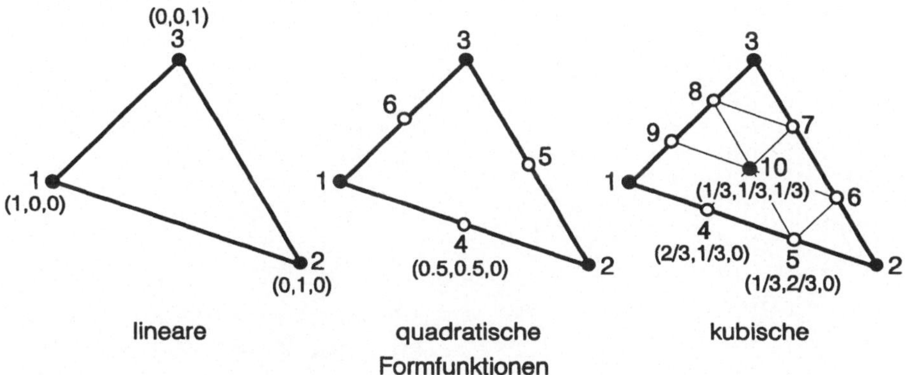

Bild A2.2. Dreiecke mit 3, 6 und 10 Knotenpunkten für verschiedene Formfunktionen in natürlichen Dreieckskoordinaten (Knotentripel in Klammern)

Literatur

Zienkiewicz, O.C.: The Finite Element Method, 3rd edition. McGraw-Hill Book Company Ltd., London 1988

Anhang 3: Indexschreibweise in der Strukturmechanik

Durch die Indexschreibweise lassen sich komplizierte Zusammenhänge der Struk-
turmechanik in sehr kompakter Form darstellen weshalb diese auch von Ingenieu-
ren beherrscht werden sollte. In diesem Kapitel werden die zugehörigen Regeln
sowie Definitionen eingeführt. Als Anwendung werden die Grundgleichungen der
Scheiben- und Plattentheorie in Indexschreibweise behandelt.

A3.1 Einführung in die Indexschreibweise

A3.1.1 Darstellung der Variablen

Das Hauptmerkmal der Indexschreibweise ist die Darstellung von Variablen durch
indizierte Symbole, beispielsweise in der Form:

$$p_\alpha \ , \quad n_{\alpha\beta} \ , \quad H_{\alpha\beta\rho\lambda} \ , \quad \dots$$
$$q_i \ , \quad s_{ij} \ , \quad G_{ijkl} \ , \quad \dots \tag{A3.1}$$

Dabei zielt die Wahl der Kernbuchstaben auf den strukturmechanischen Sinn, während die Indizes eine feste Bedeutung besitzen:

Definition: Griechische Indizes vertreten die Zahlen 1, 2 und lateinische Indizes
die Zahlen 1, 2 und 3:

$$\alpha \, , \, \beta \, , \, \gamma \, , \, \dots = 1, 2$$
$$i \, , \, j \, , \, k \, , \, \dots = 1, 2 , 3 \ . \tag{A3.2}$$

Demnach repräsentiert ein indiziertes Symbol jeweils eine bestimmte Anzahl von
Komponenten, die man in übersichtlicher Form durch Spaltenvektoren darstellen
kann:

$$p_\alpha = \begin{bmatrix} p_1 \\ p_2 \end{bmatrix} \, , \qquad p_j = \begin{bmatrix} p_1 \\ p_2 \\ p_3 \end{bmatrix} \, , \qquad n_{\alpha\beta} = \begin{bmatrix} n_{11} \\ n_{12} \\ n_{21} \\ n_{22} \end{bmatrix} \ . \tag{A3.3}$$

Ein n-fach indiziertes Symbol besitzt 2^n bzw. 3^n Komponenten, wenn als Indizes
griechische bzw. lateinische Buchstaben gewählt werden. Ein indexfreies Symbol

weist eine einzige Komponente auf und heißt *Skalar*. In einem indizierten Symbol darf im allgemeinen die Reihenfolge der Indizes nicht vertauscht werden:

$$n_{\alpha\beta} \neq n_{\beta\alpha} , \qquad A_{\rho\lambda\alpha\beta} \neq A_{\lambda\rho\alpha\beta} .$$

Ausnahmen dieser Regel bilden die folgenden Symmetrieeigenschaften:

Definition: *Die Variable* $H_{\alpha\beta\rho\lambda}$ *heißt symmetrisch in Bezug auf die Indizes* α *und* β, *wenn diese vertauscht werden dürfen:*

$$H_{\alpha\beta\rho\lambda} = H_{\beta\alpha\rho\lambda} \quad \rightarrow \quad H_{12\rho\lambda} = H_{21\rho\lambda} . \tag{A3.4}$$

Definition: *Die Variable* $R_{\alpha\beta\rho\lambda}$ *heißt antimetrisch in Bezug auf die Indizes* α *und* β, *wenn deren Vertauschung einen Vorzeichenwechsel bewirkt:*

$$R_{\alpha\beta\rho\lambda} = -R_{\beta\alpha\rho\lambda} \quad \rightarrow \quad R_{11\rho\lambda} = R_{22\rho\lambda} = 0 , \quad R_{12\rho\lambda} = -R_{21\rho\lambda} . \tag{A3.5}$$

Eine symmetrische Variable $A_{\alpha\beta}$ besitzt demnach 3 unabhängige Komponenten, während eine antimetrische Variable $B_{\alpha\beta}$ eine einzige nichtverschwindende unabhängige Komponente $B_{12} = -B_{21}$ aufweist.

Satz: *Jede zweifach indizierte Variable* $K_{\alpha\beta}$ *kann in einen symmetrischen Anteil* $K_{\alpha\beta}^{S}$ *und einen antimetrischen Anteil* $K_{\alpha\beta}^{A}$ *zerlegt werden:*

$$K_{\alpha\beta} = K_{\alpha\beta}^{S} + K_{\alpha\beta}^{A} . \tag{A3.6}$$

Dies kann durch die folgende einfache Umformung bewiesen werden:

$$K_{\alpha\beta} = \tfrac{1}{2}(K_{\alpha\beta} + K_{\beta\alpha}) + \tfrac{1}{2}(K_{\alpha\beta} - K_{\beta\alpha}) = K_{\alpha\beta}^{S} + K_{\alpha\beta}^{A} . \tag{A3.7}$$

Unterliegt die Variable $H_{\alpha\beta\rho\lambda}$ den Symmetrieforderungen

$$H_{\alpha\beta\rho\lambda} = H_{\beta\alpha\rho\lambda} = H_{\alpha\beta\lambda\rho} = H_{\rho\lambda\alpha\beta} , \tag{A3.8}$$

so gilt im einzelnen:

$$
\begin{aligned}
H_{1122} &= H_{2211} , \\
H_{1212} &= H_{2112} = H_{1221} = H_{2121} , \\
H_{1112} &= H_{1121} = H_{1211} = H_{2111} , \\
H_{2221} &= H_{2212} = H_{2122} = H_{1222} ,
\end{aligned}
\tag{A3.9}
$$

Demnach besitzt jede vierfach indizierte Variable $H_{\alpha\beta\rho\lambda}$ mit den Symmetrieeigenschaften (A3.8) nur 6 unabhängige Komponenten, die man folgendermaßen zusammenstellen kann:

$$
\begin{array}{ccc}
H_{1111} & H_{1112} & H_{1122} \\
 & H_{1212} & H_{1222} \\
 & & H_{2222} .
\end{array}
\tag{A3.10}
$$

Für die späteren Anwendungen werden Kronecker-*Symbole* $\delta_{\alpha\beta}$ und δ_{ij} eingeführt, die durch

$$\delta_{\alpha\beta} = \delta_{\beta\alpha} \quad \begin{cases} = 1 \,, & \text{wenn} \quad \alpha = \beta \\ = 0 \,, & \text{wenn} \quad \alpha \neq \beta \end{cases} \tag{A3.11}$$

bzw. durch

$$\delta_{ij} = \delta_{ji} \quad \begin{cases} = 1 \,, & \text{wenn} \quad i = j \\ = 0 \,, & \text{wenn} \quad i \neq j \end{cases} \tag{A3.12}$$

definiert sind. Demnach besitzt z.B. $\delta_{\alpha\beta}$ die folgenden Komponenten:

$$\delta_{\alpha\beta} = \begin{bmatrix} \delta_{11} & \delta_{12} \\ \delta_{21} & \delta_{22} \end{bmatrix} = \begin{bmatrix} 1 & 0 \\ 0 & 1 \end{bmatrix} . \tag{A3.13}$$

Abschließend sei erwähnt, daß die Variablen zweidimensionaler Strukturen, wie z.B. diejenigen der Platten- und Scheibentheorie, durch griechische Indizes dargestellt werden, während Variablen mit lateinischen Indizes im Zusammenhang mit dreidimensionalen Tragwerken Verwendung finden.

A3.1.2 EINSTEINsche Summationsregel

Bei der Anwendung der Indexschreibweise kommt der folgenden Regel eine zentrale Bedeutung zu:

Summationsregel: *Tritt in einem indizierten Ausdruck oder Symbol der gleiche Index zweimal auf, so wird dadurch eine Summation im folgenden Sinne definiert:*

$$\begin{aligned} p_\alpha v_\alpha &= p_1 v_1 + p_2 v_2 \,, \\ n_{\alpha\beta} v_\beta &= n_{\alpha 1} v_1 + n_{\alpha 2} v_2 \,, \\ n_{\alpha\beta} \varepsilon_{\alpha\beta} &= n_{1\beta} \varepsilon_{1\beta} + n_{2\beta} \varepsilon_{2\beta} = n_{11} \varepsilon_{11} + n_{12} \varepsilon_{12} + n_{21} \varepsilon_{21} + n_{22} \varepsilon_{22} \,, \\ H_{\alpha\beta\rho\rho} &= H_{\alpha\beta 11} + H_{\alpha\beta 22} \,. \end{aligned} \tag{A3.14}$$

Dementsprechend gilt für zweimal wiederholte lateinische Indizes:

$$\begin{aligned} v_i v_i &= v_1 v_1 + v_2 v_2 + v_3 v_3 \,, \\ \sigma_{ij} u_j &= \sigma_{i1} u_1 + \sigma_{i2} u_2 + \sigma_{i3} u_3 \,. \end{aligned} \tag{A3.15}$$

Gemäß dieser Vereinbarung dürfen in einem Ausdruck *Summationsindizes* beliebig umbenannt werden:

$$\begin{aligned} n_{\alpha\beta} v_\beta &= n_{\alpha\rho} v_\rho = n_{\alpha\lambda} v_\lambda = \dots \,, \\ \sigma_{ij} u_j &= \sigma_{ik} u_k = \sigma_{im} u_m = \dots \,. \end{aligned} \tag{A3.16}$$

Die Summationsregel gilt nicht für Ausdrücke, in denen der gleiche Index mehr als zweimal wiederholt wird. So repräsentiert z.B. die Variable $H_{\alpha\alpha\alpha\alpha}$ die folgenden zwei Komponenten

$$H_{\alpha\alpha\alpha\alpha} = \begin{bmatrix} H_{1111} \\ H_{2222} \end{bmatrix} , \tag{A3.17}$$

jedoch nicht eine Summation im Sinne der Regel (A3.14). Nach Einführung der Summationsregel kann man nunmehr in einem Ausdruck oder einer Beziehung zwischen *Summationsindizes* und *offenen Indizes* unterscheiden. So stellt z.B. in der Beziehung

$$a_{\alpha\beta} \, x_\beta + c_\alpha = 0 \tag{A3.18}$$

α einen offenen Index dar, dem man die Werte 1 und 2 zuweisen muß, und β einen Summationsindex. Hiermit kann (A3.18) in die folgenden skalarwertigen Beziehungen überführt werden:

$$\begin{aligned} a_{11}\,x_1 + a_{12}\,x_2 + c_1 &= 0 \, , \\ a_{21}\,x_1 + a_{22}\,x_2 + c_2 &= 0 \, . \end{aligned} \tag{A3.19}$$

Der Vorgang, wonach eine indizierte Gleichung in Beziehungen der Form (A3.19) transformiert wird, heißt *Ausschreiben* einer Gleichung. Aus der Transformation von (A3.18) in (A3.19) geht eindeutig hervor, daß in einer indizierten Beziehung alle Terme den gleichen offenen Index aufweisen müssen, während die Wahl der Summationsindizes keinerlei Einschränkung unterliegt.

Aufgrund der Definition (A3.11, 12) des KRONECKER-Symbols sowie der Summationsregel (A3.14, 15) kann eine weitere wichtige Rechenvorschrift eingeführt werden:

Regel vom Austausch der Indizes: *Tritt in einem Ausdruck eine Summation in Verbindung mit dem* KRONECKER-*Symbol auf, so kann der betreffende Summationsindex wie folgt umbezeichnet werden:*

$$n_{\alpha\beta}\,\delta_{\lambda\beta} = n_{\alpha\lambda} \, , \qquad n_{\alpha\beta}\,\delta_{\rho\alpha}\,\delta_{\beta\lambda} = n_{\rho\lambda} \, ,$$

$$\delta_{ij}\,\sigma_{jk} = \sigma_{ik} \, , \qquad \sigma_{ij}\,\delta_{im}\,\delta_{jn} = \sigma_{mn} \, . \tag{A3.20}$$

Beispiel A3.1: In ausgeschriebener Form lauten die Komponenten der Ausdrücke:

$$A_{\alpha\rho\rho} \, , \qquad n_{\alpha\beta}\,\delta_{\alpha\beta} \, , \qquad \delta_{\rho\lambda}\,\delta_{\rho\lambda}$$

wie folgt:

$$A_{\alpha\rho\rho} = \begin{bmatrix} A_{111} + A_{122} \\ A_{211} + A_{222} \end{bmatrix} ,$$

$$n_{\alpha\beta}\,\delta_{\alpha\beta} = n_{\alpha\alpha} = n_{\beta\beta} = n_{11} + n_{22} \, ,$$

$$\delta_{\rho\lambda}\,\delta_{\rho\lambda} = \delta_{\rho\rho} = \delta_{\lambda\lambda} = \delta_{11} + \delta_{22} = 2 \, .$$

Beispiel A3.2: Die äquivalenten Formulierungen des Ausdruckes

$$(A_1\,B_1 + A_2\,B_2)\,(C_1\,B_1 + C_2\,B_2)$$

in der Indexschreibweise sind:

$$A_\alpha B_\alpha C_\rho B_\rho = A_\beta B_\beta C_\rho B_\rho = \dots$$

Sinnlos ist dagegen z.B. ein Ausdruck der Form

$$A_\alpha B_\alpha C_\alpha B_\alpha \,,$$

worin ein Index mehr als zweimal vorkommt und demnach eine Summation im Sinne von (A3.14) nicht definiert ist. Summationsindizes dürfen auch in einem Produkt nur zweimal vorkommen.

Beispiel A3.3: Die Komponente n_{12} der durch

$$n_{\alpha\beta} = DH_{\alpha\beta\rho\lambda}\,\varepsilon_{\rho\lambda}$$

definierten Variable $n_{\alpha\beta}$ lautet in ausgeschriebener Form

$$n_{12} = DH_{12\rho\lambda}\,\varepsilon_{\rho\lambda} = D\,(H_{1211}\,\varepsilon_{11} + H_{1212}\,\varepsilon_{12} + H_{1221}\,\varepsilon_{21} + H_{1222}\,\varepsilon_{22})\,.$$

Dementsprechend möge der Leser auch die Komponenten n_{11}, n_{21} und n_{22} ausschreiben.

A3.1.3 Koordinatensysteme und Ableitungen

In Verbindung mit der Indexschreibweise werden wir orthogonale kartesische Koordinatensysteme einer Ebene durch $x_\alpha = (x_1, x_2)$ darstellen, wofür in der klassischen Schreibweise z.B. die Bezeichnung $x_1 = x$, $x_2 = y$ geläufig ist. Zweckmäßigerweise werden dann die Einheitsvektoren längs der x_α–Achsen, die zur Komponentendarstellung ebener Vektoren benötigt werden, durch $i_\alpha = (i_1, i_2)$ oder $e_\alpha = (e_1, e_2)$ bezeichnet. Die Vektoren i_1 und i_2 erfüllen mit dem KRONECKER-Symbol $\delta_{\alpha\beta}$ den Zusammenhang

$$i_\alpha \cdot i_\beta = \delta_{\alpha\beta}\,, \qquad\qquad\qquad (A3.21)$$

der ihre Längeneinheit sowie Orthogonalität zum Ausdruck bringt. Die Zerlegung eines beliebigen ebenen Vektors $\mathbf{u}$ hinsichtlich i_α kann gemäß

$$\mathbf{u} = u_1\,i_1 + u_2\,i_2 = u_\alpha\,i_\alpha \qquad\qquad\qquad (A3.22)$$

dargestellt werden. Damit gilt für das Skalarprodukt zweier beliebiger Vektoren $\mathbf{A}$ und $\mathbf{B}$:

$$\begin{aligned}
\mathbf{A} \cdot \mathbf{B} = (A_\rho\,i_\rho) \cdot (B_\lambda\,i_\lambda) &= A_\rho\,B_\lambda\,i_\rho \cdot i_\lambda \\
&= A_\rho\,B_\lambda\,\delta_{\rho\lambda} = A_\rho\,B_\rho = A_\lambda\,B_\lambda\,.
\end{aligned} \qquad (A3.23)$$

Zwecks einer kompakten Darstellung werden partielle Ableitungen von Variablen nach x_α durch ein Komma gekennzeichnet:

$$n_{\alpha\beta,\gamma} = \frac{\partial\,n_{\alpha\beta}}{\partial\,x_\gamma}\,, \qquad n_{\alpha\beta,\gamma\lambda} = \frac{\partial^2\,n_{\alpha\beta}}{\partial\,x_\gamma\,\partial\,x_\lambda}\,. \qquad (A3.24)$$

Dabei sei vereinbart, daß die Summationsregel auch für die Indizes gilt, welche partielle Ableitungen ausdrücken. So gilt beispielsweise

$$\begin{aligned}
n_{\alpha\beta,\beta} &= n_{\alpha 1,1} + n_{\alpha 2,2}\,, \\
m_{\alpha\beta}\,v_{,\alpha\beta} &= m_{11}\,v_{,11} + m_{12}\,v_{,12} + m_{21}\,v_{,21} + m_{22}\,v_{,22}\,,
\end{aligned} \qquad (A3.25)$$

und – da die Reihenfolge partieller Ableitungen belanglos ist – ebenfalls:

$$n_{\alpha\beta,\beta\lambda} = n_{\alpha\beta,\lambda\beta} \ , \qquad m_{\alpha\beta} \, v_{,\alpha\beta} = m_{\alpha\beta} \, v_{,\beta\alpha} \ . \tag{A3.26}$$

Beispiel A3.4: Die Gleichungen

$$\frac{\partial^2 A_1}{\partial x_1 \, \partial x_1} + \frac{\partial^2 A_1}{\partial x_2 \, \partial x_2} + B_{111} + B_{122} = 0$$

$$\frac{\partial^2 A_2}{\partial x_1 \, \partial x_1} + \frac{\partial^2 A_2}{\partial x_2 \, \partial x_2} + B_{211} + B_{222} = 0$$

lassen sich in die Kurzform

$$A_{1,\alpha\alpha} + B_{1\alpha\alpha} = 0$$

$$\rightarrow \quad A_{\beta,\alpha\alpha} + B_{\beta\alpha\alpha} = 0$$

$$A_{2,\alpha\alpha} + B_{2\alpha\alpha} = 0$$

überführen.

Beispiel A3.5: Die indizierte Beziehung

$$n_{\rho\beta,\rho} + p_\beta = 0$$

lautet in ausgeschriebener Form:

$$n_{11,1} + n_{21,2} + p_1 = 0 \ ,$$

$$n_{12,1} + n_{22,2} + p_2 = 0 \ .$$

Beispiel A3.6: Für jede symmetrische Variable $a_{\alpha\beta} = a_{\beta\alpha}$ gilt die Identität

$$a_{\alpha\beta} \, (a_{\alpha\beta,\gamma} + a_{\gamma\beta,\alpha} - a_{\alpha\gamma,\beta}) = a_{\alpha\beta} \, a_{\alpha\beta,\gamma} \ .$$

Dies kann durch einfache Umbenennung der Summationsindizes im zweiten Produkt der linken Seite bewiesen werden:

$$a_{\alpha\beta} \, a_{\gamma\beta,\alpha} = a_{\beta\alpha} \, a_{\gamma\alpha,\beta} = a_{\alpha\beta} \, a_{\alpha\gamma,\beta} \ .$$

In einer aufwendigeren Form kann der Beweis auch durch Ausschreiben der Summationen unter Beachtung der Symmetrie $a_{\alpha\beta} = a_{\beta\alpha}$ erfolgen.

A3.2 Ergänzende Sätze

A3.2.1 Partielle Integration

Umformungen mittels partieller Integration werden zur Herleitung der EULERschen Gleichungen eindimensionaler Variationsprobleme benötigt, deren Argumente von einer einzigen Veränderlichen abhängen. Sind u(x) und v(x) Funktionen von x und bezeichnet $(...)'$ Ableitungen nach x, so gilt

$$\int u \, v' \, dx = \int (u \, v)' \, dx - \int u' \, v \, dx$$

$$= u \, v \qquad - \int u' \, v \, dx \ . \tag{A3.27}$$

Diese als *partielle Integration* bekannte Umformung führt bei bestimmten Integralausdrücken zu:

$$\int_{x_1}^{x_2} u \, v' \, dx \;=\; [\, u \; v \,]_{x_1}^{x_2} \;-\; \int_{x_1}^{x_2} u' \, v \, dx \; . \tag{A3.28}$$

Die Anwendung dieser Regel sei durch zwei Beispiele erläutert:

$$\begin{aligned}
\int x \sin x \, dx &= x \, (- \cos x) - \int 1 \cdot (- \cos x) \, dx \\
&= - x \cos x + \sin x + C \; ,
\end{aligned} \tag{A3.29}$$

$$\begin{aligned}
\int \ln x \, dx &= \int \ln x \cdot 1 \, dx = (\ln x) \, x - \int \frac{1}{x} \, x \, dx \\
&= x \ln x - x + C \; .
\end{aligned} \tag{A3.30}$$

A3.2.2 Der Gausssche Integralsatz

Die Rolle der partiellen Integration übernimmt bei zwei- und dreidimensionalen Variationsformulierungen der Gausssche Integralsatz. Zu seiner Einführung betrachten wir auf der (x_1, x_2)– Ebene ein Gebiet F, das durch eine geschlossene, glatte Kurve C berandet sei. Der Vektor

$$v = v_\alpha \, i_\alpha = v_1 \, i_1 + v_2 \, i_2 \tag{A3.31}$$

mit der Einheitslänge $|v| = 1$ verkörpere die nach außen gerichtete *Normale* der Kurve C. Gegeben sei nun das Vektorfeld:

$$A = A_1 \, i_1 + A_2 \, i_2 = A_\alpha \, i_\alpha \; , \tag{A3.32}$$

definiert auf dem Gebiet F. Die Divergenz von A, div A, stellt eine skalare Funktion dar, welche der Definition

$$\text{div } A = A_{\alpha,\alpha} = \frac{\partial A_1}{\partial x_1} + \frac{\partial A_2}{\partial x_2} \tag{A3.33}$$

unterliegt. Der *Gausssche Integralsatz* transformiert das Flächenintegral einer beliebigen Divergenz $A_{\alpha,\alpha}$ in ein Linienintegral längs C:

$$\iint_F A_{\alpha,\alpha} \, dF = \oint_C A_\alpha \, v_\alpha \, ds \;\rightarrow\; \iint_F (A_{1,1} + A_{2,2}) \, dF = \oint_C (A_1 \, v_1 + A_2 \, v_2) \, ds \; . \tag{A3.34}$$

Hierin bezeichnet $dF = dx_1 \, dx_2$ das Flächenelement auf F und ds das Bogenelement längs C. Läßt sich das Vektorfeld A_α durch das Produkt

$$A_\alpha = n_{\alpha\beta} \, u_\beta = n_{\alpha 1} \, u_1 + n_{\alpha 2} \, u_2 \tag{A3.35}$$

darstellen, so nimmt (A3.34) die Gestalt

$$\iint_F (n_{\alpha\beta}\, u_\beta)_{,\alpha}\, dF \;=\; \oint_C (n_{\alpha\beta}\, u_\beta\, \nu_\alpha)\, ds \qquad\qquad (A3.36)$$

an, wobei – wie üblich – über die Indizes α und β zu summieren ist. In den Anwendungen der Scheibentheorie bezeichnet $n_{\alpha\beta}$ die tangentialen Dehnkräfte und u_β die Verschiebungen der Mittelfläche in den x_β-Richtungen.

A3.3   Theorie der Scheibentragwerke in Indexschreibweise

A3.3.1 Bezeichungen

In diesem Abschnitt wird die Indexschreibweise auf die Theorie der Scheibentragwerke angewandt, um die zugehörigen Beziehungen in einer für die Anwendungen der Variationsrechnung vorteilhaften kompakten Form zu präsentieren. Hierzu betrachten wir eine beliebige Scheibe, deren Mittelfläche F durch eine geschlossene glatte Kurve C berandet ist (Bild A3.1). Die Punkte von F werden durch orthogonale kartesische Koordinaten x_α beschrieben. Die Komponentendarstellung von Vektoren erfolgt im Inneren von F sowie längs der Berandung C hinsichtlich der dem Koordinatensystem x_α zugeordneten Basis i_α. Längs der Berandung C werden jedoch Vektoren gelegentlich auch hinsichtlich der begleitenden Basis $(\tau\,,\nu)$ von C in Komponenten zerlegt, um hiermit anschaulich interpretierbare Variablen zu definieren. Im folgenden seien nun einige wichtige Bezeichungen zusammengestellt:

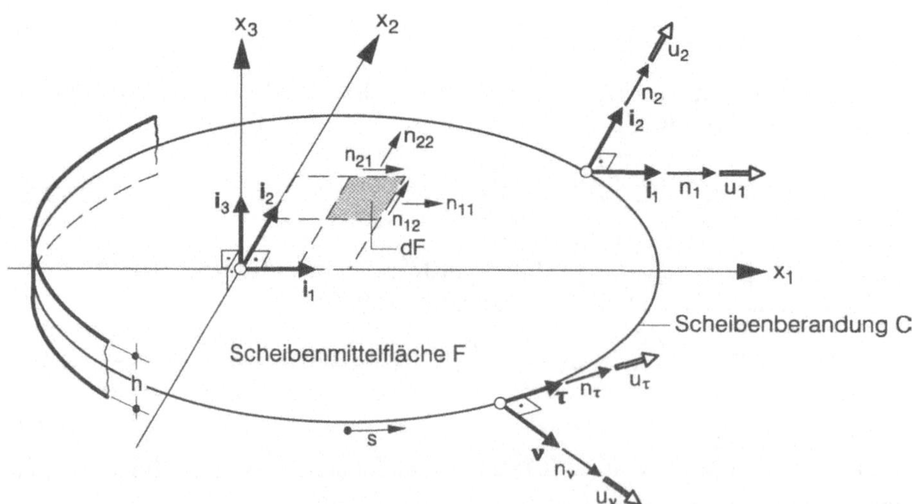

Bild A3.1. Scheibentragwerk: Definition der Schnittkräfte und der vorschreibbaren Randvariablen

$$x_j = (x_1, x_2, x_3) \quad : \quad \text{orthogonale kartesische Koordinaten,}$$

$$\mathbf{i}_j = (\mathbf{i}_1, \mathbf{i}_2, \mathbf{i}_3) \quad : \quad \text{orthonormierte Basisvektoren längs } x_j\text{–Achsen,}$$

$$(...)_{,\alpha} = \frac{\partial (...)}{\partial x_\alpha} \quad : \quad \text{partielle Ableitungen nach } x_\alpha,$$

$$\mathbf{u} = u_\alpha \mathbf{i}_\alpha \quad : \quad \text{Vektorzerlegung hinsichtlich } \mathbf{i}_\alpha,$$

$$\boldsymbol{\tau} = \tau_\alpha \mathbf{i}_\alpha \quad : \quad \text{Tangentenvektor zu C } (|\boldsymbol{\tau}| = 1),$$

$$\mathbf{v} = v_\alpha \mathbf{i}_\alpha \quad : \quad \text{Normale zu C } (|\mathbf{v}| = 1),$$

$$\mathbf{u} = u_\tau \boldsymbol{\tau} + u_v \mathbf{v} \quad : \quad \text{Vektorzerlegung hinsichtlich } (\boldsymbol{\tau}, \mathbf{v})$$

$$ds \quad : \quad \text{Bogenelement längs C,}$$

$$dF = dx_1\, dx_2 \quad : \quad \text{Element der Mittelfläche F,}$$

$$h \quad : \quad \text{Scheibendicke,}$$

$$E, G, v \quad : \quad \text{Elastizitätsmodul, Schubmodul, Querkontraktions-}$$

zahl.

Abschließend sei noch daran erinnert, daß doppelt auftretende Indizes eine Summation im Sinne der Regel (A3.14) definieren.

A3.3.2 Mechanische Variablen

Das Ziel dieses Abschnittes bildet die Einführung der mechanischen Variablen der Scheibe und deren Überführung in geeignete Spaltenvektoren, die im nächsten Abschnitt zur Formulierung strukturmechanischer Operatorbeziehungen dienen. Zur physikalischen Interpretation der verwendeten Variablen sei der Leser auf die ausführlichere Herleitung in Abschnitt 2.4 verwiesen.

Die äußeren mechanischen Variablen einer Scheibe bestehen aus den Lastkomponenten p_α sowie den Verschiebungen u_α, welche in Richtung der Basisvektoren $\mathbf{i}_\alpha$ zeigen. Damit definieren wir die Spaltenvektoren der Lasten $\mathbf{p}$ und der Verschiebungen $\mathbf{u}$:

$$\mathbf{p} = \begin{bmatrix} p_1 \\ p_2 \end{bmatrix}, \qquad \mathbf{u} = \begin{bmatrix} u_1 \\ u_2 \end{bmatrix}, \tag{A3.37}$$

die je einem zweizeiligen Spaltenvektor entsprechen. Die Größen $\mathbf{p}$ und $\mathbf{u}$ sowie deren auf der gleichen Zeile aufgeführten Komponenten stellen korrespondierende Variablen dar.

Der Kräftezustand einer Scheibe wird durch die Dehnkräfte $n_{\alpha\beta}$ beschrieben, die energetisch mit den Verzerrungen $\varepsilon_{\alpha\beta}$ korrespondieren. Die Komponenten $n_{\alpha\beta}$ und $\varepsilon_{\alpha\beta}$ lassen sich in folgende vierzeilige Spaltenvektoren

$$\boldsymbol{\sigma} = \begin{bmatrix} n_{11} \\ n_{12} \\ n_{21} \\ n_{22} \end{bmatrix}, \qquad \boldsymbol{\varepsilon} = \begin{bmatrix} \varepsilon_{11} \\ \varepsilon_{12} \\ \varepsilon_{21} \\ \varepsilon_{22} \end{bmatrix} \tag{A3.38}$$

anordnen. Die hierin definierten Größen σ und ε werden als *Spaltenvektor der inneren Kräfte bzw. der inneren Weggrößen* bezeichnet. Dabei sei auf die bekannten Symmetrieeigenschaften

$$n_{12} = n_{21} \;, \qquad \varepsilon_{12} = \varepsilon_{21}$$

hingewiesen, wonach σ und ε je drei unabhängige Komponenten besitzen. Die bisher eingeführten Variablen beschreiben den Kräfte- und Verformungszustand im Inneren des Tragwerks und werden im nächsten Abschnitt zur Formulierung der Feldgleichungen herangezogen.

Nun sollen diejenigen Variablen definiert werden, mit denen vorgegebene Bedingungen längs der Berandung C der Scheibe formulierbar sind. *Weggrößenrandbedingungen* können durch die eingangs eingeführten Verschiebungen u_α ausgedrückt werden. Zur Formulierung vorgegebener *Kraftgrößenrandbedingungen* stehen die zu u_α korrespondierenden Dehnkräfte n_α zur Verfügung, die – wie die Verschiebungen u_α – hinsichtlich der Basis i_α definiert sind. Mit Hilfe von n_α und u_α seien nun die Spaltenvektoren

$$\sigma_r = \begin{bmatrix} n_1 \\ n_2 \end{bmatrix} \;, \qquad u = \begin{bmatrix} u_1 \\ u_2 \end{bmatrix} \tag{A3.39}$$

eingeführt, wobei der bereits in (A3.37) eingeführte Spaltenvektor u vollständigkeitshalber wiederholt wurde. Bekanntlich läßt die Scheibentheorie – als Randwertproblem vierter Ordnung – die Formulierung von zwei Bedingungen längs der Berandung C zu. Im Einklang mit dieser Eigenschaft bestehen die Vektoren σ_r und u aus je zwei Komponenten.

Vorgegebene Randbedingungen können auch durch Dehnkräfte n_τ, n_ν sowie Verschiebungen u_τ, u_ν formuliert werden, die hinsichtlich der in Bild A3.1 dargestellten orthonormierten Basis (τ, ν) der Randkurve definiert sind:

$$n = n_\tau \tau + n_\nu \nu \;, \qquad u = u_\tau \tau + u_\nu \nu \;. \tag{A3.40}$$

Hiermit lassen sich die Spaltenvektoren

$$t = \begin{bmatrix} n_\tau \\ n_\nu \end{bmatrix} \;, \qquad r = \begin{bmatrix} u_\tau \\ u_\nu \end{bmatrix} \tag{A3.41}$$

definieren, deren Verwendung für den Fall beliebig geformter Randkurven vorteilhaft ist.

A3.3.3 Die Grundbeziehungen

Im folgenden werden die Grundgleichungen der Scheibentheorie in Indexschreibweise zusammengestellt, welche zur Bestimmung der unbekannten Variablen u_α, $n_{\alpha\beta}$ sowie $\varepsilon_{\alpha\beta}$ dienen. Unter Verwendung der im Abschnitt A3.3.2 definierten Spaltenvektoren werden diese Beziehungen gleichzeitig in ihre Operatorform transformiert, um die Äquivalenz beider Darstellungen zu betonen. Die ausführliche Darstellung der Operatorgleichungen findet sich in Tafel A 3.1.

Tafel A3.1. Operatordarstellung der Grundbeziehungen der Scheibentheorie

---

Gleichgewicht : $-\mathbf{p} = \mathbf{D_e} \cdot \sigma$

$$-\begin{bmatrix} p_1 \\ p_2 \end{bmatrix} = \begin{bmatrix} \partial_1 & \tfrac{1}{2}\partial_2 & \tfrac{1}{2}\partial_2 & 0 \\ 0 & \tfrac{1}{2}\partial_1 & \tfrac{1}{2}\partial_1 & \partial_2 \end{bmatrix} \cdot \begin{bmatrix} n_{11} \\ n_{12} \\ n_{21} \\ n_{22} \end{bmatrix}$$

Kinematik : $\varepsilon = \mathbf{D_k} \cdot \mathbf{u}$

$$\begin{bmatrix} \varepsilon_{11} \\ \varepsilon_{12} \\ \varepsilon_{21} \\ \varepsilon_{22} \end{bmatrix} = \begin{bmatrix} \partial_1 & 0 \\ \tfrac{1}{2}\partial_2 & \tfrac{1}{2}\partial_1 \\ \tfrac{1}{2}\partial_2 & \tfrac{1}{2}\partial_1 \\ 0 & \partial_2 \end{bmatrix} \cdot \begin{bmatrix} u_1 \\ u_2 \end{bmatrix}$$

Werkstoffgesetz : $\sigma = D\mathbf{E} \cdot \varepsilon$

$$\begin{bmatrix} n_{11} \\ n_{12} \\ n_{21} \\ n_{22} \end{bmatrix} = D \begin{bmatrix} H_{1111} & H_{1112} & H_{1121} & H_{1122} \\ H_{1211} & H_{1212} & H_{1221} & H_{1222} \\ H_{2111} & H_{2112} & H_{2121} & H_{2122} \\ H_{2211} & H_{2212} & H_{2221} & H_{2222} \end{bmatrix} \cdot \begin{bmatrix} \varepsilon_{11} \\ \varepsilon_{12} \\ \varepsilon_{21} \\ \varepsilon_{22} \end{bmatrix} \qquad D = \frac{Eh}{1-v^2}$$

$$\varepsilon = \frac{1}{D}\mathbf{E}^{-1} \cdot \sigma$$

$$\begin{bmatrix} \varepsilon_{11} \\ \varepsilon_{12} \\ \varepsilon_{21} \\ \varepsilon_{22} \end{bmatrix} = \frac{1}{D} \begin{bmatrix} G_{1111} & G_{1112} & G_{1121} & G_{1122} \\ G_{1211} & G_{1212} & G_{1221} & G_{1222} \\ G_{2111} & G_{2112} & G_{2121} & G_{2122} \\ G_{2211} & G_{2212} & G_{2221} & G_{2222} \end{bmatrix} \cdot \begin{bmatrix} n_{11} \\ n_{12} \\ n_{21} \\ n_{22} \end{bmatrix}$$

Vorschreibbare Randkraftgrößen: $\sigma_r = \mathbf{D_r} \cdot \sigma$

$$\begin{bmatrix} n_1 \\ n_2 \end{bmatrix} = \begin{bmatrix} v_1 & \tfrac{1}{2}v_2 & \tfrac{1}{2}v_2 & 0 \\ 0 & \tfrac{1}{2}v_1 & \tfrac{1}{2}v_1 & v_2 \end{bmatrix} \cdot \begin{bmatrix} n_{11} \\ n_{12} \\ n_{21} \\ n_{22} \end{bmatrix}$$

Vorschreibbare Weggrößen: $\mathbf{u}$

$$\begin{bmatrix} u_1 \\ u_2 \end{bmatrix}$$

Vorschreibbare Randkraftgrößen: $\mathbf{t} = \mathbf{R_t} \cdot \sigma$

$$\begin{bmatrix} n_\tau \\ n_v \end{bmatrix} = \begin{bmatrix} v_1\tau_1 & v_1\tau_2 & v_2\tau_1 & v_2\tau_2 \\ v_1 v_1 & v_1 v_2 & v_2 v_1 & v_2 v_2 \end{bmatrix} \cdot \begin{bmatrix} n_{11} \\ n_{12} \\ n_{21} \\ n_{22} \end{bmatrix}$$

Vorschreibbare Weggrößen: $\mathbf{r} = \mathbf{R_r} \cdot \mathbf{u}$

$$\begin{bmatrix} u_\tau \\ u_v \end{bmatrix} = \begin{bmatrix} \tau_1 & \tau_2 \\ v_1 & v_2 \end{bmatrix} \cdot \begin{bmatrix} u_1 \\ u_2 \end{bmatrix}$$

Die Kopplung zwischen den Lasten p_β und den Schnittkräften $n_{\alpha\beta}$ wird durch die Gleichgewichtsbedingungen

$$n_{\alpha\beta,\alpha} + p_\beta = 0 \qquad \rightarrow \qquad -\mathbf{p} = \mathbf{D}_e\,\sigma \tag{A3.42}$$

beschrieben, worin durch $(...)_{,\alpha}$ partielle Ableitungen nach den Koordinaten x_α bezeichnet werden. In der auf der rechten Seite angegebenen Operatorbeziehung bildet $\mathbf{D}_e$ den von dem Differentialoperator $\partial_\alpha = (...)_{,\alpha}$ abhängigen *Gleichgewichtsoperator*, dessen Definition Tafel A3.1 zu entnehmen ist. Es ist leicht bestätigbar, daß sich die Gleichgewichtsbedingungen aus Tafel A3.1 unter Anwendung der Summationsregel in die Indexdarstellung (A3.42) transformieren lassen.

Die Verschiebungen u_α lassen sich mittels der kinematischen Beziehungen

$$\varepsilon_{\alpha\beta} = \frac{1}{2}(u_{\alpha,\beta} + u_{\beta,\alpha}) \quad \to \quad \boldsymbol{\varepsilon} = \mathbf{D}_k\,\mathbf{u} \tag{A3.43}$$

in die Verzerrungen $\varepsilon_{\alpha\beta}$ überführen. In der obigen Operatorbeziehung kennzeichnet $\mathbf{D}_k$ den *kinematischen Operator*, der wie $\mathbf{D}_e$ den Operator ∂_α enthält (Tafel A3.1).

Zur Formulierung der Werkstoffgleichungen seien zunächst die Elastizitätskoeffizienten

$$H_{\alpha\beta\lambda\delta} = \frac{1-\nu}{2}\left(\delta_{\alpha\lambda}\,\delta_{\beta\delta} + \delta_{\alpha\delta}\,\delta_{\beta\lambda} + \frac{2\nu}{1-\nu}\,\delta_{\alpha\beta}\,\delta_{\lambda\delta}\right) \tag{A3.44}$$

und

$$G_{\alpha\beta\lambda\delta} = \frac{1}{2(1-\nu)}\left(\delta_{\alpha\lambda}\,\delta_{\beta\delta} + \delta_{\alpha\delta}\,\delta_{\beta\lambda} - \frac{2\nu}{1+\nu}\,\delta_{\alpha\beta}\,\delta_{\lambda\delta}\right) \tag{A3.45}$$

eingeführt, worin $\delta_{\alpha\beta}$ das KRONECKER-Symbol und ν die Querkontraktionszahl des als linear-elastisch vorausgesetzten Werkstoffs kennzeichnen. Gemäß ihrer Definitionen unterliegen die Variablen $H_{\alpha\beta\lambda\delta}$ und $G_{\alpha\beta\lambda\delta}$ den Symmetrieeigenschaften

$$H_{\alpha\beta\lambda\delta} = H_{\beta\alpha\lambda\delta} = H_{\beta\alpha\delta\lambda} = H_{\lambda\delta\alpha\beta}\,, \tag{A3.46}$$

$$G_{\alpha\beta\lambda\delta} = G_{\beta\alpha\lambda\delta} = G_{\beta\alpha\delta\lambda} = G_{\lambda\delta\alpha\beta}\,, \tag{A3.47}$$

und besitzen je sechs unabhängige Komponenten, die wie folgt lauten:

$$
\begin{aligned}
&H_{1111} = 1\,, \quad H_{2222} = 1\,, \quad H_{1122} = H_{2211} = \nu\,,\\
&H_{1212} = H_{2112} = H_{1221} = H_{2121} = \frac{1-\nu}{2}\,,\\
&H_{1112} = H_{1121} = H_{1211} = H_{2111} = 0\,,\\
&H_{2221} = H_{2212} = H_{2122} = H_{1222} = 0\,,
\end{aligned}
\tag{A3.48}
$$

$$
\begin{aligned}
&G_{1111} = \frac{1}{1-\nu^2}\,, \quad G_{2222} = \frac{1}{1-\nu^2}\,, \quad G_{1122} = G_{2211} = -\frac{\nu}{1-\nu^2}\,,\\
&G_{1212} = G_{2112} = G_{1221} = G_{2121} = \frac{1}{2(1-\nu)}\,,\\
&G_{1112} = G_{1121} = G_{1211} = G_{2111} = 0\,,\\
&G_{2221} = G_{2212} = G_{2122} = G_{1222} = 0\,.
\end{aligned}
\tag{A3.49}
$$

Mit ihnen lassen sich die Werkstoffgleichungen durch die beiden äquivalenten Varianten

$$n_{\alpha\beta} = D\,H_{\alpha\beta\rho\lambda}\,\varepsilon_{\rho\lambda} \quad \to \quad \boldsymbol{\sigma} = D\,\mathbf{E}\,\boldsymbol{\varepsilon}\,, \tag{A3.50}$$

$$\varepsilon_{\alpha\beta} = \frac{1}{D}\,G_{\alpha\beta\rho\lambda}\,n_{\rho\lambda} \quad \to \quad \boldsymbol{\varepsilon} = \frac{1}{D}\,\mathbf{E}^{-1}\,\boldsymbol{\sigma}\,, \tag{A3.51}$$

ausdrücken, worin D die *Dehnsteifigkeit* des Scheibentragwerks

$$D = \frac{Eh}{1-\nu^2}$$

abkürzt. Ferner stellen $\mathbf{E}$ und $\mathbf{E}^{-1}$ quadratische Matrizen dar, welche von den Variablen $H_{\alpha\beta\rho\lambda}$ bzw. $G_{\alpha\beta\rho\lambda}$ abhängen. Ihre Definitionen sind Tafel A3.1 zu entnehmen.

Zur Vervollständigung der obigen Zusammenstellung sei noch der Zusammenhang

$$n_\beta = n_{\alpha\beta}\, v_\alpha \qquad\qquad \rightarrow \quad \sigma_r = \mathbf{D}_r\, \sigma \qquad\qquad (A3.52)$$

zwischen den in (A3.39) definierten Randkräften n_β und Schnittgrößen $n_{\alpha\beta}$ angegeben. Die zugehörige Operatorformulierung läßt unter Berücksichtigung der Symmetrie $n_{12} = n_{21}$ die Transformationsmatrix $\mathbf{D}_r$ entstehen, welche von der Normalen v_α der Randkurve C abhängt (Tafel A3.1). Entsprechende Transformationen haben für die hinsichtlich der lokalen Basis $(\tau, \mathbf{v})$ definierten Randvariablen (A3.41) die Form

$$n_\tau = n_\beta\, \tau_\beta = n_{\alpha\beta}\, v_\alpha\, \tau_\beta \ ,$$
$$\rightarrow \quad \mathbf{t} = \mathbf{R}_r\, \sigma_r = \mathbf{R}_r\, \mathbf{D}_r\, \sigma = \mathbf{R}_t\, \sigma \ , \quad (A3.53)$$
$$n_v = n_\beta\, v_\beta = n_{\alpha\beta}\, v_\alpha\, v_\beta \ ,$$

$$u_\tau = u_\alpha\, \tau_\alpha \ ,$$
$$\rightarrow \quad \mathbf{r} = \mathbf{R}_r\, \mathbf{u} \ , \qquad\qquad (A3.54)$$
$$u_v = u_\alpha\, v_\alpha \ ,$$

wobei die Definition der Transformationsmatrizen $\mathbf{R}_r$ und $\mathbf{R}_t$ wieder Tafel A3.1 zu entnehmen ist. Bei der Herleitung von $\mathbf{R}_t$ wurde erneut die bekannte Symmetrieeigenschaft $n_{12} = n_{21}$ ausgenutzt.

Aus Tafel A3.1 erkennt man, daß die Operatoren $\mathbf{D}_k$, $\mathbf{D}_e$ und $\mathbf{D}_r$ nach einer einfachen Vorschrift ineinander überführbar sind. Transponiert man den kinematischen Operator $\mathbf{D}_k$, so entsteht der Gleichgewichtsoperator $\mathbf{D}_e$. Setzt man ferner in $\mathbf{D}_e\ \partial_\alpha = v_\alpha$, so erhält man $\mathbf{D}_r$:

$$\mathbf{D}_e = \mathbf{D}_k^T \ , \quad \mathbf{D}_r = \mathbf{D}_e\,(\partial_\alpha = v_\alpha) \ . \qquad\qquad (A3.55)$$

Abschließend sei noch das Prinzip vom Minimum des Gesamtpotentials $\Pi = $ min in Indexdarstellung angegeben. Hierzu betrachten wir eine Scheibe unter beliebigen Flächenlasten p_α. Die Randkurve C ihrer Mittelfläche F bestehe aus zwei Bereichen C_r und C_t, längs denen Weggrößen- bzw. Kraftvariablen vorgegeben seien:

$$u_\alpha = u_\alpha^o \qquad\qquad \rightarrow \quad \mathbf{u} = \mathbf{u}^o \ , \text{ längs } C_r \ ,$$
$$n_\alpha = n_\alpha^o \qquad\qquad \rightarrow \quad \sigma_r = \sigma_r^o \ , \text{ längs } C_t \ . \qquad (A3.56)$$

Hierin kennzeichnet der Index $(...)^o$ vorgegebene Randwerte. Unter dieser Voraussetzung lautet das Variationsprinzip $\Pi = $ min:

$$\Pi = \Pi_i + \Pi_a = \min$$

$$= \frac{1}{2} \iint_F D\, H_{\alpha\beta\rho\lambda}\, \varepsilon_{\alpha\beta}\, \varepsilon_{\rho\lambda}\, dF - \iint_F p_\alpha\, u_\alpha\, dF - \int_{C_t} n_\alpha^o\, u_\alpha\, ds$$

$$= \frac{1}{2} \iint_F \boldsymbol{\varepsilon}^T D\, \mathbf{E}\, \boldsymbol{\varepsilon}\, dF \qquad - \iint_F \mathbf{p}^T \mathbf{u}\, dF - \int_{C_t} (\boldsymbol{\sigma}_r^o)^T \mathbf{u}\, ds \ , \qquad (A3.57)$$

worin die Variablen $\varepsilon_{\alpha\beta}$ und u_α den kinematischen Beziehungen

$$\varepsilon_{\alpha\beta} = \frac{1}{2}\,(u_{\alpha,\beta} + u_{\beta,\alpha}) \qquad\qquad \rightarrow \quad \boldsymbol{\varepsilon} = \mathbf{D}_k\, \mathbf{u} \qquad\qquad (A3.58)$$

sowie den Weggrößenbedingungen

$$u_\alpha = u_\alpha^o \qquad\qquad\qquad \rightarrow \quad \mathbf{u} = \mathbf{u}^o \quad \text{längs } C_r \qquad\qquad (A3.59)$$

unterliegen.

A3.4 Plattentheorie in Indexschreibweise

A3.4.1 Mechanische Variablen

Im folgenden sollen die Grundgleichungen der Plattentheorie in Indexschreibweise zusammengestellt werden. Im Gegensatz zur Scheibentheorie basiert die Plattentheorie bekanntlich auf einer kinematischen Annahme hinsichtlich der Verteilung des Verschiebungsfeldes über die Plattendicke. In diesem Sinne läßt sich zwischen einer *Normalentheorie* und einer *Schubverzerrungstheorie (Theorie schubweicher Platten)* unterscheiden. In der Normalentheorie wird postuliert, daß die Koordinatenlinie x_3 während der Verformung geradlinig bleibt und ihre Orthogonalität zur Mittelfläche bewahrt. Dies führt zu einem mechanischen Modell, in welchem der Verschiebungszustand durch eine einzige unabhängige Weggröße, die Durchbiegung w, beschrieben wird. Im Gegensatz hierzu wird in der Schubverzerrungstheorie lediglich noch die Geradlinigkeit der Koordinatenlinie x_3 im Verformungsprozeß postuliert. In dem zugehörigen mechanischen Modell wird der Verschiebungszustand durch drei unabhängige Weggrößen, die Durchbiegung w und die zwei Verdrehungskomponenten ω_α, beschrieben. Dabei sei ausdrücklich erwähnt, daß in beiden kinematischen Modellen die Dickenrichtung als dehnsteif postuliert wird.

Nun sollen die Grundlagen schubweicher Platten vorgestellt werden. Dabei werden für die differentialgeometrischen Kennwerte die in Abschnitt A3.3.1 eingeführten Bezeichnungen verwendet. Die äußeren Kraftvariablen umfassen die orthogonal zur Mittelfläche wirkenden Lasten p sowie die Lastmomente c_α. Die hierzu korrespondierenden Weggrößen bestehen aus der Durchbiegung w sowie den Verdrehungen ω_α, womit sich die Spaltenvektoren

$$\mathbf{p} = \begin{bmatrix} p \\ c_1 \\ c_2 \end{bmatrix}, \qquad \mathbf{u} = \begin{bmatrix} w \\ \omega_1 \\ \omega_2 \end{bmatrix} \qquad\qquad (A3.60)$$

definieren lassen. Bei vielen Problemstellungen verschwinden die Momenteneinwirkungen ($c_\alpha = 0$).

Der Kräftezustand wird durch die Momente $m_{\alpha\beta}$ und die Querkräfte q_α beschrieben, denen als korrespondierende Variablen die Verkrümmungen $\kappa_{\alpha\beta}$ und die transversalen Schubverzerrungen γ_α zugeordnet sind. Die hiermit definierten Spaltenvektoren

$$\sigma = \begin{bmatrix} m_{11} \\ m_{12} \\ m_{21} \\ m_{22} \\ \hline q_1 \\ q_2 \end{bmatrix}, \qquad \varepsilon = \begin{bmatrix} \kappa_{11} \\ \kappa_{12} \\ \kappa_{21} \\ \kappa_{22} \\ \hline \gamma_1 \\ \gamma_2 \end{bmatrix} \tag{A3.61}$$

enthalten demnach je 6 Komponenten, wobei die folgenden Symmetrieeigenschaften bestehen:

$$m_{12} = m_{21} , \qquad \kappa_{12} = \kappa_{21} . \tag{A3.62}$$

Der Kräftezustand längs der Berandung C wird durch die Querkraft q sowie die Momente m_α beschrieben. Die hierzu dualen Weggrößen sind die Durchbiegung w sowie die Verdrehungen ω_α. Dabei sei betont, daß die Randmomente m_α sowie ihre korrespondierenden Weggrößen ω_α hinsichtlich der globalen Basis i_α der Mittelfläche definiert sind. Die zugehörigen Spaltenvektoren

$$\sigma_r = \begin{bmatrix} q \\ m_1 \\ m_2 \end{bmatrix}, \qquad u = \begin{bmatrix} w \\ \omega_1 \\ \omega_2 \end{bmatrix} \tag{A3.63}$$

enthalten je 3 unabhängige Randvariablen, in Übereinstimmung mit der Anzahl der im Rahmen dieser Theorie vorschreibbaren Randbedingungen. Ist die Randkurve C beliebig geformt, so entziehen sich die Komponenten m_1 und m_2 einer direkten physikalischen Interpretation. In diesem Fall ist es zweckmäßig, diese, durch das Rand-Drillmoment m_v bzw. das Rand-Biegemoment m_τ zu ersetzen, welche durch die Zerlegung des äußeren Momentenvektors hinsichtlich der begleitenden Basis (v, τ) der Randkurve (Bild A3.1) definiert sind. Die hierzu korrespondierenden Weggrößen sind die Verdrehungen Ω_v und Ω_τ hinsichtlich der Achse v und τ, wodurch matrizielle Randvariablen entstehen:

$$t = \begin{bmatrix} q \\ m_\tau \\ m_v \end{bmatrix}, \qquad r = \begin{bmatrix} w \\ \Omega_\tau \\ \Omega_v \end{bmatrix}, \tag{A3.64}$$

deren Verwendung bei willkürlich berandeten Mittelflächen zweckmäßig ist.

A3.4.2 Grundgleichungen

Nun sollen die Grundgleichungen schubweicher Platten in Indexschreibweise dargestellt werden. Dabei werden diese in Operatorbeziehungen transformiert, deren ausführliche Form Tafel A3.2 enthält.

Tafel A3.2. Operatordarstellung der Grundbeziehungen der Plattentheorie

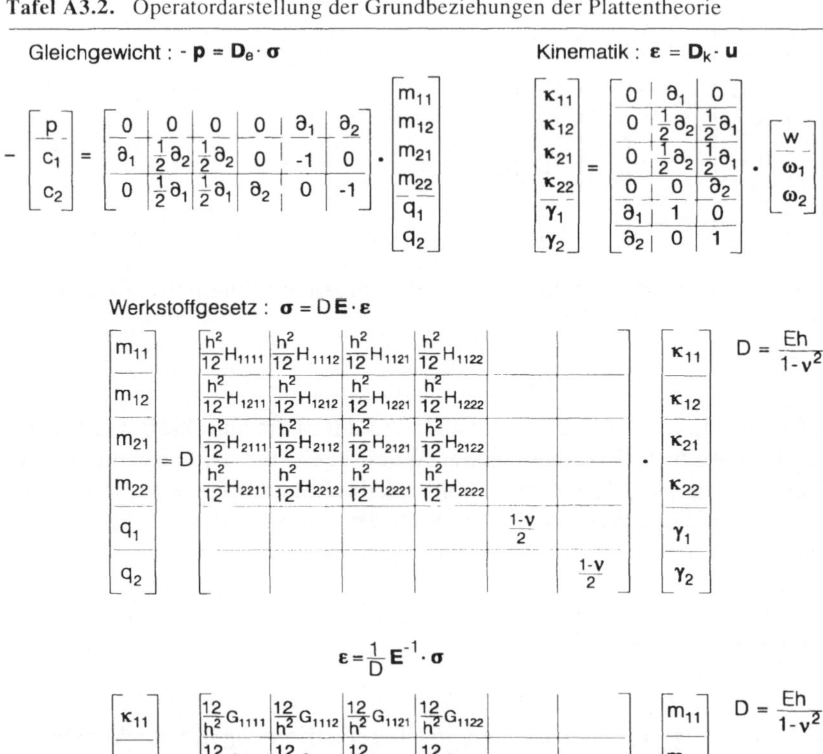

Die Gleichgewichtsbedingungen lauten

$$q_{\alpha,\alpha} + p = 0 \ , \qquad m_{\alpha\beta,\alpha} - q_\beta + c_\beta = 0 \qquad \rightarrow \quad -p = \mathbf{D}_e\,\boldsymbol{\sigma} \qquad (A3.65)$$

worin $(\ \ )_{,\alpha}$ partielle Ableitungen nach x_α ausdrücken. Die kinematischen Beziehungen lassen sich in der Form

$$\kappa_{\alpha\beta} = \tfrac{1}{2}\left(\omega_{\alpha,\beta} + \omega_{\beta,\alpha}\right) \ , \qquad \gamma_\alpha = \omega_\alpha + w_{,\alpha} \qquad \rightarrow \quad \boldsymbol{\varepsilon} = \mathbf{D}_k\,\mathbf{u} \qquad (A3.66)$$

angeben. Unter Verwendung der in (A3.48, 49) definierten Elastizitätskoeffizienten $H_{\alpha\beta\rho\lambda}$ und $G_{\alpha\beta\rho\lambda}$ können schließlich die Werkstoffgleichungen durch die beiden äquivalenten Varianten

$$m_{\alpha\beta} = B\,H_{\alpha\beta\rho\lambda}\,\kappa_{\rho\lambda} \ , \qquad q_\alpha = G\,h\,\gamma_\alpha \qquad \rightarrow \quad \boldsymbol{\sigma} = D\,\mathbf{E}\,\boldsymbol{\varepsilon} \qquad (A3.67)$$

$$\kappa_{\alpha\beta} = \tfrac{1}{B}\,G_{\alpha\beta\rho\lambda}\,m_{\rho\lambda} \ , \qquad \gamma_\alpha = \tfrac{1}{G\,h}\,q_\alpha \qquad \rightarrow \quad \boldsymbol{\varepsilon} = \tfrac{1}{D}\,\mathbf{E}^{-1}\,\boldsymbol{\sigma} \qquad (A3.68)$$

beschrieben werden, worin

$$B = \frac{E\,h^3}{12\,(1-v^2)} \quad \text{die \textit{Biegesteifigkeit} und}$$

$$G\,h = \frac{E\,h}{2\,(1+v)} \quad \text{die \textit{Schubsteifigkeit}} \qquad\qquad (A3.69)$$

des Plattentragwerks bezeichnen und h dessen Dicke angibt.

Die in (A3.63) definierten Kraftvariablen lassen sich gemäß

$$q = q_\alpha\,\nu_\alpha \ , \qquad m_\beta = m_{\alpha\beta}\,\nu_\alpha \qquad \rightarrow \quad \boldsymbol{\sigma}_r = \mathbf{D}_r\,\boldsymbol{\sigma}$$

in die Feldvariablen q_α, $m_{\alpha\beta}$ transformieren, während die hierzu korrespondierenden Weggrößen $\mathbf{u}$ eine entsprechende Transformation nicht erfordern.

Aufgaben

A1. Geben Sie in ausgeschriebener Form die Komponenten folgender Ausdrücke an ($\delta_{\alpha\beta}$: KRONECKER-Delta):

$$C_{\rho\lambda}\,D_{\lambda\rho}\,, \quad A_{\alpha\beta}\,B_{\mu\alpha}\,\delta_{\beta\mu}\,, \quad H_{\alpha\alpha\beta}\,, \quad \delta_{\rho\lambda}\,\delta_{\lambda\mu}\,, \quad B_{\rho\alpha\mu}\,\delta_{\lambda\mu}\,\delta_{\lambda\alpha}\,.$$

A2. Schreiben Sie die folgende Beziehung aus:

$$n_{\alpha\beta,\beta} - b_{\mu\alpha}\,q_\mu + p_\alpha = 0$$

A3. Geben sie den symmetrischen und den antimetrischen Anteil des Ausdruckes $m_{\rho\alpha}\,b_{\alpha\beta}$ an.

A4. Schreiben Sie das äußere Potential einer Scheibe aus:

$$\Pi_a = -\iint\limits_{F} p_\alpha\,u_\alpha\,dF - \int\limits_{C_t} n_\alpha^o\,u_\alpha\,ds \ .$$

A5. Die in Bild A3.2 dargestellte Scheibe sei durch Eigengewicht g [kN/m^2], die dreieckförmige Randlast mit der maximalen Intensität q [kN/m] sowie die Einzellast P [kN] beansprucht. Geben Sie in ausgeschriebener Form an:

a) die Randbedingungen längs der vier Ränder in Abhängigkeit der Verschiebungen u_α,

b) das Prinzip vom Minimum des Gesamtpotentials in Abhängigkeit der Verschiebungen u_α,

c) die Gleichgewichtsbedingungen in Abhängigkeit der Verschiebungen u_α.

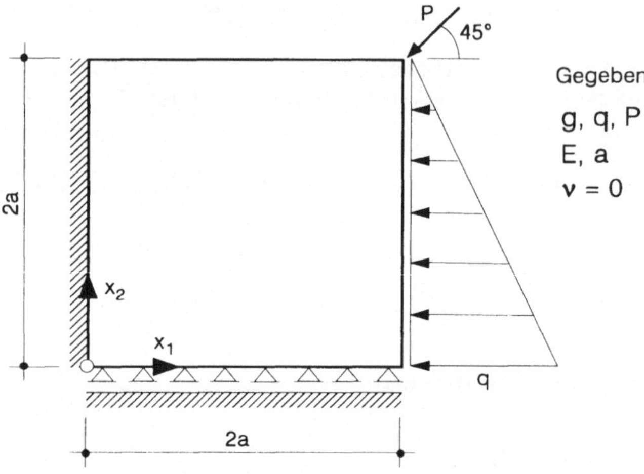

Bild A3.2. Scheibentragwerk: Definition der Lastparameter q und P

Weiterführende Literatur

Altenbach, J., Altenbach, H.: Einführung in die Kontinuumsmechanik. B.G. Teubner, Stuttgart 1994

Başar, Y., Krätzig, W.B.: Mechanik der Flächentragwerke. Vieweg Verlag, Braunschweig 1985

Eschenauer, H., Schnell, W.: Elastizitätstheorie, 3. vollständig überarbeitete und erweiterte Auflage. BI Wissenschaftsverlag, Mannheim 1993

Green, A.E., Zerna, W.: Theoretical Elasticity. At the Clarendon Press, Second Edition, Oxford 1968

Klingbeil, E.: Tensorrechnung für Ingenieure. Bibliographisches Institut, Mannheim 1966

Anhang 4: Einführung in die Variationsrechnung

*Das eigentliche
schöpferische Prinzip aber
liegt in der Mathematik.*

*Albert Einstein, 1879-1955,
in: Vier Vorlesungen
über Relativitätstheorie*

Die Variationsrechnung bildet die Basis für ein fundiertes Verständnis der Methode der finiten Elemente. So widmet sich dieser Anhang ihrer systematischen Einführung, wobei zunächst Begriffe wie Funktional, erste und höhere Variationen, Extremalbedingung erläutert werden. Anschließend wird gezeigt, wie man ein Variationsproblem in EULERsche Gleichungen sowie natürliche Randbedingungen überführen kann. Abschließend wird auf Variationsprobleme mit Nebenbedingungen eingegangen, worauf die erweiterten Funktionale der Strukturmechanik basieren, Grundlage aller modernen finiten Hochleistungselemente. Der Anhang enthält zahlreiche Anwendungsbeispiele, welche die dargelegten mathematischen Grundlagen mit Problemstellungen der Strukturmechanik verbinden.

A4.1 Theorie der Extremwerte von Funktionen

Die Variationsrechnung kann als Verallgemeinerung der *Theorie der Extremwerte von Funktionen (Theorie der Maxima–Minima)* auf Funktionale angesehen werden. Das Wesen dieser Verallgemeinerung wird am besten verständlich, wenn wir mit einer zusammenfassenden Darstellung dieser Theorie beginnen.

Den Gegenstand der Theorie der Extremwerte bilden die Funktionen. Unter einer *Funktion* versteht man eine Variable $f = f(x_1, x_2, ..., x_n)$, welche von einer bestimmten Anzahl unabhängiger Veränderlichen $x_1, x_2, ..., x_n$ abhängt. Eine Funktion f erhält einen bestimmten Wert, wenn man ihren Veränderlichen gegebene Werte $x_1 = x_1^o$, $x_2 = x_2^o$, ... zuweist. Als Beispiel diene das Biegemoment eines einfachen Balkens der Länge l, das für Gleichlast p durch

$$M(x) = \frac{pl}{2} x - p \frac{x^2}{2}$$

gegeben wird. Die Variable M(x) stellt eine Funktion von x dar und ist im Bereich $0 \leq x \leq l$ definiert.

Ist f eine in einem Gebiet F definierte Funktion, so besteht das Ziel der Theorie der Extremwerte in der Bestimmung solcher Punkte in F, für die f ein Extremum annimmt. Bekanntlich werden die gesuchten Extremumsstellen durch die folgenden Bedingungen

$$\frac{\partial f}{\partial x_1} = 0 \ , \quad \frac{\partial f}{\partial x_2} = 0 \ , \quad \dots \ , \quad \frac{\partial f}{\partial x_n} = 0 \tag{A4.1}$$

beschrieben. Diese Bedingungen allein stellen jedoch das Vorliegen eines Extremums nicht sicher. So besitzt beispielsweise die Funktion $y = x^3$ für $x = 0$ trotz Erfüllung von (A4.1) einen Wendepunkt, während die Stelle $x = y = 0$ dem Sattelpunkt der Funktion $z = xy$ entspricht. Aus diesem Grunde werden die obige Bedingungen erfüllenden Punkte verallgemeinert als *stationäre* Punkte bezeichnet. Dementsprechend werden die Gleichungen (A4.1) *Stationaritätsbedingungen* genannt. In Bild A4.1 sind Beispiele für stationäre Punkte dargestellt.

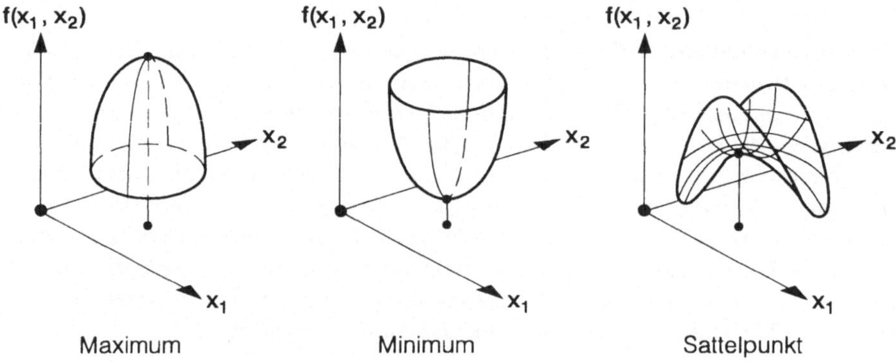

Bild A4.1. Maxima, Minima und Sattelpunkte einer Funktion $f(x_1, x_2)$

Werden die Extremumsstellen einer Funktion $f = f(x_1, x_2, \dots, x_n)$ gesucht, wobei die Veränderlichen $x_1, x_2, \dots, x_n$ r Bedingungen

$$\varphi_1(x_1, x_2, \dots, x_n) = 0 \ , \quad \varphi_2(x_1, x_2, \dots, x_n) = 0 \ , \quad \varphi_r(x_1, x_2, \dots, x_n) = 0 \tag{A4.2}$$

unterliegen, so liegt eine *Extremumsaufgabe mit Nebenbedingungen* vor. Zu ihrer Lösung bildet man nach der LAGRANGE*schen Multiplikatorenmethode* die erweiterte Funktion

$$\Phi = f + \lambda_1 \varphi_1 + \lambda_2 \varphi_2 + \dots + \lambda_r \varphi_r \ . \tag{A4.3}$$

Mit Hilfe der hieraus herleitbaren n+r Bedingungen

$$\frac{\partial \Phi}{\partial x_1} = 0 \ , \quad \frac{\partial \Phi}{\partial x_2} = 0 \ , \quad \dots \ , \quad \frac{\partial \Phi}{\partial x_n} = 0 \ ,$$

$$\frac{\partial \Phi}{\partial \lambda_1} = \varphi_1 = 0 \ , \quad \frac{\partial \Phi}{\partial \lambda_2} = \varphi_2 = 0 \ , \quad \dots \ , \quad \frac{\partial \Phi}{\partial \lambda_r} = \varphi_r = 0 \tag{A4.4}$$

lassen sich die unbekannten LAGRANGE-*Faktoren* $\lambda_1, \dots, \lambda_r$ sowie die Koordinaten $x_1, \dots, x_n$ der gesuchten Extremumsstelle bestimmen.

Beispiel A4.1: Die Durchdringung einer Hyparfläche z = xy mit dem Zylinder $x^2 + y^2 = R^2$ ergebe die Kurve C. Zu bestimmen ist der Punkt auf C mit der maximalen Ordinate z.

Die erweiterte Funktion

$$\Phi = xy + \lambda\,(x^2 + y^2 - R^2)$$

führt zu den Bedingungen

$$\frac{\partial \Phi}{\partial x} = y + 2\,\lambda\,x = 0\ ,\quad \frac{\partial \Phi}{\partial y} = x + 2\,\lambda\,y = 0\ ,\quad \frac{\partial \Phi}{\partial \lambda} = x^2 + y^2 - R^2 = 0\ ,$$

woraus als Lösung folgt:

$$x = y = \pm\,\frac{R}{\sqrt{2}}\ ,\quad \lambda = -\frac{1}{2}\ .$$

A4.2 Grundbegriffe der Variationsrechnung

Im Gegensatz zur Extremwerttheorie von Funktionen befaßt sich die Variationsrechnung mit dem Verhalten von *Funktionalen*.

Definition: Ein Funktional ist eine Größe, die vom Verlauf einer oder mehrerer, in gewissen Grenzen willkürlich wählbarer Argumentfunktionen abhängt.

Die Rolle der unabhängigen Veränderlichen einer gewöhnlichen Funktion vertreten bei einem Funktional somit dessen Argumentfunktionen, welche das Funktional durch ihre in dem gesamten Definitionsbereich vorgegebenen Verläufe bestimmen. Die Variationsrechnung hat das Ziel, die unbekannten Argumentfunktionen eines Funktionals Π derart zu bestimmen, daß dieses ein Extremum, mindestens jedoch einen stationären Wert annimmt: Π = stat.

Definition: Als Extremale eines Funktionals Π werden diejenigen Argumentfunktionen bezeichnet, welche die Forderung Π = stat erfüllen.

Elementare Extremumsaufgaben erfordern für die zu untersuchenden Funktionen die Angabe eines Definitionsbereiches, worin die gesuchten Extremumsstellen liegen müssen. Dementsprechend müssen bei einem Variationsproblem die zu bestimmenden Extremalen in die *Klasse der zulässigen Vergleichsfunktionen* eingebettet sein.

Definition: Unter zulässigen Vergleichsfunktionen versteht man all diejenigen Funktionen, welche den sämtlichen, an die Extremalen gestellten Forderungen, den Zwangsbedingungen des betreffenden Variationsproblems, genügen. Diese umfassen gewisse Stetigkeits- und Differenzierbarkeitseigenschaften sowie Nebenbedingungen, welche aus Differentialgleichungen und wesentlichen Randbedingungen bestehen können.

Definition: Enthält ein Funktional die n-te Ableitung einer Argumentfunktion, so bilden alle Randvorgaben über diese Variable selbst sowie ihre sämtlichen Ableitungen bis zur (n-1)-ten Ordnung wesentliche Randbedingungen. Diese gehören zu den Zwangsbedingungen eines Variationsproblems und müssen demnach durch die zu bestimmenden Extremalen a-priori erfüllt werden.

Nach diesen Definitionen kann das Ziel der Variationsrechnung präziser formuliert werden: Liegt ein Funktional mit einer bestimmten Anzahl unbekannter Argumentfunktionen vor, so sollen aus der Klasse der zulässigen Vergleichsfunktionen diejenigen ermittelt werden, welche das Funktional zu einem Extremum (stationären Wert) machen. Im Laufe unserer Untersuchungen werden wir erkennen, daß zulässige Vergleichsfunktionen stets in einer genügend kleinen Nachbarschaft der Extremalen liegen*.

Die eingeführten Definitionen sollen zunächst an Beispielen aus der Strukturmechanik erläutert werden.

Das Variationsproblem Π = min eines schubstarren, auf Biegung beanspruchten Stabes: Für den in Bild A4.2 dargestellten eingespannten Stab hat das Prinzip vom Minimum des Gesamtpotentials – im Rahmen der Normalenhypothese – die Form

$$\Pi = \frac{1}{2} \int_0^l B\, w''^2\, dx - \int_0^l q_z\, w\, dx = \min , \quad \frac{d\,(\ldots)}{dx} = (\ldots)' , \qquad (A4.5)$$

Hierin hängt die potentielle Energie Π vom gesamten Verlauf der Durchbiegung $w = w(x)$ zwischen den Grenzen $x = 0$ und $x = l$ ab. Die Größe Π stellt demnach ein Funktional dar, die Bestimmung von w aus (A4.5) ein Variationsproblem. Die gesuchte Extremale w muß – wegen der in (A4.5) vorhandenen Ableitung w'' – zweimal stetig differenzierbar sein und zusätzlich die Bedingungen

$$x = 0 : \quad w = 0 , \quad w' = 0 \qquad\qquad (A4.6)$$

erfüllen, welche die wesentlichen Randbedingungen des Variationsproblems (A4.5) darstellen. Der Ansatz

$$w = w\,(x) = \sum_{J=2}^{N} C_J\, x^J$$

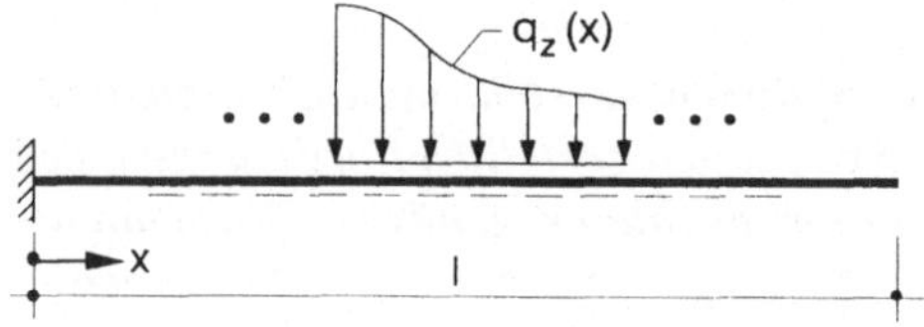

Bild A4.2.   Kragträger unter Vertikallast $q_z(x)$

---

*   Ist h eine positive Größe, so liegt die Funktion $f_1\,(x_1, x_2, \ldots, x_n)$ in der Nachbarschaft der Funktion $f\,(x_1, x_2, \ldots, x_n)$, wenn für den betrachteten Definitionsbereich die Forderung $|f-f_1| <$ h erfüllt wird [Courant 1963].

mit willkürlich wählbaren Koeffizienten C_J genügt den beiden zitierten Restriktionen und beschreibt demnach zulässige Vergleichsfunktionen. Werden die Koeffizienten C_J derart bestimmt, daß die Forderung $\Pi = \min$ erfüllt ist, so erhält man die gesuchte Extremale. Das Variationsprinzip (A4.5) entspricht einem allgemeineren Variationsproblem der Form

$$\Pi \; = \; \Pi\,(w) \; = \; \int_0^l U\,(x, w, w'')\,dx \; = \; \min \; , \qquad\qquad (A4.7)$$

worin der Integrand U von x, w und w'' abhängt. Die Bezeichung $\Pi\,(w)$ verdeutlicht, daß $w\,(x)$ die zu bestimmende Argumentfunktion des Funktionals Π darstellt.

Das Variationsproblem $\Pi = \min$ eines schubweichen, auf Biegung beanspruchten Stabes: Bei Verwendung der Schubverzerrungstheorie lautet das Prinzip vom Minimum des Gesamtpotentials für den betrachteten Kragträger (Bild A4.2)

$$\Pi \; = \; \frac{1}{2}\int_0^l [\, B\,\varphi'^2 + S\,(\varphi + w')^2 \,]\,dx \; - \; \int_0^l q_z\,w\,dx \; = \; \min \; ,$$

$$\frac{d\,(...)}{dx} \; = \; (...)' \; . \qquad\qquad (A4.8)$$

Hierin treten als unbekannte Argumentfunktionen die Durchbiegung $w\,(x)$ sowie die Verdrehung $\varphi\,(x)$ auf, welche den Randbedingungen

$$x = 0 : \quad w = 0 \, , \quad \varphi = 0$$

unterliegen. Außerdem müssen diese Variablen mindestens einmal stetig differenzierbar sein. Die zitierten Forderungen werden durch die Polynomansätze

$$w = \sum_{J=1}^N C_J\,x^J \, , \quad \varphi = \sum_{J=1}^N D_J\,x^J$$

mit beliebigen Koeffizienten C_J und D_J ($J = 1, ..., N$) erfüllt, welche somit zur Klasse der zulässigen Vergleichsfunktionen der betrachteten Problemstellung gehören. Das Funktional (A4.8) besitzt die allgemeinere Form:

$$\Pi \; = \; \Pi\,(w, \varphi) \; = \; \int_0^l U\,(x, w, \varphi, w', \varphi')\,dx \; = \; \min \; . \qquad\qquad (A4.9)$$

Als eine zweidimensionale Problemstellung betrachten wir nun:

Das Variationsproblem $\Pi = \min$ für eine Scheibe: Postuliert man einen kräftefreien Randbereich C_t, so wird das Prinzip vom Minimum des Gesamtpotentials für eine Scheibe durch (A3.57)

$$\Pi \; = \; \frac{1}{2}\iint_F D\,H_{\alpha\beta\rho\lambda}\,\varepsilon_{\alpha\beta}\,\varepsilon_{\rho\lambda}\,dF \; - \; \iint_F p_\alpha\,u_\alpha\,dF \; = \; \min \qquad\qquad (A4.10)$$

beschrieben. Hierin unterliegen die als Argumentfunktionen auftretenden Verschiebungen $u_\alpha = u_\alpha (x_1, x_2)$

den *kinematischen Beziehungen:* $\varepsilon_{\alpha\beta} = \dfrac{1}{2}(u_{\alpha,\beta} + u_{\beta,\alpha})$, $\dfrac{\partial (...)}{\partial x_\alpha} = (...)_{,\alpha}$ (A4.11)

sowie den *Weggrößenrandbedingungen:* $u_\alpha = u_\alpha^0$ längs C_r ,   (A4.12)

welche zusammen die Nebenbedingungen des Variationsproblems (A4.10) bilden. Bei der Bestimmung der Extremalen u_α können die kinematischen Beziehungen (A4.11) zur Elimination der Verzerrungen $\varepsilon_{\alpha\beta}$ herangezogen werden. Damit erhält das Funktional Π die Form

$$\Pi = \Pi(u_\alpha) = \iint\limits_F U(x_\alpha, u_\alpha, u_{\alpha,\beta})\, dF \ .$$ (A4.13)

Ergänzend seien noch zwei klassische Beispiele aus der Geometrie aufgeführt:

Kürzeste Verbindungslinie: Gesucht sei die Kurve $y(x)$ zwischen zwei Punkten x_1 und x_2 mit einer minimalen Länge L. Da für das Bogenelement einer beliebigen Kurve $y(x)$

$$ds = \sqrt{dx^2 + dy^2} = \sqrt{1 + y'^2}\, dx \ , \qquad \dfrac{d(...)}{dx} = (...)'$$ (A4.14)

gilt, wird diese Problemstellung durch das Variationsproblem

$$L = L(y) = \int\limits_{x_1}^{x_2} \sqrt{1 + y'^2}\, dx = min$$ (A4.15)

beschrieben, wobei die Randbedingungen $y(x_1) = y_1$, $y(x_2) = y_2$ durch die Extremale y zu erfüllen sind.

Minimale Rotationsfläche: Es soll diejenige Kurve zwischen den Punkten x_1 und x_2 bestimmt werden, deren Drehung um die x-Achse eine minimale Rotationsfläche ergibt. Da gemäß Bild A4.3 und (A4.14)

$$dF = 2\pi y\, ds = 2\pi y \sqrt{1 + y'^2}\, dx$$ (A4.16)

gilt, lautet hier das Variationsproblem

$$F = 2\pi \int\limits_{x_1}^{x_2} y \sqrt{1 + y'^2}\, dx = min \ ,$$ (A4.17)

wobei die zu bestimmende Extremale $y(x)$ den Randbedingungen $y(x_1) = y_1$ und $y(x_2) = y_2$ unterliegt.

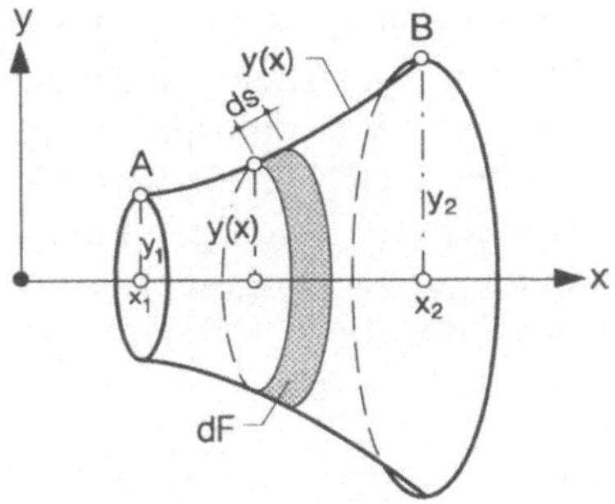

Bild A4.3. Minimale Rotationsfläche

A4.3 Das Variationssymbol δ und die erste Variation

Zur systematischen Behandlung von Variationsproblemen werden wir am Beispiel von Variablen, die von einer einzigen Veränderlichen x abhängen, das Variationssymbol δ und die zugehörigen Rechenoperationen einführen. Gegeben sei eine Funktion $v = v(x)$, definiert im Bereich (x_1, x_2). Nun wählen wir im gleichen Bereich eine willkürliche Funktion $\overset{+}{v} = \overset{+}{v}(x)$ und führen hiermit die *variierten Funktionen* von v

$$\bar{v}(x, \varepsilon) = v(x) + \varepsilon \overset{+}{v}(x) = v(x) + \delta v(x) \tag{A4.18}$$

als eine einparametrige Funktionenschar ein (Bild A4.4). Hierin stellt ε einen kleinen, reellen Parameter dar. Die Differenzfunktion

$$\delta v = \varepsilon \overset{+}{v} = \bar{v} - v , \tag{A4.19}$$

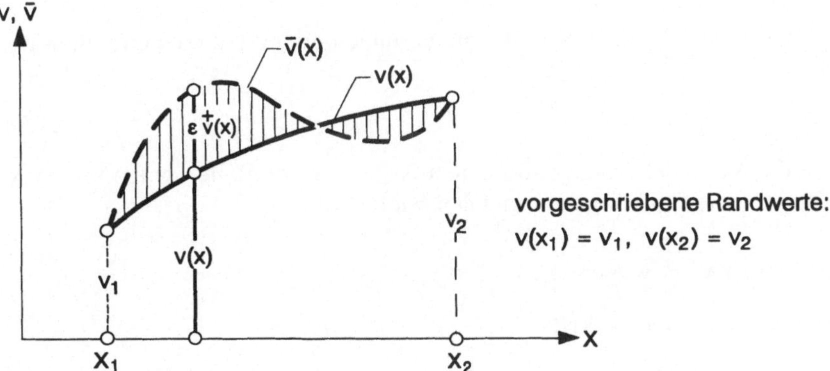

Bild A4.4. Zur Definition der Variation

welche als gedachte, beliebig kleine Änderung von v interpretierbar ist, wird die *Variation* von v genannt und durch δv bezeichnet. Zunächst unterliege die Wahl der Funktionen $\overset{+}{v}$ keiner Einschränkung. Zur Lösung eines Variationsproblems müssen die $\overset{+}{v}$ jedoch alle diejenigen Forderungen erfüllen, welche die Schar der variierten Funktionen $\bar{v}$ zu zulässigen Vergleichsfunktionen des jeweiligen Funktionals erheben. Ist v beispielsweise an den Randpunkten x_1 und x_2 vorgeschrieben, so muß dort die Variation $\delta v = \varepsilon \overset{+}{v}$ verschwinden, damit $\bar{v}$ die gleichen Randwerte wie die ursprüngliche Funktion v annimmt.

Nach diesen Vorbemerkungen sei durch

$$\delta(v') = \varepsilon \overset{+}{v}' \tag{A4.20}$$

die Variation einer Ableitung $v' = \dfrac{dv}{dx}$ definiert. Da nach (A4.19)

$$(\delta v)' = (\varepsilon \overset{+}{v})' = \varepsilon \overset{+}{v}' \ , \tag{A4.21}$$

gilt, folgt hieraus im Hinblick auf (A4.20) die Gleichheit

$$\delta(v') = (\delta v)' = \delta v' \ . \tag{A4.22}$$

Demnach stellen *Variation und Differentiation* in der Variationsrechnung *vertauschbare Operationen* dar. Aus diesem Grunde wurde in dem letzten Ausdruck von (A4.22) die Verwendung von Klammern vermieden.

Für jede beliebige Wahl von ε, insbesondere für den Grenzübergang $\varepsilon = 0$, gilt gemäß (A4.18) die Gleichheit

$$\frac{\partial \bar{v}(\varepsilon)}{\partial \varepsilon} = \overset{+}{v} \ .$$

Hierauf basiert die LAGRANGE*sche Definition* der Variation

$$\delta v = \varepsilon \overset{+}{v} = \varepsilon \left(\frac{\partial \bar{v}(\varepsilon)}{\partial \varepsilon} \right)_{\varepsilon = 0} , \tag{A4.23}$$

welche die Basis der folgenden Verallgemeinerungen bildet. Hierzu betrachten wir die Variable

$$U = U(x, w, \varphi) \ , \tag{A4.24}$$

welche von der Veränderlichen x sowie den Argumentfunktionen $w(x)$ und $\varphi(x)$ abhängt. Werden die Funktionen w und φ variiert

$$\bar{w} = w + \varepsilon \overset{+}{w} = w + \delta w \ ,$$

$$\bar{\varphi} = \varphi + \varepsilon \overset{+}{\varphi} = \varphi + \delta\varphi \ ,$$

wobei entsprechend (A4.23)

$$\delta w = \varepsilon \overset{+}{w} = \varepsilon \left(\frac{\partial \bar{w}(\varepsilon)}{\partial \varepsilon} \right)_{\varepsilon=0} \ , \quad \delta\varphi = \varepsilon \overset{+}{\varphi} = \varepsilon \left(\frac{\partial \bar{\varphi}(\varepsilon)}{\partial \varepsilon} \right)_{\varepsilon=0} \qquad (A4.25)$$

gilt, so wird die *erste Variation* von U analog zu (A4.23) durch

$$\delta U = \varepsilon \overset{+}{U} = \varepsilon \left(\frac{\partial \bar{U}(\varepsilon)}{\partial \varepsilon} \right)_{\varepsilon=0} = \varepsilon \left(\frac{\partial U(x, \bar{w}, \bar{\varphi})}{\partial \varepsilon} \right)_{\varepsilon=0} \qquad (A4.26)$$

definiert. Hierin spielt die von ε abhängige Funktionenschar

$$\bar{U}(\varepsilon) = U(x, \bar{w}, \bar{\varphi}) \qquad (A4.27)$$

die gleiche Rolle wie $\bar{v}$ in der LAGRANGEschen Definition (A4.23). Führt man nun nach der Kettenregel die Ableitung von $\bar{U}$ nach ε aus:

$$\frac{\partial \bar{U}(\varepsilon)}{\partial \varepsilon} = \frac{\partial \bar{U}}{\partial \bar{w}} \frac{\partial \bar{w}}{\partial \varepsilon} + \frac{\partial \bar{U}}{\partial \bar{\varphi}} \frac{\partial \bar{\varphi}}{\partial \varepsilon} \ , \qquad (A4.28)$$

um das zugehörige Ergebnis in (A4.26) einzusetzen, so entsteht unter Berücksichtigung von (A4.25) die Beziehung

$$\delta U = \frac{\partial U}{\partial w} \delta w + \frac{\partial U}{\partial \varphi} \delta\varphi \ , \qquad (A4.29)$$

als Basis der folgenden wichtigen Regel:

Satz: Die erste Variation einer Funktion $U = U(x, w, \varphi)$ *mit den zu variierenden Argumentfunktionen* $w(x)$ *und* $\varphi(x)$ *wird formal nach der gleichen Vorschrift gebildet wie ihr Differential hinsichtlich* w *und* φ:

$$\delta U = \frac{\partial U}{\partial w} \delta w + \frac{\partial U}{\partial \varphi} \delta\varphi \quad \longleftrightarrow \quad dU = \frac{\partial U}{\partial w} dw + \frac{\partial U}{\partial \varphi} d\varphi \ . \quad (A4.30)$$

Als Konsequenz hieraus gelten für willkürliche, von beliebigen Argumenten w und φ abhängige Funktionen V, G:

$$\delta(G+V) = \delta G + \delta V \ , \quad \delta(GV) = \delta G\,V + G\,\delta V \ , \qquad (A4.31)$$

worin sich die Variation stets auf w und φ bezieht. Als Beispiel betrachten wir die Schubverzerrungen γ eines schubweichen Stabes, die durch

$$\gamma = w' + \varphi \qquad (A4.32)$$

beschrieben werden. Bei Variation der Argumentfunktionen $w(x)$ und $\varphi(x)$ entsteht hieraus gemäß (A4.30)

$$\delta\gamma = \frac{\partial \gamma}{\partial w'} \delta w' + \frac{\partial \gamma}{\partial \varphi} \delta\varphi = \delta w' + \delta\varphi \ . \qquad (A4.33)$$

Die erste Variation ergibt sich somit für solche Variablen, die von einer oder mehreren, zu variierenden Argumentfunktionen abhängen.

Als letztes sei das Integral

$$I = \int_{x_1}^{x_2} U(x, v, v')\, dx \qquad (A4.34)$$

betrachtet, worin der Integrand von der Argumentfunktion $v(x)$ und ihrer Ableitung $v'(x)$ abhänge. Bei Variation von v wird die *erste Variation* von I

$$\delta I = \varepsilon \overset{+}{I} = \delta \int_{x_1}^{x_2} U(x, v, v')\, dx \qquad (A4.35)$$

entsprechend (A4.23) durch

$$\delta I = \varepsilon \left(\frac{\partial \bar{I}(\varepsilon)}{\partial \varepsilon} \right)_{\varepsilon = 0} = \varepsilon \left(\frac{\partial}{\partial \varepsilon} \int_{x_1}^{x_2} U(x, v + \varepsilon \overset{+}{v}, v' + \varepsilon \overset{+}{v'})\, dx \right)_{\varepsilon = 0}$$

$$= \varepsilon \left(\frac{\partial}{\partial \varepsilon} \int_{x_1}^{x_2} \bar{U}(\varepsilon)\, dx \right)_{\varepsilon = 0} \qquad (A4.36)$$

definiert. Wegen der Unabhängigkeit der Integrationsgrenzen von ε entsteht hieraus

$$\delta I = \int_{x_1}^{x_2} \varepsilon \left(\frac{\partial \bar{U}(\varepsilon)}{\partial \varepsilon} \right)_{\varepsilon = 0} dx = \int_{x_1}^{x_2} \delta U\, dx \ . \qquad (A4.37)$$

Der Vergleich mit (A4.35) zeigt schließlich durch

$$\delta \int_{x_1}^{x_2} U\, dx = \int_{x_1}^{x_2} \delta U\, dx \qquad (A4.38)$$

die *Vertauschbarkeit der Variations- und Integrationsoperation*. Damit gilt für das in (A4.34) dargestellte Integral

$$\delta I = \int_{x_1}^{x_2} \left(\frac{\partial U}{\partial v} \delta v + \frac{\partial U}{\partial v'} \delta v' \right) dx \ . \qquad (A4.39)$$

Die bisher hergeleiteten Regeln sind auch auf Variationsprobleme anwendbar, in denen die zu variierenden Argumentfunktionen von mehreren Veränderlichen abhängen. Im folgenden seien sie am Beispiel des Funktionals (A4.13) aus der Scheibentheorie

$$\Pi = \iint\limits_{F} U\,(x_\alpha, u_\alpha, u_{\alpha,\beta})\,dF \tag{A4.40}$$

mit den Argumentfunktionen $u_\alpha = u_\alpha\,(x_1, x_2)$ – unter Verwendung der Indexschreibweise – zusammengestellt:

Vertauschbarkeit von Variation und Differentiation:

$$(\delta u_\alpha)_{,\beta} = \delta\,(u_{\alpha,\beta}) = \delta u_{\alpha,\beta}\;, \tag{A4.41}$$

Vertauschbarkeit von Variation und Integration:

$$\delta \iint\limits_{F} U\,dF = \iint\limits_{F} \delta U\,dF\;, \tag{A4.42}$$

Bildung der ersten Variation:

$$\delta U = \frac{\partial U}{\partial u_\alpha}\,\delta u_\alpha + \frac{\partial U}{\partial u_{\alpha,\beta}}\,\delta u_{\alpha,\beta}\;, \quad \text{(über } \alpha \text{ und } \beta \text{ zu summieren)}. \tag{A4.43}$$

Beispiel A4.2: Man gebe die erste Variation der folgenden Ausdrücke an:

$$U = y\,\sqrt{1+y'^2}\;, \qquad\qquad y = y\,(x)\;,$$

$$L = a\,x^2 + b\,w'^2 + c\,\varphi'^2\;, \quad w = w\,(x)\;, \quad \varphi = \varphi\,(x)\;,$$

$$\Omega = \sin\Psi_1\,\cos\Psi_2\;, \qquad \Psi_\alpha = \Psi_\alpha\,(x_1, x_2)\;.$$

Gemäß (A4.43) erhält man:

$$\delta U = \frac{\partial U}{\partial y}\,\delta y + \frac{\partial U}{\partial y'}\,\delta u' = \sqrt{1+y'^2}\,\delta y + \frac{y\,y'}{\sqrt{1+y'^2}}\,\delta y'\;,$$

$$\delta L = \frac{\partial L}{\partial w'}\,\delta w' + \frac{\partial L}{\partial \varphi'}\,\delta\varphi' = 2\,(b\,w'\,\delta w' + c\,\varphi'\,\delta\varphi')\;,$$

$$\delta\Omega = \frac{\partial \Omega}{\partial \Psi_1}\,\delta\Psi_1 + \frac{\partial \Omega}{\partial \Psi_2}\,\delta\Psi_2 = \cos\Psi_1\,\cos\Psi_2\,\delta\Psi_1 - \sin\Psi_1\,\sin\Psi_2\,\delta\Psi_2\;.$$

Beispiel A4.3: Man bilde die erste Variation der Formänderungsenergie π_i einer Scheibe

$$\pi_i = D\,H_{\alpha\beta\rho\lambda}\,\varepsilon_{\alpha\beta}\,\varepsilon_{\rho\lambda} \quad \text{mit} \quad \varepsilon_{\alpha\beta} = \tfrac{1}{2}\,(u_{\alpha,\beta} + u_{\beta,\alpha})$$

infolge der Variation des Verschiebungsfeldes $u_\alpha = u_\alpha\,(x_1, x_2)$. Gemäß (A4.43) erhält man zunächst:

$$\delta\pi_i = D\,H_{\alpha\beta\rho\lambda}\,(\delta\varepsilon_{\alpha\beta}\,\varepsilon_{\rho\lambda} + \varepsilon_{\alpha\beta}\,\delta\varepsilon_{\rho\lambda})\;.$$

Da infolge der bekannten Symmetrie $H_{\alpha\beta\rho\lambda} = H_{\rho\lambda\alpha\beta}$ (siehe A 3.46) gilt:

$$H_{\alpha\beta\rho\lambda}\,\delta\varepsilon_{\alpha\beta}\,\varepsilon_{\rho\lambda} = H_{\rho\lambda\alpha\beta}\,\delta\varepsilon_{\rho\lambda}\,\varepsilon_{\alpha\beta} = H_{\alpha\beta\rho\lambda}\,\varepsilon_{\alpha\beta}\,\delta\varepsilon_{\rho\lambda}\;,$$

entsteht schließlich

$$\delta\pi_i = 2\,D\,H_{\alpha\beta\rho\lambda}\,\varepsilon_{\alpha\beta}\,\delta\varepsilon_{\rho\lambda} = 2\,D\,H_{\alpha\beta\rho\lambda}\,u_{\alpha,\beta}\,\delta u_{\rho,\lambda}\;,$$

A4.4 Höhere Variationen

Höheren Variationen, insbesondere der zweiten Variation, kommt bei Stabilitäts-
problemen sowie nichtlinearen Untersuchungen von Tragwerken eine zentrale Bedeutung zu. Unter Verwendung der zweiten Variation können nichtlineare Beziehungen der Strukturtheorien linearisiert und so Computerberechnungen zugänglich
gemacht werden.

Definition: *Die n-te Variation einer Funktion, die von einer oder mehreren Argumentfunktionen abhängt, ist die erste Variation ihrer (n-1)-ten Variation:*

$$\delta^2 U = \delta(\delta U) , \quad \delta^3 U = \delta(\delta^2 U) , ..., \quad \delta^n U = \delta(\delta^{n-1} U) . \qquad (A4.44)$$

Gemäß dieser Definition gilt:

Satz: *Die n-te Variation einer Funktion U wird aus der (n-1)-ten Variation in
derselben Weise gebildet wie die erste Variation δU aus der ursprünglichen
Funktion U.*

Betrachtet man als Beispiel die Funktion

$$U = U(w, \varphi)$$

mit den unabhängig voneinander variierbaren Argumenten $w(x)$ und $\varphi(x)$, so gilt
gemäß (A4.44)

$$\delta U = \frac{\partial U}{\partial w} \delta w + \frac{\partial U}{\partial \varphi} \delta \varphi ,$$

$$\delta^2 U = \frac{\partial^2 U}{\partial w^2} (\delta w)^2 + 2 \frac{\partial^2 U}{\partial w \partial \varphi} \delta w \delta \varphi + \frac{\partial^2 U}{\partial \varphi^2} . \qquad (A4.45)$$

Dementsprechend können auch weitere höhere Variationen sukzessiv ermittelt
werden.

Satz: *Höhere Variationen existieren nicht für die unabhängigen Argumentfunktionen eines Funktionals.*

So gilt für die Argumentfunktionen $w(x)$ und $\varphi(x)$ des Funktionals (A4.8)

$$\delta^2 w = \delta^3 w = ... = 0 , \quad \delta^2 \varphi = \delta^3 \varphi = ... = 0 . \qquad (A4.46)$$

Entwickeln wir den Wert der Funktion U an der Stelle $w + \varepsilon \overset{+}{w}, \varphi + \varepsilon \overset{+}{\varphi}$ in eine
Taylorreihe:

$$\bar{U}(\varepsilon) = U(w + \varepsilon \overset{+}{w} , \varphi + \varepsilon \overset{+}{\varphi})$$

$$= U(w, \varphi) + \left(\frac{\partial U}{\partial w} \varepsilon \overset{+}{w} + \frac{\partial U}{\partial \varphi} \varepsilon \overset{+}{\varphi} \right)$$

$$+ \frac{1}{2!} \left(\frac{\partial^2 U}{\partial w^2} (\varepsilon \overset{+}{w})^2 + 2 \frac{\partial^2 U}{\partial w \partial \varphi} (\varepsilon \overset{+}{w})(\varepsilon \overset{+}{\varphi}) + \frac{\partial^2 U}{\partial \varphi^2} (\varepsilon \overset{+}{\varphi})^2 \right) + ... , \qquad (A4.47)$$

so folgt im Hinblick auf die Definitionen $\varepsilon \overset{+}{w} = \delta w$, $\varepsilon \overset{+}{\varphi} = \delta \varphi$ sowie (A4.45)

$$\bar{U}(\varepsilon) = U + \delta U + \frac{1}{2!}\delta^2 U + \ldots + \frac{1}{n!}\delta^n U + \ldots . \tag{A4.48}$$

Demnach werden Terme erster und höherer Ordnung der TAYLORreihe für $\bar{U}(\varepsilon)$ – bis auf den Faktor $1/n!$ – durch die jeweiligen Variationen $\delta^n U$ beschrieben.

Gleichartige Bildungsgesetze gelten auch für Funktionale. So wird der Wert des Integrals

$$I = \int_{x_1}^{x_2} U(x, y, y')\, dx \;, \quad y' = \frac{dy}{dx} \tag{A4.49}$$

an der Stelle $\bar{y} = y + \varepsilon \overset{+}{y}$, $\bar{y}' = y' + \varepsilon \overset{+}{y}'$ analog zu (A4.48) durch

$$\bar{I}(\varepsilon) = \int_{x_1}^{x_2} U(x,\ y + \varepsilon \overset{+}{y},\ y' + \varepsilon \overset{+}{y}')\, dx = I + \delta I + \frac{1}{2!}\delta^2 I + \ldots + \frac{1}{n!}\delta^n I + \ldots$$

$$\tag{A4.50}$$

festgelegt, wobei laut (A4.42) und (A4.45) gilt:

$$\delta I = \int_{x_1}^{x_2} \left(\frac{\partial U}{\partial y}\, \delta y + \frac{\partial U}{\partial y'}\, \delta y' \right) dx \;, \tag{A4.51}$$

$$\delta^2 I = \int_{x_1}^{x_2} \left(\frac{\partial^2 U}{\partial y^2}\, (\delta y)^2 + 2\,\frac{\partial^2 U}{\partial y\, \partial y'}\, (\delta y\, \delta y') + \frac{\partial^2 U}{\partial y'^2}\, (\delta y')^2 \right) dx \;. \tag{A4.52}$$

Verschwindet in (A4.50) die erste Variation δI, so wird der Zuwachs $\Delta I = \bar{I} - I$, da wegen der Kleinheit von ε alle höheren Variationen von schnell schwindendem Einfluß auf ΔI sind, durch die zweite Variation $\delta^2 I$ beschrieben:

$$\Delta I = \bar{I} - I = \frac{1}{2}\delta^2 I \;. \tag{A4.53}$$

Hierauf basiert das energetische Kriterium der Stabilitätstheorie, welches zur Beurteilung der Stabilität von Gleichgewichtszuständen dient [Langhaar 1962, Pflüger 1978].

Dehnung einer nichtlinearen Platte: Im Rahmen einer nichtlinearen Theorie werden die Verzerrungen $\varepsilon_{\alpha\beta}$ eines Plattentragwerks durch

$$\varepsilon_{\alpha\beta} = \frac{1}{2}(u_{\alpha,\,\beta} + u_{\beta,\,\alpha} + w_{,\alpha}\, w_{,\beta}) \tag{A4.54}$$

beschrieben. Bei Variation der Argumente $u_\alpha = u_\alpha(x_1, x_2)$ und $w = w(x_1, x_2)$ entsteht hieraus:

$$\delta\varepsilon_{\alpha\beta} = \frac{1}{2}(\delta u_{\alpha,\beta} + \delta u_{\beta,\alpha} + \delta w,_{\alpha} w,_{\beta} + w,_{\alpha} \delta w,_{\beta}) \ ,$$

$$\delta^2 \varepsilon_{\alpha\beta} = \delta w,_{\alpha} \delta w,_{\beta} \ . \tag{A4.55}$$

Weitere höhere Variationen existieren hier nicht, da (A4.54) ein quadratisches Polynom hinsichtlich der zu variierenden Variablen darstellt. Demnach gilt:

$$\bar{\varepsilon}_{\alpha\beta}(\varepsilon) = \varepsilon_{\alpha\beta} + \delta\varepsilon_{\alpha\beta} + \frac{1}{2}\delta^2\varepsilon_{\alpha\beta} \ . \tag{A4.56}$$

Verkrümmung eines nichtlinearen Stabes: Im Rahmen einer nichtlinearen Normalentheorie wird die Verkrümmung κ eines Stabes durch

$$\kappa = -\frac{w''}{(1 + w'^2)^{3/2}} \tag{A4.57}$$

mit der Durchbiegung $w(x)$ gekoppelt. Bei Variation von w entstehen hieraus Variationen beliebiger Ordnung $\delta^n \kappa$, die man gemäß (A4.44) sukzessiv ermitteln kann. Im Gegensatz zu (A4.56) wird somit $\bar{\kappa}(\varepsilon)$ durch eine unendliche Potenzreihe der Form (A4.48) beschrieben.

Beispiel A4.4: Zu bilden sind die höheren Variationen der folgenden Ausdrücke:

$$U = w^2 \ , \quad L = \cos\varphi \ .$$

Laut (A4.44, 45) erhält man:

$$\delta U = 2 w\, \delta w \ , \qquad \delta^2 U = 2(\delta w)^2 \ , \qquad \delta^3 U = 0 \ ,$$
$$\delta L = -\sin\varphi\, \delta\varphi \ , \qquad \delta^2 L = -\cos\varphi\,(\delta\varphi)^2 \ , \qquad \delta^3 L = \sin\varphi\,(\delta\varphi)^3 \ , \quad \dots$$

A4.5 Extremalbedingung eines Variationsproblems

Extremalbedingungen werden zur Bestimmung der Extremalen von Variationsproblemen benötigt. Außerdem dienen sie, wie im Abschnitt A4.6 zu zeigen ist, zur Herleitung der sogenannten äquivalenten Bedingungen eines Variationsproblems.

Definition: Eine Extremalbedingung stellt die notwendige Bedingung dar, damit ein Funktional ein Extremum annimmt.

Extremalbedingungen garantieren jedoch nicht das Auftreten eines Extremums, da hiermit ebenfalls *stationäre* Punkte von Funktionalen beschrieben werden. Aus diesem Grund können Extremalbedingungen verallgemeinert als *Stationaritätsbedingungen* bezeichnet werden.

Zu ihrer Herleitung behandeln wir nun als Beispiel das Variationsproblem

$$I = \int_{x_1}^{x_2} U(x, y, y')\, dx = \min \ , \quad y' = \frac{dy}{dx} \tag{A4.58}$$

mit der zu variierenden Argumentfunktion y (x). Wir nehmen an, daß die Funktion y bereits die gesuchte Extremale darstellt und führen hiermit die zugehörigen variierten Funktionen

$$\bar{y} = y + \varepsilon \overset{+}{y} \,, \quad \bar{y}' = y' + \varepsilon \overset{+}{y}' \tag{A4.59}$$

ein. Die Variation $\delta y = \varepsilon \overset{+}{y}$ sei derart gewählt, daß die $\bar{y}$ zulässige Vergleichsfunktionen des Variationsproblems (A4.58) darstellen. Infolge der Kleinheit von ε liegen sie außerdem in einer beliebig kleinen Nachbarschaft der Extremalen y. Demnach muß das entsprechend (A4.58) gebildete Integral

$$\bar{I}(\varepsilon) = \int_{x_1}^{x_2} U (x, \, y + \varepsilon \overset{+}{y}, \, y' + \varepsilon \overset{+}{y}') \, dx \,, \tag{A4.60}$$

das eine Funktion von ε darstellt, für $\varepsilon = 0$ ein Minimum annehmen, relativ zu den Nachbarfunktionalen aller hinreichend kleinen Werte von ε. Diese Forderung wird bekanntlich durch

$$\left(\frac{\partial \bar{I}(\varepsilon)}{\partial \varepsilon} \right)_{\varepsilon = 0} = 0 \tag{A4.61}$$

erfüllt. Nach Multiplikation mit ε entsteht hieraus im Hinblick auf die Definition (A4.36) die gesuchte Extremalbedingung

$$\delta I = \varepsilon \overset{+}{I} = \varepsilon \left(\frac{\partial \bar{I}(\varepsilon)}{\partial \varepsilon} \right)_{\varepsilon = 0} = 0 \,, \tag{A4.62}$$

wonach gilt:

Satz: Die notwendige Bedingung für das Auftreten eines Extremums eines Funktionals Π ist das Verschwinden seiner ersten Variation: $\delta\Pi = 0$.

Wie bereits erwähnt, werden durch die Extremalbedingung $\delta\Pi = 0$ auch stationäre Punkte eines Funktionals Π beschrieben. Ein Minimum ist nur dann sichergestellt, wenn die erste Variation $\delta\Pi$ verschwindet und darüber hinaus die zweite Variation $\delta^2 \Pi$ positiv ist:

$$\delta\Pi = 0 \quad \text{und} \quad \delta^2\Pi > 0 \quad \rightarrow \quad \Pi = \min . \tag{A4.63}$$

Erst durch Erfüllung dieser beiden Bedingungen können laut (A4.53) alle denkbaren Zuwächse $\Delta \Pi = \bar{\Pi} - \Pi$ des Funktionals Π in der Nachbarschaft der Extremalen positives Vorzeichen aufweisen, wodurch ein Minimum sichergestellt wird.

Wie bereits in Abschnitt 3.4 erläutert wurde, werden in der Strukturmechanik Gleichgewichtszustände beliebiger Tragwerke durch das Prinzip vom Minimum des Gesamtpotentials $\Pi = \min$ bzw. durch dessen Extremalbedingung $\delta\Pi = 0$ beschrieben. Dabei bezeichnet man einen Gleichgewichtszustand als *stabil, instabil* oder *indifferent*, je nachdem, ob die zweite Variation $\delta^2 \Pi$ positiv, negativ ist oder verschwindet.

$$
\begin{aligned}
\delta\Pi = 0 && \delta^2\Pi > 0 && \rightarrow && \textit{stabiles} \\
\delta\Pi = 0 && \text{und} \quad \delta^2\Pi = 0 && \rightarrow && \textit{indifferentes Gleichgewicht} \quad . \quad \text{(A4.64)} \\
\delta\Pi = 0 && \delta^2\Pi < 0 && \rightarrow && \textit{instabiles}
\end{aligned}
$$

Die obige Aussage stellt das energetische Kriterium der Stabilitätstheorie dar [Pflüger 1978].

Beispiel A4.5: Die Stabkräfte des in Bild A4.5 dargestellten Fachwerks, welches im Knotenpunkt K durch die Kräfte P_x und P_y belastet ist, sollen auf der Grundlage des Prinzipes vom Minimum des Gesamtpotentials Π = min ermittelt werden.

Zur Lösung wählen wir die Verschiebungen v_x und v_y des Knotenpunktes K als Unbekannte. Damit läßt sich die Axialverschiebung des Stabes i im Punkt K durch

$$
u_{iK} = v_x \cos\varphi_i + v_y \sin\varphi_i \; .
$$

ausdrücken. Durch u_{iK} entstehen im Stab i die folgenden Dehnungen ε_i und die durch die Stabsteifigkeitsbeziehungen ausgedrückten Normalkräfte N_i:

$$
\varepsilon_i = \frac{u_{iK}}{l_i} \; , \quad N_i = EA_i \, \varepsilon_i = \frac{EA_i}{l_i} u_{iK} \; .
$$

Hiermit folgt für das innere elastische Potential des Gesamttragwerks

$$
\Pi_i = \sum_{i=1}^{n} \int_0^{l_i} \frac{EA_i}{2} \varepsilon_i^2 \, dx = \sum_{i=1}^{n} \frac{EA_i}{2 \, l_i} u_{iK}^2 \; .
$$

Berücksichtigt man noch das Potential der äußeren Kräfte

$$
\Pi_a = -(P_x v_x + P_y v_y) \; ,
$$

so lautet das zugehörige Variationsprinzip Π = min:

$$
\Pi = \Pi(v_x, v_y) = \sum_{i=1}^{n} \frac{EA_i}{2 \, l_i} u_{iK}^2 - (P_x v_x + P_y v_y) = \min \; ,
$$

worin v_x und v_y die zu variierenden Parameter darstellen. Die Extremalbedingung ergibt sich zu:

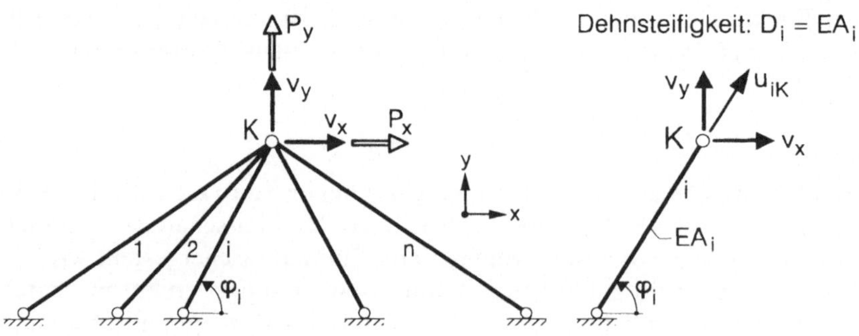

Bild A4.5. Fachwerk unter Knotenlasten

$$\delta\Pi = \sum_{i=1}^{n} \frac{EA_i}{l_i} u_{iK}\, \delta u_{iK} - (P_x\, \delta v_x + P_y\, \delta v_y) = 0 \;.$$

Drückt man hierin schließlich u_{iK} durch die Knotenverschiebungen v_x und v_y aus, wobei noch

$$\delta u_{iK} = \delta v_x \cos\varphi_i + \delta v_y \sin\varphi_i$$

zu berücksichtigen ist, so folgt:

$$\delta v_x\left(v_x \sum_{i=1}^{n} \frac{EA_i}{l_i}\cos^2\varphi_i + v_y \sum_{i=1}^{n} \frac{EA_i}{l_i}\cos\varphi_i \sin\varphi_i - P_x\right)$$

$$+\; \delta v_y\left(v_x \sum_{i=1}^{n} \frac{EA_i}{l_i}\sin\varphi_i \cos\varphi_i + v_y \sum_{i=1}^{n} \frac{EA_i}{l_i}\sin^2\varphi_i - P_y\right) = 0 \;.$$

Wegen der Willkür der Variationen δv_x und δv_y wird die obige Beziehung nur dann identisch erfüllt, wenn die beiden Klammerausdrücke verschwinden. Damit entsteht ein Gleichungssystem zur Bestimmung der unbekannten Verschiebungen v_x und v_y. Anschließend können die gesuchten Stabkräfte N_i aus den Stabsteifigkeitsbeziehungen ermittelt werden.

Beispiel A4.6: Bild A4.6 veranschaulicht einen elastisch eingespannten starren Stab mit der Federkonstante c, der an seinem freien Ende durch die Vertikallast P beansprucht ist. Nun soll auf der Grundlage von (A4.64) die Stabilität aller möglichen Gleichgewichtszustände der Struktur untersucht werden.

In einer beliebigen Lage φ wird das gesamte elastische Potential der Struktur durch

$$\Pi = \Pi(\varphi) = \Pi_i + \Pi_a = \frac{1}{2}c\,\varphi^2 - P\,l\,(1-\cos\varphi)$$

beschrieben, worin das erste Glied das innere Potential Π_i und das zweite Glied das Potential Π_a der äußeren Einwirkung P ausdrückt. Zunächst bilden wir die Extremalbedingung durch Variation nach φ. Die hieraus resultierende Bedingung

$$\delta\Pi = (c\,\varphi - P\,l\sin\varphi)\,\delta\varphi = 0$$

zeigt, daß in der Lage $\varphi = 0$ Gleichgewichtszustände für beliebige Werte der Belastung P existieren. Erreicht jedoch P den sogenannten kritischen Wert

$$P_{kr} = \frac{c}{l}\left(\frac{\varphi}{\sin\varphi}\right)_{\varphi\to 0} = \frac{c}{l}\;,$$

so kann die Struktur in benachbarte Gleichgewichtslagen verzweigen, welche auf dem gekrümmten Ast II des in Bild A4.6 dargestellten Diagramms liegen. Längs der betreffenden Kurve wird der Zusammenhang zwischen der Belastung P und dem Lageparameter φ durch

$$P > P_{kr}: \quad P = \frac{c}{l}\frac{\varphi}{\sin\varphi}$$

beschrieben.

Nun fragen wir nach der Stabilität der Gleichgewichtszustände auf den Ästen I und II. Hierzu bilden wir die zweite Variation $\delta^2\Pi$:

$$\delta^2\Pi = (c - P\,l\cos\varphi)\,(\delta\varphi)^2 \;.$$

Aus ihr geht hervor, daß für $\varphi = 0$ die Gleichgewichtszustände stabil sind, wenn $P < P_{kr}$ ist ($\delta^2\Pi > 0$). Erreicht die Belastung den kritischen Wert P_{kr}, so wird das Gleichgewicht indifferent ($\delta^2\Pi = 0$). Für $P > P_{kr}$ verkörpern schließlich die Punkte des Astes I instabile Gleichgewichtszustände ($\delta^2\Pi < 0$).

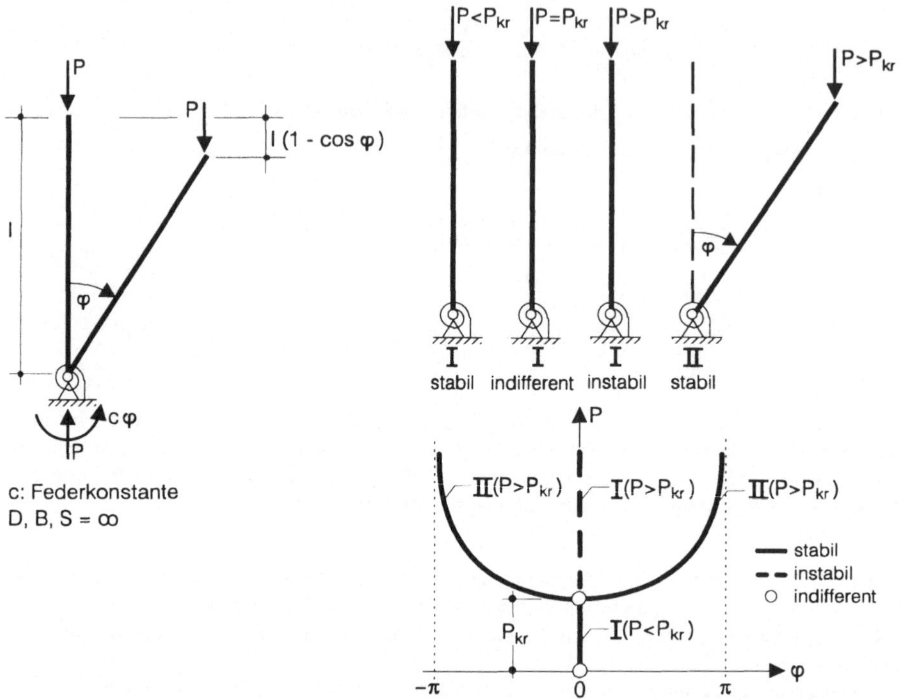

Bild A4.6. Zur Stabilität eines elastisch eingespannten starren Stabes unter Vertikallast P

Unter Berücksichtigung der Last-Lageparameter-Beziehung kann die zweite Variation $d^2\Pi$ für die Gleichgewichtslagen II spezialisiert werden. Da das zugehörige Ergebnis

$$\delta^2 \Pi = c\left(1 - \frac{\varphi}{\tan\varphi}\right)(\delta\varphi)^2$$

für beliebige Werte von φ stets positiv ist, verkörpern Punkte des Astes II stets stabile Gleichgewichtszustände.

Beispiel A4.7: Es soll die Stabilität einer starren Halbkugelschale gemäß Bild A4.7 untersucht werden, welche auf einer gleichartigen Schale ruht und durch ihre Eigengewichtslast G belastet ist. Der Schwerpunkt der Schale liegt auf dem Mittelpunkt ihres Halbmessers r.

Beim Übergang zur Lage φ leistet die Reaktionskraft R, da die korrespondierende Verschiebung orthogonal zu ihrer Wirkungslinie ist, keine Arbeit. Demnach besteht die potentielle Energie Π der Schale lediglich aus dem Potential der Last G, das gemäß Bild A4.7 lautet:

$$\Pi = \Pi(\varphi) = -Gr\left(\frac{3}{2} - 2\cos\varphi + \frac{1}{2}\cos 2\varphi\right).$$

Bildet man hieraus die Variationen

$$\delta\Pi = -Gr(2\sin\varphi - \sin 2\varphi), \qquad \delta^2\Pi = -2Gr(\cos\varphi - \cos 2\varphi),$$

$$\delta^3\Pi = 2Gr(\sin\varphi - 2\sin 2\varphi), \quad \delta^4\Pi = 2Gr(\cos\varphi - 4\cos 2\varphi), \quad \ldots$$

so erkennt man, daß für die Gleichgewichtslage $\varphi = 0$

$$\delta\Pi = \delta^2\Pi = \delta^3\Pi = 0 \quad \text{und} \quad \delta^4\Pi = -6\,Gr$$

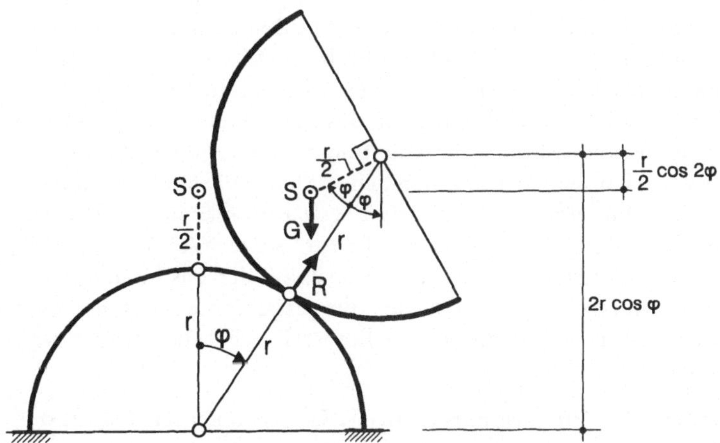

Bild A4.7. Zur Stabilität einer starren Halbkugelschale unter Eigengewichtslast

gilt. Demnach ist der Energiezuwachs

$$\Delta\Pi = \frac{1}{4!}\,\delta^4\Pi = -\frac{Gr}{4}$$

negativ und die Gleichgewichtslage laut (A4.64) instabil. Unüblicherweise war bei diesem Beispiel die Betrachtung der vierten Variation zur Beurteilung der Stabilität erforderlich.

A4.6 Die äquivalenten Bedingungen eines Variationsproblems

Den äquivalenten Bedingungen eines Variationsproblems kommt bei der Anwendung der indirekten Methoden der Variationsrechnung eine große Bedeutung zu. Außerdem können durch deren Herleitung die wesentlichen Merkmale konsistenter Strukturtheorien aufgedeckt werden. Hierauf werden wir jedoch erst im nächsten Abschnitt eingehen. Zunächst definieren wir:

Definition: Die äquivalenten Bedingungen eines Variationsproblems sind diejenigen Beziehungen, welche durch die Extremalen des betreffenden Variationsproblems automatisch erfüllt werden. Diese umfassen Differentialgleichungen und gegebenenfalls Randvorgaben, die man als EULER*sche Gleichungen bzw. natürliche Randbedingungen bezeichnet.*

Die natürlichen Randbedingungen entstehen an solchen Randpunkten, an denen wesentliche Randbedingungen vollständig oder teilweise fehlen. Natürliche und wesentliche Randbedingungen eines Randpunktes entsprechen hinsichtlich ihrer Anzahl den vorschreibbaren Randbedingungen des jeweiligen Randwertproblems. Liegt z.B. ein Randwertproblem vierter Ordnung vor, wie dies in der Theorie des Biegestabes der Fall ist, so sind einem Randpunkt zwei natürliche Randbedingungen zugeordnet, soweit dort wesentliche Randbedingungen nicht vorgegeben sind.

Nach diesen Vorbemerkungen widmen wir uns nun den äquivalenten Bedingungen. Ihre Herleitung kann im wesentlichen durch Ausführung folgender Rechenschritte erfolgen. Zunächst wird unter Verwendung der für das Variationssymbol δ gültigen Regeln die Extremalbedingung des betrachteten Variationsproblems formuliert. Anschließend werden alle Ableitungen der Argumentfunktionen eliminiert, welche als Variationen vorkommen. Dies kann bei eindimensionalen Problemen durch partielle Integration (A3.22) und bei zweidimensionalen Aufgabenstellungen durch Anwendung des Gaussschen Integralsatzes (A3.32, 33) gelingen. Auf die so umgeformte Extremalbedingung wird schließlich das Fundamentallemma der Variationsrechnung* angewendet, das die gesuchten *Eulerschen Gleichungen* sowie die *natürlichen Randbedingungen* liefert. Das beschriebene Vorgehen sei nun durch Beispiele erläutert.

Das einfachste Problem der Variationsrechnung: Gegeben sei das Variationsproblem

$$I \;=\; \int_{x_1}^{x_2} U\,(x,\,y,\,y')\,dx \;=\; \min\,,\qquad \frac{d\,(...)}{dx} \;=\; (...)'\,, \tag{A4.65}$$

das unter der Voraussetzung vorgegebener Randwerte

$$y\,(x_1) \;=\; y_1\,,\quad y\,(x_2) \;=\; y_2 \tag{A4.66}$$

sowie stetiger zweifacher Ableitungen der Argumentfunktion $y\,(x)$ behandelt werden soll. Der Integrand U selbst sei nach seinen drei Argumenten x, y, y' zweimal stetig differenzierbar.

Zu Beginn sei der Leser daran erinnert, daß eine Argumentfunktion an solchen Randstellen nicht variiert werden darf, an denen sie wesentlichen Randbedingungen unterworfen ist. Entsprechend (A4.66) muß demnach die Variation δy die Bedingungen

$$\delta y\,(x_1) \;=\; 0\,,\quad \delta y\,(x_2) \;=\; 0 \tag{A4.67}$$

erfüllen. Unter Anwendung der Regeln (A4.30, 38) ergibt sich sodann aus (A4.65) die Extremalbedingung zu

---

*   Ihm gemäß folgt für jede innerhalb der Integrationsgrenzen $[x_1,\,x_2]$ stetige Funktion $\varphi\,(x)$ aus der Beziehung

$$\int_{x_1}^{x_2} \varphi\,(x)\,y\,(x)\,dx \;=\; 0\,,$$

in welcher $y(x)$ eine an beiden Rändern verschwindende, hinreichend oft differenzierbare, sonst jedoch willkürliche Funktion darstellt [Courant 1963]:

$$\varphi\,(x) \equiv 0 \;\text{ in }\; [x_1,\,x_2]\,.$$

Dieser Satz gilt entsprechend für mehrfache Integrale.

$$\delta I = \int\limits_{x_1}^{x_2} \left(\frac{\partial U}{\partial y} \, \delta y + \frac{\partial U}{\partial y'} \, \delta y' \right) dx = 0 \; . \tag{A4.68}$$

Nach Elimination der Ableitung $\delta y'$ durch partielle Integration (A 3.28)

$$\int\limits_{x_1}^{x_2} \frac{\partial U}{\partial y'} \, \delta y' \, dx = \int\limits_{x_1}^{x_2} \left(\frac{\partial U}{\partial y'} \, \delta y \right)' dx - \int\limits_{x_1}^{x_2} \left(\frac{d}{dx} \frac{\partial U}{\partial y'} \right) \delta y \, dx$$

$$= \left[\frac{\partial U}{\partial y'} \, \delta y \right]_{x_1}^{x_2} - \int\limits_{x_1}^{x_2} \left(\frac{d}{dx} \frac{\partial U}{\partial y'} \right) \delta y \, dx \tag{A4.69}$$

erhält man weiterhin

$$\delta I = \int\limits_{x_1}^{x_2} \left(\frac{\partial U}{\partial y} - \frac{d}{dx} \frac{\partial U}{\partial y'} \right) \delta y \, dx + \left[\frac{\partial U}{\partial y'} \, \delta y \right]_{x_1}^{x_2} = 0 \; . \tag{A4.70}$$

Infolge (A4.67) verschwindet hierin der zweite Summand. Nach dem Fundamentallemma entsteht somit als notwendige Bedingung für ein Minimum des Funktionals I die EULER*sche Gleichung:*

$$\frac{d}{dx} \frac{\partial U}{\partial y'} - \frac{\partial U}{\partial y} = 0 \; . \tag{A4.71}$$

Diese gewöhnliche Differentialgleichung läßt sich in der Form

$$y'' U_{y'y'} + y' U_{y'y} + U_{y'x} - U_y = 0 \tag{A4.72}$$

darstellen, wenn durch die Indizes x, y, y' partielle Ableitungen nach den betreffenden Argumenten bezeichnet werden. Zufolge der vorgeschriebenen wesentlichen Randbedingungen blieben bei diesem Beispiel natürliche Randbedingungen aus.

Das Variationsproblem Π (w,φ) = min des schubweichen Biegestabes: Für den in Bild A4.8 dargestellten Kragträger unter der Linienlast q_z (x) sowie den singulären Einwirkungen Q^o, M^o besitzt das Prinzip vom Minimum des Gesamtpotentials – im Rahmen der Schubverzerrungstheorie – die Form

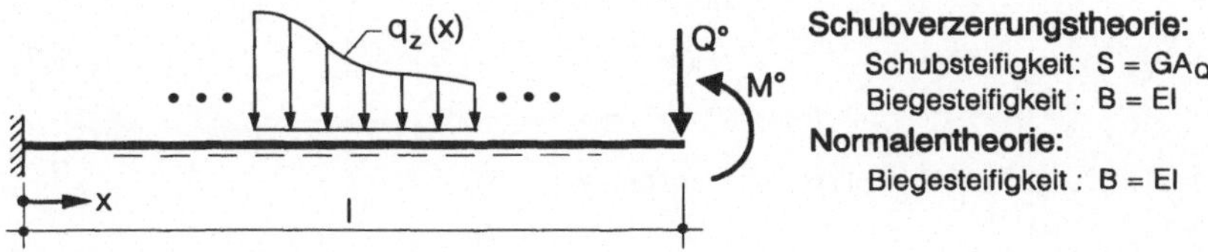

Bild A4.8. Kragträger unter Vertikallast $q_z(x)$ und Randlasten Q^o, M^o

$$\Pi = \Pi(\varphi, w) = \Pi_i + \Pi_a = \min$$

$$= \frac{1}{2} \int_0^1 [B\,\varphi'^2 + S\,(\varphi + w')^2]\,dx - \int_0^1 q_z\,w\,dx - Q^o\,(w)_{x=1} - M^o\,(\varphi)_{x=1}\,,$$

$$(A4.73)$$

worin die Argumente $w(x)$ und $\varphi(x)$ an der Einspannstelle den Bedingungen

$$x = 0: \quad w = 0\,, \quad \varphi = 0 \qquad\qquad (A4.74)$$

unterliegen. In (A4.73) wurden die Verzerrungen κ und γ unter Verwendung der kinematischen Beziehungen $\kappa = \varphi'$ und $\gamma = \varphi + w'$ bereits eliminiert, wodurch die Randvorgaben (A4.74) als einzige Nebenbedingungen des Variationsproblems (A4.73) verbleiben. Für die weitere Herleitung sei zweifach stetige Differenzierbarkeit der Argumente w und φ nach x vorausgesetzt.

Entsprechend (A4.73) lautet die Extremalbedingung

$$\delta\Pi = \int_0^1 [B\,\varphi'\,\delta\varphi' + S\,(\varphi + w')\,\delta w' + S\,(\varphi + w')\,\delta\varphi]\,dx - \int_0^1 q_z\,\delta w\,dx$$

$$- Q^o\,(\delta w)_{x=1} - M^o\,(\delta\varphi)_{x=1} = 0\,,$$

woraus unter Verwendung der Werkstoffgleichungen

$$M = B\,\varphi' = EI\,\varphi', \quad Q = S\,(\varphi + w') = GA_Q\,(\varphi + w') \qquad (A4.75)$$

entsteht:

$$\delta\Pi = \int_0^1 (M\,\delta\varphi' + Q\,\delta w' + Q\,\delta\varphi)\,dx - \int_0^1 q_z\,\delta w\,dx$$

$$- Q^o\,(\delta w)_{x=1} - M^o\,(\delta\varphi)_{x=1} = 0\,. \qquad (A4.76)$$

Zur Elimination der Ableitungen $\delta w'$ und $\delta\varphi'$ werden die betreffenden Terme durch partielle Integration (A3.28) umgeformt. Berücksichtigt man dabei, daß wegen (A4.74) die Variationen δw und $\delta\varphi$ für $x = 0$ verschwinden müssen, so resultiert aus dieser Umformung

$$\int_0^1 M\,\delta\varphi'\,dx = \int_0^1 (M\,\delta\varphi)'\,dx - \int_0^1 M'\,\delta\varphi\,dx = (M\,\delta\varphi)_{x=1} - \int_0^1 M'\,\delta\varphi\,dx\,,$$

$$\int_0^1 Q\,\delta w'\,dx = (Q\,\delta w)_{x=1} - \int_0^1 Q'\,\delta w\,dx\,. \qquad (A\,4.77)$$

Einsetzen dieser Ergebnisse in (A4.76) liefert

$$\delta\Pi = -\int_0^1 [(M' - Q)\,\delta\varphi + (Q' + q_z)\,\delta w]\,dx$$

$$+ [(Q - Q^o)\,\delta w]_{x=1} + [(M - M^o)\,\delta\varphi]_{x=1} = 0 , \qquad (A4.78)$$

woraus nach dem Fundamentallemma die EULERschen *Gleichungen*

$$\delta w \quad : \quad Q' + q_z = GA_Q\,(\varphi' + w'') + q_z = 0 ,$$

$$\delta\varphi \quad : \quad M' - Q = EI\,\varphi'' - GA_Q\,(\varphi + w') = 0 , \qquad (A4.79)$$

sowie die *natürlichen Randbedingungen*

$$x = 1 \quad : \quad Q = GA_Q\,(\varphi + w') = Q^o , \quad M = EI\,\varphi' = M^o \qquad (A4.80)$$

des Variationsproblems (A4.73) entstehen, die unter Berücksichtigung von (A4.75) in die Weggrößen w und φ transformiert wurden. Der Vergleich der Ergebnisse (A4.79, 80) mit den bekannten Grundlagen der Stabtheorie lehrt:

Satz: Die EULERschen Gleichungen des Prinzipes vom Minimum des Gesamtpotentials $\Pi = min$ sind die Gleichgewichtsbedingungen, und seine natürlichen Randbedingungen bilden die Kraftgrößenrandbedingungen (dynamische Randbedingungen).

Die EULERschen Gleichungen (A4.79) bilden ein vollständiges Differentialgleichungssystem zur Bestimmung der unbekannten Variablen w und φ. Durch deren Integration unter Berücksichtigung beider Randvorgaben (A4.74) und (A4.80) lassen sich die Extremalen des Variationsproblems (A4.73, 74) bestimmen. Diese Vorgehensweise entspricht der *indirekten* Methode der Variatonsrechnung. Mit den EULERschen Gleichungen, die gemäß (A4.79) als *natürliche Bestimmungsgleichungen* der Variablen w und φ anzusehen sind, wurde die *globale (schwache)* Aussage des ursprünglichen Variationsproblems (A4.73) in die *lokale (starke)* Formulierung einer Randwertaufgabe umgewandelt. Die EULERschen Gleichungen mit den beiden Sätzen (A4.74, 80) von Randbedingungen und das Variationsprinzip (A4.73) mit den wesentlichen Randvorgaben (A4.74) bilden äquivalente Formulierungen des gleichen Randwertproblems, welche wahlweise zur Bestimmung der Argumentfunktionen w und φ einsetzbar sind. Diese Gleichwertigkeit ermöglicht die Anwendung der verschiedenen direkten Methoden der Variationsrechnung auf die Lösung von Randwertproblemen.

Das Variationsproblem $\Pi\,(w) = min$ des schubsteifen Biegestabes: Wir betrachten erneut den Kragträger aus Bild A4.8, der nunmehr durch die Normalentheorie zu behandeln ist. In diesem Fall lautet das Prinzip vom Minimum des Gesamtpotentials

$$\Pi = \Pi(w) = \Pi_i + \Pi_a = \min$$

$$= \frac{1}{2} \int_0^l B(w'')^2\, dx - \int_0^l q_z\, w\, dx - Q^o(w)_{x=1} + M^o(w')_{x=1} \,, \qquad (A4.81)$$

wobei die Randbedingungen

$$x = 0: \quad w = 0, \quad w' = 0 \qquad\qquad\qquad (A4.82)$$

durch die zu bestimmende Argumentfunktion $w(x)$ zu erfüllen sind. In (A4.81) wurde bereits die Verkrümmung κ durch die kinematische Beziehung $\kappa = -w''$ eliminiert, wodurch diese als Nebenbedingung entfällt. Im Gegensatz zu (A4.73) treten in (A4.81) die zweiten Ableitungen w'' auf. Die Elimination der betreffenden Variationen $\delta w''$ wird bei der Herleitung der EULERschen Gleichungen die zweimalige Anwendung der partiellen Integration erfordern. Im Hinblick auf die Existenz der EULERschen Gleichungen setzen wir voraus, daß die Funktion $w(x)$ viermal stetig nach x differenzierbar sei.

Zunächst bilden wir die Extremalbedingung:

$$\delta\Pi = \int_0^l B\, w''\, \delta w''\, dx - \int_0^l q_z\, \delta w\, dx - Q^o(\delta w)_{x=1} + M^o(\delta w')_{x=1} = 0 \,.$$

$$(A4.83)$$

Hierin kann das erste Integral unter Verwendung der Werkstoffgleichung

$$M = -B\, w'' = -EI\, w'' \qquad\qquad\qquad (A4.84)$$

in die Form

$$\int_0^l B\, w''\, \delta w''\, dx = -\int_0^l M\, \delta w''\, dx \qquad\qquad (A4.85)$$

überführt werden. Durch zweimalige Anwendung der partiellen Integration kann hierin sodann die zweite Ableitung $\delta w''$ eliminiert werden. Berücksichtigt man dabei, daß entsprechend (A4.82) die Randbedingungen $\delta w(0) = \delta w'(0) = 0$ zu erfüllen sind, so ergibt sich

$$\int_0^l M\, \delta w''\, dx = [M\, \delta w']_0^l - \int_0^l M'\, \delta w'\, dx$$

$$= [M\, \delta w']_o^l - \left\{ [M'\, \delta w]_0^l - \int_0^l M''\, \delta w\, dx \right\}$$

$$= (M\, \delta w')_{x=1} - (M'\, \delta w)_{x=1} + \int_0^l M''\, \delta w\, dx \,. \qquad (A4.86)$$

Dieses Ergebnis wird nun unter Berücksichtigung von (A4.85) in (A4.83) eingesetzt. Die so entstehende Beziehung

$$\delta\Pi \;=\; -\int_0^1 (M'' + q_z)\,\delta w\,dx \;+\; [(M' - Q^o)\,(\delta w)]_{x=1}$$
$$-\,[(M - M^o)\,(\delta w')]_{x=1} \;=\; 0 \qquad\qquad (A4.87)$$

liefert schließlich mit (A4.84) die EULER*sche Gleichung:*

$$\delta w : \qquad M'' + q_z = -EI\,w^{IV} + q_z = 0 \qquad\qquad (A4.88)$$

sowie die *natürlichen Randbedingungen:*

$$x = 1 : \qquad M' = -EI\,w''' = Q^o\,, \qquad M = -EI\,w'' = M^o\,. \qquad (A4.89)$$

Die EULERsche Gleichung (A4.88) ist eine Differentialgleichung vierter Ordnung, deren Integration unter Berücksichtigung der wesentlichen (A4.82) und der natürlichen Randbedingungen (A4.89) erfolgen kann. Ist das betrachtete Tragwerk nur durch eine konstante Linienlast $q_z = p$ beansprucht ($Q^o = M^o = 0$), so lautet die Lösung:

$$w\,(x) \;=\; \frac{pl^4}{24\,EI}\left[6\left(\frac{x}{l}\right)^2 - 4\left(\frac{x}{l}\right)^3 + \left(\frac{x}{l}\right)^4\right]. \qquad\qquad (A4.90)$$

Für den Lastfall der Randeinwirkungen Q^o, M^o ergibt sich dementsprechend:

$$w\,(x) \;=\; \frac{l^2}{6\,EI}\left[3\,(Q^o\,l - M^o)\left(\frac{x}{l}\right)^2 - Q^o\,l\left(\frac{x}{l}\right)^3\right]. \qquad\qquad (A4.91)$$

Die Lösungen (A4.90, 91) stellen die Extremalen des Variationsprinzips (A4.81) für die jeweiligen Lastfälle dar. Hieraus entsteht folgende Erkenntnis:

Satz: Die Extremalen eines Variationsproblems können derart konstruiert werden, daß man die EULERschen Gleichungen unter Berücksichtigung der wesentlichen und natürlichen Randbedingungen integriert. Die Vorgehensweise, welche auf der Integration der EULERschen Gleichungen beruht, heißt indirekte Methode der Variationsrechnung.

Die Integration von Differentialgleichungen ist bei komplexeren Problemstellungen – insbesondere wegen der zu berücksichtigenden Randvorgaben – im allgemeinen sehr umständlich. Selbst wenn dieser Nachteil durch eine numerische Integration z.B. unter Anwendung der Finite-Differenzen-Methode [Almannai 1977, Basar 1974, Basar 1975] behoben wird, erweisen sich im allgemeinen die indirekten Methoden als nicht so leistungsfähig wie die direkten Methoden der Variationsrechnung.

Das Variationsproblem $\Pi\,(u_\alpha)$ = min für eine Scheibe: Gegeben sei eine Scheibe unter Flächenlasten $p_\alpha = p_\alpha\,(x_1, x_2)$. Die Randkurve C ihrer Mittelfläche F bestehe aus zwei Bereichen C_r und $C_t = C - C_r$, längs denen die folgenden *Weggrößen-* bzw. *Kraftgrößenrandbedingungen* vorgeschrieben seien:

$$u_\alpha = u_\alpha^o \quad \text{längs } C_r \ , \qquad n_\alpha = n_\alpha^o \quad \text{längs } C_t \ . \tag{A4.92}$$

Das Prinzip vom Minimum des Gesamtpotentials besitzt für diese Problemstellung die Form (A3.57)*

$$\Pi = \Pi(u_\alpha) = \Pi_i + \Pi_a = \min$$

$$= \frac{1}{2} \iint_F D\, H_{\alpha\beta\rho\lambda}\, \varepsilon_{\alpha\beta}\, \varepsilon_{\rho\lambda}\, dF - \iint_F p_\beta\, u_\beta\, dF - \int_{C_t} n_\beta^o\, u_\beta\, ds \ ,$$

$$\Pi = \frac{1}{2} \iint_F \varepsilon^T D\, \mathbf{E}\, \varepsilon\, dF - \iint_F \mathbf{p}^T \mathbf{u} - \int_{C_t} (\sigma_r^o)^T \mathbf{u}\, ds \ . \tag{A4.93}$$

Seine Nebenbedingungen umfassen die *kinematischen Beziehungen* und die *Weggrößenrandbedingungen:*

$$\varepsilon_{\alpha\beta} = \frac{1}{2}(u_{\alpha,\beta} + u_{\beta,\alpha}) \ , \qquad u_\alpha = u_\alpha^o \quad \text{längs } C_r \ ,$$

$$\varepsilon = \mathbf{D}_k \mathbf{u} \ , \qquad\qquad \mathbf{u} = \mathbf{u}^o \quad \text{längs } C_r \ . \tag{A4.94}$$

Im folgenden soll das Variationsproblem (A4.93) in seine äquivalenten Bedingungen transformiert werden. Infolge der Nebenbedingungen (A4.94) unterliegen die Variationen $\delta\varepsilon_{\alpha\beta}$ und δu_β den folgenden Forderungen:

$$\delta\varepsilon_{\alpha\beta} = \frac{1}{2}(\delta u_{\alpha,\beta} + \delta u_{\beta,\alpha}) \ , \qquad \delta u_\alpha = 0 \quad \text{längs } C_r \ . \tag{A4.95}$$

Die Extremalbedingung $\delta\Pi = 0$ liefert:

$$\delta\Pi = \frac{1}{2} \iint_F D\, H_{\alpha\beta\rho\lambda}\, (\varepsilon_{\alpha\beta}\, \delta\varepsilon_{\rho\lambda} + \delta\varepsilon_{\alpha\beta}\, \varepsilon_{\rho\lambda})\, dF - \iint_F p_\beta\, \delta u_\beta\, dF$$

$$- \int_{C_t} n_\beta^o\, \delta u_\beta\, ds = 0 \ . \tag{A4.96}$$

Hierin kann das erste Integral unter Berücksichtigung der Symmetrie $H_{\alpha\beta\rho\lambda} = H_{\rho\lambda\alpha\beta}$ sowie der Werkstoffgleichung (A3.50):

$$n_{\alpha\beta} = D\, H_{\alpha\beta\rho\lambda}\, \varepsilon_{\rho\lambda}$$
$$\sigma = D\, \mathbf{E}\, \varepsilon = D\, \mathbf{E}\, \mathbf{D}_k \mathbf{u} \tag{A4.97}$$

in die Form

$$\frac{1}{2} \iint_F D\, H_{\alpha\beta\rho\lambda}\, (\varepsilon_{\alpha\beta}\, \delta\varepsilon_{\rho\lambda} + \delta\varepsilon_{\alpha\beta}\, \varepsilon_{\rho\lambda})\, dF = \iint_F D\, H_{\alpha\beta\rho\lambda}\, \varepsilon_{\rho\lambda}\, \delta\varepsilon_{\alpha\beta}\, dF$$

$$= \iint_F n_{\alpha\beta}\, \delta\varepsilon_{\alpha\beta}\, dF \tag{A4.98}$$

---

*   Die in diesem Beispiel zu verwendenden Beziehungen sind im Abschnitt A 3.3 erläutert.

transformiert werden. Im Hinblick auf die kinematische Beziehung (A4.94) sowie die Symmetrie $n_{\alpha\beta} = n_{\beta\alpha}$ erhält man weiterhin:

$$\iint\limits_F n_{\alpha\beta}\,\delta\varepsilon_{\alpha\beta}\,dF = \frac{1}{2}\iint\limits_F n_{\alpha\beta}\,(\delta u_{\alpha,\beta} + \delta u_{\beta,\alpha})\,dF = \iint\limits_F n_{\alpha\beta}\,\delta u_{\beta,\alpha}\,dF \ . \quad \text{(A4.99)}$$

Mit (A4.98, 99) nimmt nun (A4.96) die folgende Gestalt an:

$$\delta\Pi = \iint\limits_F n_{\alpha\beta}\,\delta u_{\beta,\alpha}\,dF - \iint\limits_F p_\beta\,\delta u_\beta\,dF - \int\limits_{C_t} n_\beta^o\,\delta u_\beta\,ds = 0 \ . \quad \text{(A4.100)}$$

Gemäß Abschnitt A3.3 und (A4.99) lautet die zugehörige Operatorgleichung:

$$\delta\Pi = \iint\limits_F \boldsymbol{\sigma}^T\,\mathbf{D}_k\delta\mathbf{u}\,dF - \iint\limits_F \mathbf{p}^T\,\delta\mathbf{u}\,dF - \int\limits_{C_t} (\boldsymbol{\sigma}_r^o)^T\,\delta\mathbf{u}\,ds = 0 \ . \quad \text{(A4.101)}$$

In (A4.100) sind noch die Ableitungen $\delta u_{\beta,\alpha}$ zu eliminieren. Hierzu verwenden wir den GAUSSschen Integralsatz (A3.33), der unter Berücksichtigung der Randvorgaben (A4.95)

$$\iint\limits_F n_{\alpha\beta}\,\delta u_{\beta,\alpha}\,dF = \iint\limits_F (n_{\alpha\beta}\,\delta u_\beta)_{,\alpha}\,dF - \iint\limits_F n_{\alpha\beta,\alpha}\,\delta u_\beta\,dF$$

$$= \int\limits_{C_t} n_{\alpha\beta}\,\nu_\alpha\,\delta u_\beta\,dF - \iint\limits_F n_{\alpha\beta,\alpha}\,\delta u_\beta\,dF \quad\quad \text{(A4.102)}$$

ergibt, worin $\nu = \nu_\alpha\,\mathbf{i}_\alpha$ die Normale der Randkurve C abkürzt. Unter Verwendung dieses Ergebnisses sowie der Randkräfte $n_\beta = n_{\alpha\beta}\,\nu_\alpha$ nimmt (A4.100) schließlich die Gestalt an:

$$\delta\Pi = -\iint\limits_F (n_{\alpha\beta,\alpha} + p_\beta)\,\delta u_\beta\,dF + \int\limits_{C_t} (n_\beta - n_\beta^o)\,\delta u_\beta\,ds = 0 \ , \quad \text{(A4.103)}$$

die zugehörige Operatorgleichung lautet:

$$\delta\Pi = -\iint\limits_F \delta\mathbf{u}^T\,(\mathbf{D}_e\boldsymbol{\sigma} + \mathbf{p})\,dF + \int\limits_{C_t} \delta\mathbf{u}^T\,(\mathbf{D}_r\boldsymbol{\sigma} - \boldsymbol{\sigma}_r^o)\,ds = 0 \ . \quad \text{(A4.104)}$$

Infolge der Willkür der Variationen δu_β kann die Beziehung (A4.103) nur dann identisch erfüllt werden, wenn die Klammerausdrücke verschwinden. Hieraus resultieren mit (A4.94, 97) die EULER*schen Gleichungen:*

$$\delta u_\beta : \quad n_{\alpha\beta,\alpha} + p_\beta = D\,H_{\alpha\beta\rho\lambda}\,u_{\rho,\lambda\alpha} + p_\beta = 0 \ , \quad\quad \text{(A4.105)}$$

$$\delta\mathbf{u} : \quad \mathbf{D}_e\boldsymbol{\sigma} + \mathbf{p} = \mathbf{D}_e\,D\,E\,\mathbf{D}_k\mathbf{u} + \mathbf{p} = 0 \ ,$$

sowie die *natürlichen Randbedingungen:*

$$n_\beta = n_{\alpha\beta} v_\alpha = D\,H_{\alpha\beta\rho\lambda}\,u_{\rho,\lambda}\,v_\alpha = n_\beta^o \quad \text{längs } C_t \;, \tag{A4.106}$$

$$\sigma_r = D_r\,\sigma = D_r\,D\,E\,D_k u = \sigma_r^o \quad \text{längs } C_t \;,$$

welche die Kraftgrößenrandbedingungen des betrachteten Scheibentragwerks darstellen.

Beispiel A4.8: Für den in Bild A4.9 dargestellten Biegestab ist unter Verwendung der Schubverzerrungstheorie das Prinzip vom Minimum des Gesamtpotentials mit seinen zugehörigen EULERschen Gleichungen sowie den wesentlichen und natürlichen Randbedingungen anzugeben. Ferner sind für die unabhängigen Argumente Polynomansätze niedrigster Ordnung zu finden, die kinematisch kompatibel sind.

Das Variationsprinzip lautet

$$\Pi = \Pi(\varphi, w) = \frac{1}{2} \int_{-a}^{a} \left[B\,\varphi'^2 + S\,(\varphi + w')^2 \right] dx - \int_{-a}^{a} p\,w\,dx = \min \;,$$

seine wesentlichen Randbedingungen sind

$$x = \pm a : \quad w = 0 \;, \quad \varphi = 0 \;.$$

Natürliche Randbedingungen bleiben bei diesem Beispiel aus, da das Randwertproblem je zwei Vorgaben an je einem Randpunkt zuläßt, die hier bereits durch die wesentlichen Randbedingungen erschöpft sind. Gemäß (A4.79) lauten die EULERschen Gleichungen

$$Q - M' = 0 = GA_Q\,(\varphi + w') - EI\,\varphi'' \;, \quad Q' + p = 0 = GA_Q\,(\varphi' + w'') + p \;.$$

Ein kinematisch zulässiger Ansatz für w muß die wesentlichen Randbedingungen erfüllen und noch einen frei verfügbaren Koeffizienten besitzen, wonach variiert werden kann. Demgemäß wählen wir

$$w(x) = C_0 + C_1\,x + C_2\,x^2 \;.$$

Aus den Randbedingungen

$$w(a) = 0 = C_0 + C_1\,a + C_2\,a^2 \;, \quad w(-a) = 0 = C_0 - C_1\,a + C_2\,a^2$$

bestimmen sich die Koeffizienten C_1 und C_2 zu:

$$C_1 = 0 \;, \quad C_2 = -\frac{C_0}{a^2}$$

Damit folgt aus dem Lösungsansatz

$$w(x) = C_0 \left(1 - \frac{x^2}{a^2} \right) \;, \quad \varphi(x) = D_0 \left(1 - \frac{x^2}{a^2} \right) \;,$$

worin der Ansatz für φ in analoger Weise herleitbar ist.

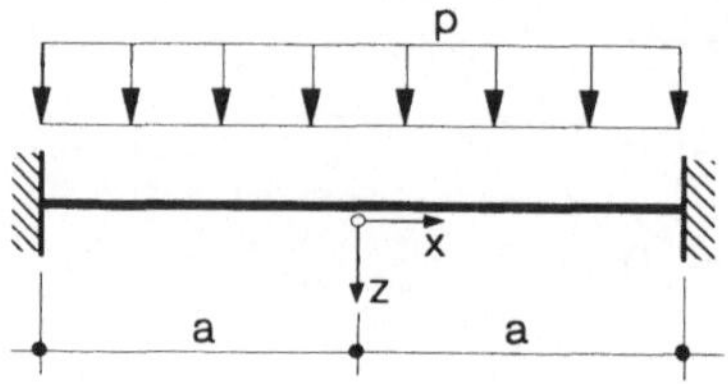

Bild A4.9. Beidseitig eingespannter Biegestab

Beispiel A4.9: Für das in Bild A4.10 dargestellte Scheibentragwerk sind das Prinzip vom Minimum des Gesamtpotentials Π = min, die zugehörigen EULERschen Gleichungen, die wesentlichen und die natürlichen Randbedingungen anzugeben. Ferner ist der bilineare Ansatz

$$u_\alpha = u_\alpha^A f^A + u_\alpha^B f^B + u_\alpha^C f^C + u_\alpha^D f^D \; ,$$

worin u_α^A, u_α^B, ... Werte des Verschiebungsfeldes u_α an den Knoten A, B, ... und

$$f^A = (1-\xi_1)(1-\xi_2) \; , \quad f^B = \xi_1(1-\xi_2)(1-\xi_2) \; , \quad f^C = \xi_1\xi_2 \; , \quad f^D = (1-\xi_1)\xi_2$$

$$\text{mit } \xi_1 = \frac{x_1}{l_1} \; , \quad \xi_2 = \frac{x_2}{l_2}$$

Formfunktionen der dimensionslosen Koordinaten ξ_1, ξ_2 darstellen, auf das betrachtete Variationsproblem Π = min zu spezialisieren.

Das Variationsproblem Π = min lautet

$$\Pi = \Pi(u_\alpha) = \frac{1}{2} \iint\limits_F D\, H_{\alpha\beta\rho\lambda}\, \varepsilon_{\alpha\beta}\, \varepsilon_{\rho\lambda}\, dF - \int\limits_0^{l_2} t_1\, u_1\, dx_2 - \int\limits_0^{l_1} t_2\, u_2\, dx_1 = \min \; ,$$

gültig unter den kinematischen Beziehungen

$$\varepsilon_{\alpha\beta} = \frac{1}{2}(u_{\alpha,\beta} + u_{\beta,\alpha})$$

sowie den Weggrößenrandbedingungen

$$u_2 = 0 \quad \text{längs } x_2 = 0 \; , \quad u_1 = 0 \quad \text{längs } x_1 = 0 \; .$$

Mit $p_\alpha = 0$ ergeben sich aus (A4.105) die EULERschen Gleichungen zu

$$n_{\alpha\beta,\alpha} = 0 = D\, H_{\alpha\beta\rho\lambda}\, u_{\rho,\lambda\alpha} \; .$$

Unter Verwendung der bekannten Definition $n_\beta = n_{\alpha\beta}\, v_\alpha$ für die Randkräfte lauten die natürlichen Randbedingungen

$$n_1 = -n_{21} = 0 \quad \text{längs } x_2 = 0 \; , \quad n_2 = -n_{12} = 0 \quad \text{längs } x_1 = 0 \; ,$$

$$n_2 = n_{22} = t_2 \, , \quad n_1 = n_{21} = 0 \quad \text{längs } x_2 = 1 \, , \quad n_1 = n_{11} = t_1 \, , \quad n_2 = n_{12} = 0 \quad \text{längs } x_1 = 1 \, .$$

Mit $u_1^A = u_2^A = u_1^D = u_2^B = 0$ erfüllt der obige Ansatz die wesentlichen Randbedingungen. So verkörpern

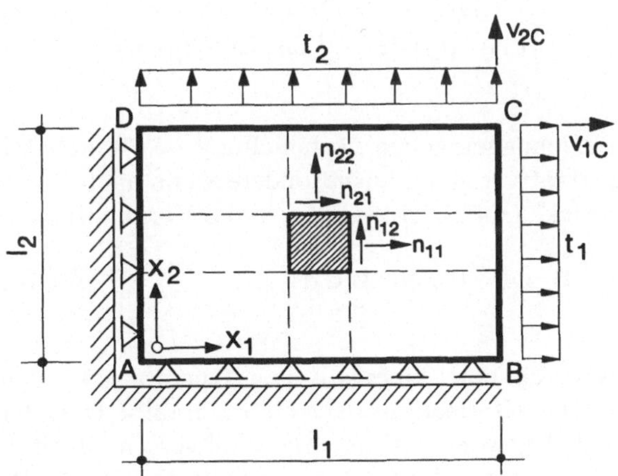

Bild A4.10. Scheibe unter Randlasten

$$u_1 = u_1^B f^B + u_1^C f^C = \frac{u_1^B}{l_1} x_1 + \frac{u_1^C - u_1^B}{l_1\, l_2} x_1\, x_2$$

$$u_2 = u_2^C f^C + u_2^D f^D = \frac{u_2^D}{l_2} x_2 + \frac{u_2^C - u_2^D}{l_1\, l_2} x_1\, x_2$$

kinematisch kompatible Ansätze des ursprünglichen Variationsprinzipes.

Rückblickend können wir die im Zusammenhang mit Variationsproblemen vorkommenden Bedingungen wie folgt klassifizieren: Als *Zwangsbedingungen* bezeichnen wir alle bei der Variation a-priori zu erfüllenden Restriktionen, die aus den *wesentlichen Randbedingungen* sowie den *Nebenbedingungen* bestehen können. Die *äquivalenten Bedingungen* dagegen umfassen die EULERschen *Gleichungen* sowie die *natürlichen Randbedingungen*, welche eine dem jeweiligen Variationsproblem Π = min bzw. der zugehörigen Extremalbedingung $\delta\Pi = 0$ äquivalente Aussage darstellen. Diese bilden gemeinsam mit den wesentlichen Randbedingungen eine vollständige Grundlage zur Bestimmung von Extremalen der Variationsprobleme. Hierauf beruhen die *indirekten Methoden* der Variationsrechnung. Im Gegensatz hierzu haben die direkten Methoden das Ziel, die gesuchten Extremalen – unter Berücksichtigung der Zwangsbedingungen – direkt auf der Grundlage der Extremalbedingung $\delta\Pi = 0$ zu bestimmen.

A4.7 Adjungiertheit der Operatoren in der Strukturmechanik

Im Zuge der Herleitung der EULERschen Gleichungen für Scheibentragwerke wurde im Abschnitt A4.6 die Extremalbedingung $\delta\Pi = 0$ durch zwei unterschiedliche Beziehungen (A4.101) und (A4.104) beschrieben, die hier nun in der Form

$$\delta\Pi = 0 \;\rightarrow\; \iint_F \mathbf{p}^T \delta\mathbf{u}\; dF = \iint_F \boldsymbol{\sigma}^T \mathbf{D}_k \delta\mathbf{u}\; dF - \int_{C_t} \delta\mathbf{u}^T \boldsymbol{\sigma}_r^o\; ds \qquad (A4.107)$$

$$\delta\Pi = 0 \;\rightarrow\; \iint_F \mathbf{p}^T \delta\mathbf{u}\; dF = -\iint_F \delta\mathbf{u}^T \mathbf{D}_e \boldsymbol{\sigma}\; dF - \int_{C_t} \delta\mathbf{u}^T (\boldsymbol{\sigma}_r^o - \mathbf{D}_r\boldsymbol{\sigma})\; ds \qquad (A4.108)$$

zusammengestellt seien. Beide Beziehungen gelten für beliebig große Randbereiche C_t mit vorgeschriebenen Randkraftvariablen, insbesondere wenn auch $C_t = C$ ist. Durch Gleichsetzen der Ausdrücke (A4.107,108) entsteht die Verknüpfung

$$\iint_F \boldsymbol{\sigma}^T \mathbf{D}_k \delta\mathbf{u}\; dF = -\iint_F \delta\mathbf{u}^T \mathbf{D}_e \boldsymbol{\sigma}\; dF + \oint_{C_t} \delta\mathbf{u}^T \mathbf{D}_r \boldsymbol{\sigma}\; ds\;, \qquad (A4.109)$$

welche den Zusammenhang zwischen dem kinematischen Operator $\mathbf{D}_k$, dem Gleichgewichtsoperator $\mathbf{D}_e$ und der Transformationsmatrix $\mathbf{D}_r$ beschreibt. Die Gleichung (A4.109) gilt auch für $C_t = 0$, d.h. wenn das Linienintegral verschwindet. In diesem Fall beschreibt (A4.109) den direkten Zusammenhang zwischen $\mathbf{D}_e$ und $\mathbf{D}_k$.

Eine Beziehung der Form (A4.109) charakterisiert die beteiligten Operatoren D_k und D_e als *formal adjungierte Operatoren*: eine mathematische Forderung, die durch jede *konsistente Theorie* der Strukturmechanik erfüllt werden muß. Hieraus wird deutlich, daß jeder Satz von kinematischen Beziehungen eine bestimmte Form von Gleichgewichtsbedingungen zur Folge haben muß. Vergegenwärtigt man sich die in Abschnitt A4.6 erfolgte Herleitung, so läßt sich feststellen, daß sich die beiden für $\delta\Pi = 0$ angegebenen Darstellungen (A4.107, 108) lediglich durch Anwendung des GAUSSschen Integralsatzes (A4.102) voneinander unterscheiden. Demnach drückt (A4.109) die Transformation des kinematischen Operators D_k in den Gleichgewichtsoperator D_e auf der Grundlage des zitierten Satzes aus.

Analoge Zusammenhänge bestehen auch für Operatoren der Stabtragwerkstheorien. In diesem Fall geht die Verwandtschaft der betreffenden Operatoren auf die partielle Integration zurück. Im Abschnitt A4.6 wurde beispielsweise die Extremalbedingung $\delta\Pi = 0$ schubweicher Stäbe durch die beiden Varianten (A4.76, 78) ausgedrückt, welche sich durch die Umformungen (A4.77) mittels partieller Integrationen voneinander unterscheiden. Transformiert man diese in Operatorgleichungen:

$$\delta\Pi = 0 \quad \rightarrow \quad \int_0^1 \mathbf{p}^T \delta\mathbf{u}\, dx = \int_0^1 \sigma^T D_k \delta\mathbf{u}\, dx - (\sigma^0)^T (\delta\mathbf{u})_{x=1}\,, \quad (A4.110)$$

$$\delta\Pi = 0 \quad \rightarrow \quad \int_0^1 \mathbf{p}^T \delta\mathbf{u}\, dx = -\int_0^1 \delta\mathbf{u}^T D_e \sigma\, dx - \left[(\sigma^0 - \sigma)^T \delta\mathbf{u}\right]_{x=1}\,,$$

$$(A4.111)$$

so folgt hieraus analog zu (A4.109)

$$\int_0^1 \sigma^T D_k \delta\mathbf{u}\, dx = -\int_0^1 \delta\mathbf{u}^T D_e \sigma\, dx + (\sigma^T \delta\mathbf{u})_{x=1}\,, \quad (A4.112)$$

die formale Adjungiertheit der Operatoren D_k und D_e.

A4.8 Variationsprobleme mit Nebenbedingungen

Bisher wurden nur solche Variationsprobleme behandelt, deren unbekannte Argumentfunktionen – bis auf die wesentlichen Randbedingungen – willkürlich variiert werden durften. Für Variationsrechnungen sind jedoch auch Variationsprobleme von Bedeutung, deren Argumentfunktionen – nebst Randbedingungen – zusätzlichen Nebenbedingungen unterliegen. Als Beispiel betrachten wir das Variationsproblem $(\alpha, \beta = 1, 2)$

$$\Pi = \Pi(w, \omega_\alpha) = \iint_F U(x_\alpha, w, \omega_\alpha, w_{,\beta}, \omega_{\alpha,\beta})\, dF = \min\,, \quad (A4.113)$$

worin der Integrand U von den Veränderlichen x_α, den Argumentfunktionen w (x_β), ω_α (x_β) und deren partiellen Ableitungen $\omega_{,\beta}$, $\omega_{\alpha,\beta}$ nach x_β abhängt. Dabei sei vorausgesetzt, daß die zu bestimmenden Argumente w und ω_α durch zwei Beziehungen der Form

$$G_\alpha = G_\alpha\,(w_{,\beta}\,,\,\omega_\beta) = 0 \quad \alpha,\beta = 1,2 \tag{A4.114}$$

miteinander verknüpft sind. Derartige Aufgabenstellungen heißen *Variationsprobleme mit Nebenbedingungen.* In den indizierten Beziehungen (A4.113, 114) repräsentieren die griechischen Indizes, wie üblich, die Zahlen 1, 2, und $(...)_{,\alpha}$ drückt eine partielle Ableitung nach x_α aus. Ferner stellt F ein geschlossenes Gebiet der (x_1, x_2)-Ebene dar, das durch die geschlossene Kurve C berandet ist. Die nach außen weisende Normale von C sei schließlich durch $\nu = \nu_\alpha\,\mathbf{i}_\alpha$ gekennzeichnet.

Die durch (A4.113, 114) beschriebene Aufgabenstellung kann durch Elimination der Argumente ω_α mittels (A4.114) auf ein gewöhnliches Variationsproblem für die Variable w zurückgeführt werden. Ein wesentlich allgemeineres und eleganteres Vorgehen bietet jedoch die LAGRANGE*sche Multiplikatorenmethode*, welche die zu variierenden Argumente w und ω_α von den Nebenbedingungen (A4.114) befreit und somit ihre gleichberechtigte Behandlung gestattet.

Die zitierte Methode sieht die Ausführung folgender Rechenschritte vor. Zunächst werden die vorgegebenen Nebenbedingungen (A4.114) mit LAGRANGE-*Faktoren* $\lambda_\alpha = \lambda_\alpha\,(x_\beta)$ erweitert. Der so entstehende Ausdruck

$$\lambda_\alpha\,G_\alpha\,(w_{,\beta}\,,\,\omega_\beta)\,, \tag{A4.115}$$

in welchem über α zu summieren ist, wird sodann in das ursprüngliche Funktional (A4.113) eingeführt. Damit erhält man als eine zu (A4.113, 114) äquivalente Formulierung das *erweiterte Variationsproblem*

$$I = \iint_F (U + \lambda_\alpha\,G_\alpha)\,dF = \iint_F L\,(x_\alpha, w, \omega_\alpha, \lambda_\alpha, w_{,\beta}, \omega_{\alpha,\beta})\,dF\,, \tag{A4.116}$$

das nunmehr wie ein gewöhnliches Variationsproblem mit den unabhängigen Argumentfunktionen w, ω_α und λ_α zu behandeln ist.

Unter Anwendung des GAUSSschen Integralsatzes

$$\iint_F \frac{\partial L}{\partial \omega_{\alpha,\beta}}\,\delta\omega_{\alpha,\beta}\,dF = \oint_C \frac{\partial L}{\partial \omega_{\alpha,\beta}}\,\nu_\beta\,\delta\omega_\alpha\,ds - \iint_F \left(\frac{\partial L}{\partial \omega_{\alpha,\beta}}\right)_{,\beta}\,\delta\omega_\alpha\,dF\,, \tag{A4.117}$$

in welchem nunmehr α, β Summationsindizes sind und der auch für $\omega_\alpha \to w$ gilt, kann das Variationsproblem (A4.116) in seine EULERschen Gleichungen

$$\frac{\partial L}{\partial w} - \left(\frac{\partial L}{\partial w_{,\beta}}\right)_{,\beta} = 0\,, \quad \frac{\partial L}{\partial \omega_\alpha} - \left(\frac{\partial L}{\partial \omega_{\alpha,\beta}}\right)_{,\beta} = 0\,,$$

$$\frac{\partial L}{\partial \lambda_\alpha} = G_\alpha = 0 \tag{A4.118}$$

transformiert werden, welche ein vollständiges Differentialgleichungssystem für die unbekannten Variablen w, ω_α und λ_α bilden. Hieraus wird deutlich, daß die Extremalbedingung $\delta I = 0$ auch die Erfüllung der Nebenbedingungen (A4.114) gewährleistet, ohne daß diese bei der Variation der Funktionen w und ω_α besonders berücksichtigt werden müssen. Wir betrachten ein erstes Beispiel:

Ein erweitertes Variationsproblem für eine schubstarre Platte: Im Rahmen der Normalenhypothese wird das Variationsproblem $\Pi = \min$ einer durch Normallasten $p = p\,(x_\alpha)$ beanspruchte Platte durch

$$\Pi = \frac{1}{2} \iint_F B\, H_{\alpha\beta\rho\lambda}\, \omega_{\alpha,\beta}\, \omega_{\rho,\lambda}\, dF - \iint_F p\, w\, dF = \min \qquad (A4.119)$$

beschrieben, worin B die Biegesteifigkeit (A3.69) und $H_{\alpha\beta\rho\lambda}$ die Elastizitätskoeffizienten (A3.44) darstellen. Als Forderung der Normalenhypothese unterliegen dabei die zu bestimmenden Argumentfunktionen, die Durchbiegung w und die Verdrehungen ω_α, den Kopplungen

$$\omega_\alpha = -w,_\alpha \; . \qquad (A4.120)$$

Die Variablen ω_α und w dürfen unabhängig voneinander variiert werden, wenn man gemäß der LAGRANGE*schen Multiplikatorenmethode* das ursprüngliche Funktional (A4.119) mit den Nebenbedingungen (A4.120) durch das äquivalente *erweiterte Funktional*

$$I = I\,(w\,,\omega_\alpha\,,q_\alpha)$$

$$= \frac{1}{2} \iint_F B\, H_{\alpha\beta\rho\lambda}\, \omega_{\alpha,\beta}\, \omega_{\rho,\lambda}\, dF - \iint_F p\, w\, dF + \iint_F q_\alpha\, (\omega_\alpha + w,_\alpha)\, dF = \min$$

$$(A4.121)$$

ersetzt. Durch die Transformation der obigen Variationsformulierung in ihre äquivalenten Bedingungen läßt sich bestätigen, daß die durch q_α bezeichneten LAGRANGE-Multiplikatoren den Querkräften entsprechen. Als weiteres Beispiel diene:

Das erweiterte Funktional vom Typ HU-WASHIZU für schubweiche Stäbe: Für den in Bild A4.8 dargestellten schubweichen Stab lautet das Prinzip vom Minimum des Gesamtpotentials:

$$\Pi = \frac{1}{2} \int_0^1 (B\,\kappa^2 + S\,\gamma^2)\, dx - \int_0^1 q_z\, w\, dx - Q^o\,(w)_{x=1} - M^o\,(\varphi)_{x=1} = \min \; .$$

$$(A4.122)$$

Seine *Nebenbedingungen* bestehen aus den *kinematischen Beziehungen*

$$\kappa = \varphi' \,, \quad \gamma = \varphi + w' \qquad (A4.123)$$

sowie den *Weggrößenrandbedingungen* an der Einspannstelle

$$x = 0 : \quad w = 0 , \quad \varphi = 0 .$$ (A4.124)

Durch Erweiterung des Funktionals Π gemäß*

$$I = I(M, Q, \kappa, \gamma, w, \varphi) = \text{stat}$$

$$= \frac{1}{2} \int_0^1 (B \kappa^2 + S \gamma^2) \, dx - \int_0^1 q_z \, w \, dx - Q^o \, (w)_{x=1} - M^o \, (\varphi)_{x=1}$$

$$- \int_0^1 [M (\kappa - \varphi') + Q (\gamma - \varphi - w')] \, dx + (Q \, w)_{x=0} + (M \, \varphi)_{x=0}$$ (A4.125)

erhält man das *erweiterte Funktional* I vom Typ Hu-Washizu, worin die Schnitt-kräfte M, Q, die Verzerrungen γ, κ sowie die Weggrößen w, φ – ohne Berücksich-tigung der Nebenbedingungen (A4.123, 124) – unabhängig voneinander variiert werden dürfen.

Bildet man aus (A4.125) durch Variation aller in I vorkommenden Argumente die Extremalbedingung $\delta I = 0$, um sodann Terme mit den Ableitungen $\delta w'$ und $\delta \varphi'$ durch partielle Integration gemäß

$$\int_0^1 Q \, \delta w' \, dx = [Q \, \delta w]_0^1 - \int_0^1 Q' \, \delta w \, dx$$ (A4.126)

umzuformen, so kann man leicht bestätigen, daß durch das neue Variationsproblem I = stat

die Gleichgewichtsbedingungen:	$Q' + q_z = 0, \quad M' - Q = 0$,	(A4.127)
die Werkstoffgleichungen:	$Q = S \gamma \quad , \quad M = B \kappa$,	(A4.128)
die kinematischen Beziehungen:	$\gamma = \varphi + w' \quad , \quad \kappa = \varphi'$,	(A4.129)
sowie die Weggrößenrandbedingungen:	$x = 0: \quad w = 0 \quad , \quad \varphi = 0$,	(A4.130)
und die Kraftgrößenrandbedingungen:	$x = 1: \quad Q = Q^o, \quad M = M^o$,	(A4.131)

d.h. sämtliche Bedingungen der vorliegenden Randwertaufgabe als äquivalente Beziehungen automatisch erfüllt werden. In diesem Zusammenhang bestätigen wir, daß die Definition der wesentlichen Randbedingungen von der Form des zu behan-delnden Funktionals abhängt. So können wesentliche Randbedingungen eines Funktionals natürliche Randbedingungen eines anderen Funktionals darstellen. Die Vorgaben (A4.130) stellen z.B. die wesentlichen Randbedingungen des in (A4.122) definierten Funktionals Π (w, φ) dar, während diese durch das erweiterte Funktional I automatisch erfüllt werden. Wir betrachten noch ein weiteres Beispiel.

---

*   Die von einer Nebenbedingung zu befreiende Variable und der zugehörige Lagrange-Multi-plikator erweisen sich in der Strukturmechanik als korrespondierende Variablen. Soll z.B. die Schubverzerrung γ als unabhängige Variable behandelt werden, so ist die zugehörige kinema-tische Beziehung um die Querkraft Q zu erweitern.

Ein erweitertes Funktional für Assumed-Strain Finite-Elemente: Will man in (A4.122) die zu variierenden Argumente lediglich von der kinematischen Kopplung (A4.123) für γ befreien, so entsteht *das erweiterte Funktional*

$$I^* = I^* (Q, \gamma, w, \varphi) = \text{stat}$$

$$= \frac{1}{2} \int_0^1 (B\,\varphi'^2 + S\,\gamma^2)\,dx - \int_0^1 q_z\,w\,dx - Q^o\,(w)_{x=1} - M^o\,(\varphi)_{x=1}$$

$$- \int_0^1 Q\,(\gamma - \varphi - w')\,dx = \text{stat}\,, \qquad (A4.132)$$

worin die Querkraft Q, die Schubverzerrung γ sowie die Wegrößen φ und w als unabhängige Argumente zu variieren sind. Das besondere Merkmal des neuen Funktionals I* ist die Beschreibung der Schubverzerrungsanteile gemäß einem Funktional vom Typ Hu-Washizu (A4.125). Das Variationsprinzip (A4.132) bildet die variationstheoretische Grundlage [Simo 1986] zur Entwicklung der sogenannten *Assumed-Strain-Finite-Elemente*, welche zur numerischen Umsetzung von Schubverzerrungstheorien eine verbreitete Anwendung in der Literatur finden [Basar 1993, Büchter 1992, Dvorkin 1984, Stander 1989]. Die Diskretisierung von Schubverzerrungstheorien erfordert stets numerisch stabilisierende Maßnahmen, um beim Übergang zu dünnen Strukturen häufig auftretende, als *Shear-Locking* bekannte Deffekte zu beseitigen. Das *Assumed-Strain*-Konzept stellt dabei eine der effektivsten, gegen diese Schwäche verwendbaren Maßnahmen dar. In den *Assumed-Strain*-Elementen werden die Querkraft Q und die Schubverzerrung γ derart interpoliert, daß das letzte Integral in (A4.132) verschwindet. So orientiert sich die Entwicklung von Assumed-Strain-Elementen an den restlichen Anteilen des Funktionals (A4.132), welche die Querkraft Q nicht enthalten. Wir schließen diesen Abschnitt mit einem letzten Beispiel ab:

Die kürzeste Verbindungslinie auf einer Kugel: Gesucht ist die Kurve kürzester Länge L, welche zwei Punkte einer Kugelfläche $x^2 + y^2 + z^2 = r^2$ miteinander verbindet. Unter Verwendung eines beliebigen Parameters läßt sich diese Problemstellung durch das Variationsproblem

$$L = \int_a^b \sqrt{\dot{x}^2 + \dot{y}^2 + \dot{z}^2}\,dt = \text{min}\,, \qquad (\dot{\ldots}) = \frac{d\,(\ldots)}{dt} \qquad (A4.133)$$

beschreiben, wobei die zu bestimmenden Argumente x, y, z der Nebenbedingung

$$G = x^2 + y^2 + z^2 - r^2 = 0 \qquad (A4.134)$$

unterliegen. Die Extremalen dieses Variationsproblems genügen den Eulerschen Gleichungen des erweiterten Variationsproblems

$$\int_a^b \left[\sqrt{\dot{x}^2 + \dot{y}^2 + \dot{z}^2} \; dt + \lambda \, (x^2 + y^2 + z^2 - r^2) \right] dt = \min \; , \qquad (A4.135)$$

mit dem Lagrange-Multiplikator $\lambda = \lambda\,(t)$. Die erste Eulersche Gleichung läßt sich – mit dem Bogenelement ds – in der Form

$$2\,\lambda\,x - \frac{d}{dt}\left(\frac{\dot{x}}{\sqrt{\dot{x}^2 + \dot{y}^2 + \dot{z}^2}} \right) = 0 \;\rightarrow\; 2\,\lambda\,x - \frac{d}{dt}\left(\frac{dx}{ds} \right) = 0 \qquad (A4.136)$$

darstellen. Dementsprechend lauten die nachfolgenden zwei Beziehungen

$$2\,\lambda\,y - \frac{d}{dt}\left(\frac{dy}{ds} \right) = 0 \;, \quad 2\,\lambda\,z - \frac{d}{dt}\left(\frac{dz}{ds} \right) = 0 \;, \qquad (A4.137)$$

während die vierte mit der Nebenbedingung (A4.134) übereinstimmt. Die Elimination von λ aus den Gleichungen (A4.136, 137) für x und y liefert

$$y\,d\left(\frac{dx}{ds} \right) - x\,d\left(\frac{dy}{ds} \right) = 0 \;\rightarrow\; d\left(y\,\frac{dx}{ds} - x\,\frac{dy}{ds} \right) = 0 \;. \qquad (A4.138)$$

Der obige Klammerausdruck besitzt somit einen konstanten Wert c_1. Ein analoges Ergebnis läßt sich aus den Beziehungen (A4.136, 137) für x und z gewinnen:

$$y\,\frac{dx}{ds} - x\,\frac{dy}{ds} = c_1 \;, \quad z\,\frac{dx}{ds} - x\,\frac{dz}{ds} = c_2 \;. \qquad (A4.139)$$

Hieraus folgt

$$c_2\,\frac{y\,dx - x\,dy}{x^2} = c_1\,\frac{z\,dx - x\,dz}{x^2} \;\rightarrow\; c_2\,d\left(\frac{y}{x} \right) = c_1\,d\left(\frac{z}{x} \right) \;, \qquad (A4.140)$$

und nach Integration

$$c_2\,\frac{y}{x} = c_1\,\frac{z}{x} + c_3 \;\rightarrow\; A\,x + B\,y + z = 0 \;. \qquad (A4.141)$$

Diese Gleichung beschreibt eine Ebene durch den Mittelpunkt der Kugelfläche. Die Integrationskonstanten A und B können derart bestimmt werden, daß die Ebene (A4.141) durch die vorgegebenen Fixpunkte der Kugelfäche hindurchgeht. Somit stellt die gesuchte Lösung den Kreisbogen dar, der sich aus dem Schnitt dieser Ebene mit der Kugelfläche ergibt.

A4.9   Isoparametrische Probleme

Eingangs führen wir in das Konzept isoparametrischer Probleme ein:
Definition: *Soll ein Funktional* I *mit der unbekannten Argumentfunktion y(x)*

$$I = \int_{x_1}^{x_2} F\,(x\,,\,y\,,\,y') \, dx = \min \;, \quad (\dots)' = \frac{d\,(\dots)}{dx} \qquad (A4.142)$$

derart minimiert werden, daß ein zweites von y(x) abhängiges Funktional J den konstanten Wert K besitzt:

$$J = \int_{x_1}^{x_2} G(x, y, y')\, dx = K \,, \qquad (A4.143)$$

so heißt eine derartige Problemstellung isoparametrisches Problem.

Unter Verwendung der LAGRANGE*schen Multiplikatorenmethode* kann diese Aufgabe in ein gewöhnliches Variationsproblem zurückgeführt werden. Das erweiterte Funktional besitzt gemäß (A4.142, 143) die Form:

$$L = \int_{x_1}^{x_2} F(x, y, y')\, dx + \lambda \left(\int_{x_1}^{x_2} G(x, y, y')\, dx - K \right) = \min \,, \qquad (A4.144)$$

worin der LAGRANGE-*Multiplikator* λ eine Konstante darstellt. Dem neuen Variationsproblem (A4.144) mit den unabhängig voneinander zu variierenden Variablen y(x) und λ sind als EULERsche Gleichungen die Differentialgleichung zweiter Ordnung

$$\frac{\partial F}{\partial y} + \lambda \frac{\partial G}{\partial y} - \frac{d}{dx}\left(\frac{\partial F}{\partial y'} \right) - \lambda \frac{d}{dx}\left(\frac{\partial G}{\partial y'} \right) = 0 \qquad (A4.145)$$

sowie die Nebenbedingung (A4.143) zugeordnet. Integriert man die Differentialgleichung (A4.145), so können die hieraus entstehenden beiden Integrationsfreiwerte und die Konstante λ aus den wesentlichen Randbedingungen $y(x_1) = y_1$, $y(x_2) = y_2$ und der Nebenbedingung (A4.143) ermittelt werden. Als Beispiel hierzu betrachten wir die folgende Fragestellung:

Minimale Rotationsfläche: Gesucht ist die Kurve y(x) von vorgegebener Länge L zwischen zwei Punkten A und B (Bild A4.3), deren Drehung um die x-Achse eine minimale Rotationsfläche erzeugt. Im Hinblick auf (A4.17) wird diese Aufgabe durch das Variationsproblem

$$I = \frac{F}{2\pi} = \int_{x_1}^{x_2} y \sqrt{1 + y'^2}\, dx = \min \qquad (A4.146)$$

beschrieben, wobei gemäß (A4.15) die Kopplung

$$J = \int_{x_1}^{x_2} \sqrt{1 + y'^2}\, dx = L \qquad (A4.147)$$

als Nebenbedingung zu erfüllen ist. Die Befreiung der Argumentfunktion y(x) von der Nebenbedingung (A4.147) führt auf das *erweiterte Variationsproblem*

$$T = \int_{x_1}^{x_2} y \sqrt{1 + y'^2}\, dx + \lambda \left(\int_{x_1}^{x_2} \sqrt{1 + y'^2}\, dx - L \right) = \min \qquad (A4.148)$$

mit dem konstanten LAGRANGE-Multiplikator λ. Ihm sind als EULERsche Gleichungen die Nebenbedingung (A4.147) sowie die Differentialgleichung

$$\sqrt{1 + y'^2} - \frac{d}{dx}\left[\frac{(y + \lambda)\, y'}{\sqrt{1 + y'^2}} \right] = 0 \;\rightarrow\; 1 + y'^2 - (y + \lambda)\, y'' = 0 \;,\; (A4.149)$$

zugeordnet, welche die folgende Lösung besitzt:

$$y = -\lambda + c_1 \cosh \frac{x - c_2}{c_1} \,. \qquad (A4.150)$$

Die hierin auftretenden Integrationskonstanten c_1, c_2 können gemeinsam mit dem LAGRANGE-Multiplikator λ aus den Randbedingungen $y\,(x_1) = y_1$, $y\,(x_2) = y_2$ und der Nebenbedingung (A4.147) ermittelt werden.

Aufgaben

A1. Geben Sie die erste und die zweite Variation der folgenden Ausdrücke an:

$$U = y^2 + \sqrt{1 + y'^2} \,, \qquad\qquad y = y\,(x)$$

$$U = H_{\alpha\beta\rho\lambda}\,(u_{\alpha,\beta} + u_{\beta,\alpha})\,(u_{\rho,\lambda} + u_{\lambda,\rho}) \,, \qquad u_\alpha = u_\alpha\,(x_1, x_2)$$
$$\text{mit } H_{\alpha\beta\rho\lambda} = H_{\beta\alpha\rho\lambda} = H_{\alpha\beta\lambda\rho} = H_{\rho\lambda\alpha\beta}$$

$$U = \sin\,(\alpha + \beta)\cos\beta \,, \qquad\qquad \alpha = \alpha\,(x) \,,\quad \beta = \beta\,(x) \,.$$

A2. Die Kurve $y\,(x)$ zwischen den festen Punkten x_1 und x_2 mit der kleinsten Bogenlänge L wird durch das Variationsproblem

$$L = \int_{x_1}^{x_2} \sqrt{1 + y'^2}\, dx = \min$$

beschrieben. Geben Sie die EULERsche Gleichung sowie deren Lösung an.

A3. Ein starrer Balken ist gemäß Bild A4.11 am linken Ende gelenkig gelagert und mit drei Seilen abgespannt. Ermitteln Sie mit dem Prinzip vom Minimum des Gesamtpotentials den Winkel, um den sich der Balken dreht, sowie die Seilkräfte.

A4. Geben Sie die Extremalbedingung des folgenden Variationsproblems an:

$$\Pi = \frac{1}{2} \int_0^1 B\, w''^2\, dx - \int_0^1 q\, w\, dx = \min \,,\quad w = w\,(x) \,.$$

A5. Formulieren Sie für einen einfachen Balken (Schubverzerrungstheorie) unter Gleichlast p das Variationsprinzip vom Typ HU-WASHIZU und überführen Sie es in seine äquivalenten Bedingungen.

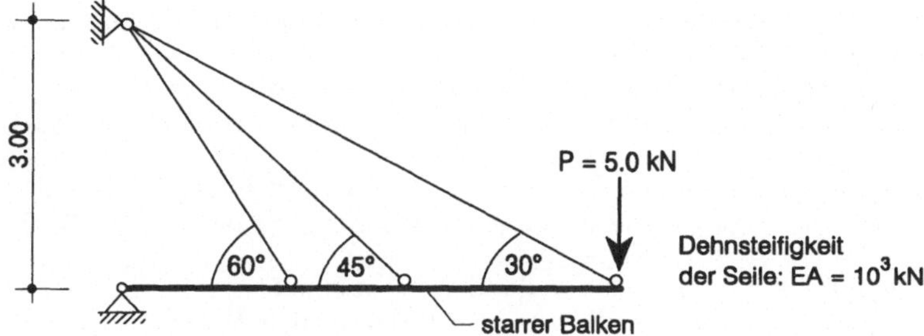

Bild A4.11. Starrer Balken unter Vertikallast

A6. Geben Sie für einen einfachen Balken (Normalentheorie) unter Gleichlast p ein Variationsprinzip an, worin die Durchbiegung w und die Verdrehung φ unabhängig voneinander variiert werden können. Transformieren Sie sodann das erweiterte Variationsprinzip in seine äquivalenten Bedingungen.

A7. Geben Sie für eine Scheibe unter Flächenlasten $p_\alpha = p_\alpha (x_\beta)$ sowie längs ihrer Berandung C wirkenden Randlasten n_α^o das Variationsprinzip vom Typ HU-WASHIZU an und überführen Sie es in seine äquivalenten Bedingungen.

Weiterführende Literatur

Almannai, A., Başar, Y.: Ein Lösungsverfahren zur numerischen Behandlung der lineraren Probleme von Flächentragwerken. Ingenieur-Archiv 46, 307-321, 1977

Başar, Y.: Die numerische Behandlung der linearen und der nichtlinearen Biegetheorie von Rotationsschalen. Technisch-wissenschaftliche Mitteilungen des Institutes für konstruktiven Ingenieurbau, Ruhr-Universität Bochum, Nr. 74-7, 1974

Başar, Y.: Zur Berechnung von Rotationsschalen mit Mehrstellenverfahren. Der Bauingenieur 50, 41-48, 1975

Başar, Y., Krätzig, W.B.: Mechanik der Flächentragwerke. Vieweg, Braunschweig 1985

Başar, Y., Ding, Y., Schultz, R.: Refined Shear-Deformation Models for Composite Laminates with Finite Rotations. Int. J. Solids Structures Vol. 30, 2611-2638, 1993

Başar, Y., Montag, U., Ding, Y.: On an Isoparametric Finite-Element for Composite Laminates with Finite Rotations. Computational Mechanics 12, 329-348, 1993

Bleich, F.: Buckling Strength of Metal Structures. McGraw-Hill, New York 1952

Büchter, N.: Zusammenführung von Degenerationskonzept und Schalentheorie bei endlichen Rotationen. Bericht Nr. 14, Institut für Baustatik der Universität Stuttgart, 1992

Courant, R., Hilbert, D.: Methoden der mathematischen Physik 1, 3. Aufl., Springer Verlag, Berlin 1963

Dvorkin, E.N., Bathe, K.J.: A Continuum Mechanics Based Four-Node Shell Element for General Non-Linear Analysis. Engng. Comput., 1, 77-88, 1984

Dym, C.L., Shames, I.H.: Solid Mechanics – A Variational Approach. McGraw Hill, New York 1973

Elsgolc, L.E.: Variationsrechnung. Bibliographisches Institut, Mannheim 1970

Franklin, P.: Methods of Advanced Calculus, McGraw-Hill, New York 1944

Funk, P.: Variationsrechnung und ihre Anwendung in Physik und Technik. Springer Verlag, Berlin 1962

Gelfand. M., Fomin, S.V.: Calculus of Variations. 3th Edition, Prentice-Hall Inc., Englewood Cliffs/ New Jersey 1963

Hoff, N.J.: The Analysis of Structures. John Wiley & Sons, New York, 1966

Lanczos, C.: The Variational Principles of Mechanics. 4th Edition, University of Toronto Press, Toronto, 1970

Langhaar, H.L.: Energy Methods in Applied Mechanics. John Wiley and Sons, New York 1962

Oden, J.T., Reddy, J.N.: Variational Methods in Theoretical Mechanics. Springer Verlag, Berlin 1976

Pflüger, A.: Stabilitätsprobleme der Elastostatik. Springer Verlag, Berlin 1978

Simo, J.C., Hughes, T.J.R.: On Variational Foundations of Assumed Strain Methods. J. Applied Mechanics, 53, 51-54, 1986

Sokolnikoff, J.S.: Tensor Analysis, Theory and Applications to Geometry and Mechanics of Continua. John Wiley and Sons, New York 1964

Stander, N., Matzenmiller, A., Ramm, E.: An Assessment of Assumed Strain Methods in Finite Rotation Shell Analysis. Engineering Computations, Vol. 6, 57-66, 1989

Velte, W.: Direkte Methoden der Variationsrechung. Teubner Verlag, Stuttgart 1976

Washizu, K.: Variational Methods in Elasticity and Plasticity. Pergamon Press, Oxford 1975

Sachverzeichnis

Springer und Umwelt

Springer